图 6-8

基于三角形和圆形平面的 HSI 模型，三角形和圆形都垂直于亮度轴

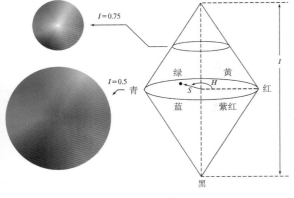

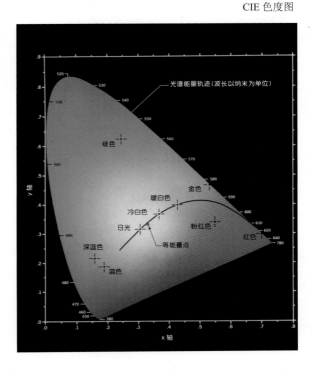

图 6-10

CIE 色度图

图 6-11

基于 L*a*b*彩色空间的在感觉上一致的标尺

(a)　　　　　　(b)

图 6-12

软实验示例：(a) 具有白边的原始图像；(b) 当在新闻纸上打印时对图像外观的模拟

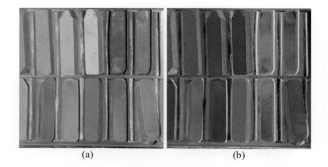

图 6-17
(a) 全彩色图像；(b) 相应的负片(彩色补色)

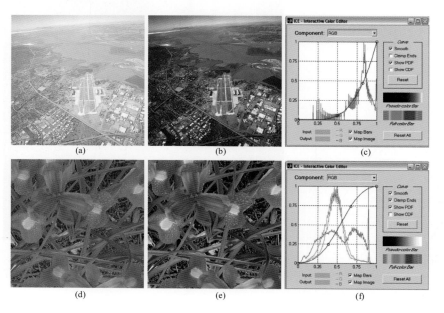

图 6-18
使用 ice 函数的单色和全彩色对比度增强：(a)和(b)是输入图像，这两者都有被冲淡的现象；(b)和(e)显示了处理后的结果；(c)和(f)是 ice 显示。(原始的黑白图像由 NASA 提供)

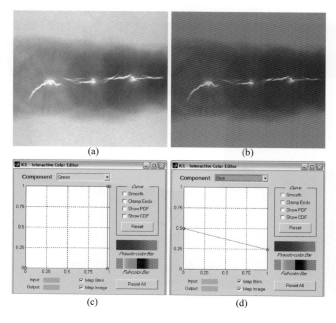

图 6-19
(a) 一幅有缺陷的焊接部位的X光图像；(b) 焊接的伪彩色图像；(c)和(d) 绿、蓝分量的映射函数。(原图像由 X-TEK Systems 公司提供)

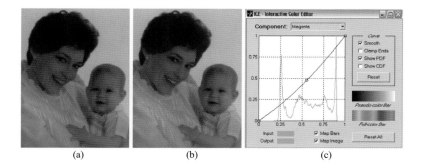

图 6-20
用于色彩平衡的 ice 函数：(a) 紫色很重的图像；(b) 校正过的图像；(c) 用于校正不平衡色彩的映射函数

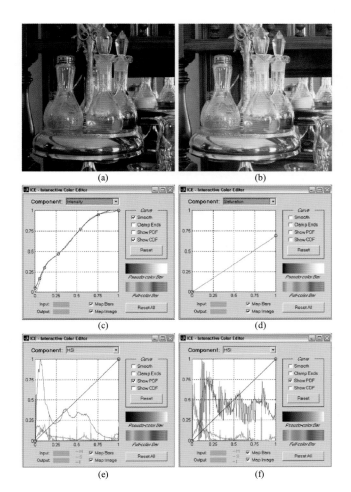

图 6-21
在 HSI 彩色空间中，用饱和度调整的直方图均衡：(a) 输入图像；(b) 映射结果；(c) 亮度分量映射函数和累积分布函数；(d) 饱和度分量映射函数；(e) 输入图像的分量直方图；(f) 映射结果的分量直方图

图 6-22

(a) RGB 图像；(b)到(d)分别是红、绿、蓝分量图像

图 6-24

(a) 分别通过平滑 R、G、B 图像平面得到的平滑后的 RGB 图像；(b) 仅对 HIS 相等图像的亮度分量进行平滑的结果；(c) 平滑所有三个 HIS 分量的结果

图 6-25

(a) 模糊图像；(b) 用拉普拉斯增强图像

国外计算机科学经典教材

数字图像处理的 MATLAB 实现
（第 2 版）

[美] Rafael C. Gonzalez
　　　Richard E. Woods　　著
　　　Steven L. Eddins

　　　阮秋琦　　　　　　译

清华大学出版社
北　京

Rafael C. Gonzalez, Richard E. Woods, Steven L. Eddins
Digital Image Processing Using MATLAB, Second Edition
EISBN：978-0-071-08478-9
Copyright © 2011 by The McGraw-Hill Companies, Inc.

All Rights reserved. No part of this publication may be reproduced or transmitted in any form or by any means, electronic or mechanical, including without limitation photocopying, recording, taping, or any database, information or retrieval system, without the prior written permission of the publisher.

This authorized Chinese translation is jointly published by McGraw-Hill Education (Asia) and Tsinghua University Press. This edition is authorized for sale in the People's Republic of China only, excluding Hong Kong, Macao SAR and Taiwan.

Copyright © 2013 by McGraw-Hill Education (Asia), a division of the Singapore Branch of The McGraw-Hill Companies, Inc. and Tsinghua University Press.

版权所有。未经出版人事先书面许可，对本出版物的任何部分不得以任何方式或途径复制或传播，包括但不限于复印、录制、录音，或通过任何数据库、信息或可检索的系统。

本授权中文简体字翻译版由麦格劳-希尔(亚洲)教育出版公司和清华大学出版社合作出版。此版本经授权仅限在中华人民共和国境内(不包括香港特别行政区、澳门特别行政区和台湾)销售。

版权© 2013 由麦格劳-希尔(亚洲)教育出版公司与清华大学出版社所有。

北京市版权局著作权合同登记号　图字：01-2011-6441

本书封面贴有 McGraw-Hill 公司防伪标签，无标签者不得销售。
版权所有，侵权必究。举报：010-62782989，beiqinquan@tup.tsinghua.edu.cn。

图书在版编目(CIP)数据

数字图像处理的 MATLAB 实现：第 2 版/(美)冈萨雷斯(Gonzalez, R.)，(美)伍兹(Woods, R.)，(美)艾丁斯(Eddins, S.) 著；阮秋琦 译. —北京：清华大学出版社，2013.4（2020.9重印）
(国外计算机科学经典教材)
书名原文：Digital Image Processing Using MATLAB, Second Edition
ISBN 978-7-302-30745-7

Ⅰ.①数… Ⅱ.①冈… ②伍… ③艾… ④阮… Ⅲ.①数字图像处理—Matlab 软件—教材 Ⅳ.①TN911.73

中国版本图书馆 CIP 数据核字(2012)第 284173 号

责任编辑：王　军　李维杰
装帧设计：牛静敏
责任校对：邱晓玉
责任印制：沈　露

出版发行：清华大学出版社
网　　址：http://www.tup.com.cn，http://www.wqbook.com
地　　址：北京清华大学学研大厦 A 座　　邮　编：100084
社 总 机：010-62770175　　邮　购：010-62786544
投稿与读者服务：010-62776969，c-service@tup.tsinghua.edu.cn
质 量 反 馈：010-62772015，zhiliang@tup.tsinghua.edu.cn
印 装 者：三河市铭诚印务有限公司
经　　销：全国新华书店
开　　本：185mm×260mm　　印　张：37.5　　彩　插：2　　字　数：959 千字
版　　次：2013 年 4 月第 1 版　　印　次：2020 年 9 月第 10 次印刷
定　　价：118.00 元

产品编号：041524-03

出 版 说 明

近年来，我国的高等教育特别是计算机学科教育，进行了一系列大的调整和改革，亟需一批门类齐全、具有国际先进水平的计算机经典教材，以适应我国当前计算机科学的教学需要。通过使用国外优秀的计算机科学经典教材，可以了解并吸收国际先进的教学思想和教学方法，使我国的计算机科学教育能够跟上国际计算机教育发展的步伐，从而培养出更多具有国际水准的计算机专业人才，增强我国计算机产业的核心竞争力。为此，我们从国外多家知名的出版机构 Pearson、McGraw-Hill、John Wiley & Sons、Springer、Cengage Learning 等精选、引进了这套"国外计算机科学经典教材"。

作为世界级的图书出版机构，Pearson、McGraw-Hill、John Wiley & Sons、Springer、Cengage Learning 通过与世界级的计算机教育大师携手，每年都为全球的计算机高等教育奉献大量的优秀教材。清华大学出版社和这些世界知名的出版机构长期保持着紧密友好的合作关系，这次引进的"国外计算机科学经典教材"便全是出自上述这些出版机构。同时，为了组织该套教材的出版，我们在国内聘请了一批知名的专家和教授，成立了专门的教材编审委员会。

教材编审委员会的运作从教材的选题阶段即开始启动，各位委员根据国内外高等院校计算机科学及相关专业的现有课程体系，并结合各个专业的培养方向，从上述这些出版机构出版的计算机系列教材中精心挑选针对性强的题材，以保证该套教材的优秀性和领先性，避免出现"低质重复引进"或"高质消化不良"的现象。

为了保证出版质量，我们为该套教材配备了一批经验丰富的编辑、排版、校对人员，制定了更加严格的出版流程。本套教材的译者，全部由对应专业的高校教师或拥有相关经验的 IT 专家担任。每本教材的责编在翻译伊始，就定期不间断地与该书的译者进行交流与反馈。为了尽可能地保留与发扬教材原著的精华，在经过翻译、排版和传统的三审三校之后，我们还请编审委员或相关的专家教授对文稿进行审读，以最大程度地弥补和修正在前面一系列加工过程中对教材造成的误差和瑕疵。

由于时间紧迫和受全体制作人员自身能力所限，该套教材在出版过程中很可能还存在一些遗憾，欢迎广大师生来电来信批评指正。同时，也欢迎读者朋友积极向我们推荐各类优秀的国外计算机教材，共同为我国高等院校计算机教育事业贡献力量。

清华大学出版社

国外计算机科学经典教材

编审委员会

主任委员：
孙家广　　清华大学教授

副主任委员：
周立柱　　清华大学教授

委员(按姓氏笔画排序)：

王成山	天津大学教授
王　珊	中国人民大学教授
冯少荣	厦门大学教授
冯全源	西南交通大学教授
刘乐善	华中科技大学教授
刘腾红	中南财经政法大学教授
吉根林	南京师范大学教授
孙吉贵	吉林大学教授
阮秋琦	北京交通大学教授
何　晨	上海交通大学教授
吴百锋	复旦大学教授
李　彤	云南大学教授
沈钧毅	西安交通大学教授
邵志清	华东理工大学教授
陈　纯	浙江大学教授
陈　钟	北京大学教授
陈道蓄	南京大学教授
周伯生	北京航空航天大学教授
孟祥旭	山东大学教授
姚淑珍	北京航空航天大学教授
徐佩霞	中国科学技术大学教授
徐晓飞	哈尔滨工业大学教授
秦小麟	南京航空航天大学教授
钱培德	苏州大学教授
曹元大	北京理工大学教授
龚声蓉	苏州大学教授
谢希仁	中国人民解放军理工大学教授

作者简介

Rafael C. Gonzalez

Rafael C. Gonzalez 于 1965 年从美国迈阿密大学获得电子工程学士学位，并于 1967 年和 1970 年在美国佛罗里达大学分别获得电子工程硕士和博士学位。1970 年加盟田纳西大学(UTK)电子工程和计算机科学系。1973 年晋升为副教授，1978 年晋升为教授，1984 年成为杰出贡献教授。他从 1994 年到 1997 年任系主任。现已退休，担任田纳西大学的电子和计算机科学名誉教授。

他是田纳西大学图像和模式分析实验室、机器人和计算机视觉实验室的创始人。1982 年他还创建了 Perceptics 公司，直至 1992 年一直任董事长；1989 年 Westinghouse 股份有限公司收购了这家公司。在他的指导下，Perceptics 公司在图像处理、计算机视觉、光盘存储技术方面取得了极大成功。在刚开始的 10 年中，Perceptics 公司推出一系列创新产品，包括全球首款商用计算机视觉系统，该系统可自动读取行进中车辆的车牌；在遍布全美 6 个不同制造地点生产供美国海军使用的一系列大规模图像处理和归档系统，这种系统用于检测 Trident II 潜艇项目中导弹的火箭发动机；为先进的 Macintosh 计算机设计市场领先的图像板；拥有万亿字节的光盘生产线。

他还是模式识别、图像处理和机器学习领域企业和政府的常任顾问。他在这些领域获得的学术荣誉包括：1977 年 UTK 工学院职员成就奖、1978 年 UTK Chancellor 的研究学者奖、1980 年 Magnavox 工程教授奖以及 1980 年 M.E.Brooks 杰出教授奖。1981 年他成为田纳西大学的 IBM 教授，并于 1984 年被评为杰出贡献教授。他于 1985 年获得迈阿密大学授予的著名校友奖，1986 年获得 Phi Kappa Phi 学者奖，1992 年获得田纳西大学的 Nathan W. Dougherty 工程优秀奖。工业领域的荣誉包括：1987 年获得 IEEE 田纳西商业发展杰出工程师奖、1988 年获得 Albert Rose National 商业图像处理优秀奖、1989 年获得 B.Otto Wheeley 优秀技术传播奖、1989 年获得 Coopers 和 Lybrand 企业家年度奖、1992 年获得 IEEE 第 3 区杰出工程师奖以及 1993 年 Technology Development 的自动成像协会国家奖。

Gonzalez 博士在模式识别、图像处理和机器人领域单独撰写或与他人合作撰写了 100 多篇技术文章、两本技术书籍和 5 本教科书。他的书在遍布全球的 1000 多所大学和研究机构使用。他列入全美名人传、工程名人传、世界名人传和 10 个其他国家的国际名人传。他是两个美国专利持有者或合有者，并担任 *IEEE Transaction on Systems*、*Man and Cybernetics* 和《国际计算机和信息科学》杂志的副主编。他是多个专业和名誉学会的会员，包括 Tau Beta Pi、Phi Kappa Phi、Eta Kappa Nu 和 Sigma Xi。他还是 IEEE 的会士。

Richard E. Woods

Richard E. Woods 在田纳西大学获得电子工程学士、硕士和博士学位。他有广泛的专业经历,做过企业家、传统的学术工作者、政府顾问和工业管理者。最近他创立了 MedData 交互公司,这是一家专门开发医用手持计算机系统的高科技公司。他还是 Perceptics 公司的奠基人和副总裁,在该公司,负责许多公司的定量图像分析和自动决策产品的开发。

在加盟 Perceptics 和 MedData 之前,Woods 博士担任田纳西大学电子工程和计算机科学系的助理教授,还曾任 Union Carbide 公司的计算机应用工程师。作为顾问,他参与为多个空间和军事机关(包括 NASA、弹道导弹系统指挥和 Oak Ridge 国家实验室)开发各种专用数字处理器。

Woods 博士发表或合作发表了大量有关数字信号处理方面的文章,并且是本领域引领性教科书《数字图像处理》的合著者。他是多个专业学会(包括 Tau Beta Pi、Phi Kappa Phi 和 IEEE)的会员。1986 年他被评为田纳西大学杰出工程校友。

Steven L. Eddins

Steven L. Eddins 是 MathWorks 公司图像处理开发组的项目经理。他领导开发了该公司多个版本的图像处理工具箱。他的专业兴趣包括构建基于最新图像处理算法且广泛用于科学和工程领域的软件工具。在 1993 年加盟 MathWorks 公司之前,Eddins 博士是芝加哥依利诺依大学电子工程和计算机科学系的教师。在那里,他为研究生和高年级学生讲授数字图像处理、计算机视觉、模式识别和滤波器设计课程,并从事图像压缩方面的研究。Eddins 博士于 1986 年在芝加哥工学院电子工程系获得学士学位,于 1990 年在该校获得博士学位,他是 IEEE 高级会员。

致 谢

在此衷心感谢学术界、工业界和政府部门中为本书作出贡献的多位人士,对于他们以各种方式为本书所做的重大贡献,感激之情无以言表。他们是 Mongi A. Abidi、Peter J. Acklam、Serge Beucher、Ernesto Bribiesca、Michael W. Davidson、Courtney Esposito、Naomi Fernandes、Susan L. Forsburg、Thomas R. Gest、Chris Griffin、Daniel A. Hammer、Roger Heady、Brian Johnson、Mike Karr、Lisa Kempler、Roy Lurie、Jeff Mather、Eugene McGoldrick、Ashley Mohamed、Joseph E. Pascente、David R. Pickens、Edgardo Felipe Riveron、Michael Robinson、Brett Shoelson、Loren Shure、Inpakala Simon、Jack Sklanski、Sally Stowe、Craig Watson、Greg Wolodkin 和 Mara Yale(按这些人士姓氏的首字母排序)。我们还要感谢允许在本书中使用与之相关的材料的组织。

前言

本书在上一版的基础上做了全面更新。像上一版一样,本书重点关注这样一个事实:在数字图像处理领域,问题求解通常需要完成大量实验工作,包括软件模拟和对大量样本图像的测试。虽然典型算法的开发是以理论知识为基础的,但这些算法的实际实现几乎总是要求参数评估,并常常做算法的修正和候选解决方案的比较。这样一来,灵活的、全面的选择和文档资料齐全的软件开发环境往往成为关键因素,软件开发环境在成本、开发时间和图像处理解决方法的可移植性上都具有重要的影响。

尽管如此重要,但意外的是很少有以教材形式编写的涉及数字图像处理的理论原理和软件实现方面的材料。2004 年撰写的本书第 1 版正好满足了这一需要。这个新版本秉承了这一宗旨,它的主要目标是为用现代软件工具实现图像处理算法提供基础。额外目标是使本书自成系统,通俗易懂,便于具有数字图像处理、数学分析及计算机编程基础知识背景的人理解和学习,所有这些基础知识在技术学科初级或高级课程中都可以找到。同时也希望读者具备 MATLAB 的初级知识。

为达到这一目的,我们觉得需要两个关键因素。首先是选择图像处理素材,也就是在数字图像处理领域、涵盖在正规课程中的有代表性的素材;其次是选择已经得到充分支持和证明,并在现实世界中得到广泛应用的软件工具。

为了满足本书的主要目的,后续各章中的多数理论概念选自 Gonzalez 和 Woods 合著的《数字图像处理》一书,该书在 30 多年中被全世界教师选为引领性的教材。所选的软件工具来自 MATLAB 数字图像处理工具箱,该工具箱在教育和工业应用中同样占有优势。撰写本书的基本策略是继续在成熟的理论概念和使用最新软件工具的实现技巧之间提供无缝集成。

本书内容沿用了《数字图像处理》一书的组织方式。采用这种方法,读者很容易理解本书讨论的所有数字图像处理概念,并将它们作为进一步阅读的最新参考。

遵循这种方法,使得我们能以简明扼要的方法提供理论材料,从而集中精力解决图像处理问题的软件实现。因为图像处理工作在 MATLAB 计算环境下,所以图像处理工具箱具有极大的优势,这不仅体现在计算工具的宽泛性上,而且还体现在它支持今天所用的大多数操作系统上。这本书的鲜明特点是强调如何开发新代码以增强已有的 MATLAB 和工具箱功能。这在图像处理领域是重要特性,正如前面提到的那样,这是大量的算法开发和实验工作所需要的特性。

在介绍了 MATLAB 函数和编程基础知识后,本书接着讨论图像处理的主要方面,涵盖的内容包括灰度变换、模糊图像处理、线性和非线性空间滤波、频域滤波、图像复原和重建、几何变换和图像配准、彩色图像处理、小波、图像数据压缩、数学形态学图像处理、图像分割、区域和边界表示及描述，还包括如何用 MATLAB 和工具箱函数解决图像处理问题的大量说明。在没有所需函数的情况下，编写新的函数和文本也作为本书教学中强调的内容。后续章节包括了120多个新函数。这些函数使图像处理工具箱的范围增加了近40%，也进一步说明了如何实现新的图像处理软件解决方案。

　　本书是一本教科书，并非软件手册。虽然本书自成系统，但我们还是建立了与本书配套的学习资源网站，该网站被设计用于支持很多领域(见 1.5 节)。对于学生来说，为便于跟踪正常课程学习，或者便于个别从事编程的人员自学，该网站包括背景材料的辅导和综述，以及方案和本书中所有图像的图像库。对于教师来说，该网站包含课堂上讲授的材料和书中使用的所有图像、图形的 PPT。已很熟悉图像处理和工具箱基础知识的人员可以发现该网站包含最新参考、最新实现技术以及在其他地方不容易找到的热点支持材料。所有新书选购者都有资格免费下载本书开发的所有新函数的可执行文件。

　　正像大多数此类书籍那样，在手稿完成以后，我们一直在努力修改。因此，我们在内容取舍方面已尽了很大努力，这些内容都是基本内容。虽然数字图像处理领域的知识体系在快速更新和完善，但本书介绍的知识不会过时，将会历久弥新。我们相信，本书的读者将从中受益，并因此发现本书在他们的工作中是适时且有用的。

本书配套学习资源网站

本书完全自成体系，配套学习资源网站 www.ImageProcessingPlace.com 为大量重要领域提供了有力支持。

对于学生或各位读者来说，网站包括：

- 回顾 MATLAB、概率、统计、向量和矩阵等方面的知识
- 计算机项目示例
- 用于指导完成本书讨论的大多数话题的辅导章节
- 包含本书全部图像的数据库

对于教师来说，网站包括：

- PPT 形式的课堂教学材料
- 指向其他培训资源的多个链接

对于从业者来说，网站包含了其他一些专题，例如：

- 与商业网站的链接
- 挑选出的最新参考资料
- 与商业图像数据库的链接

网站包含新话题、数字图像以及本书出版后出现的其他相关材料，可使读者不断了解到最前沿、最新的内容。

本书虽然经过千锤百炼，但个别错误仍在所难免，读者可以通过浏览本书配套学习资源网站来了解勘误信息。

目 录

- 第 1 章　绪言 ·· 1
  - 1.1　背景知识 ··· 1
  - 1.2　什么是数字图像处理 ···························· 2
  - 1.3　MATLAB 和图像处理工具箱的背景知识 ··· 3
  - 1.4　本书涵盖的图像处理范围 ····················· 3
  - 1.5　本书配套学习资源网站 ························ 4
  - 1.6　符号 ·· 5
  - 1.7　MATLAB 基础 ···································· 5
    - 1.7.1　MATLAB 桌面 ··························· 5
    - 1.7.2　使用 MATLAB 编辑器和调试器 ··· 6
    - 1.7.3　获得帮助 ···································· 6
    - 1.7.4　保存和检索工作数据 ················· 7
    - 1.7.5　数字图像的表示 ························ 7
    - 1.7.6　图像的输入/输出和显示 ··········· 9
    - 1.7.7　类和图像类型 ························· 10
    - 1.7.8　M-函数编程 ····························· 12
  - 1.8　关于本书的参考文献 ·························· 24
  - 1.9　小结 ·· 24

- 第 2 章　灰度变换与空间滤波 ····················· 25
  - 2.1　背景知识 ··· 25
  - 2.2　灰度变换函数 ····································· 26
    - 2.2.1　`imadjust` 和 `stretchlim` 函数 ··· 26
    - 2.2.2　对数及对比度扩展变换 ··········· 28
    - 2.2.3　指定任意灰度变换 ··················· 29
    - 2.2.4　针对灰度变换的某些公用 M-函数 ····································· 30
  - 2.3　直方图处理与函数绘图 ······················ 35
    - 2.3.1　生成并绘制图像的直方图 ······· 35
    - 2.3.2　直方图均衡化 ·························· 39
    - 2.3.3　直方图匹配法(规定化) ··········· 42
    - 2.3.4　函数 adapthisteq ················· 45
  - 2.4　空间滤波 ··· 46
    - 2.4.1　线性空间滤波 ·························· 47
    - 2.4.2　非线性空间滤波 ······················ 52
  - 2.5　图像处理工具箱中标准的空间滤波器 ··· 54
    - 2.5.1　线性空间滤波器 ······················ 54
    - 2.5.2　非线性空间滤波 ······················ 58
  - 2.6　将模糊技术用于灰度变换和空间滤波 ··· 59
    - 2.6.1　背景知识 ·································· 60
    - 2.6.2　模糊集合介绍 ·························· 60
    - 2.6.3　使用模糊集合 ·························· 63
    - 2.6.4　一组自定义的模糊 M-函数 ····· 68
    - 2.6.5　将模糊集合用于灰度变换 ······· 81
    - 2.6.6　将模糊集合用于空间滤波 ······· 83
  - 2.7　小结 ·· 87

- 第 3 章　频域处理 ··· 89
  - 3.1　二维离散傅立叶变换 ·························· 89
  - 3.2　在 MATLAB 中计算及观察二维 DFT ··· 92
  - 3.3　频域滤波 ··· 95
    - 3.3.1　基础知识 ·································· 95
    - 3.3.2　DFT 滤波的基本步骤 ············· 99
    - 3.3.3　频域滤波的 M-函数 ··············· 100
  - 3.4　从空域滤波器获得频域滤波器 ········· 101

3.5 在频域中直接生成滤波器············105
 3.5.1 建立网格数组以实现
    频域滤波器············105
 3.5.2 频域低通(平滑)滤波器············106
 3.5.3 线框及表面绘制············108
3.6 高通(锐化)频域滤波器············111
 3.6.1 高通滤波函数············112
 3.6.2 高频强调滤波············113
3.7 选择性滤波············115
 3.7.1 带阻和带通滤波器············115
 3.7.2 陷波带阻和陷波带通
    滤波器············117
3.8 小结············122

第4章 图像复原············123
4.1 图像退化/复原处理的模型············123
4.2 噪声模型············124
 4.2.1 用 imnoise 函数为图像
    添加噪声············124
 4.2.2 用给定分布产生空间
    随机噪声············125
 4.2.3 周期噪声············132
 4.2.4 估计噪声参数············135
4.3 仅有噪声的复原——
  空间滤波············139
 4.3.1 空间噪声滤波器············139
 4.3.2 自适应空间滤波器············142
4.4 通过频域滤波减少周期噪声············144
4.5 退化函数建模············144
4.6 直接逆滤波············146
4.7 维纳滤波············147
4.8 约束的最小二乘法(规则化)
  滤波············149
4.9 利用露西-理查德森算法的
  迭代非线性复原············151
4.10 盲去卷积············154
4.11 来自投影的图像重建············155
 4.11.1 背景············155
 4.11.2 平行射束投影和
    雷登变换············156
 4.11.3 傅立叶切片定理与
    滤波反投影············158
 4.11.4 滤波器的实现············160
 4.11.5 利用扇形射束的滤波
    反投影重建············161
 4.11.6 函数 radon············161
 4.11.7 函数 iradon············163
 4.11.8 扇形射束的数据处理············166
4.12 小结············173

第5章 几何变换与图像配准············175
5.1 点变换············175
5.2 仿射变换············179
5.3 投影变换············181
5.4 应用于图像的几何变换············182
5.5 MATLAB 中的图像
  坐标系统············184
 5.5.1 输出图像位置············186
 5.5.2 控制输出网格············188
5.6 图像内插············190
 5.6.1 二维内插············192
 5.6.2 内插方法的比较············193
5.7 图像配准············194
 5.7.1 配准处理············195
 5.7.2 使用 cpselect 的手工
    特征选择和匹配············195
 5.7.3 使用 cp2tform 推断
    变换参数············196
 5.7.4 观察对准的图像············197
 5.7.5 基于区域的配准············199
 5.7.6 基于特征的自动配准············202
5.8 小结············203

第6章 彩色图像处理············205
6.1 在 MATLAB 中彩色图像的
  表示············205
 6.1.1 RGB 图像············205

6.1.2 索引图像 ……………………… 207
6.1.3 处理 RGB 图像和索引
图像的函数 ……………… 210
6.2 彩色空间之间的转换 ………………… 213
6.2.1 NTSC 彩色空间 …………… 213
6.2.2 YCbCr 彩色空间 ………… 214
6.2.3 HSV 彩色空间 …………… 214
6.2.4 CMY 和 CMYK
彩色空间 ………………… 215
6.2.5 HSI 彩色空间 …………… 216
6.2.6 独立于设备的彩色空间 …… 222
6.3 彩色图像处理的基础知识 …………… 229
6.4 彩色变换 …………………………… 230
6.5 彩色图像的空间滤波 ………………… 237
6.5.1 彩色图像的平滑处理 ……… 237
6.5.2 彩色图像的锐化处理 ……… 240
6.6 直接在 RGB 矢量空间中
处理 ……………………………… 241
6.6.1 使用梯度的彩色边缘检测 …… 241
6.6.2 在 RGB 向量空间中
分割图像 ………………… 244
6.7 小结 ………………………………… 247

第 7 章 小波 …………………………… 249
7.1 背景 ………………………………… 249
7.2 快速小波变换 ……………………… 251
7.2.1 使用小波工具箱的 FWT …… 252
7.2.2 不使用小波工具箱的 FWT … 257
7.3 小波分解结构的处理 ………………… 264
7.3.1 不使用小波工具箱编辑
小波分解系数 …………… 266
7.3.2 显示小波分解系数 ……… 270
7.4 快速小波反变换 …………………… 274
7.5 图像处理中的小波 ………………… 278
7.6 小结 ………………………………… 282

第 8 章 图像压缩 ……………………… 283
8.1 背景 ………………………………… 283
8.2 编码冗余 …………………………… 286

8.2.1 霍夫曼码 ………………… 289
8.2.2 霍夫曼编码 ……………… 293
8.2.3 霍夫曼译码 ……………… 298
8.3 空间冗余 …………………………… 305
8.4 不相关的信息 ……………………… 309
8.5 JPEG 压缩 ………………………… 311
8.5.1 JPEG ……………………… 312
8.5.2 JPEG 2000 ……………… 317
8.6 视频压缩 …………………………… 324
8.6.1 MATLAB 图像序列和
电影 ……………………… 325
8.6.2 时间冗余和运动补偿 …… 327
8.7 小结 ………………………………… 334

第 9 章 形态学图像处理 ……………… 335
9.1 预备知识 …………………………… 335
9.1.1 集合论中的基本概念 …… 335
9.1.2 二值图像、集合及
逻辑算子 ………………… 337
9.2 膨胀和腐蚀 ………………………… 338
9.2.1 膨胀 ……………………… 338
9.2.2 结构元的分解 …………… 340
9.2.3 `strel` 函数 ……………… 341
9.2.4 腐蚀 ……………………… 343
9.3 膨胀与腐蚀的结合 ………………… 345
9.3.1 开操作和闭操作 ………… 345
9.3.2 击中或击不中变换 ……… 347
9.3.3 运用查询表 ……………… 349
9.3.4 `bwmorph` 函数 …………… 353
9.4 标记连通分量 ……………………… 355
9.5 形态学重建 ………………………… 358
9.5.1 通过重建进行开操作 …… 359
9.5.2 填充孔洞 ………………… 359
9.5.3 清除边界物体 …………… 360
9.6 灰度级形态学 ……………………… 360
9.6.1 膨胀和腐蚀 ……………… 361
9.6.2 开操作和闭操作 ………… 362
9.6.3 重建 ……………………… 366
9.7 小结 ………………………………… 369

第 10 章　图像分割 ……………………… 371

10.1　点、线和边缘检测 ………… 371
10.1.1　点检测 ………………… 372
10.1.2　线检测 ………………… 373
10.1.3　使用函数 edge 的边缘检测 …………………… 374

10.2　使用霍夫变换的线检测 …… 381
10.2.1　背景 …………………… 381
10.2.2　与霍夫变换有关的工具箱函数 ……………… 383

10.3　阈值处理 …………………… 386
10.3.1　基础知识 ……………… 386
10.3.2　基本全局阈值处理 …… 387
10.3.3　使用 Otsu's 方法的最佳全局阈值处理 ………… 388
10.3.4　使用图像平滑改进全局阈值处理 ……………… 391
10.3.5　使用边缘改进全局阈值处理 …………………… 392
10.3.6　基于局部统计的可变阈值处理 ………………… 396
10.3.7　使用移动平均的图像阈值处理 ………………… 398

10.4　基于区域的分割 …………… 400
10.4.1　基本表达式 …………… 401
10.4.2　区域生长 ……………… 401
10.4.3　区域分离和聚合 ……… 404

10.5　使用分水岭变换的分割 …… 408
10.5.1　使用距离变换的分水岭分割 …………………… 409
10.5.2　使用梯度的分水岭分割 ………………………… 410
10.5.3　控制标记符的分水岭分割 ……………………… 411

10.6　小结 ………………………… 413

第 11 章　表示与描述 ……………………… 415

11.1　背景知识 …………………… 415
11.1.1　用于提取区域及其边界的函数 ………………… 416
11.1.2　本章使用的 MATLAB 和 IPT 附加函数 ……… 419
11.1.3　一些基本的实用 M-函数 ……………………… 420

11.2　表示 ………………………… 422
11.2.1　链码 …………………… 422
11.2.2　使用最小周长多边形的多边形近似 …………… 424
11.2.3　标记 …………………… 430
11.2.4　边界片段 ……………… 431
11.2.5　骨骼 …………………… 432

11.3　边界描述子 ………………… 433
11.3.1　一些简单的描述子 …… 433
11.3.2　形状数 ………………… 434
11.3.3　傅立叶描述子 ………… 435
11.3.4　统计矩 ………………… 438
11.3.5　拐角 …………………… 439

11.4　区域描述子 ………………… 445
11.4.1　函数 regionprops ……… 445
11.4.2　纹理 …………………… 447
11.4.3　不变矩 ………………… 456

11.5　主分量描述 ………………… 458

11.6　小结 ………………………… 466

附录 A　M-函数汇总 ……………………… 467

附录 B　ICE 和 MATLAB 的图形用户界面 ……………………… 485

附录 C　附加的自定义 M-函数 …………… 507

参考文献 …………………………………… 557

索引 ………………………………………… 561

第1章

绪 言

数字图像处理的特点在于需要完成大量的实验工作来确立对给定问题的求解方法。本章概括性地介绍如何把数字图像处理中的基础理论和现代软件集成为原型环境,以便为解决图像处理中的各类问题提供一组良好的支持工具。

1.1 背景知识

图像处理系统基础设计的重要特点是测试和实验的有效程度,正常情况下,这在得出可接受的解决办法之前是必要的。这一特点意味着在实现时,公式化方法和快速原型候选求解能力在减少运算开销和时间方面会起重要作用。

以教学素材的方式在软件环境的充分支持下填补理论和应用之间空白的著作并不多。本书的宗旨是将宽泛的理论概念与用现代图像处理软件工具实现这些概念所需的知识集成在一起。在后续章节中,素材的基础理论主要来自 Gonzalez 和 Woods 合著的引领性教科书《数字图像处理》。软件代码和支持工具则基于 MathWorks 公司开发的在数字图像处理领域处于领先地位的软件:MATLAB 及图像处理工具箱(见 1.3 节)。书中的素材与 Gonzalez 和 Woods 合著图书常用的结构、符号及风格相同,这样,两本书相互对照就变得简单了。

本书自成系统。为了熟练掌握本书的内容,读者应该已经掌握图像处理方面的入门知识,或者学习本科高年级或研究生一年级的正规课程,或者具有自学编程所必需的背景。我们还假设读者熟悉 MATLAB 以及初步的计算机编程基础知识。因为 MATLAB 是面向矩阵的语言,掌握矩阵分析的基本知识也是很有帮助的。

本书以原理为基础,以教材的形式进行组织和介绍,而不是一本手册。因而,在开发任何新的程序之前都首先会介绍理论和软件的基本概念。通过列举大量的例子来说明和进一步阐述本书的概念,这些例子涵盖医学、工业检测、遥感乃至天文学等领域。利用这种编排方法,可以循序渐进地介绍简单概念乃至图像处理算法的复杂实现。然而,已经熟悉 MATLAB、图像处理工具箱(Image Processing Toolbox,IPT)和图像处理基础知识的读者可以直接转入自己感兴趣的具体应用;在这种情况下,书中的函数可作为工具箱函数的扩展来使用。本书开发的所有新函数都备有文档资料,并且每个函数的代码都包括在各章或附录 C 中。

本书后续章节开发了 120 多个自定义函数。这些函数将图像处理工具箱中大约 270 个函数集扩充了近 45%。另外,为了配合特殊应用,新函数还列举了例子,说明如何把已有的 MATLAB

和 IPT 函数与新的源码结合在一起,以便在数字图像处理中较宽泛的领域内开发原型求解方案。工具箱函数及本书开发的函数可在大多数操作系统下运行。本书的配套学习资源网站提供了完整的列表(见 1.5 节)。

1.2 什么是数字图像处理

一幅图像可以定义为一个二维函数 $f(x, y)$,这里的 x 和 y 是空间坐标,而在任意坐标 (x, y) 处的幅度 f 被称为这一坐标位置图像的亮度或灰度。当 x、y 和 f 的幅值都是有限的离散值时,称图像为数字图像。数字图像处理的研究领域就是借助计算机处理数字图像。注意,数字图像由有限数量的元素组成,每个元素都有特殊的位置和数值。这些元素称为画像元素(picture element)、图像元素(image element)和像素(pixel)。像素是定义数字图像元素时使用最广泛的术语。在 1.7.5 节将正式讨论这些定义。

视觉是我们感觉中最高级的感知,因此,图像在人类感知中起着唯一最重要的作用并不奇怪。人类视觉被限制在电磁波谱的可视波段,而成像机器则几乎覆盖全部电磁波谱,范围从伽马射线到无线电波。它们还可以对那些由人类不常涉及的图像源产生的图像进行处理,包括由超声波、电子显微镜和计算机产生的图像。这样,数字图像处理就包含了很广泛的应用领域。

关于图像处理涉及的领域到哪里中止并没有统一的见解。例如,开始时认为到图像分析和计算机视觉为止。有时把图像处理定义为一个学科,即输入和输出都是图像处理的过程,以便进行界定。我们相信这存在局限性,并且有点人为界定的意思。例如,在这个定义之下,甚至计算图像的平均灰度这种简单任务都将认为不是图像处理操作。另一方面,有的领域,比如计算机视觉,最终目的是采用计算机效仿人类视觉,包括学习和作出推理,并根据视觉输入采取行动。这个领域本身就是人工智能的一个分支,目标就是模仿人类智能。人工智能的研究领域从发展的意义上看还处于初期阶段,进展要比通常预期的慢得多。图像分析领域(也称为图像理解)则介于图像处理和计算机视觉之间。

图像处理和计算机视觉之间并没有清晰的划分界限。然而一个有用的范例是在这个连续的统一体中考虑三类计算机处理:低级、中级和高级处理。低级处理包括原始操作,如降低噪声的图像预处理、对比度增强和图像锐化。低级处理的特点是输入与输出通常都是图像。图像的中级处理包括诸如分割(把图像分为区域或目标)这样的任务,对这些目标进行描述,把它们缩减为适合计算机处理的形式,并对单个目标进行分类(识别)。中级处理的特点是,输入通常是图像,输出则是从这些图像中提取的特征(如边缘、轮廓和单个目标的特性)。最后,高级处理包括对识别的目标进行总体了解,正如在图像分析以及在连续的统一体的远端那样,执行通常与人类视觉相关的认知功能。

基于前面的讲解可知,刚刚讨论的处理之间并没有明确划分的边界;我们看到,图像处理和图像分析的合理重叠区域是中级处理偏上的末端。这样一来,我们在本书中所称的数字图像处理就将包括输入和输出都是图像的处理,以及从图像中提取特性的处理。正像将在后续章节中看到的那样,这一定义范围跨越许多领域,给人们带来了巨大的社会和经济价值。

1.3 MATLAB 和图像处理工具箱的背景知识

MATLAB 对于技术计算来说是一种高性能语言。MATLAB 在易于使用的环境中集成了计算、可视化和编程，在这种环境中，问题及解答以常用的数学表示法来表达。典型的应用包括如下方面：

- 数学和计算
- 算法开发
- 数据获取
- 建模、仿真和原型设计
- 数据分析、研究和可视化
- 科学和工程图形
- 应用开发，包括构建图形用户界面

MATLAB 是一种交互系统，其中的基本数据元素是矩阵。这就允许对许多技术计算问题明确地表达求解，特别是涉及矩阵表示的问题。有时，MATLAB 可调用使用 C 这类非交互语言编写的程序。

MATLAB 这一名称代表"矩阵实验室"。MATLAB 原本写成容易访问的矩阵和线性代数软件，而以前需要编写 FORTRAN 程序才能使用。今天，MATLAB 融合了现代的数值计算软件，并专门针对现代的处理器和存储器结构进行了高度优化。

在高等院校中，对于数学、工程和科学理论中的入门和高级课程，MATLAB 都是标准的计算工具。在工业领域，MATLAB 对于研究、开发和分析也是首选的计算工具。MATLAB 中补充了一系列针对特定应用的工具箱。图像处理工具箱是 MATLAB 函数(称为 M-函数或 M-文件)的集合，扩展了 MATLAB 解决图像处理问题的能力。其他有时用于补充图像处理工具箱的工具箱是信号处理、神经元网络、模糊逻辑及小波工具箱。

MATLAB & Simulink Student Version(学生版)是包括 MATLAB 全部功能、IPT 和其他一些有用工具箱的软件产品，可在大学书店和 MathWorks 网站(www.mathworks.com)以较大的折扣购买。

1.4 本书涵盖的图像处理范围

本书每一章都包含为实现这一章中讨论的图像处理方法所需的相关 MATLAB 和 IPT 材料。当实现某种特殊方法的 MATLAB 或工具箱函数不存在时，就开发新的函数并对之加以说明。正如前面提到的那样，本书包括了所有新函数。剩余的 10 章包括以下内容：

第 2 章：灰度变换与空间滤波。该章详细讨论如何用 MATLAB 和 IPT 实现灰度变换函数，并详细说明了线性和非线性滤波。该章还开发了一套用于模糊灰度变换和进行空间滤波的基本函数。

第 3 章：频域处理。该章讨论如何用工具箱函数计算正反二维快速傅立叶变换，如何显示傅立叶谱，以及如何在频域实现滤波。此外还介绍了从特定的空间滤波器生成频域滤波器的方法。

第 4 章：图像复原。该章讨论了传统的线性复原方法，如维纳滤波；讨论和说明了迭代的非线性方法，比如里查得森-露西(Richardson-Lucy)方法和盲解卷积的最大似然估计。该章还探讨了投影的图像重建以及在 CT(Computed Tomography)中如何应用该方法。

第 5 章：几何变换与图像配准。该章讨论几何图像变换的基本形式和实现技术，如仿射和投影变换。还讨论内插方法，讨论了不同的图像配准技术，并给出变换、配准和可视化方法的示例。

第 6 章：彩色图像处理。该章讨论伪彩色和全彩色图像处理，讨论了可用于数字图像处理的彩色模型，并通过附加彩色模型扩展了彩色处理中的 IPT 功能。该章还介绍了边缘检测和区域分割中彩色的应用。

第 7 章：小波。IPT 中没有小波变换函数。虽然 MathWorks 提供了一个小波工具箱，但该章还是开发了小波变换函数的独立集合，允许读者去实现在 Gonzalez 和 Woods 合著的《数字图像处理》第 7 章中讨论的所有小波变换的概念。

第 8 章：图像压缩。工具箱没有任何数据压缩函数，该章开发了可用于这一目的的函数集。

第 9 章：形态学图像处理。该章解释并说明了 IPT 中大量用于二值图像和灰度图像形态学图像处理的函数。

第 10 章：图像分割。该章解释并说明了用于图像分割的工具箱函数集，还讨论了针对霍夫变换处理的函数，并开发了定制的区域生长和阈值处理函数。

第 11 章：表示与描述。该章开发了包括链码和多边形表示在内的表示和描述目标物的一些新函数。这些新函数还包括傅立叶描述子、纹理和矩不变量的目标描述。这些函数是 IPT 中区域特性函数的扩展集合。

除上述内容外，本书还包括三个附录：

附录 A：综述了 IPT 和本书开发的自定义图像处理函数，还包括相关的 MATLAB 函数。这是非常有用的参考，提供了在工具箱和本书中所有函数的概览。

附录 B：讨论了在 MATLAB 中图形用户界面(GUI)的实现。GUI 补充了本书的材料，因为它们简化了交互函数的控制，使这个过程变得更加直观。

附录 C：当在某一章中开发函数时，该章的正文中会列出许多自定义函数的代码，但某些函数在附录 C 中列出，目的在于不影响正文中描述的连贯性。

1.5 本书配套学习资源网站

本书的特色之一是提供网站支持，网址是 www.ImageProcessingPlace.com。

该网站对于本书在如下方面提供支持：

- M-文件的可用性，包括本书中所有 M-文件的可执行版本
- 指南
- 计划
- 授课材料
- 链接数据库(包括本书中的所有图像)
- 本书的更新
- 出版背景

该网站还支持 Gonzalez 和 Woods 合著的书籍，以便在教学和研究方面提供全面支持。

1.6 符号

本书中的公式用大家熟悉的斜体和希腊字符排版,例如 $f(x, y)=A\sin(ux + vy)$ 和 $\varphi(u, v) = \tan^{-1}[I(u, v)/R(u, v)]$。所有 MATLAB 函数名和符号都以等宽字体排版,例如 `fft2(f)`、`logical(A)` 和 `roipoly(f,c,r)`。

当指的是键盘上的按键时,我们使用粗体,例如 **Return** 和 **Tab**。当指的是计算机屏幕或菜单中的选项时,我们也用粗体,例如 **File** 和 **Edit**。

1.7 MATLAB 基础

MATLAB 带给数字图像处理的是范围广泛的用于处理多维阵列的函数集合,其中的图像(二维数字阵列)是特殊情况。如前所述,IPT 是把 MATLAB 数字计算功能扩展到图像处理的函数集合。本节将介绍 MATLAB 的基础知识,讨论一些基本 IPT 特性和函数,并开始讨论编程概念。本节内容是本书其余部分讨论的大多数与软件相关的内容的基础。

1.7.1 MATLAB 桌面

MATLAB 桌面是 MATLAB 的主要工作环境,是针对诸如运行 MATLAB 命令、观察输出、编辑和管理文件及变量,以及观察会话历史的图形工具集。图 1-1 显示了默认配置的 MATLAB 桌面。显示的 MATLAB 桌面由命令窗口、工作空间浏览器、当前目录浏览器和历史命令窗口组成。图 1-1 中显示的图窗用于显示图像和图形。

图 1-1 MATLAB 桌面及其主要组成部分

命令窗口是在提示符(>>)处键入 MATLAB 命令的地方。例如,用户可以调用 MATLAB 函数或给变量赋值。在会话中创建的变量集称为工作空间，它们的值和特性可在工作空间浏览器中看到。

矩形窗口的最上边显示了用户的当前目录，通常包含通往用户在指定时间正在处理的文件的路径。可通过当前目录区右侧的箭头或浏览按钮来更改当前目录。可以在当前目录浏览器中观察和操作当前目录中的文件。

历史命令窗口显示在命令窗口中执行过的 MATLAB 语句的运行记录。运行记录包括当前和以前的会话。用户可以于历史命令窗口中在以前语句上右击并复制它们，重新执行它们，或以文件的形式存储它们。这些特性对于在会话工作中用各种命令进行实验，或在以前的会话中重复执行运算是很有用的。

MATLAB 用搜索路径寻找 M-文件和其他与 MATLAB 有关的文件，它们在计算机文件系统中以目录的方式来组织。任何在 MATLAB 中运行的文件都必须驻留在当前目录中，抑或驻留在搜索路径的目录中。默认情况下，由 MATLAB 和 MathWorks 工具箱提供的文件包含在搜索路径中。要观看哪些目录在搜索路径上，以及添加或修改路径，最简便的方法是从桌面的 **File** 菜单中选择 **Set Path**，然后使用 **Set Path** 对话框。最好把常用的目录添加到搜索路径上，以免不得不重复浏览这些目录位置。

在提示符处键入 `clear` 可从工作空间移除所有变量。这就释放了系统内存。类似地，键入 `clc` 可清除命令窗口的所有内容。要了解其他的用法和语法形式，请参阅帮助页面。

1.7.2 使用 MATLAB 编辑器和调试器

MATLAB 编辑器和调试器(或简称为编辑器)是最重要且最常用的桌面工具，主要目的是创建和编辑 MATLAB 函数和源文件。这些文件称为 M-文件，因为它们的文件扩展名是 .m，比如 `pixeldup.m`。MATLAB 编辑器用色彩来强调不同的 MATLAB 代码元素，同时分析代码以提供改进建议。编辑器是处理 M-文件的首选工具。使用编辑器，用户可在代码执行期间设置调试断点、检查变量，并且单步调试代码行。最后，编辑器可发布 MATLAB M-文件，并产生输出以形成诸如 HTML、LaTeX、Word 和 PowerPoint 等格式的文件。

为了打开编辑器，在命令窗口中的提示符处键入 `edit`。类似地，在提示符处键入 `edit filename`，可在编辑器窗口中打开 M-文件 `filename.m` 供编辑。这个文件必须位于当前目录中，或者位于搜索路径上的目录中。

1.7.3 获得帮助

获得帮助的主要方法是使用 MATLAB 的帮助浏览器(Help Browser)，通过单击桌面工具栏上的问号(?)，或者在命令窗口中的提示符处键入 `doc` 来打开专用窗口。帮助浏览器由两个窗格组成：用于寻找信息的帮助导航窗格(help navigator pane)和用于观察信息的显示窗格(display pane)。导航窗格上标签的作用不言自明，用于执行搜索。例如，特殊函数的帮助是通过选择 **Search** 标签，然后在 **Search for** 文本框中键入函数名得到的。在 MATLAB 会话开始后，最好打开帮助浏览器，以便在代码开发或执行其他 MATLAB 任务期间得到帮助。

针对特定函数得到帮助的另一个方法是在命令提示符处键入 `doc` 和函数名，例如键入 `doc file_name`，随后将在帮助浏览器的显示窗格中显示函数 `file_name` 的参考页面。若浏览器未打开，这个命令会打开浏览器。`doc` 函数还针对用户编写的包含帮助文本的 M-文件进行工作。关于 M-文件的帮助的解释，请参见 1.7.8 一节。

当后续章节介绍 MATLAB 和 IPT 函数时，我们常常仅给出有代表性的语句形式和描述。这样做的原因有两个：一是受本书的篇幅限制，二是防止讨论离题。在这些情况下，我们仅介绍以之前讨论的形式执行相应函数所需的语法。在熟悉 MATLAB 文档工具后，你可以非常方便地详细了解自己感兴趣的函数。

最后，如果本地文件对某个主题的讨论不够全面，请参阅 1.3 节介绍的 MathWorks 网站，该网站包含大量的帮助材料、有影响的函数和其他资源。对于附加的 MATLAB 和 M-函数，可访问本书的配套学习资源网站(见 1.5 节)。

1.7.4 保存和检索工作数据

在 MATLAB 中，可以通过多种方法保存和加载完整的工作会话(工作空间浏览器中的内容)或所选的工作空间变量。最简单的方法如下：为保存完整的工作区，在工作空间浏览器窗格的任何空白处右击，并在出现的菜单中选择 **Save Workspace As**。这将打开目录窗口，允许命名文件以及在系统中选择任何文件夹，并在文件夹中保存文件。然后单击 **Save**。为了保存在工作空间中选择的变量，用左键选择变量，然后在强调区域右击。此后从出现的菜单中选择 **Save Selection As**。这将打开一个窗口，用户可从中选择某个文件夹来保存工作区间变量。为了选择多个变量，可以采用大家熟悉的 **Shift** 单击或 **Ctrl** 单击方法，然后使用保存单个变量的过程。所有文件都以带有扩展名 .mat 的二进制格式存储。如前所述，这些保存过的文件通常称为 MAT 文件。例如，名为 mywork_2009_02_10 的会话在保存时，将以 MAT 文件 mywork_2009_02_10.mat 出现。与此类似，一幅名为 final_image 的保存过的图像(在工作空间中是单个变量)，将以 final_image.mat 的形式出现。

要加载保存过的工作空间或变量，可在工作空间浏览器窗格的工具条上单击文件夹图符。这将打开一个窗口，从中可选择含有感兴趣的 MAT 文件的文件夹。在选中的 MAT 文件上双击或选择 **Open**，可将被恢复的文件内容返回到工作空间浏览器窗格中。

在提示符处键入带有合适的文件名及路径信息的 save 和 load 命令，也可以实现前面描述的结果。这种方法不太方便，但当菜单方法不适用时，只能采用这种方法。在编写用来保存和加载工作空间变量的 M-文件时，save 和 load 函数也十分有用。这里建议并鼓励读者使用帮助浏览器来更多地了解这两个函数的信息。

1.7.5 数字图像的表示

一幅图像可以被定义为一个二维函数 $f(x,y)$，其中的 x 和 y 是空间(平面)坐标，在任何坐标 (x,y) 处的幅度 f 被称为图像在这一位置的亮度。"灰度"通常是用来表示黑白图像亮度的术语，彩色图像是由独立的图像组合而形成的。例如，在 RGB 彩色系统中，一幅彩色图像是由称为红、绿、蓝原色图像的 3 幅独立的单色(或分量)图像组成的。因此，许多为黑白图像处理开发的技术也适用于彩色图像处理，方法是分别处理 3 幅独立的分量图像即可。彩色图像处理将在第 6 章讲解。

图像在 x 和 y 坐标，以及在幅度上是连续的。要将这样的一幅图像转换成数字形式，要求对坐标和幅度进行数字化。将坐标值数字化称为取样，将幅值数字化称为量化。因此，当 x、y 分量及幅值 f 都是有限且离散的量时，我们称图像为数字图像。

1. 坐标约定

取样和量化的结果是实数矩阵。本书采用两种主要方法来表示数字图像。假设对一幅图像 $f(x,y)$ 进行采样后，可得到一幅 M 行、N 列的图像，我们称这幅图像的大小是 $M \times N$。相应的值是离散的。为使符号清晰和方便起见，这些离散的坐标都取整数。在很多图像处理书籍中，图像的原点被定义为 $(x,y)=(0,0)$。图像中沿着第 1 行的下一坐标点为 $(x,y)=(0,1)$。符号 $(0,1)$ 用来表示沿着第 1 行的第 2 个取样。当图像被取样时，并不意味着在物理坐标中存在实际值。图 1-2(a) 显示了这一坐标约定。注意 x 是从 0 到 $M-1$ 的整数，y 是从 0 到 $N-1$ 的整数。

图像处理工具箱中表示数组使用的坐标约定与前面描述的坐标约定有两处不同。首先，工具箱用 (r,c) 而不是 (x,y) 来表示行与列。然而，坐标顺序与前面讨论的是一样的。在这种情况下，坐标对 (a,b) 的第 1 个元素表示行，第 2 个元素表示列。其次，这个坐标系统的原点在 $(r,c)=(1,1)$ 处。因此，r 是从 1 到 M 的整数，c 是从 1 到 N 的整数。图 1-2(b) 说明了这一坐标约定。

图像处理工具箱文档引用图 1-2(b) 中的坐标作为像素坐标。工具箱还使用另一种较少用的坐标约定，称为空间坐标，以 x 表示列，以 y 表示行，这与我们使用的变量 x 和 y 相反。在本书中，除少量例外情况，将不使用工具箱的空间坐标约定，但很多 MATLAB 函数会用到，你在工具箱和 MATLAB 文档中肯定会遇到这种情况。

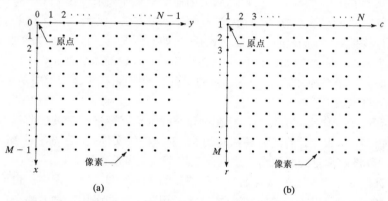

图 1-2 坐标约定：(a) 多数图像处理书籍采用的坐标约定；(b) 图像处理工具箱中采用的坐标约定

2. 图像的矩阵表示

根据图 1-2(a) 中的坐标系统和上述讨论，我们可以得到数字图像的下列表示：

$$f(x,y) = \begin{bmatrix} f(0,0) & f(0,1) & \cdots & f(0,N-1) \\ f(1,0) & f(1,1) & \cdots & f(1,N-1) \\ \cdots & \cdots & \cdots & \cdots \\ f(M-1,0) & f(M-1,1) & \cdots & f(M-1,N-1) \end{bmatrix}$$

等式右边是定义的一幅数字图像。阵列中的每个元素都被称为图像元素、图画元素或像素。在后面的讨论中，图像(image)和像素(pixel)这两个术语将用来表示数字图像及其元素。

可将数字图像表示成 MATLAB 矩阵：

$$f = \begin{bmatrix} f(1,1) & f(1,2) & \cdots & f(1,N) \\ f(2,1) & f(2,2) & \cdots & f(2,N) \\ \cdots & \cdots & \cdots & \cdots \\ f(M,1) & f(M,2) & \cdots & f(M,N) \end{bmatrix}$$

其中，$f(1, 1)=f(0, 0)$(注意，等宽字体用来表示 MATLAB 的量)。很明显，这两种表示除了原点的平移之外，其他都是相同的。符号 $f(p, q)$ 表示第 p 行、第 q 列的元素。例如，$f(6, 2)$ 是指矩阵 `f` 中第 6 行、第 2 列的元素。一般我们用字母 M 和 N 分别表示矩阵中的行与列。$1×N$ 矩阵被称为行向量，$M×1$ 矩阵被称为列向量，$1×1$ 矩阵则被称为标量。

MATLAB 中的矩阵通过矩阵名，比如 `A`、`a`、`RGB`、`real_array` 等以变量形式存储。变量必须由字母开头，只能由字母、数字和下划线组成。正如在前面提到的那样，本书中的所有 MATLAB 量都用等宽字体来表示。我们使用常见的斜体罗马字符，比如 $f(x, y)$，作为数学表达式。

1.7.6 图像的输入/输出和显示

可以使用函数 `imread` 将图像读入 MATLAB 环境，`imread` 的基本语法是：

`imread ('filename')`

此处，`filename` 是含有图像文件全名的字符串(包括任何可用的扩展名)。例如语句：

`>> f = imread ('chestxray.jpg') ;`

将 JPEG 图像 `chestxray` 读取到图像数组 `f` 中。注意，单引号(')是用来界定 `filename` 文件名字符串的，而命令行结尾处的分号在 MATLAB 中用于禁止输出。假如命令行中未包括分号，MATLAB 将显示这一命令行指定的运算结果。当在 MATLAB 命令行窗口中出现提示符(>>)时，表明命令行的开始(如图 1-1 所示)。

使用 `imshow` 函数在 MATLAB 桌面显示图像，`imshow` 的基本语法是：

`imshow(f)`

其中，`f` 是图像数组，下边的语句也可以显示在图 1-1 所示的命令窗口中，从磁盘读取名为 `rose_512.tif` 的图像并用 `imshow` 函数进行显示：

`>> f = imread('rose_512.tif');`
`>> imshow(f)`

图 1-1 显示了在屏幕上的输出。注意，图窗编号出现在最终得到的图窗的左上部。如果另一幅图像 `g` 随后用 `imshow` 来显示，MATLAB 就用新图像取代图窗中的图像。为了保留第 1 幅图像并输出第 2 幅图像，可使用如下 `figure` 函数：

`>> figure, imshow(g)`

使用 `imwrite` 函数将图像写入当前目录，`imwrite` 的基本语法如下：

`imwrite(f, 'filename')`

函数 `imwrite` 还可以有其他参数，具体取决于要写入的文件格式。后续章节中的大多数工作不是处理 JPEG 图像，就是处理 TIFF 图像，因此我们把注意力放在这两种格式上。

一种更常用但仅适用于 JPEG 图像的 `imwrite` 语法是：

`imwrite(f, 'filename.jpg', 'quality', q)`

其中，q 是介于 0 到 100 的整数(缘于 JPEG 压缩，q 越小，图像的退化就越严重)。仅适用于 TIF 图像的更常用的 imwrite 语法如下：

```
imwrite(g, 'filename.tif', 'compression', 'parameter', ...
                  'resolution', [colres rowres])
```

其中，parameter 可以采用下列取值：'none'(指出没有压缩)、'packbits'(默认的非二值图像)、'lwz'、'deflate'、'jpeg'、'ccitt'(仅针对二值图像，为默认值)、'fax3'(仅针对二值图像)和'fax4'。1×2 数组 [colres rowres] 包含两个整数，以每单位点数(dots-per-unit)给出列分辨率和行分辨率(默认值是[72 72])。例如，如果图像的维数以英寸计，那么 colres 是垂直方向上每英寸的点数，同样，rowres 是水平方向上每英寸的点数。用单个标量 res 指定分辨率等同于写成[res res]。

1.7.7 类和图像类型

虽然使用的是整数坐标，但 MATLAB 中的像素值(亮度)并未限制为整数。表 1-1 列出了 MATLAB 和图像处理工具箱为描述像素值而支持的各种类。表中的前 8 项是数值型的数据类，第 9 项称为字符类，最后一项称为逻辑类。

uint8 和 logical 类广泛用于图像处理，当以 TIFF 或 JPEG 图像文件格式读取图像时，会用到这两个类。这两个类用 1 个字节表示每个像素。某些科研数据源，比如医学成像，要求提供超出 uint8 的动态范围；针对此类数据，会采用 uint16 和 int16 类。这两个类为每个矩阵元素使用 2 个字节。针对计算灰度的操作，比如傅立叶变换(见第 3 章)，使用 double 和 single 浮点类。双精度浮点数每个数组元素使用 8 个字节，而单精度浮点数使用 4 个字节。尽管工具箱支持 int8、uint32 和 int32 类，但在图像处理中并不常用。

表 1-1 MATLAB 中用于图像处理的类。前 8 项是数值型的数据类，第 9 项是字符类，最后一项是逻辑类。MATLAB 还支持 int64 和 uint64，但工具箱不支持它们

名 称	描 述
double	双精度浮点数，范围为 $\pm 10^{308}$(每像素 8 字节)
single	单精度浮点数，范围为 $\pm 10^{38}$，(每像素 4 字节)
unit8	无符号 8 比特整数，范围为[0, 255](每像素 1 字节)
unit16	无符号 16 比特整数，范围为[0, 655 35](每像素 2 字节)
unit32	无符号 32 比特整数，范围为[0, 429 496 729 5](每像素 4 字节)
int8	有符号 8 比特整数，范围为[−128, 127](每像素 1 字节)
int16	有符号 16 比特整数，范围为[−327 68, 327 67](每像素 2 字节)
int32	有符号 32 比特整数，范围为[−214 748 364 8，214 748 364 7](每像素 4 字节)
char	字符(每像素 2 字节)
logical	值为 0 和 1(每像素 1 字节)

工具箱支持 4 种图像类型：
- 灰度图像

- 二值图像
- 索引图像
- RGB 图像

大多数单色图像的处理运算都是通过二值图像或灰度图像来进行的，所以我们首先重点研究这两种图像。索引图像和 RGB 彩色图像将在第 6 章中讨论。

1. 灰度图像

灰度图像是数据矩阵，矩阵的值表示灰度浓淡。当灰度图像的元素是 uint8 或 uint16 类时，它们分别具有范围为[0,255]或[0,655 35]的整数值。如果图像是 double 或 single 类，值就是浮点数(见表 1-1 的前两项)。double 或 single 灰度图像的值通常被归一化标定为[0,1]范围内，但也可以使用其他范围的值。

2. 二值图像

二值图像在 MATLAB 中具有非常特殊的意义。二值图像是取值只有 0 和 1 的逻辑数组。因而，只包含 0 和 1 数据类的数组，比如 uint8，在 MATLAB 中就不认为是二值图像。用 logical 函数可以把数值数组转换为二值图像。因此，如果 A 是由 0 和 1 构成的数值数组，就可以使用下列语句创建逻辑数组 B：

```
B = logical(A)
```

如果 A 中含有除了 0 和 1 之外的其他元素，使用 logical 函数就可以将所有非 0 值变换为逻辑 1，而将所有 0 值变换为逻辑 0。也可以使用关系和逻辑算子得到逻辑数组。可使用函数 islogical 来测试数组是否为逻辑类：

```
islogical(c)
```

如果 C 是逻辑数组，此函数将返回 1，否则返回 0。使用通常的类转换语法，可以将逻辑数组转换为数值数组：

```
B = class_name(A)
```

其中，class_name 是 im2uint8、im2uint16、im2double、im2single 或 mat2gray。工具箱函数 mat2gray 可以将图像转换为标定为[0,1]范围的 double 类的数组。调用的语法是：

```
g = mat2gray(A, [Amin, Amax])
```

其中，图像 g 具有范围为 0(黑)到 1(白)的值。特定参数 Amin 和 Amax 使得 A 中小于 Amin 的值，在 g 中变为 0；而在 A 中大于 Amax 的值，在 g 中变为 1。语法是：

```
g = mat2gray(A)
```

设置 Amin 和 Amax 的值为 A 中实际的最大值和最小值。mat2gray 的第 2 种语法是非常有用的工具，因为可以独立于输入的类，把整个输入值的范围标定为[0,1]。这样就消除了裁剪步骤。

3. 对术语的解释

非常有必要阐明类(class)和图像类型(image type)这两个术语的用法。通常，我们讲一幅图像是"class image_type image"，这里的 class 是来自表 1-1 的某项，image_type 是本节开头定义的图像类型之一。这样，一幅图像就是由类(class)和类型(type)来描述的。例如，"uint8 灰度图像"描述语句只是简单地指出一幅灰度图像，其中的像素属于 uint8 类。工具箱中的一些函数支持表 1-1 中列出的所有数据类，其他函数对于建立有效的其他类是非常特殊的。

1.7.8 M-函数编程

MATLAB 最强大的特征之一就是允许用户编写自己特有的新函数。在稍后将看到，MATLAB 函数编程非常灵活并且非常容易学习。

1. M-文件

MATLAB 中的 M-文件可以是简单执行一系列 MATLAB 语句的源文件，也可以是接收自变量并产生一个或多个输出的函数。下面重点介绍 M-文件函数。这些函数将 MATLAB 和 IPT 的功能扩展到访问特定的用户定义的应用程序。

M-文件由文本编辑器创建，并以 filename.m 形式的文件名存储，比如 average.m 以及 filter.m。M-文件的组成部分如下：

- 函数定义行
- H1 语句
- 帮助文本
- 函数主体
- 命令

函数定义行的形式为：

```
function [outputs] = name(inputs)
```

例如，某个计算两幅图像的求和与乘积(两个不同的输出)的函数应该具有如下形式：

```
function [s, p] = sumprod(f, g )
```

其中，f 和 g 是输入图像，s 是求和图像，p 是乘积图像。名称 sumprod 可任意定义(符合本段末尾提到的约束即可)，但 function 总是出现在左侧。注意，输出参量必须位于方括号内，而输入参量位于圆括号内。如果函数只有单个输出参量，可不用括号而直接列出。如果函数没有输出，只需要使用 function，不需要括号或等号。函数名必须以字母开头，后面可以跟字母、数字、下划线的任意组合，但不允许有空格。MATLAB 可以识别长达 63 个字符的函数，再多的字符将被忽略。

函数可在命令提示符中调用，例如：

```
>> [s, p] = sumprod (f, g);
```

也可以被用作其他函数的元素，在这种情况下，这些函数就成为子函数。正如在前面提到的那样，如果输出只有单个变量，也可以不写括号，例如：

```
>> y = sum(x);
```

H1 语句是第一个文本行，也就是函数定义行后面的单独注释行。函数定义行和 H1 语句之间无空行或空格，H1 语句的示例如下：

```
% SUMPROD Computes the sum and product of two images.
```

当用户在 MATLAB 提示符处键入

```
>> help function_name
```

时，H1 语句是最先出现的文本。键入 lookfor keyword 就会显示出所有含有字符串 keyword 的 H1 语句。这提供了关于 M-文件的重要概要信息，所以应尽可能地描述。

帮助文本是紧跟在 H1 语句后面的文本块，二者之间无空行。帮助文本用来为函数提供注释或在线帮助。当用户在提示符后键入 help function_name 时，MATLAB 会显示函数定义行和第一个非注释行(执行语句或空白语句)之间的全部注释行。但帮助系统会忽略帮助文本块后面的任何注释行。

函数主体包含了执行计算并给输出变量赋值的所有 MATLAB 代码。本章后面会列举一些 MATLAB 代码的例子。

符号"%"后面的非 H1 语句或帮助文本的所有行都被认为是函数注释行，它们不是帮助文本的一部分。代码行的末尾可附加注释。

M-文件可以在任何文本编辑器中进行创建和编辑，并以扩展名 .m 保存到指定目录下，通常保存在 MATLAB 搜索路径中。创建和编辑 M-文件的另一种方法是在提示符处使用 edit 函数。例如，如果文件存在于 MATLAB 搜索路径的目录中或者在当前目录下，可键入：

```
>> edit sumprod
```

就会打开文件 sumprod.m 并进行编辑。如果找不到该文件，MATLAB 会为用户提供用于创建该文件的选项。MATLAB 编辑窗口有很多下拉菜单，可以完成诸如保存文件、检查文件以及调试文件等任务。文本编辑器可以执行一些简单的检查，并使用不同的颜色来区分各种代码元素，因此建议在书写或编辑 M-文件时使用文本编辑器。

2. 算子

MATLAB 有两种不同类型的算子。矩阵运算由线性代数的规则来定义，而数组运算可以逐个元素地执行，并且可以用于多维数组。句点(圆点)字符(.)用来区分数组运算与矩阵运算。例如，A*B 表示传统意义的矩阵乘法，而 A.*B 则表示数组乘法，这种乘法的乘积是与 A 和 B 大小相同的数组，其中的每个元素都是 A 和 B 中相应元素的乘积。换句话说，假如 C= A.*B，就有 C(I, J)= A(I, J)*B(I, J)。由于对加法和减法来说，矩阵运算和数组运算是相同的，因此不使用字符对 .+ 和 .-。

当书写 B=A 这样的表达式时，MATLAB 将做 B 等于 A 的"记录"，但并不真将 A 中的数据复制到 B 中,除非在后边的程序中,A 的内容有了变化。这一点很重要,因为使用不同的变量来"存储"相同的内容有时可以增强代码的清晰性和可读性。这样,当编写 MATLAB 代码时,除非绝对必要,MATLAB 不复制信息的这一功能要牢记。表 1-2 列出了 MATLAB 的算子,其中的 A 与 B 是矩阵或数组,a 与 b 是标量。所有操作数都可以是实数或复数。如果操作数是标量,数组算子中的小圆点可以省略。因为图像是二维数组,等同于矩阵,所以表中的所有算子都适用于图像。

表 1-2 数组和矩阵的算子,字符 a 与 b 是标量

运算符	名称	注释和示例
+	数组和矩阵加法	a+b、A+B 或 a+B
−	数组和矩阵减法	a−b、A−B、A−a 或 a−A
.*	数组乘法	Cv =A.*B、C(I, J)=A(I, J)*B(I, J)
*	矩阵乘法	A*B,即标准矩阵乘;或 a*A,即标量乘以 A 的所有元素
./	数组右除[①]	C=A./B、C(I, J)=A(I, J)/B(I, J)
.\	数组左除	C=A.\B、C(I, J)=B(I, J)/A(I, J)
/	矩阵右除	A/B 是计算 A*inv(B) 的首选方法
\	矩阵左除	A\B 是计算 inv(A)*B 的首选方法
.^	数组乘幂	如果 C=A.^B,那么 C(I, J)=A(I, J)^B(I, J)
^	矩阵乘幂	请参阅在线帮助
.'	向量和矩阵转置	A.',标准向量和矩阵转置
'	向量和矩阵复共扼转置	A',标准向量和矩阵共扼转置。当 A 是实数时,A.' = A'
+	一元加法	与 0 + A 相同
−	一元减法	与 0 − A 或 −1*A 相同
:	冒号	在本节稍后讨论

了解数组与矩阵操作的不同之处是很重要的,例如考虑下列操作:

$$A = \begin{bmatrix} a_1 & a_2 \\ a_3 & a_4 \end{bmatrix} \text{和} B = \begin{bmatrix} b_1 & b_2 \\ b_3 & b_4 \end{bmatrix}$$

对于 A 和 B 的数组乘法,结果如下:

$$A.*B = \begin{bmatrix} a_1b_1 & a_2b_2 \\ a_3b_3 & a_4b_4 \end{bmatrix}$$

而矩阵乘法能给出所熟悉的结果:

$$A*B = \begin{bmatrix} a_1b_1 + a_2b_3 & a_1b_2 + a_2b_4 \\ a_3b_1 + a_4b_3 & a_3b_2 + a_4b_4 \end{bmatrix}$$

涉及图像的大多数算术、关系和逻辑运算都是数组运算。

[①] 对于除法,如果除数是 0,MATLAB 报告结果为 Inf(表明无穷大);如果除数和被除数均为 0,结果为 NaN(不是数字)。

3. 关系算子

表 1-3 列出了 MATLAB 的关系算子。这些是数组算子，这些算子可以对相同维数的数组中对应的元素进行比较。两个操作数必须有相同的维数，除非其中一个操作数是标量。在这种情况下，MATLAB 将这个标量与另一个操作数的每个元素相比较，产生与操作数大小相同的逻辑数组，在满足指定关系的位置取 1，在别处取 0。如果两个操作数都是标量，那么当指定的关系满足时，结果为 1，否则为 0。

表 1-3 关系算子

算　子	名　称
<	小于
<=	小于等于
>	大于
>=	大于等于
==	等于
~=	不等于

4. 逻辑算子

表 1-4 列出了 MATLAB 的逻辑算子。不同于常用逻辑算子的描述，表 1-4 中的算子既能作用于逻辑数据又能作用于数值数据。在所有逻辑测试中，MATLAB 将逻辑 1 或非 0 数值作为 true 来处理，将逻辑 0 和数值 0 作为 false 来处理。例如，当两个操作数都为逻辑 1 或非 0 数值时，两个操作数"与"运算的结果为 1；当两个操作数中的任何一个是逻辑 0 或数值 0、或两个操作数都为逻辑 0 或数值 0 时，"与"运算的结果为 0。

表 1-4 逻辑算子

算　子	名　称
&	与
|	或
~	非
&&	标量"与"
||	标量"或"

算子&和|针对数组操作，它们分别针对输入的元素执行"与"和"或"运算；算子&&和||仅用于标量操作，它们主要与各种形式的 `if`、`while` 和 `for` 循环结合使用。

5. 流程控制

基于一组预定条件来控制程序流程的能力是所有编程语言的核心。事实上，条件分支是 1940 年导致通用计算机表示法的两个关键进展之一(另一进展是使用存储器存储程序和数据)。MATLAB 提供了 8 种流程控制语句，详见表 1-5。记住前面的观察结果，MATLAB 将逻辑 1

或非 0 数值视为 true 来处理，将逻辑 0 或数值 0 视为 false 来处理。

表 1-5 流程控制语句

语句	描述
if	与 else 和 elseif 结合使用，执行一组基于指定逻辑条件的语句
for	执行规定次数的一组语句
while	根据规定的逻辑条件，执行不确定次数的一组语句
break	中止执行 for 或 while 循环
continue	将控制传递给 for 或 while 循环的下一次迭代，跳过循环体中的剩余语句
switch	与 case 和 otherwise 结合使用，根据指定的值或字符串执行不同的语句组
return	导致执行返回调用函数
try...catch	如果在执行期间检测到错误，就改变流程控制

6. 数组索引

MATLAB 支持大量强大的索引方案，这些方案不仅简化了数组处理，也提高了程序的运行效率。下面将讨论并举例说明基本的一维和二维索引(也就是向量和矩阵)，以及对二值图像很有用的索引技术。

正如 1.7.5 节讨论的那样，1×N 的数组被称为行向量。这种向量的元素可以使用单一索引值(也称为下标)来访问。因此，v(1) 是向量 v 的第一个元素，v(2) 是第二个元素，依此类推。在 MATLAB 中，向量使用方括号括起，并用空格或逗号隔开。例如：

```
>> v = [1 3 5 7 9]
v =
    1 3 5 7 9
>> v(2)
ans =
    3
```

使用转置算子(.')可将行向量转换为列向量(反之亦然)：

```
>> w = v.'
w =
    1
    3
    5
    7
    9
```

为了访问元素块，我们使用 MATLAB 的冒号。例如，为访问向量 v 的前 3 个元素，可使用语句：

```
>> v(1:3)
ans =
    1 3 5
```

类似地，我们可以访问向量 v 的第 3 个到最后一个元素：

```
>> v(3:end)
ans =
    5 7 9
```

其中，end 表示向量中的最后一个元素。我们还可以将向量用作索引以进入另一个向量，例如：

```
>> v([1 4 5])
ans =
    1 7 9
```

此外，索引并不限于连续的元素，例如：

```
>> v(1:2:end)
ans =
    1 5 9
```

其中，符号 1:2:end 表示索引从 1 开始计数，步长为 2，当计数达到最后一个元素时停止。

在 MATLAB 中，矩阵可以很方便地用一列被方括号括起并用分号隔开的行向量来表示。例如，键入：

```
>> A = [1 2 3; 4 5 6; 7 8 9]
```

将显示 3×3 矩阵：

```
A =
    1 2 3
    4 5 6
    7 8 9
```

从矩阵中选择元素和从向量中选择元素是一样的，但现在我们需要两个索引：一个确定行的位置，另一个对应于列。我们也可以选择整行和整列，或者使用冒号作为索引来选择整个矩阵：

```
>> A(2,:)
ans =
    4 5 6

>> sum(A(:))
ans =
    45
```

函数 sum 计算参量每一列的和，单冒号索引把 A 转换为列向量，将结果传给 sum。

你将发现另一种非常有用的索引形式是逻辑索引(logical indexing)。逻辑索引表达式的形式是 A(D)，其中的 A 是数组，D 是与 A 大小相同的逻辑数组。表达式 A(D) 提取 A 中与 D 中 1 值对应的所有元素，例如：

```
>> D = logical([1 0 0; 0 0 1; 0 0 0])
D =
    1 0 0
    0 0 1
    0 0 0
```

```
>> A(D)

ans =
    1
    6
```

对图像处理很有用的最后一种索引分类是线性索引(*linear indexing*)。线性索引表达式使用单个下标来编制矩阵或高维数组的索引。对于 $M×N$ 的矩阵(见 1.7.5 节)，元素(r, c)可以用单一下标 $r + M(c−1)$ 来访问。这样一来，A(2, 3)就可以用 A([8])或 A(8)来选择。

7. 函数句柄、单元数组与结构

你将在后续章节中看到，M-函数编程中广泛使用一些其他类型的数据。下面简要介绍在后续章节中用到的十分重要的三种类型。

函数句柄是 MATLAB 数据类型，包含用于引用函数的信息。使用函数句柄的主要优点之一是可以在调用中把函数句柄作为参数传递给另一个函数。正如即将介绍的那样，函数句柄携带 MATLAB 用以评估函数是否可简化程序实现而需要的所有信息。函数句柄还可以提高重复操作的性能，并且除了传递到其他函数之外，还可以将它们保存在数据结构或文件中供以后使用。

函数句柄有两种不同类型，这两种类型都用函数句柄算子@来创建。第一种函数句柄类型是命名的(也称"简单的")函数句柄，为了创建命名的函数句柄，在算子@的后边写上所需的函数，例如：

```
>> f = @sin
f =
    @sin
```

可以通过调用函数句柄 f 来间接调用函数 sin：

```
>> f(pi/4)
ans =
    0.7071
>> sin(pi/4)
ans =
    0.7071
```

第二种函数句柄类型是匿名的函数句柄，由 MATLAB 表达式(而不是函数名)构成。构建匿名函数的通用格式是：

```
@(input-argument-list) expression
```

例如，下列匿名函数句柄计算输入值的平方值：

```
>> g = @(x) x.^2;
```

下列函数句柄计算两个变量平方之和的平方根：

```
>> r = @(x, y) sqrt(x.^2 + y.^2);
```

可以像调用命名函数句柄那样调用匿名函数句柄。

单元数组(cell array)提供了一种在变量名下组合混合的一组对象(例如数字、字符、矩阵以及其他单元数组)的方法。例如，假设使用：(1)大小为 512×512 像素的 uint8 图像 f；(2)188×2 数组行形式的二维坐标序列 b；(3)包含两个字符名的单元数组 char_array={'area', 'centroid'}(花括号用来包含单元数组的内容)。可以使用单元数组将这三种不同的实体组织成单个变量 C。

```
C = {f, b, char_array}
```

在提示符处键入 C，将输出下列结果：

```
>> C
C =
     [512x512 uint8]    [188x2 double]    {1x2 cell}
```

换句话说，显示的输出不是各种变量的值，而是对它们的某些特性的描述。为了看到单元元素的全部内容，我们可以把单元元素的数值位置附加在花括号中。例如，要查看 char_array 的内容，我们键入：

```
>> C{3}
ans =
    'area' 'centroid'
```

在 C 的元素中用圆括号代替花括号，给出变量的描述：

```
>> C(3)
ans =
    {1x2 cell}
```

最后需要指出，单元数组包含参数的副本，而不是参数的指针。这样，如果在前述例子中，C 的任何参数在 C 创建后都改变了，那么改变在 C 中不会反映出来。

结构与单元数组相似，它们都允许一组不同的数据集成到单个变量中。但与单元数组不同的是，单元数组中的单元由数字寻址，而结构元素由所谓的"字段"(*field*)来寻址。例如，如果 f 是一幅输入图像，我们可以写成：

```
function s = image_stats(f)
s.dm = size(f);
s.AI = mean2(f);
s.AIrows = mean(f, 2);
s.AIcols = mean(f, 1);
```

s 是结构。这种情况下，结构的字段为 dm(1×2 向量)、AI(标量)、AIrows(M×1 向量)和 AIcols (1×N 向量)，其中的 M 和 N 是图像的行和列。注意结构与不同字段之间点的用法，字段名是任意的，但它们必须以非数值字符开头。

8. 优化编码

MATLAB 是专门为数组操作而设计的编程语言。利用这方面的优点可以使计算速度有明显提高。下面将讨论两种重要的优化 MATLAB 代码的方法：预分配数组和向量化循环。

预分配在进入计算数组元素的 for 循环之前初始化数组。为了说明为什么预分配很重要，我们从一个简单的实验开始。假定要创建一个 MATLAB 函数来计算：

$$f(x)=\sin(x/100\pi)$$

其中，$x = 0, 1, 2, \ldots, M–10$

下面是这个函数的第一种形式：

```
function y = sinfun1(M)
x = 0:M - 1;
for k = 1:numel(x)
    y(k) = sin(x(k) / (100*pi));
end
```

$M=5$ 时的输出是：

```
>> sinfun1(5)
ans =
     0    0.0032    0.0064    0.0095    0.0127
```

MATLAB 函数 `tic` 和 `toc` 可用来测量函数的执行时间。我们先调用 `tic`，然后调用这个函数，之后再调用 `toc`：

```
>> tic; sinfun1(100); toc
```

所用时间是 0.001205 秒。

(如果分行键入上面三条语句，时间测量将包含键入后两行所需的时间)

正如刚才介绍的那样，调用计时函数在测量时间中可产生较大的变化，在命令提示符测量时表现得尤其明显。例如，重复前边的调用将得到不同的结果：

```
>> tic; sinfun1(100); toc
```

总共时间是 0.001197 秒。

函数 `timeit` 可用于得到函数调用的可靠且可重复的时间测量。调用 `timeit` 的语法是：

```
s = timeit(f)
```

其中，`f` 是用于对函数定时的函数句柄，`s` 是调用所需的秒数。调用函数句柄 `f` 时不使用输入参量。我们可在 $M = 100$ 时对 `sinfun1` 使用 `timeit` 进行计时：

```
>> M = 100;
>> f = @() sinfun1(M);
>> timeit(f)
ans =
    8.2718e-005
```

这个 `timeit` 函数调用例子很好地证明了前面介绍的函数句柄的强大功能。因为能够接受没有输入的函数句柄，函数 `timeit` 与我们希望计时的函数参数无关。作为替代，我们委派创建函数句柄自身的任务。在这种情况下，仅仅参数 M 是必需的。但是，可以设想带有更多参数的更复杂的函数。因为函数句柄存储着评估为定义函数而需要的所有信息，`timeit` 可能需要单个输入，但仍能独立地对任何函数计时。这是非常有用的编程特点。继续我们的实验，用 `timeit` 测量 `sinfun1` 的时间，取 $M = 500, 1000, 1500, \ldots, 20000$：

```
M = 500:500:20000;
for k = 1:numel(M)
    f = @() sinfun1(M(k));
    t(k) = timeit(f);
end
```

虽然我们预料计算 sinfun1(M) 所需的时间与 M 成正比，但图 1-3(a)显示实际需要的时间以 M^2 函数增长。原因是在 sinfun1.m 中，输出参量 y 在每次循环时大小增加一个元素。MATLAB 可以处理这一自动增长的隐含数组。但必须重分配新的存储空间，并且在每次数组增加时复制以前的数组元素。这种频繁的存储重分配和复制开销很大，比 sin 计算本身需要更多的时间。建议采用 MATLAB 编辑器提出的建议来解决这个性能问题，建议中报告了 sinfun1.m:

'y' might be growing inside a loop. Consider preallocating for speed.

预分配 y 意味着在循环开始之前把它初始化为希望的输出大小。通常，采用调用函数 zeros 来做预分配。函数的第二种形式 sinfun2.m 使用预分配:

```
function y = sinfun2(M)
x = 0:M -1;
y = zeros(1, numel(x));
for k = 1:numel(x)
    y(k) = sin(x(k) / (100*pi));
end
```

比较 sinfun1(20000) 和 sinfun2(20000) 所需的时间:

```
>> timeit(@() sinfun1(20000))
ans =
    0.2852
>> timeit(@() sinfun2(20000))
ans =
    0.0013
```

采用预分配方法时，运行速度提高了约 220 倍。图 1-3(b)显示了运行 sinfun2 所需的时间与 M 成正比。注意图 1-3(a)和(b)的时间标尺是不同的。

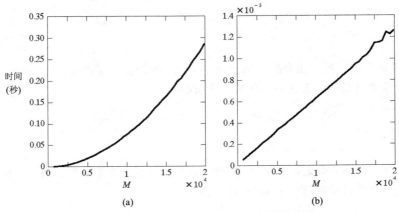

图 1-3 运行 sinfun1 和 sinfun2 所需的时间

MATLAB 中的向量化使用矩阵/向量算子的组合、索引技术和现有的 MATLAB 或工具箱函数来完全消除循环。作为示例，sinfun 的第三种形式使用 sin 可以在数组输入上对元素操作而不是在标量上对元素操作的事实。函数 sinfun3 没有 for 循环：

```
function y = sinfun3(M)
x = 0:M -1;
y = sin(x ./ (100*pi));
```

在 MATLAB 的旧版本中，用矩阵和向量算子消除循环几乎总能得到有意义的加速。然而，MATLAB 的新版本可自动编译简单的 for 循环，例如 sinfun2 中的那个，可加快机器代码。正如结果显示的那样，许多 for 循环在 MATLAB 的旧版本中很慢，但在向量化版本中不再慢。在这里，我们会看到，事实上，不带循环的 sinfun3 与有一个循环的 sinfun2 以大约相同的速度运行。

```
>> timeit(@() sinfun2(20000))
ans =
    0.0013
>> timeit(@() sinfun3(20000))
ans =
    0.0018
```

正如下边的例子所示，借助向量化，速度的增加仍然是可能的。但是，因为它们使用 MATLAB 的早期版本，所以增加并不显著。

例 1.1　向量化的展示和函数 meshgrid 的介绍

在这个例子中，我们写两种 MATLAB 版本的函数，创建一幅以下面等式为基础的合成图像：

$f(x,y) = A\sin(u_0 x\ v_0 y)$

第一个函数 twodsin1 使用两个嵌套的 for 循环计算 f：

```
function f = twodsin1(A, u0, v0, M, N)
f = zeros(M, N);
for c = 1:N
    v0y = v0 * (c - 1);
    for r = 1:M
        u0x = u0 * (r - 1);
        f(r, c) = A*sin(u0x + v0y);
    end
end
```

在 for 循环之前，观察预分配步骤 f = zeros(M, N)。我们使用 timeit 创建一幅大小为 512×512 像素的图像，看这个函数用了多长时间：

```
>> timeit(@() twodsin1(1, 1/(4*pi), 1/(4*pi), 512, 512))
ans =
    0.0471
```

没有预分配，这个函数运行慢了约 42 倍，用同样的输入参量执行，用去 1.9826 秒。我们可以用 imshow 的自动范围语法([ ])显示结果图像：

```
>> f = twodsin1(1, 1/(4*pi), 1/(4*pi), 512, 512);
```

```
>> imshow(f, [ ])
```

图 1-4 显示了结果。

在该函数的第二个版本中，我们调用非常有用的 MATLAB 函数 meshgrid 将其向量化，也就是把它重新写成没有 for 循环的形式，语法如下：

```
[C, R] = meshgrid(c, r)
```

输入参量 c 和 r 分别是水平(行)和垂直(列)坐标(注意，首先写出列)。函数 meshgrid 把坐标向量变换为两个数组 C 和 R，它们可用来计算两个变量的函数求值结果。例如，下边的命令用 meshgrid 对整数范围为 1 到 3 的 x 和范围为 10 到 14 的 y 计算函数 z = x+y：

图 1-4 在例 1.1 中产生的人造图像

```
>> [X, Y] = meshgrid(1:3, 10:14)
X =
     1     2     3
     1     2     3
     1     2     3
     1     2     3
     1     2     3
Y =
    10    10    10
    11    11    11
    12    12    12
    13    13    13
    14    14    14
>> Z = X + Y
Z =
    11    12    13
    12    13    14
    13    14    15
    14    15    16
    15    16    17
```

最后，我们用 meshgrid 重写 2D 且没有循环的 sine 函数：

```
function f = twodsin2(A, u0, v0, M, N)
r = 0:M - 1; % Row coordinates.
c = 0:N - 1; % Column coordinates.
[C, R] = meshgrid(c, r);
f = A*sin(u0*R + v0*C);
```

和前面一样，我们用 timeit 测量执行速度：

```
>> timeit(@() twodsin2(1, 1/(4*pi), 1/(4*pi), 512, 512))
ans =
    0.0126
```

向量化版本的运行用时大约少 50%。

因为 MATLAB 每一个新的版本对运行循环的速度都倾向于有所改进，所以在向量化

MATLAB 代码时，给出通用的指导是困难的。对于许多经过数学培训的用户来说，他们对矩阵和向量表示法很熟悉，向量化之后的代码常常比基于循环的代码更易读(看上去更"数学")。例如，用函数 twodsin2 比较下面这一行：

```
f = A*sin(u0*R + v0*C);
```

用 twodsin1 使用这一行执行相同的操作：

```
for c = 1:N
v0y = v0*(c − 1);
    for r = 1:M
        u0x = u0 * (r − 1);
        f(r, c) = A*sin(u0x + v0y);
    end
end
```

很明显，第一个公式更简练，但是实际上，函数发生的机理在第二个公式中更明了。

首先，应该致力于写代码，代码是正确且容易理解的。然后，如果代码运行不够快，用 MATLAB 配置(见 1.7.2 节)确定可能的故障点，如果故障点都是针对 for 循环的，确定没有预分配问题，然后考虑使用向量化技术。MATLAB 文件包含关于性能的进一步指导。以"改进性能的技术"作为关键字搜索文件。

1.8 关于本书的参考文献

本书所有的参考文献都按作者和出版日期列在书末的参考文献中，比如 Soille[2003]。本书理论内容的大多数背景知识来自 Gonzalez 和 Woods 的 *Digital Image Processing* 一书。当不是这种情况时，新的参考文献在讨论中用到时按前面的约定标出。对于每章都会用到的参考文献，在书末的参考文献中单独列出。

1.9 小结

除了简略介绍符号和 MATLAB 基本工具外，本章的素材强调了在解决数字图像处理问题时理解原型环境的重要性。在后续各章中，我们将安排理解数字图像处理工具箱函数所需的基础内容，并介绍一组贯穿全书的基本编程概念。第 2 章到第 11 章的素材跨越很广的话题，它们是数字图像处理应用的主流。然而，虽然覆盖的议题各种各样，但这些章节的讨论却遵循相同的基本主题，即说明如何把 MATLAB 和工具箱函数与可用于解决宽泛图像处理问题的新源码结合起来。

第 2 章
灰度变换与空间滤波

术语"空间域"指的是图像平面本身,这类方法是以对图像像素直接处理为基础的。在本章中,我们着重讨论两种重要的空间域处理方法:亮度(或灰度)变换与空间滤波。后一种方法有时涉及邻域处理或空间卷积。我们将逐步展开和说明 MATLAB 对两类处理技术的典型表述。为实现这两类方法,我们还将介绍模糊图像处理并开发一些新的 M 函数。为了保持主题的一致性,本章中的大部分示例都与图像增强有关。这是介绍空间处理的很好途径,因为增强技术对于初学者来说是高度直观和容易接受的。然而,正如纵观全书将会看到的那样,这些技术在此范畴内很普遍,并在数字图像处理及其他许多分支领域得以应用。

2.1 背景知识

前面已经指出,空间域技术直接对图像的像素进行操作。本章中讨论的空间域处理由下列表达式表示:

$$g(x, y) = T[f(x, y)]$$

其中,$f(x, y)$ 为输入图像,$g(x, y)$ 为输出(处理后的)图像,T 是对图像 f 的算子,作用于点 (x, y) 定义的邻域。此外,T 还可以对一组图像进行处理,例如为了降低噪声而叠加 K 幅图像。

为了定义点 (x, y) 的空间邻域,主要方法是利用一块中心位于 (x, y) 的正方形或矩形区域,如图 2-1 所示。此区域的中心由起始点开始逐个像素移动,比如从左上角,在移动的同时包含不同的邻域。算子 T 作用于每个位置 (x, y),从而得到相应位置的输出图像 g。只有中心点在 (x, y) 处的邻域内的像素被用来计算 (x, y) 处 g 的值。

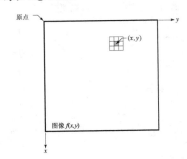

图 2-1　一幅图像中以点 (x, y) 为中心的 3×3 大小的邻域

本章剩余的大部分将利用前面的公式来处理各种实现问题。尽管这个公式概念上很简单，但在 MATLAB 中，计算工具仍需要在数据类别和取值范围等方面加以注意。

2.2 灰度变换函数

变换 T 的最简单形式是如图 2-1 中邻域大小为 1×1(单个像素)的情况。在此情况下，在(x, y) 处，g 的值仅由 f 在这一点处的灰度决定，T 也就成为亮度或灰度变换函数。当处理单色(也就是灰度)图像时，这两个术语是可以相互换用的。当处理彩色图像时，亮度用来表示在特定色彩空间里的彩色图像成分，正像在第 6 章中描述的那样。

由于输出值仅取决于点的灰度值，而不是取决于点的邻域，因此灰度变换函数通常写成如下简单形式：

$$s = T(r)$$

其中，r 表示图像 f 中的灰度，s 表示图像 g 中的灰度。两者在图像中处于相同的坐标(x, y)处。

2.2.1 `imadjust` 和 `stretchlim` 函数

`imadjust` 函数是针对灰度图像进行灰度变换的基本图像处理工具箱函数，一般的语法格式如下：

```
g = imadjust(f,[low_in high_in],[low_out high_out],gamma)
```

正如图 2-2 中展示的那样，此函数将 f 的灰度值映像到 g 中的新值，也就是将 `low_in` 与 `high_in` 之间的值映射到 `low_out` 与 `high_out` 之间的值。`low_in` 以下与 `high_in` 以上的值可以被截去。也就是将 `low_in` 以下的值映射为 `low_out`；将 `high_in` 以上的值映射为 `high_out`。输入图像应属于 `uint8`、`uint16` 或 `double` 类。输出图像应和输入图像属于同一类。对于函数 `imadjust` 来说，所有输入中除了图像 f 和 gamma，不论 f 属于什么类，都将输入值限定在 0 和 1 之间。例如，如果 f 属于 `uint8` 类，`imadjust` 函数将乘以 255 来决定应用中的实际值。利用空矩阵([ ])得到[low_in high_in]或[low_out high_out]，将导致结果都默认为[0 1]。如果 `high_out` 小于 `low_out`，输出灰度将反转。

参数 gamma 指明了由 f 映射生成图像 g 时曲线的形状。如果 gamma 的值小于 1，映射被加权至较高(较亮)的输出值，如图 2-2(a)所示。如果 gamma 的值大于 1，映射加权至较低(较暗)的输出值。如果省略函数参量，gamma 默认为 1(线性映射)。

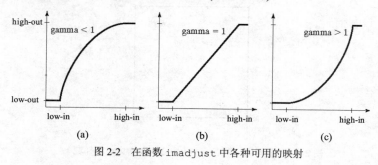

图 2-2　在函数 `imadjust` 中各种可用的映射

例2.1 使用 imadjust 函数

图 2-3(a)是一幅数字乳房 X 射线图像 f，显示出一处病灶。图 2-3(b)是负片图像，用下列命令即可得到：

```
>> g1 =imadjust(f, [0 1], [1 0]);
```

获得照片负片图像的这一过程对于增强在一大片主要的黑色区域中嵌入白色及灰色细节是非常有用的。注意，在图2-3(b)中就非常容易分析胸部的组织。图像的负片同样可以利用工具箱函数 imcomplement 得到：

```
g = imcomplement(f)
```

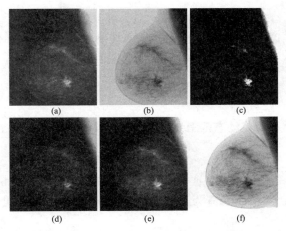

图 2-3 (a) 原始数字乳房图像；(b) 负片图像；(c) 亮度扩展至[0.5,0.75]后的结果；(d) 用 gamma=2 增强后的结果；(e)和(f) 自动输入数据到 imadjust 函数(使用函数 stretchlim)后的结果。(原图像由 G.E.医学系统提供)

图 2-3(c)是下列命令的执行结果：

```
>> g2 = imadjust (f , [0.5 0.75 ] , [0 1 ]) ;
```

此命令将 0.5 到 0.75 之间的灰度扩展到[0，1]整个范围。这种类型的处理对于强调图像中感兴趣的灰度区非常有用。最后，利用下列命令：

```
>> g3 = imadjust(f ,[ ],[ ],2);
```

通过压缩灰度图像的低端和扩展高端(见图 2-3(d))，得到类似于(但增加了更多的灰色调)图2-3(c)的结果。有时，能够用 imadjust 函数自动地而不必关心上面讨论的低高参数的处理，是很重要的。

stretchlim 函数在这个方面非常有用，基本语法如下：

```
Low_High = stretchlim(f)
```

其中，Low_High 是低和高均受限的两元素向量，可用于完成对比度拉伸(有关这一术语的定义，参见 2.2.2 节)。默认情况下，Low_High 的值指定灰度图像 f 中所有像素值底部和顶部饱和度的1%。结果以向量[low_in high_in]的形式应用于 imadjust 函数，如下所示：

```
>> g = imadjust(f, stretchlim(f), [ ]);
```

图 2-3(e)显示了在图 2-3(a)上执行此操作得到的结果。观察对比度的提升。与此类似，使用以下命令获得图 2-3(f)：

```
>> g = imadjust(f, stretchlim(f), [1 0]);
```

通过比较图 2-3(b)和(f)可知，该操作增强了负片图像的对比度。

stretchlim 函数的较通用语法如下：

```
Low_High = stretchlim(f, tol)
```

其中，tol 是两元素向量[low_frac high_frac]，指定了图像低和高像素值饱和度的百分比。

如果 tol 是标量，那么 low_frac = tol，并且 high_frac = 1 - low_frac；饱和度等于低像素值和高像素值的百分比。如果在参数中忽略 tol，那么饱和度水平为 2%，tol 的默认值为[0.01 0.99]。如果选择 tol = 0，那么 Low_High = [min(f(:)) max(f(:))]。

2.2.2 对数及对比度扩展变换

对数及对比度扩展变换是动态范围处理的基本工具。对数变换通过下列表达式实现：

```
g = c*log(1+(f))
```

其中，c 是常数，f 是浮点数。这个变换的形状与图 2-2(a)中所示的 gamma 曲线相似。在两个标量值中，低值置为 0，高值置为 1。然而，注意 gamma 曲线是可变的，但是对数函数的形状是固定的。

对数变换的一项主要应用是压缩动态范围。例如，傅立叶频谱(参见第 3 章)的范围在$[0,10^6]$或更高范围是常见的，当监视器显示范围线性地显示为 8 位时，高值部分较占优势，从而导致频谱中低灰度值的细节部分丢失。通过计算对数，例如假设动态范围是 10^6，而后大约被降至 14[也就是 $\log_e(10^6)=13.8$]，这样就更易于处理。

当执行对数变换时，通常期望得到的是将压缩值返回至显示的全域。对于 8 比特来说，在 MATLAB 中最简易的办法是用下列语句：

```
>> gs = im2uint8(mat2gray(g));
```

使用 mat2gray 将值限定在[0，1]范围内，使用 im2uint8 将值限定在[0，255]范围内。把图像转换为 uint8 类。图 2-4(a)中的函数被称为对比度拉伸(*contrast-stretching*)变换函数，因为这个函数把输入灰度图像的窄范围扩展到输出灰度图像的宽范围。结果就是高对比度的一幅图像。事实上，在图 2-4(b)中所示的受限情况下，输出是二值图像。这个受限函数被称为阈值化(*thresholding*)函数。正如在第 11 章讨论的那样，这是应用于图像分割的简单工具。使用在本章开始时介绍的符号，图 2-4(a)中的函数有如下形式：

$$s = T(r) = \frac{1}{1+(m/r)^E}$$

其中，r 表示输入图像的灰度，s 对应输出图像的灰度值，E 控制函数的斜度，这个公式在 MATLAB 中对浮点图像执行，比如：

```
g = 1./(1 + (m./f).^E)
```

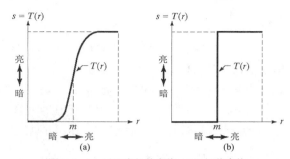

图 2-4 (a) 对比度拉伸变换；(b) 阈值变换

因为 g 的限制值为 1，所以当使用这种类型的变换时，输出值不能超过[0, 1]范围，图 2-4(a) 是当 $E = 20$ 时函数的形状。

例 2.2 利用对数变换减小动态范围

图 2-5(a)是取值范围在 0 至 1.5×10^6 的傅立叶频谱，显示在线性标尺度的 8 位系统上。图 2-5(b)显示了运行下列命令后的结果：

```
>> g = im2uint8 ( mat2gray(log(1 + double(f))));
>> imshow ( g )
```

图像 g 相对于原始图像在视觉方面的改善效果是非常明显的。

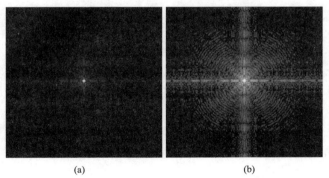

图 2-5 (a) 傅立叶频谱；(b) 使用对数变换得到的结果

2.2.3 指定任意灰度变换

如果有必要使用指定的变换函数变换一幅图像的灰度，可通过 T 来表示包含变换函数值的列向量。例如，对于一幅 8 比特图像，T(1) 是由输入图像的 0 灰度值映射而来的值，T(2) 是由 1 亮度值映射而来的值，依此类推。T(256) 是由灰度值 255 映射而来的值。

如果我们用值化[0,1]范围内的浮点数来表示输入和输出图像，程序将得到极大简化。这意味着列向量 T 的所有元素必须是同一范围内的浮点数。实现灰度映射的简单方法是使用 interp1 函数，这种特殊应用的语法如下：

```
g = interp1(z, T, f)
```

其中，f 是输入图像，g 是输出图像，T 是刚才说明的列向量，z 是与 T 等长的列向量，形式如下：

```
z = linspace(0, 1, numel(T))';
```

对于 f 中的像素值，interp1 首先查找横坐标(z)的值，然后查找(内插)相应的 T 中的值，并在相应的像素位置输出 g 的内插值。例如，假定 T 是负变换，T = [1 0]'。然后，因为 T 仅有两个元素，z=[0 1]'。假定 f 中某个像素的值是 0.75，将为 g 中相应的像素赋予值 0.25。这个过程只是像图 2-4(a)演示的那样从输入映射到输出，但却使用了任意变换函数 $T(r)$。内插是必要的，因为对于 T，我们仅有给定数量的离散点，而 r 在[0 1]范围内可以有任意值。

2.2.4 针对灰度变换的某些公用 M-函数

在本节，我们将开发两个 M-函数，它们包含了前面介绍的关于灰度变换的许多内容。我们用其中一个函数的具体编码说明错误检验，介绍几种能够用公式表示 MATLAB 函数的方法，从而能够处理可变数目的输入和/或输出，并说明贯穿全书的典型代码格式。在这个问题上，仅当我们要解释特定程序结构时，才对新的 M-函数的详细代码加以讨论，从而说明新的 MATLAB 函数或图像处理工具箱函数的功能，或回顾早些时候介绍过的概念。否则，只解释函数的语法，代码包含在附录 C 中。为了集中讨论本书剩余部分中已开发函数的基本结构，这是本书最后一次介绍错误检验的广泛应用。接下来的内容是：在 MATLAB 中，如何对出错处理进行编程。

1. 处理可变数目的输入和/或输出

为检测输入到 M-函数的参量的数目，我们利用 nargin 函数：

```
n = nargin
```

这个函数可返回输入到 M-函数的参量的实际数量。类似地，nargout 被用于 M-函数的输出，语法如下：

```
n = nargout
```

例如，假设我们在提示符处执行下列 M-函数：

```
>> T = testhv(4 , 5) ;
```

在函数体中利用 nargin 函数将返回 2，利用 nargout 函数将返回 1。

nargchk 函数能够在 M-函数体中检测传递过来的参量的数量是否正确，语法如下：

```
msg = nargchk(low, high, number)
```

此函数在 number 的值小于 low 时，返回消息 Not enough input parameters；在 number 的值大于 high 时，返回消息 Too many input parameters；在 number 的值介于 low 与 high 之间(包括全部范围)时，nargchk 函数返回空矩阵；如果输入参量的数量不正确，对 nargchk 函数的频繁使用将会通过 error 函数终止程序的执行。实际输入的参量的数量由 nargin 函数决定。例如，考虑下列编码片段：

```
function G = testhv2(x, y, z)
```

```
   .
   .
error (nargchk(2, 3, nargin)) ;
   .
   .
   .
```

键入:

```
>> testhv2(6) ;
```

由于只有一个输入变量,因此产生如下错误消息:

```
Not enough input arguments.
```

同时,程序的执行也将终止。

通常,能写出具有可变个数的输入变量和/或输出变量的函数是十分有用的。在这里,我们使用变量 varargin 和 varargout。声明一下,varargin 和 varargout 必须使用小写形式。例如:

```
function [m , n] = testhv3(varargin)
```

接受可变数量的输入参量到 testhv3 函数中,使用:

```
function [varargout] = testhv4( m, n, p)
```

从 testhv4 函数中返回数量可变的输出。如果 testhv3 函数有固定的输入参量 x,并且后面跟随数量可变的输入参量,那么

```
function [m, n] = testhv3(x , varargin)
```

当调用此函数时,varargin 从用户提供的第 2 个输入参量开始运行。对于 varargout 也有类似解释。允许函数输入参量和输出参量的个数是可变的。

当 varargin 作为函数的输入参量使用时,MATLAB 将之置入单元数组中(详见 1.7.8 节),单元数组中包含由用户提供的参数。由于 varargin 是单元数组,因此此类配置的一个重要方面,就是对函数的调用可包括一组混合输入。例如,如果 testhv3 函数的代码被要求处理此项操作,那么理想的语法(可接受一组混合输入)如下:

```
>> [m, n] = testhv3(f, [ 0  0.5  1.5], A,'label') ;
```

其中,f 为一幅图像,下一个参量为长度为 3 的行向量,A 是矩阵,'label'是字符串。这的确是一种强有力的功能,可用于简化要求多种不同输入的函数的结构。对于 varargout 也有类似情况。

2. 另一个针对灰度变换的 M-函数

接下来我们将要开发的函数能执行下列变换:负片变换、对数变换、gamma 变换及对比度扩展。选用这些变换是因为随后我们将用到它们,还可以说明写出一种针对灰度变换的 M-函数的技巧。在书写这个函数时,我们用到了 tofloat,语法如下:

```
[g, revertclass] = tofloat(f)
```

附录 C 中列出了该函数。从中可知，该函数将 Logical、uint8、uint16 或 int16 类的图像转换成 single(单精度)类，同时应用适当的比例因子。如果 f 属于 double(双精度)或 single(单精度)，那么 g = f；回顾一下，revertclass 是函数句柄，可用于把输出转换回与 f 相同的类。

注意，在下列称作 intrans 的 M-函数中，函数选项是如何在代码的 **Help** 部分被格式化的，如何处理可变数目的输入参量，如何将错误检验插入代码中，以及如何使输入图像的类与输出图像的类相匹配。记住，在学习下列代码时，varargin 是单元数组，因而其中的元素应使用花括号进行选择。

```
function g = intrans(f, method, varargin)
%INTRANS Performs intensity (gray-level) transformations.
% G = INTRANS(F, 'neg') computes the negative of input image F.
%
% G = INTRANS(F, 'log', C, CLASS) computes C*log(1 + F) and
% multiplies the result by (positive) constant C. If the last two
% parameters are omitted, C defaults to 1. Because the log is used
% frequently to display Fourier spectra, parameter CLASS offers
% the option to specify the class of the output as 'uint8' or
% 'uint16'. If parameter CLASS is omitted, the output is of the
% same class as the input.
%
% G = INTRANS(F, 'gamma', GAM) performs a gamma transformation on
% the input image using parameter GAM (a required input).
%
% G = INTRANS(F, 'stretch', M, E) computes a contrast-stretching
% transformation using the expression 1./(1 + (M./F).^E).
% Parameter M must be in the range [0, 1]. The default value for
% M is mean2(tofloat(F)), and the default value for E is 4.
%
% G = INTRANS(F, 'specified', TXFUN) performs the intensity
% transformation s = TXFUN(r) where r are input intensities, s are
% output intensities, and TXFUN is an intensity transformation
% (mapping) function, expressed as a vector with values in the
% range [0, 1]. TXFUN must have at least two values.
%
% For the 'neg', 'gamma', 'stretch' and 'specified'
% transformations, floating-point input images whose values are
% outside the range [0, 1] are scaled first using MAT2GRAY. Other
% images are converted to floating point using TOFLOAT. For the
% 'log' transformation,floating-point images are transformed
% without being scaled; other images are converted to floating
% point first using TOFLOAT.
%
% The output is of the same class as the input, except if a
% different class is specified for the 'log' option.

% Verify the correct number of inputs.
error(nargchk(2, 4, nargin))
if strcmp(method, 'log')
    % The log transform handles image classes differently than the
```

```
   % other transforms, so let the logTransform function handle that
   % and then return.
   g = logTransform(f, varargin{:});
   return;
end

% If f is floating point, check to see if it is in the range [0 1].
% If it is not, force it to be using function mat2gray.
if isfloat(f) && (max(f(:)) > 1 || min(f(:)) < 0)
   f = mat2gray(f);
end
[f, revertclass] = tofloat(f); %Store class of f for use later.

% Perform the intensity transformation specified.
switch method
case 'neg'
   g = imcomplement(f);

case 'gamma'
   g = gammaTransform(f, varargin{:});

case 'stretch'
   g = stretchTransform(f, varargin{:});

case 'specified'
   g = spcfiedTransform(f, varargin{:});

otherwise
   error('Unknown enhancement method.')
end

% Convert to the class of the input image.
g = revertclass(g);

%----------------------------------------------------------------%
function g = gammaTransform(f, gamma)
g = imadjust(f, [ ], [ ], gamma);

%----------------------------------------------------------------%
function g = stretchTransform(f, varargin)
if isempty(varargin)
   % Use defaults.
   m = mean2(f);
   E = 4.0;
elseif length(varargin) == 2
   m = varargin{1};
   E = varargin{2};
else
   error('Incorrect number of inputs for the stretch method.')
end
g = 1./(1 + (m./f).^E);

%----------------------------------------------------------------%
function g = spcfiedTransform(f, txfun)
% f is floating point with values in the range [0 1].
```

```
txfun = txfun(:); % Force it to be a column vector.
if any(txfun) > 1 || any(txfun) <= 0
   error('All elements of txfun must be in the range [0 1].')
end
T = txfun;
X = linspace(0, 1, numel(T))';
g = interp1(X, T, f);

%-----------------------------------------------------------------%
function g = logTransform(f, varargin)
[f, revertclass] = tofloat(f);
if numel(varargin) >= 2
   if strcmp(varargin{2}, 'uint8')
      revertclass = @im2uint8;
   elseif strcmp(varargin{2}, 'uint16')
      revertclass = @im2uint16;
   else
      error('Unsupported CLASS option for ''log'' method.')
   end
end
if numel(varargin) < 1
   % Set default for C.
   C = 1;
else
   C = varargin{1};
end
g = C * (log(1 + f));
g = revertclass(g);
```

例2.3 针对 intrans 函数的说明

为了展示 intrans 函数,考虑图 2-6(a)中的图像,这是一幅利用对比拉伸方法增强骨骼结构的较为理想的候选图像,图 2-6(b)中的结果是利用下列调用(针对 intrans 函数)得到的:

```
>> g = intrans(f, 'stretch', mean2(tofloat(f)), 0.9) ;
>> figure , imshow ( g )
```

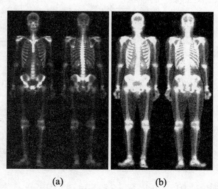

(a)　　　　　　　(b)

图 2-6　(a) 骨骼扫描图像；(b) 用对比度扩展变换增强后的图像。(原图像由 G.E.医学系统提供)

注意 mean2 函数是如何直接在函数调用内部计算 f 的平均值的,产生的值为 m 所用。为了将值标度为[0,1]范围内,使用 tofloat 把图像 f 转换为浮点数,从而使平均值也在此范围内,正如对输入 m 要求的那样,E 的值也相应被决定了。

3. 用于标定灰度的 M-函数

当处理图像时，导致像素值在负值到正值很宽的范围内是很普遍的。尽管这样，在中间计算过程中没有问题。但是当我们想利用 8 位或 16 位格式保存或观看一幅图像时，就会出现问题。在这种情况下，通常希望把图像标度在全尺度，即最大范围为[0,255]或[0,65535]。下列惯用的被称作 gscale 的 M-函数能实现此项功能。此外，此函数能将输出灰度映射到某个特定的范围。此函数的代码不包含任何新的概念，所以在此我们不作介绍。可查阅附录 C。

gscale 函数的语法如下：

```
g = gscale(f , method, low, high)
```

其中，f 是被标定的图像，method 的可选值有 full8(默认)，它把输出标定为全范围[0, 255]; full16，它把输出标定为全范围[0, 65535]。如果内含，参数 low 与 high 在两种变换中都将被忽略。第三个 method 可选值是 minmax，在这种情况下，low 与 high 都在[0, 1]范围内，并且必须提供。当选用 minmax 时，结果映射值必须在[low,high]范围内。尽管这些值指定在[0, 1]范围内，但程序本身会作出适当的标定，而这取决于输入所属的类，然后将输出转换为与输入相同的类。例如，如果 f 属于 uint8 类，并且我们限定 minmax 在[0, 0.5]范围内，那么输出图像同样为 uint8 类，值在[0, 128]范围内。如果 f 是浮点数，并且值在[0,1]范围以外，那么程序在运行之前就会将之转换在[0, 1]范围内。本书中的许多地方都用到了 gscale 函数。

2.3 直方图处理与函数绘图

以从图像灰度直方图中提取信息为基础的灰度变换函数在诸如增强、压缩、分割、描述等方面的图像处理中起重要作用。本节的重点放在获取、绘图并利用直方图技术进行图像增强方面。直方图的其他应用将在后续章节中加以讨论。

2.3.1 生成并绘制图像的直方图

在[0, G]范围内总共有 L 级可能灰度的一幅数字图像的直方图定义为下列离散函数：

$$h(r_k)=n_k$$

其中，r_k 是[0,G]间隔内第 k 级灰度，n_k 为图像中出现 r_k 这种灰度的像素数。对于 uint8 类，G 的值为 255；对于 uint16 类，G 的值为 65535；对于浮点图像类，G 的值为 1.0。注意，对于 uint8 和 uint16 类的图像，$G = L - 1$。有时，利用归一化的直方图是必要的。用 $h(r_k)$ 的所有元素除以图像中的像素总数，就可以简单地得到归一化直方图：

$$p(r_k) = \frac{h(r_k)}{n} = \frac{n_k}{n}$$

其中，对于整数图像 $k =0, 1, 2, \ldots, L-1$。从基础概率论的角度讲，我们认可用 $p(r_k)$ 表示灰度级 r_k 出现的概率。

工具箱中用于处理图像直方图的核心函数是 imhist,基本语法如下:

```
h = imhist(f, b)
```

其中,f 为输入图像,h 为直方图 $h(r_k)$,b 是用来形成直方图的"统计堆栈"的数目(若 b 不在此参数列表中,默认值为 256)。"统计堆栈"仅仅是灰度的一小部分。例如,如果我们处理一幅 uint8 类的图像且设 b = 2,然后灰度范围被分成两部分:0 至 127 和 128 至 255。所得的直方图将有两个值:h(1) 等于图像在 [0,127] 间隔内的像素数,h(2) 等于图像在 [128,255] 间隔内的像素数。我们通过下列表达式就可以得到归一化的直方图:

```
p = imhist(f, b) /numel(f)
```

回忆一下在 1.7.8 节中,numel(f) 函数可以给出数组 f 中元素的个数(也就是图像中的像素数)。

例 2.4 计算并绘制图像直方图

考虑来自图 2-3(a) 的图像 f。在屏幕上绘制直方图的最简便方法是利用没有输出规定的 imhist 函数:

```
>> imhist(f) ;
```

图 2-7(a) 显示了结果。这是在工具箱中利用默认值得出的直方图。然而,绘制直方图还有许多其他方法,我们借此说明 MATLAB 中的一些绘制选择,这些方法都是在图像处理应用中使用的有代表性的方法。

直方图还可以利用条形图来绘制。为达到此目的,我们利用下列函数:

```
bar(horz, z, width)
```

其中,z 为包含被绘制点的行向量;horz 为与 z 同维数的向量,包含了水平标度值的增量;width 是一个介于 0 和 1 之间的数。换句话说,horz 的值给出了水平增量,z 的值对应垂直量。若 horz 被省略,水平轴会从 0 至 length(z) 等分为若干个单位。当 width 的值为 1 时,竖条较明显;当 width 的值为 0 时,竖条是垂直线,默认值为 0.8。当绘制条形图时,通常会将水平轴等分为几段以降低分辨率。下列命令将产生水平轴以 10 个等级为一组的条形图:

```
>> h = imhist(f, 25);
>> horz = linspace(0, 255, 25);
>> bar(horz, h)
>> axis([0 255 0 60000])
>> set(gca, 'xtick', 0:50:255)
>> set(gca, 'ytick', 0:20000:60000)
```

图 2-7(b) 显示了结果。对于图 2-7(a) 中在灰度高端出现的窄峰值,在图 2-7(b) 的条形图中下降了,这是由于此图在绘制过程中,水平增量值较大的缘故。垂直标度比图 2-7(a) 中整个直方图的跨度范围宽,这是因为每个条的高度都由某个范围的所有像素决定,而不是由单个值的所有像素决定。

上述源码中的第 4 条语句用来扩展垂直轴低端的范围,以便于视觉分析,水平轴的设置值与图 2-7(a) 中的范围相同。

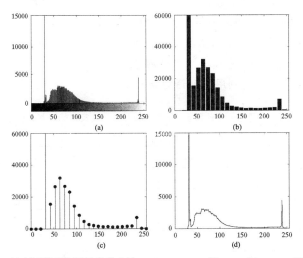

图 2-7　绘制图像直方图的各种方法：(a) imhiat；(b) bar；(c) stem；(d) plot

axis 轴函数的语法格式之一如下：

axis([horzmin horzmax vertmin vertmax])

axis 函数设置了水平轴和垂直轴的最大值及最小值。在最后两条语句中，gca 的意思是"获得当前轴"(也就是最终显示图形的轴)，xtick 和 ytick 设置显示水平轴和垂直轴标尺。另一种使用的语法如下：

axis tight

设置的轴限制了数据的范围。轴的标尺可以附加到使用下列函数产生的图形的水平轴和垂直轴上：

xlabel ('text string','fontsize',size)
ylabel ('text string','fontsize',size)

其中，size 为插入点处字体大小。在图的主体中可以利用 text 函数加入文本：

text (xloc,yloc,'text string','fontsize',size)

其中，xloc 与 yloc 定义为加入文字的起始位置。上述三个函数的具体应用将在例 2.4 中说明。应特别注意的一点是：设置参考轴线值与标度值的函数要在绘图函数之后使用。

利用 title 函数可以给图形加入标题，基本语法如下：

title ('titlestring')

其中，titlestring 为在标题处出现的字符串，将显示在图形上部的中央。

杆状图与条形图相似，语法如下：

stem(horz, z, 'LineSpec', 'fill')

其中，z 为包含了所需绘制点的行向量；horz 是对 bar 的具体描述。和之前一样，如果省略 horz，水平轴会从 0 至 length(z) 等分为若干个单位。

参数 LineSpec 是来自表 2-1 的三元组，例如 stem(horz,h,'r--p') 会生成一幅杆状图，线条与标记点都是红色，线条为虚线，标记点为五角星。如果使用了 fill，那么标记点用三元组中第一个元素指定的颜色填充。默认颜色为蓝色，默认线条为实线，默认标记点为圆圈。如图 2-7(c)所示的杆状图是利用下列语句得到的：

表 2-1 函数 stem 和 plot 中有关颜色、线条和标记点的规定

颜色规定		线条规定		标记点规定	
符　号	颜　色	符　号	线　型	符　号	标　记
k	黑	-	实线	+	加号
w	白	--	虚线	o	圆
r	红	:	点线	*	星号
g	绿	-.	点划线	.	点
b	蓝			x	叉
c	青			s	方块
y	黄			d	菱形
m	深红			^	向上三角形
				v	向下三角形
				>	向左三角形
				<	向右三角形
				p	五角星
				h	六角星

```
>> h = imhist(f, 25);
>> horz = linspace(0, 255, 25);
>> stem(horz, h, 'fill')
>> axis([0 255 0 60000])
>> set(gca, 'xtick', [0:50:255])
>> set(gca, 'ytick', [0:20000:60000])
```

下面考虑 plot 函数，该函数将一组点用直线连接起来，语法如下：

plot(horz, z, 'LineSpec')

其中，各个参数在先前介绍杆状图时都有定义。和函数 stem 一样，plot 中的属性也由三个值指定。对于 plot，默认值是不带标记的实的蓝线。如果指定了三元组，那么中间值是空的(或省略的)，即不画线，和以前一样。如果省略 horz，水平轴会从 0 至 length(z) 等分为若干个单位。

图 2-7(d)所示的图形是利用下列语句得到的：

```
>> hc = imhist(f);
>> plot(hc) % Use the default values.
>> axis([0 255 0 15000])
>> set(gca, 'xtick', [0:50:255])
>> set(gca, 'ytick', [0:2000:15000])
```

plot 函数经常被用作显示变换函数(详见例 2.5)。

在前面的讨论中，坐标轴的取值范围和刻度线都是人工设定的。利用 ylim 和 xlim 函数可以自动设定取值范围及刻度，为达到此目的，使用如下语法形式：

```
ylim('auto')
xlim('auto')
```

对于这两个函数(详见帮助文件)语法上的可能变化，还有手工选项：

```
ylim([ymin  ymin])
xlim([xmin  xmin])
```

允许人为规定取值限制。如果只对一个轴指定限制，那么另一个轴的限制默认为 auto 形式。我们将在下一节中运用这些函数。

在提示符处键入 hold on 保留现有图形及某些轴的属性，从而使后续绘图命令在已有图形的基础上执行。

在处理函数句柄时(见 1.7.8 节)，另一个特别有用的绘图函数是 fplot，基本语法如下：

```
fplot(fhandle, limits, 'LineSpec')
```

其中，fhandle 是函数句柄，limits 是指定了 x 轴限制[xmin xman]向量。从 1.7.8 节讨论的 timeit 函数回顾一下可知，通过使用函数句柄，可使基本函数的语法与被处理函数(在这种情况下绘图)的参数无关。例如，要在范围[-2 2]用点线绘制双曲正切函数 tanh，可以编写以下程序：

```
>> fhandle = @tanh;
>> fplot(fhandle, [-2 2], ':')
```

函数 fplot 使用一种自动的自适应增量控制方案来产生典型图形，在变化率最高之处集中了更多细节。这样，只有绘图限制是必须由用户指定的。尽管简化了绘图任务，但自动功能有时会产生意外的结果。例如，如果某个函数对可预见的间隔最初是 0，fplot 可能假定该函数是 0 并为整个间隔绘制 0。在这种情况下，可为要绘制的函数指定最小点数，语法如下：

```
fplot(fhandle, limits, 'LineSpec', n)
```

指定 n>=1 能够强制 fplot 绘制最小点数为 n+1 的函数,使用的步长是(1/n)*(upper_lim - lower_lim)；其中的 upper_lim 和 lower_lim 是指在 limits 中指定的最高和最低限制。

2.3.2　直方图均衡化

假设灰度级为归一化在[0, 1]范围内的连续量，让 $p_r(r)$ 代表一幅给定图像的灰度级的概率密度函数(PDF)，下标用来区分输入图像和输出图像的概率密度函数。假设我们对输入灰度进行下列变换，得到输出(处理后的)灰度级 s：

$$s = T(r) = \int_0^r p_r(w)dw$$

式中的 w 是积分虚变量。可以看出，输出灰度级的概率密度函数是均匀的，也就是：

$$p_s(s) = \begin{cases} 1 & \text{对于 } 0 \leq s \leq 1 \\ 0 & \text{其他} \end{cases}$$

换句话说，前面的变换生成一幅图像，这幅图像的灰度级是等概率的。此外，灰度覆盖了整个[0，1]范围。灰度级均衡化处理的最终结果是一幅扩展了动态范围的图像，具有较高的对比度。注意到这个变换函数是真正的累积分布函数(CDF)。

当灰度级为离散值时，我们利用直方图并采用前面介绍的直方图均衡化技术。一般来说，虽然由于变量的离散特性，处理后的图像直方图也不会完全均匀。参考我们在2.3.1节中讨论过的，让$p_r(r_j)$——其中的$j = 0, 1, 2, \ldots, L-1$——代表给定图像的灰度级直方图。在归一化直方图中，各个值大致是图像取各灰度级的概率。对于离散的灰度级，我们采用求和的方式，将均衡化变换成为下列形式：

$$s_k = T(r_k) = \sum_{j=0}^{k} p_r(r_j) = \sum_{j=0}^{k} \frac{n_j}{n}$$

式中，$k = 0, 1, 2, \ldots, L-1$，且S_k是输出(处理后的)图像的灰度值，对应输入图像的灰度值为r_k。

直方图均衡化由工具箱中的histeq函数实现，语法如下：

```
g = histeq(f,nlev)
```

其中，f为输入图像，nlev为输出图像设定的灰度级数。若nlev与L(输入图像中可能灰度级的总数)相等，则histeq直接执行变换函数。若nlev小于L，则histeq试图分配灰度级，从而能够得到近似平坦的直方图。与imhist函数不同，histeq中默认nlev = 64。在很大程度上，我们将nlev赋值为灰度级的最大可能数量(通常为256)，因为这样能够利用刚才描述的直方图均衡化方法，得到较为正确的执行结果。

例2.5 直方图均衡化

图2-8(a)是电子显微镜下花粉的图像，近似放大了700倍。就所需要的图像增强而言，这幅图像最突出的特点是较暗，且动态范围较低。这些特点在图2-8(b)所示的直方图中是很明显的，其中图像较暗的特点导致直方图偏向于灰度级的暗端。从直方图相对于整个灰度范围非常狭窄的事实可以看出，较低的动态范围是很明显的。令f表示输入图像，下列命令可产生图2-8(a)到图2-8(d)所示的结果。

```
>> imshow(f); % Fig. 2.8(a).
>> figure, imhist(f) % Fig. 2.8(b).
>> ylim('auto')
>> g = histeq(f, 256);
>> figure, imshow(g) % Fig. 2.8(c).
>> figure, imhist(g) % Fig. 2.8(d).
>> ylim('auto')
```

图2-8(c)所示的图像是直方图均衡化之后的结果。在平均灰度及对比度方面的改进是非常明显的。如图2-8(d)所示，这些特点在图像的直方图中也是很明显的。对比度增加源于直方图在整个灰度级上的显著扩展。灰度级的增加源于均衡化之后的图像直方图中灰度级平均值高于(较

亮)原始值。虽然刚刚讨论的直方图均衡化方法并不能生成平坦的直方图，但却具有增加图像灰度级动态范围的特性。

图 2-8 直方图均衡化：(a) 输入图像；(b) 输入图像的直方图；(c) 直方图均衡化之后的图像；(d) 直方图。(a)与(c)的改进是十分明显的。(原图像由澳大利亚堪培拉大学生物科学研究院的罗格·海地博士提供)

正如先前提到的那样，在直方图均衡化过程中使用的变换函数是归一化直方图的累加求和。可以利用 cumsum 函数实现变换功能：

```
>> hnorm = imhist(f)./numel(f); % Normalized histogram.
>> cdf = cumsum(hnorm); % CDF.
```

如图 2-9 所示的 cdf 绘图，可由下列命令得到：

```
>> x = linspace(0, 1, 256);  % Intervals for [0,1] horiz scale.
>> plot(x, cdf)              % Plot cdf vs. x.
>> axis([0 1 0 1]);          % Scale, settings, and labels:
>> set(gca, 'xtick', 0:.2:1)
>> set(gca, 'ytick', 0:.2:1)
>> xlabel('Input intensity values','fontsize', 9)
>> ylabel('Output intensity values','fontsize', 9)
```

图形中的文本是在 MATLAB 图形窗口中，通过绘图的 **Insert** 菜单，用 TextBox 和 Arrow 命令插入的。可以用 annotation 函数书写代码，插入图 2-9 中那样的文本框和箭头，但是 Insert 菜单使用起来相当方便。可以观察图 2-8 中的直方图，图 2-9 中的变换函数把输入灰度级低端中较窄的灰度级映射到输出图像的整个灰度范围。比较图 2-8 中的输入和输出图像，图像对比度的改进是很明显的。

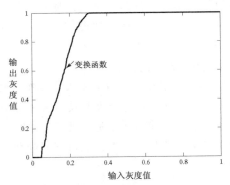

图 2-9 从图 2-7(a)的输入图像映射到图 2-7(c)的输出图像时使用的变换函数

2.3.3 直方图匹配法(规定化)

直方图均衡化生成了自适应的变换函数,从这个意义上讲,它是以给定图像的直方图为基础的。然而,一旦对一幅图像的变换函数计算完毕,它将不再改变,除非直方图发生改变。正如先前章节中提到的那样,直方图均衡化通过把输入图像的灰度级扩展到较宽灰度范围来实现图像增强。在本节,我们将说明这种方法有时并不总能导致成功的结果。特别是,能够规定在进行处理后想要的图像直方图的形状,这在某些应用中是非常有用的。生成具有特定直方图的图像的方法,被称作直方图匹配法或直方图规定化。

这种方法在原理上很简单。考虑归一化之后在[0,1]区间内的连续灰度级,令 r 和 z 分别表示输入图像与输出图像的灰度级。输入图像的灰度级有概率密度函数 $p_r(r)$,输出图像的灰度级具有规定的概率密度函数 $p_z(z)$。我们从前面章节的讨论中得知变换为:

$$s = T(r) = \int_0^r p_r(w)dw$$

得到的灰度级 s 具有均匀的概率密度函数 $p_s(s)$。假设定义的变量 z 具有下列特性:

$$H(z) = \int_0^z p_z(w)dw = s$$

记住,我们要寻找的是灰度级为 z 的图像,且具有特定的概率密度 $p_z(z)$。由前面的两个等式可得:

$$z = H^{-1}(s) = H^{-1}[T(r)]$$

可以由输入图像得到 $T(r)$(这是上一节中讨论的直方图均衡化变换),由此得出结论:只要找到 H^{-1},就能利用前面的等式得到变换后的灰度级 z,概率密度函数(PDF)为指定的 $p_z(z)$。当处理离散变量时,我们能够保证若 $p(Z_k)$ 是正确的直方图概率密度函数(也就是说,直方图具有单位面积且各亮度值均非负),则 H 的反变换存在,且元素值非零(也就是说,$p(Z_k)$ 中没有统计堆栈是空的)。如同在直方图均衡化中一样,前面方法的离散实现可得到对特定直方图的近似。

工具箱使用 histeq 的下列语法实现直方图匹配:

```
g = histeq(f,hspec)
```

其中,f 为输入图像,hspec 为特定的直方图(某个特定值的行向量),g 为输出图像,直方图近似于指定直方图 hspec。向量中包含对应等分的空间统计堆栈的整数值。histeq 的特性是当 length(hspec) 比图像 f 中的灰度级小很多时,图像 g 的直方图通常会较好地匹配 hspec。

例2.6 直方图匹配

图 2-10(a)显示了一幅火星天体福布司的图像 f,图 2-10(b)显示了利用 imhist(f) 函数得到的直方图。这幅图像受大片较暗区域控制,造成直方图中的大部分像素都集中在灰度级的暗端。乍一看,可能的结论是:借助直方图均衡化增强该图像是一种较好方法,从而使较暗区域中的细节更加明显。然而,利用下列命令,可得到图 2-10(c)所示的结果:

```
>> f1 = histeq(f,256)
```

事实上,利用直方图均衡化方法在这种情况下产生了一幅有"退色"现象且不是特别好的图像。对此，通过研究均衡化之后的图像，从图 2-10(d)所示的直方图可以看出原因。这里，我们看到灰度级仅仅是移到了较高端的那半边，给出一幅低对比度并且有前边提到的褪色现象的图像。灰度级的移动是由于在原始直方图中，灰度级在 0 及其附近区域过于集中。由直方图得到的累积变换函数非常陡，因此，把在低端过于集中的像素点映射到了灰度级的高端。

一种能够补救这种现象的方法就是利用直方图匹配法，期望的直方图在灰度级低端有较小的集中范围，并能够保留原始图像直方图的大体形状。我们从图 2-10(b)中注意到，直方图基本是双峰的，其中一个较大的模态在原点处，另一个较小的模态在灰度级的高端。这些类型的直方图可以被模型化，例如用多模态的高斯函数模拟。下列 M-函数计算了一个归一化到单位区域的双模态高斯函数，因而可被用作特定的直方图：

```
function p = twomodegauss(m1, sig1, m2, sig2, A1, A2, k)
%TWOMODEGAUSS Generates a two-mode Gaussian function.
%   P = TWOMODEGAUSS(M1, SIG1, M2, SIG2, A1, A2, K) generates a
%   two-mode, Gaussian-like function in the interval [0, 1]. P is a
%   256-element vector normalized so that SUM(P) = 1. The mean and
%   standard deviation of the modes are (M1, SIG1) and (M2, SIG2),
%   respectively. A1 and A2 are the amplitude values of the two
%   modes. Since the output is normalized, only the relative values
%   of A1 and A2 are important. K is an offset value that raises the
%   "floor" of the function. A good set of values to try is M1 =
%   0.15, SIG1 = 0.05, M2 = 0.75, SIG2 = 0.05, A1 = 1, A2 = 0.07,
%   and K = 0.002.

c1 = A1 * (1 / ((2 * pi) ^ 0.5) * sig1);
k1 = 2 * (sig1 ^ 2);
c2 = A2 * (1 / ((2 * pi) ^ 0.5) * sig2);
k2 = 2 * (sig2 ^ 2);
z = linspace(0, 1, 256);
p = k + c1 * exp(-((z - m1) .^ 2) ./ k1) + ...
    c2 * exp(-((z - m2) .^ 2) ./ k2);
p = p ./ sum(p(:));
```

下列交互函数从键盘读取输入信息，并绘制最终的高斯函数。函数 input 输出参量中包含的文字，并等待来自用户的输入。注意如何设置绘图的限制。

```
function p = manualhist
%MANUALHIST Generates a two-mode histogram interactively.
%   P = MANUALHIST generates a two-mode histogram using function
%   TWOMODEGAUSS(m1, sig1, m2, sig2, A1, A2, k). m1 and m2 are the
%   means of the two modes and must be in the range [0,1]. SIG1 and
%   SIG2 are the standard deviations of the two modes. A1 and A2 are
%   amplitude values, and k is an offset value that raises the floor
%   of the the histogram. The number of elements in the histogram
%   vector P is 256 and sum(P) is normalized to 1. MANUALHIST
%   repeatedly prompts for the parameters and plots the resulting
%   histogram until the user types an 'x' to quit, and then it
%   returns the last histogram computed.
%
%   A good set of starting values is: (0.15, 0.05, 0.75, 0.05, 1,
%   0.07, 0.002).
% Initialize.
```

```
    repeats = true;
    quitnow = 'x';
    
    % Compute a default histogram in case the user quits before
    % estimating at least one histogram.
    p = twomodegauss(0.15, 0.05, 0.75, 0.05, 1, 0.07, 0.002);
    
    % Cycle until an x is input.
    while repeats
        s = input('Enter m1, sig1, m2, sig2, A1, A2, k OR x to quit:',...
            's');
        if strcmp(s, quitnow)
            break
        end
        
        % Convert the input string to a vector of numerical values and
        % verify the number of inputs.
        v = str2num(s);
        if numel(v) ~= 7
            disp('Incorrect number of inputs.')
            continue
        end
        
        p = twomodegauss(v(1), v(2), v(3), v(4), v(5), v(6), v(7));
        % Start a new figure and scale the axes. Specifying only xlim
        % leaves ylim on auto.
        figure, plot(p)
        xlim([0 255])
    end
```

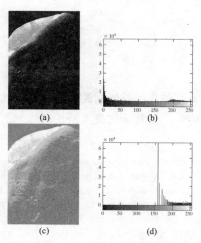

图 2-10 (a) 火星天体福布司的图像；(b) 直方图；(c) 直方图均衡化处理后的图像；(d) (c)的直方图。(原图像由 NASA 提供)

由于直方图均衡化在本例中出现的问题，主要是因为在原始图像 0 级灰度附近像素过于集中，因此合理的方法是修改图像的直方图，使之不再有此特性。图 2-11(a)显示了某个函数的图形(利用 manualhist 程序得到)，保留了原始直方图的一般形状，并且在图像较暗区域的灰度级有较为平滑的过渡。程序的输出 p 由 256 个等间隔点(由这个函数产生)组成，并且是希望的特定直方图。一幅具有规定直方图的图像由下列命令生成：

```
>> g = histeq(f,p) ;
```

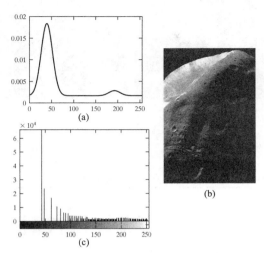

图 2-11 (a) 规定的直方图；(b) 由直方图匹配增强之后的结果；(c) (b)的直方图

图 2-11(b)显示了结果，对直方图均衡化的改进结果在图 2-10(c)中是很明显的。我们注意到，规定的直方图表现了较原始直方图更合适的变化。这正是图像增强中取得有意义改进的全部要求。图 2-11(b)的直方图显示于图 2-11(c)中。该直方图最突出的特性是：低端移动到接近灰度级较亮的区域，从而接近规定的形状。但是注意到，这里的向右移动却并不像图 2-10(d)中所示的直方图移动得那么多，那样得到的图 2-10(c)将相当于一幅增强效果很差的图像。

2.3.4 函数 adapthisteq

这个工具箱函数执行所谓的对比度受限的自适应直方图均衡(*Contrast-Limited Adaptive Histogram Equalization*，CLAHE)。前两节讨论的方法对整个图像进行操作，此处的方法与前两节不同，这个方法是由用直方图规定化方法处理图像的小区域(称为小片)组成。然后用双线性内插将相邻小片组合起来以消除人工引入的边界效应。特别是可以限制均匀亮度区域的对比度，以免放大噪声。adapthisteq 函数的语法如下：

```
g = adapthisteq(f, param1, val1, param2, val2, ...)
```

其中，f 是输入图像，g 是输出图像，param/val 是表 2-2 中所列的内容。

例 2.7 adapthisteq 函数的使用

图 2-12(a)与图 2-10(a)相同，图 2-12(b)是使用函数 adapthisteq 全部默认设置之后的结果：

```
>> g1 = adapthisteq(f);
```

虽然结果显示的细节略有增加，但图像的重要部分仍然较暗。图 2-12(c)显示了将小片大小增加到[25 25]后的结果：

```
>> g2 = adapthisteq(f, 'NumTiles', [25 25]);
```

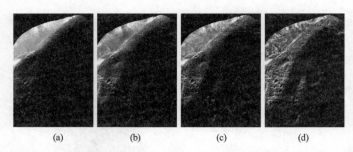

图 2-12 (a) 与图 2-10(a)相同；(b) 用默认值使用 `adapthisteq` 函数的结果；(c) 将参数 `NumTiles` 设置为[25 25] 时函数的结果；(d) 使用这个小片数量，并且 `ClipLimit` = 0.05 时得到的结果

表 2-2 函数 `adapthisteq` 中使用的参数以及相应的值

参 数	值
`'NumTiles'`	根据行和列[r c]指定小片数的正整数的两元素向量。r 和 c 至少是 2，小片总数是 r*c，默认值是[8 8]
`'ClipLimit'`	范围[0 1]内的标量，指定了对比度增强限制。值越高，对比度也越高。默认值是 0.01
`'NBins'`	正整数标量，为建立对比度增强变换而使用的直方图指定堆栈数目。值越高，动态范围越大，同时要付出降低处理速度的代价。默认值是 256
`'Range'`	指定输出图像数据范围的字符串： `'original'`——将范围限制为原图像范围[min(f(:)) max(f(:))] `'full'`——使用输出图像类的整个范围。例如对于 `uint8` 数据，范围是[0 255]。这是默认值

`'Distribution'`	字符串，用于指定图像小片所需的直方图形状：
	    `'uniform'`——平坦的直方图(默认值)
	    `'rayleigh'`——钟形直方图
	    `'exponential'`——曲线直方图
	(有关这些分布的公式，请见 4.2.2 节)

`'Alpha'`	用于瑞利分布和指数分布的非负标量，默认值是 0.4

清晰度略有增加，但并未出现新的细节，使用命令：

```
>> g3 = adapthisteq(f, 'NumTiles', [25 25], 'ClipLimit', 0.05);
```

产生图 2-12(d)中显示的结果。与前两个结果相比，这幅图像在细节方面明显增强。事实上，图 2-12(d)和图 2-11(b)是不错的例子，通过比较这两幅图可以十分清楚地看到局部增强方法相对于全局增强方法的优势。通常，付出的代价是附加功能的复杂性。

2.4 空间滤波

正如在 2.1 节中提到并在图 2-1 中说明的那样，邻域处理包含以下过程：(1)选择中心点(x, y)；(2)仅对预定义的围绕点(x, y)的邻域内的像素执行运算；(3)令运算结果为该点处领域处理的响应；(4)对图像上的每一点重复上述处理。移动中心点会产生新的邻域，每个邻域对应输入图像上的一个像素。用来区别这种处理的两个主要术语为邻域处理和空间滤波，后者更为普遍。正

如下面将要介绍的那样，若对邻域中像素的计算为线性的，则运算称为线性空间滤波(也使用术语"空间卷积")；否则称此运算为非线性空间滤波。

2.4.1 线性空间滤波

"线性滤波"的概念源于频域中信号处理所使用的傅立叶变换，这一主题将在第 3 章中详细讨论。在本章中，我们感兴趣的是直接对图像中的像素执行滤波运算。使用"线性空间滤波"这一术语来区分此类处理与频域滤波。

本章关注的线性运算包括将邻域中的每个像素与相应的系数相乘，然后对结果求和，从而得到点(x, y)处的响应。若邻域的大小为 $m×n$，则需要 mn 个系数。这些系数被排列为矩阵，我们称之为滤波器、模板(mask)、滤波模板、核、模板(template)或窗口，其中前 3 个叫法最普遍。为简便起见，也用卷积滤波、卷积模板或卷积核等术语。

图 2-13 说明了线性空间滤波的机理。这个过程是在图像 f 中逐点移动滤波模板 w 的中心点。在每个点(x, y)处，滤波器在该点处的响应是由滤波模板限定的相应邻域像素与滤波器系数的乘积结果的累加和。对于大小为 $m×n$ 的模板，我们假定典型的 $m = 2a + 1$ 且 $n = 2b + 1$，其中的 a 和 b 为非负整数。所有假设都是基于模板的大小均应为奇数的原则，有意义模板的最小尺寸为 $3×3$。尽管并不是必须满足的要求，但是处理奇数大小的模板会更加直观，因为它们都有明确的中心点。

在执行线性空间滤波时，我们必须清晰地理解两个意义相近的概念。一个是相关；另一个是卷积。相关是指模板 w 按图 2-13 所示的方式进行图像数组 f 的处理。原理上，卷积是相同的过程，只不过在 w 通过 f 之前先将它旋转 180°。可通过一些例子来很好地解释这两个概念。

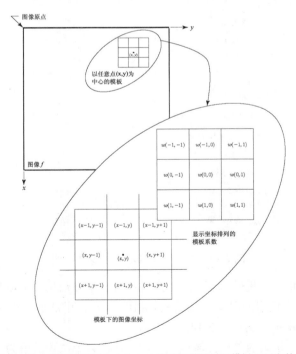

图 2-13　线性空间滤波的机理，放大的图显示了大小为 3×3 的滤波模板以及模板正下方的相应图像邻域。这里将图像的邻域从模板正下方移开以方便阅读

图 2-14(a)显示了一维函数 f 和模板 w。假设 f 的原点定为最左侧的点。为执行两个函数的相关，可移动 w 使其最右侧的点与 f 的原点重合，如图 2-14(b)所示。注意，这两个函数之间有一些点未重叠。为处理这种问题，最普通的方法就是在 f 中填充足够多的 0，以保证在 w 通过 f 的整个过程中，始终存在对应的点。这种情形如图 2-14(c)所示。

我们现在准备执行相关操作。相关的第一个值是在图 2-14(c)所示位置上两个函数乘积的累加和。此时，乘积的和为 0。下一步，我们将 w 向右移动一个位置并重复上述过程，如图 2-14(d)所示。乘积的累加和仍为 0。经过 4 次移动后，如图 2-14(e)所示，我们首次得到相关的非零值，也就是(2)(1) = 2。按照这种方式继续下去，直至 w 全部通过 f，最终的几何图如图 2-14(f)所示，我们得到了如图 2-14(g)所示的结果。这组值即为 w 与 f 的相关。假设我们填充了 w，用填充过的 w 最左侧的元素对准 f 最右侧的元素，用刚才描述的方式执行相关，结果将会不同(旋转 180°)。所以在相关中，函数的顺序也是有关系的。

在图 2-14(g)所示的相关中，符号'full'是由工具箱使用的标记(稍后讨论)，用来指示相关操作按上述方式计算时使用了经过充零后的图像。工具箱提供了另一个选项，在图 2-14(h)显示中用'same'表示，可以产生大小与 f 相同的相关。这种计算同样也使用经过充零后的图像，但开始位置位于与 f 的原点对准的模板的中心点(w 中标记为 3 的点)。最后的计算是使 f 的最后一个点与模板的中心点对准。

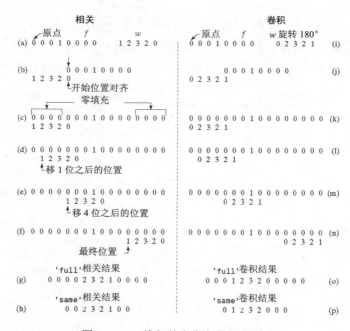

图 2-14　一维相关和卷积的操作说明

为了执行卷积，可将 w 旋转 180°，使其最右侧的点与 f 的原点重叠，如图 2-14(j)所示。然后，我们重复在相关中使用的滑动/计算过程，如图2-14(k)到图 2-14(n)所示。'full'和'same'卷积结果分别显示在图 2-14(o)和图 2-14(p)中。

图 2-14 中的函数 f 是离散单位冲激函数，该函数在某个位置的值为 1，在其他位置的值为 0。从图 2-14(o)或图 2-14(p)的结果可以明显看出，冲激函数卷积只是在冲激位置复制 w。这个

复制性质(称为筛选)是线性系统理论中的基本概念,也是其中一个函数总会在卷积中旋转180°的原因。请注意,不同于相关,交换函数的顺序会产生相同的卷积结果。如果被移动的函数是对称的,很显然,卷积和相关会产生相同的结果。

前面的概念可以很容易推广到图像中,如图2-15所示。原点位于图像f(x,y)的左上角(见图1-2)。为了执行相关计算,我们设置w(x,y)的最右下角点,使之与f(x,y)的原点重合,如图2-15(c)中所示。注意,基于图 2-14 中讨论过的原因,我们使用了零填充。为了执行相关计算,我们在所有可能的位置上移动w(x, y),使得它的至少一个像素会与原始图像f(x, y)中的某个像素相重叠。这个'full'相关显示在图 2-15(d)中。为得到图 2-15(e)中所示的'same'相关,我们要求w(x, y)的所有偏移都能实现中心像素覆盖原始的f(x,y)。对于卷积,我们将w(x,y)旋转 180°,其他处理方式与相关操作相同,参见图2-15(f)到图2-15(h)。正如前面讨论的一维示例那样,无论函数顺序如何,卷积都将产生相同的结果。在相关中,顺序是至关重要的,假设滤波模板总是经过反转的函数,在工具箱中就可以清楚地看到这一事实。还要注意图 2-15(e)和图 2-15(h)中的重要事实,即空间相关和卷积的结果彼此之间旋转 180°。当然,这也是我们预想得到的,因为卷积与相关相比只不过旋转了滤波模板。

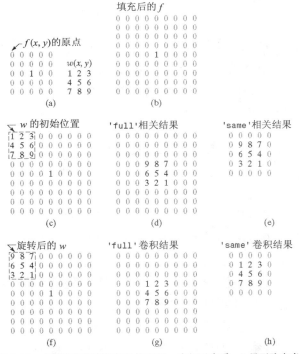

图 2-15 二维相关和卷积的操作示例。为便于查看,0 显示为灰色

下面以公式的形式总结一下前面讨论的内容,将由 $w(x,y) ☆ f(x,y)$ 表示的大小为 $m \times n$ 的滤波模板 $w(x,y)$ 与函数 $f(x,y)$ 的相关使用以下表达式给出:

$$w(x,y) ☆ f(x,y) = \sum_{s=-a}^{a} \sum_{t=-b}^{b} w(s,t) f(x+s, y+t)$$

上式对所有的偏移变量 x 和 y 求值,w 中的所有元素访问 f 中的每一个像素,我们假定 f 已被适当地填充了。常数 a 和 b 由 $a=(m-1)/2$ 和 $b(n-1)/2$ 给出。

为便于表示，我们假定 m 和 n 是奇整数。与上面类似，由 $w(x, y)\bigstar f(x, y)$ 表示的 $w(x, y)$ 和 $f(x, y)$ 的卷积由下式给出：

$$w(x, y) \bigstar f(x, y) = \sum_{s=-a}^{a}\sum_{t=-b}^{b} w(s, t) f(x-s, y-t)$$

其中，公式右边的减号翻转了 f(即将它旋转180°)。为便于表示，这里旋转和移动 f(而不是 w)。结果是相同的。求和中的项与相关相同。

工具箱使用函数 imfilter 来实现线性空间滤波，该函数的语法如下：

```
g = imfilter(f, w, filtering_mode, boundary_options, size_options)
```

其中，f 是输入图像，w 为滤波模板，g 为滤波结果；表2-3 中总结了其他参数。对于相关，将 Filtering_mode 指定为 'corr'(这是默认值)；对于卷积，将它指定为 'conv'。boundary_options 用于处理边界填充问题，边界的大小由滤波器的大小确定。这些选项将在例2.8 中详细解释。size_options 可以是 'same' 或 'full'，如图2-14 和图2-15 所说明的那样。

最常见的 imfilter 语法是：

```
g = imfilter(f, w, 'replicate')
```

当在工具箱中执行标准的线性空间滤波时，使用上述语法。在 2.5.1 节中讨论的这些滤波器要预先旋转180°，以便我们可在 imfilter 中使用默认的相关(通过对图2-15 的讨论可知，对旋转过的滤波器执行相关操作与对原始滤波器执行卷积操作是相同的)。如果滤波器关于自身的中心对称，两种选择将产生同样的结果。

表 2-3 imfilter 函数的选项

选 项	说 明
滤波模式	
'corr'	滤波通过使用相关来完成(见图2-14 和图2-15)，这是默认值
'conv'	滤波通过使用卷积来完成(见图2-14 和图2-15)
边界选项	
P	输入图像的边界通过用值 P 填充来扩展(没有任何引用)；P 的默认值是 0
'replicate'	图像大小通过复制外边界的值来扩展
'symmetric'	图像大小通过沿自身的边界进行镜像映射扩展
'circular'	图像大小通过将图像作为二维周期函数的一个周期来扩展
大小选项	
'full'	输出图像的大小与被扩展(填充)图像的大小相同(见图2-14 和图2-15)
'same'	输出图像的大小与输入图像的大小相同，这可通过将滤波模板的中心点的偏移限制为原始图像中包含的点来实现(见图2-14 和图2-15)，这是默认值

当使用既非预先旋转又非对称的滤波器时，只要希望执行卷积，我们就有两个选择。可以使用下列语法：

```
g = imfilter(f, w, 'conv', 'replicate')
```

也可以使用函数rot90(w,2)把w旋转180°，然后使用函数imfilter(f,w,'replicate')。可以将这两步合并为一条语句：

```
g = imfilter(f, rot90(w, 2), 'replicate')
```

结果是得到一幅与输入图像大小相同的图像g(也就是说，默认是前面讨论的'same'模式)。

滤波后，图像的每个元素都使用浮点算法来计算。然而，imfilter会将输出图像转换为与输入图像相同的类。因此，如果f是整数数组，那么输出中超过整数类型范围的元素将被截去，小数部分会四舍五入。如果结果要求更高的精度，那么需要在使用imfilter之前通过函数im2single、im2double或tofloat(见1.7.8节)将f转换为浮点数。

例2.8 函数imfilter的应用

图2-16(a)是一幅大小为512×512像素的double类图像f。考虑如下31×31的滤波器：

```
>> w = ones(31);
```

它与平均滤波器成比例。我们没有用$(31)^2$去除系数来说明在本例的末尾，用imfilter标定为uint8类图像的效果。

用滤波器w对图像进行卷积以产生模糊结果。因为滤波器是对称的，所以可以使用默认的imfilter做相关操作。图2-16(b)显示了执行下列滤波操作后的结果：

```
>> gd = imfilter(f,w);
>> imshow(gd,[ ])
```

在这里我们使用默认的边界选项，用0值对图像边界进行填充。就像我们期望的那样，滤波后，图像中的黑白边缘被模糊了，但只是出现在图像较亮的部分以及边缘之间的边上。当然，原因是填充的边界为黑色。我们可以通过使用'replicate'选项来解决这个困难：

```
>> gr = imfilter(f, w, 'replicate');
>> figure, imshow(gr, [ ])
```

如图2-16(c)所示，滤波后，图像的边界正如我们料想的那样。在这种情况下，相同的结果可以通过选项'symmetric'获得：

```
>> gs = imfilter(f, w, 'symmetric');
>> figure, imshow(gs, [ ])
```

图2-16(d)显示了结果。然而，使用'circular'选项：

```
>> gc = imfilter(f, w, 'circular');
>> figure, imshow(gc, [ ])
```

产生的结果如图2-16(e)所示，显示出了与使用0填充同样的问题。这也是我们料想到的，因为周期性的使用使得图像的黑暗部分邻近光亮区域。

最后，使用imfilter产生与输入相同类型的结果，如果处理不当，将会产生很大的问题：

```
>> f8 = im2uint8(f);
>> g8r = imfilter(f8, w, 'replicate');
>> figure, imshow(g8r, [ ])
```

图2-16(f)显示了这些操作的结果。在这种情况下，当输出通过 imfilter 转换为与输入相同的类型(uint8)时，由于裁剪会引起数据丢失。原因是模板的系数不是在范围[0, 1]内求和，从而引起滤波后的结果超过范围[0, 255]。为了避免这种困难，我们有一个归一化系数的选项，使系数和限定在范围[0, 1]内(在现有的条件下，我们可以用系数除以31的平方，和为1)，或者输入 single 或 double 格式的数据。然而注意，即使我们使用第二个选项，无论如何，数据也仍需归一化为对某一操作(比如存储)可用的图像格式。任何一种方法都是可用的，关键一点是数据的范围，要避免出现不希望有的结果。

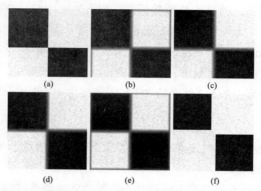

图 2-16 (a) 原始图像；(b) 使用默认值 0 填充的经 imfilter 函数处理过的结果；(c) 使用选项 'replicate' 后的结果；(d) 使用选项 'symmetric' 后的结果；(e) 使用选项 'circular' 后的结果；(f) 将原始图像转换为 uint8 类，然后利用选项 'replicate' 进行滤波后的结果。滤波器的大小为 31×31，且所有元素都是 1

2.4.2 非线性空间滤波

非线性空间滤波也基于邻域操作，就像在前一节中讨论的那样，与使用 $m×n$ 滤波器的中心点滑过一幅图像的机制相同。然而，线性空间滤波基于计算乘积和(即线性操作)，顾名思义，而非线性空间滤波基于涉及邻域像素内的非线性操作。例如，使得每个中心点的响应等于邻域内像素最大值的操作，即为非线性滤波操作。另一个基本的区别是：模板的概念在非线性处理中不是那么普遍。滤波的概念仍然是存在的，但是"滤波器"应想象为邻域像素操作的非线性函数，这些响应构成了非线性操作的结果。

为了执行通常的非线性滤波操作，工具箱提供了两个函数：nlfilter 和 colfilt。nlfilter 直接执行二维操作，而 colfilt 按列组织数据。虽然 colfilt 需要占用更多的内存，但是执行起来要比 nlfilter 快得多。在大多数图像处理应用中，速度是最重要的因素。因此，在执行通常的非线性空间滤波时，更多的是采用 colfilt 而不是 nlfilter。

给定一幅大小为 $M×N$ 的输入图像 f，邻域大小为 $m×n$，函数 colfilt 可产生矩阵 A，最大尺寸为 $mn×MN$，在这个矩阵中，每一列对应于图像中被邻域包围的像素。例如，当邻域中心位于 f 的最左上侧时，第一列对应于邻域包围的像素。所有要进行的填充都用 0 填充，并由 colfilt 透明地处理。

函数 colfilt 的语法如下：

g = colfilt(f, [m n], 'sliding', fun)

像以前一样，在这里，m 和 n 表示的是滤波区域的维数，'sliding' 表明处理过程是 $m×n$

区域在输入图像 f 中逐像素进行滑动，fun 是函数句柄(见 1.7.8 节)。

由于习惯，组织了矩阵 A，函数 fun 必须分别对每一列操作，并返回行向量 v，v 的第 k 个元素是对 A 中第 k 列进行 fun 操作后的结果。因为 A 可以有 MN 列，v 的最大维数为 $1×MN$。

在上一节讨论的线性滤波方法中，存在空间滤波技术中用填充方法处理空间滤波固有的边缘问题。然而，当使用 colfilt 时，在进行滤波之前，输入图像必须被很清楚地进行填充。为此，我们使用函数 padarray，对于二维函数，语法为：

```
fp = padarray(f, [r c], method, direction)
```

其中，f 为输入图像，fp 为填充后的图像，[r c]表示用于填充 f 的行数和列数，method 和 direction 的意义见表 2-4 中的描述。例如，如果 f=[1 2;3 4]，命令：

```
>> fp = padarray(f, [3 2], 'replicate', 'post')
```

产生的结果如下：

```
fp =
    1 2 2 2
    3 4 4 4
    3 4 4 4
    3 4 4 4
```

如果在参数中不包括 direction，那么默认值为'both'。如果不包含 method，将默认用 0 填充。

表 2-4 函数 padarray 的选项

选 项	描 述
方法	
'symmetric'	通过镜像映射在图像边界的对面扩展图像尺寸
'replicate'	通过复制值在图像边界的外部扩展图像尺寸
'circular'	通过将图像处理成 2D 周期函数的一个周期来扩展图像尺寸
方向	
'pre'	在每一维、第一个元素之前填充
'post'	在每一维、最后一个元素之后填充
'both'	在每一维、第一个元素之前和最后一个元素之后进行填充，这是默认值

例 2.9 使用函数 colfilt 实现非线性空间滤波

正像函数 colfilt 说明的那样，执行非线性滤波时，在任何点，响应都是以该点为中心点的邻域像素亮度值的几何平均。大小为 $m×n$ 的邻域的几何平均数是邻域内灰度值乘积的幂的 $1/mn$。首先，像匿名函数句柄那样执行非线性滤波函数(见 1.7.8 节)：

```
>> gmean = @(A) prod(A, 1)^1/size(A, 1));
```

为了降低边缘效应，我们用'padarray'函数中的选项'replicate'填充输入图像：

```
f = padarray(f, [m n], 'replicate');
```

接下来，调用函数 colfilt：

```
>> g = colfilt(f, [m n], 'sliding', @gmean);
```

在这里，有几个要点。首先，应当注意，矩阵 A 由 colfilt 自动传递给函数句柄 gmean；其次，像以前提及的那样，矩阵 A 总是 mn 行，但列数是可变的。因此，gmean(或者任何由 colfilt 传递的其他函数句柄) 在某种意义上必须写成可处理可变列数的形式。在这种情况下，滤波的过程是计算邻域内所有像素的乘积，并把结果提升至 $1/mn$ 次幂。对于 (x, y) 的任意值，该点的滤波结果包含在 v 的适当列中。关键要求是函数在 A 的列上进行操作，不管有多少，并返回包含所有单独列的行向量。然后，函数 colfilt 获得这些结果，并对它们重新排列以产生输出图像 g。最后，我们移除先前的填充：

```
>> [M, N] = size(f);
>> g = g((1:M) + m, (1:N) + n);
```

所以，g 与 f 大小相同。

一些常见的非线性滤波器可以通过其他 MATLAB 和工具箱函数实现，例如 imfilter 和 ordfilt2(见 2.5.2 节)。例如 4.3 节中的函数 spfilt，在例 2.9 中通过 imfilter 和 MATLAB 的 log 和 exp 函数实现几何平均滤波。当这些是可能的时候，通常性能会高得多，内存的使用也是 colfilt 要求的一小部分。然而现在，函数 colfilt 仍然是进行非线性滤波操作最好的选择，还没有可以替换的函数。

2.5 图像处理工具箱中标准的空间滤波器

在这一节，我们将讨论由工具箱支持的线性和非线性滤波。其他自定义滤波器的实现将在 4.3 节中提到。

2.5.1 线性空间滤波器

工具箱支持一些预定义的二维线性空间滤波器，可通过函数 fspecial 实现，该函数生成滤波模板 w，函数语法为：

```
w = fspecial('type', parameters)
```

其中，'type' 表示滤波器的类型，'parameters' 进一步定义指定的滤波器。由 fspecial 产生的空间滤波器汇总于表 2-5 中，表中包括了每一种滤波器的应用参数。

表 2-5 由函数 fspecial 支持的空间滤波器，其中的一些用于边缘检测(参见 10.1 节)

类型	语法及参数
'average'	fspecial('average',[r c]) 是矩形平均滤波器，大小为 r×c，默认值为 3×3。若用单个数代替 [r c]，则表示正方形滤波器
'disk'	fspecial('disk',r) 为圆形平均滤波器(包含在边长为 2r+1 大小的正方形内)，半径为 r。默认半径为 5

(续表)

类 型	语法及参数
'gaussian'	Fspecial('gaussian',[r c],sig) 为大小为 r×c 的高斯低通滤波器,标准偏移为 sig(正数)。默认值为 3×3 和 0.5。若用一个数代替[r c],则表示正方形滤波器
'laplacian'	fspecial('laplacian',alpha) 为 3×3 的拉普拉斯滤波器,形状决定于 alpha——一个处于[0,1]范围内的数。alpha 默认值为 0.2
'log'	fspecial('log',[r c],sig) 是大小为 r×c 的高斯-拉普拉斯(LoG)滤波器,标准偏移为 sig(正数)。默认值为 5×5 和 0.5。若用一个数代替[r c],则表示正方形滤波器
'motion'	fspecial('motion',len,theta) 用于输出滤波器,当与一幅图像卷积时,len 像素近似做线性运动(就好像照相机与景物的关系)。运动的方向为 theta,以度数为单位度量,以水平线为参考逆时针转动。默认值为 9 和 0,这代表的是沿水平方向做 9 个像素点的运动
'prewitt'	fspecial('prewitt') 输出大小为 3×3 的 Prewitt 滤波器,wv 近似于垂直梯度。水平梯度的滤波器模板可以通过置换结果 wh=wv' 来获得
'sobel'	fspecial('sobel') 输出大小为 3×3 的 Sobel 滤波器,sv 近似于垂直梯度。水平梯度的滤波器可以通过置换结果 sh=sv' 来得到
'unsharp'	fspecial('unsharp',alpha) 输出大小为 3×3 的非尖锐的滤波器。alpha 控制形状,必须是在[0,1]范围内,默认值为 0.2

例 2.10 使用函数 imfilter 实现拉普拉斯滤波器

下面说明如何用 fspecial 和 imfilter 通过拉普拉斯滤波器增强一幅图像。图像 $f(x,y)$ 的拉普拉斯算子定义为 $\nabla^2 f(x,y)$:

$$\nabla^2 f(x,y) = \frac{\partial^2 f(x,y)}{\partial x^2} + \frac{\partial^2 f(x,y)}{\partial y^2}$$

通常,二阶导数的数字近似为

$$\frac{\partial^2 f(x,y)}{\partial x^2} = f(x+1,y) + f(x-1,y) - 2f(x,y)$$

和

$$\frac{\partial^2 f(x,y)}{\partial y^2} = f(x,y+1) + f(x,y-1) - 2f(x,y)$$

因而有

$$\nabla^2 f(x,y) = \left[f(x+1,y) + f(x-1,y) + f(x,y+1) + f(x,y-1) \right] - 4f(x,y)$$

通过将图像与下列空间模板进行卷积,这个表达式可以在图像中的所有点实现:

```
 0   1   0
 1  -4   1
 0   1   0
```

另一个可替换的数字二阶导数的定义可取对角线元素,可以使用下面的空间模板实现:

$$\begin{array}{ccc} 1 & 1 & 1 \\ 1 & -8 & 1 \\ 1 & 1 & 1 \end{array}$$

两种导数有时可以用这里所示的相反符号来定义，得到与前面两个空间模板正好相反的结果。使用拉普拉斯算子增强的基本公式为：

$$g(x,y) = f(x,y) + c\left[\nabla^2 f(x,y)\right]$$

其中，$f(x,y)$为输入图像，$g(x,y)$为增强后的图像。如果模板的中心系数为正，c为1；如果为负，c为-1。因为拉普拉斯是微分算子，将使图像锐化，并使恒定区域为0。把结果与原始图叠加，可恢复灰度级色调。

函数 fspecial('laplacian',alpha) 可实现更为一般的拉普拉斯模板：

$$\begin{array}{ccc} \dfrac{\alpha}{1+\alpha} & \dfrac{1-\alpha}{1+\alpha} & \dfrac{\alpha}{1+\alpha} \\ \dfrac{1-\alpha}{1+\alpha} & -4 & \dfrac{1-\alpha}{1+\alpha} \\ \dfrac{\alpha}{1+\alpha} & \dfrac{1-\alpha}{1+\alpha} & \dfrac{\alpha}{1+\alpha} \end{array}$$

可以对增强结果进行精细调整。然而，拉普拉斯的主要应用领域就是基于刚刚讨论的这两种模板。

下面，我们应用拉普拉斯滤波器对图 2-17(a)进行增强处理。这是一幅略微有些模糊的月球北极图像。在这种情况下，对图像的增强包括使图像锐化，同时要尽可能保留图像的灰度层次。首先，生成并显示拉普拉斯滤波器：

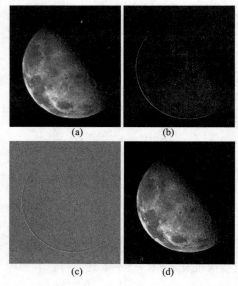

图 2-17　(a) 月球北极的图像；(b) 使用 uint8 格式的拉普拉斯滤波后的图像(因为 uint8 是无符号类型，所以输出的负值剪切为 0)；(c) 使用浮点格式的拉普拉斯滤波后的图像；(d) 增强后的结果，通过从(a)中减去(c)得到的结果。(原图像由 NASA 提供)

```
>>w = fspecial('laplacian',0)
W =
    0.0000    1.0000  0.0000
    1.0000   -4.0000  1.0000
    0.0000    1.0000  0.0000
```

注意，这个滤波器属于 double 类，alpha=0 的形状是前边讨论过的拉普拉斯滤波器，我们可以很容易地人为规定形状为：

```
>>w=[0 1 0;1 -4 1;0 1 0];
```

下面我们用 w 处理输入图像 f(见图 2-17(a))，f 属于 uint8 类：

```
>> g1 = imfilter(f, w, 'replicate');
>> imshow(g1, [ ])
```

图 2-17(b)显示了结果图像。这个结果看起来是合理的，但存在如下问题：所有像素都是正的。因为滤波器的中心参数为负，所以通常我们希望得到带有正值和负值的拉普拉斯图像。然而在这种情况下，f 属于 uint8 类，正如前面章节中讨论的那样，imfilter 给出了与输入图像类型相同的输出，所以负值将被截掉。可以通过在滤波前将 f 转换为浮点数来解决这个困难：

```
>> f2 = tofloat(f);
>> g2 = imfilter(f2, w, 'replicate');
>> imshow(g2, [ ])
```

图 2-17(c)显示的结果是拉普拉斯图像的典型外观。

最后，我们从原始图像中减去拉普拉斯图像以恢复失去的灰度层次(因为中心参数为负值)：

```
>> g = f2 - g2;
>> imshow(g);
```

图 2-17(d)显示的结果比原始图像要清晰。

例 2.11 人工规定的滤波器与增强技术的比较

增强问题常常需要从工具箱中指定可用的滤波器。拉普拉斯滤波器就是很好的例子。工具箱支持中心为– 4 的 3×3 拉普拉斯滤波器。通常使用中心为– 8、周围的值都为 1 的 3×3 拉普拉斯滤波器以得到更尖锐的图像。这个例子的目的是手工实现这个滤波器，并比较这两种方式得到的结果。指令序列如下：

```
>> f = imread('Fig0217(a).tif');
>> w4 = fspecial('laplacian', 0); % Same as w in Example 2.10.
>> w8 = [1 1 1; 1 -8 1; 1 1 1];
>> f = tofloat(f);
>> g4 = f - imfilter(f, w4, 'replicate');
>> g8 = f - imfilter(f, w8, 'replicate');
>> imshow(f)
>> figure, imshow(g4)
>> figure, imshow(g8)
```

为了便于比较，图 2-18(a)再次显示的是原始的月球图像。图 2-18(b)为 g4 图像，与图 2-17(d)一样，图 2-18(c)为 g8 图像。正如我们预期的那样，图 2-18(c)要比图 2-18(b)清晰得多。

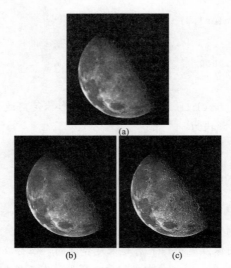

图 2-18　(a) 月球北极的图像；(b) 使用中心点为−4 的拉普拉斯滤波器'laplacian'增强后的图像；(c) 使用中心点为−8 的拉普拉斯滤波器增强后的图像

2.5.2　非线性空间滤波

函数 `ordfilt2` 计算统计排序(order-statistic filter)滤波器(也叫做 rank filter，即排序滤波器)。这些是非线性空间滤波器，它们的响应基于图像邻域中的像素序列，并且邻域中心像素的值被由邻域序列的排序结果决定的值代替。在这一节中，我们关注由 `ordfilt2` 产生的非线性滤波器。其他一些非线性滤波器将在 4.3 节中讨论和实现。

函数 `ordfilt2` 的语法为：

```
g = ordfilt2(f, order, domain)
```

这个函数用邻域排序集合中的第 order 个元素去替代 f 中的每个元素以生成输出图像 g，邻域由 domain 内的非零元素指定。在这里，domain 是由 0 和 1 组成的 $m×n$ 大小的矩阵，这个矩阵规定了在计算中使用的邻域中像素点的位置。在这种情况下，domain 的作用类似于逻辑模板。邻域中对应 domain 矩阵中为 0 的像素不用于计算。例如，为了实现大小为 $m×n$ 的最小滤波器(排序 1)，我们使用语法：

```
g = ordfilt2(f, 1, ones(m,n))
```

在这个公式中，1 表示排过序的序列 mn 的第一个样本值，ones(m,n) 建立元素值为 1 的 $m×n$ 矩阵，表明邻域内的所有样本值都将用于计算。

在统计学的术语中，最小滤波器(排序集合中的第一个样本值)被称作第 0 个百分位。同样，第 100 个百分位指的就是排序集合中的最后一个样本值，即第 mn 个样本。相应的还有最大滤波器，可以用下列语法实现：

```
g = ordfilt2(f, m*n, ones(m, n))
```

众所周知，在数字图像处理中最著名的统计排序滤波器是中值滤波器，对应第 50 个百分位。对应奇数的 m 和 n：

```
g = ordfilt2(f, (m*n + 1)/2, ones(m, n))
```

因为在实践中非常重要,工具箱提供了专门的二维中值滤波器的实现:

```
g = medfilt2(f, [m n], padopt)
```

其中,数组[m n]定义了用于计算中值的尺寸为 $m×n$ 的邻域。padopt 规定了三个可能的边缘填充选项之一:'zeros'(默认值);'symmetric',指出 f 按照镜像反射方式对称地沿边缘扩展;'indexed',表示如果 f 属于 double 类,用 1 填充,否则用 0 填充。默认的形式是[①]:

```
g = medfilt2(f)
```

该函数利用 3×3 的邻域计算中值,用 0 进行边缘填充。

例 2.12 利用函数 medfilt2 的中值滤波

中值滤波是减少图像中椒盐噪声的有用工具。虽然我们将在第 4 章更详细地讨论噪声的消除,但在这里简单介绍一下中值滤波的实现还是有益的。

图 2-19(a)中显示的是自动检测一张工业电路板的 x 射线图像 f,图 2-19(b)显示的是带有"椒盐噪声"的同一幅图像。其中,黑白点噪声的发生概率为 0.2。这幅图像是利用函数 imnoise 产生的,在 5.2.1 节会具体介绍。

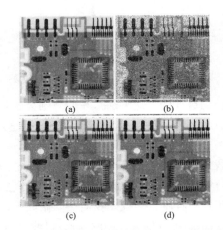

```
>> fn = imnoise(f, 'salt & pepper', 0.2);
```

图 2-19(c)是对带噪图像进行中值滤波处理后的结果,使用语句:

```
>> gm = medfilt2(fn);
```

考虑图 2-19(b)的噪音水平,中值滤波采用默认值设置就可以很好地削弱噪声。然而,注意电路板图像的外圈是黑点,这是因为黑点围绕着整个图像(可以想到默认的填充值为 0)。这种效应可以通过'symmetric'选项来减弱。

```
>> gms = medfilt2(fn,'symmetric');
```

显示在图 2-19(d)中的结果除了黑色边缘效应不是那么明显之外,其他与图 2-19(c)中的结果很相近。

图 2-19 中值滤波:(a) x 射线图像;(b) 由椒盐噪声污染的图像;(c) 用函数 medfilt2(默认设置)进行中值滤波处理后的结果;(d) 使用选项'symmetric'进行中值滤波后的结果,注意边缘效应相对于(c)和(d)的改进。(原图像由 Lixi 公司提供)

2.6 将模糊技术用于灰度变换和空间滤波

本章最后简要介绍模糊集合及其在灰度变换和空间滤波方面的应用,另外还会开发一组自定义 M-函数来实现本章开发的模糊方法。稍后将看到,模糊集在解决那些以不精确概念为基础

---

① 回忆数值集合的中值 ξ,它是数值集合处于中间位置的数,该数小于或等于 ξ,并且也大于或等于 ξ。

的表述问题时为合并人类知识提供了一个框架。

2.6.1 背景知识

集合是对象(元素)的聚集，集合论由处理集合和集合之间操作的工具组成。集合论的核心是集合隶属(set membership)概念。我们习惯于处理所谓的"干脆"集合(crisp set)，它们的成员隶属关系在传统的二值布尔逻辑情况下不是真，就是假，用 1 表示真，用 0 表示假。例如，令 Z 表示所有人员的集合，而我们要定义 Z 的子集 A，或称为年轻人的集合。为了形成子集 A，我们需要定义隶属度函数，用于对 Z 中的每个元素 z 赋予 1 或 0 值。因为我们在处理二值逻辑，所以隶属度函数定义了某个阈值，等于或低于该阈值的人被视为年轻人，而在该阈值之上的人被视为非年轻人。图 2-20(a)用 20 岁的年龄阈值总结了这一概念，其中的 $\mu_A(z)$ 表示刚才讨论的隶属度函数。

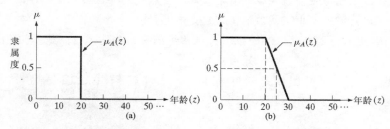

图 2-20　隶属度函数：(a) "干脆"集合；(b) 模糊集合

使用这样的表达方法，我们立刻会遇到如下难点：年龄为 20 岁的人被视为年轻人，但年龄是 20 岁零 1 秒的人就不属于年轻人。这是使用"干脆"集合时存在的基本问题，这使得它们在许多实际应用中受到限制。

我们需要使"年轻"的意思更具弹性，即在年轻和不年轻之间逐渐过渡。图 2-20(b)显示了一种可能性。该函数的本质特性是无限值的评价，以便在年轻和不年轻之间连续过渡。这样就有了年轻"程度"。现在我们可以做如下声明：例如某个人是年轻的(曲线上端的平坦部分)、较年轻的(斜坡开始处)、50%年轻(斜坡中间)、不那么年轻(斜坡末端)，依此类推(注意图 2-20(b)中曲线的斜度变缓，会导致"年经"的含义更加模糊)。这些模糊类型的声明是与人们在谈论年龄时并不严谨的做法是一致的。这样，我们就可以将无限制隶属度函数作为模糊逻辑的基础，并将使用模糊逻辑生成的集合视为模糊集合。

2.6.2 模糊集合介绍

模糊集合论是由 L. A. Zadeh 在 40 年前提出的。正如在下边的讨论中说明的那样，模糊集合为处理不严密信息提供了一种方式。

1. 定义

令 Z 为元素或对象的集合，z 表示 Z 的元素；即 Z={z}。通常将 Z 集合称为"论域"。Z 中的模糊集合 A 由隶属度函数 $\mu_A(z)$ 来描述，它是与 Z 中每个元素相关联的位于区间[0,1]内的实数。对于来自 Z 的某个具体元素 z_0，$\mu_A(z_0)$ 的值表示 A 中 z_0 的隶属度等级。

"属于"这个概念在普通集合(干脆)中很熟悉，但在模糊集合论中却有不同的含义。对于普通集合，我们说某个元素属于或不属于集合；而对于模糊集合，我们说所有 $\mu_A(z)=1$ 的 z 都是集合的完全成员，所有 $\mu_A(z)$ 值介于 0 和 1 之间的 z 都是集合的部分成员，所有 $\mu_A(z)=0$ 的 z 在集合中都具有 0 隶属度(实际的意思是它们都不是集合的成员)。

例如在图 2-20(b)中，$\mu_A(25) = 0.5$ 表示 25 岁的人在年轻人集合中有 0.5 的隶属资格。类似地，15 岁和 35 岁的人在集合中有 1.0 和 0.0 的隶属资格。因此，模糊集合 A 是由 z 和隶属度函数组成的有序对，隶属度函数为 A 中的每个 z 指定隶属资格等级：

$$A = \{z, \mu_A(z) | z \in Z\}$$

当 z 连续时，A 可以有无限多个元素；当 z 的值离散，并且值的范围有限时，可以明确地列出 A 元素的表。例如，如果图 2-20 中的年龄限制为整数，那么可将 A 明确写为：

$$A = \{(1,1),(2,1),\cdots,(20,1),(21,0.9),(22,0.8),\cdots,(29,0.1),(30,0),(31,0),\ldots\}$$

注意，根据上述定义，(30,0)及其后面的对包含在 A 内，但在 A 集合中，它们的隶属度是 0。在实际上通常不包含它们，因为我们感兴趣的通常是那些隶属度是非 0 的元素。由于隶属度函数唯一确定了在某个集合中的隶属程度，因此模糊集合和隶属度函数这两个术语在文献中交替使用。这也是经常发生混乱的根源，因此你应该记住，在日常应用中，这两个术语意思相同。为了帮助熟悉这两个术语，本节交替使用它们。当 $\mu_A(z)$ 仅有两个值时，如 0 和 1，隶属度函数退化成人们熟悉的普通集合的特征函数。因此，普通集合是模糊集合的特殊情况。

虽然模糊逻辑和概率处理的间隔都是[0,1]，但二者存在显著差别。考虑图 2-20 中的例子，概率语句可读作"一个人是年轻人有 50%的机会"，而模糊语句则读作"在年轻人集合中，一个人的隶属级别为 0.5"。这两条语句之间的差别十分重要。在第一条语句中，一个人要么属于年轻人集合，要么属于非年轻人集合。我们只有 50%的机会知道一个人属于哪个集合。第二条语句预示一个人的年轻程度，在这种情况下，年轻程度是 0.5。另一种解释是：这是"处于中游"的年轻人，并非真正的年轻人，但又不是十分接近非年轻人。换句话说，模糊逻辑根本就不是概率，而是在处理集合中的隶属度。在这种情况下我们看到，模糊逻辑的概念适用于以模糊和不精确为特点的情况，而不是随机情况。

下面的定义是后续章节内容的基础：

空集：当且仅当 Z 中的隶属度函数是 0 时，模糊集合是空集。

相等：当且仅当对于所有的 $z \in Z$，$\mu_A(z) = \mu_B(z)$ 时，模糊集合 A 和 B 是相等的，写成 $A=B$。

补集：对于所有的 $z \in Z$，当隶属度函数是

$$\mu_{\bar{A}}(z) = 1 - \mu_A(z)$$

时，模糊集合 A 的补集(NOT)由 $\bar{A}$ 或 NOT(A)表示。

子集：当且仅当对于所有的 $z \in Z$；都有

$$\mu_A(z) \leqslant \mu_B(z)$$

时，模糊集合 A 是模糊集合 B 的子集。

并集：对于所有的 $z \in Z$，模糊集合 A 和 B 的并集(OR)是具有隶属度函数

$$\mu_U(z) = \max[\mu_A(z), \mu_B(z)]$$

的模糊集合 U。表示为 $A \cup B$ 或 A OR B。

交集：模糊集合 A 和 B 的交集(AND)是，对于所有的 $z \in Z$，具有隶属度函数

$$\mu_I(z) = \min[\mu_A(z), \mu_B(z)]$$

的模糊集合，表示为 $A \cap B$ 或 A AND B。

注意，大家熟悉的术语 NOT、OR 和 AND 与符号补(-)、并($\cup$)和交($\cap$)交替使用来分别表示补集、并集和交集。

例 2.13 对模糊集合定义的说明

图 2-21 说明了上面的一些定义。图 2-21(a)显示了集合 A 和 B 的隶属度函数。图 2-21(b)显示了 A 的补集的隶属度函数，图 2-21(c)显示了 A 和 B 的并集的隶属度函数，图 2-21(d)显示了这两个集合的交集。图 2-21 中的虚线仅供参考而显示。图 2-21(b)到图 2-21(d)指出的模糊操作结果是实线。

你在文献中可能会遇到这样的例子：对于两个模糊集合，交集的隶属度函数曲线下的区域会加上阴影，以指出操作结果。这是普通集合操作的做法，用于此处是错误的。在处理模糊集合时，仅仅沿着隶属度函数本身的点(实线)是可用的。这是对早期所做解释的很好说明，隶属度函数和与之对应的模糊集合是同一件事情。

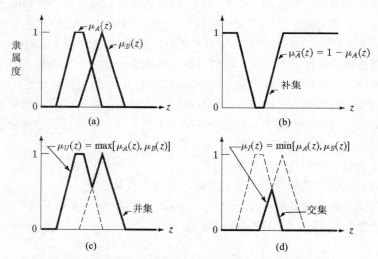

图 2-21　(a) 模糊集合 A 和 B 的隶属度函数；(b) A 的补集的隶属度函数；
(c)和(d) 集合 A 和 B 的并集和交集的隶属度函数

2. 隶属度函数

表 2-6 列出了模糊集合常用的一组隶属度函数。前三个函数是分段线性的，接下来的两个函数是平滑的，最后一个函数是截断的高斯函数。我们在 2.6.4 节开发了一些 M-函数，以实现表中的 6 个隶属度函数。

表 2-6 一些常用的隶属度函数及相应曲线

名　称	公　式	曲　线
三角形	$\mu(z) = \begin{cases} 0 & z < a \\ (z-a)/(b-a) & a \leq z < b \\ 1-(z-b)/(c-b) & b \leq z < c \\ 0 & c \leq z \end{cases}$	三角形曲线
梯形	$\mu(z) = \begin{cases} 0 & z < a \\ (z-a)/(b-a) & a \leq z < b \\ 1 & b \leq z < c \\ 1-(z-b)/(c-b) & c \leq z < d \\ 0 & d \leq z \end{cases}$	梯形曲线
Σ形	$\mu(z) = \begin{cases} 0 & z < a \\ (z-a)/(b-a) & a \leq z < b \\ 1 & b \leq z \end{cases}$	Σ形曲线
S形	$S(z,a,b) = \begin{cases} 0 & z < a \\ 2\left[\dfrac{z-a}{b-a}\right]^2 & a \leq z < p \\ 1-2\left[\dfrac{z-b}{b-a}\right]^2 & p \leq z < b \\ 1 & b \leq z \end{cases}$	S形曲线，$p=(a+b)/2$
钟形	$\mu(z) = \begin{cases} S(z,a,b) & z < b \\ S(2b-z,a,b) & b \leq z \end{cases}$	钟形曲线
截断的高斯形状	$\mu(z) = \begin{cases} e^{-\dfrac{(z-b)^2}{s^2}} & |z-b| \leq (b-a) \\ 0 & 其他 \end{cases}$	截断的高斯形状曲线，0.607，28

2.6.3 使用模糊集合

本节讨论一些有关模糊集合使用的基础知识，然后把在这里说明的概念用于 2.6.5 和 2.6.6 节的图像处理。

首先列举一个例子，假定要开发一个模糊系统来监视发电站的电机运行状况。在这里，电机的运行状况由它表现的震动数决定。为简单起见，假定我们用可输出单一数字的传感器完成监视任务，这个数字就是由 z 表示的平均震动频率。我们感兴趣的是三个范围的平均频率：低、中和高。电机在低频率范围的运行是正常运行，电机在中等频率范围的运行是指运行处于边缘状态，电机的平均震动处在高频率范围是指运行接近故障状态。

上面讨论的频率范围可看成模糊的(在某种程度上与图 2-20 的年龄相似)。我们可用诸如图 2-22(a)的模糊隶属度函数来描述这个问题。将模糊与模糊隶属度函数之间的关联变量称为 *fuzzification*，在当前上下文中，频率是语言上的变量，具体频率值 z_0 称为语言上的值。语言上的值用隶属度函数模糊化，从而映射到间隔[0, 1]内。图 2-22(b)显示了一个例子。

记住，频率范围是模糊的，我们可以根据下面的 *fuzzy IF-THEN* 规则来描述关于该问题的知识。

R_1：IF 频率为 *low*，THEN 电机运转是正常的。

R_2：IF 频率为 *mid*，THEN 电机运转处于边缘状态。

R_3：IF 频率为 *high*，THEN 电机运转接近故障状态。

这些规则包括了有关该问题的所有知识，它们只是思考过程的表现形式。

接下来寻找一种方法，使用输入(频率测量)和 IF-THEN 规则中包括的所有知识来建立模糊系统的输出，该过程称为推断或推理。但在应用推断之前，必须处理每个规则的前提，以便得到单一值。正如在本节末尾将显示的那样，多个前提部分用 AND 和 OR 连接起来。根据 2.6.2 节的定义，这意味着执行最大和最小操作。为简化现在的解释，我们首先处理前提中仅包含一个部分的那些规则。

因为处理的是模糊输入，输出本身也是模糊的，所以也必须为输出定义隶属度函数。在本例中，我们感兴趣的最终输出是电机运行失常的百分比，图 2-23 显示了用于将输出刻画为三个模糊类的隶属度函数：*normal*、*marginal* 和 *near failure*。

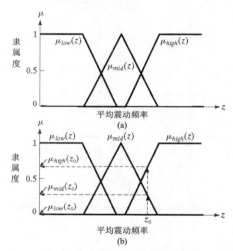

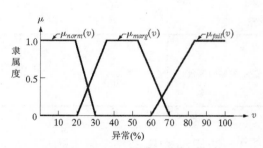

图 2-22　(a) 模糊频率测量所用的隶属度函数；(b) 模糊化某个特定的测量 z_0

图 2-23　用于刻画模糊条件的隶属度函数：*normal*、*marginal* 和 *near failure*

注意，输出的自变量是异常的百分比(数字越低，系统的运行越趋于正常)，这与输入的自变量是不同的。

图 2-22 和图 2-23 的隶属度函数与规则基础一起包含了有关输入和输出需要的所有信息。例如，我们注意到，规则 R_1 与低和正常相关联，这与前面定义的交集(AND)操作一样。回顾 2.6.2 节可知，为找到这两个函数之间 AND 操作的结果，AND 定义为两个隶属度函数的最小：

$$\mu_1(z,v) = \mu_{low}(z) \ \ AND \ \ \mu_{norm}(v)$$
$$= \min\{\mu_{low}(z), \ \mu_{norm}(v)\}$$

结果也是隶属度函数并且是含有两个变量的函数，因为两个"与"运算隶属度函数有不同的自变量。

前边的等式是一般结果,我们感兴趣的是对于特定输入的输出。令 z_0 表示指定的频率值,根据 low 隶属度函数,输入的隶属程度为 $\mu_{low}(z_0)$。通过对 $\mu_{low}(z_0)$ 以及 z_0 处求值的一般结果 $\mu_t(z,v)$ 执行"与"计算,我们找到了对应于规则 R_1 和输入 z_0 的输出:

$$\begin{aligned}Q_1(v) &= \min\{\mu_{low}(z_0), \mu_1(z_0, v)\} \\ &= \min\{\mu_{low}(z_0), \min\{\mu_{low}(z_0), \mu_{norm}(v)\}\} \\ &= \min\{\mu_{low}(z_0), \mu_{norm}(v)\}\end{aligned}$$

考虑到 $\mu_{low}(z_0)$ 是常数(见图2-22(b)),采用了最后一个步骤。这里的 $Q_1(v)$ 表示由规则 R_1 和指定输入得到的输出。在 Q_1 中唯一的变量就是输出变量 v。

我们由其他两个规则和相同的指定输入,可以得到下列输出:

$$Q_2(v) = \min\{\mu_{mid}(z_0), \mu_{marg}(v)\}$$

和

$$Q_3(v) = \min\{\mu_{high}(z_0), \mu_{fail}(v)\}$$

上面三个公式中的每一个都是与特定规则和指定输入相关联的输出。尽管输入是固定值,但这些响应中的每一个都是模糊集合。刚才讨论的过程在前几段中就提到过,即根据输入和 IF-THEN 规则中包含的知识得到输出。

为了得到模糊系统的全部响应,我们合并三个独立响应。在本节开头给出的基础规则中,三个规则通过 OR 操作关联起来,这样一来,完整的模糊输出由下式给出:

$$Q(v) = Q_1(v) \text{ OR } Q_2(v) \text{ OR } Q_3(v)$$

由于 OR 定义为 max 操作,因此可以把上述结果写为:

$$Q(v) = \max_r \left\{ \min_{s,t}\{\mu_s(z_0), \mu_t(v)\} \right\}$$

其中,$r=\{1,2,3\}$,$s=\{low, mid, high\}$,$t=\{norm, marg, fail\}$。这意味着 s 和 t 的值在有效组合中是成对的(low 和 norm,mid 和 marg 以及 high 和 fail)。虽然是在一个例子的上下文中开发的,但上述表达式是通用的。要将之扩展到 n 个规则,只需要令 $r=\{1, 2,\cdots,n\}$ 即可。类似地,我们可以扩展 s 和 t,以便包含有限数量的隶属度函数。前边的两个公式说明了同一件事情:模糊系统的响应 Q 是从每个规则通过决断处理得到的单独模糊集合的并集。

图 2-24 总结了迄今为止的结果。图 2-24(a)包含计算单独输出 Q_1、Q_2 和 Q_3 所需要的元素,(1)对于 $s = \{low, mid, high\}$ 的 $\mu_s(z_0)$ (这些是常数,见图 2-22);(2)对于 $t = \{norm, marg, fail\}$ 的 $\mu_t(v)$。Q_i 由计算这些量对之间的最小值得到。图 2-24(b)显示了结果。注意,计算每个 $\mu_t(v)$ 与相应的常数 $\mu_s(z_0)$ 间最小值的最后结果只是在 $\mu_s(z_0)$ 值处裁剪 $\mu_t(v)$。最后,我们通过计算每个 v 值处所有三个 $Q_i(v)$ 间的最大值来得到单一(合计)输出 $Q(v)$。图 2-24(c)显示了结果。

我们已成功得到与指定输入对应的完整输出,但仍需处理模糊集合 $Q(v)$。最后一步是通过去模糊(*defuzzification*)过程从模糊集合 Q 得到"干脆"输出 v_0。

可采用多种方法通过对 Q 去模糊得到"干脆"输出 v_0。常用方法是计算 $Q(v)$ 的重心:

$$v_0 = \frac{\int vQ(v)\,dv}{\int Q(v)\,dv}$$

其中，积分取自变量 v 值的范围，例 2.14(2.6.4 节)中说明了如何使用来自图 2-24(c)的 Q 和指定的频率值 $z_0=0.7$(见图 2-22(b))，通过求和逼近该函数。结果是 $v_0=0.76$，即对于这个频率值，电机以 76%的异常程度运行。

迄今为止，我们已经讨论了 IF-THEN 规则，这些规则的先决条件只有一个部分，比如"如果频率是 low"。如果规则的先决条件有多个部分，就必须将它们组合在一起，以便得到针对该规则的描述全部先决条件的单个数字。例如，假设有如下规则：IF 频率是 low 而且温度中等，THEN 电机运转正常(normal)。必须为语言学上的变量 moderate 定义隶属度函数。然后，为了获得上述规则的单个数字，上术规则考虑了先决条件的两个部分，首先要用 low 隶属度函数评估给定频率值，再用 moderate 隶属度函数评估给定的温度值。因为两个部分由 AND 连接起来，所以我们使用两个结果值的最小值。然后在推理过程中使用运算值来"修剪"normal 隶属度函数(它是与上述规则相关联的隶属度函数)。其余过程与前面一样，正如下边总结的那样。

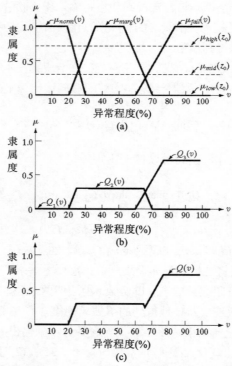

图 2-24 (a) 在 z_0 点求得的 μ_{low}、μ_{mid} 和 μ_{high} 值(都是常数值)；(b) 单独输出；(c) 聚合输出

图 2-25 显示了使用两个输入(频率和温度)的电机示例。我们用该图和前面介绍的内容总结一下基于规则的模糊逻辑应用的主要步骤：

(1) 模糊输入：如图 2-25 中的前两列所示，使用在每个规则中可用的隶属度函数，通过把输入映射到[0, 1]区间，找到与每个标量对应的模糊值。

(2) 执行任何需要的模糊逻辑操作：必须将先决条件所有部分的输出组合在一起，用 max

或 min 操作(具体取决于是通过 OR 还是 AND 连接这些部分)得到单一值。在图 2-25 中，先决条件的所有部分都是由 AND 连接的，因此，全部用 min 操作。先决条件的部分数量和用于连接它们的逻辑算子数量因规则而异。

(3) 利用一种推断方法：使用每个规则的先决条件的单个输出来提供与规则对应的输出。如前所述，我们使用的推断方法是基于 AND 的，也就是 min 操作。这会在先决条件提供的值处修剪相应的输出隶属度函数，如图 2-25 中的第 3 和第 4 列所示。

(4) 对来自步骤(3)的模糊集合应用聚合方法：如图 2-25 中的最后一列所示，每个规则的输出都是模糊集合。必须将它们组合在一起以得到单个输出模糊集合。这里使用的方法是对单独的输出使用 OR 操作，也就是 max 操作。

(5) 对最后输出的模糊集合去模糊：在最后一步将得到"干脆"的标量输出。这是用计算来自步骤(4)聚合的模糊集的重心得到的。

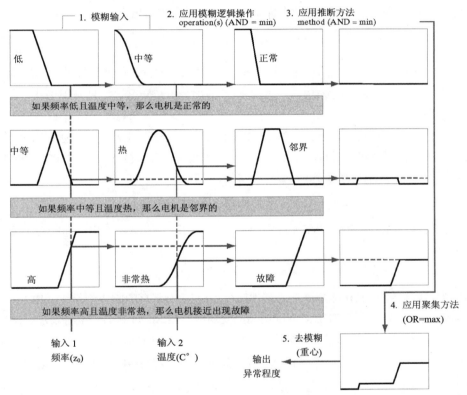

图 2-25 该例说明在实现基于模糊规则的系统时通常使用的 5 个基本步骤：(1) 模糊；(2) 逻辑操作；(3) 推断；(4) 聚合；(5) 去模糊

当变量的数量很大时，最好使用简洁的标记方法(变量、模糊集合)，把变量和与之对应的隶属度函数配成一对。例如，规则"IF 频率值是 low，THEN 电机运行正常"，在这里可写成 IF(z,low) THEN(v,normal)，其中的变量 z 和 v 分别代表平均频率和异常百分比，而 low 和 normal 分别由隶属度函数 $\mu_{low}(z)$ 和 $\mu_{norm}(z)$ 定义。

通常，如果处理 M 个 IF-THEN 规则，N 个输入变量 $z_1, z_2, \cdots, z_N$ 和一个输出变量 v，在图像处理中最常用的模糊规则公式类型的形式如下：

$$IF(z_1, A_{11}) \quad AND \quad (z_2, A_{12}) \quad AND \ldots AND \quad (z_N, A_{1N}) \quad THEN \quad (v, B_1)$$
$$IF(z_1, A_{21}) \quad AND \quad (z_2, A_{22}) \quad AND \ldots AND \quad (z_N, A_{2N}) \quad THEN \quad (v, B_2)$$
$$\ldots$$
$$IF(z_1, A_{M1}) \quad AND \quad (z_2, A_{M2}) \quad AND \ldots AND \quad (z_N, A_{MN}) \quad THEN \quad (v, B_M)$$
$$ELSE(v, B_E)$$

其中，A_{ij} 是与第 i 个规则和第 j 个输入变量相关联的模糊集合，B_i 是与第 i 个规则的输出相关联的模糊集合，并且假设规则的先决条件分量由 AND 连接。注意前面引入了与模糊集合 B_E 相关联的 ELSE 规则。当前面的规则完全不满足时，将执行该规则；下面将介绍输出。

如前所述，每个规则的先决条件的所有元素都必须被求值，以便得到单个标量值。图 2-25 中使用 min 操作，因为规则基于 AND 操作。前面的一般公式也使用 AND，因此再次使用 min 操作。计算第 i 个规则的先决条件将产生标量输出 λ_i，由下式给出：

$$\lambda_i = \min\{\mu_{A_{ij}}(z_j); j=1,2,\cdots N\}$$

其中，$i=1,2,\cdots,M$。这里的 $\mu_{A_{ij}}(z_j)$ 是模糊集合 A_{ij} 在第 i 个输入值处计算的隶属度函数。通常将 λ_i 称为第 i 个规则的强度水平(或点火水平)。由前面的讨论可知，λ_i 只是用于修剪第 i 个规则的输出函数的值。

当 THEN 规则的条件很难满足时，可执行 ELSE 规则(2.6.6 节列举了如何使用 ELSE 规则的详细示例)。当其他所有响应很弱时，ELSE 响应应该较强。在某种意义上，可将 ELSE 规则看成在其他规则的结果上执行 NOT 操作。从 2.6.2 节可知：

$$\mu_{NOT(A)}(z) = \mu_{\bar{A}}(z) = 1 - \mu_A(z)$$

然后，在合并(AND)所有的 THEN 规则的水平中利用这一概念，给出下面的对于 ECSE 规则的强度水平：

$$\lambda_E = \min\{1 - \lambda_i; i=1,2,\cdots,M\}$$

我们看到，如果所有 THEN 规则在"最大强度"处点火(所有的响应都是 1)，ELSE 规则的响应将如期望的那样是 0。当 THEN 规则的响应变弱时，ELSE 规则的强度将增加。这就是与大家熟知的软件编程中采用的 IF-THEN-ELSE 规则相对应的模糊规则。

当在先决条件中处理 OR 时，我们只是在前面给出的一般公式中用 OR 代替 AND，并在 λ_i 的公式中用 max 代替 min；λ_E 的表达式没有变化。虽然可以不按这里讨论的方法编写更复杂的先决条件和结果公式，但这里用 AND 或 OR 编写的公式十分通用，并且被广泛用于图像处理领域。实现模糊方法时的计算量很大，因此模糊公式要力求简单。

2.6.4　一组自定义的模糊 M-函数

本节开发一组 M-函数，它们实现表 2-6 中的所有隶属度函数，并归纳图 2-25 中总结的模型。同样，可在这些函数的基础上广泛设计基于规则的模糊系统。本节稍后用这些函数计算前一节讨论的电机监测系统的输出。然后在 2.6.5 和 2.6.6 节介绍如何通过把这些函数用于模糊灰度变换和空间滤波来扩展它们的功能。

1. MATLAB 嵌套函数

在下面的讨论中将广泛使用嵌套函数。因此，我们要暂时离开主题，简单地研究这个重要概念。嵌套函数是 MATLAB 7 引入的较新的编程特征。本节介绍嵌套函数时，主要讨论能产生函数的那些函数。稍后将看到，这很适合用于模糊处理中使用的函数类型。

嵌套函数是在另一函数主体内定义的函数。当 M-文件包含嵌套函数时，文件中所有函数的结尾必须使用 end 关键字。例如，包含嵌套函数的函数的一般语法如下：

```
function [outputs1] = outer_function(arguments1)
statements
    function [outputs2] = inner_function(arguments2)
        statements
    end
statements
end
```

在嵌套函数中使用或定义的变量驻留在最外层函数的工作空间中，最外层函数包含嵌套函数，并且可以访问变量。例如：

```
function y = tax(income)
adjusted_income = income - 6000;
y = compute_tax
    function y = compute_tax
        y = 0.28 * adjusted_income;
    end
end
```

变量 adjusted_income 出现在嵌套函数 compute_tax 中，它还出现在封装函数 tax 中。因此，两个 adjusted_income 实例指向同一变量。

当构成嵌套函数的句柄时，嵌套函数的变量的工作空间将合并到句柄中，并且只要函数句柄存在，工作空间变量就将一直存在。这意味着可以创建函数句柄，从而访问和修改自身工作空间的内容。这个特点使创建能产生函数的函数(也称为函数工厂)成为可能。例如，MATLAB 附带演示函数，演示函数使得函数能够确定自身已经被调用了多少次：

```
function countfcn = makecounter(initvalue)
%MAKECOUNTER Used by NESTEDDEMO.
%   This function returns a handle to a customized nested function
%   'getCounter'.
%   initvalue specifies the initial value of the counter whose handle
%   is returned.
%   Copyright 1984-2004 The MathWorks, Inc.
%   $Revision: 1.1.6.2 $ $Date: 2004/03/02 21:46:55 $

currentCount = initvalue; % Initial value.
countfcn = @getCounter;   % Return handle to getCounter.

    function count = getCounter
        % This function increments the variable 'currentCount', when it
        % is called (using its function handle).
        currentCount = currentCount + 1;
```

```
        count = currentCount;
    end
end
```

来自 makecounter 的输出是嵌套函数 getCounter 的函数句柄。无论何时调用，函数句柄都可以访问 getCounter 的变量工作空间，包括变量 currentCount。当调用时，getCounter 会递增该变量，然后返回变量的值。例如：

```
>> f = makecounter(0); % Set initial value.
>> f()
ans =
     1

>> f()
ans =
     2

>> f()
ans =
     3
```

与任何支持递归调用的语言一样，MATLAB 中的单独函数调用将得到函数变量的不同实例。这意味着当多次调用时，产生函数的函数将产生具有独立状态的函数。例如，可以产生多个计数器函数，它们中的每一个都维持彼此独立的计数：

```
f1 = makecounter(0);
f2 = makecounter(20);
f1()
ans =
     1

f2()
ans =
     21
```

本节后面开发的一些模糊函数接收一组函数作为输入，并产生另一组函数作为输出。下面的代码介绍了这一概念：

```
function h = compose(f, g)
h = @composeFcn;
    function y = composeFcn(x)
        y = f(g(x));
    end
end
```

其中，f 和 g 是函数句柄。函数 compose 接受这两个句柄作为输入，并返回新的函数句柄 h，h 是两个句柄的合成结果，在本例中通过 h(x) = f(g(x)) 来定义。例如，考虑以下语句：

```
>> g = @(x) 1./x;
>> f = @sin;
```

令

```
>> h = compose(f, g);
```

得到函数 h(x) = sin(1./x)。操作新函数句柄 h 与操作 sin(1./x) 是相同的。例如，在区间[−1, 1]内绘制该函数，我们写为：

```
>> fplot(h, [-1 1], 20) %, See Section 2.3.1 regarding fplot.
```

本节稍后将用到刚才介绍的概念，下面首先讨论函数 lambdafcns。

2. 隶属度函数

以下 M-函数的作用不言自明。它们只是直接执行表 2-6 中隶属度函数的公式。事实上，表中的那些图都是用这些函数产生的。可以看到所有函数都向量化了，在这个意义上，自变量 z 可以是任意长度的向量。

```
function mu = triangmf(z, a, b, c)
%TRIANGMF Triangular membership function.
%   MU = TRIANGMF(Z, A, B, C) computes a fuzzy membership function
%   with a triangular shape. Z is the input variable and can be a
%   vector of any length. A, B, and C are scalar parameters, such
%   that B >= A and C >= B, that define the triangular shape.
%
%       MU = 0,                         Z < A
%       MU = (Z - A) ./ (B - A),        A <= Z < B
%       MU = 1 - (Z - B) ./ (C - B),    B <= Z < C
%       MU = 0,                         C <= Z

mu = zeros(size(z));

low_side = (a <= z) & (z < b);
high_side = (b <= z) & (z < c);

mu(low_side) = (z(low_side) - a) ./ (b - a);
mu(high_side) = 1 - (z(high_side) - b) ./ (c - b);

function mu = trapezmf(z, a, b, c, d)
%TRAPEZMF Trapezoidal membership function.
%   MU = TRAPEZMF(Z, A, B, C) computes a fuzzy membership function
%   with a trapezoidal shape. Z is the input variable and can be a
%   vector of any length. A, B, C, and D are scalar parameters that
%   define the trapezoidal shape. The parameters must be ordered so
%   that A <= B, B <= C, and C <= D.
%
%       MU = 0,                         Z < A
%       MU = (Z - A) ./ (B - A),        A <= Z < B
%       MU = 1,                         B <= Z < C
%       MU = 1 - (Z - C) ./ (D - C),    C <= Z < D
%       MU = 0,                         D <= Z

mu = zeros(size(z));

up_ramp_region = (a <= z) & (z < b);
```

```
    top_region = (b <= z) & (z < c);
    down_ramp_region = (c <= z) & (z < d);

    mu(up_ramp_region) = 1 - (b - z(up_ramp_region)) ./ (b - a);
    mu(top_region) = 1;
    mu(down_ramp_region) = 1 - (z(down_ramp_region) - c) ./ (d - c);

function mu = sigmamf(z, a, b)
%SIGMAMF Sigma membership function.
%   MU = SIGMAMF(Z, A, B) computes the sigma fuzzy membership
%   function. Z is the input variable and can be a vector of
%   any length. A and B are scalar shape parameters, ordered
%   such that A <= B.
%
%          MU = 0,                        Z < A
%          MU = (Z - A) ./ (B - A),       A <= Z < B
%          MU = 1,                        B <= Z

mu = trapezmf(z, a, b, Inf, Inf);

function mu = smf(z, a, b)
%SMF S-shaped membership function.
%   MU = SMF(Z, A, B) computes the S-shaped fuzzy membership
%   function. Z is the input variable and can be a vector of any
%   length. A and B are scalar shape parameters, ordered such that
%   A <= B.
%
%          MU = 0,                              Z < A
%          MU = 2*((Z - A) ./ (B - A)).^2,      A <= Z < P
%          MU = 1 - 2*((Z - B) ./ (B - A)).^2,  P <= Z < B
%          MU = 1, B <= Z
%
%   where P = (A + B)/2.

mu = zeros(size(z));

p = (a + b)/2;
low_range = (a <= z) & (z < p);
mu(low_range) = 2 * ( (z(low_range) - a) ./ (b - a) ).^2;
mid_range = (p <= z) & (z < b);
mu(mid_range) = 1 - 2 * ( (z(mid_range) - b) ./ (b - a) ).^2;

high_range = (b <= z);
mu(high_range) = 1;

function mu = bellmf(z, a, b)
%BELLMF Bell-shaped membership function.
%   MU = BELLMF(Z, A, B) computes the bell-shaped fuzzy membership
%   function. Z is the input variable and can be a vector of any
%   length. A and B are scalar shape parameters, ordered such that
%   A <= B.
%
%          MU = SMF(Z, A, B),          Z < B
%          MU = SMF(2*B - Z, A, B),    B <= Z
```

```
mu = zeros(size(z));

left_side = z < b;
mu(left_side) = smf(z(left_side), a, b);

right_side = z >= b;
mu(right_side) = smf(2*b - z(right_side), a, b);

function mu = truncgaussmf(z, a, b, s)
%TRUNCGAUSSMF Truncated Gaussian membership function.
%   MU = TRUNCGAUSSMF(Z, A, B, S) computes a truncated Gaussian
%   fuzzy membership function. Z is the input variable and can be a
%   vector of any length. A, B, and S are scalar shape parameters. A
%   and B have to be ordered such that A <= B.
%
%       MU = exp(-(Z - B).^2 / s^2),  abs(Z - B) <= (B - A)
%       MU = 0,                       otherwise

mu = zeros(size(z));

c = a + 2*(b - a);
range = (a <= z) & (z <= c);
mu(range) = exp(-(z(range) - b).^2 / s^2);
```

以下函数用于使规则对输出不产生影响的情况(2.6.6 节列举了一个例子)：

```
function mu = zeromf(z)
%ZEROMF Constant membership function (zero).
%   ZEROMF(Z) returns an an array of zeros with the same size as Z.
%
%   When using the @max operator to combine rule antecedents,
%   associating this membership function with a particular input
%   means that input has no effect.

mu = zeros(size(z));

function mu = onemf(z)
%ONEMF Constant membership function (one).
%   ONEMF(Z) returns an an array of ones with the same size as Z.
%
%   When using the @min operator to combine rule antecedents,
%   associating this membership function with a particular input
%   means that input has no effect.

mu = ones(size(z));
```

3. 计算规则强度的函数

一旦使用前面的任意 M-函数定义了输入和输出隶属度函数后，接下来就是评估任何给定输入的规则。即计算规则强度(前面定义的 λ 函数)，这是在 2.6.3 节列出的过程中头两步的实现。下面的函数 lambdafcns 执行该任务。可以看到，使用嵌套函数允许 lambdafcns 输出一组 λ 函数来代替数字输出。例如，我们可以绘制函数的输出。数学上的类推是写出一组关于变量(而非特定值)的公式。如果不使用嵌套函数，将很难实现该功能。

```
function L = lambdafcns(inmf, op)
%LAMBDAFCNS Lambda functions for a set of fuzzy rules.
%   L = LAMBDAFCNS(INMF, OP) creates a set of lambda functions
%   (rule strength functions) corresponding to a set of fuzzy rules.
%   L is a cell array of function handles. INMF is an M-by-N matrix
%   of input membership function handles. M is the number of rules,
%   and N is the number of fuzzy system inputs. INMF(i, j) is the
%   input membership function applied by the i-th rule to the j-th
%   input. For example, in the case of Fig. 2.25, INMF would be of
%   size 3-by-2 (three rules and two inputs).
%
%   OP is a function handle used to combine the antecedents for each
%   rule. OP can be either @min or @max. If omitted, the default
%   value for OP is @min.
%
%   The output lambda functions are called later with N inputs,
%   Z1, Z2, ..., ZN, to determine rule strength:
%
%       lambda_i = L{i}(Z1, Z2, ..., ZN)

if nargin < 2
    % Set default operator for combining rule antecedents.
    op = @min;
end

num_rules = size(inmf, 1);
L = cell(1, num_rules);

for i = 1:num_rules
    % Each output lambda function calls the ruleStrength() function
    % with i (to identify which row of the rules matrix should be
    % used), followed by all the Z input arguments (which are passed
    % along via varargin).
    L{i} = @(varargin) ruleStrength(i, varargin{:});
end

    %-----------------------------------------------------------------%
    function lambda = ruleStrength(i, varargin)
        % lambda = ruleStrength(i, Z1, Z2, Z3, ...)
        Z = varargin;
        % Initialize lambda as the output of the first membership
        % function of the k-th rule.
        memberfcn = inmf{i, 1};
        lambda = memberfcn(Z{1});
        for j = 2:numel(varargin)
            memberfcn = inmf{i, j};
            lambda = op(lambda, memberfcn(Z{j}));
        end
    end

end
```

4. 执行推断的函数

推断是在 2.6.3 节中规划的过程中的下一步。在执行推断时，需要明确每条规则的响应以及一组对应的输出隶属度函数。函数 lambdafcns 的输出提供 "通常" 的规则强度。这里，只有提供特定的输入才能执行推断。下面的函数使用嵌套函数来产生所需的推断函数。与前面一样，通过使用嵌套函数来生成推断函数本身(见图 2-25 的第 4 列)：

```
function Q = implfcns(L, outmf, varargin)
%IMPLFCNS Implication functions for a fuzzy system.
%   Q = IMPLFCNS(L, OUTMF, Z1, Z2, ..., ZN) creates a set of
%   implication functions from a set of lambda functions L, a set of
%   output member functions OUTMF, and a set of fuzzy system inputs
%   Z1, Z2, ..., ZN. L is a cell array of rule-strength function
%   handles as returned by LAMBDAFCNS. OUTMF is a cell array of
%   output membership functions. The number of elements of OUTMF can
%   either be numel(L) or numel(L)+1. If numel(OUTMF) is numel(L)+1,
%   then the "extra" membership function is applied to an
%   automatically computed "else rule." (See Section 2.6.3.). The
%   inputs Z1, Z2, etc., can all be scalars, or they can all be
%   vectors of the same size (i.e., these vectors would contain
%   multiple values for each of the inputs).
%
%   Q is a 1-by-numel(OUTMF) cell array of implication function
%   handles.
%
%   Call the i-th implication function on an input V using the
%   syntax:
%
%       q_i = Q{i}(V)

Z = varargin;

% Initialize output cell array.
num_rules = numel(L);
Q = cell(1, numel(outmf));
lambdas = zeros(1, num_rules);

for i = 1:num_rules
    lambdas(i) = L{i}(Z{:});
end

for i = 1:num_rules
    % Each output implication function calls implication() with i (to
    % identify which lambda value should be used), followed by V.
    Q{i} = @(v) implication(i, v);
end

if numel(outmf) == (num_rules + 1)
    Q{num_rules + 1} = @elseRule;
End

    %-------------------------------------------------------------%
    function q = implication(i, v)
        q = min(lambdas(i), outmf{i}(v));
```

```
    end

    %----------------------------------------------------------------%
    function q = elseRule(v)
        lambda_e = min(1 - lambdas);
        q = min(lambda_e, outmf{end}(v));
    end

end
```

5. 执行聚合的函数

下一步是聚合从推断得到的函数。通过再次使用嵌套函数，我们可以编写输出聚合函数自身的代码(参见图 2-25 第 4 列底部的函数)：

```
function Qa = aggfcn(Q)
%AGGFCN Aggregation function for a fuzzy system.
%   QA = AGGFCN(Q) creates an aggregation function, QA, from a
%   set of implication functions, Q. Q is a cell array of function
%   handles as returned by IMPLFCNS. QA is a function handle that
%   can be called with a single input V using the syntax:
%
%       q = QA(V)

Qa = @aggregate;

    function q = aggregate(v)
        q = Q{1}(v);
        for i = 2:numel(Q)
            q = max(q, Q{i}(v));
        end
    end
end
```

6. 执行去模糊的函数

aggfcn 的输出是模糊函数。为了最终得到"干脆"输出，我们执行 2.6.3 节介绍的去模糊处理。下面的函数可以达到此目的。注意，这种情况下的输出是数值，这与 lambdafcns、implfcns 和 aggfcn(它们是函数)的输出相反。还要注意，此处不需要嵌套函数：

```
function out = defuzzify(Qa, vrange)
%DEFUZZIFY Output of fuzzy system.
%   OUT = DEFUZZIFY(QA, VRANGE) transforms the aggregation function
%   QA into a fuzzy result using the center-of-gravity method. QA is
%   a function handle as returned by AGGFCN. VRANGE is a two-element
%   vector specifying the range of input values for QA. OUT is the
%   scalar result.

v1 = vrange(1);
v2 = vrange(2);

v = linspace(v1, v2, 100);
Qv = Qa(v);
out = sum(v .* Qv) / sum(Qv);
```

```
if isnan(out)
    % If Qv is zero everywhere, out will be NaN. Arbitrarily choose
    % output to be the midpoint of vrange.
    out = mean(vrange);
end
```

7. 结合在一起

以下函数将前面的模糊函数合并为单个的 M-文件，M-文件接受一组输入和输出隶属度函数，并得到单个可针对任意输入集合进行评估的模糊系统函数。换句话说，下面的函数归纳并整合了图 2-25 归纳的整个过程。正如你将在例 2.14 以及 2.6.5 节和 2.6.6 节中看到的那样，通过使用该函数，可以极大地简化模糊系统的设计。

```
function F = fuzzysysfcn(inmf, outmf, vrange, op)
%FUZZYSYSFCN Fuzzy system function.
%   F = FUZZYSYSFCN(INMF, OUTMF, VRANGE, OP) creates a fuzzy system
%   function, F, corresponding to a set of rules and output
%   membership functions. INMF is an M-by-N matrix of input
%   membership function handles. M is the number of rules, and N is
%   the number of fuzzy system inputs. OUTMF is a cell array
%   containing output membership functions. numel(OUTMF) can be
%   either M or M + 1. If it is M + 1, then the "extra" output
%   membership function is used for an automatically computed "else
%   rule." VRANGE is a two-element vector specifying the valid range
%   of input values for the output membership functions. OP is a
%   function handle specifying how to combine the antecedents for
%   each rule. OP can be either @min or @max. If OP is omitted, then
%   @min is used.
%
%   The output, F, is a function handle that computes the fuzzy
%   system's output, given a set of inputs, using the syntax:
%
%       out = F(Z1, Z2, Z3, ..., ZN)

if nargin < 4
    op = @min;
end

% The lambda functions are independent of the inputs Z1, Z2, ...,
% ZN, so they can be computed in advance.
L = lambdafcns(inmf, op);

F = @fuzzyOutput;

    %-------------------------------------------------------------%
    function out = fuzzyOutput(varargin)
        Z = varargin;
        % The implication functions and aggregation functions have to
        % be computed separately for each input value. Therefore we
        % have to loop over each input value to determine the
        % corresponding output value. Zk is a cell array that will be
        % used to pass scalar values for each input (Z1, Z2, ..., ZN)
        % to IMPLFCNS.
        Zk = cell(1, numel(Z));
```

```
        % Initialize the array of output values to be the same size as
        % the first input, Z{1}.
        out = zeros(size(Z{1}));
        for k = 1:numel(Z{1})
            for p = 1:numel(Zk)
                Zk{p} = Z{p}(k);
            end
            Q = implfcns(L, outmf, Zk{:});
            Qa = aggfcn(Q);
            out(k) = defuzzify(Qa, vrange);
        end
    end
end
```

8. 改进性能

由 `fuzzysysfcn` 创建的模糊系统函数可为任何输入集合提供准确输出。虽然可用于探测和绘图目的，但在图像处理这样的典型的较大输入的情况，它还是太慢。函数 `approxfcn` 可创建近似模糊系统函数。该函数使用查找表，运行速度要快得多。

当函数的执行时间超过几秒钟时，有必要为用户提供用于指出已完成百分比的视觉提示。MATLAB 函数 `waitbar` 可用于此目的，语法是：

```
h = waitbar(c, 'message')
```

该函数显示部分长度 c 的等待条，其中，c 是介于 0 和 1 之间的数。典型的应用(此处便是如此)是在执行长时间计算的 `for` 循环中放置等待条。下面的代码片段说明了做法：

```
h = waitbar(0, 'Working. Please wait . . . '); % Initialize.
for I = 1:L
    % Computations go here %
    waitbar(I/L) % Update the progress bar.
end
close(h)
```

通过定期更新等待条，可以减少每个循环期间因更新等待条而带来的计算开销。下面改进了前面的代码片段，按 2% 的间隔更新等待条：

```
h = waitbar(0, 'Working. Please wait . . . '); % Initialize.
waitbar_update_interval = ceil(0.02 * L)
for I = 1:L
    % Computations go here %
    % Check progress.
    if rem(I, waitbar_update_interval) == 0
        waitbar(I/L)
    end
end
close(h)
```

其中，`rem(X, Y) = X-fix(X./Y)*Y`，`fix(X./Y)` 给出了除法的整数部分：

```
function G = approxfcn(F, range)
%APPROXFCN Approximation function.
%   G = APPROXFCN(F, RANGE) returns a function handle, G, that
```

```
%       approximates the function handle F by using a lookup table.
%       RANGE is an M-by-2 matrix specifying the input range for each of
%       the M inputs to F.

num_inputs = size(range, 1);
max_table_elements = 10000;
max_table_dim = 100;
table_dim = min(floor(max_table_elements^(1/num_inputs)), ...
    max_table_dim);

% Compute the input grid values.
inputs = cell(1, num_inputs);
grid = cell(1, num_inputs);
for k = 1:num_inputs
    grid{k} = linspace(range(k, 1), range(k, 2), table_dim);
end

if num_inputs > 1
    [inputs{:}] = ndgrid(grid{:});
else
    inputs = grid;
end

% Initialize the lookup table.
table = zeros(size(inputs{1}));

% Initialize waitbar.
bar = waitbar(0,'Working...');

% Initialize cell array used to pass inputs to F.
Zk = cell(1, num_inputs);
L = numel(inputs{1});
% Update the progress bar at 2% intervals.
for p = 1:L
    for k = 1:num_inputs
        Zk{k} = inputs{k}(p);
    end
    table(p) = F(Zk{:});
    if (rem(p, waitbar_update_interval) == 0)
     % Update the progress bar.
     waitbar(p/L);
    end
end
close(bar)

G = @tableLookupFcn;

    %-------------------------------------------------------------%
    function out = tableLookupFcn(varargin)
        if num_inputs > 1
            out = interpn(grid{:}, table, varargin{:});
        else
            out = interp1(grid{1}, table, varargin{1});
        end
    end

end
```

例 2.14 使用模糊函数

这个例子使用模糊函数，以图 2-22 到图 2-24 中的函数为基础，计算电机运转异常的百分比。首先我们示范单个函数的用法，然后用函数 fuzzysysfcn 得到可一步完成的解决方案。

首先为图 2-22 中的输入隶属度函数产生句柄：

```
>> ulow = @(z) 1 - sigmamf(z, 0.27, 0.47);
>> umid = @(z) triangmf(z, 0.24, 0.50, 0.74);
>> uhigh = @(z) sigmamf(z, 0.53, 0.73);
```

这些函数大致对应于图 2-22(a)中的图结构(注意如何使用 1-sigmamf 产生图中最左边的函数)。你可以键入以下命令来显示这些函数的画图：

```
>> fplot(ulow, [0 1], 20);
>> hold on
>> fplot(umid, [0 1],'-.', 20);
>> fplot(uhigh, [0 1],'--', 20);
>> hold off
>> title('Input membership functions, Example 2.14')
```

类似地，下面的三个输出函数大致对应于图 2-23 中的结构：

```
>> unorm = @(z) 1 - sigmamf(z, 0.18, 0.33);
>> umarg = @(z) trapezmf(z, 0.23, 0.35, 0.53, 0.69);
>> ufail = @(z) sigmamf(z, 0.59, 0.78);
```

接着在单元数组中安排输入隶属度函数句柄，并获得规则强度。注意，在数组 rules 中使用了分号，原因是 lambdafcns 希望数组的每一行都包含与规则关联的隶属度函数(在这种情况下，每个规则仅有一个输入隶属度函数)：

```
>> rules = {ulow; umid; uhigh};
>> L = lambdafcns(rules);
```

为了得到推断结果，我们需要 L、前面构建的三个输出函数以及指定的 z 值(它是标量，在这种情况下，仅有一个输入值)：

```
>> z = 0.7; % See Fig. 2.22(b).
>> outputmfs = {unorm, umarg, ufail};
>> Q = implfcns(L, outputmfs, z);
```

下一步执行聚合：

```
>> Qa = aggfcn(Q);
```

最后一步去模糊：

```
>> final_result = defuzzify(Qa, [0 1])
final_result =
    0.7619
```

这就是所讨论的与图 2-24 相关的 76%异常。正如期望的那样，使用函数 fuzzysysfcn 可得到相同的结果：

```
>> F = fuzzysysfcn(rules, outputmfs, [0 1]);
>> F(0.7)
ans =
    0.7619
```

使用 approxfcn 函数：

```
>> G = approxfcn(F, [0 1]);
>> G(0.7)
ans =
    0.7619
```

得出的结果相同。事实上，如果对两个函数绘图：

```
>> fplot(F, [0 1],'k', 20) % Plot as a black line.
>> hold on
>> fplot(G,[0 1],'k:o', 20) % Plot as circles connected by
dots.
>> hold off
```

在图 2-26 中可以看到，两个模糊系统响应的实际作用完全相同。

为了评估比较两种实现的时间优势，我们使用来自 1.7.8 节的函数 timeit：

```
>> f = @() F(0.7);
>> g = @() G(0.7);
>> t1 = timeit(f);
>> t2 = timeit(g);
>> t = t1/t2
t =
    9.4361
```

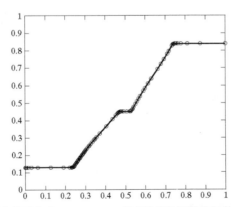

图 2-26 函数 fuzzysysfcn(以实线画出)和 approxfcn(以点连接的圆圈画出)的输出比较。无法从视觉上区分结果
(回顾 2.3.1 节，fplot 在绘图点之间以非均匀方式分布距离)

因此在这种情况下，近似函数的运行速度几乎快了 10 倍。

2.6.5 将模糊集合用于灰度变换

对比度增强是灰度变换的重要应用。我们可以依据下列规则来表达：

- *IF* 一个像素是暗的，*THEN* 使它更暗。

- IF 一个像素是灰的，THEN 使它仍是灰的。
- IF 一个像素是亮的，THEN 使它更亮。

如果认为"暗"、"灰"和"亮"是模糊的，我们可以用图2-27(a)中的隶属度函数来表示暗、灰和亮这些概念。对于输出而言，使亮度"更暗"和"更亮"意味着在灰度级上进一步分离暗和亮，即增加了对比度。通常，窄化中间灰度会增加图像的"丰富程度"。图2-27(b)显示了一组输出隶属度函数，它们达到了这些目的。

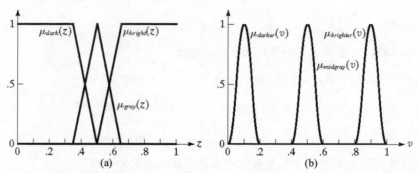

图 2-27　基于规则的模糊对比度增强：(a) 输入隶属度函数；(b) 输出隶属度函数

例 2.15　用模糊函数实现模糊对比度增强

图2-28(a)显示了一幅图像 f，该图像的亮度只占很窄的灰度级范围，如图2-29(a)的直方图所示(用 imhist 得到)。最终得到一幅低对比度图像。

为增加图像的对比度，图2-28(b)是直方图均衡化的结果。正如图2-29(b)显示的直方图那样，整个灰度级扩展了，但在这种情况下，展开有些过多，在这种意义下，对比度增加了，但结果却得到一幅过度曝光的图像。例如，爱因斯坦教授的前额和头发的细节几乎都丢失了。图2-28(c)显示了使用下列模糊操作的结果：

```
>> % Specify input membership functions
>> udark = @(z) 1 - sigmamf(z, 0.35, 0.5);
>> ugray = @(z) triangmf(z, 0.35, 0.5, 0.65);
>> ubright = @(z) sigmamf(z, 0.5, 0.65);

>> % Plot the input membership functions. See Fig. 2.27(a).
>> fplot(udark, [0 1], 20)
>> hold on
>> fplot(ugray, [0 1], 20)
>> fplot(ubright, [0 1, 20])

>> % Specify the output membership functions. Plotting of
>> % these functions is as above. See Fig. 2.27(b).
>> udarker = @(z) bellmf(z, 0.0, 0.1);
>> umidgray = @(z) bellmf(z, 0.4, 0.5);
>> ubrighter = @(z) bellmf(z, 0.8, 0.9);

>> % Obtain fuzzy system response function.
>> rules = {udark; ugray; ubright};
>> outmf = {udarker, umidgray, ubrighter};
>> F = fuzzysysfcn(rules, outmf, [0 1]);
```

```
>> % Use F to construct an intensity transformation function.
>> z = linspace(0, 1, 256); % f is of class uint8.
>> T = F(z);
>> % Transform the intensities of f using T.
>> g = intrans(f, 'specified', T);
>> figure, imshow(g)
```

图 2-28 (a) 低对比度图像；(b) 直方图均衡化的结果；(c) 基于规则的模糊对比度增强结果

正如你在图 2-28(c)中看到的那样，前边模糊操作的结果是一幅增加了对比度和丰富灰度色调的图像。可以与图 2-28(b)的相同区域比较一下头发和前额。

通过研究图 2-28(c)的直方图(如图 2-29(c)所示)，可以方便地解释改善原因。与均衡化之后的图像的直方图不同，该直方图保持了与原图像直方图相同的基本特性。然而，暗级别(直方图低端的高峰)的左移是很明显的，这样就暗化了这些级别。亮级别的情况正好相反。中间灰度略有分离，但比直方图均衡化小了不少。

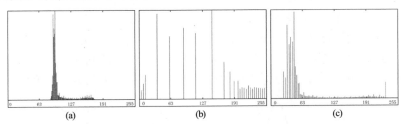

图 2-29 这三幅图分别是与图 2-28(a)、(b)和(c)对应的直方图

在图像质量上，此项改进的代价是增加了处理复杂度。如果处理速度和图像吞吐量是重要的考虑因素，可遵循的实际方法是使用模糊技术来确定良好平衡图像的直方图的外观。然后可以使用较快的技术(如直方图规定化)，通过把输入图像的直方图用模糊方法映射到一个或多个理想的直方图来达到类似的结果。

2.6.6 将模糊集合用于空间滤波

在将模糊集合用于空间滤波时，基本方法是定义模糊邻域特性，该特性"获取"滤波器检测内容的本质。例如，可基于下列模糊语句开发一种模糊边界检测(增强)算法：

"如果某个像素属于平滑区，就令它为白色，否则使它为黑色。"

其中，"黑"和"白"是模糊变量。为了用模糊术语表达"平坦区域"概念，我们可以考虑邻域中心处的像素和邻域像素之间的灰度差别。在图 2-30(a)中，对于 3×3 邻域，中心像素(标记为 z_5)和邻域每个像素之间的差别形成了图 2-30(b)所示的 3×3 大小的子图像，其中的 d_i 表示第 i 个邻点和中心点之间的灰度差异(也就是 $d_i=z_i-z_5$，这里的 z 是灰度值)。下面 4 个 *IF-THEN*

规则和 ELSE 规则执行上述模糊语句:

If d_2 is zero AND d_6 is zero THEN z_5 is white
If d_6 is zero AND d_8 is zero THEN z_5 is white
If d_8 is zero AND d_4 is zero THEN z_5 is white
If d_4 is zero AND d_2 is zero THEN z_5 is white
ELSE z_5 is black

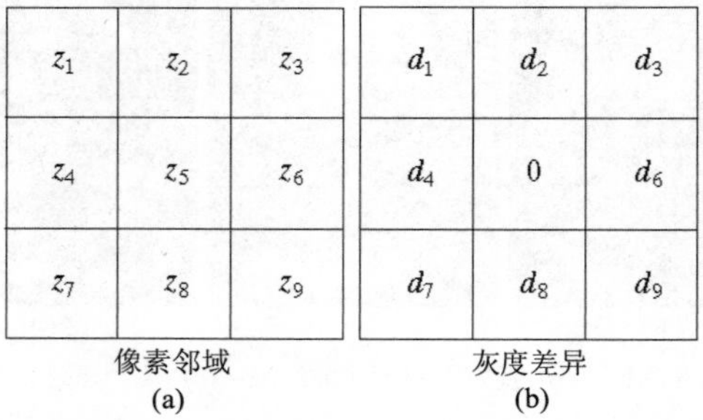

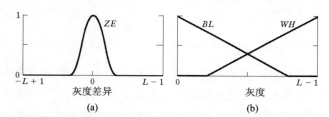

图 2-30　(a) 3×3 像素邻域;(b) 中心像素与邻域每个像素之间相应的灰度差异。为简单起见,此处仅使用 d_2、d_4、d_6 和 d_8

其中,zero 也是模糊的。每个规则的后项定义中心像素(z_5)的灰度所映射的值。也就是说,句子"THEN z_5 is white"意味着位于邻域中心位置的像素的灰度被映射为"白色"。这些规则说明了如果上述灰度差别为 zero(在模糊意义下),中心像素将被视为平坦区域的一部分;否则被视为黑色(边缘)像素。

图 2-31(a)显示了 zero 的隶属度函数,它是输入隶属度函数。图 2-31(b)分别显示了 black 和 white 输出隶属度函数。这里使用 ZE、BL、WH 来简化符号。注意,对于一幅具有 L 个可能灰度级的图像,模糊集合 ZE 的自变量的范围是[$-L+1, L-1$],原因是灰度差异的范围介于$-L+1$ 和 $L-1$ 之间。另一方面,输出灰度的范围和原始图像一样,也是[0, $L-1$]。图 2-32 通过图形显示了上述规则,其中标记为 z_5 的方框指出中心像素的灰度被映射到输出值 WH 或 BL。

图 2-31　(a) 模糊集合 zero(ZE)的隶属度函数;(b) 模糊集合 black(BL)和 white(WH)的隶属度函数

基于上述概念的模糊滤波有两个基本部分:模糊滤波系统的明确表达以及在整个图像上灰度差异的计算。如果分别处理这两个部分,即可采用模块化实现方法。将允许改变模糊方法,而不影响计算差异的代码。下边讨论的方法分两步完成。

(1) 创建脚本,用于执行模糊系统,并以 M-文件保存;(2) 执行分离滤波函数,计算差值;然后装填到模糊系统中以评估这些差值。

我们首先开发脚本,称为 makefuzzyedgesys。

注意在脚本代码中,因为不是所有的输入都与每个输出相关联,我们定义任意输入规则(称为 not_used),针对给定的输出指明哪个规则不用(回忆一下图 2-25 所示的模型,我们使用 min 操作。因此,输入隶属度函数取值 1,并且是最大的可能值,不影响输入)。在代码中还应注意,因为我们有 4 个规则和 4 个输入，规则矩阵是 4×4，正如在 lambdafcns 函数早时解释的那样。在现有的情况下，第 1 个输入是 d_2，第 2 个输入是 d_4，第 3 个输入是 d_6，第 4 个输入是 d_8，每个输入都有隶属度函数 zero。

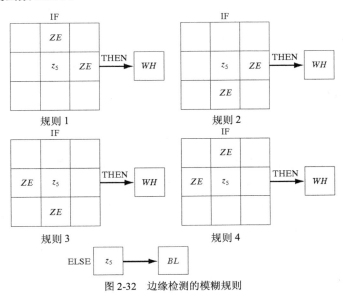

图 2-32 边缘检测的模糊规则

那么，规则矩阵的第 1 行(对应第 1 个输出)是 *zero*、*not_used*、*zero*、*not_used*。也就是说，仅有第 1 个和第 3 个输入用于规则 1。因为这些模糊操作被应用于图像中每个位置计算灰度的过程，所以正如以前讨论的那样，我们用函数 approxfcn 减少处理时间，并得到对模糊系统的近似结果。因为我们感兴趣的是在 MAT 文件中仅存储模糊系统的近似(在代码中调用 G)。对于 save 函数，我们用下列语法：

```
save filename content
```

其余代码是自解释型的：

```
%MAKEFUZZYEDGESYS Script to make MAT-file used by FUZZYFILT.

% Input membership functions.
zero = @(z) bellmf(z, -0.3, 0);
not_used = @(z) onemf(z);

% Output membership functions.
black = @(z) triangmf(z, 0, 0, 0.75);
white = @(z) triangmf(z, 0.25, 1, 1);

% There are four rules and four inputs, so the inmf matrix is 4x4.
% Each row of the inmf matrix corresponds to one rule.
inmf = {zero, not_used, zero, not_used
    not_used, not_used, zero, zero
    not_used, zero, not_used, zero
    zero, zero, not_used, not_used};

% The set of output membership functions has an "extra" one, which
```

```
% means that an "else rule" will automatically be used.
outmf = {white, white, white, white, black};

% Inputs to the output membership functions are in the range [0, 1].
vrange = [0 1];

F = fuzzysysfcn(inmf, outmf, vrange);

% Compute a lookup-table-based approximation to the fuzzy system
% function. Each of the four inputs is in the range [-1, 1].
G = approxfcn(F, [-1 1; -1 1; -1 1; -1 1]);

% Save the fuzzy system approximation function to a MAT-file.
save fuzzyedgesys G
```

执行灰度差异计算的函数很简单,需要特别注意,这些灰度差异的计算方式用 `imfilter` 来实现,并且模糊系统函数 G 的形式也是立刻用所有的差来评估的,这显示了在模糊系统函数开发中使用过的向量化实现的优点。当用输出参量调用 `load` 函数时,`load` 返回结构。因此命令是:

```
s = load(makefuzzyedges)
```

返回 s.G(结构 s 含有命名为 G 的字段),正如早些时候解释的那样,MAT 文件 makefuzzyedges 用内容 G 来存储。

```
function g = fuzzyfilt(f)
%FUZZYFILT Fuzzy edge detector.
%   G = FUZZYFILT(F) implements the rule-based fuzzy filter
%   discussed in the "Using Fuzzy Sets for Spatial Filtering"
%   section of Digital Image Processing Using MATLAB/2E. F and G are
%   the input and filtered images, respectively.
%
% FUZZYFILT is implemented using precomputed fuzzy system function
% handle saved in the MAT-file fuzzyedgesys.mat. The M-script
% makefuzzyedgesys.m contains the code used to create the fuzzy
% system function.

% Work in floating point.
[f, revertClass] = tofloat(f);

% The fuzzy system function has four inputs - the differences
% between the pixel and its north, east, south, and west neighbors.
% Compute these differences for every pixel in the image using
% imfilter.
z1 = imfilter(f, [0 -1 1], 'conv', 'replicate');
z2 = imfilter(f, [0; -1; 1], 'conv', 'replicate');
z3 = imfilter(f, [1; -1; 0], 'conv', 'replicate');
z4 = imfilter(f, [1 -1 0], 'conv', 'replicate');

% Load the precomputed fuzzy system function from the MAT-file and
% apply it.
s = load('fuzzyedgesys');
g = s.G(z1, z2, z3, z4);
```

```
% Convert the output image back to the class of the input image.
g = revertClass(g);
```

例 2.16 使用模糊的基于规则的空间滤波检测边界

图 2-33(a)显示了一幅 512×512 像素的人的头部 CT 扫描图像,图 2-33(b)是使用刚刚讨论的模糊空间滤波方法处理后的结果。注意,该方法提取区域间的边缘效果,包括大脑的轮廓(灰色区内部)。图像中的恒定区域以灰色出现,因为当早些时候讨论的灰度差异近乎为 0 时,THEN 规则有很强的响应。这些响应依次转向裁剪函数 WH。输出(裁剪过的三角区域的重心)是介于 $(L-1)/2$ 和 $(L-1)$ 间的常数,这样一来,便在图像中产生你看到的浅灰色。图像的对比度可以通过灰度级扩展来显著改进。例如,图 2-33(c)是用函数 mat2gray 执行灰度标定得到的。最终结果是图 2-33(c)中灰度值跨过全部灰度级。

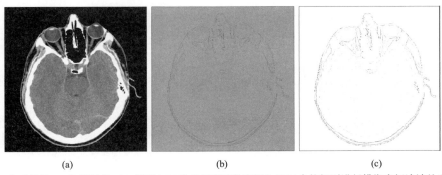

图 2-33 (a) 人头部的 CT 扫描图像;(b) 用图 2-31 的隶属度函数和图 2-32(c)中的规则进行模糊空间滤波处理后的结果;(c) 灰度标定后的结果。(b)和(c)中的淡黑色图像边缘是为增加清晰度而添加的,它们不是数据的一部分。(原图像由 Vanderbilt 大学的 David R. Pickens 博士提供)

2.7 小结

这一章的内容是你在后续章节将会遇到的众多话题的基础。例如在第 4 章中与图像恢复有关的空间处理,在那里,我们仍将使用 MATLAB 中的噪声消除和噪声生成函数。在这里简单介绍过的很多空间模板将在第 10 章的边缘检测问题中广泛用到。在第 3 章中,卷积和相关的概念会从频域的观点再次加以说明。从概念上讲,邻域处理和空间滤波的实现在这本书中会有多方面的讨论。在处理过程中,我们将扩展在这里开始讨论并介绍的关于如何在 MATLAB 中有效实现的补充内容。

第 3 章

频域处理

这一章的大部分内容和第 2 章讨论的滤波议题是并行的,只是所有的滤波都是通过傅立叶变换在频域中实现的。除了是线性滤波的基础以外,傅立叶变换在诸如图像增强、图像复原、图像数据压缩以及其他主要的实际应用领域,在滤波解决方案的设计和实现过程中都具有相当可观的灵活性。在这一章中,我们重点关注的是如何利用 MATLAB 在频域实现滤波。就像在第 2 章中一样,我们会用一些图像增强示例来说明频域滤波,包括针对图像平滑的低通滤波、针对图像锐化的高通滤波(包括高频强调滤波),以及针对去除周期干扰的选择性滤波。我们还简要地说明怎样把空间和频域处理结合起来,从而得到比起单独使用任何一种处理都更好的结果。虽然本章的大多数例子都是用于处理图像增强,但涉及的概念和技术都是很常见的,正如在第 4、8、10 和 11 章中这些材料的其他应用说明的那样。

3.1 二维离散傅立叶变换

令 $f(x, y)$ 代表一幅大小为 $M \times N$ 的数字图像,其中 $x = 0,1,2,…, M-1$,$y = 0,1,2,…, N-1$,由 $F(u,v)$ 表示的 $f(x, y)$ 的二维离散傅立变换(DFT)由下式给出:

$$F(u,v) = \sum_{x=0}^{M-1}\sum_{y=0}^{N-1} f(x,y) e^{-j2\pi(ux/M + vy/N)}$$

其中 $u = 0,1,2,…, M-1$,$v = 0,1,2,…, N-1$。我们可以借助决定频率的变量 u、v (x 和 y 求和)将指数形式展开为正弦和余弦的形式。频域系统是以 u、v (频率)为变量来表示 $F(u,v)$ 的坐标系。这类似于第 2 章中研究的空间域,空间域是用变量 x、y (空间)表示的 $f(x, y)$ 的坐标系。用 $u = 0,1,2,…M-1$ 和 $v = 0,1,2,…, N-1$ 定义的 $M \times N$ 的矩形空间常常用于频率矩形。很明显,频域矩形和输入图像是同等大小的。

离散傅立叶反变换(IDFT)的形式为:

$$f(x,y) = \frac{1}{MN}\sum_{u=0}^{M-1}\sum_{v=0}^{N-1} F(u,v) e^{j2\pi(ux/M + vy/N)}$$

其中 $x = 0,1,2,…, M-1$,$y = 0,1,2,…, N-1$。因此,给定 $F(u, v)$,我们可以借助 IDFT(傅立叶反变换)来得到 $f(x, y)$。在这个等式中,$F(u, v)$ 的值通常被称为展开的傅立叶系数。

在 DFT 的一些表达式中，1/*MN* 项被放置在正变换的前面，有的被放在反变换的前面。MATLAB 的实现是将该项放在反变换公式的前面，就像前面的公式那样。由于 MATLAB 中的数组索引以 1 开头，而不是以 0 开头，MATLAB 中的 $F(1,1)$ 和 $f(1,1)$ 对应数学公式中正变换和反变换的 $F(0,0)$ 和 $f(0,0)$。

一般而言，$F(i,j) = F(i-1, j-1)$ 且 $f(i,j) = f(i-1, j-1)$，$i = 1, 2, ..., M$ 且 $j = 1, 2, ..., N$。

频域原点处变换的值(例如 $F(0,0)$)被称为傅立叶变换的直流(dc)分量。这个术语来自电工学，意思为直流电(电流频率为 0)。不难看出，$F(0,0)$ 等于 $f(0,0)$ 平均值的 MN 倍。

即使 $f(x, y)$ 是实函数，它的变换通常也是复数。直观地分析变换的主要方法是计算它的频谱(也就是 $F(u,v)$ 的幅度，它是实函数)，并将其显示为一幅图像。令 $R(u,v)$ 和 $I(u,v)$ 分别表示 $F(u,v)$ 的实部和虚部。傅立叶谱可以定义如下：

$$|F(u,v)| = \left[R^2(u,v) + I^2(u,v) \right]^{\frac{1}{2}}$$

变换的相角定义如下：

$$\phi(u,v) = \arctan\left[\frac{I(u,v)}{R(u,v)}\right]$$

这两个函数可在极坐标形式下用于表示复函数 $F(u,v)$：

$$F(u,v) = |F(u,v)| e^{j\phi(u,v)}$$

功率谱可以定义为幅度的平方：

$$P(u,v) = |F(u,v)|^2 = R^2(u,v) + I^2(u,v)$$

为了直观，用 $|F(u,v)|$ 还是用 $P(u,v)$ 并不重要。

如果 $f(x, y)$ 是实函数，它的傅立叶变换就是关于原点共轭对称的：

$$F(u,v) = F^*(-u, -v)$$

这意味着傅立叶谱也是关于原点对称的：

$$|F(u,v)| = |F(-u,-v)|$$

可以将它直接代入到公式 $F(u,v)$ 中：

$$F(u,v) = F(u+k_1M, v) = F(u, v+k_2N) = F(u+k_1M, v+k_2N)$$

其中，k_1 和 k_2 是整数。

换句话说，DFT 在 *u*、*v* 方向上是无穷周期的，周期由 M 和 N 决定。周期性也是 DFT 逆变换的重要特性：

$$f(x,y) = f(x+k_1M, y) = f(x, y+k_2N) = f(x+k_1M, y+k_2N)$$

也就是说，通过傅立叶反变换得到的图像也是无穷周期的。这是经常容易出现混淆的地方，为什么由傅立叶反变换得到的图像也应该是周期的，这一点也不直观。它帮助我们记住这是 DFT 及其反变换的数学特性。还应当牢记，在计算离散傅立叶变换时只计算它的一个周期，即

仅处理尺寸为 $M \times N$ 的数组。

当我们考虑 DFT 数据与周期的关系时，周期问题就变得很重要。例如，图 3-1(a)显示了一维变换 $F(u)$的频谱。在这种情况下，周期性的表达式变为 $F(u)=F(u+k_1M)$，由此，它也遵循$|F(u)|=|F(u+k_1M)|$。同样，由于对称性，有$|F(u)|=|F(-u)|$。周期特性指出 $F(u)$具有长度为 M 的周期，对称特性指出 $F(u)$以原点为中心，如图 3-1(a)所示。该图以及前面的描述可以表明$|F(u)|$的值在原点以左的半个周期内从 $M/2$ 到 $M-1$ 重复。因为一维 DFT 仅在 M 个点上实现(比如位于区间$[0, M-1]$的 u 值)，计算一维变换，得到在这段间隔内两个背对背的半周期。我们感兴趣的是得到在区间$[0, M-1]$内顺序正确的完整周期。不难看出，离散周期可以由$f(x)$乘以$(-1)^x$来计算变换。基本上，这样做就是将变换的原点移动到点 $u = M/2$ 处，如图 3-1(b)所示。可以看到，图 3-1(b)中 $u=0$ 点的谱值对应图 3-1(a)中$|F(-M/2)|$的点。类似地，图 3-1(b)中$|F(M/2)|$和$|F(M-1)|$的值对应图 3-1(a)中的$|F(0)|$和$|F(M/2-1)|$。

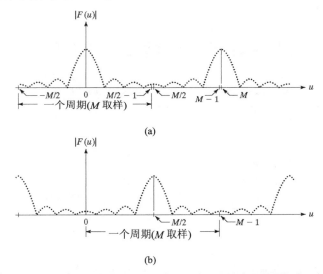

图 3-1 (a) 在整个区间$[0, M-1]$内表示的背靠背的半周期傅立叶谱；(b) 在相同的周期内，在计算傅立叶谱之前用$f(x)$乘$(-1)^x$以得到中心谱

在二维函数中也存在同样的情况。计算二维 DFT 得到图 3-2(a)中矩形区域的变换，其中的阴影部分表示使用本节开头提到的二维傅立叶变换公式计算得到的$F(u,v)$的值。虚线矩形表示周期循环，如图 3-1(a)那样。阴影区域表示 $F(u,v)$的值包围 4 个背靠背的四分之一周期，它们在图 3-2(a)中显示的这一点相会。谱的视觉分析可以由将原点的变换值移动到频域矩形的中心位置来简化。这可以通过在计算二维傅立叶变换之前将$f(x,y)$乘以$(-1)^{x+y}$来完成。周期将如图 3-2(b)所示的那样排列。在图 3-2(b)中，在坐标点$(M/2, N/2)$的谱的值与图 3-2(a)中$(0,0)$点的值相等，图 3-2(b)中$(0,0)$点的值与图 3-2(a)中$(-M/2, -N/2)$的值相等。同样，图 3-2(b)中$(M-1, N-1)$的值与图 3-2(a)中$(M/2-1, N/2-1)$的值相同。

前面关于通过对$f(x,y)$乘以$(-1)^{x+y}$实现将变换移至中心的讨论，是这里包含的非常重要的概念。使用 MATLAB 时，该方法用于计算变换，不需要乘以$(-1)^{x+y}$，使用函数 fftshift 重排数据即可实现。这个函数在接下来的内容中讨论。

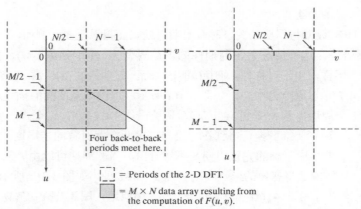

图 3-2 (a) $M \times N$ 傅立叶谱(阴影部分)，显示谱内 4 个背靠背四分之一周期的值；(b) 在计算傅立叶变换之前，通过 $f(x,y)$ 乘以 $(-1)^{x+y}$ 之后得到的谱。阴影周期是用 DFT 得到的数据

3.2 在 MATLAB 中计算及观察二维 DFT

在实践中，DFT 及其反变换可以用快速傅立叶变换(FFT)算法实现。一幅图像数组 f 的 FFT 可以在 MATLAB 中用函数 fft2 得到，语法如下：

```
F = fft2(f)
```

这个函数返回的傅立叶变换，大小仍为 $M \times N$，数据按如图 3-2(a)所示的形式排列；数据原点在左上角，4 个四分之一周期在频域矩形的中心相遇。

正如 3.3.1 节中说明的那样，使用傅立叶变换滤波时，需要对输入数据进行 0 填充。在这种情况下，语法变为：

```
F = fft2(f,P,Q)
```

使用上述语法，fft2 对输入图像填充所需数目的 0，结果大小变为 $P \times Q$。

傅立叶谱可以通过使用函数 abs 函数获得：

```
S = abs(F)
```

该函数计算数组中每个元素的幅度(实部和虚部平方和的平方根)。

以图像形式显示的频谱的可视化分析是频域分析工作中的重要部分。正如说明的那样，考虑图 3-3(a)所示的图像 f。我们计算 f 的傅立叶变换，并通过下列命令显示它的频谱：

```
>> F = fft2(f);
>> S = abs(F);
>> imshow(S, [])
```

图 3-3(b)显示了结果。图中 4 个角上的亮点是前面章节提到过的周期特性的结果。

可以使用函数 fftshift 将变换的原点移动到频域矩形的中心，语法为：

```
Fc = fftshift(F)
```

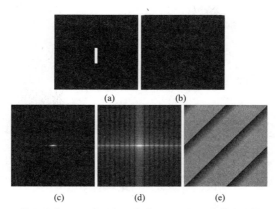

图 3-3 (a) 图像；(b) 傅立叶谱；(c) 移到中心的谱；(d) 用 log 变换增强的可见谱；(e) 相角图像

其中，F 是用 fft2 计算的变换，Fc 是居中变换后的结果。函数 fftshift 是通过变换 F 的象限进行操作的。例如，如果 a=[1 2;3 4]，那么 fftshift(a)=[4 3;2 1]。当用于傅立叶变换时，使用 fftshift 的最后结果与在变换前将输入图像乘以 $(-1)^{x+y}$ 得到的结果相同。然而，需要注意的是这两个处理过程不可以互换。也就是说，使用 $\zeta[\cdot]$ 表示自变量的傅立叶变换，$\zeta[(-1)^{x+y}f(x,y)]$ 等于 fftshift(fft2(f))，但是不等于 fft2(fftshift(f))。

在这个例子中，键入：

```
>> Fc = fftshift(F);
>> imshow(abs(Fc),[ ])
```

可以得到图 3-3(c)中的结果。居中后的结果是很明显的。

该谱值的范围很大(0 到 420 495)，与用 8 位显示相比，中心处的亮度值占支配地位。正如在 2.2.2 节中提到的那样，可通过 log 变换处理这个难点。命令为：

```
>> S2 = log(1 + abs(Fc));
>> imshow(S2, [ ])
```

得到图 3-3(d)中的结果。可见细节的增加是很明显的。

反居中变换函数 ifftshift 的语法形式是：

```
F = ifftshift(Fc)
```

这个函数也可以用来将初始点在矩形中点的函数变换为中心点在矩形左上角的函数。我们在 3.4 节中将利用这个特性。

下边我们考虑相角的计算。参考前面的讨论，二维傅立叶变换的实部和虚部——$R(u,v)$ 和 $I(u,v)$，是与 $F(u,v)$ 相同大小的数组。因为 R 和 I 可以独立的为正和负，我们需要能够在整个 $[-\pi,\pi]$ 范围内计算反正切(具有这一特性的函数叫做 4 象限正切(*four-quadrant arctangents*))。MATLAB 函数 atan2 执行这一计算，语法是：

```
phi = atan2(I, R)
```

其中，phi 是与 I 和 R 大小相同的数组。phi 的元素是在 $[-\pi,\pi]$ 范围内以弧度表示的角度，在实轴上度量。例如，atan2(1,1)、atan2(1,-1) 和 atan2(-1,-1) 分别是 0.7854、2.3562 和 -2.3562 弧度，也就是 45°、135° 和 -135°。

在实践中，我们可以写成前边的表达式：

```
>> phi = atan2(imag(F), real(F));
```

代替提取 F 的实部和虚部，我们可以直接使用函数 angle：

```
phi = angle(F)
```

结果一样。给定谱以及与之相应的相角，用表达式就可以得到 DFT：

```
>> F = S.*exp(i*phi);
```

图 3-3(e)显示了针对图 3-3(a)以图像显示的 DFT 的数组 phi。与常用的谱分析一样，没有使用相角，因为这种形式的量不是很直观。然而，相角与信息量同样很重要。频谱的成分决定着通过组合形成一幅图像的正弦的幅度。相位携带着不同正弦关于各自原点的位移信息。这样，当频谱是由分量决定图像灰度的数组时，相应的相角就是角度的数组，携带着一幅图像中目标处在什么位置的信息。例如，如果从图 3-3(a)所示的位置移动矩形，那么频谱与图 3-3(b)中的是一样的。物体的位移将以相角改变的形式来反映。

在离开 DFT 及其中心化这一主题之前，记住，频率矩形的中心在($M/2$, $N/2$)处，前提是变量 u 和 v 的范围分别是从 0 到 $M–1$ 和 $N–1$。例如，8×8 频率矩形的中心点为(4, 4)，即每个坐标轴上从(0, 0)数起的第 5 个点。如果在 MATLAB 中，变量的范围分别从 1 到 M 和从 1 到 N，那么矩形的中心点为[($M/2$)+1,($N/2$)+1]。也就是说，在这个例子中，从(1, 1)数起中心点为(5, 5)。很明显，这两个点是同一点，但在 MATLAB 计算中，在决定如何确定 DFT 的中心点时这会成为混淆的根源。

如果 M 和 N 为奇数，对 MATLAB 计算来说，就需要将 $M/2$ 和 $N/2$ 舍入到邻近的整数值，这样才能得到中心值。其他的分析和前面一样。例如，如果从(0, 0)算起，7×7 频率矩形的中心点在(3, 3)；从(1, 1)算起，中心点在(4, 4)。不管哪种情况，中心点都是从原点起的第 4 个点。如果仅有一维是奇数，沿这一维的中心点简单地通过上面解释的舍入方法即可得到。使用函数 floor，同时记住 MATLAB 原点为(1, 1)，用 MATLAB 计算的频率矩形的中心为：

```
[floor(M/2)+1,floor(N/2)+1]
```

不管 M 和 N 的值是奇数还是偶数，这个公式给出的结果都是正确的。在这段上下文中，记住前边讨论的函数 fftshift 和 ifftshift 之间差别的简单方法是重新排列数据，以便处在(1, 1)位置的值被移到频率矩形的中心。在 ifftshift 重排数据时，处在频率矩形中心位置的值被移到位置(1, 1)。

最后我们指出，计算傅立叶逆变换时用函数 ifft2 来计算，基本语法为：

```
f = ifft2(F)
```

这里，F 是傅立叶变换，f 是结果图像。fft2 把输入图像变为 double 类，这在反变换的解释中已仔细练习过了。例如，如果 f 是 uint8 类，那么值在[0 255]范围内是整数，并且 fft2 把值变换为相同范围内的 double 类。因此，ifft2(F)的操作结果是处于[0 255]范围内的图像，在理论上应与 f 相同，但代替的是 double 类。如果没有适当地解决，这一图像类别上的改变将导致困难。因为 fft2 的多数应用涉及用 fft2 在某些点处恢复到空间域，我们在本书中遵循的过程是用函数 `tofloat` 把输入图像变换成范围[0,1]内的浮点数。然后，在过程的末尾我们用 `tofloat` 的 `revertclass` 特性把结果变换为与原始图像相同的类。对于这种方式，我们还没有涉及标定问题。

如果用于计算 F 的输入是实数，理论上逆变换的结果也应该是实数。然而，在 MATLAB 较早的版本中，`ifft2` 的结果都会含有由于在计算中浮点运算舍入误差而产生的很小的虚数分量，并且在通常的实践中，提取计算反变换得到结果后的实部来获得一幅仅有实数值的图像。

两种操作可以合并起来：

```
>> f = real(ifft2(F));
```

观察 MATLAB 7，`ifft2` 执行检查，看看输入是否共轭对称。如果是，就输出实数结果。共轭对称适用于本章的所有工作，因为在本书中，我们使用 MATLAB 7。不执行以前的操作，然而，在 MATLAB 的老版本可能还在用的情况下，你应该知道这个问题。MATLAB 7 的这个特性在滤波的正确性方面是好的检查。如果正如在本书中我们所做的那样，用真实的图像和对称的滤波器来处理，那么来自 MATLAB 7 的在结果中存在虚部的警告将会是一个指示，指出有些操作是不正确的，不是你所用的滤波器，就是你的程序。最后注意，如果在变换计算中使用填充，那么从 FFT 计算得到的图像大小是 $P \times Q$，而原始图像的大小是 $M \times N$。因此，结果必须裁剪到原始大小。做这件事的过程在 3.3 节讨论。

3.3 频域滤波

在这一节，我们给出有关频域滤波及其 MATLAB 实现的简单综述。

3.3.1 基础知识

空(间)域和频(率)域的线性滤波的基础都是卷积定理，可以被写作：

$$f(x,y) \bigstar h(x,y) \Leftrightarrow H(u,v)F(u,v)$$

逆变换为：

$$f(x,y) h(x,y) \Leftrightarrow H(u,v) \bigstar F(u,v)$$

在这里，符号"★"表示两个函数的卷积，双箭头两边的表达式组成傅立叶变换对。例如，第一个表达式表明两个空间函数(表达式左侧的项)的卷积可以通过计算两个傅立叶变换函数(表达式的右侧)的乘积的反变换得到。相反，两个空间函数的卷积的正傅立叶变换给出了两个函数傅立叶变换的乘积。同样的解释也出现在第二个表达式中。

根据滤波处理，我们对第一个表达式更感兴趣。原因很快会变得清楚，函数 $H(u,v)$ 被称为传递函数，频域滤波的概念就是选择滤波器传递函数，通过规定的方法修改 $F(u,v)$。例如，图 3-4(a)中的滤波器有一个传递函数，当乘以居中处理后的函数 $F(u,v)$ 后，衰减 $F(u,v)$ 的高频分量，相应的低频分量没有变化。具有这种特性的滤波器叫做低通滤波器。正像在 3.5.2 节中讨论的那样，低通滤波器的最后结果导致图像模糊(平滑)。图 3-4(b)显示经过 `fftshift` 函数处理后的相同的滤波器。这是在本书中经常采用的滤波器形式，在处理频域滤波的时候，输入的傅立叶变换不必居中处理。

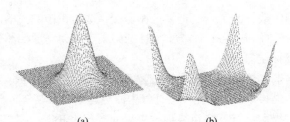

图 3-4 传递函数：(a) 居中的低通滤波器；(b) DFT 滤波格式。它们都是频域滤波器

正如 2.4.1 节解释的那样，空域滤波由滤波器模板 $h(x,y)$ 卷积一幅图像 $f(x,y)$ 组成。函数相对移位，直到某个函数全部滑过另一个为止。根据卷积定理，在频域用空域滤波的傅立叶变换 $H(u,v)$ 乘以 $F(u,v)$，我们应该得到相同的结果。然而，当工作在离散量时，我们知道 F 和 H 是周期性的，这意味着在离散频域执行卷积也是周期性的。由于这个原因，用 DFT 执行的卷积叫做循环卷积。保证空间和循环卷积给出相同结果的唯一方法是使用适当的 0 填充。正如在下面解释的那样。

基于卷积定理，我们知道在空域要得到相应的滤波后的图像，需要计算乘积 $H(u,v)$ 的傅立叶反变换。正像我们刚刚解释的那样，当工作在 DFT 时，图像及其变换是周期性的。

不难发现，如果关于函数非零部分的延续周期很靠近，卷积周期函数会引起相邻周期的重叠。这种影响被称作折叠误差，可以通过下面介绍的补 0 方法来避免。

假设函数 $f(x,y)$ 和 $h(x,y)$ 的大小分别为 $A\times B$ 和 $C\times D$。我们构造两个延拓的函数，通过对 f 和 g 补 0 后，大小都为 $P\times Q$，可以看出，通过如下选择方式可以避免折叠误差：

$$P \geq A+C-1$$

和

$$Q \geq B+D-1$$

在这一章中我们处理的函数大都是 $M\times N$ 大小，在这种情况下，我们使用下列填充值：$P \geq 2M-1$ 和 $Q \geq 2N-1$。

下面的函数被称为 paddedsize，用来计算满足前面等式的 P 和 Q 的最小偶数值[①]。

函数也有填充输入从而形成尺寸等于最接近的 2 的整数次幂的方形图像选项。FFT 算法的执行时间大致取决于 P 和 Q 的原始参数的数量。通常，当 P 和 Q 为 2 的次幂时，这些算法的执行速度比它们是原始参数时要快。在实践中，处理正方形的图像和滤波器是可取的，这样一来，滤波处理的两个方向都是相同的。函数 paddedsize 通过输入参量的选择可以提供这种灵活性。在下面的代码中，向量 AB、CD 和 PQ 分别含有元素[A B]、[C D]和[P Q]，这些量已在前面定义。

```
function PQ = paddedsize(AB, CD, PARAM)
%PADDEDSIZE Computes padded sizes useful for FFT-based filtering.
%   PQ = PADDEDSIZE(AB), where AB is a two-element size vector,
%   computes the two-element size vector PQ = 2*AB.
%
%   PQ = PADDEDSIZE(AB, 'PWR2') computes the vector PQ such that
```

---

① 通常，处理偶数维度的数组可以加快 FFT 的计算速度。

```
%    PQ(1) = PQ(2) = 2^nextpow2(2*m), where m is MAX(AB).
%
%    PQ = PADDEDSIZE(AB, CD), where AB and CD are two-element size
%    vectors, computes the two-element size vector PQ. The elements
%    of PQ are the smallest even integers greater than or equal to
%    AB + CD - 1.
%
%    PQ = PADDEDSIZE(AB, CD, 'PWR2') computes the vector PQ such that
%    PQ(1) = PQ(2) = 2^nextpow2(2*m), where m is MAX([AB CD]).

if nargin == 1
    PQ = 2*AB;
elseif nargin == 2 && ~ischar(CD)
    PQ = AB + CD - 1;
    PQ = 2 * ceil(PQ / 2);
elseif nargin == 2
    m = max(AB); % Maximum dimension.
    
    % Find power-of-2 at least twice m.
    P = 2^nextpow2(2*m);
    PQ = [P, P];
elseif (nargin == 3) && strcmpi(PARAM, 'pwr2')
    m = max([AB CD]); % Maximum dimension.
    P = 2^nextpow2(2*m);
    PQ = [P, P];
else
    error('Wrong number of inputs.')
end
```

上述语法对尺寸是 PQ(1)×PQ(2)的结果图像添加了足够多的 0。注意，当 f 被填充时，频域中滤波函数的尺寸也必须是 PQ(1)×PQ(2)。在这一节的早些时候我们提到过卷积定理的离散版本，参与卷积的两个函数在空间域必须填充。这是避免折叠误差所必需的。在做滤波处理时，涉及卷积处理的两个函数之一是滤波器。然而，在频域用 DFT 做滤波处理时，我们在频域直接指定滤波器，尺寸等于填充过的图像。换句话说，在空间域我们不填充滤波器。正如结果那样，这不能保证完全排除折叠误差。幸运的是，图像的填充与滤波器平滑的形状相结合，使得我们感兴趣的结果可忽略折叠误差。

例 3.1 已填充和未填充的滤波效果

图 3-5(a)中的图像 f 是用于说明已填充和未填充的滤波之间差别的例子。在下面的讨论中，我们使用函数 lpfilter 生成高斯低通滤波器(与图 3-4(b)相似),带有规定的 sigma 值(sig)。这个函数将在 3.5.2 节中详细讨论，但是语法很简单，因此我们在这里先使用，到第 3 章那一节的时候再详细解释 lpfilter。

下面的指令为执行未填充的滤波效果：

```
>> [M, N] = size(f);
>> [f, revertclass] = tofloat(f);
>> F = fft2(f);
>> sig = 10;
>> H = lpfilter('gaussian', M, N, sig);
>> G = H.*F;
>> g = ifft2(G);
```

```
>> g = revertclass(g);
>> imshow(g)
```

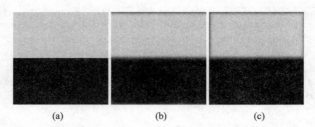

图 3-5 (a) 尺寸为 256×256 像素的图像；(b) 未填充的频域低通滤波处理后的图像；(c) 已填充的频域低通滤波处理后的图像。比较(b)和(c)垂直边缘上边的部分

图3-5(b)显示了图像g。正像我们预计的那样，图像变模糊了，但是注意垂直的边缘没有模糊。原因可以借助图 3-6(a)来解释，该图以图形的方式显示了DFT计算中暗含的周期性。图像间包含的细白条使得图像更利于观察。它们并不是数据的一部分。虚线用来指定经 fft2 处理过的 $M \times N$ 大小的图像。假设使用这个无限周期序列会产生模糊滤波。很明显，当滤波器通过虚线图像顶部时将包含图像本身的一部分，并且也包含图像正上方周期分量的底部。因而，当一块亮区和一块暗区处在滤波器之下时，图像会变灰，模糊了输出。这正是图 3-5(b)中图像上部显示的那样。另一方面，当滤波器在虚线图像的一侧时，将会遇到邻近这一侧的某个与周期分量一样的区域。因为恒定区域的平均值为同样的常数，所以在结果的这一部分没有模糊。图 3-5(b)中图像的其他部分也可用同样的方式加以解释。

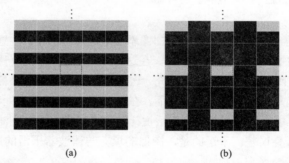

图 3-6 (a) 指出图 3-5(a)中的图像为无限周期序列，虚线区域表示由 fft2 处理过的数据；(b) 经 0 填充后同样的周期序列，两图像间的细白线是为了方便观察，它们不是数据的一部分

下面考虑带有填充的滤波：

```
>> PQ = paddedsize(size(f)); % f is floating point.
>> Fp = fft2(f, PQ(1), PQ(2)); % Compute the FFT with padding.
>> Hp = lpfilter('gaussian', PQ(1), PQ(2), 2*sig);
>> Gp = Hp.*Fp;
>> gp = ifft2(Gp);
>> gpc = gp(1:size(f,1), 1:size(f,2));
>> gpc = revertclass(gpc);
>> imshow(gp)
```

在这里我们使用 2*sig，这是因为现在滤波器的大小是没有进行填充时的两倍。

图 3-7 显示的是经过全填充的结果 gp。图 3-5(c)中显示的最终结果是通过把图 3-7 修剪到

原始图像大小后得到(见前面代码的第 6 个命令)的。这个结果可借助于图 3-6(b)来解释，该图显示了零(黑)填充后的虚线图像，应该在计算 DFT 之前在函数 `fft2(f,PQ(1),PQ(2))` 内部装配。隐含的周期正如前面解释的那样。现在，这个图像有围绕在四周的均匀黑色边界。因此，用这个无限序列与平滑滤波器卷积，将会在图像所有的亮边缘显示灰色的模糊效果。同样的结果可以通过执行下面的空间滤波得到：

```
>> h = fspecial('gaussian', 15, 7);
>> gs = imfilter(f, h);
```

回想 2.4.1 节，调用函数 `imfilter` 将默认用 0 值填充图像的边缘。

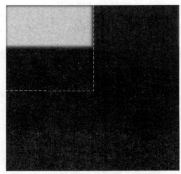

图 3-7　图像滤波后用 `ifft2` 得到的全填充图像，图像尺寸为 512×512 像素，虚线显示的是 256×256 像素大小的原始图像

3.3.2　DFT 滤波的基本步骤

前面的讨论可以概括为下面几个步骤，其中 f 是被滤波处理的图像，g 为处理结果，同时假设滤波函数 H 与填充后的图像大小相等。

(1) 用函数 `tofloat` 把输入图像变换为浮点图像：

```
[f, revertclass] = tofloat(f);
```

(2) 用函数 `paddedsize` 获得填充参数：

```
PQ = paddedzsize(size(f));
```

(3) 得到有填充的傅立叶变换：

```
F = fft2(f, PQ(1), PQ(2));
```

(4) 生成大小为 **PQ**(1)×**PQ**(2)的滤波函数 *H*，在这一步可以使用本节中提到的任何算法。滤波函数 *H* 必须是图 3-4(b)中所示的格式。如果是居中的，如图 3-4(a)那样，在使用滤波器之前令 *H* = `fftshift(H)`。

(5) 用滤波器乘以 FFT 变换：

```
G=H.*F;
```

(6) 获得 G 的逆 FFT 变换：

```
g = ifft2(G);
```

(7) 修剪左上部矩形为原始大小：

```
g = g(1:size(f, 1), 1:size(f, 2));
```

(8) 把滤波过的图像变换为输入图像的类，如果希望的话：

```
g = revertclass(g);
```

图 3-8 显示了滤波处理的过程。预处理阶段包括确定图像大小，获得填充参数，以及生成滤波器函数。典型的后处理承担着修剪输出图像，并将之转换为输入类别的任务。

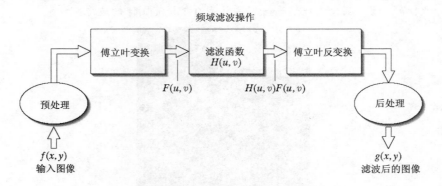

图 3-8 频域滤波的基本步骤

图 3-8 中的滤波函数 $H(u,v)$ 乘以 $F(u,v)$ 的实部和虚部。如果 $H(u,v)$ 是实的，结果的相位角不变，这一点在相位公式(见 3.1 节)中可以看到；如果实部和虚部的乘积相等，它们都被取消，相位角不变。以这种方式操作的滤波器称为零相移滤波器。在本章中我们仅考虑这种类型的线性滤波器。

从线性系统的理论可知，在某种适度条件下向线性系统中输入脉冲，可以完全刻画系统特性。当使用本章研究的技术时，线性系统的响应，包括对脉冲的响应，也是有限的。如果线性系统仅是滤波器，我们可以只观察线性系统对脉冲的响应，就可完全确定这个滤波器。通过这种方式确定的滤波器称为有限脉冲响应(FIR)滤波器。这本书中的所有线性滤波器都是 FIR 滤波器。

3.3.3 频域滤波的 M-函数

前一节讨论的滤波处理步骤在本章及后面几章的部分内容中都会被使用，所以有一些可用的 M-函数将是很方便的，它们可以接收输入图像和滤波函数，处理所有滤波细节，并输出滤波后的结果以及修剪图像。下面的函数可实现这些工作，假定滤波函数已被适当地做了大小排列，正如滤波步骤(4)中说明的那样。在某些应用中，把滤波后的图像变换为与输入相同的类是很有用的；有些时候处理浮点数是必要的。这些函数可以做这些事。

```
function g = dftfilt(f, H, classout)
%DFTFILT Performs frequency domain filtering.
%   g = DFTFILT(f, H, CLASSOUT) filters f in the frequency domain
%   using the filter transfer function H. The output, g, is the
%   filtered image, which has the same size as f.
%
```

```
%   Valid values of CLASSOUT are
%
%   'original'  The ouput is of the same class as the input.
%               This is the default if CLASSOUT is not included
%               in the call.
%   'fltpoint'  The output is floating point of class single, unless
%               both f and H are of class double, in which case the
%               output also is of class double.
%
%   DFTFILT automatically pads f to be the same size as H. Both f
%   and H must be real. In addition, H must be an uncentered,
%   circularly-symmetric filter function.

% Convert the input to floating point.
[f, revertClass] = tofloat(f);

% Obtain the FFT of the padded input.
F = fft2(f, size(H, 1), size(H, 2));

% Perform filtering.
g = ifft2(H.*F);

% Crop to original size.
g = g(1:size(f, 1), 1:size(f, 2)); % g is of class single here.

% Convert the output to the same class as the input if so specified.
if nargin == 2 || strcmp(classout, 'original')
    g = revertClass(g);
elseif strcmp(classout, 'fltpoint')
    return
else
    error('Undefined class for the output image.')
end
```

生成频域滤波器的技术将在下面的内容中讨论。

3.4 从空域滤波器获得频域滤波器

通常，当滤波器较小时，使用空域滤波要比频域滤波在计算上更有效。"小"的定义是很复杂的问题，答案取决于很多因素，比如使用的机器和算法、缓冲区的大小、所处理数据的复杂度等。许多其他因素已超出了这一讨论的范围。Brigham 曾使用一维函数进行比较证明，当滤波器有大约 32 或更多个元素时，采用 FFT 算法的滤波处理比使用空间处理要快，所以，在所讨论的问题中这个数字并不大。因此，为了得到两种方法的有意义比较，知道如何将空域滤波器转换为等同的频域滤波器的专门技术是很有用的。

在这一章，我们感兴趣的两个主要话题是：1) 如何将空域滤波器转换为频域滤波器；2) 如何比较使用函数 imfilter 的空域滤波和使用前一节所讲方法的频域滤波之间的结果。正如 2.4.1 节中详细讨论的那样，imfilter 使用相关，并且认为滤波函数的原点在中心处，为了使这两种方法等同，某些预处理是必要的。图像处理工具箱函数 freqz2 可以做这些事，并且可以输出相应的频域滤波器。

函数 freqz2 计算 FIR 滤波器的频率响应，正如 3.3.2 节末尾提到的那样，这是本书中唯一考虑的线性滤波器。结果为希望的频域滤波器。与当前讨论有关的语法形式为：

```
H = freqz2(h,R,C)
```

其中，h 是二维空域滤波器，H 是相应的二维频域滤波器。R 为行数，C 是我们希望的滤波器 H 的列数。通常，正如 3.3.1 节说明的那样，我们令 R=PQ(1) 且 C=PQ(2)。如果 freqz2 被写成没有输出参量的形式，那么 H 的绝对值在 MATLAB 桌面上显示为三维透视图。函数 freqz2 的使用机制很容易用示例来说明。

例 3.2 空域和频域滤波器的比较

考虑图 3-9(a)中尺寸为 600×600 像素的图像 f。接下来，我们生成频域滤波器 H(见表 2-5)，对应用于增强垂直边缘的 Sobel 空域滤波器。然后使用 imfilter，比较使用 Sobel 模板在空域中对 f 滤波的结果以及在频域中进行等价操作的结果。实际上，正像早些时候提到的那样，使用类似 Sobel 模板这样的小型滤波器进行滤波，可以直接在空域中完成。然而，我们选择这个滤波器来证明我们的观点是因为它的系数简单，滤波的结果很直观，利于比较。较大的空域滤波器可以用相同的方法处理。

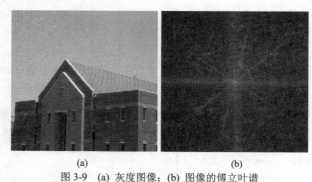

图 3-9 (a) 灰度图像；(b) 图像的傅立叶谱

图 3-9(b)是 f 的傅立叶谱，可通过下面的方法获得：

```
>> f = tofloat(f);
>> F = fft2(f);
>> S = fftshift(log(1 + abs(F)));
>> imshow(S, [ ])
```

然后，我们使用 fspecial 生成空域滤波器：

```
h = fspecial('sobel')'
h =
   1  0  -1
   2  0  -2
   1  0  -1
```

为了观察相应频域滤波器的图形，我们键入：

```
>>freqz2(h)
```

图 3-10(a)显示了轴压缩后的结果(在 3.5.3 节中提到的获得透视图的方法)。滤波器本身通过

下列指令获得：

```
>> PQ = paddedsize(size(f));
>> H = freqz2(h, PQ(1), PQ(2));
>> H1 = ifftshift(H);
```

正如早些时候解释的那样，ifftshift 重排数据序列，使得原点在频域矩形的左上角，这是必需的。图 3-10(b)显示了 abs(H1) 的图形。图3-10(c)和图3-10(d)以图像的形式显示 H 和 H1 的绝对值，指令为：

```
>> imshow(abs(H), [ ])
>> figure, imshow(abs(H1), [ ])
```

下面，我们生成滤波图像。在空域中使用：

```
>> gs = imfilter(f, h);
```

采用默认值 0 填充边缘。频域处理得到的滤波图像由如下方法给出：

```
>> gf = dftfilt(f, H1);
```

图 3-11(a)和图 3-11(b)显示了指令的执行结果：

```
>> imshow(gs, [ ])
>> figure, imshow(gf, [ ])
```

图像中的灰色调是由于 gs 和 gf 含有负数值引起的，通过标定指令 imshow 可使得图像的平均值增大。正如 6.6.1 和 10.1.3 节讨论的那样，前边产生的 Sobel 模板 h 用响应的绝对值检测图像的垂直边缘。这样一来，我们显示的刚刚计算出的图像的绝对值将更实际。图 3-11(c)和图 3-11(d)显示了通过下列指令获得的图像：

```
>> figure, imshow(abs(gs), [ ])
>> figure, imshow(abs(gf), [ ])
```

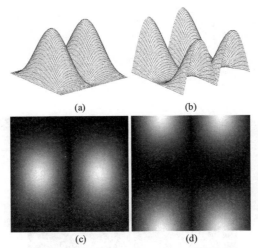

图 3-10　(a) 对应于垂直 Soble 空域滤波器的频域滤波的绝对值；(b) 用函数 ifftshift 处理后的相同的滤波器。
　　　　　图(c)和(d) 是以图像形式显示的滤波器

用阈值建立一幅二值图像，以便边缘看起来更清晰：

```
>> figure, imshow(abs(gs) > 0.2*abs(max(gs(:))))
>> figure, imshow(abs(gf) > 0.2*abs(max(gf(:))))
```

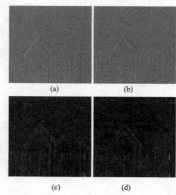

图 3-11 (a) 用垂直 Soble 模板在空域中对图 3-9(a)进行滤波后的结果；(b) 用图 3-10(b)中所示的滤波器在频域中得到的结果；图(c)和(d)分别是(a)和(b)结果的绝对值

选用乘数 0.2 仅仅是为了显示强度比 gs 和 gf 最大值的 20%还要大的边缘。图 3-12(a)和图 3-12(b)显示了结果。

用空域和频域滤波得到的图像对于实际应用的目的是一样的，我们通过计算它们的差别来证实这个事实：

```
>> d = abs(gs - gf);
```

最大差别为：

```
>> max(d(:))
ans =
    1.2973e-006
```

在现有应用中可以忽略。
最小差别是：

```
>> min(d(:))
ans =
    0
```

刚才说明的方法可以用于在频域实现 2.4.1 和 2.5.1 节中讨论的空域滤波方法，以及其他任意大小的 FIR 空间滤波器。

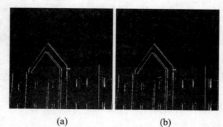

图 3-12 为了使主要边缘显示得更清楚，(a)和(b)分别是对图 3-11(c)和(d)进行门限处理后的结果

3.5 在频域中直接生成滤波器

在这一节,我们说明如何在频域中直接生成滤波器。我们关注的是循环对称滤波器,它们是由距滤波器中心点的距离的不同函数规定的。为实现这些滤波器而开发的 M-函数是基础,并且可以很容易地推广到相同结构的其他函数中。我们通过实现几个著名的平滑(低通)滤波器来开始讨论,然后介绍如何使用 MATLAB 的线框和表面绘制功能对滤波器进行可视化。在讨论完锐化(高通)滤波器后,以对选择性滤波器技术的研究结束这一章。

3.5.1 建立网格数组以实现频域滤波器

在下面的讨论中,对于 M-函数最主要的是:需要在频率矩形中计算任意点到规定点的距离函数。因为在 MATLAB 中,FFT 计算假设变换的原点在频域矩形的左上角,我们的距离计算也是相对于那个点进行的。与以前一样,为了可视化目的,数据可以使用函数 fftshift 重排(因此,原点的值被移动到频域矩形的中心点)。

如下称为 dftuv 的M-函数提供了距离计算以及其他类似应用所需要的网格数组(用于后续编码的 meshgrid 函数的使用解释见 1.7.8 节)。由 dftuv 生成的网格数组已经满足 fft2 和 ifft2 处理的需要,不需要数据重排。

```
function [U, V] = dftuv(M, N)
%DFTUV Computes meshgrid frequency matrices.
%   [U, V] = DFTUV(M, N) computes meshgrid frequency matrices U and
%   V. U and V are useful for computing frequency-domain filter
%   functions that can be used with DFTFILT. U and V are both
%   M-by-N and of class single.

% Set up range of variables.
u = single(0:(M - 1));
v = single(0:(N - 1));

% Compute the indices for use in meshgrid.
idx = find(u > M/2);
u(idx) = u(idx) - M;
idy = find(v > N/2);
v(idy) = v(idy) - N;

% Compute the meshgrid arrays.
[V, U] = meshgrid(v, u);
```

例 3.3 函数 dftuv 的使用

作为说明,下面的指令计算 8×5 大小的矩形上每一点到矩形原点距离的平方:

```
>> [U, V] = dftuv(8, 5);
>> DSQ = U.^2 + V.^2
DSQ =
     0     1     4     4     1
     1     2     5     5     2
     4     5     8     8     5
     9    10    13    13    10
    16    17    20    20    17
```

```
    9   10   13   13   10
    4    5    8    8    5
    1    2    5    5    2
```

注意,距离在左上角是 0,最大距离位置在频域矩形中心,遵循图 3-2(a)中说明的基本格式。可以使用函数 fftshift 来获得关于频域矩形中心的距离:

```
>> fftshift(DSQ)
ans =
    20   17   16   17   20
    13   10    9   10   13
     8    5    4    5    8
     5    2    1    2    5
     4    1    0    1    4
     5    2    1    2    5
     8    5    4    5    8
    13   10    9   10   13
```

现在,距离为 0 的点的坐标为(5, 3),数组关于这一点对称。关于距离,我们要提一下,函数 hypot 执行与 D = sqrt(U.^2 + V.^2) 相同的计算,但速度更快。例如,令 U = V = 1024,并且使用函数 timeit(见 1.7.8 节),我们发现,hypot 计算 D 比标准方法快近 100 倍。hypot 的语法如下:

```
D = hypot(U, V)
```

在下边的内容中将广泛地使用 hypot 函数。

3.5.2 频域低通(平滑)滤波器

理想低通滤波器(ILPF)具有如下传递函数:

$$H(u,v) = \begin{cases} 1 & D(u,v) \leq D_0 \\ 0 & D(u,v) > D_0 \end{cases}$$

其中,D_0 为正数,$D(u,v)$ 为点(u,v)到滤波器中心的距离。满足 $D(u,v)=D_0$ 的点的轨迹为圆。因为滤波器 $H(u,v)$乘以一幅图像的傅立叶变换,我们看到理想滤波器切断(乘以 0)圆外的所有 $F(u,v)$分量,而保留圆上和圆内的点不变(乘以 1)。虽然这个滤波器不能用类似的电子元件实现,但的确可以在计算机中用前面介绍的传递函数实现。理想滤波器的特性通常用来解释振铃和折叠误差等现象。

n 阶的布特沃斯低通滤波器(BLPF),具有从滤波器中心到 D_0 的距离的截止频率,传递函数为:

$$H(u,v) = \frac{1}{1 + [D(u,v)/D_0]^{2n}}$$

与理想低通滤波器不同,布特沃斯低通滤波器的传递函数在 D_0 点没有尖锐的不连续。对于带有平滑传递函数的滤波器,习惯上定义截止频率位于某个点上,在这个点上,$H(u,v)$降低为最大值的某个指定比例。在前面的等式中,当 $D(u,v)=D_0$ 时,$H(u,v)=0.5$(降为最大值 1 的 50%)。

高斯低通滤波器(GLPF)的传递函数由下式给出:

$$H(u,v) = e^{-D^2(u,v)/2\sigma^2}$$

其中，σ 为标准差。σ = D_0，根据截止参数，我们可以得到下式：

$$H(u,v) = e^{-D^2(u,v)/2\sigma_0^2}$$

当 $D(u,v) = D_0$ 时，滤波器降到最大值 1 的 0.607。前面的滤波器总结在表 3-1 中。

例 3.4 低通滤波器

正如解释的那样，在图 3-13(a)中，我们对 500×500 像素大小的图像 f 进行高斯低通滤波。使用的 D_0 值为填充的图像宽度的 5%。根据 3.3.2 节中讨论的滤波步骤，我们写出程序：

```
>> [f, revertclass] = tofloat(f);
>> PQ = paddedsize(size(f));
>> [U, V] = dftuv(PQ(1), PQ(2));
>> D = hypot(U, V);
>> D0 = 0.05*PQ(2);
>> F = fft2(f, PQ(1), PQ(2)); % Needed for the spectrum.
>> H = exp(-(D.^2)/(2*(D0^2)));
>> g = dftfilt(f, H);
>> g = revertclass(g);
```

为了以图 3-13(b)所示的图像来观察滤波器，我们用函数 fftshift 使其中心化：

```
>> figure, imshow(fftshift(H))
```

类似地，其谱可以键入下列命令以图像的形式显示(见图 3-13(c))：

```
>> figure, imshow(log(1 + abs(fftshift(F))), [ ])
```

最后，图 3-13(d)显示输出图像，可用命令：

```
>> figure, imshow(g)
```

正如我们预料的那样，这个图像在原点部分有模糊。

表 3-1 低通滤波器：D_0 是截止频率，n 是巴特沃斯滤波器的阶数

理想滤波器	巴特沃斯滤波器	高斯滤波器
$H(u,v) = \begin{cases} 1 & D(u,v) \leq D_0 \\ 0 & D(u,v) > D_0 \end{cases}$	$H(u,v) = \dfrac{1}{1 + [D(u,v)/D_0]^{2n}}$	$H(u,v) = e^{-D^2(u,v)/2\sigma_0^2}$

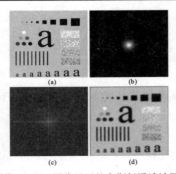

图 3-13 低通滤波：(a) 原始图像；(b) 以图像显示的高斯低通滤波器；(c)和(d)为滤波后的图像的谱

下面的函数可生成表 3-1 中低通滤波器的传递函数：

```
function H = lpfilter(type, M, N, D0, n)
%LPFILTER Computes frequency domain lowpass filters.
%   H = LPFILTER(TYPE, M, N, D0, n) creates the transfer function of
%   a lowpass filter, H, of the specified TYPE and size (M-by-N). To
%   view the filter as an image or mesh plot, it should be centered
%   using H = fftshift(H).
%
%   Valid values for TYPE, D0, and n are:
%
%   'ideal'     Ideal lowpass filter with cutoff frequency D0. n need
%               not be supplied. D0 must be positive.
%
%   'btw'       Butterworth lowpass filter of order n, and cutoff
%               D0. The default value for n is 1.0. D0 must be
%               positive.
%
%   'gaussian'  Gaussian lowpass filter with cutoff (standard
%               deviation) D0. n need not be supplied. D0 must be
%               positive.
%
% H is of floating point class single. It is returned uncentered
% for consistency with filtering function dftfilt. To view H as an
% image or mesh plot, it should be centered using Hc = fftshift(H).

% Use function dftuv to set up the meshgrid arrays needed for
% computing the required distances.
[U, V] = dftuv(M, N);

% Compute the distances D(U, V).
D = hypot(U, V);

% Begin filter computations.
switch type
case 'ideal'
    H = single(D <= D0);
case 'btw'
    if nargin == 4
        n = 1;
    end
    H = 1./(1 + (D./D0).^(2*n));
case 'gaussian'
    H = exp(-(D.^2)./(2*(D0^2)));
otherwise
    error('Unknown filter type.')
end
```

函数 lpfilter 作为产生高通滤波器的基础，将在 3.6 节中再次使用。

3.5.3 线框及表面绘制

绘制变量的函数在 2.3.1 节中已经介绍过了。在下面的讨论中，我们将介绍 3D 线框及表面的绘制，这在观察 2D 滤波器时是很有用的。要画 $M \times N$ 大小的二维函数 H 的线框图，最容易的方法是使用函数 mesh，基本语法如下：

mesh(H)

这个函数绘制满足 x=1:M 和 y=1:N 的线框图。如果 M 和 N 很大，线框绘制的密集性是不可接受的。在这种情况下，我们用下面的语法来绘制第 k 个点：

mesh(H(1:k:end,1:k:end))

通常沿每个轴的 40 到 60 个点，会在外观和分辨率之间提供较好的平衡。

MATLAB 在绘制网格图时颜色是默认的，命令如下：

colormap([0 0 0])

将线框设置为黑色(我们在 6.1.2 节讨论函数 colormap)。MATLAB 还在网格图中添加了栅格和轴。网格可以通过下面的命令来关掉：

gird off

类似地，轴也可以使用下面的命令关掉：

axis off

最后，观察点(观察者的位置)由函数 view 控制，语法如下：

view(az, el)

如图 3-14 所示，az 和 el 分别代表方位角和仰角(以度表示)。箭头标明了正方向。默认值是 az=-37.5，el=30。在图 3-14 中，这个值将观察者置于由-x 和-y 轴定义的象限内，从而观察由正 x 和 y 轴定义的象限。

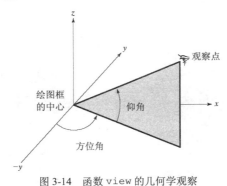

图 3-14　函数 view 的几何学观察

键入下面的命令以确定当前观察的几何图：

>>[az, el] = view;

键入下面的指令，将观察点设为默认值：

>>view (3)

观察点可以通过单击图形窗口工具条上的 3D 旋转按钮，并在图形窗口中用单击和拖曳方式来交互式地修改。

正如 6.1.1 节中讨论的那样，可以在笛卡儿坐标系(x, y, z)中指定观察者的位置，这个坐标系在处理 RGB 数据时是理想选择。然而，对于一般目的的绘图，刚刚讨论的方法仅包含两个参数，而且更直观。

例 3.5　线框图绘制

考虑与例 3.4 中使用的类似的高斯低通滤波器：

```
>> H = fftshift(lpfilter('gaussian', 500, 500, 50));
```

图 3-15(a)显示了通过如下命令产生的线框图：

```
>> mesh(double(H(1:10:500, 1:10:500)))
>> axis tight
```

其中，axis 命令与在 2.3.1 节中讨论的一样。

正如在本节前面提到的那样，线框图默认为彩色的，从底部为蓝色渐变到顶部为红色。通过键入下面的命令，可以把绘图的线条变为黑色，并消除轴和栅格：

```
>> colormap([0 0 0])
>> axis off
>> grid off
```

图 3-15(b)显示了命令的结果。图 3-15(c)显示了下面命令的结果：

```
>> view(-25, 30)
```

上述命令将观察者稍微向右移，并保持仰角不变。最后，图 3-15(d)显示了保持方位角为 –25 并将仰角设置为 0 之后得到的结果。

```
>> view(-25, 0)
```

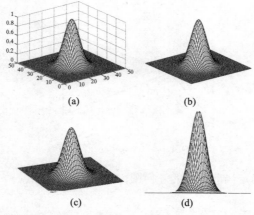

图 3-15　(a) 使用 mesh 函数得到的绘图；(b) 移除轴和栅格之后；(c) 使用函数 view 得到的不同的透视图；(d) 使用同一函数得到的另一个视图

这个例子展示了 mesh 函数的重要绘图功能。

有时候，需要能以表面图代替线框图的绘制函数。函数 surf 可做这件事，基本语法如下：

```
surf(H)
```

除了网格的 4 条边是用彩色填充的(这叫做小面描影)之外,这个函数产生与 mesh 相同的绘图。要将颜色转为灰度,可以使用下面的命令:

```
colormap(gray)
```

函数 axis、grid、view 和前面提到的 mesh 函数有相同的工作方式。例如,图 3-16(a) 是以下命令序列产生的结果:

```
>> H = fftshift(lpfilter('gaussian', 500, 500, 50));
>> surf(double(H(1:10:500, 1:10:500)))
>> axis tight
>> colormap(gray)
>> axis off
```

添加下面的命令,可以平滑小面描影和消除栅网线:

```
shading interp
```

在提示符处键入这个命令,可产生图 3-16(b)中的效果。

如果目的是绘制含有两个变量的解析函数,就用 meshgrid 产生坐标值,并从这些坐标值中产生将在 mesh 或 surf 中使用的离散(抽样)矩阵。例如,绘制函数

$$f(x,y) = xe^{(-x^2-y^2)}$$

的 x 轴和 y 轴,它们都是从-2到2,并以 0.1 递增,我们写出:

```
>> [Y, X] = meshgrid(-2:0.1:2, -2:0.1:2);
>> Z = X.*exp(-X.^2 - Y.^2);
```

然后,像先前一样使用 mesh(Z) 或 surf(Z)。回顾 1.7.8 节中的讨论,函数 meshgrid 首先将列(Y)列出,其次是行(X)。

(a)　　　　　　(b)

图 3-16　(a) 使用函数 surf 得到的绘图;(b) 使用 shading interp 命令得到的结果

3.6　高通(锐化)频域滤波器

正像低通滤波使图像变得模糊那样,相反的处理过程——高通滤波,通过削弱傅立叶变换的低频以及保持高频相对不变来锐化图像。在本节中,我们将考虑几种高通滤波方法。给定低通滤波器的传递函数 $H_{LP}(u,v)$,相应高通滤波器的传递函数由下式给出:

$$H_{HP}(u,v) = 1 - H_{LP}(u,v)$$

表 3-2 显示了对应于表 3-1 中低通滤波器的高通滤波器的传递函数。

表 3-2 高通滤波器：D_0 是截止频率，n 是巴特沃斯滤波器的阶数

理想滤波器	巴特沃斯滤波器	高斯滤波器
$H(u,v) = \begin{cases} 0 & D(u,v) \leq D_0 \\ 1 & D(u,v) > D_0 \end{cases}$	$H(u,v) = \dfrac{1}{1 + \left[D_0/D(u,v)\right]^{2n}}$	$H(u,v) = 1 - e^{-D^2(u,v)/2D_0^2}$

3.6.1 高通滤波函数

基于前边的公式，我们可以使用函数 lpfilter 构建另一个函数，使用它可以产生高通滤波器：

```
function H = hpfilter(type, M, N, D0, n)
%HPFILTER Computes frequency domain highpass filters.
%   H = HPFILTER(TYPE, M, N, D0, n) creates the transfer function of
%   a highpass filter, H, of the specified TYPE and size (M-by-N).
%   Valid values for TYPE, D0, and n are:
%
%   'ideal'    Ideal highpass filter with cutoff frequency D0. n
%              need not be supplied. D0 must be positive.
%
%   'btw'      Butterworth highpass filter of order n, and cutoff
%              D0. The default value for n is 1.0. D0 must be
%              positive.
%
%   'gaussian' Gaussian highpass filter with cutoff (standard
%              deviation) D0. n need not be supplied. D0 must be
%              positive.
%
% H is of floating point class single. It is returned uncentered
% for consistency with filtering function dftfilt. To view H as an
% image or mesh plot, it should be centered using Hc = fftshift(H).

% The transfer function Hhp of a highpass filter is 1 - Hlp,
% where Hlp is the transfer function of the corresponding lowpass
% filter. Thus, we can use function lpfilter to generate highpass
% filters.

if nargin == 4
    n = 1; % Default value of n.
end

% Generate highpass filter.
Hlp = lpfilter(type, M, N, D0, n);
H = 1 - Hlp;
```

例 3.6 高通滤波

图 3-17 显示了理想、布特沃斯和高斯高通滤波器的绘图和图像。图 3-17(a)中的绘图是使用如下命令产生的：

```
>> H = fftshift(hpfilter('ideal', 500, 500, 50));
>> mesh(double(H(1:10:500, 1:10:500)));
>> axis tight
>> colormap([0 0 0])
>> axis off
```

图 3-17(d)中相应的图像是使用如下命令产生的：

```
>> figure, imshow(H, [ ])
```

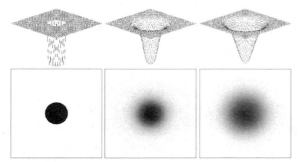

图 3-17　顶部依次为理想高通滤波器、布特沃斯高通滤波器和高斯高通滤波器的透视图，底部为相应的图像。白色表示 1，黑色表示 0

类似的命令可使用相同的 D_0 生成图 3-17 中其他的滤波器(二阶布特沃斯滤波器)。

例 3.7　高通滤波

图 3-18(a)是与图 3-13(a)相同的测试模式 f。图 3-18(b)是使用如下命令得到的，显示了对 f 在频域应用高斯高通滤波器后得到的结果：

```
>> PQ = paddedsize(size(f));
>> D0 = 0.05*PQ(1);
>> H = hpfilter('gaussian', PQ(1), PQ(2), D0);
>> g = dftfilt(f, H);
>> figure, imshow(g)
```

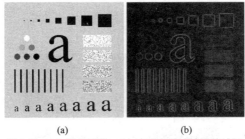

图 3-18　(a) 原始图像；(b) 高斯高通滤波后的结果

如图 3-18(b)所示，图像中的边缘和其他锐利转换的灰度增强了。然而，由于图像的平均值由 $F(0,0)$ 给出，而且迄今为止讨论的高通滤波器偏离傅立叶变换的原点，因此图像失去了大部分原始图像所呈现出的灰色调。这个问题将在 3.6.2 处理。

3.6.2　高频强调滤波

正如例 3.7 提到的那样，高通滤波器偏离了 dc 的 0 项，因此减少了图像中平均值为 0 的值。一种补偿方法是为高通滤波器加上偏移量。如果偏移量与将滤波器乘以某个大于 1 的常数结合起来，这种方法就叫做高频强调滤波，因为这个常量乘数突出了高频部分。这个乘数也增加了低频部分的幅度，但是只要偏移量与乘数相比较小，低频增强的影响就弱于高频增强的影响。高频强调滤波有如下传递函数：

$$H_{HFE}(u, v) = a + bH_{HP}(u, v)$$

其中，a 是偏移量，b 是乘数，$H_{HP}(u, v)$ 是高通滤波器的传递函数。

例3.8 将高频强调滤波和直方图均衡化结合起来

图 3-19(a)显示了一幅数字的胸部 X 射线图像 f。因为 X 射线图像不能像光学透镜那样聚焦，所以结果图像略有些模糊。本例的目的是锐化图 3-19(a)。因为这幅特殊图像的灰度偏向于灰度级的暗端，我们还利用这个机会给出了如何用空域处理来补偿的频域滤波。

图3-19(b)显示了用二阶布特沃斯高通滤波器对图 3-19(a)滤波后的结果，D_0 的值等于填充过的图像垂直尺寸的5%。假设滤波器的半径不小于通过变换原点附近的频率，高通滤波就不会对 D_0 的值过度敏感。正如预料的那样，滤波的结果并无特色，但却显示出图像的主要边缘有点模糊。如果某些灰度值是负的，仅有一条途径使一幅非 0 图像的平均值为 0。图 3-19(b)的滤波结果就是这种情况。由于这个原因，我们必须在函数 dftfilt 中用 fltpoint 选项以得到浮点结果。如果不这样做，在默认情况下，负值将被裁剪而转换为 uint8 类(输入图像的类)，微弱的细节将丢失。用函数 gscale 考虑负值，将会保留这些细节。

高频强调滤波(在这种情况下，$a=0.5$，$b=2.0$)的优点显示在图3-19(c)中，图像中由低频成分引起的灰度色调得以保持。以下命令序列用来产生图 3-19 所示的处理过的图像，其中，f 表示输入图像(最后的命令产生了图 3-19(d))：

```
>> PQ = paddedsize(size(f));
>> D0 = 0.05*PQ(1);
>> HBW = hpfilter('btw', PQ(1), PQ(2), D0, 2);
>> H = 0.5 + 2*HBW;
>> gbw = dftfilt(f, HBW, 'fltpoint');
>> gbw = gscale(gbw);
>> ghf = dftfilt(f, H, 'fltpoint');
>> ghf = gscale(ghf);
>> ghe = histeq(ghf, 256);
```

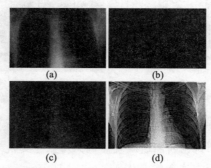

图 3-19　高频强调滤波：(a) 原始图像；(b) 高通滤波的结果；(c) 高频强调的结果；(d) 图像(c)经直方图均衡化后的效果。(原图像由密歇根州医学院的解剖科学部的 Thomas R. Gest 博士提供)

正如 2.3.2 节中指出的那样，在灰度级窄范围内以灰度为特征的图像直方图均衡化是理想选择。如图 3-19(d)所示，这确实是本例中进一步增强图像的合理方法。注意，清楚的骨结构和其他细节在其他任何三幅图像中是完全看不到的。最终的增强图像有些噪声，但这是在灰度级扩展时 X 光图像的典型现象。将高频强调滤波和直方图均衡结合起来得到的结果要好于单独使用任何一种方法。

3.7 选择性滤波

前面介绍的滤波器在整个频率矩形上操作。正如你将很快看到的那样,有很多应用要求在被滤波的频率矩形处在窄带或较小的范围内。第一类滤波器根据函数分别被称作带阻滤波器或带通滤波器。类似地,第二类滤波器被称作陷波带阻滤波器或陷波带通滤波器。

3.7.1 带阻和带通滤波器

这两种类型的滤波器很容易用前两章的滤波器形式来构建。利用这些滤波器,我们可以从给定的带阻滤波器 $H_{BR}(u,v)$,采用下式得到带通滤波器 $H_{BP}(u,v)$:

$$H_{BP}(u,v) = 1 - H_{BR}(u,v)$$

表 3-3 显示了理想、布特沃斯和高斯带阻滤波器的表达式。其中,W 是仅仅针对理想滤波器的带宽。对于高斯滤波器,过渡比较平滑,W 是粗略的截止频率。对于布特沃斯滤波器,过渡也是平滑的,但是由 W 和 n 一起决定通带的宽度,以 W 和 n 的增加为函数进行增加。图 3-20 显示了用下列函数得到的高斯带阻滤波器和相应带通滤波器的图像,这个函数实现了带阻和带通滤波器:

表 3-3 带阻滤波器: W 是带宽, $D(u,v)$ 是距滤波器中点的距离, D_0 是带宽中心的半径, n 是巴特沃斯滤波器的阶数

理想滤波器	巴特沃斯滤波器	高斯滤波器
$H(u,v) = \begin{cases} 0 & D_0 - \dfrac{W}{2} \leq D(u,v) \leq D_0 + \dfrac{W}{2} \\ 1 & \text{其他} \end{cases}$	$H(u,v) = \dfrac{1}{1 + \left[\dfrac{WD(u,v)}{D^2(u,v) - D_0^2}\right]^{2n}}$	$H(u,v) = 1 - e^{-\left[\dfrac{D^2(u,v) - D_0^2}{WD(u,v)}\right]^2}$

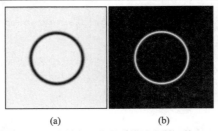

图 3-20 (a) 高斯带阻滤波器;(b) 相应的带通滤波器,带通滤波器是用函数 bandfilter 以 M=N=800、D_0=200 和 W=20 产生的

```
function H = bandfilter(type, band, M, N, D0, W, n)
%BANDFILTER Computes frequency domain band filters.
%
% Parameters used in the filter definitions (see Table 3.3 in
% DIPUM 2e for more details about these parameters):
%     M: Number of rows in the filter.
%     N: Number of columns in the filter.
%     D0: Radius of the center of the band.
%     W: "Width" of the band. W is the true width only for
%        ideal filters. For the other two filters this parameter
%        acts more like a smooth cutoff.
%     n: Order of the Butterworth filter if one is specified. W
```

```
%            and n interplay to determine the effective broadness of
%            the reject or pass band. Higher values of both these
%            parameters result in broader bands.
% Valid values of BAND are:
%
%       'reject'    Bandreject filter.
%
%       'pass'      Bandpass filter.
%
% One of these two values must be specified for BAND.
%
% H = BANDFILTER('ideal', BAND, M, N, D0, W) computes an M-by-N
% ideal bandpass or bandreject filter, depending on the value of
% BAND.
%
% H = BANDFILTER('btw', BAND, M, N, D0, W, n) computes an M-by-N
% Butterworth filter of order n. The filter is either bandpass or
% bandreject, depending on the value of BAND. The default value of
% n is 1.
%
% H = BANDFILTER('gaussian', BAND, M, N, D0, W) computes an M-by-N
% gaussian filter. The filter is either bandpass or bandreject,
% depending on BAND.
%
% H is of floating point class single. It is returned uncentered
% for consistency with filtering function dftfilt. To view H as an
% image or mesh plot, it should be centered using Hc = fftshift(H).

% Use function dftuv to set up the meshgrid arrays needed for
% computing the required distances.
[U, V] = dftuv(M, N);
% Compute the distances D(U, V).
D = hypot(U, V);
% Determine if need to use default n.
if nargin < 7
    n = 1; % Default BTW filter order.
end

% Begin filter computations. All filters are computed as bandreject
% filters. At the end, they are converted to bandpass if so
% specified. Use lower(type) to protect against the input being
% capitalized.
switch lower(type)
case 'ideal'
    H = idealReject(D, D0, W);
case 'btw'
    H = btwReject(D, D0, W, n);
case 'gaussian'
    H = gaussReject(D, D0, W);
otherwise
    error('Unknown filter type.')
```

```
end

% Generate a bandpass filter if one was specified.
if strcmp(band, 'pass')
    H = 1 - H;
End

%------------------------------------------------------------%
function H = idealReject(D, D0, W)
RI = D <= D0 - (W/2); % Points of region inside the inner
                      % boundary of the reject band are labeled 1.
                      % All other points are labeled 0.
RO = D >= D0 + (W/2); % Points of region outside the outer
                      % boundary of the reject band are labeled 1.
                      % All other points are labeled 0.
H = tofloat(RO | RI); % Ideal bandreject filter.

%------------------------------------------------------------%
function H = btwReject(D, D0, W, n)
H = 1./(1 + (((D*W)./(D.^2 - D0^2)).^2*n));

%------------------------------------------------------------%
function H = gaussReject(D, D0, W)
H = 1 - exp(-((D.^2 - D0^2)./(D.*W + eps)).^2);
```

3.7.2 陷波带阻和陷波带通滤波器

陷波滤波器是更有用的选择性滤波器。陷波滤波器拒绝(或通过)事先定义的关于频率矩形中心的邻域内的频率。零相移滤波器必须关于原点对称,因此,以频率(u_0,v_0)为中心的开槽(notch)必须有相应的位于$(-u_0,-v_0)$处的开槽。陷波带阻滤波器可以用中心被平移到陷波滤波器中心的高通滤波器的乘积来构造。包括一对开槽Q的一般形式为:

$$H_{NR}(u,v) = \prod_{k=1}^{Q} H_k(u,v) H_{-k}(u,v)$$

其中,$H_k(u,v)$和$H_{-k}(u,v)$是高通滤波器,它们的中心分别是(u_k,v_k)和$(-u_k,-v_k)$,这些中心是以频率矩形的中心$(M/2, N/2)$来确定的。因此,每个滤波器距离的计算由下式给出:

$$D_k(u,v) = \left[(u - M/2 - u_k)^2 + (v - N/2 - v_k)^2\right]^{\frac{1}{2}}$$

和

$$D_{-k}(u,v) = \left[(u - M/2 + u_k)^2 + (v - N/2 + v_k)^2\right]^{\frac{1}{2}}$$

例如,下边是n阶的布特沃斯陷波带阻滤波器,包括3个开槽对:

$$H_{NR}(u,v) = \prod_{k=1}^{3}\left[\frac{1}{1+[D_{0k}/D_k(u,v)]^{2n}}\right]\left[\frac{1}{1+[D_{0k}/D_{-k}(u,v)]^{2n}}\right]$$

常数D_{0k}对于每个开槽对都是相同的,但是,D_{0k}对于不同的开槽对可以不同。正如带通滤波器那样,我们可以通过下式用陷波带阻滤波器得到陷波带通滤波器:

$$H_{NP}(u,v) = 1 - H_{NR}(u,v)$$

函数 cnotch 循环对称地计算理想、布特沃斯和高斯的陷波带阻滤波器和陷波带通滤波器。在这一节稍后，我们将讨论矩形陷波滤波器。因为与 3.7.1 节的 bandfilter 函数相似，我们仅说明 cnotch 的帮助信息部分。全部列表见附录 C。

```
>> help cnotch

%CNOTCH Generates circularly symmetric notch filters.
%   H = CNOTCH(TYPE, NOTCH, M, N, C, D0, n) generates a notch filter
%   of size M-by-N. C is a K-by-2 matrix with K pairs of frequency
%   domain coordinates (u, v) that define the centers of the filter
%   notches (when specifying filter locations, remember that
%   coordinates in MATLAB run from 1 to M and 1 to N). Coordinates
%   (u, v) are specified for one notch only. The corresponding
%   symmetric notches are generated automatically. D0 is the radius
%   (cut-off frequency) of the notches. It can be specified as a
%   scalar, in which case it is used in all K notch pairs, or it can
%   be a vector of length K, containing an individual cutoff value
%   for each notch pair. n is the order of the Butterworth filter if
%   one is specified.
%
%       Valid values of TYPE are:
%
%           'ideal'    Ideal notchpass filter. n is not used.
%
%           'btw'      Butterworth notchpass filter of order n. The
%                      default value of n is 1.
%
%           'gaussian' Gaussian notchpass filter. n is not used.
%
%       Valid values of NOTCH are:
%
%           'reject'   Notchreject filter.
%
%           'pass'     Notchpass filter.
%
%       One of these two values must be specified for NOTCH.
%
% H is of floating point class single. It is returned uncentered
% for consistency with filtering function dftfilt. To view H as an
% image or mesh plot, it should be centered using Hc = fftshift(H).
```

函数 cnotch 使用自定义函数 iseven，语法如下：

```
E = iseven(A)
```

其中，E 是与 A 大小相同的逻辑数组，在 A 中，相应的偶数位置是 1(真)，其他位置是 0(假)。共同的函数是：

```
O = isodd(A)
```

在 A 中，相应的偶数位置返回 1，其他位置返回 0。

函数 iseven 和 isodd 的列表在附录 C 中。

例 3.9 用陷波滤波器减少波纹模式

典型的报纸图像是以空间分辨率 75 dpi 印刷的。当以相同的分辨率扫描时，结果几乎总是呈现很强的波纹模式。图 3-21(a)显示了用平面扫描器以 72 dpi 扫描的一幅报纸图像。可以看到突出的周期干扰的波纹模式。如图 3-21(b)所示，在频域中，周期干扰导致很强的局部能量脉冲。因为干扰相对处于低频，我们开始滤除接近原点的尖刺。我们使用下面的 cnotch 函数来做。其中，f 是扫描图像(我们使用来自 1.7.6 节的 imtool 函数，交互式地得到能量坐标中心的尖刺)：

```
>> [M N] = size(f);
>> [f, revertclass] = tofloat(f);
>> F = fft2(f);
>> S = gscale(log(1 + abs(fftshift(F)))); % Spectrum
>> imshow(S)
>> % Use function imtool to obtain the coordinates of the
>> % spikes interactively.
>> C1 = [99 154; 128 163];
>> % Notch filter:
>> H1 = cnotch('gaussian','reject', M, N, C1, 5);
>> % Compute spectrum of the filtered transform and show it as
>> % an image.
>> P1 = gscale(fftshift(H1).*(tofloat(S)));
>> figure, imshow(P1)
>> % Filter image.
>> g1 = dftfilt(f, H1);
>> g1 = revertclass(g1);
>> figure, imshow(g1)
```

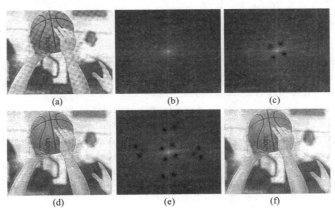

图 3-21　(a) 被波纹模式污染的 232×288 像素大小的以 72 dpi 扫描的报纸图像；(b) 谱；(c) 应用于由波纹模式导致的低频脉冲的陷波滤波器；(d) 滤波结果；(e) 用更多的滤波器消除高频"结构"噪声；(f) 滤波结果

图 3-21(c)显示了用陷波滤波器添加到它上面的谱。截止频率的大小刚好选在足以包围脉冲的能量，以便尽可能多地从变换中消除波纹。图 3-21(d)显示了滤波后的结果图像 g。正如可以看到的那样，陷波滤波器把突出的波纹模式减少到了觉察不到的程度。例如，仔细地分析图 3-21(d)中篮球投手的前臂，显示了与图 3-21(b)中高能量脉冲相联合的微弱高频干扰，下面附加的陷波滤波操作试图减少这些脉冲的干扰：

```
>> % Repeat with the following C2 to reduce the higher
>> % frequency interference components.
>> C2 = [99 154; 128 163; 49 160; 133 233; 55 132; 108 225; 112 74];
>> H2 = cnotch('gaussian','reject', M, N, C2, 5);
>> % Compute the spectrum of the filtered transform and show
>> % it as an image.
>> P2 = gscale(fftshift(H2).*(tofloat(S)));
>> figure, imshow(P2)
>> % Filter image.
>> g2 = dftfilt(f,H2);
>> g2 = revertclass(g2);
>> figure, imshow(g2)
```

图 3-21(e)显示了加在谱上的陷波滤波，而图 3-21(f)是滤波后的结果。与图 3-21(d)比较，我们可以看到高频干扰的减少。虽然这个最终结果远不完美，但相对原始图像来说改进还是有意义的。考虑到图像的低分辨率和受到的重大污染，图 3-21(f)中的结果实际上已达到我们可以接受的预期。

陷波滤波的特殊情况包括沿着DFT的轴的取值范围进行滤波。下面的函数使用放置在轴上的矩形以完成上述目的。我们仅显示了帮助文本，完整列表见附录C。

```
>> help recnotch

%RECNOTCH Generates rectangular notch (axes) filters.
%   H = RECNOTCH(NOTCH, MODE, M, N, W, SV, SH) generates an M-by-N
%   notch filter consisting of symmetric pairs of rectangles of
%   width W placed on the vertical and horizontal axes of the
%   (centered) frequency rectangle. The vertical rectangles start at
%   +SV and -SV on the vertical axis and extend to both ends of
%   the axis. Horizontal rectangles similarly start at +SH and -SH
%   and extend to both ends of the axis. These values are with
%   respect to the origin of the axes of the centered frequency
%   rectangle. For example, specifying SV = 50 creates a rectangle
%   of width W that starts 50 pixels above the center of the
%   vertical axis and extends up to the first row of the filter. A
%   similar rectangle is created starting 50 pixels below the center
%   and extending to the last row. W must be an odd number to
%   preserve the symmetry of the filtered Fourier transform.
%
%       Valid values of NOTCH are:
%
%           'reject'    Notchreject filter.
%
%           'pass'      Notchpass filter.
%
%
%       Valid values of MODE are:
%
%           'both'          Filtering on both axes.
%
```

```
%                'horizontal'    Filtering on horizontal axis only.
%
%                'vertical'      Filtering on vertical axis only.
%
%       One of these three values must be specified in the call.
%
%   H = RECNOTCH(NOTCH, MODE, M, N) sets W = 1, and SV = SH = 1.
%
% H is of floating point class single. It is returned uncentered
% for consistency with filtering function dftfilt. To view H as an
% image or mesh plot, it should be centered using Hc = fftshift(H).
```

例 3.10 用陷波滤波器减少因有故障的成像设备而导致的周期干扰

陷波滤波器的重要应用是减少因故障的成像系统而导致的周期干扰。图 3-22(a)显示了一个典型示例。这是一幅环绕土星环的图像。太空船第一次进入行星的轨道，这幅图像被 Cassini 捕获到。水平带是在对图像数字化之前由 AC 信号添加在摄像视频信号上的周期干扰。这是一个想不到的问题，污染了来自某些任务的图像。幸运的是，这些类型的干扰很容易用后处理的方法校正，使用在本节讨论的那些方法。考虑到这些图像的成本和重要性，解决干扰的"勉强"方法也是图像处理技术的范围和价值的另一个例子。

图 3-22(b)显示了傅立叶谱。由于干扰是近似关于垂直方向周期的，我们期望在谱的垂直轴上找到存在的能量脉冲。对频谱的仔细分析指出，的确是这种情况。我们在垂直轴上应用窄的、矩形的陷波滤波器，采用下列命令：

```
>> [M,N] = size(f);
>> [f, revertclass] = tofloat(f);
>> F = fft2(f);
>> S = gscale(log(1 + abs(fftshift(F))));
>> imshow(s);
>> H= recnotch('reject','vertical',M,N,3,15,15);
>> figure,imshow(fftshift(H))
```

图 3-22(c)是陷波滤波器，图 3-22(d)显示了滤波结果。

```
>> g = dftfilt(f, H);
>> g = revertclass(g);
>> figure, imshow(g)
```

正如你看到的那样，图 3-22(d)显示了对原始图像所做的有意义改进。

我们用陷波带通滤波器代替带阻滤波器，在垂直轴上隔离干扰的频率。然后，用滤波后的变换的 IDFT，得到空间干扰模式自身：

```
>> Hrecpass = recnotch('pass', 'vertical', M, N, 3, 15, 15);
>> interference = dftfilt(f, Hrecpass);
>> figure, imshow(fftshift(Hrecpass))
>> interference = gscale(interference);
>> figure, imshow(interference)
```

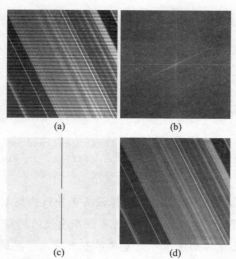

图 3-22　(a) 受周期干扰污染过的土星环的 674×674 像素大小的图像；(b) 频谱，垂直方向的能量脉冲是因干扰导致的；(c) 用陷波带阻滤波器乘以 DFT 的结果；(d) 计算(c)的 IDFT 结果，注意对(a)所做的改进。(原图像由 NASA/JPL 的 Robert A. West 提供)

图 3-23(a)和(b)分别显示了陷波带通滤波器和干扰模式。

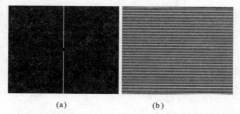

图 3-23　(a) 陷波带通滤波器；(b) 由陷波带通滤波得到的空间干扰

3.8　小结

本章中的材料是在频域中使用 MATLAB 和图像处理工具箱时有关滤波应用的基础。另外，本章附加了一些在前面章节中给出的图像增强示例，频域技术在图像恢复(第 4 章)、图像压缩(第 8 章)、图像分割(第 10 章)和图像描述(第 11 章)中起重要作用。

第 4 章 图像复原

复原的目的是在预定意义上改善给定的图像。尽管图像增强和图像复原之间存在重叠的部分，但前者主要是主观的处理，而图像复原大部分是客观的处理。复原利用降质现象的先验知识试图重建或恢复一幅退化的图像。因此，复原技术倾向于对退化建模，并用相反的处理来恢复原始图像。

这种方法通常包含明确描述某个质量准则，从而得到能产生希望结果的最佳估计。相比而言，为了利用人类视觉系统的心理特性，增强技术基本上是以启发式过程来处理一幅图像。例如，我们认为对比度扩展是增强技术，因为这主要是给观察者提供一幅赏心悦目的图像，而复原技术则考虑用去模糊函数来消除图像的模糊。

在这一章，我们主要研究如何使用 MATLAB 和图像处理工具箱中的功能对降质现象建模，并用公式明确表达复原的解决方案。与第 2 章和第 3 章一样，某些复原技术在空间域中明确使用公式表示是最好的，而另一些则更适合用在频域中。这两种方法都会在接下来的内容中加以研究。我们将以雷登变换和从投影重建图像的应用来结束本章。

4.1 图像退化/复原处理的模型

如图 4-1 所示，在这一章，用退化函数对退化过程建模，它和附加噪声选项一起，作用于输入图像 $f(x, y)$，产生一幅退化的图像 $g(x, y)$：

$$g(x,y)=H[f(x,y)]+\eta(x,y)$$

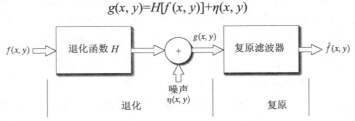

图 4-1　图像退化/复原处理的模型

给定 $g(x, y)$、一些关于退化函数 H 的知识以及一些关于加性噪声 $\eta(x, y)$ 的知识，复原的目标就是得到原始图像的估计 $\hat{f}(x,y)$。我们要使这个估计尽可能接近原始的输入图像。通常，我们对 H 和 $\eta(x, y)$ 知道得越多，$\hat{f}(x,y)$ 就越接近 $f(x, y)$。

如果 H 是线性的、空间不变的过程，那么退化图像在空间域将由下面的式子给出[①]：

$$g(x,y)=h(x,y)\star f(x,y)+\eta(x,y)$$

其中，$h(x,y)$ 是退化函数的空间表示，正如第 2 章那样，符号"★"表示卷积。从 3.3.1 节的讨论可知，空间域的卷积和频域的乘法组成了傅立叶变换对，所以我们可以用等价的频域表示来写出前面的模型：

$$G(u,v)=H(u,v)F(u,v)+N(u,v)$$

其中，用大写字母表示的是空间域相应项的傅立叶变换。退化函数 $H(u,v)$ 有时候称为光传递函数(OTF)，该名词来源于光学系统的傅立叶分析。在空间域中，$h(x,y)$ 被称为点扩散函数(PSF)。对于任何种类的输入，让 $h(x,y)$ 作用于点光源来得到退化的特征。OTF 和 PSF 是傅立叶变换对，工具箱提供了两个函数——otf2psf 和 psf2otf，用于 OTF 和 PSF 之间的转换。

由于退化是线性的，因此空间不变的退化函数 H 可以由卷积来建模，有时退化过程归诸于"PSF 与图像卷积"。类似地，复原处理有时候也称为反卷积。

在下面的 4.2～4.4 节内容中，我们假设 H 是恒等算子，仅处理由噪声造成的退化。在 4.6 节，我们开始考虑 H 和 η 都出现的几种图像复原方法。

4.2 噪声模型

能够模拟噪声的行为和效果的能力是图像复原的核心。在本章中，我们对两种基本噪声模型感兴趣：空间域中的噪声(用噪声概率密度函数来描述)以及频域中的噪声(用噪声的各种傅立叶特性来描述)。除了 4.2.3 节中的资料外，我们假设本章的噪声与图像的坐标无关。

4.2.1 用 imnoise 函数为图像添加噪声

图像处理工具箱采用 imnoise 函数，使噪声污染一幅图像。这个函数有如下基本语法：

```
g = imnoise(f, type, parameters)
```

其中，f 是输入图像，type 和 parameters 将在后面解释。函数 imnoise 在为图像添加噪声之前，将图像转换为范围在 [0,1] 的 double 类。确定噪声参数时必须考虑到这一点。例如，将均值为 64、方差为 400 的高斯噪声添加到一幅 uint8 图像上，我们将均值标度为 64/255，将方差标度为 $400/(255)^2$，作为 imnoise 函数的输入。针对这个函数的语法形式如下：

- g=imnoise(f,'gaussian, m, var)　　将均值为 m、方差为 var 的高斯噪声加到图像 f 上。默认为均值是 0、方差是 0.01 的噪声。
- g=imnoise(f,localvar,V)　　将均值为 0、局部方差为 V 的高斯噪声添加到图像 f 上。其中，V 是与 f 大小相同的数组，其中包含了每个点的理想方差值。
- g=imnoise(f,'localvar',image_intensity, var)　　将均值为 0 的高斯噪声添加到图像 f 上。其中，噪声的局部方差 var 是图像 f 的灰度值函数。自变量 image_

[①] 下面规定：我们在方程式中用轴向式的星号来表示卷积，用上标星号来表示复共轭。根据需要，我们也在 MATLAB 的表达式中用星号来表示乘法。应该注意，不要混淆同一符号的这些不相关用法。

ntensity 和 var 是大小相同的向量，plot(image_intensity,var)绘制出噪声方差和图像强度的函数关系。向量 image_intensity 必须包含规一化的灰度值(范围为[0,1])。
- g=imnoise(f,'salt & pepper',d)　用椒盐噪声污染图像 f。其中，d 是噪声密度(也就是包含噪声值的图像区域的百分比)。因此，大约 d*numel(f)个像素受到影响。默认的噪声密度是 0.05。
- g=imnoise(f,'speckle', var)　用方程式 g=f+n.*f 将乘性噪声添加到图像 f 上。其中，n 是均值为 0、方差为 var 的均匀分布的随机噪声。var 的默认值是 0.04。
- g=imnoise(f,'poisson')　从数据中生成泊松噪声来代替人造的噪声并添加到数据中。为了遵守泊松统计，uint8 和 uint16 图像的灰度必须和光子(或其他任何量子信息)的数量相符合。当每像素的光子数量大于 65535(但是小于 10^{12})时，就要使用双精度图像。灰度值在 0 和 1 之间变化，并且对应于光子的数量除以 10^{12}。

接下来将展示 imnoise 函数的各种应用。

4.2.2　用给定分布产生空间随机噪声

通常，在函数 imnoise 中，能够产生可用类型和参数的噪声是很有必要的。空间噪声值是随机数，以概率密度函数(PDF)或是等价的、相应的累积分布函数(CDF)为特征。我们感兴趣的分布类型的随机数的产生遵循概率论的一些最简单规则。

许多随机数产生器以区间(0,1)内具有均匀 CDF 的随机数产生问题为基础。在有些例子中，选择的基本随机数生成器是均值为 0、方差为单位方差的高斯随机数产生器。虽然我们可以用 imnoise 产生这两种类型的噪声，但是从目前的上下文来看，更简单的是使用 MATLAB 函数 rand 来产生均匀随机数，并使用函数 randn 产生正态(高斯)随机数。这些函数随后将在本节说明。

对于本节中描述的方法来说，它们基于概率论中某个著名的结果。这一结果说明，如果 w 是在区间(0,1)内均匀分布的随机变量，那么我们可以通过求解下面的方程来得到具有规定的 CDF 和 F 的随机变量 z：

$$z = F^{-1}(w)$$

这个简单但却强有力的结果也可以等价地通过寻找方程 $F(z) = w$ 的解来说明。

例 4.1　用均匀随机数来产生指定分布的随机数

假设我们拥有在区间(0,1)内均匀分布的随机数产生器 w，并假设我们要用它来产生具有瑞利 CDF 的随机数 z，形式如下：

$$F(z) = \begin{cases} 1 - e^{-(z-a)^2/b} & z \geq a \\ 0 & z < a \end{cases}$$

其中，b>0。为得到 z，解下面的方程：

$$1 - e^{-(z-a)^2/b} = w$$

或

$$z = a + \sqrt{-b\ln(1-w)}$$

由于平方根是非负的,因此我们可以确定:不会产生小于 a 值的 z。这正如瑞利 CDF 的定义中要求的那样。因此,来自产生器的均匀随机数 w 可以被用在前面的方程式中,从而产生参数为 a 和 b 的瑞利分布的随机变量 z。

在 MATLAB 中,这个结果很容易用下面的表达式来产生随机数组 R:

```
>>R = a + sqrt (b*log(1-rand(M,N)));
```

其中,正如在 2.2.2 节中讨论的那样,log 是自然对数;正如本节稍后说明的那样,rand 在区间(0,1)内产生均匀分布随机数。如果我们令 $M=N=1$,那么前面的 MATLAB 命令行可从以参数 a 和 b 为特征的瑞利分布的随机变量中产生单一值。

表达式 $z = a + \sqrt{-b\ln(1-w)}$ 有时候被称为随机数产生器方程式,因为它确定了如何产生希望的随机数。在这种特殊情况下,我们可以找到闭合形式的解。正如马上将会说明的那样,这并不总是可能的。因而,这个问题就变成了寻找一种适用的随机数产生器方程式,方程式的输出将接近于指定 CDF 的随机数。

表 4-1 列出了当前感兴趣的随机变量,连同它们的 PDF、CDF,以及随机数产生器方程式。在有些情况下,比如带有瑞利和指数变量的情形,找到 CDF 及逆 CDF 的闭合形式的解是有可能的。正如例 4.1 中说明的那样,这允许我们按照均匀随机数的形式来编写随机数产生器的表达式。对于其他情况,比如高斯和对数正态密度,CDF 的闭合形式的解是不存在的,所以就需要寻找能产生希望的随机数的方法。例如,对于对数正态,我们利用对数正态随机变量 z,而 $\ln(z)$ 具有高斯分布,这就允许我们根据有 0 均值和单位方差的高斯随机变量写出表 4-1 中所示的表达式。而对于其他情况,再次使用公式表示该问题并得到更容易的解是有利的。例如,可以看出,参数为 a 和 b 的爱尔兰随机数可以通过将参数为 a 的指数分布的随机数加 b 来得到 (Leon-Garcia[1994])。

在 imnoise 中,可用的随机数产生器和表 4-1 中所示的随机数产生器,在图像处理应用中对随机噪声的特性建模方面起到重要作用。我们已经看到,对使用各种 CDF 来产生随机数的相同分布的有效性。高斯噪声在诸如低照明水平的成像传感器操作等情况下被用做一种近似。椒盐噪声由不完善的开关设备产生。照相乳剂中的银粒大小是用对数正态分布描述的随机变量。瑞利噪声产生于波段成像,而指数和爱尔兰噪声在描述激光成像的噪声方面很有用。

与表 4-1 中其他类型的噪声不同,有代表性的椒盐噪声被看做产生的带有 3 个值的图像,当工作在 8 比特时,P_p 的概率是 0,P_s 的概率是 255,k 的概率是 $1-(P_p+P_s)$,k 是处于这两个数的极端值之间的任何数。

令刚刚描述的噪声图像由 $r(x, y)$ 定义,然后,我们用椒盐噪声污染一幅图像 $f(x, y)$ (图像大小与 $r(x, y)$ 相同),污染是通过对 f 中所有在 r 中出现 0 的位置分配 0 值实现的。类似地,对 f 中所有在 r 中出现 255 的位置分配 255 值。最后,我们对 r 中包含 k 值的那些 f 中的所有位置保持不变。命名为椒盐噪声源于这样的事实:在 8 比特图像中 0 代表黑色,而 255 代表白色。虽然前边的讨论是以 8 比特为基础来简化说明,但你应该很清楚,该方法是一般情况。假定我们指定盐粒和胡椒噪声维持两个极端值,该方法可应用于具有任何灰度级数的任何图像。我们可以更进一步,代替两个极端值,把前边的讨论推广到两个极端值的范围,尽管这在大多数应用中并不典型。

表 4-1 随机变量以及它们的 PDF、CDF 和随机数产生器

名称	PDF	均值和方差	CDF	产生器
均匀	$p(z)=\begin{cases}\dfrac{1}{b-a} & 0\leq z\leq b\\ 0 & \text{其他}\end{cases}$	$m=\dfrac{a+b}{2},\ \sigma^2=\dfrac{(b-a)^2}{12}$	$F(z)=\begin{cases}0 & z<a\\ \dfrac{z-a}{b-a} & a\leq z\leq b\\ 1 & z>b\end{cases}$	MATLAB 函数 rand
高斯	$p(z)=\dfrac{1}{\sqrt{2\pi}b}e^{-(z-a)^2/2b^2}$ $-\infty<z<\infty$	$m=a,\ \sigma^2=b^2$	$F(z)=\int_{-\infty}^{z}p(v)dv$	MATLAB 函数 randn
对数正态	$p(z)=\dfrac{1}{\sqrt{2\pi}bz}e^{-[\ln(z)-a]^2/2b^2}$ $z>0$	$m=e^{a+(b^2/2)},\ \sigma^2=[e^{b^2}-1]e^{2a+b^2}$	$F(z)=\int_{0}^{z}p(v)dv$	$z=e^{bN(0,1)+a}$
瑞利	$p(z)=\begin{cases}\dfrac{2}{b}(z-a)e^{-(z-a)^2/b} & z\geq a\\ 0 & z<a\end{cases}$	$m=a+\sqrt{\pi b/4},\ \sigma^2=\dfrac{b(4-\pi)}{4}$	$F(z)=\begin{cases}1-e^{-(z-a)^2/b} & z\geq a\\ 0 & z<a\end{cases}$	$z=a+\sqrt{-b\ln[1-U(0,1)]}$
指数	$p(z)=\begin{cases}ae^{-az} & z\geq 0\\ 0 & z<0\end{cases}$	$m=\dfrac{1}{a},\ \sigma^2=\dfrac{1}{a^2}$	$F(z)=\begin{cases}1-e^{-az} & z\geq 0\\ 0 & z<0\end{cases}$	$z=-\dfrac{1}{a}\ln[1-U(0,1)]$
厄兰	$p(z)=\dfrac{a^b z^{b-1}}{(b-1)!}e^{-az}$ $z\geq 0$	$m=\dfrac{b}{a},\ \sigma^2=\dfrac{b}{a^2}$	$F(z)=\left[1-e^{-az}\sum_{n=0}^{b-1}\dfrac{(az)^n}{n!}\right]$ $z\geq 0$	$z=E_1+E_2+\cdots+E_b$ (E_i 是带有参数 a 的指数随机数)
椒盐	$p(z)=\begin{cases}P_p & z=0\ (\text{pepper})\\ P_s & z=2^n-1\ (\text{salt})\\ 1-(P_p+P_s) & z=k\\ & (0<k<2^n-1)\end{cases}$	$m=(0)P_p+k(1-P_p-P_s)$ $\quad +(2^n-1)P_s$ $\sigma^2=(0-m)^2 P_p$ $\quad +(k-m)^2(1-P_p-P_s)$ $\quad +(2^n-1-m)^2 P_s$	$F(z)=\begin{cases}0 & z<0\\ P_p & 0\leq z<k\\ 1-P_s & k\leq z<2^n-1\\ 1 & 2^n-1\leq z\end{cases}$	具体附加逻辑的 MATLAB 函数 rand

像素被椒盐噪声污染的概率 P 是 $P = P_p + P_s$，通常的术语把 p 称为噪声密度。例如，如果 $P_p = 0.02$ 且 $P_s = 0.01$，就说在图像中约有 2%的像素被胡椒噪声污染了，有 1%被盐粒噪声污染了，并且噪声的密度是 0.03，这意味着图像中总共约有 3%的像素被椒盐噪声污染了。在本节稍后列出的自定义 M-函数 imnoise2 可产生具有表 4-1 中 CDF 的随机数。这个函数使用 MATLAB 函数 rand，它有如下形式的语法：

```
A = rand(M, N)
```

rand 函数产生大小为 M×N 的数组，这个数组的元素是在区间(0, 1)内均匀分布的数。如果省略 N，默认值将为 M。如果以无参形式调用这个函数，rand 将产生单一的随机数，这个数在函数每次被调用时都会改变。同样地，函数：

```
A = randn(M, N)
```

将产生 M×N 大小的数组，数组的元素是零均值、单位方差的正态(高斯)数。如果省略 N，默认值将为 M。如果以无参形式调用这个函数，randn 将产生单一的随机数。

函数 imnoise2 也使用了 MATLAB 函数 find，find 函数有如下语法形式：

```
        I = find(A)
    [r, c] = find(A)
 [r, c, v] = find(A)
```

第 1 种形式将返回 I 中 A 的所有非零元素的线性索引(见 1.7.8 节)，如果一个也没有找到，那么 find 返回空矩阵。第 2 种形式返回矩阵 A 中非零元素的行和列索引。第 3 种形式除了返回行索引和列索引外，还以列向量 v 返回 A 的非零值。

第 1 种形式以 A(:)的格式处理数组 A，所以 I 是列向量。这种形式在图像处理中是非常有用的。例如，为了寻找图像中值小于 128 的像素并把它们设置为 0，可写为：

```
>> I = find(A<128);
>> A(I) = 0;
```

这个操作还可以使用逻辑表达式(见 1.7.8 节)：

```
>> A(A < 128) = 0;
```

至于逻辑语句 A< 128，当 A 的元素满足逻辑条件时返回 1，不满足时返回 0。作为另一个例子，为了将区间[64,192]内的所有像素置为 128，可写为：

```
>> I = find(A >= 64 & A <= 192)
>> A(I) = 128;
```

等价地，我们也可以写为：

```
>> A(A >= 64 & A <= 192) = 128;
```

刚刚讨论的索引类型经常用于本书的其他章节。

与 imnoise 不同，下面的 M-函数产生 M×N 大小的噪声数组 R，它不以任何方式缩放。另一个主要的不同是：imnoise 输出有噪声的图像，而 imnoise2 产生噪声模式本身。用户可以直接指定希望的噪声参数值。注意，由椒盐噪声产生的噪声数组有三个值：对应于胡椒噪声的

0，对应于盐粒噪声的 1，以及对应于无噪声的 0.5。

为了使这个数组更有用，需要对它进行进一步的处理。例如，为了用这个数组污染一幅图像，需要寻找(使用函数 find 或上边说明的逻辑索引)R 中所有值为 0 的坐标，并把图像中相应坐标处的值置为可能的最小灰度值(通常是 0)。同样，寻找 R 中所有值为 1 的坐标，并把图像中相应坐标处的值置为可能的最高值(通常对于 8 位图像来说是 255)。所有的其他像素保留不变。这个处理模拟了椒盐噪声实际上是怎样影响一幅图像的。

对于 imnoise2，在代码中观察如何使 switch/case 语句保持简单；那就是，除非 case 用一行来执行计算。它们在主程序的末尾添加了单独、分离的函数来代表。这澄清了代码的逻辑流。还要注意，所有的默认值是如何由分离的函数 setDefaults 来处理的，这个函数也被添加到主程序的末尾。目的是为了便于解释和维护，从而尽可能多地使代码模块化。

```
function R = imnoise2(type, varargin)
%IMNOISE2 Generates an array of random numbers with specified PDF.
%   R = IMNOISE2(TYPE, M, N, A, B) generates an array, R, of size
%   M-by-N, whose elements are random numbers of the specified TYPE
%   with parameters A and B. If only TYPE is included in the
%   input argument list, a single random number of the specified
%   TYPE and default parameters shown below is generated. If only
%   TYPE, M, and N are provided, the default parameters shown below
%   are used. If M = N = 1, IMNOISE2 generates a single random
%   number of the specified TYPE and parameters A and B.
%
%   Valid values for TYPE and parameters A and B are:
%
%   'uniform' Uniform random numbers in the interval (A, B).
%             The default values are (0, 1).
%   'gaussian' Gaussian random numbers with mean A and standard
%              deviation B. The default values are A = 0,
%              B = 1.
%   'salt & pepper' Salt and pepper numbers of amplitude 0 with
%                   probability Pa = A, and amplitude 1 with
%                   probability Pb = B. The default values are Pa =
%                   Pb = A = B = 0.05. Note that the noise has
%                   values 0 (with probability Pa = A) and 1 (with
%                   probability Pb = B), so scaling is necessary if
%                   values other than 0 and 1 are required. The
%                   noise matrix R is assigned three values. If
%                   R(x, y) = 0, the noise at (x, y) is pepper
%                   (black). If R(x, y) = 1, the noise at (x, y) is
%                   salt (white). If R(x, y) = 0.5, there is no
%                   noise assigned to coordinates (x, y).
%   'lognormal' Lognormal numbers with offset A and shape
%               parameter B. The defaults are A = 1 and B =
%               0.25.
%   'rayleigh' Rayleigh noise with parameters A and B. The
%              default values are A = 0 and B = 1.
%   'exponential' Exponential random numbers with parameter A.
%                 The default is A = 1.
%   'erlang' Erlang (gamma) random numbers with parameters A
%            and B. B must be a positive integer. The
%            defaults are A = 2 and B = 5. Erlang random
```

```
%                       numbers are approximated as the sum of B
%                       exponential random numbers.

% Set defaults.
[M, N, a, b] = setDefaults(type, varargin{:});

% Begin processing. Use lower(type) to protect against input being
% capitalized.
switch lower(type)
case 'uniform'
    R = a + (b - a)*rand(M, N);
case 'gaussian'
    R = a + b*randn(M, N);
case 'salt & pepper'
    R = saltpepper(M, N, a, b);
case 'lognormal'
    R = exp(b*randn(M, N) + a);
case 'rayleigh'
    R = a + (-b*log(1 - rand(M, N))).^0.5;
case 'exponential'
    R = exponential(M, N, a);
case 'erlang'
    R = erlang(M, N, a, b);
otherwise
    error('Unknown distribution type.')
end

%----------------------------------------------------------------
function R = saltpepper(M, N, a, b)
% Check to make sure that Pa + Pb is not > 1.
if (a + b) > 1
    error('The sum Pa + Pb must not exceed 1.')
end
R(1:M, 1:N) = 0.5;
% Generate an M-by-N array of uniformly-distributed random numbers
% in the range (0, 1). Then, Pa*(M*N) of them will have values <= a.
% The coordinates of these points we call 0 (pepper noise).
% Similarly, Pb*(M*N) points will have values in the range > a & <=
% (a + b). These we call 1 (salt noise).
X = rand(M, N);
R(X <= a) = 0;
u = a + b;
R(X > a & X <= u) = 1;

%----------------------------------------------------------------
function R = exponential(M, N, a)
if a <= 0
    error('Parameter a must be positive for exponential type.')
end

k = -1/a;
R = k*log(1 - rand(M, N));

%----------------------------------------------------------------
```

```
function R = erlang(M, N, a, b)
if (b ~= round(b) || b <= 0)
    error('Param b must be a positive integer for Erlang.')
end
k = -1/a;
R = zeros(M, N);
for j = 1:b
    R = R + k*log(1 - rand(M, N));
End

%----------------------------------------------------------------
function varargout = setDefaults(type, varargin)
varargout = varargin;
P = numel(varargin);
if P < 4
    % Set default b.
    varargout{4} = 1;
end
if P < 3
    % Set default a.
    varargout{3} = 0;
end
if P < 2
    % Set default N.
    varargout{2} = 1;
end
if P < 1
    % Set default M.
    varargout{1} = 1;
end
if (P <= 2)
    switch type
        case 'salt & pepper'
            % a = b = 0.05.
            varargout{3} = 0.05;
            varargout{4} = 0.05;
        case 'lognormal'
            % a = 1; b = 0.25;
            varargout{3} = 1;
            varargout{4} = 0.25;
        case 'exponential'
            % a = 1.
            varargout{3} = 1;
        case 'erlang'
            % a = 2; b = 5.
            varargout{3} = 2;
            varargout{4} = 5;
    end
end
```

例 4.2 用函数 imnoise2 产生数据的直方图

图 4-2 显示了表 4-1 中所示的所有类型的随机数的直方图。每个直方图的数据都是用函数 imnoise2 产生的。例如，图 4-2(a)中的数据是使用下面的命令产生的：

```
>> r = imnoise2('gaussian', 100000, 1, 0, 1);
```

这条语句产生含有 100 000 个元素的列向量 r，每个元素都来自均值为 0、标准差为 1 的高斯分布的随机数。直方图可以用函数 hist 得到，它有如下形式的语法：

```
hist(r, bins)
```

其中，bins 是储存器的数目。我们用 bins = 50 来产生图 4-2 中的直方图。其他的直方图也通过类似的方式得到。对于每种情况，所选的参数都是在函数 imnoise2 的说明中列出的默认值。

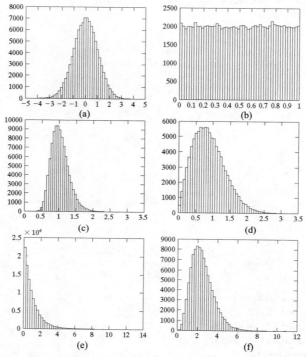

图 4-2 随机数的直方图：(a) 高斯；(b) 均匀；(c) 对数正态；(d) 瑞利；(e) 指数；(f) 厄兰。每种情况都使用了在函数 imnoise2 的说明中列出的默认参数

4.2.3 周期噪声

一幅图像的周期噪声典型地产生于图像获取过程中的电气和/或电动机械的干扰。这是本章唯一考虑的一种空间依赖型噪声。正如 4.4 节讨论的那样，图像的周期噪声通常通过频域滤波来处理。周期噪声的模型是 2D 正弦波，它有如下所示的方程：

$$r(x, y) = A\sin[2\pi u_0(x + B_x)/M + 2\pi v_0(y + B_y)/N]$$

其中，$x = 0, 1, 2, \ldots, M-1$ 且 $y = 0, 1, 2, \ldots, N-1$。

A 是振幅，u_0 和 v_0 分别确定了关于 x 轴和 y 轴的正弦频率。B_x 和 B_y 是关于原点的相移。这个方程式的 DFT 是：

$$R(u, v) = j\frac{AMN}{2}\left[e^{-j2\pi(u_0B_x/M + v_0B_y/N)}\delta(u + u_0, v + v_0) - e^{j2\pi(u_0B_x/M + v_0B_y/N)}\delta(u - u_0, v - v_0)\right]$$

其中，$u=0,1,2,\ldots,M-1$ 且 $v=0,1,2,\ldots,N-1$。我们看到的是一对分别位于$(u+u_0, v+v_0)$和$(u-u_0, v-v_0)$的复共轭脉冲。换句话说，在前面的方程式中，括号里边的第一项是 0，除非 $u=-u_0$ 和 $v=-v_0$；第二项是 0，除非 $u=u_0$ 且 $v=v_0$。

下面的 M-函数接受某个脉冲位置(频率坐标)的任意数，这些任意数中的每个都有自己的振幅、频率和相移参数，并且像前面描述的正弦和那样计算 $r(x, y)$。这个函数还输出正弦波之和的傅立叶变换 $R(u, v)$ 以及 $R(u, v)$ 的谱。正弦波从给定脉冲的位置信息中通过逆 DFT 产生。这使它更加直观，而且也简化了空间噪声模式中频率含量的形象化显示。确定脉冲的位置仅仅需要一对坐标。这个程序将产生共轭对称的脉冲。注意，正如 3.2 节中讨论的那样，为了进行 `ifft2` 操作，代码中使用函数 `ifftshift` 将居中的 R 转换为合适的数据排列形式。

```
function [r, R, S] = imnoise3(M, N, C, A, B)
%IMNOISE3 Generates periodic noise.
%   [r, R, S] = IMNOISE3(M, N, C, A, B), generates a spatial
%   sinusoidal noise pattern, r, of size M-by-N, its Fourier
%   transform, R, and spectrum, S. The remaining parameters are:
%
%   C is a K-by-2 matrix with K pairs of frequency domain
%   coordinates (u, v) that define the locations of impulses in the
%   frequency domain. The locations are with respect to the
%   frequency rectangle center at [floor(M/2) + 1, floor(N/2) + 1],
%   where the use of function floor is necessary to guarantee that
%   all values of (u, v) are integers, as required by all Fourier
%   formulations in the book. The impulse locations are specified as
%   integer increments with respect to the center. For example, if M =
%   N = 512, then the center is at (257, 257). To specify an
%   impulse at (280, 300) we specify the pair (23, 43); i.e., 257 +
%   23 = 280, and 257 + 43 = 300. Only one pair of coordinates is
%   required for each impulse. The conjugate pairs are generated
%   automatically.
%
%   A is a 1-by-K vector that contains the amplitude of each of the
%   K impulse pairs. If A is not included in the argument, the
%   default used is A = ONES(1, K). B is then automatically set to
%   its default values (see next paragraph). The value specified
%   for A(j) is associated with the coordinates in C(j, :).
%
%   B is a K-by-2 matrix containing the Bx and By phase components
%   for each impulse pair. The default value for B is zeros(K, 2).

% Process input parameters.
K = size(C, 1);
if nargin < 4
   A = ones(1, K);
end
if nargin < 5
   B = zeros(K, 2);
```

```
End

% Generate R.
R = zeros(M, N);
for j = 1:K
    % Based on the equation for R(u, v), we know that the first term
    % of R(u, v) associated with a sinusoid is 0 unless u = -u0 and
    % v = -v0:
    u1 = floor(M/2) + 1 - C(j, 1);
    v1 = floor(N/2) + 1 - C(j, 2);
    R(u1, v1) = i*M*N*(A(j)/2) * exp(-i*2*pi*(C(j, 1)*B(j, 1)/M ...
                                    + C(j, 2)*B(j, 2)/N));
    % Conjugate. The second term is zero unless u = u0 and v = v0:
    u2 = floor(M/2) + 1 + C(j, 1);
    v2 = floor(N/2) + 1 + C(j, 2);
    R(u2, v2) = -i*M*N*(A(j)/2) * exp(i*2*pi*(C(j, 1)*B(j, 1)/M ...
                                    + C(j, 2)*B(j, 2)/N));
end

% Compute the spectrum and spatial sinusoidal pattern.
S = abs(R);
r = real(ifft2(ifftshift(R)));
```

例 4.3 使用函数 imnoise3

图 4-3(a)和(b)显示了使用如下命令产生的谱和空间正弦噪声模式：

```
>> C = [0 64; 0 128; 32 32; 64 0; 128 0; -32 32];
>> [r, R, S] = imnoise3(512, 512, C);
>> imshow(S, [ ])
>> figure, imshow(r, [ ])
```

正如函数 imnoise3 在注释中提到的那样，脉冲的坐标(u, v)参照频率矩形的中心来决定(关于这个中心点的细节见3.2节)。图4-3(c)和(d))显示了重复执行前面的命令后得到的结果，但使用的是：

```
>> C=[0 32;0 64;16 16;32 0;64 0;-16 16];
```

同样，图 4-3(e)是通过

```
>> C=[6 32;-2 2];
```

得到的。

图 4-3(f)是用相同的 C 产生的，但是使用了非默认的振幅向量：

```
>> A= [1 5]
>> [r, R, S]= imnoise3(512,512,C,A);
```

如图4-3(f)所示，较低频率的正弦波支配了图像。正如预料的那样，因为低频成分的振幅是高频成分振幅的 5 倍。

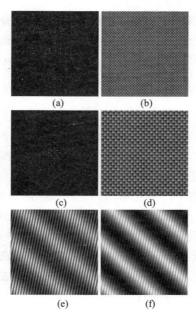

图 4-3 (a) 指定脉冲的谱；(b) 在空间域中相应的正弦噪声模式；(c)和(d) 相似的次序；(e)和(f) 两个其他的噪声模式。为了使(a)和(c)中的点更容易看到，这里对它们进行了放大

4.2.4 估计噪声参数

估计周期噪声参数的典型方法是分析图像的傅立叶谱。周期噪声往往产生频率尖峰，频率尖峰常常可以通过目测来检测。当噪声尖峰足够明显时，或在干扰频率的一些知识可用的情况下，自动分析是有可能的。

对于空间域噪声，PDF 的参数可以通过传感器的技术说明部分地知道，但是通过样本图像来估计它们是很有必要的。噪声的平均值 m 和方差 σ^2 的关系，以及用来指定本章感兴趣的噪声 PDF 的参数 a 和 b 都在表 4-1 中列出。因此，问题就变成了通过样本图像来估计平均值和方差，然后利用这些估计来求解 a 和 b。

令 z_i 是用来表示一幅图像灰度级的离散随机变量，并且令 $p(z_i)$, $i=0,1,2,\ldots,L-1$。$p(z_i)$ 是相应的归一化直方图，其中，L 是可能的灰度值的数目。直方图的分量 $p(z_i)$，是灰度值 z_i 出现概率的估计，这个直方图也可以被看做灰度 PDF 的近似。

描述直方图形状的主要方法之一是使用直方图的中心矩(也被称做平均值的矩)，定义为：

$$\mu_n = \sum_{i=0}^{L-1}(z_i - m)^n p(z_i)$$

其中，n 是矩的阶，m 是均值。

$$m = \sum_{i=0}^{L-1} z_i p(z_i)$$

因为直方图被假设为规一化的，它的所有分量之和为 1，所以通过前面的方程式，我们可以看出 $\mu_0=1$ 且 $\mu_1=0$。二阶矩

$$\mu_2 = \sum_{i=0}^{L-1}(z_i - m)^2 p(z_i)$$

是方差。在这一章,我们仅对平均值和方差感兴趣。高阶矩将在第 11 章讨论。

函数 statmoments 计算平均值和 n 阶中心矩,并返回行向量 v。因为 0 阶矩总为 1,1 阶矩总为 0,所以 statmoments 忽略这两个矩,改为令 v(1)=m 且 v(k)=μ_k, k=2,3,…,n。语法如下(代码参看附录 C):

```
[v, unv] = statmoments(p, n)
```

其中,p 为直方图向量,n 是计算的矩的数量。对于 uint8 类图像,p 的分量等于 2^8;对于 uint16 类图像,等于 2^{16};对于 single 或 double 类图像,等于 2^8 或 2^{16}。输出向量 v 包含了规一化的矩。该函数把随机变量标度为区间[0, 1]内,因此,所有的矩也在这个区间内。向量 unv 包含了与 v 相同的矩,但是用原始值所在区间内的数据进行计算。例如,如果 length(p)=256 且 v(1)=0.5,unv(1) 的值将为 127.5,是区间[0,255]的一半。

通常,噪声参数直接由带噪声的图像或一组图像来估计。在这种情况下,所选择的方法是:在一幅图像中选择尽可能与背景一样无特色的区域,以便使所选区域灰度值的可变性主要归因于噪声。在 MATLAB 中,我们使用函数 roipoly 来选择感兴趣的区域(Region Of Interest,ROI),这个函数将产生多边形的 ROI,语法如下:

```
B = roipoly(f, c, r)
```

其中,f 是我们感兴趣的图像,c 和 r 是相应(有序)多边形的顶点列坐标和行坐标(注意,列先被指定)。顶点坐标的原点在左上角。输出 B 是二值图像,大小与 f 相同,并且在感兴趣的区域外为 0,在感兴趣的区域内为 1。图像 B 是用来把操作限制在感兴趣的区域内的模板。

为了交互式地指定多边形的 ROI,我们使用下面的语法:

```
B = roipoly(f)
```

这将把图像 f 显示到屏幕上,让用户使用鼠标来指定多边形。如果省略 f,roipoly 将在最后显示的图像上进行操作。表 4-2 列出了函数 roipoly 的各种交互功能。当你完成了多边形的位置和大小设定后,就可以从上下文菜单中选择创建模板,并在区域内双击或单击右键以创建模板。

表 4-2 函数 roipoly 的交互选项

交 互 行 为	描 述
关闭多边形	可以使用下面的任何机制: • 把指针移到多边形的起始顶点,指针变成圆圈o,单击鼠标的任一按钮 • 双击鼠标左键,这个动作会在鼠标指针所在位置创建一个顶点,并且画一条连接该点和起始顶点的直线 • 单击鼠标右键,画一条连接起始顶点和选择的最后顶点的线,这个动作在鼠标指针所在位置不会产生新的顶点
移动多边形	在区域内移动指针,指针改变为 ✥ 形状,在图像上单击可拖动多边形
删除多边形	按住 **Backspace**、**Escape** 或 **Delete** 键,或在区域内单击鼠标右键,并在上下文菜单中选择 **Cancel**(如果选择删除 ROI,函数将返回空值)

(续表)

交 互 行 为	描 述
移动顶点	把指针移动到顶点上，指针变为o形状，单击并拖动指针到新的位置
添加顶点	把指针移动到多边形的某条边上，并按住 **A** 键。指针变成☆形状，单击鼠标左键，在指针所在位置创建新的顶点
删除顶点	把指针移动到某个顶点上，指针变成圆圈o。单击鼠标右键并从上下文菜单中选择 **Delete vertex**，函数 **roipoly** 将在两个顶点间画一条新的直线，这两个顶点与删除的点相邻
对多边形设置颜色	把指针移到区域边界内的任何地方，指针变为✥形状，单标右键，从上下文菜单中选择 **Set color**
重新得到顶点坐标	把指针移到区域内，指针变为✥形状，单击鼠标右键，从上下文菜单中选择 Copy position，复制当前位置到剪贴板。位置是 $n \times 2$ 大小的数组，其中的每一行包含每个顶点的列和行的坐标(按这个顺序)。n 是顶点数。坐标系统的原点在图像的左上角

为了得到二值图像和多边形顶点的列表，可以使用语法：

```
[B, c, r] = roipoly( . . . )
```

其中，roipoly(. . .)表示针对这个函数有效的任何语法。和前面一样，c 和 r 是顶点的行坐标和列坐标。当 ROI 交互式地被指定时，这种格式特别有用，因为在其他的程序中使用时，以及在后面的相同 ROI 的复制中，可以给出多边形顶点的坐标。

下面的函数计算 ROI 的直方图，正如前面讨论的那样，多边形的顶点由向量 c 和 r 指定。注意，程序中使用函数 roipoly 来复制由 c 和 r 定义的多边形区域。

```
function [p, npix] = histroi(f, c, r)
%HISTROI Computes the histogram of an ROI in an image.
%   [P, NPIX] = HISTROI(F, C, R) computes the histogram, P, of a
%   polygonal region of interest (ROI) in image F. The polygonal
%   region is defined by the column and row coordinates of its
%   vertices, which are specified (sequentially) in vectors C and R,
%   respectively. All pixels of F must be >= 0. Parameter NPIX is the
%   number of pixels in the polygonal region.

% Generate the binary mask image.
B = roipoly(f, c, r);

% Compute the histogram of the pixels in the ROI.
p = imhist(f(B));

% Obtain the number of pixels in the ROI if requested in the output.
if nargout > 1
    npix = sum(B(:));
end
```

例 4.4 估计噪声参数

图 4-4(a)显示了一幅带噪声的图像，在下面的讨论中，用 f 来表示。本例的目的是使用刚才讨论的技术来估计噪声的类型及参数。图 4-4(b)显示了使用如下命令以交互方式产生的模板 B：

```
>> [B, c, r] = roipoly(f);
```

图 4-4(c)是使用下面的命令产生的:

```
>> [h, npix] = histroi(f, c, r);
>> figure, bar(h, 1)
```

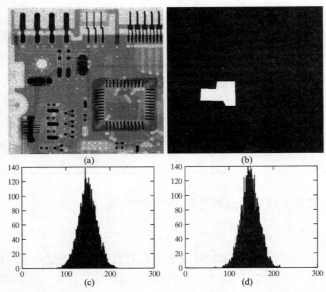

图 4-4 (a) 噪声图像; (b) 以交互方式产生的 ROI; (c) ROI 的直方图; (d) 使用函数 `imnoise2` 产生的高斯数据的直方图。(原图像由 Lixi 公司提供)

被 B 覆盖区域的均值和方差通过下面的方法得到:

```
>> [v, unv] = statmoments(h, 2);
>> v

v =
    0.5803  0.0063
>> unv
    147.9814  407.8679
```

从图 4-4(c)可以很明显地看出,噪声近似高斯分布。通过选择几乎恒定的背景区(就如我们在此处所做的那样),并且假定噪声是加性的,我们可以估计 ROI 中区域的平均灰度相当地接近于没有噪声的图像的平均灰度,在这种情况下,噪声的均值为零。另外,该区域有几乎恒定的灰度这一事实也告诉我们: ROI 中区域内的可变性主要取决于噪声的方差(如果可行的话,估计噪声的均值和方差的另一种方法是想象恒定目标的反射率已知)。图 4-4(d)显示了一组 npix (这个数是 `histroi` 返回的)的直方图,高斯随机变量的均值是 147、方差是 400(上述计算的近似值),它们是用下列命令得到的:

```
>> X = imnoise2('gaussian', npix, 1, 147, 20);
>> figure, hist(X, 130)
>> axis([0 300 0 140])
```

其中,选择 `hist` 中存储器的数目,以便结果与图 4-4(c)中的绘图兼容。这幅图中的直方图是在函数 histroi 中用 imhist 得到的，imhist 使用了与 hist 不同的标度。我们选择一组 npix 随机变量来产生 X，以便两种直方图中的样本数量相同。图 4-4(c)和(d)的相似性清楚地说明：使用很接近的估计参数 v(1) 和 v(2) 的高斯分布确实有非常好的近似效果。

4.3 仅有噪声的复原——空间滤波

如果出现的退化仅仅是噪声，那么退化就遵循 4.1 节中的模型：

$$g(x, y) = f(x, y) + \eta(x, y)$$

在这种情况下，选择的降低噪声的方法是空间滤波，这里使用的技术与 2.4 和 2.5 节中讨论过的相似。在本节中，我们将总结和实现降低噪声的几种空间滤波器。这些滤波器的更多细节见 Gonzalez 和 Woods 的著作[2008]。

4.3.1 空间噪声滤波器

表 4-3 列出了本节感兴趣的空间滤波器，其中，S_{xy} 表示输入的含有噪声的图像 g 的 $m \times n$ 大小的子图像(区域)。S 的下标表示子图像的中心坐标(x, y)，$\hat{f}(x, y)$(f 的估值)表示滤波器在此坐标处的响应。线性滤波器使用在 2.4 节中讨论过的函数 imfilter 来实现。中值滤波器、最大滤波器以及最小滤波器是非线性的排序统计滤波器。中值滤波器可以直接使用工具箱函数 medfilt2 来实现。最大和最小滤波器用 9.2 节中讨论的函数 imdilate 和 imerode 来实现。

下面我们使用称为 spfilt 的自定义函数，用表 4-3 列出的任何滤波器在空间域执行滤波。注意，计算输入的线性组合的函数 imlincomb 的使用。还要注意，函数 tofloat(见附录 C)如何把输出图像转换为与输入图像相同的类别。

```
function f = spfilt(g, type, varargin)
%SPFILT Performs linear and nonlinear spatial filtering.
%   F = SPFILT(G, TYPE, M, N, PARAMETER) performs spatial filtering
%   of image G using a TYPE filter of size M-by-N. Valid calls to
%   SPFILT are as follows:
%
%       F = SPFILT(G, 'amean', M, N)      Arithmetic mean filtering.
%       F = SPFILT(G, 'gmean', M, N)      Geometric mean filtering.
%       F = SPFILT(G, 'hmean', M, N)      Harmonic mean filtering.
%       F = SPFILT(G, 'chmean', M, N, Q)  Contraharmonic mean
%                                         filtering of order Q. The
%                                         default Q is 1.5.
%       F = SPFILT(G, 'median', M, N)     Median filtering.
%       F = SPFILT(G, 'max', M, N)        Max filtering.
%       F = SPFILT(G, 'min', M, N)        Min filtering.
%       F = SPFILT(G, 'midpoint', M, N)   Midpoint filtering.
%       F = SPFILT(G, 'atrimmed', M, N,   D) Alpha-trimmed mean
%                                         filtering. Parameter D must
%                                         be a nonnegative even
%                                         integer; its default value
%                                         is 2.
%
% The default values when only G and TYPE are input are M = N = 3,
% Q = 1.5, and D = 2.

[m, n, Q, d] = processInputs(varargin{:});
```

```
% Do the filtering.
switch type
case 'amean'
    w = fspecial('average', [m n]);
    f = imfilter(g, w, 'replicate');
case 'gmean'
    f = gmean(g, m, n);
case 'hmean'
    f = harmean(g, m, n);
case 'chmean'
    f = charmean(g, m, n, Q);
case 'median'
    f = medfilt2(g, [m n], 'symmetric');
case 'max'
    f = imdilate(g, ones(m, n));
case 'min'
    f = imerode(g, ones(m, n));
case 'midpoint'
    f1 = ordfilt2(g, 1, ones(m, n), 'symmetric');
    f2 = ordfilt2(g, m*n, ones(m, n), 'symmetric');
    f = imlincomb(0.5, f1, 0.5, f2);
case 'atrimmed'
    f = alphatrim(g, m, n, d);
otherwise
    error('Unknown filter type.')
end

%-----------------------------------------------------------------%
function f = gmean(g, m, n)
% Implements a geometric mean filter.
[g, revertClass] = tofloat(g);
f = exp(imfilter(log(g), ones(m, n), 'replicate')).^(1 / m / n);
f = revertClass(f);

%-----------------------------------------------------------------%
function f = harmean(g, m, n)
%   Implements a harmonic mean filter.
[g, revertClass] = tofloat(g);
f = m * n ./ imfilter(1./(g + eps),ones(m, n), 'replicate');
f = revertClass(f);

%-----------------------------------------------------------------%
function f = charmean(g, m, n, q)
%   Implements a contraharmonic mean filter.
[g, revertClass] = tofloat(g);
f = imfilter(g.^(q+1), ones(m, n), 'replicate');
f = f ./ (imfilter(g.^q, ones(m, n), 'replicate') + eps);
f = revertClass(f);

%-----------------------------------------------------------------%
function f = alphatrim(g, m, n, d)
%   Implements an alpha-trimmed mean filter.
if (d <= 0) || (d/2 ~= round(d/2))
    error('d must be a positive, even integer.')
end
[g, revertClass] = tofloat(g);
f = imfilter(g, ones(m, n), 'symmetric');
for k = 1:d/2
    f = f - ordfilt2(g, k, ones(m, n), 'symmetric');
end
for k = (m*n - (d/2) + 1):m*n
```

```
        f = f - ordfilt2(g, k, ones(m, n), 'symmetric');
    end
    f = f / (m*n - d);
    f = revertClass(f);

%-------------------------------------------------------------%
function [m, n, Q, d] = processInputs(varargin)
m = 3;
n = 3;
Q = 1.5;
d = 2;
if nargin > 0
    m = varargin{1};
end
if nargin > 1
    n = varargin{2};
end
if nargin > 2
    Q = varargin{3};
    d = varargin{3};
end
```

表 4-3 空间滤波器：变量 m 和 n 分别表示滤波器跨越的行数和列数

滤波器名称	公 式	注 释
算术均值	$\hat{f}(x,y) = \dfrac{1}{mn}\sum_{(s,t)\in S_{xy}} g(s,t)$	用工具箱函数 w = fspecial('average',[m, n]) 和 f = imfilter(g, w) 来实现
几何均值	$\hat{f}(x,y) = \left[\prod_{(s,t)\in S_{xy}} g(s,t)\right]^{\frac{1}{mn}}$	该非线性滤波器用函数 gmean(见本节的自定义函数 spfilt)来实现
调和均值	$\hat{f}(x,y) = \dfrac{mn}{\sum_{(s,t)\in S_{xy}} \dfrac{1}{g(s,t)}}$	该非线性滤波器用函数 harmean(见本节的自定义函数 spfilt)来实现
反调和均值	$\hat{f}(x,y) = \dfrac{\sum_{(s,t)\in S_{xy}} g(s,t)^{Q+1}}{\sum_{(s,t)\in S_{xy}} g(s,t)^{Q}}$	该非线性滤波器用函数 charmean(见本节的自定义函数 spfilt)来实现
中值	$\hat{f}(x,y) = \underset{(s,t)\in S_{xy}}{\mathrm{median}}\{g(s,t)\}$	用工具箱函数 medfilt2 来实现：f = medfilt2(g, [m n],'symmetric')
最大值	$\hat{f}(x,y) = \underset{(s,t)\in S_{xy}}{\max}\{g(s,t)\}$	用工具箱函数 imdilate 来实现：f = imdilate(g, ones(m, n))
最小值	$\hat{f}(x,y) = \underset{(s,t)\in S_{xy}}{\min}\{g(s,t)\}$	用工具箱函数 imerode 来实现：f = imerode(g, ones(m, n))
中点值	$\hat{f}(x,y) = \dfrac{1}{2}\left[\underset{(s,t)\in S_{xy}}{\max}\{g(s,t)\} + \underset{(s,t)\in S_{xy}}{\min}\{g(s,t)\}\right]$	由最大、最小滤波结果的 0.5 倍来实现
字母平衡值	$\hat{f}(x,y) = \dfrac{1}{mn-d}\sum_{(s,t)\in S_{xy}} g_r(s,t)$	在 S_{xy} 中，选择 $g(s,t)$ 的 $d/2$ 最低像素值和 $d/2$ 最高像素值。函数 $g_r(s,t)$ 表示在邻域中保留 $mn-d$ 个像素。用函数 alphatrim 实现(见本节的自定义函数 spfilt)

例 4.5 使用函数 spfilt

图 4-5(a)所示的图像是一幅被概率只有 0.1 的胡椒噪声污染的 uint8 类图像。这幅图像是

使用下面的命令产生的(f 是来自图 2-19(a)的图像):

```
>> [M, N] = size(f);
>> R = imnoise2('salt & pepper', M, N, 0.1, 0);
>> gp = f;
>> gp(R == 0) = 0;
```

图 4-5(b)中的图像仅被盐粒噪声污染，这幅图像是使用下面的语句产生的：

```
>> R = imnoise2('salt & pepper', M, N, 0, 0.1);
>> gs = f;
>> gs(R == 1) = 255;
```

过滤胡椒噪声的一种好办法是使用 Q 为正值的反调和滤波器。图 4-5(c)是使用下面的语句产生的：

```
>> fp = spfilt(gp, 'chmean', 3, 3, 1.5);
```

同样，盐粒噪声可以使用 Q 为负值的反调和滤波器过滤：

```
>> fs = spfilt(gs, 'chmean', 3, 3, -1.5);
```

图 4-5(d)显示了结果。使用最大和最小滤波器可以得到类似的结果。例如，图 4-5(e)和(f)所示的图像分别是由图 4-5(a)和(b)通过使用下面的命令产生的：

```
>> fpmax = spfilt(gp, 'max', 3, 3);
>> fsmin = spfilt(gs, 'min', 3, 3);
```

使用 spfilt 的其他解决方法通过类似的方式实现。

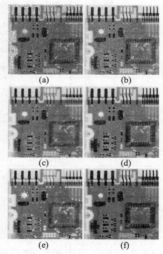

图 4-5　(a) 被概率为 0.1 的胡椒噪声污染的图像；(b) 被同样概率的盐粒噪声污染的图像；(c) 用阶数 Q=1.5 的 3×3 反调和滤波器对(a)滤波后的结果；(d) 用 Q=-1.5 对(b)滤波后的结果；(e) 用 3×3 的最大滤波器对(a)滤波后的结果；(f) 用 3×3 的最小滤波器对(b)滤波后的结果；

4.3.2　自适应空间滤波器

前面讨论的滤波器应用于不考虑图像特性在不同位置之间存在差异的那些图像。在有些应用中，可以通过使用能够被滤波的区域的图像特性自适应的滤波器来改进结果。作为如何在 MATLAB 中实现自适应空间滤波器的说明，我们在本节考虑自适应中值滤波器。正如前边所述，S_{xy} 表示一幅将被处理的中心位于(x, y)的子图像。算法如下：

令

$$Z_{\min} = S_{xy} \text{ 中的最小亮度值}$$
$$Z_{\max} = S_{xy} \text{ 中的最大亮度值}$$
$$Z_{\mathrm{med}} = S_{xy} \text{ 中的中值},$$
$$Z_{xy} = \text{坐标}(x, y)\text{处的亮度值}$$

自适应中值滤波算法工作在两个层面，表示为 level A 和 level B：

Level A：如果 $Z_{\min} < Z_{\mathrm{med}} < Z_{\max}$，转向 level B；否则增大窗口尺寸

如果窗口尺寸小于等于 $S_{\max}$，重复 level A；否则输出 Z_{med}

Level B：如果 $Z_{\min} < Z_{xy} < Z_{\max}$，输出 Z_{xy}；否则输出 Z_{med}

其中，$S_{\max}$ 表示自适应滤波器窗口允许的最大尺寸。Level A 最后一步的另一种选择是输出 Z_{xy} 代替中值。这将产生稍微清楚一些的结果，但是却可能探测不到与椒盐噪声的值相同的内含于常数背景的盐粒(胡椒)噪声。

名为 adpmedian 的 M-函数可实现这个算法，它包含于附录 C 中。语法为：

```
f = adpmedian(g, Smax)
```

其中，g 是被滤波的图像，正如上面定义的那样，Smax 是允许的最大自适应滤波器窗口的尺寸。

例 4.6 自适应中值滤波

图 4-6(a)显示了使用如下命令产生的被椒盐噪声污染的电路板图像 f：

```
>> g = imnoise(f,'salt & pepper', .25);
```

图 4-6(b)显示了使用如下命令得到的结果：

```
>> f1 = medfilt2(g, [7 7], 'symmetric');
```

这幅图像确实是没有噪声的，但是却非常模糊和失真(例如图像上中部的接插键处)。另一方面，命令

```
>> f2 = adpmedian(g, 7);
```

产生图 4-6(c)所示的图像，它也是没有噪声的，但是也明显要比图 4-6(b)模糊且失真小。

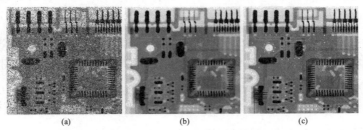

图 4-6 (a) 被密度为 0.25 的椒盐噪声污染的图像；(b) 使用大小为 7×7 的中值滤波器得到的结果；(c)使用 $S_{\max}=7$ 的自适应中值滤波得到的结果

4.4 通过频域滤波减少周期噪声

正如 4.2.3 节提到的那样,周期噪声的本身表现类似于冲激脉冲,这在傅立叶波谱中很常见。滤除这些成分的主要途径是用陷波滤波。正如 3.7.2 节讨论的那样,具有 Q 开槽对的陷波滤波器的通式是:

$$H_{NR}(u,v) = \prod_{k=1}^{Q} H_k(u,v) H_{-k}(u,v)$$

其中,$H_k(u,v)$ 和 $H_{-k}(u,v)$ 是高通滤波器,它们的中心分别是 (u_k, v_k) 和 $(-u_k, -v_k)$,这些中心是以频率矩形的中心 $(M/2, N/2)$ 来确定的。因此,每个滤波器距离的计算用下式给出:

$$D_k(u,v) = [(u - M/2 - u_k)^2 + (v - N/2 - v_k)^2]^{\frac{1}{2}}$$

和

$$D_{-k}(u,v) = [(u - M/2 + u_k)^2 + (v - N/2 + v_k)^2]^{\frac{1}{2}}$$

在 3.7.2 节,我们讨论过几个陷波带阻滤波器,并为产生这些滤波器给出了自定义函数 `cnotch`。沿着频率轴开槽分量的陷波带阻滤波的特殊情况还可以用于图像复原。3.7.2 节中讨论的 `recnotch` 函数可实现这种类型的滤波。例 3.9 和例 3.10 展示了陷波带阻滤波对周期噪声的抑制能力。

4.5 退化函数建模

当类似于产生退化图像的设备可用时,通常,通过做各种设备的设置实验来确定退化的本质是有可能的。然而,相关成像设备的可用性是解决图像复原问题的例外,而不是惯例。在解决图像复原问题时,典型的方法是通过产生 PSF 以及测试各种复原算法的结果来做实验。另一种方法是试图用数学方法对 PSF 建模。这种方法不是我们这里讨论的主流;关于这个话题的介绍请参看 Gonzalez 和 Woods 的著作。最后,当没有任何关于 PSF 的信息可用时,可以采取"盲去卷积"来推断 PSF。这种方法在 4.10 节中讨论。本节剩下的部分集中讨论分别通过使用在 2.4 节和 2.5 节介绍的函数 `imfilter` 和 `fspecial`,以及在本章开头介绍的噪声产生函数对 PSF 建模的技术。

在图像复原问题中,遇到的主要退化是图像模糊。场景和传感器产生的模糊可以用空间域或频域的低通滤波器来建模。另一个重要的退化模型是由于在图像获取时传感器和场景之间的均匀线性运动而产生的图像模糊。图像模糊可以使用工具箱函数 `fspecial` 来建模:

```
PSF= fspecial('motion', len, theta)
```

调用 `fspecial` 将返回 PSF,近似于由 `len` 像素的摄像机线性移动产生的效果。参数 `theta` 以度为单位,以顺时针方向对正水平轴进行量度。Len 和 `theta` 的默认值分别是 9 和 0,这些设置对应在水平方向上移动 9 个像素。

我们使用函数 `imfilter` 来创建已知 PSF 或用刚才描述的方法计算得到的 PSF 的退化图像:

```
>> g = imfilter(f, PSF, 'circular');
```

其中,`'circular'`(参见表 2-3)用来减少边缘效应。然后,我们通过添加适当的噪声来完

成退化图像模拟:

```
>> g = g + noise;
```

其中,noise 是与 g 大小相同的随机噪声图像,是使用 4.2 节中讨论的方法产生的。

当比较本节和下面几节中讨论的各种方法的合理性时,使用相同的图像或测试模式是很有用的,这样比较才有意义。由函数 checkerboard 产生的测试模式对于实现这个目的非常有用,因为大小可以缩放,但却不会影响主要特征。语法为:

```
C = checkerboard(NP, M, N)
```

其中,NP 是每个正方形一边的像素数,M 是行数,N 是列数。如果省略 N,默认为 M。如果 M 和 N 都省略,将产生一边为 8 个正方形的方形棋盘板。另外,如果省略 NP,将默认为 10 像素。在棋盘板上,左半部分的亮正方形是白色的,右半部分的亮正方形是灰色的。用下面的命令可产生亮正方形全是白色的棋盘板[②]:

```
>> K = checkerboard(NP, M, N) > 0.5;
```

函数 checkerboard 产生的图像属于 double 类,值在区间[0, 1]内。

由于有些复原算法对于大图像来说很慢,因此好的办法是用小图像做实验,从而减少计算时间。在这种情况下,如果目的是显示,那么通过像素复制来放大图像是很有用的。下面的函数做了这项工作(代码请参看附录 C):

```
B = pixeldup(A, m, n)
```

这个函数将 A 的每个像素在垂直方向上总共复制了 m 次,在水平方向上总共复制了 n 次。如果省略 n,将默认为 m。

例 4.7 模糊的、有噪声图像的建模

图 4-7(a)显示了由以下命令产生的棋盘板图像:

```
>> f = checkerboard(8); % Image is of class double.
```

图 4-7(b)所示的退化图像是使用以下命令产生的:

```
>> PSF = fspecial('motion', 7, 45);
>> gb = imfilter(f, PSF, 'circular');
```

PSF 是空间滤波器,值为:

```
>> PSF
PSF =
         0        0        0        0        0   0.0145        0
         0        0        0        0   0.0376   0.1283   0.0145
         0        0        0   0.0376   0.1283   0.0376        0
         0        0   0.0376   0.1283   0.0376        0        0
         0   0.0376   0.1283   0.0376        0        0        0
    0.0145   0.1283   0.0376        0        0        0        0
         0   0.0145        0        0        0        0        0
```

[②] 使用操作符>产生逻辑结果;im2double 用来产生 double 类图像,和函数 checkerboard 的输出格式一致。

图 4-7(c)中的噪声模式是一幅高斯噪声图像，均值是 0，方差是 0.001。这幅图像使用如下命令产生：

```
>> noise = imnoise2('Gaussian', size(f,1), size(f, 2), 0,...
                    sqrt(0.001));
```

图 4-7(d)中的模糊带噪图像是由下式产生的：

```
>> g = gb + noise;
```

在这幅图像中，噪声不容易看见，因为噪声的最大值近似为 0.15，而图像的最大值是 1。然而，正如 4.7 和 4.8 节中所示，这种噪声水平在试图复原 g 时却不是无关紧要的。最后，我们指出，图 4-7 中的所有图像被放大到了 512×512，并且使用下面的命令形式来显示：

```
>>imshow (pixeldup (f, 8), [ ])
```

图 4-7(d)中的图像在例 4.8 和 4.9 中复原。

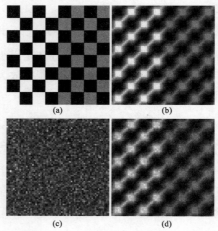

图 4-7 (a) 原始图像；(b) 用 len=7 且 theta=-45° 的 fspecial 模糊过的图像；
(c) 噪声图像；(d) (b)和(c)之和

4.6 直接逆滤波

我们可以采取的复原一幅退化图像的最简单方法是在 4.1 节介绍的模型中忽略噪声项，并形成下面形式的估计：

$$\hat{F}(u,v) = \frac{G(u,v)}{H(u,v)}$$

然后通过采用 $\hat{F}(u,v)$ ($G(u,v)$是退化图像的傅立叶变换)的反傅立叶变换来得到图像的相应估计。这种方法被恰当地称为逆滤波。如果考虑噪声，那么我们的估计可以表示如下：

$$\hat{F}(u,v) = F(u,v) + \frac{N(u,v)}{H(u,v)}$$

这个容易使人误解的简单表达式告诉我们，即使准确地知道了 $H(u,v)$，也不能恢复 $F(u,v)$

(因此也就不能恢复原始的、未被退化的图像 $f(x, y)$)，因为噪声成分是随机函数，它的傅立叶变换 $N(u, v)$ 是未知的。另外，在实践中，有许多 $H(u, v)$ 为 0 的情况也是个问题。即使 $N(u, v)$ 项可以忽略，用值为 0 的 $H(u, v)$ 来除它也将支配着复原估计。

当试图采用逆滤波时，典型的方法是形成比例式 $\hat{F}(u,v) = G(u,v)/H(u,v)$。然后，为了得到它的逆，将频率的范围限制为接近频率原点。思路是：$H(u, v)$ 中的零不太可能在接近原点的地方出现，因为典型的变换数值通常是在那个区域里的最高值。这个基本主题有很多的变异，其中，使 H 为零或接近零的 (u, v) 值被特殊对待。这种方法有时叫做伪逆滤波。通常，正如下一节的例 4.8 所示，基于这种类型逆滤波的方法很少使用。

4.7 维纳滤波

维纳滤波(N.Wiener 最先在 1942 年提出)是一种最早、也是最为熟知的线性图像复原方法。维纳滤波器寻找统计误差函数最小的估计 $\hat{f}$：

$$e^2 = E\{(f - \hat{f})^2\}$$

其中，E 是期望值算子，f 是未退化图像。这个表达式在频域中的表达是：

$$\hat{F}(u,v) = \left[\frac{1}{H(u,v)} \frac{|H(u,v)|^2}{|H(u,v)|^2 + S_\eta(u,v)/S_f(u,v)} \right] G(u,v)$$

其中：

$H(u, v)$=退化函数

$|H(u, v)|^2 = H^*(u, v)H(u, v)$

$H^*(u, v) = H(u, v)$ 的复共轭

$S_\eta(u, v) = |N(u, v)|^2$=噪声的功率谱

$S_f(u, v) = |F(u, v)|^2$=未退化图像的功率谱

比例式 $S_\eta(u, v)/S_f(u, v)$ 被称为信噪功率比。我们看到，如果对于 u 和 v 的所有相关值，噪声的功率谱为零，那么这个比例式就变为零，维纳滤波器就成为前一节中讨论的逆滤波器。

我们感兴趣的两个量为平均噪声功率和平均图像功率，定义为：

$$\eta_A = \frac{1}{MN} \sum_u \sum_v S_\eta(u,v)$$

和

$$f_A = \frac{1}{MN} \sum_u \sum_v S_f(u,v)$$

其中，和通常一样，M 和 N 分别表示图像和噪声数组的垂直和水平大小。这些量都是标量，它们的比例：

$$R = \frac{\eta_A}{f_A}$$

也是标量,有时候被用来代替函数 $S_\eta(u,v)/S_f(u,v)$ 以产生常量数组。在这种情况下,即使真实的比例未知,通过交互式地改变 R 和观察复原的结果,实验就成了一件简单的事。当然,假设这一函数是常量仅仅是粗糙的近似。在前面的滤波器方程中,用常量数组代替 $S_\eta(u,v)/S_f(u,v)$ 就得到了所谓的参数维纳滤波器。正如例 4.8 说明的那样,即使是使用常量数组的简单行为,也可以产生对直接逆滤波的重大改进。

维纳滤波通过图像处理工具箱函数 deconvwnr 来实现,函数 deconvwnr 有 3 种可能的语法形式。在所有的这 3 种形式中,g 代表退化图像,frest 是复原图像。第一种语法形式:

```
frest = deconvwnr(g, PSF)
```

假设信噪比是零。这样,维纳滤波器的这种形式就成了 4.6 节中讨论的逆滤波器。语法形式:

```
frest = deconvwnr(g, PSF, NSPR)
```

假设信噪功率比已知,或是常量,或是数组;函数接受任何一个。这是用于实现参数维纳滤波器的语法,在这种情况下,NSPR 将是标量输入。最后,语法形式:

```
frest = deconvwnr(g, PSF, NACORR, FACORR)
```

假设噪声和未退化图像的自相关函数 NACORR 和 FACORR 是已知的。注意,deconvwnr 的这种形式使用 η 和 f 的自相关来代替这些函数的功率谱。从相关定理我们可知:

$$|F(u,v)|^2 = \Im[f(x,y) \star f(x,y)]$$

其中,"☆" 表示相关操作,$\Im$ 表示傅立叶变换。这个表达式说明了对于 deconvwnr 的使用,通过计算功率谱的逆傅立叶变换,我们可以得到自相关函数 $f(x,y) \star f(x,y)$。噪声的自相关含有类似的解释。

如果这幅复原图像在运算中呈现出由离散傅立叶变换引入的振铃,那么它往往有助于我们在调用函数 edgetaper 之前使用函数 deconvwnr。语法是:

```
J=edgetaper(I,PSF)
```

这个函数利用点扩散函数 PSF 模糊了输入图像 I 的边缘。输出图像 J 就是图像 I 和 I 的模糊版本的加权和。这个由 PSF 的自相关函数决定的加权数组在中心处取 J 等于 I,而在接近边缘的附近等于 I 的模糊版本。

例 4.8 用 deconvwnr 函数恢复模糊的噪声图像

图 4-8(a)同图 4-7(d)和图 4-8(b)一样,都是使用下面的命令得到的:

```
>> frest1=deconvwnr(g,PSF);
```

其中,g 是污染过的图像,PSF 是从例 4.7 算出的点扩散函数。正如在本节及前面指明的那样,frest1 是直接逆滤波的结果,并且正如我们预期的那样,这个结果是由噪声的影响决定的(比如例 4.7,显示的所有图像都由函数 pixeldup 处理,从而把尺寸扩大到 512×512 像素)。

本节前面讨论过的比率 R 是利用例 4.7 中的原始图像和噪声图像得到的:

```
>> Sn = abs(fft2(noise)).^2;        % noise power spectrum
>> nA = sum(Sn(:))/numel(noise);    % noise average power
```

```
>> Sf = abs(fft2(f)).^2;            % image power spectrum
>> fA = sum(Sf(:))/numel(f);        % image average power.
>> R = nA/fA;
```

为使用这一比例恢复图像,写成:

```
>> frest2 = deconvwnr(g, PSF, R);
```

如图 4-8(c)所示,这种方法较直接逆滤波给出了重要的改进。

最后,我们在复原中使用自相关函数(注意,使用函数 fftshift 进行中心处理):

```
>> NCORR = fftshift(real(ifft2(Sn)));
>> ICORR = fftshift(real(ifft2(Sf)));
>> frest3 = deconvwnr(g, PSF, NCORR, ICORR);
```

如图 4-8(d)所示,结果很接近原始图像,但仍有一些噪声存在。因为原始图像和噪声函数都是已知的,所以我们可以估计正确的参数,图 4-8(d)便是在这种情况下能够由维纳反卷积得到的最好结果。在实践中,在这些量之一(或更多)是未知的情况下,在实验中选择这些函数,直到获得可以接受的结果将是对你的挑战。

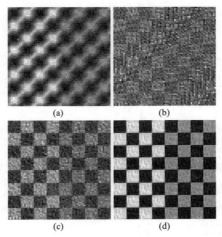

图 4-8 (a) 模糊了的带噪声图像;(b) 逆滤波的结果;(c) 使用常数比例的维纳滤波的结果;(d) 使用自相关函数的维纳滤波的结果

4.8 约束的最小二乘法(规则化)滤波

另一个容易接受的线性复原方法叫做约束的最小二乘法滤波,在工具箱文档中也叫做规则化过滤。从 2.4.1 节可以得知,两个函数 f 和 h 的 2D 离散卷积是:

$$h(x,y) \bigstar f(x,y) = \sum_{m=0}^{M-1}\sum_{n=0}^{N-1} f(m,n)h(x-m, y-n)$$

其中,"★"代表卷积操作。利用这个公式,我们可以表示在 4.1 节中讨论过的线性退化模型:$g(x,y)= h(x,y)\bigstar f(x,y)+\eta(x,y)$。用向量矩阵的形式表达就是:

$$\mathbf{g} = \mathbf{Hf} + \boldsymbol{\eta}$$

例如，假设 $g(x,y)$ 的大小是 $M\times N$。那么我们可以用 $f(x,y)$ 中第一行的图像元素形成向量 **f** 的前 N 个元素，从第二行形成下一组的 N 个元素，依此类推。最终的向量维数为 $MN\times 1$。这些也就是 **g** 和 η 的维数。矩阵 **H** 的维数便是 $MN\times MN$。矩阵的元素由前面卷积方程中的元素给出。

由此，得出"复原问题可以简化为简单的矩阵运算"这样的结论将是顺理成章的。遗憾的是，事实并非如此。例如，假设我们正在处理中等大小的图像；尺寸是 $M=N=512$，那么向量的维数为 262 144×1，矩阵 **H** 的维数是 262 144×262 144。处理如此大小的向量和矩阵不是一件容易的事。而且，由于传递函数中众多"0"的出现，**H** 的逆未必总存在的事实(见 4.6 节)使这个问题变得更复杂了。然而，用矩阵的形式明确地表述将要复原的问题的确有利于复原技术的推导。

虽然到现在为止还没有推导约束的最小二乘法，但这种方法的核心是在前面章节提到的有关 **H** 的逆的敏感问题。处理这个问题的一种途径是基于平滑度测量的复原最优性，例如图像的二阶导数(即拉普拉斯算子)。为了有实际意义，复原过程必须用我们手边的参数加以约束。因此，需要寻找准则函数 C 的最小值，函数 C 的定义如下：

$$C = \sum_{x=0}^{M-1}\sum_{y=0}^{N-1}[\nabla^2 f(x,y)]^2$$

该函数服从如下约束：

$$\|\mathbf{g} - \mathbf{H}\hat{\mathbf{f}}\|^2 = \|\boldsymbol{\eta}\|^2$$

其中，$\|w\|^2 = W^T W$ 是欧几里得矢量范数，$\hat{\mathbf{f}}$ 是非退化图像的估计，拉普拉斯算子 ∇^2 同 2.5.1 节中定义的一样[③]。

这个最佳化问题的频域解决办法可以用下面的表达式给出：

$$\hat{F}(u,v) = \left[\frac{H^*(u,v)}{|H(u,v)|^2 + \gamma|P(u,v)|^2}\right]G(u,v)$$

其中，γ 是必须加以调整的参量，这样，约束条件才能得到满足(如果 γ 为 0，我们就会得到逆滤波方案)。$P(u,v)$ 是函数的傅立叶变换：

$$p(x,y) = \begin{bmatrix} 0 & 1 & 0 \\ 1 & -4 & 1 \\ 0 & 1 & 0 \end{bmatrix}$$

我们认出了这个函数就是在 2.5.1 中介绍过的拉普拉斯算子。

在上述方程中，未知量只有 γ 和 $\|\boldsymbol{\eta}\|^2$ 两个。然而，可以证明，如果与噪声功率(标量)成比例的 $\|\boldsymbol{\eta}\|^2$ 已知，那么通过迭代，γ 便可以得出。

约束的最小二乘法滤波在工具箱中是通过函数 deconvreg 实现的，语法如下：

```
frest = deconvreg(g, PSF, NOISEPOWER, RANGE)
```

[③] 具有 n 个分量的列向量，满足 $W^T W = \sum_{k=1}^{n} w_k^2$，其中，$w_k$ 是 w 的第 k 个分量。

其中，g是被污染的图像，frest是复原的图像，NOISEPOWER与$\|\eta\|^2$成比例，RANGE 为值的范围。这里在寻找γ时，算法受一定的限制。

默认的范围是$[10^{-9},10^9]$(在 MATLAB 中，符号为[1e-9,1e9])。如果将上述两个参数排除在参数之外，函数 deconvreg 就会产生逆滤波方案。针对 NOISEPOWER 的较好初始估计为 $MN[\sigma_\eta^2 + m_\eta^2]$。在这里，$M$ 和 N 代表图像的维数，括号里的参数代表噪声的方差和噪声均值的平方。这个估计是初始值，正如下面的例子中显示的那样，所用的最终值可能会有很大的不同。

例 4.9 用 deconvreg 函数复原模糊噪声图像

我们现在利用函数 deconvreg 复原图 4-7(d)中的图像，这个图像的大小是 64×64，并且我们从例 4.7 得知，噪声有 0.001 的方差和 0 均值。所以，NOISEPOWER 的初始估计为$(64)^2(0.001+0) \approx 4$，图 4-9(a)显示了利用如下命令得出的结果：

```
>> frest1 = deconvreg(g, PSF, 4);
```

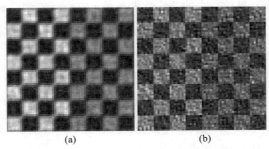

图 4-9 (a) 用 NOISEPOWER 等于 4 的规则化滤波器复原后的图 4-7(d)中的图像；(b) 用 NOISEPOWER 等于 0.4 且 RANGE 为[1e-7 1e7]的规则化滤波器复原后的同一图像

其中，g 和 PSF 都来自于例 4.7。这个图像与原始图像相比，稍微有些改善，但也可以明显看出，NOISEPOWER 的值并不是特别好。用这个参数和参数 RANGE 进行试验之后，我们得出如图 4-9(b)所示的结果，它是用如下命令得到的：

```
>> frest2 = deconvreg(g, PSF, 0.4, [1e-7 1e7]);
```

由此，我们看到，必须把 NOISEPOWER 的值的量级下调一个等级，RANGE 比默认值更加紧缩。图 4-8(d)中显示的维纳滤波的结果要好得多，但是，我们在用了噪声和图像谱的全部知识后，才得到这样的结果。如果没有这些知识，用两种滤波器通过实验得到的结果常常是可比较的（见图 4-8(c)）。

如果复原图像呈现运算中由离散傅立叶变换引入的振铃，那么通常情况下，我们在调用函数 deconvreg 之前，使用函数 edgetaper 会有帮助（见 4.7 节）。

4.9 利用露西-理查德森算法的迭代非线性复原

前面 3 节讨论的图像复原方法都是线性的。在感觉上它们也更"直接"，复原滤波一旦被确定下来，相应的解决办法就会通过滤波器的应用得到。这种执行简单、运算量适度的要求以及容易建立的理论基础，使得线性方法在很多年间都是图像复原的基本工具。

非线性迭代技术已经越来越多地被接受，作为复原工具，这种技术常常会获得比线性方法更好的结果。非线性方法的主要缺陷是：它们的行为常常并不总是可以预见的，并且它们常常需要重要的计算资源。现在，第一个缺陷已经不太重要了，主要是基于这样的事实：在很多应用领域，非线性技术都优于线性技术。第二个缺陷也已经不再是问题了，因为今天便宜的计算能力正以惊人的速度增长。在工具箱中选择的非线性方法是由理查德森和露西独立开发的技术。工具箱提供的这些算法称为露西-理查德森(L-R)算法，但是你将看到，在一些文献里它又被称作理查德森-露西算法。

L-R 算法起源于最大似然公式(见 4.10 节)，在这个方程式中，图像是用泊松统计建模的。当下面这个迭代收敛的时候，模型的最大似然函数可以得到令人满意的方程式：

$$\hat{f}_{k+1}(x,y) = \hat{f}_k(x,y) \left[h(-x,-y) \star \frac{g(x,y)}{h(x,y) \star \hat{f}_k(x,y)} \right]$$

和前边一样，"★"代表卷积，$\hat{f}$ 是未退化图像的估计，g 和 h 与 4.1 节中定义的相同。这个算法的迭代本质是显而易见的。它的非线性本质源于方程式右边 $h \star \hat{f}$ 中的除法。就像大多数非线性方法一样，关于什么时候停止 L-R 算法通常很难回答。一种方法是观察输出，当在给定的应用中，可接受的结果已经得到时停止算法。

在工具箱中，L-R 算法用 deconvlucy 函数实现的，基本语法如下：

```
f = deconvlucy(g, PSF, NUMIT, DAMPAR, WEIGHT)
```

其中，f 代表复原的图像，g 代表退化图像，PSF 是点扩散函数，NUMIT 为迭代的次数(默认为 10 次)，DAMPAR 和 WEIGHT 定义如下：

DAMPAR 是标量，指定了结果图像与原始图像 g 之间的偏离阈值。当像素值偏离原值的范围在 DAMPAR 内时，就不用再迭代。这既抑制了这些像素上的噪声，又保留了图像细节。默认值为 0(无衰减)。

WEIGHT 是数组，大小与 g 相同，它为每个像素都施以权重以反映像素的质量。例如，从某个有缺陷的成像数组中得到的不良像素最终会被赋予权重值 0，从而排除不良像素来解决问题。这个数组的另一个用处，就是可以根据平坦区域修正总量来调整像素的权重，根据成像数组的知识，这一点是必要的。当用指定的 PSF 来模拟模糊时(见例 4.7)，WEIGHT 可以从计算像素中剔除那些来自图像边界的像素点，这样，PSF 造成的模糊是不同的。如果 PSF 的大小是 n×n，在 WEIGHT 中用到的零边界的宽度就是 ceil(n/2)。默认值是同输入图像 g 大小相同的单位数组。

如果复原图像呈现出由算法所用的离散傅立叶变换引入的振铃，那么在调用函数 deconvlucy 之前，先利用函数 edgetaper(见 4.7 节)是有帮助的。

例 4.10 用函数 deconvlucy 复原模糊带噪图像

图 4-10(a)显示了一幅用如下命令产生的图像：

```
>> g = checkerboard(8);
```

这个命令产生一幅 64×64 像素大小的方形图像。与以前一样，出于显示目的，用函数 pixeldup 将图像的大小放大为 512×512 像素：

```
>>imshow(pixeldup(g,8));
```

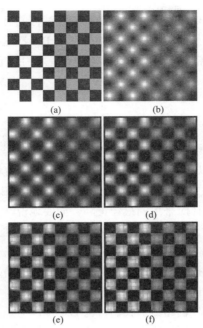

图 4-10 (a) 原始图像；(b) 由高斯噪声污染和模糊的图像；(c)到(f) 使用 L-R 算法，分别用 5、10、20 和 100 迭代复原图像(b)

下面这个命令产生 7×7 大小，并且标准差为 10 的高斯 PSF：

```
>> PSF = fspecial('gaussian', 7, 10);
```

接下来，用 PDF 模糊图像 g，在 g 上添加均值为 0、标准差为 0.01 的高斯噪声：

```
>> SD = 0.01;
>> g = imnoise(imfilter(g, PSF), 'gaussian', 0, SD^2);
```

图 4-10(b)显示了结果。

这个例子的余下部分使用函数 deconvlucy 对图像 g 进行复原处理。我们对 DAMPAR 赋予 10 倍于 SD 的值：

```
>> DAMPAR =10*SD;
```

WEIGHT 数组用前边讨论参数时讲到的方法产生：

```
>> LIM = ceil(size(PSF, 1)/2);
>> WEIGHT = zeros(size(g));
>> WEIGHT(LIM + 1:end - LIM, LIM + 1:end - LIM) = 1;
```

WEIGHT 数组的大小是 64×64，并且有值为 0 的 4 像素宽的边界，其余的像素都是 1。

唯一剩下的变量是 NUMIT，即迭代的次数。图 4-10(c)显示了执行下列命令之后获得的结果：

```
>> NUMIT = 5;
>> f5 = deconvlucy(g, PSF, NUMIT, DAMPAR, WEIGHT);
>> imshow(pixeldup(f5, 8), [])
```

图像虽然已经稍微有些改进，但是仍旧模糊。图 4-10(d)和(e)显示了应用 NUMIT=10 和 20

后得到的结果。其中，后一个结果是对模糊图像和带噪图像的合理复原。进一步增加迭代次数在复原结果上并没有显著改进。例如，图 4-10(f)是使用 100 次迭代后获得的结果。这个图像只是比使用 20 次迭代后获得的图像稍稍清晰和明亮了一些。在所有的结果中，看到的细黑色边界都是由数组 WEIGHT 中的 0 引起的。

4.10 盲去卷积

在图像复原过程中，最困难的问题之一是前面讨论过的对这些复原算法 PSF 的恰当估计。正如先前表明过的那样，那些不以 PSF 知识为基础的图像复原方法统称为盲去卷积算法。

盲去卷积的基本方法以最大似然估计(Maximum-Likelihood Estimation，MLE)为基础，也就是对随机噪声污染的量进行估计时采用的最佳策略。简要地说，关于 MLE 方法的一种解释，就是将图像数据看做随机量，它们与另外一族可能的随机量之间有着一定的似然性。似然函数用 $g(x, y)$、$f(x, y)$ 和 $h(x, y)$ 来加以表达(见 4.1 节)，然后，问题就变成了寻求最大似然函数。在盲去卷积中，最佳化的问题用指定的约束条件，在假定收敛的情况下通过迭代来解决，得到特殊的 $f(x, y)$ 和 $h(x, y)$，从而得出最佳意义上的还原图像和 PSF。

关于盲去卷积 MLE 的推导已超出了我们讨论的范围，但是读者可以通过参考以下书目来进一步加深自己的理解，最大似然估计的背景可参考 Van Trees 撰写的图书[1968]。对图像处理领域中原始工作的综述，可参考 Dempster 等人的著作[1977]。关于进一步的发展，可参考 Holmes 的著作[1992]。关于盲去卷积，比较好的综合参考书是 Jansson 的著作[1997]。一些盲去卷积方法在显微技术和天文学应用方面的详细示例，可以分别参考 Holmes 等人[1995]和 Hanisch 等人[1997]的著作。

工具箱用函数 deconvblind 来执行盲去卷积，基本语法如下：

```
[fr,PSF] = deconvblind(g, INITPSF)
```

其中，g 是退化图像，INITPSF 是点扩散函数的初始估计。PSF 是这个函数最终计算得到的估计值，fr 是利用估计的 PSF 复原图像。用来取得复原图像的算法是 4.9 节中描述过的 L-R 迭代复原算法。PSF 估计受到初始推测尺寸的强烈影响，受值的影响小一些(值为 1 的数组是合理的初始推测)。

利用前面的语法，默认执行迭代的次数为 10。这个函数中包含的附加参数用来控制迭代的次数和复原的其他特征，语法如下：

```
[f, PSF] = deconvblind(g, INITPSF, NUMIT, DAMPAR, WEIGHT)
```

其中，NUMIT、DAMPAR 和 WEIGHT 和前面在 L-R 算法中讨论的一样。

如果复原图像呈现出运算中使用离散傅立叶变换引入的振铃，那么通常情况下，我们在调用函数 deconvblind 之前，使用函数 edgeteper(见 4.7 节)是有帮助的。

例 4.11 用函数 deconvblind 估计 PSF

图 4-11(a)是图 4-10(b)用以产生退化图像的 PSF：

```
>> PSF = fspecial('gaussian', 7, 10);
>> imshow(pixeldup(PSF, 73), [ ])
```

与在例 4.10 中一样，问题中的退化图像是用下面的命令得到的：

```
>> SD = 0.01;
>> g = imnoise(imfilter(g, PSF), 'gaussian', 0, SD^2);
```

在当前这个例子中,我们感兴趣的是:仅仅从给出的退化图像 g 便可以利用函数 deconvblind 获得 PSF 的估计值。图 4-11(b)显示了由以下命令得出的 PSF:

```
>> INITPSF = ones(size(PSF));
>> NUMIT = 5;
>> [g5, PSF5] = deconvblind(g, INITPSF, NUMIT, DAMPAR, WEIGHT);
>> imshow(pixeldup(PSF5, 73), [ ])
```

在这里,DAMPAR 和 WEIGHT 的取值和例 4.10 中的相同。

图 4-11(c)和(d)中的显示方式与 PSF5 相同,它们显示了分别利用 10 次迭代和 20 次迭代得到的 PSF,后者的结果更接近于图 4-11(a)中真正的 PSF(观察拐角比观察中心点更容易比较图像)。

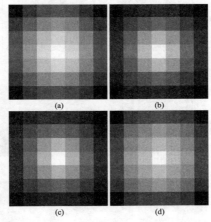

图 4-11 (a) 原始 PSF;(b)到(d) 在 deconvblind 函数中,用 5、10 和 20 迭代时 PSF 的估计值

4.11 来自投影的图像重建

到目前为止,在这一章中我们处理了图像复原问题。在这一节,我们的兴趣将转到来自一系列一维投影的图像重建问题。通常被称为 CT 的这个问题是图像处理在医学中的主要应用之一。

4.11.1 背景

来自投影的图像重建的基础一直在发展,并且可以直观地加以说明。考虑图 4-12(a)中的区域,为了对下边的讨论给出物理意义,假定这个区域是通过人体横断面的切片,显示了在组织的均匀区域(黑背景)存在肿瘤(亮区域)。例如,用薄的、垂直于人体的 X 射线束,可以得到这样的区域。当射线通过人体时,记录对端测量射线吸收的比例。肿瘤吸收更多的 X 射线能量,因此对吸收给出了高的读数,正如图 4-12(a)右侧信号(吸收的剖面)显示的那样。我们看到,最大的吸收发生在区域的中心,在这里,射线束遇到了通过肿瘤最长的路径。在这一点,吸收的剖面是我们具有的关于目标的全部信息。

从单一投影我们没有办法确定沿着射线通路通过的单一物体或多个物体,但是,我们可以基于这一部分信息开始重建。如图 4-12(b)所示，沿着原始射线的方向把投影的吸收剖面反投影回去，这个处理过程称为反投影，可以从一维吸收剖面波形产生一幅二维数字图像。

这幅图像没有什么价值。然而，假定我们旋转射线束/检测器(图 4-12(c))90°，并重复反投影过程。通过把得到的反投影加到图 4-12(b)，我们得到图 4-12(e)所示的图像。注意，包含目标的区域的灰度是图像其他主要成分的两倍。

直觉上，我们应该能够以不同的角度产生更多的反投影来精细化前边的结果。如图 4-12(f)到(h)所示，这正好是要发生的事。当反投影的数目增加时，有较大的吸收区域，相对于原始区域，平坦区在强度上将增大，直到减弱到背景区。当为了显示而标定一幅图像时，如图 4-12(h)所示，这幅图像是用 32 个反投影得到的。

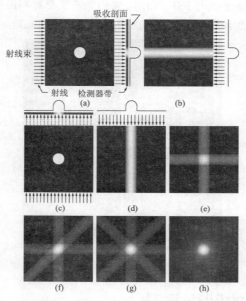

图 4-12　(a) 具有目标物的平坦区、平行射线束、检测器带和吸收剖面；(b) 吸收剖面的反投影；(c) 旋转 90°的射线束和检测器带；(d) 吸收剖面的反投影；(e) (b)和(d)的和；(f) 加上另一个反投影(45°)的结果；(g) 加上另一个反投影(135°)的结果；(h) 加上另外 32 个相隔 5.625°的反投影的结果

基于前边的讨论，我们看到，给定一组一维投影和那些投影所取的角度，X 射线断层的基本问题就是重建产生投影的那个区域的图像(称为切片)。在实践中，通过转换垂直于射线束/检测器对的物体(也就是人体的横截面)取得多个切片。堆砌这些切片可产生三维的被扫描物体内部的再现。如图 4-12(h)所示，虽然用简单的反投影可以得到粗糙的近似，但通常结果太模糊以至于在实际上不能使用。因此，X 射线断层问题还包含一些技术，用于减少在反投影处理中固有的模糊。至于数学上描述反投影和减少模糊的方法，是本章其余部分讨论的主要话题。

4.11.2　平行射束投影和雷登变换

在数学上描述投影时需要的机理(称作雷登变换)是在 1917 年由 Johann Radon 推导得出的。他是来自维也纳的数学家，作为线积分的一部分，他推导出了二维物体沿着平行射线束投影的基本数学描述。在 40 年后，在英国和美国开发 CT 机期间，这些概念被重新发现了。

在笛卡儿坐标中，一条直线可以完全由它的斜截式来描述——$y=ax+b$；或者如图 4-13 所示，用它的法线式来描述。

$$x\cos\theta + y\sin\theta = \rho$$

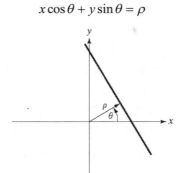

图 4-13　直线的法线式

平行射线束的投影可由一组直线建模，如图 4-14 所示。在投影剖面上，在坐标(ρ_j,θ_k)的任意一点由沿着$x\cos\theta_k + y\sin\theta_k = \rho_j$的射线求和给出。线求和是线积分，由下式给出：

$$g(\rho_j,\theta_k) = \int_{-\infty}^{\infty}\int_{-\infty}^{\infty} f(x,y)\delta(x\cos\theta_k + y\sin\theta_k - \rho_j)dxdy$$

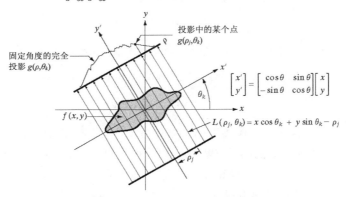

图 4-14　平行射线束的几何描述及相应的投影

其中，我们运用了冲激函数δ的取样特性。换句话说，前边等式的右边是零，除非δ的参量是零，意思是积分只是沿着直线$x\cos\theta_k + y\sin\theta_k = \rho_j$计算。如果考虑$\rho$和$\theta$的所有值，前边的公式可推广为：

$$g(\rho,\theta) = \int_{-\infty}^{\infty}\int_{-\infty}^{\infty} f(x,y)\delta(x\cos\theta + y\sin\theta - \rho)dxdy$$

这个表达式给出沿xy平面任意一条直线$f(x,y)$的投影(线积分)，该公式就是在前面提到的雷登变换。如图 4-14 所示，对任意角度θ_k的全部投影是$g(\rho,\theta_k)$，并且这个函数是通过在雷登变换中插入θ_k得到的。对前边公式的离散近似可能写成下式：

$$g(\rho,\theta) = \sum_{x=0}^{M-1}\sum_{y=0}^{N-1} f(x,y)\delta(x\cos\theta + y\sin\theta - \rho)$$

其中，x、y、ρ 和 θ 现在是离散变量。虽然这个公式在实践中不是很有用，但却提供了一个简单的模型，我们可用来解释投影是如何产生的。如果固定θ，而令ρ变化，那么就可以看到,这个表达式沿着由这两个参数的特定值定义的直线对$f(x,y)$的所有值求和。(θ值固定)经过跨越由$f(x,y)$定义的范围所要求的所有ρ值来产生投影。改变θ并重复上述过程可产生另一个投影,依此类推。在概念上讲,这个方法正好可以产生图4-12所示的投影。

回到我们的说明,记住,X射线断层摄影的目的是从给定的一组投影恢复$f(x,y)$。我们用特殊投影的反投影从每个一维投影创建一幅图像来加以完成(见图4-12(a)和(b))。然后,对这些图像求和以得到最终的结果。正如图4-12中说明的那样。为了得到反投影图像的表达式,让我们从全部投影$g(\rho,\theta_k)$针对固定θ_k值(见图4-14)的单点$g(\rho_j,\theta_k)$开始。由单点的反投影形成的一幅图像的部分比复制直线$L(\rho_j,\theta_k)$到图像上没有做更多的事。在这里,沿着这条直线的每一点的值是$g(\rho_j,\theta_k)$。对所有的ρ_j值在投影信号中重复这一过程(保持θ值固定为θ_k),得到下列表达式:

$$f_{\theta_k}(x,y) = g(\rho,\theta_k)$$
$$= g(x\cos\theta_k + y\sin\theta_k, \theta_k)$$

这一公式适用于θ_k的任何角度值,因此,我们一般可以把从单个反投影形成的图像写为(在角度θ得到的情况下)如下公式:

$$f_\theta(x,y) = g(x\cos\theta + y\sin\theta, \theta)$$

通过对所有反投影图像进行积分,形成最终图像:

$$f(x,y) = \int_0^\pi f_\theta(x,y) d\theta$$

这里,积分只在半周上执行,因为在$[0, \pi]$间隔得到的投影与在$[\pi, 2\pi]$间隔得到的投影是相同的。在离散情况下,积分变成对所有反投影图像的求和:

$$f(x,y) = \sum_{\theta=0}^\pi f_\theta(x,y)$$

其中,变量现在是离散值。因为在0°和180°处的投影互为镜像图像,所以求和执行最后的角度增量在180°之前。例如,如果采用0.5°的增量,那么求和是从0°到179.5°间以半度为增量计算。函数radon(见4.11.6节)和前边的公式用来产生图4-12所示的图像。效果在这幅图中是很明显的,特别是在图4-12(h)中,用这个方法得到了无法接受的模糊结果。幸运的是,正如你将在下一节看到的那样,再一次用公式表示反投影的方法做重要改善是可能的。

4.11.3 傅立叶切片定理与滤波反投影

关于ρ的$g(\rho,\theta)$的一维傅立叶变换由下式给出:

$$G(\omega,\theta) = \int_{-\infty}^\infty g(\rho,\theta) e^{-j2\pi\omega\rho} d\rho$$

其中,ω是频率变量,该表达式对于固定的θ值是很容易理解的。正如在傅立叶切片定理中看到的那样,计算X射线断层投影的基本结果决定了投影的傅立叶变换(也就是前边公式中的$G(\omega,\theta)$)是得到投影区域的二维变换的切片:

$$G(\omega,\theta) = [F(u,v)]_{u=\omega\cos\theta; v=\omega\sin\theta}$$
$$= F(\omega\cos\theta, \omega\sin\theta)$$

通常,$F(u,v)$定义为$f(x,y)$的二维傅立叶变换。图4-15以图示的方式解释了这个结果。

接下来，我们用傅立叶切片定理推导在频域中得到的$f(x, y)$的表达式。给定$F(u,v)$，我们用傅立叶反变换可得到$f(x,y)$：

$$f(x, y) = \int_{-\infty}^{\infty} \int_{-\infty}^{\infty} F(u,v) e^{j2\pi(ux+vy)} du\, dv$$

和上边一样，如果我们令$u = \omega\cos\theta$且$v = \omega\sin\theta$，就可以把前边的积分表示为极坐标形式：

$$f(x, y) = \int_{0}^{2\pi} \int_{0}^{\infty} F(\omega\cos\theta, \omega\sin\theta) e^{j2\pi\omega(x\cos\theta+y\sin\theta)} \omega\, d\omega\, d\theta$$

然后，从傅立叶切片定理：

$$f(x, y) = \int_{0}^{2\pi} \int_{0}^{\infty} G(\omega, \theta) e^{j2\pi\omega(x\cos\theta+y\sin\theta)} \omega\, d\omega\, d\theta$$

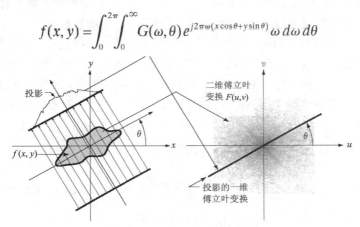

图4-15　傅立叶切片定理的图示说明

通过把这个积分分成两个表达式：一个用于θ，范围是0到π；另一个从π到2π。并利用$G(\omega, \theta+\pi) = G(-\omega, \theta)$这样的事实，我们可把前边的积分表示为：

$$f(x, y) = \int_{0}^{\pi} \int_{-\infty}^{\infty} |\omega| G(\omega, \theta) e^{j2\pi\omega(x\cos\theta+y\sin\theta)} d\omega\, d\theta$$

就ω而论，依据积分，像ρ那样，$x\cos\theta + y\sin\theta$是常数。因此，我们可以把前边的公式表达为：

$$f(x, y) = \int_{0}^{\pi} \left[\int_{-\infty}^{\infty} |\omega| G(\omega, \theta) e^{j2\pi\omega\rho} d\omega \right]_{\rho = x\cos\theta + y\sin\theta} d\theta$$

表达式的内部是附加有$|\omega|$的二维傅立叶反变换的形式，根据第3章的讨论，我们知道，就像在频域中的一维滤波函数，这个函数(含有在两个方向上无限扩展的V的形状)是不可积的。理论上，这个问题可用广义的△函数来处理。在实践中，我们对函数开窗，因此在指定的范围之外，函数变为0。在下一节，我们讨论滤波问题。

前边的公式是平行射线束X射线断层的基本结果。这说明完全的反投影图像$f(x, y)$是由如下步骤得到的：

(1) 计算每一个投影的一维傅立叶变换。

(2) 用滤波函数|ω|乘以每一个傅立叶变换，正如下一节说明的那样，这个滤波器必须乘以合适的窗口函数。

(3) 得到从步骤(2)得到的每个滤波后的变换的一维反傅立叶变换。

(4) 积分(求和)来自步骤(3)的所有傅立叶反变换以得到$f(x, y)$。

因为用了滤波函数，所以图像重建方法被称为滤波反投影。在实践中，数据是离散的，因此所有频域计算用一维 FFT 算法来执行。

4.11.4 滤波器的实现

前面开发的滤波反投影的滤波部件是早些时候讨论的处理模糊问题的基础，同时也是未滤波反投影重建固有的。滤波器|ω|的形状为斜坡状，在连续情况下是不可积的函数。在离散情况下，很明显，函数是长度受限的，并且存在不是问题。然而，这个滤波器含有不希望有的特性，作为频率函数，它的幅度是线性增加的，这使它容易受噪声的影响。另外，斜坡宽度的限制意味着在频域中用盒函数与它相乘，我们知道，它在空间域有不受欢迎的振铃特性。正如前面提示的那样，在实践中采取的方法是用窗口函数乘以斜坡滤波器，使滤波器的拖尾呈渐变状态，这样，在高频处减少它的幅度，这对噪声和振铃两方面都有帮助。工具箱支持正弦窗、余弦窗、汉明窗和韩窗。斜坡滤波器本身的持续时间(宽度)由用于产生滤波器的频率点数进行限制。正弦窗有传递函数：

$$H_s(\omega) = \frac{\sin(\pi\omega / 2\Delta\omega K)}{\pi\omega / 2\Delta\omega K}$$

其中，$\omega = 0, \pm\Delta\omega, \pm 2\Delta\Delta\omega\ldots, \pm K\Delta\omega$。$K$ 是频率间隔数(点数减 1)。类似地，余弦窗是：

$$H_c(\omega) = \cos\frac{\pi\omega}{2\Delta\omega K}$$

汉明窗和韩窗有相同的基本公式：

$$H(\omega) = c + (c-1)\cos\frac{2\pi\omega}{\Delta\omega K}$$

当 c=0.54 时，窗口叫做汉明窗；当 c=0.5 时，窗口叫做韩窗。它们之间的差别是：在韩窗中，点的末端是 0；而汉明窗会有小的偏移。通常，用这两个窗的结果在视觉上是无法辨别的。图 4-16 显示了用前边的窗口函数乘以斜坡滤波器后产生的反投影滤波器。

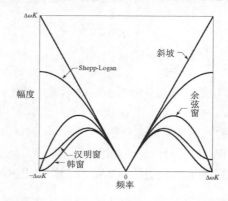

图 4-16 用不同的窗口函数乘以斜坡滤波器后产生的反投影滤波器

这是提到的斜坡滤波器的通用技术,比如 *Ram-Lak* 滤波器,以 Ramachandran 和 Lakshminarayanan 命名,一般首先建议使用。类似地,基于正弦窗的滤波器称为 Shepp-Logan 滤波器,以 Shepp 和 Logan 命名。

4.11.5 利用扇形射束的滤波反投影重建

前面讨论的平行射线束投影方法被用于早期 CT 机,并且一直是介绍概念和研究 CT 重建的基本数学的标准。当前的 CT 系统基于扇形射束几何,可以得到更高的分辨率、更高的信噪比和更快的扫描时间。图 4-17 显示了典型的扇形射束几何,使用检测器环(典型的一类有 5000 个独立的检测器)。在这种排列下,X 射线源绕病人旋转。对于每个水平位移的增长,完整的射线源旋转并产生切片图像。垂直于检测器平面移动病人将产生一组切片图像,在堆叠这些图像时便产生身体的扫描截面的三维表示。

得到类似于在前边章节开发的平行射束公式并不困难。但是,解释该过程的示意图却是很乏味的。详细的来历可在 Gonzalez 和 Woods,以及 Prince 和 Links 的著作中找到。这些来历的重要方面是建立扇形射束与平行集合间的一一对应关系。从一个到另一个,包括了变量的简单变化。正如你在下一节将要了解的那样,工具箱支持这两种几何关系。

4.11.6 函数 radon

函数 radon 用来为给定的二维矩形阵列产生一组平行射线投影(见图 4-14)。这个函数的基本语法是:

```
R = radon(I, theta)
```

其中,I 是二维阵列,theta 是角度值的一维阵列。投影包含在 R 的列中,产生的投影数等于阵列 theta 中的角度数。产生的投影要足够长,以便在射束旋转时跨越观察的宽度。

图 4-17 典型的基于扇形射束投影的 CT 的几何关系

当射线垂直于数组矩形的主对角线时上述视图发生。换句话说,对于大小为 M×N 的输入数组,投影可以有的最小长度是 $[M^2 + N^2]^{1/2}$。当然,实际上在其他角度的投影要短得多,并且这些要用 0 来填充,以便所有投影的长度都相同(正如要求的那样,对于 R 应是矩形数组)。由

radon 函数返回的实际长度比以每一像素的单位面积计算出的主对角线的长度稍长。radon 函数还有更为一般的语法：

```
[R, xp] = radon(I, theta)
```

其中，xp 包含沿着 x' 轴的坐标值，也就是图 4-14 中的 ρ 值。正如下面的例 4.12 所示，对于标注画图的坐标轴来说，xp 中的值是很有用的。在 CT 算法模拟中，用来产生众所周知的图像(比如 *Shepp-Logan* 头部模型)的某个有用函数语法如下：

```
P = phantom(def, n)
```

其中，def 是指定产生头部模型类型的字符串，n 是行数和列数(默认值是 256)。字符串 def 的可用值是有：

- 'Shepp-Logan'：在 CT 中被研究人员广泛使用的测试图像。在这幅图像中，对比度很低。
- 'Modified Shepp-Logan'：Shepp-Logan 头部模型的变量，为了得到较好的视觉感知，改进了对比度。

例 4.12 使用 radon 函数

下面的两幅图像显示于图 4-18(a)和(c)中：

```
>> g1 = zeros(600, 600);
>> g1(100:500, 250:350) = 1;
>> g2 = phantom('Modified Shepp-Logan', 600);
>> imshow(g1)
>> figure, imshow(g2)
```

以 0.5° 为增量的 Radon 变换可由下面的语句得到：

```
>> theta = 0:0.5:179.5;
>> [R1, xp1] = radon(g1, theta);
>> [R2, xp2] = radon(g2, theta);
```

R1 的第 1 列是 $\theta = 0°$ 的投影，第 2 列是 $\theta = 0.5°$ 的投影，等等。第 1 列的第 1 个元素对应 ρ 的最大负值，而最后一个元素对应 ρ 的最大正值，其他列类似。如果想要显示 R1，就从左到右进行，如图 4-14 那样。并且，第一个投影出现在图像的底部，我们必须转置并翻转数组，如下所示：

```
>> R1 = flipud(R1');
>> R2 = flipud(R2');
>> figure, imshow(R1, [],'XData', xp1([1 end]),'YData', [179.5 0])
>> axis xy
>> axis on
>> xlabel('\rho'), ylabel('\theta')
>> figure, imshow(R2, [],'XData', xp2([1 end]),'YData', [179.5 0])
>> axis xy
>> axis on
>> xlabel('\rho'), ylabel('\theta')
```

图 4-18(b)和(d)显示了结果。记住，在这两幅图像中针对固定值 θ 描绘了全部投影。例如，

观察当 $\theta = 90°$ 时，在图 4-18(b)中有多宽的投影，投影对应平行射束横断矩形中宽阔的那一边。正如图 4-18(b)和(c)形成的图像那样，雷登变换常常被称为正弦图。

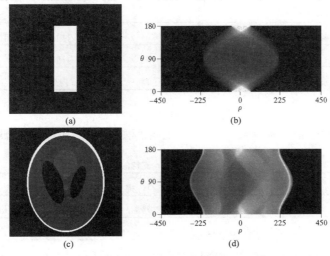

图 4-18　对 radon 函数的说明：(a)和(c)是两幅图像，(b)和(d)是与它们对应的 Radon 变换，垂直轴以度表示，水平轴以像素表示

4.11.7　函数 iradon

函数 iradon 从给定的取自不同角度的一组投影来重建一幅图像(切片)。换句话说，iradon 计算反 Radon 变换。这个函数使用在 4.11.3 和 4.11.4 节讨论的滤波反投影方法。滤波器直接在频域中设计，然后乘以投影的 FFT。在滤波前，为减少空间域的混淆和加速 FFT 的计算速度，所有的投影 0 填充到 2 的幂大小。

基本的 iradon 语法是：

I = iradon(R, theta, interp, filter, frequency_scaling, output_size)

参数如下：

- R 是反投影数据。其中，列是从左到右以角度渐增的函数来组织的一维反投影。
- theta 描述角度(以度为单位)，在此处获取投影。既可以是包含角度的矢量，也可以是指定了 D_theta 的标量，投影间以角度递增。如果 theta 是矢量，就必须包含等于它们之间间距的角度；如果 theta 是指定了 D_theta 的标量，就必须假设在角度 theta=m*D_theta 处取得投影，其中的 m=0,1,2,…, size(R,2)-1。如果输入是空矩阵([])，D_theta 默认是 180/size(R,2)。
- interp 是字符串，定义了用于产生最终重建图像的内插方法。interp 的主要值列在表 4-4 中。
- filter 指定了在滤波反投影计算中使用的滤波器。支持的滤波器总结在图 4-16 中，并且在函数 iradon 中用于指定它们的字符串列在表 4-5 中。如果指定'none'，将没有滤波器执行重建。用语法：

表4-4 在函数 iradon 中使用的内插方法

方法	描述
'nearest'	最近邻内插
'linear'	线性内插(这是默认值)
'cubic'	三次内插
'spline'	Spline 内插

```
[I, H] = iradon(...)
```

以向量 H 返回滤波器的频率响应。我们用上述语法产生图 4-16 所示的滤波器响应。

表4-5 函数 iradon 支持的滤波器

名称	描述
'Ram-Lak'	这是一种在4.11.4节讨论过的斜坡滤波器，频率响应是$|\omega|$，这是默认的滤波器
'Shepp-Logan'	用 sinc 函数乘以 Ram-Lak 滤波器后产生的滤波器
'Cosine'	用 cosine 函数乘以 Ram-Lak 滤波器后产生的滤波器
'Hamming'	用汉明窗乘以 Ram-Lak 滤波器后产生的滤波器
'Hann'	用韩窗乘以 Ram-Lak 滤波器后产生的滤波器
'None'	不进行滤波

- frequency_scaling 是处于(0,1)范围内的标量，通过改变频率轴的比例来修改滤波器。默认值是 1。如果 frequency_scaling 小于 1，滤波器被压缩，以适应[0, frequency_scaling]范围。在规一化频率下，将 frequency_scaling 以上的所有频率置 0。
- output_size 是标量，规定了重建图像的行数和列数。如果 output_size 没有指定，尺寸将由投影的长度来确定：

```
output_size = 2*floor(size(R,1)/(2*sqrt(2)))
```

如果指定 output_size，iradon 将重建图像较小或较大的部分。但是，数据的缩放比例没变。如果投影用 radon 函数来计算，那么重建图像可能与原始图像大小不同。

例4.13 iradon 函数的使用

图 4-19(a)和(b)显示了来自图 4-18 的两幅图像，图 4-19(c)和(d)显示了执行下列步骤后的结果：

```
>> theta = 0:0.5:179.5;
>> R1 = radon(g1, theta);
>> R2 = radon(g2, theta);
>> f1=iradon(R1,theta, 'none');
>> f2=iradon(R2,theta, 'none');
>> figure, imshow(f1, [])
>> figure, imshow(f2, [])
```

这两幅图展示了没有滤波计算反投影的效果。正如你看到的那样，它们显示了与图 4-12 相同的模糊特性。即使加入粗糙的滤波器(默认的 Ram-Lak 滤波器)：

```
>> f1ram=iradon(R1, theta);
>> f2ram=iradon(R2, theta);
>> figure,imshow(f1_ram, [])
>> figure,imshow(f2_ram, [])
```

在重建结果中也会产生戏剧性的效果,如图 4-19(e)和(f)所示。正如在 4.11.4 节开始讨论时期望的那样,Ram-Lak 滤波器处理黯淡的波纹状的振铃,特别是在图 4-19(e)中、由中心的上部和底部围绕着的矩形区域。还要注意,这幅图的背景比所有其他部分都要亮。原因可归于显示的标定,把平均值上移了,正如刚才讨论的在波纹中重要的负值结果那样。浅灰色调类似于你在第 2 章遇到的拉普拉斯图像。这个情况可使用表 4-5 中的滤波器来改进。例如,图 4-19(g)和(h)是用汉明滤波器产生的:

```
>> f1_hamm = iradon(R1, theta, 'Hamming');
>> f2_hamm = iradon(R2, theta, 'Hamming');
>> figure, imshow(f1_hamm, [])
>> figure, imshow(f2_hamm, [])
```

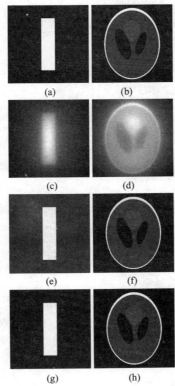

图 4-19　滤波的好处:(a) 矩形;(b) 幻影图像;(c)和(d) 没有滤波得到的反投影图像;(e)和(f) 用默认的滤波器(Ram-Lak) 得到的反投影图像; (g)和(h) 使用汉明滤波器得到的结果

这两幅图中的结果是重大改进。在图 4-19(g)中还存在稍微可见的振铃,但是,这已不太让人讨厌。幻影图像没有显示出这样的振铃,因为灰度过渡不像矩形那样尖锐和直线化。iradon 使用的插值作为反投影计算的一部分。从图 4-14 回顾一下,投影在 ρ 轴上,因此,反投影计算从那些投影点开始。然而,投影值只在一组沿着 ρ 轴的离散位置可用。这样的话,沿着 ρ 轴的内插数据就必须在反投影图像中为像素分配合适的值。为了说明内插的效果,考虑采用表 4-4

中的前三种内插方法来重建 R1 和 R2(在这个例子中，它们在早些时候产生)：

```
>> f1_near = iradon(R1, theta,'nearest');
>> f1_lin = iradon(R1, theta,'linear');
>> f1_cub = iradon(R1, theta,'cubic');
>> figure, imshow(f1_near,[])
>> figure, imshow(f1_lin,[])
>> figure, imshow(f1_cub,[])
```

结果显示在图 4-20 的左侧。右侧的图是灰度剖面图(用函数 improfile 产生)，在图 4-20 的左侧沿着短垂直线段显示。记住，图像的背景是恒定的，我们看到，线性和三次内插产生的结果比最近邻内插好。感觉上，前两种方法产生的背景灰度变化比后一种方法产生的灰度变化小。默认的(线性)内插与三次内插和 Spline 内插常常产生视觉上没有区别的结果，并且线性内插运行起来要快得多。

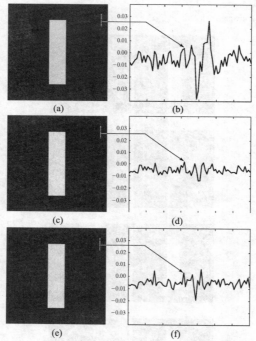

图 4-20　左侧：采用默认滤波器(Ram-Lak)和三种内插方法，使用 iradon 函数得到的反投影图像。(a) 最近邻内插；(c) 线性内插；(e) 三次内插。右侧：沿着垂直线段，在图像中的左侧以点线形式显示的灰度剖面图。在(b)中，剖面的中心界面中的振铃十分明显

4.11.8　扇形射束的数据处理

扇形射束成像系统的几何原理在 4.11.5 节介绍过了。在这一节，我们简要地讨论图像处理工具箱中用于扇形射束的工具。给定扇形射束数据，工具箱使用的方法是把扇形射束变换为与之对应的平行射束。然后，用早些时候讨论的平行射束得到反投影。在这一节，我们简单地给出如何以这种方式重建的综述。图 4-21 显示了基本的扇形成像集合，其中，检测器以弧形排列，并且假定射线源的角度递增是相等的。令 $p_{fan}(\alpha,\beta)$ 表示扇形射束投影，其中，α 是特定检测器关于中心射线度量的角度坐标，β 是射线源关于 y 轴度量的角度位移。注意，在扇形射束中，射

线可以描述成一条直线 $L(\rho,\theta)$。在一般形式中(见图 4-13)，这是一种在 4.11.2 节讨论的平行射束成像几何中用于描述射束的方法。因此，在平行射束和扇形射束之间存在一种对应关系并不奇怪。事实上，可以看到(Gonzalez 和 Woods[2008])两者可用表达式联系起来：

$$p_{\text{fan}}(\alpha,\beta) = p_{\text{par}}(\rho,\theta)$$
$$= p_{\text{par}}(D\sin\alpha, \alpha+\beta)$$

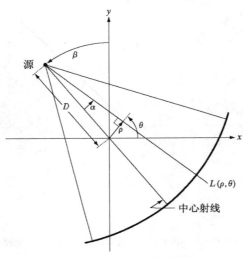

图 4-21 扇形射束的排列细节

其中，$p_{\text{par}}(\rho,\theta)$ 是相应的平行射束投影。令 $\Delta\beta$ 是射线间的角度增量，它决定每一投影的取样数。我们利用约束：

$$\Delta\beta = \Delta\alpha = \gamma$$

然后，对于 m 和 n 的某些整数值，$\beta = m\gamma$ 和 $\alpha = n\gamma$，我们可以写为：

$$p_{\text{fan}}(n\gamma, m\gamma) = p_{\text{par}}[D\sin n\gamma, (m+n)\gamma]$$

这个公式指出，第 m 个射线投影中的第 n 个射线等于第 $(m+n)$ 个平行投影中的第 n 个射线。在前边公式中，右边的 $D\sin n\gamma$ 项意味着从扇形射束投影变换为平行投影并不被均一地采样，所导致的问题是模糊、振铃。如果采样间隔 $\Delta\alpha$ 和 $\Delta\beta$ 太小，将导致混淆。这正如在例 4.15 中说明的那样。

工具箱函数 fanbeam 用下列语法产生扇形射束投影：

```
B = fanbeam(g, D, param1,val1,param2,val2,...)
```

其中，和以前一样，g 是包含被投射物体的图像，D 是从扇形射束的顶点到旋转中心的距离(以像素计)，如图 4-22 所示。假定旋转中心是图像的中心。规定 D 大于 g 的一半：

```
D = K*sqrt(size(g, 1)^2 + size(g,2)^2)/2
```

其中，K 是大于 1 的常数(例如，K=1.5～2 是合理的值)。图 4-22 显示了 fanbeam 函数支持的两个基本扇形射束几何。注意，旋转角度规定为从 x 轴开始反时针方向(这个角度的意义与图 4-21 中的旋转角度相同)。这个函数的参数和值列在表 4-6 中。参数 FanRotationIncrement

和 `FanSensorSpacing` 以前边讨论过的 Δα 和 Δβ 递增。

B 的每一列包含在扇形射束传感器旋转角度处的取样，B 中的列数由扇形旋转的增量来决定。在默认情况下，B 有 360 列。B 中的行数由传感器的数目决定。函数 `fanbeam` 通过计算对于任何角度覆盖全部图像需要多少射线数来决定传感器的数目。正像你在下边的例子中看到的那样，这个数字强烈地依赖指定的几何学(直线或圆弧)。

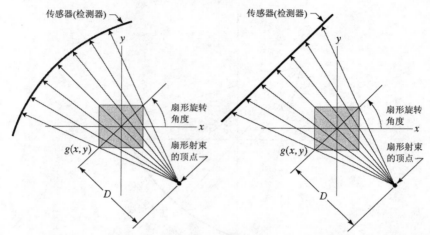

图 4-22 函数 `fanbeam` 针对直线和圆弧的扇形射束投影功能，$g(x,y)$ 指的是以灰色显示的区域

例 4.14 使用函数 `fanbeam`

图 4-23(a)和(b)是由下列命令产生的：

```
>> g1 = zeros(600, 600);
>> g1(100:500, 250:350) = 1;
>> g2 = phantom('Modified Shepp-Logan',600);
>> D = 1.5*hypot(size(g1, 1), size(g1,2))/2;
>> B1_line = fanbeam(g1, D, 'FanSensorGeometry','line',...
            'FanSensorSpacing', 1, 'FanRotationIncrement', 0.5);
>> B1_line = flipud(B1_line');
>> B2_line = fanbeam(g2, D, 'FanSensorGeometry','line',...
            'FanSensorSpacing', 1, 'FanRotationIncrement', 0.5);
>> B2_line = flipud(B2_line');
>> imshow(B1_line, [])
>> figure, imshow(B2_line, [])
```

表 4-6 函数 `fanbeam` 中使用的参数和值

参　　数	描述和值
`'FanRotationIncrement'`	规定以度进行度量的扇形射束投影的旋转角度增量，可用值是正的实标量，默认值是 1
`'FanSensorGeometry'`	用于规定如何等间隔地安排传感器的文本串，可用值是 arc(默认值)和 line
`'FanSensorSpacing'`	规定扇形射束中传感器间隔的、正的实标量。如果从几何学上规定为 arc，就说明值以度作为角度间距。如果规定为 line，就说明值以线为间隔。两种情况的默认值都是 1

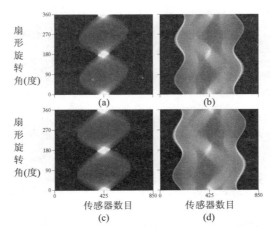

图 4-23 针对 fanbeam 函数的说明：(a)和(b) 对于矩形和幻影图像用 fanbeam 函数产生的直线扇形射束投影；(c)和(d) 对应的圆弧投影

其中，g1 和 g2 是图 4-18(a)和(c)中矩形和幻影的图像。正如前边的代码所示，B1 和 B2 是用 line 选项产生的矩形的扇形射束投影，传感器以 1 个单位(默认值)为间距，角度增量是 0.5，对应图 4-18(b)和(d)中使用的用于平行射束投影的增量。比较这些平行射束投影与图 4-23(a)和(b)中的扇形射束投影，我们注意到一些重要的区别。首先，扇形射束投影覆盖 360° 的跨度，是平行射束投影度的两倍；这样一来，扇形射束投影本身重复一次。更有趣的是，注意，相应的外形十分不同，扇形射束投影出现了"歪斜"。这是扇形相对于平行射线的直接结果。正像早些时候提到的那样，函数 fanbeam 通过计算对于任何旋转角度覆盖全部图像需要多少射线数来决定传感器的数目。图 4-23(a)和(b)中的图像尺寸是 720×855 像素。如果用 arc 选项产生射束投影，传感器元素之间将采用与 line 选项相同的间隔，得到的投影数组将是 720×67 像素大小。为了使产生的数据能与用 line 选项得到的数组比较大小，需要指定类似 0.08 单位的传感器间隔。命令如下：

```
>> B1_arc = fanbeam(g1, D, 'FanSensorGeometry','arc',...
             'FanSensorSpacing', .08, 'FanRotationIncrement', 0.5);
>> B2_arc = fanbeam(g2, D, 'FanSensorGeometry','arc',...
             'FanSensorSpacing', .08, 'FanRotationIncrement', 0.5);
>> figure, imshow(flipud(B1_arc'), [])
>> figure, imshow(flipud(B2_arc'), [])
```

图 4-23(c)和(d)显示了结果。这些图像的大小是 720×847 像素；它们比图 4-23(a)和(b)稍微有点窄。因为图中的所有图像都被标定为相同的大小，所以用 arc 选项产生的图像看来比用 line 选项标定后的副本稍微宽一些。正像我们用 iradon 那样，当处理平行射束投影时，工具箱函数 ifanbeam 可用来从给定的一组扇形射束投影得到滤波反投影图像。语法是：

```
I = ifanbeam(B, D, ..., param1, val1, param2, val2, ...)
```

与以前一样，其中，B 是扇形射束投影，D 是从扇形射束顶点到旋转中心的距离(以像素计)。参数和它们可用值的范围列于表 4-7 中。

例 4.15 使用函数 ifanbeam

图 4-24(a)显示了对函数 fanbeam 和 ifanbeam 用默认值产生的头部幻影的滤波反投影，

如下所示：

```
>> g = phantom('Modified Shepp-Logan', 600);
>> D = 1.5*hypot(size(g, 1), size(g, 2))/2;
>> B1 = fanbeam(g, D);
>> f1 = ifanbeam(B1, D);
>> figure, imshow(f1, [])
```

正如你在图 3-24(a)中看到的那样，在这种情况下，默认值太粗糙，以至于在重建图像中难以达到可接受的质量水平。图 4-24(b)是用下列命令产生的：

```
>> B2 = fanbeam(g, D, 'FanRotationIncrement', 0.5,...
        'FanSensorSpacing', 0.5);
>> f2 = ifanbeam(B2, D, 'FanRotationIncrement', 0.5,...
        'FanSensorSpacing', 0.5, 'Filter', 'Hamming');
>> figure, imshow(f2, [])
```

表 4-7 在函数 ifanbeam 中使用的参数和值

参 数	描述和值
'FanCoverage'	指定射束的旋转范围。有效值是：'cycle'(默认值)，指定在全部范围[0, 360°]内旋转；'minimal'，指出描述物体所需的最小范围，由此在 B 中产生投影
'FanRotationIncrement'	与在表 4-6 中说明的函数 fanbeam 一样
'FanSensorGeometry'	与在表 4-6 中说明的函数 fanbeam 一样
'FanSensorSpacing'	与在表 4-6 中说明的函数 fanbeam 一样
'Filter'	有效值在表 4-5 中给出，默认值是 Ram-Lak
'FrequencyScaling'	与对函数 iradon 的说明一样
'Interpolation'	有效值在表 4-4 中给出，默认值是 linear
'OutputSize'	在重建图像中指定的行数和列数。如果'OutputSize'没有指定，ifanbeam 将自动决定大小；如果'OutputSize'指定了，ifanbeam 将重建图像中较小或较大的部分，但数据的标定不变

使用较小的旋转和传感器增量，并且用汉明滤波器代替 Ram-Lak 滤波器，模糊和振铃都减小了。然而，模糊和振铃水平一直是难以接受的。以例 4.14 中的结果为基础，我们知道，当采用 arc 选项时，指定的传感器数量在投影质量中起重要作用。在下面的代码中，除了取样间隔外，我们保留所有的设置相同，取样间隔减小 10 倍：

```
>> B3 = fanbeam(g, D, 'FanRotationIncrement', 0.5,...
        'FanSensorSpacing', 0.05);
>> f3 = ifanbeam(B3, D, 'FanRotationIncrement', 0.5,...
        'FanSensorSpacing', 0.05, 'Filter', 'Hamming');
>> figure, imshow(f3, [])
```

如图 4-24(c)所示，减少传感器间的间隔(也就是增加传感器的数量)可产生一幅质量得到重要改进的图像。关于在决定扇形射束投影的有效分辨率时所采用的传感器数量的重要性方面，这与例 4.14 中的结论是一致的。

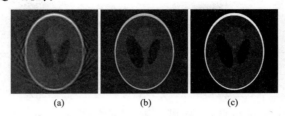

图 4-24 (a) 在函数 fanbeam 和 ifanbeam 中使用默认值产生并重建的幻影图像；(b) 指定旋转和传感器间隔增量为 0.5，并采用汉明滤波器后得到的结果；(c) 除了传感器间的间隔变为 0.05 外，使用与(b)中相同的参数得到的结果

在结束本节之前，我们简要地提一下对扇形和平行投影间转换的两个工具箱函数。函数 fan2para 用下边的语法把扇形数据转换为平行射束数据：

```
P = fan2para(F, D, param1, val1, param2, val2, ...)
```

其中，F 是数组，它的列是扇形射束投影，D 是从用来产生扇形投影的扇形的顶点到旋转中心的距离，正如在本节早些时候讨论的那样，表 4-8 列出了该函数的参数和相应的值。

例 4.16 使用函数 fan2para

我们把图 4-23(a)和(d)的扇形射束投影转换为平行射束投影，进而演示函数 fan2para 的使用。我们指定平行投影的参数值与图 4-18(b)和(d)中的投影相对应。

```
>> g1 = zeros(600, 600);
>> g1(100:500, 250:350) = 1;
>> g2 = phantom('Modified Shepp-Logan',600);
>> D = 1.5*hypot(size(g1, 1), size(g1,2))/2;
>> B1_line = fanbeam(g1, D, 'FanSensorGeometry',...
              'line','FanSensorSpacing', 1, ...
              'FanRotationIncrement', 0.5);
>> B2_arc = fanbeam(g2, D, 'FanSensorGeometry', 'arc',...
              'FanSensorSpacing', .08, 'FanRotationIncrement',0.5);
>> P1_line = fan2para(B1_line, D, 'FanRotationIncrement', 0.5,...
              'FanSensorGeometry','line',...
              'FanSensorSpacing', 1,...
              'ParallelCoverage','halfcycle',...
              'ParallelRotationIncrement', 0.5,...
              'ParallelSensorSpacing',1);
>> P2_arc = fan2para(B2_arc, D, 'FanRotationIncrement', 0.5,...
              'FanSensorGeometry','arc',...
              'FanSensorSpacing', 0.08,...
              'ParallelCoverage','halfcycle',...
              'ParallelRotationIncrement', 0.5,...
              'ParallelSensorSpacing',1);
>> P1_line = flipud(P1_line');
>> P2_arc = flipud(P2_arc');
>> figure, imshow(P1_line,[])
>> figure, imshow(P2_arc, [])
```

表 4-8 在函数 fan2para 中使用的参数和值

参　　数	描述和值
'FanCoverage'	与在表 4-7 中说明的函数 ifanbeam 一样
'FanRotationIncrement'	与在表 4-6 中说明的函数 fanbeam 一样
'FanSensorGeometry'	与在表 4-6 中说明的函数 fanbeam 一样
'FanSensorSpacing'	与在表 4-6 中说明的函数 fanbeam 一样
'Interpolation'	表 4-3 中给出了有效的值，默认值是 linear
'ParallelCoverage'	指定旋转范围：cycle 表示平行数据覆盖 360°，halfcyle(默认值)表示平行数据覆盖 180°
'ParallelRotationIncrement'	正的实标量，指定平行射束的角度增量，以角度计量。如果这个参数不包括在函数的参量列表中，那么假定增量与扇形射束的旋转角度增量相同
'ParallelSensorSpacing'	正的实标量，指定平行射束的传感器间隔，以像素计量。如果这个参数不包括在函数的参量列表中，那么假定间隔是均匀的，暗指就像扇形角度范围由取样决定那样

注意，函数 flipud 用于转置数组，就像我们产生图 4-18 那样。因此，数据对应图中所示的轴的排列。图 4-25(a)和(b)中的图像 P1_line 和 P2_arc 是从相应的扇形射束投影 B1_line 和 B2_arc 产生的平行射束投影。在图 4-25 中，图像的维数与图 4-18 一样，所以在这里我们没有显示轴和标记。注意，图像在视觉上是一样的。从平行射束转换为扇形射束的过程与刚刚讨论的方法类似。函数是：

    F = para2fan(P, D, param1, val1, param2, val2, ...)

其中，P 是包含平行投影的列的数组，D 和以前一样。表 4-9 列出了这个函数的参数和允许的值。

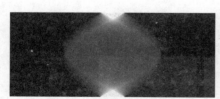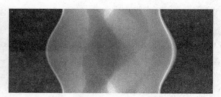

图 4-25　从图 4-23(a)和(d)中的扇形射束投影产生的矩形和头部幻影图像的平行射束投影

表 4-9 在函数 para2fan 中使用的参数和值

参　　数	描述和值
'FanCoverage'	与表 4-7 中对函数 ifanbeam 的描述一样
'FanRotationIncrement'	规定以度度量的扇形射束投影的旋转角度增量，有效值是正的实标量，默认值是 1。如果'FanCoverage'是 cycle，那么'FanRotationIncrement'必须是 360 的倍数；如果这个参数没有指定，就将之设置为与平行射束的旋转角度相同

(续表)

参　　数	描述和值
`'FanSensorGeometry'`	与表 4-6 中对函数 fanbeam 的描述一样
`'FanSensorSpacing'`	如果将值指定为`'arc'`或`'line'`，那么正如在表 4-6 中对 fanbeam 的解释那样，如果这个参数不包括在函数的参量列表中，那么默认是由`'ParallelSensorSpacing'`暗指的最小值。这样一来，如果`'FanSensorGeometry'`是`'arc'`，那么`'FanSensorSpacing'`是 180/PI*ASIN(PSPACE/D)；其中，PSPACE 是`'ParallelSensorSpacing'`的值；如果`'FanSensorGeometry'`是`'line'`，那么`'FanSensorSpacing'`是 D*ASIN(PSPACE/D)
`'Interpolation'`	有效值由表 4-4 给出，默认值是`'linear'`
`'ParallelCoverage'`	正如表 4-8 中对函数 fan2para 的解释一样
`'ParallelRotationIncrement'`	正如表 4-8 中对函数 fan2para 的解释一样
`'ParallelSensorSpacing'`	正如表 4-8 中对函数 fan2para 的解释一样

4.12　小结

　　这一章的内容是很好的综述，介绍了 MATLAB 和图像处理工具箱函数如何用于图像复原，以及它们如何帮助我们解释退化模型的产生。在本章中，引入了 imnoise2 和 imnoise3 函数，它们使工具箱对于噪声的产生能力得到显著提高。同样，函数 spfilt 可以用于空间滤波，特别是非线性滤波，它们使工具箱在此领域内的能力得到显著扩充。这些函数都是将 MATLAB 和工具箱函数简单地联合起来形成新代码并应用的完美示例，加强了已存在的大工具集的能力。我们针对投影重建的处理涵盖了工具箱中处理投影数据的主要函数，讨论的技术适用于 CT 建模。

第 5 章

几何变换与图像配准

几何变换改变了图像中像素间的空间关系。可以使图像放大和缩小，可以旋转、移动或用各种方法进行其他扩展。几何变换可用于创建小场景，使之适应从某个重放分辨率到另一个分辨率的数字视频，校正由观察几何变化导致的失真，以及排列有相同场景和目标的多幅图像。在这一章，我们研究图像几何变换的主要概念，包括几何坐标映射、图像内插和反映射。我们将说明如何用图像处理工具箱函数应用这些技术，并且解释下面的工具箱协定。我们将以图像配准和为了定量比较对准有相同场景和目标的多幅图像的处理来结束本章。

5.1 点变换

假设(w,z)和(x,y)是两个空间坐标系统，分别称为输入空间和输出空间。几何坐标变换可定义为输入空间点到输出空间点的映射：

$$(x,y)=T\{(w,z)\}$$

这里，$T\{\cdot\}$叫做正向变换或正向映射。如果$T\{\cdot\}$有逆，可逆映射输出空间点到输入空间点：

$$(w,z)=T^{-1}\{(x,y)\}$$

这里，$T^{-1}\{\cdot\}$叫做逆变换或逆映射。图 5-1 显示了输入空间和输出空间，并且说明了一个简单例子的正反变换：

$$(x,y)=T\{(w,z)\}=(w/2,z/2)$$

$$(w,z)=T^{-1}\{(x,y)\}=(2x,2y)$$

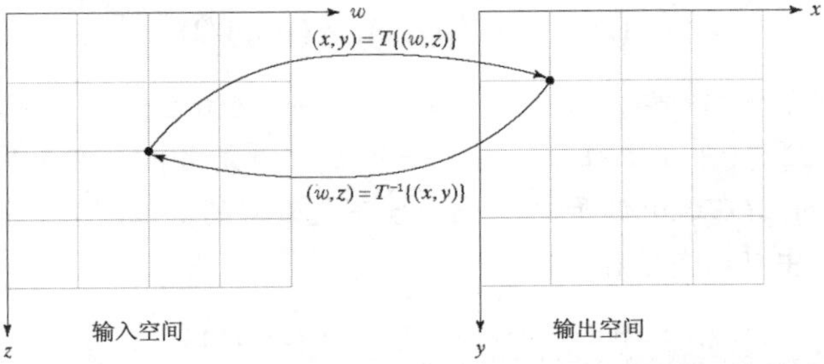

图 5-1 满足$T\{(w,z)\}=(w/2,z/2)$的某个点的正向和反向变换

图像的几何变换被定义为按照几何坐标的变换。令 $f(w, z)$ 表示输入空间的一幅图像,我们可以定义输出空间的变换图像 $g(x, y)$。根据 $f(w, z)$ 和 $T^{-1}\{\cdot\}$ 之间的关系:

$$g(x, y) = f(T^{-1}\{(x, y)\})$$

图 5-2 说明了当使用 $(x, y) = T\{(w, z)\} = (w/2, z/2)$ 时一幅简单图像会发生什么情况。这个变换使图像收缩为原始尺寸的一半。图像处理工具箱采用所谓的 `tform` 结构来描述几何坐标变换,`tform` 结构由函数 `maketform` 创建,语法是:

```
tform = maketform(transform_type, params, ...)
```

参量 `transform_type` 是下列字符串之一: `'affine'`、`'projective'`、`'custom'`、`'box'` 或 `'composite'`。其他参量依赖变换的类型并在 `maketform` 文件中描述了细节。在这一节,我们感兴趣的是 `'custom'` 变换类型,这种变换可以用来创建基于用户定义的几何坐标变换的 `tform` 结构(某些其他变换在本章后边讨论)。`'custom'` 类型的全部语法是:

```
tform = maketform('custom', ndims_in, ndims_out, ...
                  forward_fcn, inv_function, tdata)
```

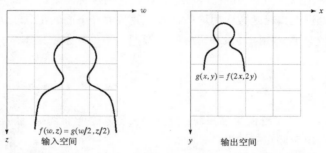

图 5-2 满足 $T\{(w, z)\} = (w/2, z/2)$ 的一幅简单图像的正向和反向变换

对于二维几何变换是 `ndims_in` 和 `ndims_out`,参数 `forward_fcn` 和 `inv_fcn` 是关于正向和反向空间坐标变换的函数句柄。参数 `tdata` 包含 `forward_fcn` 和 `inverse_fcn` 所需要的任何额外信息。

例 5.1 创建自定义的 `tform` 结构,并用来变换点

在这个例子中,我们创建两个描述不同空间坐标变换的 `tform` 结构。第一个变换用因数 3 水平地放大,用因数 2 垂直地放大:

$$(x, y) = T\{(w, z)\} = (3w, 2z)$$

$$(w, z) = T^{-1}\{(x, y)\} = (x/3, y/2)$$

首先,我们创建了正向函数,语法是: `xy = fwd_function(wz,tdata)`。其中,`wz` 是包含两列的矩阵,在 `wz` 平面中每一行包含一个点; `xy` 是另一个包含两列的矩阵,其中的行是包含在 `xy` 平面中的点(在这个例子中,`tdata` 不是必需的,但应当包括在输入参量列表中,不过,`tdata` 在函数中可以忽略):

```
>> forward_fcn = @(wz, tdata) [3*wz(:,1), 2*wz(:,2)]
forward_fcn = 
    @(wz,tdata)[3*wz(:,1),2*wz(:,2)]
```

接下来，我们创建具有语法 wz = inverse_fcn(xy,tdata) 的反函数：

```
>> inverse_fcn = @(xy, tdata) [xy(:,1)/3, xy(:,2)/2]
inverse_fcn =
    @(xy,tdata)[xy(:,1)/3,xy(:,2)/2]
```

现在，可以构建我们的第一个 tform 结构：

```
>> tform1 = maketform('custom', 2, 2, forward_fcn, ...
                      inverse_fcn, [])
tform1 =
    ndims_in: 2
   ndims_out: 2
   forward_fcn: @(wz,tdata)[3*wz(:,1),2*wz(:,2)]
   inverse_fcn: @(xy,tdata)[xy(:,1)/3,xy(:,2)/2]
         tdata: []
```

工具箱提供了两个关于变换点的函数：tformfwd 计算正向变换 $T\{(w,z)\}$，tforminv 计算反变换 $T^{-1}\{(x,y)\}$。调用的语法是 XY = tformfwd(WZ,tform) 和 WZ = tforminv(XY, tform)。在这里，WZ 是 $P \times 2$ 大小的点矩阵，WZ 的每一行包含一点的 w 和 z 坐标。类似地，XY 是包含在每一行中的 x 和 y 坐标对的 $P \times 2$ 大小的点矩阵。例如，下列命令计算某个点对的正向变换，接下来的反向变换核实了我们得到的原始数据：

```
>> WZ = [1 1; 3 2];
>> XY = tformfwd(WZ, tform1)
XY =
     3     2
     9     4
>> WZ2 = tforminv(XY, tform1)
WZ2 =
     1     1
     3     2
```

我们的第 2 个变换示例以垂直坐标因子移动水平坐标，并保持垂直坐标不变：

$$(x,y) = T\{(w,z)\} = (w + 0.4z, z)$$

$$(w,z) = T^{-1}\{(x,y)\} = (x - 0.4y, y)$$

```
>> forward_fcn = @(wz, tdata) [wz(:,1) + 0.4*wz(:,2), ...
                               wz(:, 2)];
>> inverse_fcn = @(xy, tdata) [xy(:,1) - 0.4*xy(:,2), ...
                               xy(:,2)];
>> tform2 = maketform('custom', 2, 2, forward_fcn, ...
                      inverse_fcn, []);
>> XY = tformfwd(WZ, tform2)
XY =
    1.4000    1.0000
    3.8000    2.0000
>> WZ2 = tforminv(XY, tform2)
WZ2 =
    1.0000    1.0000
    3.0000    2.0000
```

正如你看到的，对应垂直坐标的 xy 的第二列在变换中没有变。

为了能对特殊的空间变换的效果有一个较好的感觉，目测变换对在网格上安排一组点的影响是有帮助的。下面的两个自定义 M-函数 pointgrid 和 vistform 可帮助目测检验给定的变换。函数 pointgrid 创建了一组网格点以使用于目测。注意，为了创建网格，联合使用函数 meshgrid(见 1.7.8 节)和 linspace(见 2.2.3 节)：

```
function wz = pointgrid(corners)
%POINTGRID Points arranged on a grid.
%   WZ = POINTGRID(CORNERS) computes a set point of points on a
%   grid containing 10 horizontal and vertical lines. Each line
%   contains 50 points. CORNERS is a 2-by-2 matrix. The first
%   row contains the horizontal and vertical coordinates of one
%   corner of the grid. The second row contains the coordinates
%   of the opposite corner. Each row of the P-by-2 output
%   matrix, WZ, contains the coordinates of a point on the output
%   grid.

% Create 10 horizontal lines containing 50 points each.
[w1, z1] = meshgrid(linspace(corners(1,1), corners(2,1), 46), ...
    linspace(corners(1), corners(2), 10));

% Create 10 vertical lines containing 50 points each.
[w2, z2] = meshgrid(linspace(corners(1), corners(2), 10), ...
    linspace(corners(1), corners(2), 46));

% Create a P-by-2 matrix containing all the input-space points.
wz = [w1(:) z1(:); w2(:) z2(:)];
```

下一个 M-函数 vistform 变换一组输入点，然后，在输入空间中画出输入点，并在输出空间中画出相应的变换点。调整坐标轴限制两个画图，以便更容易比较它们：

```
function vistform(tform, wz)
%VISTFORM Visualization transformation effect on set of points.
%   VISTFORM(TFORM, WZ) shows two plots. On the left are the
%   points in each row of the P-by-2 matrix WZ. On the right are
%   the spatially transformed points using TFORM.

% Transform the points to output space.
xy = tformfwd(tform, wz);

% Compute axes limits for both plots. Bump the limits outward
% slightly.
minlim = min([wz; xy], [], 1);
maxlim = max([wz; xy], [], 1);
bump = max((maxlim - minlim) * 0.05, 0.1);
limits = [minlim(1)-bump(1), maxlim(1)+bump(1), ...
    minlim(2)-bump(2), maxlim(2)+bump(2)];

subplot(1,2,1)
```

```
grid_plot(wz, limits, 'w', 'z')

subplot(1,2,2)
grid_plot(xy, limits, 'x', 'y')

%----------------------------------------------------------------%
function grid_plot(ab, limits, a_label, b_label)
plot(ab(:,1), ab(:,2), '.', 'MarkerSize', 2)
axis equal, axis ij, axis(limits);
set(gca, 'XAxisLocation', 'top')
xlabel(a_label), ylabel(b_label)
```

这些函数可用于目测我们在 5.1 节定义过的两个空间变换的效果：

```
>> vistform(tform1, pointgrid([0 0;100 100]))
>> figure, vistform(tform2, pointgrid([0 0;100 100]))
```

图 5-3 显示了结果。显示于图 5-3(a)和(b)中的第一个变换以不同的缩放因子延伸了水平和垂直轴。显示于图 5-3(c)和(d)中的第二个变换以随垂直坐标变化的数量水平移动点。这种效果被称为剪切。

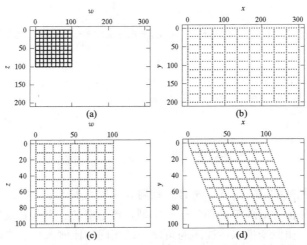

图 5-3 以网格中的点目测空间变换的效果：(a) 网格 1；(b) 用 tform1 变换的网格 1；(c) 网格 2；(d) 用 tform2 变换的网格 2

5.2 仿射变换

例 5.1 中显示了两个仿射变换。其中一个仿射变换是从一个向量空间变换为另一个向量空间，由线性部分组成，表示成矩阵相乘部分、加法部分、偏移部分或平移部分。

对于 2D 空间，仿射变换可写成下式：

$$[x\ y] = [w\ z] \begin{bmatrix} a_{11} & a_{12} \\ a_{21} & a_{22} \end{bmatrix} + [b_1\ b_2]$$

为了数学和计算方便，仿射变换可用附加第三坐标的方法写成矩阵相乘形式：

$$[x\ y\ 1] = [w\ z\ 1]\begin{bmatrix} a_{11} & a_{12} & 0 \\ a_{21} & a_{22} & 0 \\ b_1 & b_2 & 1 \end{bmatrix}$$

这个公式还可以写成下式：

$$[x\ y\ 1] = [w\ z\ 1]\mathbf{T}$$

其中，**T** 称为仿射矩阵。在[x y]和[w z]向量上加 1 的符号约定将产生齐次坐标。对应例 5.1 中 `tform1` 的仿射矩阵是：

$$\mathbf{T} = \begin{bmatrix} 3 & 0 & 0 \\ 0 & 2 & 0 \\ 0 & 0 & 1 \end{bmatrix}$$

对应 `tform2` 的仿射矩阵是：

$$\mathbf{T} = \begin{bmatrix} 1 & 0 & 0 \\ 0.4 & 1 & 0 \\ 0 & 0 & 1 \end{bmatrix}$$

函数 `maketform` 可用语法 `tform = maketform('affine', T)` 从仿射矩阵直接创建 `tform` 结构，例如：

```
>> T = [1 0 0; 0.4 1 0; 0 0 1];
>> tform3 = maketform('affine', T);
>> WZ = [1 1; 3 2];
>> XY = tformfwd(WZ, tform3)
XY =
    1.4000 1.0000
    3.8000 2.0000
```

重要的仿射变换包括缩放、旋转、平移、裁剪和反射。表 5-1 说明：为了实现这些不同种类的变换，应如何选择仿射矩阵 T 的值。一些类型，包括旋转、平移和反射，属于仿射变换的子集，称为相似变换。相似变换保持线间的角度并以相同的比例改变所有的距离。大约说来，相似变换是"保形的"。如果仿射矩阵具有下列形式之一，仿射变换就是相似变换。

$$\mathbf{T} = \begin{bmatrix} s\cos\theta & s\sin\theta & 0 \\ -s\sin\theta & s\cos\theta & 0 \\ b_1 & b_2 & 1 \end{bmatrix}$$

或

$$\mathbf{T} = \begin{bmatrix} s\cos\theta & s\sin\theta & 0 \\ s\sin\theta & -s\cos\theta & 0 \\ b_1 & b_2 & 1 \end{bmatrix}$$

注意，当水平和垂直尺度相同时，缩放是相似变换。相似变换在图像处理中很有用，包括实体、相关的平坦物体。对于此类物体的图像，当它们移动或旋转时，或者当摄像机拉近或拉远时，都与相似变换有关。图 5-4 显示了一些用于三角物体的相似变换。

表 5-1 仿射变换的类型

类 型	仿射矩阵 T	坐 标 等 式	图
恒等	$\begin{bmatrix} 1 & 0 & 0 \\ 0 & 1 & 0 \\ 0 & 0 & 1 \end{bmatrix}$	$x = w$ $y = z$	
缩放	$\begin{bmatrix} s_x & 0 & 0 \\ 0 & s_y & 0 \\ 0 & 0 & 1 \end{bmatrix}$	$x = s_x w$ $y = s_y z$	
旋转	$\begin{bmatrix} \cos\theta & \sin\theta & 0 \\ -\sin\theta & \cos\theta & 0 \\ 0 & 0 & 1 \end{bmatrix}$	$x = w\cos\theta - z\sin\theta$ $y = w\sin\theta + z\cos\theta$	
裁剪(水平)	$\begin{bmatrix} 1 & 0 & 0 \\ \alpha & 1 & 0 \\ 0 & 0 & 1 \end{bmatrix}$	$x = w + \alpha z$ $y = z$	
裁剪(垂直)	$\begin{bmatrix} 1 & \beta & 0 \\ 0 & 1 & 0 \\ 0 & 0 & 1 \end{bmatrix}$	$x = w$ $y = \beta w + z$	
垂直反射	$\begin{bmatrix} 1 & 0 & 0 \\ 0 & -1 & 0 \\ 0 & 0 & 1 \end{bmatrix}$	$x = w$ $y = -z$	
平移	$\begin{bmatrix} 1 & 0 & 0 \\ 0 & 1 & 0 \\ \delta_x & \delta_y & 1 \end{bmatrix}$	$x = w + \delta_x$ $y = z + \delta_y$	

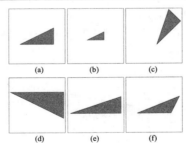

图 5-4 相似变换的示例:(a) 原始物体;(b) 缩放;(c) 旋转和平移;(d) 反射和缩放;(e) 水平缩放但没有垂直缩放,不是相似变换;(f) 水平裁剪,不是相似变换

5.3 投影变换

另一种有用的几何变换类型是投影变换,包括在空间情况下的仿射变换的投影变换在一幅图像的逆透视变换中是很有用的。正如仿射变换那样,这对使用辅助第三维定义二维投影变换

很有用。然而，与仿射变换不同，辅助坐标(在下边的公式中用 h 来表示)不是常量。

$$[x'\ y'\ h] = [w\ z\ 1] \begin{bmatrix} a_{11} & a_{12} & a_{13} \\ a_{21} & a_{22} & a_{23} \\ b_1 & b_2 & 1 \end{bmatrix}$$

其中，a_{13} 和 a_{23} 是非零值，并且 $x = x'/h$ 且 $y = y'/h$。在投影变换中，线映射为线，但是平行线不再保持平行。为了创建投影的 `tform` 结构，采用带有 `maketform` 函数的 `'projective'` 类型，例如：

```
>> T = [-2.7390 0.2929 -0.6373
        0.7426 -0.7500 0.8088
        2.8750 0.7500 1.0000];
>> tform = maketform('projective', T);
>> vistform(tform, pointgrid([0 0; 1 1]));
```

图 5-5 说明了上述投影变换的效果。

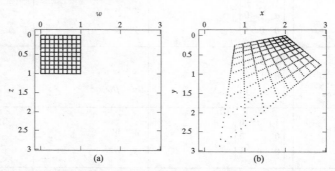

图 5-5　投影变换示例：(a) 输入空间的点网格；(b) 输出空间中变换后的点网格

图 5-6 说明了图 5-5 中投影变换的某些几何特性。图 5-5(a)的输入空间网格中有两组平行线，一组是水平的，一组是垂直的。图 5-6 显示了这两组平行线变换到输出空间后的线，在称为尽头点的位置交叉。尽头点位于地平线上，当变换的时候，仅平行于水平线的输入空间的线保持水平，所有的其他平行线变换为在位于地平线上尽头点处交叉的线。

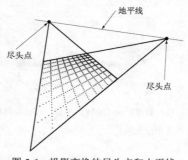

图 5-6　投影变换的尽头点和水平线

5.4　应用于图像的几何变换

现在已经学习了如何把几何变换应用于点，下面将进一步考虑如何把几何变换应用于图

像。来自 5.1 节的公式建议如下过程:

$$g(x,y) = f(T^{-1}\{(x,y)\})$$

在位置(x_k, y_k)处计算输出像素的过程是:
(1) 求解$(w_k, z_k) = T^{-1}\{(x_k, y_k)\}$方程的值
(2) 求解$f(w_k, z_k)$的值
(3) $g(x_k, y_k) = f(w_k, z_k)$

当讨论图像内插时,将在 5.6 节对步骤(2)做更多的说明。注意,这个过程仅用逆空间变换$T^{-1}\{\cdot\}$,而没有用正向变换。由于这个原因,该过程常常叫做逆映射。图像处理工具箱函数 imtransform 使用逆映射过程把几何变换应用于图像。imtransform 的基本调用语法是:

```
g = imtransform(f, tform)
```

例 5.2 图像的几何变换

在这个例子中,我们使用函数 checkerboard 和 imtransform 来研究图像不同的空间变换。如表 5-1 所示,用于缩放图像的仿射变换有如下形式:

$$\mathbf{T} = \begin{bmatrix} s_x & 0 & 0 \\ 0 & s_y & 0 \\ 0 & 0 & 1 \end{bmatrix}$$

下边的命令可产生缩放的 tform 结构,将之应用于棋盘测试图像:

```
>> f = checkerboard(50);
>> sx = 0.75;
>> sy = 1.25;
>> T = [sx 0 0
    0 sy 0
    0 0 1];
>> t1 = maketform('affine', T);
>> g1 = imtransform(f, t1);
```

图 5-7(a)和(b)显示了原始的和缩放后的棋盘图像。用于旋转的仿射矩阵有如下形式:

$$\mathbf{T} = \begin{bmatrix} \cos\theta & \sin\theta & 0 \\ -\sin\theta & \cos\theta & 0 \\ 0 & 0 & 1 \end{bmatrix}$$

下边的命令用仿射变换旋转测试图像:

```
>> theta = pi/6;
>> T2 = [ cos(theta) sin(theta) 0
        -sin(theta) cos(theta) 0
            0           0       1];
>> t2 = maketform('affine', T2);
>> g2 = imtransform(f, t2);
```

图 5-7(c)显示了旋转图像。输出图像的黑色区域对应输入图像范围之外的位置。imtransform 在默认情况下置这些像素为 0(黑色)。对于用彩色而不用黑色的情况见例 5.3 和

5.4。图像处理工具箱函数 imrotate(见 11.4.3 节)以本例中的大概过程为基础,此外再没有更多的价值。下边的一组命令演示了投影变换:

```
>> T3 = [0.4788 0.0135 -0.0009
        0.0135 0.4788 -0.0009
        0.5059 0.5059  1.0000];
>> tform3 = maketform('projective', T3);
>> g3 = imtransform(f, tform3);
```

图 5-7(d)显示了结果。

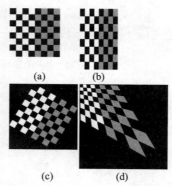

图 5-7 棋盘图像的几何变换:(a) 原始图像;(b) 仿射缩放变换;(c) 仿射旋转变换;(d) 投影变换

5.5 MATLAB 中的图像坐标系统

在考虑 MATLAB 中几何变换的其他情况之前,我们先考虑 MATLAB 怎样显示图像坐标的问题。像本书中的许多其他图一样,图 5-7 显示了没有轴标记的图像。这是函数 imshow 的默认行为。然而,正像在下面的讨论中注意到的那样,几何图像变换的分析和解释是通过显示这些形象的排列来辅助的。开启标记的一种方法是在调用 imshow 之后调用 axis。例如:

```
>> f = imread('circuit-board.tif');
>> imshow(f)
>> axis on
>> xlabel x
>> ylabel y
```

图 5-8 显示了结果的屏幕影像:原点在左上角;x 轴是水平的,并向右延伸;y 轴是垂直的,并向下延伸。回忆一下,这个约定是我们在 1.7.8 节提到的图像空间坐标系统。在这个系统中,x 轴和 y 轴与规定的图像坐标系统相反(见图 1-2)。用于设置一定的用户参数选择的工具箱函数 iptsetpref 可用于始终产生 imshow 以显示记号标志。为转向带有记号和标记的显示,可调用:

```
>> iptsetpref imshowAxesVisible on
```

为了使设置在对话间保持下去,在 startup.m 文件中放置前面的调用(为得到更多的细节,可在 MATLAB 的帮助浏览器中搜索 "startup.m")。图 5-9 针对具有 3 行 4 列的图像更接近地考查了图像空间坐标系统。左上部像素的中心位于 xy 平面的(1,1)处。类似地,右下部像素的中心位于平面的(4,3)处。每个像素覆盖一个区域。例如，左上部的像素覆盖从(0.5,0.5)到(1.5,1.5)的方形区域。这有可能改变 *xy* 平面中图像像素的位置和尺寸。这可由操作图像目标的 **XData** 和 **YData** 特性来实现。XData 特性是两元素向量，其中，第一个元素指定像素的第一列中心的 *x* 坐标，第二个元素指定像素最后一列中心的 *x* 坐标。类似地，YData 的两元素指定了第一行和最后一行中心的 *y* 坐标。对于包含 M 行、N 列的图像来说，默认的 XData 向量是[1,N]，默认的 YData 向量是[1,M]。例如，对于一幅 3×4 大小的图像，XData 是[1 4]，YData 是[1 3]，它们与图 5-9 一致。

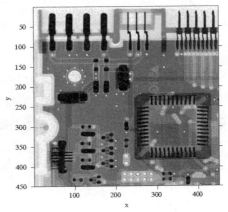

图 5-8　通过使用 imshow 和 axis on，显示带有记号的轴和可见标记的图像，原点在左上部

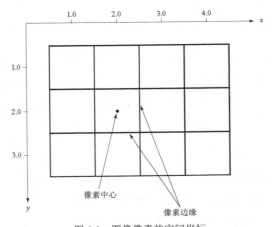

图 5-9　图像像素的空间坐标

可以置 XData 和 YData 特性为其他的值，当工作在几何变换时，这可能非常有用。imshow 函数通过可选择的参数值对的使用来支持这一性能。例如，用下列语法显示电路板图像，左部和右部像素的中心在 *x* 轴的–20 和 20 处，顶部和底部像素的中心在 *y* 轴的–10 和 10 处：

```
>> imshow(f, 'XData', [-20 20], 'YData', [-10 10])
>> axis on
>> xlabel x
>> ylabel y
```

图 5-10(a)显示了结果。图 5-10(b)显示了用下列命令放大图像左上角之后的结果：

```
>> axis([8 8.5 0.8 1.1])
```

观察图 5-10(b)中的像素，发现已不再是方形。

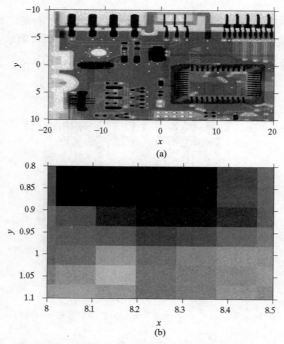

图 5-10 (a) 非默认的空间坐标图像显示；(b) 放大的图像

5.5.1 输出图像位置

在例 5.2 中讨论过，图 5-7(c)显示了一幅用仿射变换旋转过的图像。然而注意，那幅图像并没有显示在输出空间中图像的位置。函数 imtransform 可以通过使用附加参数来提供这个信息。调用语法是：

```
[g, xdata, ydata] = imtransform(f, tform)
```

当使用 imshow 显示图像时，第 2 个和第 3 个参数可以像 XData 和 YData 参数那样来使用。下边的例子说明了如何使用这些输出参量在相同的坐标系统中一起显示输入和输出图像。

例 5.3 在相同的坐标系统中一起显示输入和输出图像

在这个例子中，我们用旋转和平移来研究如何在相同的坐标系统中与输入图像一起显示和定位输出图像。我们以使用标以记号的轴和标记显示原始图像开始。

```
>> imshow(f)
>> axis on
```

图 5-11(a)显示了原始图像。

下边我们用 imtransform 使图像旋转$3\pi/4$弧度：

```
>> theta = 3*pi/4;
>> T = [ cos(theta) sin(theta) 0
       -sin(theta) cos(theta) 0
```

```
              0         0            1];
>> tform = maketform('affine', T);
>> [g, xdata, ydata] = imtransform(f, tform, ...
                                  'FillValue', 255);
```

我们在前边用一行代码调用 imtransform 来说明两个新的概念。第一个是可选择的输出参量 xdata 和 ydata 的使用，这些用于在 xy 坐标系统中定位输出图像。另一个概念是选择输入参量：'FillValue', 255。FillValue 参数指定用于任何输出图像像素的值，对应输入图像边界外的输入空间位置。

在默认情况下，FillValue 参数的值为 0。这就是在图 5-7(c)中环绕着旋转棋盘的像素是黑色的原因。正如早些时候提到的那样，在这个例子中，我们希望它们是白色的。下边，我们希望同时在共同的坐标系统中显示两幅图像。为了添加两幅图或在相同的图中显示图像，我们遵循 MATLAB 常用模式：

(1) 创建第一个绘图或图像显示。
(2) 调用 hold on，以便后续的绘图或显示命令不清除该图。
(3) 创建第二个绘图或图像显示。

当显示输出图像时，从 imtransform 可选择的输出一起使用 imshow 的 XData/YData 语法：

```
>> imshow(f)
>> hold on
>> imshow(g, 'XData', xdata, 'YData', ydata)
```

接下来使用 axis 函数自动地扩展轴的限制，以便两幅图像同时可见：

```
>> axis auto
```

最后，打开标有记号的轴和标记：

```
>> axis on
```

在结果中可以看到(见图 5-11(b))，仿射变换关于系统坐标原点(0, 0)旋转图像。接下来，我们检验平移，这是比旋转简单的仿射变换。但是，在目测时有可能被搞混。我们以构成仿射 tform 结构开始，向右移动 500，向下移动 200：

```
>> T = [1 0 0; 0 1 0; 500 200 1];
>> tform = maketform('affine', T);
```

接下来，我们使用基本的 imtransform 语法并显示结果：

```
>> g = imtransform(f, tform);
>> imshow(g)
>> axis on
```

图 5-11(c)显示了结果，莫名其妙地看上去很像图 5-11(a)中的原始图像。对这个神秘现象的解释是：imtransform 正好自动地在输出空间中获取足够的像素以显示变换后的图像。这个自动行为消除了平移。为看清平移的效果，我们使用与上边旋转相同的技术：

```
>> [g, xdata, ydata] = imtransform(f, tform, ...
                                    'FillValue', 255);
>> imshow(f)
>> hold on
>> imshow(g, 'XData', xdata, 'YData', ydata)
>> axis on
>> axis auto
```

图 5-11(d)显示了结果。

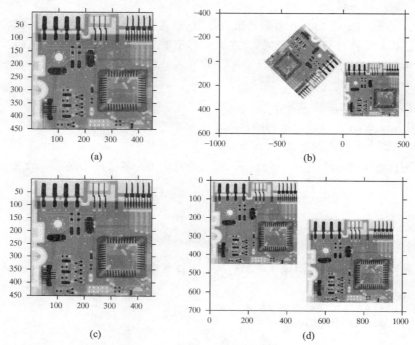

图 5-11　(a) 原始图像；(b) 用共同的坐标系统显示的原始图像及旋转后的图像；(c) 使用 imtransform 基本语法计算的平移图像；(d) 用共同的坐标系统显示的原始图像及平移后的图像

5.5.2　控制输出网格

例 5.3 说明了如何用 xdata 和 ydata 参数形象化平移的效果，从输出 imtransform 到输入 imshow。另一个方法是在输出空间中用 imtransform 直接控制像素网格。通常，imtransform 在输出空间中用下列步骤定位和计算输出图像：

(1) 决定输入图像的边界矩形。
(2) 在边界矩形上把点变换到输出空间中。
(3) 计算变换后输出空间中点的边界矩形。
(4) 计算位于输出空间中、边界矩形内的网格上的输出图像像素。

图 5-12 说明了这个过程。该过程可以通过进入 imtransform 中的 xdata 和 ydata 参数来定制，使用这两个参数决定输出空间的边界矩形。

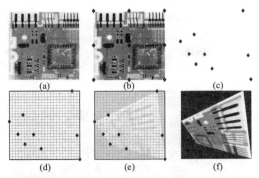

图 5-12 (a) 原始图像；(b) 沿着边缘和图像中心的点网格；(c) 变换后的点网格；(d) 和输出点网格一致的变换后的点网格的边界矩形；(e) 在自动决定输出像素网格内部计算的输出图像像素；(f) 最后结果

如下自定义函数说明了 xdata 和 ydata 参数的使用。这是 imtransform 的另一个变异，总使用像输出空间矩形那样的输入空间矩形。这样一来，输入和输出图像的位置便可更直接地进行比较：

```
function g = imtransform2(f, varargin)
%IMTRANSFORM2 2-D image transformation with fixed output location
%   G = IMTRANSFORM2(F, TFORM, ...) applies a 2-D geometric
%   transformation to an image. IMTRANSFORM2 fixes the output image
%   location to cover the same region as the input image.
%   IMTRANSFORM2 takes the same set of optional parameter/value
%   pairs as IMTRANSFORM.

[M, N] = size(f);
xdata = [1 N];
ydata = [1 M];
g = imtransform(f, varargin{:}, 'XData', xdata, ...
                'YData', ydata);
```

函数 imtransform2 是封装函数的典型示例。封装函数接受输入，有可能改进它们或把它们相加，然后把它们传递给另一个函数。书写封装函数的一种简单方法是创建现有函数的变量，这个函数有不同的默认行为。可以容易地使用 varargin(见 2.2.4 节，用逗号分开列出参数)是书写封装函数的特点。

例 5.4 使用函数 imtransform2

在这个例子中，针对几个几何变换，我们比较 imtransform 和 imtransform2 的输出：

```
>> f = imread('lunar-shadows.jpg');
>> imshow(f)
```

图 5-13(a)显示了原始图像。我们的第一个变换是平移：

```
>> tform1 = maketform('affine', [1 0 0; 0 1 0; 300 500 1]);
>> g1 = imtransform2(f, tform1, 'FillValue', 200);
>> h1 = imtransform(f, tform1, 'FillValue', 200);
>> imshow(g1), figure, imshow(h1)
```

图 5-13(b)显示了使用 imtransform2 的结果。通过与图 5-13(a)进行比较，可以很容易地看出平移的效果。注意图 5-13(b)，输出图像的一部分已被切掉。在图 5-13(c)中，显示出了使用

imtransform 的结果,全部输出图像是可见的,但是失去了平移效果。我们的第二个变换在两个方向上用因子 4 收缩输入图像:

```
>> tform2 = maketform('affine', [0.25 0 0; 0 0.25 0; 0 0 1]);
>> g2 = imtransform2(f, tform2, 'FillValues', 200);
>> h2 = imtransform(f, tform2, 'FillValues', 200);
```

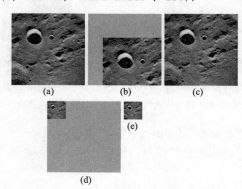

图 5-13 (a) 原始图像;(b) 用函数 imtransform2 平移图像;(c) 用 imtransform 和默认参数平移图像;(d) 用 imtransform2 缩放图像;(e) 用 imtransform 和默认参数缩放图像。(原图像由 NASA 提供)

此时,两个输出(图 5-13(d)和(e))显示了全部输出图像。从 imtransform2 的输出可以看到,虽然比变换后的图像大,但填充的像素灰度很协调。来自函数 imtransform 的输出刚好包含变换后的图像。

5.6 图像内插

在 5.4 节,我们解释了把几何变换用于图像的反映射过程。这里,我们更近距离地考查步骤(2),求解 $f(w_k,z_k)$,这里的 f 是输入图像,并且 $(w_k,z_k) = T^{-1}\{(x_k,y_k)\}$。即使 x_k 和 y_k 是整数,通常 w_k 和 z_k 也不是整数。例如:

```
>> T = [2 0 0; 0 3 0; 0 0 1];
>> tform = maketform('affine', T);
>> xy = [5 10];
>> wz = tforminv(tform, xy)
wz =
    2.5000  3.3333
```

对于数字图像,f 的值仅在整数值位置是知道的。使用这些已知的值去估计在非整数值位置的 f 是内插的典型示例——用离散数据构建连续定义的函数。内插具有很长的历史,很多年来,已经提出了众多的内插方法。在信号处理文献中,内插常常被解释为拥有两个设计步骤的重取样过程:

(1) 把连续变换离散化,把拥有连续域定义的函数 f' 转换为在离散域定义的函数 f。
(2) 在离散位置估计 f' 的值。

当知道 f 的取样是有规律的间隔时,这个解释最有用。从离散到连续的变换步骤,可以用缩放和移动过的函数的求和来明确地表达,该函数叫做内插核。

图 5-14 显示了一些常用的内插核:盒状核 $h_B(x)$、三角核 $h_T(x)$ 和立方核 $h_C(x)$。盒状核由下

式定义：

$$h_B(x) = \begin{cases} 1 & -0.5 \leq x \leq 0.5 \\ 0 & \text{其他} \end{cases}$$

三角核由下式定义：

$$h_T(x) = \begin{cases} 1-|x| & x \leq 1 \\ 0 & \text{其他} \end{cases}$$

立方核由下式定义：

$$h_C(x) = \begin{cases} 1.5|x|^3 - 2.5|x|^2 + 1 & |x| \leq 1 \\ -0.5|x|^3 + 2.5|x|^2 - 4|x| + 2 & 1 < |x| \leq 2 \\ 0 & \text{其他} \end{cases}$$

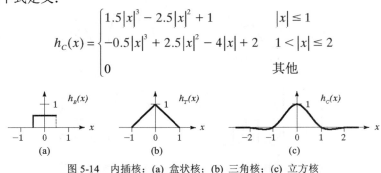

图 5-14　内插核：(a) 盒状核；(b) 三角核；(c) 立方核

还有其他一些带有不同系数的立方核，但是，前边的形式是在图像处理中是用得最普遍的 (Keys[1993])。

图 5-15 说明了一维内插方式。图 5-15(a)显示了一维离散信号 $f(x)$，图 5-15(b)显示了内插核 $h_T(x)$。在图 5-15(c)中，核的副本使 $f(x)$ 的值缩放，并且移动到相应的位置。图 5-15(d)显示了连续域的函数 $f'(x)$，它是由所有的核在缩放和移动后相加形成的。使用三角核的内插是线性内插形式(Gonzalez 和 Woods[2008])。

就像以软件实现的计算程序那样，早些时候提到的两步骤过程在概念上是不太有用。首先，没有在存储器中表示连续域函数中所有值的实际方法。其次，因为只有 $f'(x)$ 的某些值是实际需要的，所以即使有可能，计算它们的所有值也将是浪费。因此，在内插的软件实现中，整个信号 $f'(x)$ 从未明确地形成过。作为替代，当需要时，计算 $f'(x)$ 的个别值。图 5-15(d)显示了用三角核计算 $f'(3.4)$ 的方法。仅有两个移动过的核在 $x = 3.4$ 处不为 0。因此，$f'(3.4)$ 的计算仅是两项之和：$f(3)h_T(0.4) + f(4)h_T(-0.6)$。

图 5-15(e)显示了用盒状核计算的 $f'(x)$，可用于说明(Gonzalez 和 Woods[2008])——用盒状核内插与调用最近邻内插技术是等价的。在最近邻内插中，计算出的 $f'(x)$ 的值就如同在最接近 x 的 y 位置处 $f(y)$ 的值。如果 $f(y)$ 是针对 y 的整数值定义，那么最近邻内插可用简单的舍入操作来实现：

$$f'(x) = f(round(x))$$

图 5-15(e)显示了用立方内插计算的 $f'(x)$。图标显示了线性和立方内插之间在性能上的重要差别。在 $f(x)$ 的相邻取样之间，在存在较大差别的位置处，立方内插展现了过冲现象。因为这个现象，内插曲线 $f'(x)$ 可呈现在原始取样范围之外的值。一方面，线性内插从不产生范围之外的值。在图像处理应用中，过冲有时是有益的，由于在视觉上有"清晰"效果，因此可改进图像的外观。另一方面，过冲有时也可能是不利的，例如在仅期望产生非负值的地方，可能存在产生负值的情况。

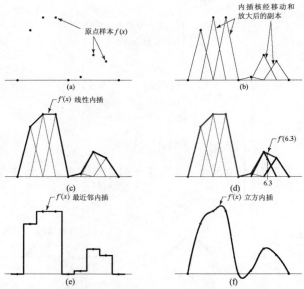

图 5-15 (a) 原始取样 $f(x)$；(b) 三角内插核 $h_T(x)$ 的副本，对 $f(x)$ 的值移动后缩放；(c) 正如使用线性内插计算的那样，对移动且缩放后的内插核求和，得到 $f'(x)$；(d) 计算 $f'(6.3)$，相当于计算 $f(6)h_T(0.3)+f(7)h_T(0.7)$；(e) 用最近邻内插计算的 $f'(x)$；(f) 用立方内插计算的 $f'(x)$

5.6.1 二维内插

在图像处理中，最常用的二维内插方法是把问题分成一系列的多个一维内插任务。图 5-16 说明了使用几个特定值的过程。在这个过程中，$f'(2.6,1.4)$ 是由围绕着 $f(x,y)$ 的样本用一维序列的线性内插得到的：

(1) 用 $f(2,1)$ 和 $f(3,1)$ 之间的线性内插决定 $f'(2.6,1.0)$。
(2) 用 $f(2,2)$ 和 $f(3,2)$ 之间的线性内插决定 $f'(2.6,2.0)$。
(3) 用 $f'(2.6,1.0)$ 和 $f'(2.6,2.0)$ 之间的线性内插决定 $f'(2.6,1.4)$。

用一系列的一维线性内插实现二维内插的处理方法被称为双线性内插。类似地，双三次内插是用一系列的一维三次内插完成的。

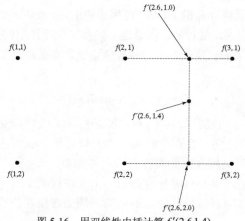

图 5-16 用双线性内插计算 $f'(2.6,1.4)$

5.6.2 内插方法的比较

不同内插方法在计算速度和输出质量方面是不同的。用于说明赞成和反对不同内插方法的经典测试是重复旋转。下边的函数用 imtransform2 围绕中心点旋转图像 30°，接连 12 次。利用仿射变换的综合特性，函数形成了关于图像中心点的几何变换。在特定的情况下，如果 T_1 和 T_2 是定义两个仿射变换的矩阵，那么矩阵 $T=T_1T_2$ 定义另一个仿射变换，它是两个变换的合成。

```
function g = reprotate(f, interp_method)
%REPROTATE Rotate image repeatedly
%   G = REPROTATE(F, INTERP_METHOD) rotates the input image, F,
%   twelve times in succession as a test of different interpolation
%   methods. INTERP_METHOD can be one of the strings 'nearest',
%   'bilinear', or 'bicubic'.

% Form a spatial transformation that rotates the image about its
% center point. The transformation is formed as a composite of
% three affine transformations:
%
% 1. Transform the center of the image to the origin.
center = fliplr(1 + size(f) / 2);
A1 = [1 0 0; 0 1 0; -center, 1];

% 2. Rotate 30 degrees about the origin.
theta = 30*pi/180;
A2 = [cos(theta) -sin(theta) 0; sin(theta) cos(theta) 0; 0 0 1];

% 3. Transform from the origin back to the original center location.
A3 = [1 0 0; 0 1 0; center 1];
% Compose the three transforms using matrix multiplication.
A = A1 * A2 * A3;
tform = maketform('affine', A);

% Apply the rotation 12 times in sequence. Use imtransform2 so that
% each successive transformation is computed using the same location
% and size as the original image.
g = f;
for k = 1:12
    g = imtransform2(g, tform, interp_method);
end
```

例 5.5 针对一些内插方法比较速度和图像质量

这个例子针对最近邻、双线性和双三次内插，用 reprotate 比较计算速度和图像质量。函数连续旋转输入 12 次，由调用者指定要使用的内插方法。首先，用 timeit 记录每一种方法的时间：

```
>> f = imread('cameraman.tif');

>> timeit(@() reprotate(f, 'nearest'))
ans =
    1.2160
>> timeit(@() reprotate(f, 'bilinear'))
```

```
ans =
    1.6083
>> timeit(@() reprotate(f, 'bicubic'))
ans =
    2.3172
```

正如预期的那样,最近邻内插最快,双三次内插最慢。

接下来,我们评估输出图像的质量:

```
>> imshow(reprotate(f, 'nearest'))
>> imshow(reprotate(f, 'bilinear'))
>> imshow(reprotate(f, 'bicubic'))
```

图 5-17 显示了结果。图 5-17(b)中的最近邻结果显示出存在很大的"锯齿"边缘失真。图 5-17(c)中的双线性内插结果有较平滑的边缘,但整个外观有点模糊。图 5-17(d)中的双三次内插看起来最好,比起双线性内插有更平滑的边缘和更少的模糊。注意,对于重复的 12 次旋转,只有图像中心处的像素仍属于非边界像素。和例 5.2 中一样,保留的像素是黑色的。

图 5-17 用重复旋转比较内插方法:(a) 原始图像;(b) 最近邻内插;(c) 双线性内插;(d) 双三次内插。(原图像由 MIT 提供)

5.7 图像配准

几何变换最重要的图像处理应用之一是图像配准。图像配准方法寻求对准两幅或多幅相同场景的图像。例如,可能是对准不同时间获取的图像,计量的时差可能是一个月或一年。比如用于长期探测环境变化的卫星图像。也可能是几周,例如使用某个医学图像序列测量肿瘤的生长。时间差甚至可能是一秒的很小一部分,比如摄像机的稳定性和目标跟踪算法。

在同时获取多幅图像时,会有不同的情节发生,但采用不同的手段。例如,为了测量场景深度,在不同位置的两台摄像机可能同时获取相同场景同时发生的图像。

有时,图像来自不同的设备。两幅卫星图像可能在分辨率和空间特性上都不同。一幅可能是高分辨率的、可见光的全彩色图像,其他的可能是低分辨率的多光谱图像。再比如,两幅医学图像是 MRI 扫描图像,另一幅是 PET 扫描图像。在这种情况下,目标常常是把个别的图像融合为单一图像以增强图像的可视性。

在所有的这些情况下,合并这些图像要求对由摄像机角度、距离和旋转、传感器分辨率、场景中目标物的移动和其他因素导致的几何失常进行校正。

5.7.1 配准处理

图像配准方法通常由下列基本步骤组成:
(1) 检测特征
(2) 匹配相应的特征
(3) 推断几何变换
(4) 通过几何变换用另一幅图像对准一幅图像

一幅图像的特征可以是图像的任何部分,可以是两幅图像中潜在的、可识别和可定位的部分。例如,特征可以是点、线或角。一旦选择了特征,就要匹配特征。也就是说,对于一幅图像的特征,必须确定在另一幅图像中与它们相对应的特征。图像配准方法可以是手工的或自动的,这取决于特征检测和配准是由人辅助的还是用自动算法执行。

从一组匹配特征对以及几何变换函数来推断一幅图像中的映射特征到另一幅图像的匹配特征。通常,以特殊的图像获取几何为基础选择特殊参数变换模型,例如,假定两幅图像以相同的视角、但从不同的位置获取,可能包括围绕光轴的旋转。如果场景中的物体离摄像机的距离对最小透视效果足够远的话,我们可以用仿射变换(Brown[1992])。

仿射变换是全局变换的例子,也就是变换函数在图像的任何地方都是相同的。对于图像配准,通常使用的其他全局变换函数,包括投影(见5.3节)和多项式变换。对于许多图像配准问题,两幅图像特征之间的几何对应关系太复杂,以至于很难用适用于每个地方的单一变换函数来表征。对于这样的问题,可能使用具有局部变化参数的变换函数。这些函数叫做局部变换函数。

5.7.2 使用 cpselect 的手工特征选择和匹配

图像处理工具箱为图像特征使用"控制点"这一术语。工具箱为手工选择和匹配被配准的一对图像的相应控制点提供了名为控制点选择工具(cpselect)的 GUI(图形用户界面)。把被对准图像的文件名作为输入参量发送到 cpselect,例如:

```
>> cpselect('vector-gis-data.tif', 'aerial-photo-cropped.tif')
```

作为另一选择,也可以首先把图像读进 MATLAB 变量,然后再传送给 cpselect:

```
>> f = imread('vector-gis-data.tif');
>> g = imread('aerial-photo-cropped.tif');
>> cpselect(f, g)
```

cpselect 工具可帮助在大图像中导航(放大、摇镜头和滚动),可以选择特征(控制点),并用鼠标在图像上点击以与其他控制点配对。图 5-18 显示了操作中的控制点选择工具。图 5-18(a)是一幅显示道路、池塘、溪流和电线数据的二值图像,图 5-18(b)显示了一幅覆盖相同地区的航空照片。图 5-18(b)中的白色矩形显示了图 5-18(a)中数据的大概位置。图 5-18(c)是控制点选择工具的屏幕标注,显示了在道路交叉点处选择的 6 对相互对应的特征。

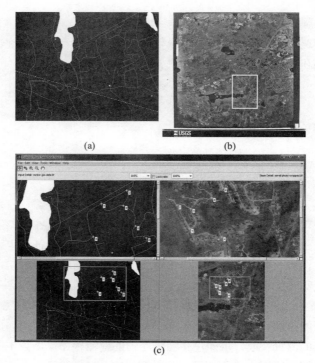

图 5-18 用控制点选择工具(cpselect)选择和匹配特征：(a) 显示道路和其他数据的二值图像；(b) 相同区域的航空照片；(c) 控制点选择工具的屏幕标注

5.7.3 使用 cp2tform 推断变换参数

一旦特征对被识别和匹配，图像配准处理的下一步就是确定几何变换函数。通常是首先选择某个特定的变换模型，然后估计必需的参数。例如，可能决定某个仿射变换是合适的，并且用相应的特征对推导仿射变换矩阵。图像处理工具箱为从特征对推断几何变换参数提供了函数 cp2tform。cp2tform 的语法是：

tform = cp2tform(input_points, base_points, transformtype)

参数 input_points 和 base_points 是两个 $P×2$ 大小的包含相应特征位置的矩阵。第 3 个参数 transformtype 是指定所希望的变换类型的字符串(例如'affine')。输出参量是 tform 结构(见 5.1 节)。

表 5-2 列出了所有不同的 tform 类型，可以生成 maketform 或 cp2tform。函数 maketform 用于直接指定变换参数，cp2tform 用相应的特征位置对估计变换参数。

表 5-2 函数 cp2tform 和 maketform 支持的变换类型

变换类型	描　　述	函　　数
仿射	缩放、旋转、剪切和平移的结合	maketform
	直线保持为直线，平行线保持平行	cp2tform
盒	独立地沿着每一维缩放和平移，仿射的子集	maketform

(续表)

变换类型	描述	函数
复合	几何变换的集合,可顺序地使用	maketform
定制	用户定义的几何变换,提供了用于定义 $T\{\bullet\}$ 和 $T^{-1}\{\bullet\}$ 的函数	maketform
LWM	局部加权平均,局部变化的几何变换	cp2tform
非反射相似	缩放、旋转、剪切和平移的结合,直线保持为直线,平行线保持平行 保持物体的基本形状	cp2tform
分段线性	局部变化的几何变换,不同的仿射变换用于三角形区域	cp2tform
多项式	使用 2 阶、3 阶、4 阶多项式形式的几何变换	cp2tform
投影	仿射变换的超集,和仿射变换一样 直线保持直线,但平行线汇聚于尽头	Maketform cp2tform
相似	与非反射相似变换类似,具有额外反射的可能性	cp2tform

5.7.4 观察对准的图像

经过几何变换之后,一幅图像与另一幅图像的对准已被计算过了,下一步往往是一起显现两幅图像。一种可能的方法是半透明地在另一幅图像上显示一幅图像。

还必须解决某些细节问题,因为即使配准了,图像也很可能含有不同的大小并且覆盖输出空间的不同区域。此外,对准几何变换的输出可能包括禁止入内的像素,通常以黑色显示,正如你已经看到的那样。来自变换后图像的禁止入内的像素应该完全透明地显示,因此,在其他图像中这些像素不变暗。自定义函数 visreg 能自动处理这些细节,以便容易观看这两幅配准的图像:

```
function h = visreg(fref, f, tform, layer, alpha)
%VISREG Visualize registered images
% VISREG(FREF, F, TFORM) displays two registered images together.

% FREF is the reference image. F is the input image, and TFORM
% defines the geometric transformation that aligns image F with
% image FREF.
%
% VISREG(FREF, F, TFORM, LAYER) displays F transparently over FREF
% if LAYER is 'top'; otherwise it displays FREF transparently over
% F.
%
% VISREG(FREF, F, TFORM, LAYER, ALPHA) uses the scalar value
% ALPHA, which ranges between 0.0 and 1.0, to control the level of
% transparency of the top image. If ALPHA is 1.0, the top image
% is opaque. If ALPHA is 0.0, the top image is invisible.
%
% H = VISREG(...) returns a vector of handles to the two displayed
% image objects. H is in the form [HBOTTOM, HTOP].
if nargin < 5
    alpha = 0.5;
end
```

```matlab
if nargin < 4
    layer = 'top';
end

% Transform the input image, f, recording where the result lies in
% coordinate space.
[g, g_xdata, g_ydata] = imtransform(f, tform);

[M, N] = size(fref);
fref_xdata = [1 N];
fref_ydata = [1 M];

if strcmp(layer, 'top')
    % Display the transformed input image above the reference image.
    top_image = g;
    top_xdata = g_xdata;
    top_ydata = g_ydata;

    % The transformed input image is likely to have regions of black
    % pixels because they correspond to "out of bounds" locations on
    % the original image. (See Example 5.2.) These pixels should be
    % displayed completely transparently. To compute the appropriate
    % transparency matrix, we can start with a matrix filled with the
    % value ALPHA and then transform it with the same transformation
    % applied to the input image. Any zeros in the result will cause
    % the black "out of bounds" pixels in g to be displayed
    % transparently.
    top_alpha = imtransform(alpha * ones(size(f)), tform);

    bottom_image = fref;
    bottom_xdata = fref_xdata;
    bottom_ydata = fref_ydata;
else
    % Display the reference image above the transformed input image.
    top_image = fref;
    top_xdata = fref_xdata;
    top_ydata = fref_ydata;
    top_alpha = alpha;

    bottom_image = g;
    bottom_xdata = g_xdata;
    bottom_ydata = g_ydata;
end

% Display the bottom image at the correct location in coordinate
% space.
h_bottom = imshow(bottom_image, 'XData', bottom_xdata, ...
    'YData', bottom_ydata);
hold on

% Display the top image with the appropriate transparency.
h_top = imshow(top_image, 'XData', top_xdata, ...
    'YData', top_ydata);
set(h_top, 'AlphaData', top_alpha);
```

```
% The first call to imshow above has the effect of fixing the axis
% limits. Use the axis command to let the axis limits be chosen
% automatically to fully encompass both images.
axis auto

if nargout > 0
    h = [h_bottom, h_top];
end
```

例 5.6 使用 visreg 观察配准后的图像

这个例子使用 cp2tform 和 visreg 显现图 5-18(a)和(b)中对准的图像。匹配特征对通常用控制点选择工具(cpselect)来选择，并且在称为 cpstruct 的结构中保存 MATfile。第 1 步是加载图像和 cpstruct:

```
>> fref = imread('aerial-photo.tif');
>> f = imread('vector-gis-data.tif');
>> s = load('cpselect-results');
>> cpstruct = s.cpstruct;
```

第 2 步是把 cp2tform 用于推断仿射变换，使用参考图像 fref 来对准图像 f:

```
>> tform = cp2tform(cpstruct, 'affine');
```

第 3 步，我们将参考图像 fref、第 2 幅图像 f 以及用 fref 对准 f 的几何变换来调用 visreg。对于第 4 和第 5 个输入参量，我们使用默认值。因此，图像 f 被显示在上边，具有值为 0.5 的 alpha(意思是上边的像素拥有一半的透明度)。

```
>> visreg(fref, f, tform, axis([1740 2660 1710 2840]))
```

图 5-19 显示了结果。

图 5-19 使用 visreg 配准图像的透明覆盖(注意，覆盖的图像使用膨胀变厚以增强可见性。关于膨胀，请参见第 9 章)

5.7.5 基于区域的配准

对于外在特征选择和匹配的可供选择的方法是基于区域的配准。在基于区域的配准中，称作模板图像的一幅图像被移动以覆盖第二幅图像的每个位置。在每个位置，计算基于区域的相似性度量。如果在相似性度量中，在某个特定位置找到明显的峰值，就可以说模板图像在第二幅图像的某个特定位置匹配。

对于基于区域的配准来说，使用的相似性度量是归一化互相关(也叫相关系数)。图像和模板之间的归一化互相关的定义是：

$$\gamma(x,y) = \frac{\sum_{s,t}[w(s,t)-\overline{w}][f(x+s,y+t)-\overline{f}_{xy}]}{\sqrt{\sum_{s,t}[w(s,t)-\overline{w}]^2 \sum_{s,t}[f(x+s,y+t)-\overline{f}_{xy}]^2}}$$

其中，w是模板，$\overline{w}$是模板元素的平均值(只计算一次)，f是图像，$\overline{f}_{xy}$是w和f覆盖的那个区域图像的平均值。求和是对图像和模板覆盖的s和t进行。对跨越图像所有的x和y值计算前边表达式的机理与2.4.1节讨论的原理是相同的。主要不同是在每个坐标对(x, y)执行的实际计算。在这种情况下，分母的目的是关于灰度变量的归一化度量。值$\gamma(x,y)$的范围是从-1到+1。当模板位于坐标(x, y)的中心时，$|\gamma(x,y)|$的值较高意味着模板和图像之间匹配较好。执行归一化互相关的图像处理工具箱函数是normxcorr2，调用语法是：

```
g = normxcorr2(template, f)
```

例 5.7 使用函数normxcorr2在图像中定位模板

这个例子使用normxcorr2在模板和图像之间寻找最好匹配的位置。首先，我们读入模板和图像：

```
>> f = imread('car-left.jpg');
>> w = imread('car-template.jpg');
```

图5-20(a)和(b)显示了图像和模板。下一步，我们使用normxcorr2计算和显示归一化互相关：

```
>> g = normxcorr2(w, f);
>> imshow(\abs(g))
```

图5-20(c)显示了归一化互相关图像(注意最亮的点，该点指出了图像和模板之间的匹配)。现在，我们搜索abs(g)的最大值，并且确定所在的位置。该位置必须根据模板的大小来调整，因为normxcorr2的输出尺寸比输入图像的尺寸大(尺寸间的差别归因于模板的尺寸)：

```
>> gabs = abs(g);
>> [ypeak, xpeak] = find(gabs == max(gabs(:)));
>> ypeak = ypeak - (size(w, 1) - 1)/2;
>> xpeak = xpeak - (size(w, 2) - 1)/2;
>> imshow(f)
>> hold on
>> plot(xpeak, ypeak, 'wo')
```

图5-20(d)显示了结果。小的白色圆圈指出模板区域的匹配中心。

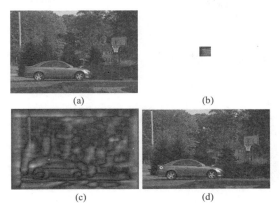

图 5-20　用归一化互相关定位模板和图像间的最好匹配：(a) 原始图像；(b) 模板；(c) 归一化互相关的绝对值；(d) 带有指示匹配的模板位置中心的小圆圈的原始图像

除了归一化互相关外，近几年来，在图像处理文献中还提出了许多其他基于区域的相似性度量。例如平方差的和、绝对差的和。不同的度量，因素也不同，例如计算时间和抗局外像素的鲁棒性(Brown[1992]、Zitová[2003]和Szeliski[2006])。

在简单的情况下，用归一化互相关或其他相似性度量的模板匹配可用于匹配两幅重叠的图像，比如图 5-21(a)和(b)中的那些图像。给定一幅包含重叠区域的模板图像，给定可用于配准的平移向量，在两幅图像中匹配的模板位置可以比较。下边的例子可说明这一过程。

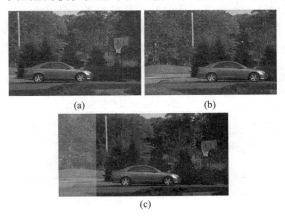

图 5-21　用归一化互相关配准重叠的图像：(a) 第一幅图像；(b) 第二幅图像；(c) 用 visreg 显示的配准后的图像

例 5.8　使用 normxcorr2 配准由于平移而不同的两幅图像

这个例子使用 normxcorr2 和 visreg 配准图 5-21(a)和(b)中的图像。首先，把两幅图像读入工作空间：

```
>> f1 = imread('car-left.jpg');
>> f2 = imread('car-right.jpg');
```

图 5-20(b)中的模板图像直接从一幅图像中裁剪出来，并且存储为文件：

```
>> w = imread('car-template.jpg');
```

使用 normxcorr2 在两幅图像中定位模板：

```
>> g1 = normxcorr2(w, f1);
>> g2 = normxcorr2(w, f2);
```

寻找 g1 和 g2 最大值所在的位置，并减去该区域以决定平移：

```
>> [y1, x1] = find(g1 == max(g1(:)));
>> [y2, x2] = find(g2 == max(g2(:)));
>> delta_x = x1 - x2
delta_x =
    -569
>> delta_y = y1 - y2
delta_y =
    -3
```

一旦找到图像间的相对平移，就可以形成 tform 仿射结构，并将之发送给 visreg 以显示对准的图像：

```
>> tform = maketform('affine', [1 0 0; 0 1 0; ...
    delta_x delta_y 1]);
>> visreg(f1, f2, tform)
```

图 5-21(c)显示了配准结果。虽然重叠的左部分图像很好地对准了，但显然在右边还是稍微有些没对准。这是两幅图像间的几何关系由于平移而特征不完全一致的有力指示。

配准重叠图像以产生一幅新图像被称为图像镶嵌。图像镶嵌常用于遥感，以便从小图像构建一幅大的场景或创建一幅全景场景。镶嵌处理包括确定几何变换，首先把每一幅图像扭曲为共同的全局坐标系统，然后混合重叠像素以制造尽可能无缝的结果。几何变换类型的选择依赖于场景和摄像机位置的表征。一些共同的场景类型在表 5-3 中描述过了。关于镶嵌方法的更详细描述可见 Goshtasby 和 Szeliski 的著作。

表 5-3 镶嵌情形的某些变换类型

图 像 情 景	几何变换类型
固定摄像机位置，水平光轴，垂直轴的旋转通过镜头中心，远景	平移
固定摄像机位置，水平光轴，垂直轴的旋转通过镜头中心，近景	把图像映射到圆柱体上，然后平移
移动镜头，相同的视角，远景	仿射
移动镜头，接近，平坦场景	投影
移动镜头，接近，非平坦场景	非线性的、局部变化的变换，可能需要成像几何模型

5.7.6 基于特征的自动配准

前边讨论的图像配准方法是部分进行手工处理。例 5.6 依赖于特征点的手工选择和匹配，例 5.8 中使用了手工选择模板。存在有可能使用全自动图像配准的一些方法。一种广泛应用的方法包含用特征检测器在两幅图像中选择大量的潜在可匹配的特征点。一种普遍应用的特征检测器是 Harris 角检测器(见 11.3.5 节)。下一步是用某些特征匹配度量计算可能的初始匹配集合。

最后，应用众所周知的 RANSAC 迭代技术(随机取样且意见一致)。每一次 RANSAC 迭代都选择某个潜在的特征匹配的子集，以此导出几何变换。与导出变换相一致的特征匹配叫做局内的(inlier)，不一致的匹配叫做局外的(outlier)。迭代达到最高数量的局内的作为最终解决方案。该方法和许多相关方法的详细描述可见 Szeliski[2006]的著作。

5.8 小结

这一章解释了空间变换函数如何与反映射和多维内插相结合以组合达到多种图像处理效果。对一些重要的空间变换函数类型，比如仿射变换、投影变换等做了回顾和比较。新的 MATLAB 函数 `vistform` 被介绍用来观察和了解不同空间变换函数的效果。此外还概述了内插的基本机理，同时依据处理速度和图像质量比较了一些通用的图像内插方法。我们以两个图像配准的详细例子结束了本章，其中，用几何变换对准具有相同场景的两幅不同图像，以便进行目测与定量分析和比较。第一个例子用手工选择对准向量的控制点来定位航拍图像的数据。第二个例子用归一化互相关对准重叠的图像。我们引入了目测函数 `visreg`，用于透明地把一幅图像叠加在另一幅图像上。

第6章

彩色图像处理

在这一章，我们将讨论利用图像处理工具箱的彩色图像处理的基本原理，并用开发的彩色生成和变换函数对工具箱的功能加以扩展。这一章的讨论主要面向那些已经对彩色图像处理的基本原理和术语比较熟悉的那部分读者。

6.1 在 MATLAB 中彩色图像的表示

正如 1.7.8 节中解释过的那样，图像处理工具箱将彩色图像当作索引图或 RGB 图像来处理。在本节我们将详细地讨论这两种类型的图像。

6.1.1 RGB 图像

一幅 RGB 图像就是 $M \times N \times 3$ 大小的彩色像素的数组，其中的每个彩色像素点都是在特定空间位置的彩色图像所对应的红、绿、蓝三个分量(见图 6-1)。RGB 图像也可以看做由三个灰度图像形成的"堆栈"，当发送到彩色监视器的红、绿、蓝输入端时，就在屏幕上产生彩色图像。按照惯例，形成一幅 RGB 彩色图像的三幅图像通常被称作红、绿、蓝分量图像。分量图像的数据类决定了它们的取值范围。如果一幅 RGB 图像的数据类是 double，那么取值范围就是[0,1]。类似的，对于 uint8 类或 uint16 类的 RGB 图像，取值范围分别是[0,255]或[0,65535]。用来表示这些分量图像像素值的比特数决定了一幅 RGB 图像的比特深度。例如，如果每个分量图像都是 8 比特的图像，那么对应的 RGB 图像的深度就是 24 比特。通常，所有分量图像的比特数都是相同的。在这种情况下，一幅 RGB 图像可能有的色彩数就是$(2^b)^3$，其中的 b 就是每个分量图像的比特数。对于 8 比特图像，颜色数为 16 777 216。

令 fR、fG 和 fB 分别表示三幅 RGB 分量图像。RGB 图像就是利用 cat(连接)操作将这些分量图像组合而成的彩色图像：

```
rab_image = cat(3, fR, fG , fB)
```

在运算中，图像按顺序放置。通常，cat(dim,A1,A2…)沿着由 dim 指定的方式连接数组(它们必须是相同尺寸)。例如，如果 dim=1，数组就垂直安排；如果 dim=2，数组就水平安排；如果 dim=3，数组就按照三维方式堆叠，如图 6-1 所示。

如果所有的分量图像都是一样的,那么结果是一幅灰度图像。令 rgb_image 表示一幅 RGB

图像,下面这些命令可以提取出三个分量图像:

```
>> fR = rgb_image(: , : , 1);
>> fG = rgb_image(: , : , 2);
>> FB = rgb_image(: , : , 3);
```

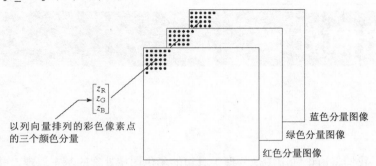

图 6-1　以相应的三个颜色分量图像形成 RGB 彩色图像的像素点

RGB 彩色空间常常用 RGB 彩色立方体加以显示,如图 6-2 所示。这个立方体的顶点是光的原色(红、绿、蓝)和二次色(青色、紫红色、黄色)。

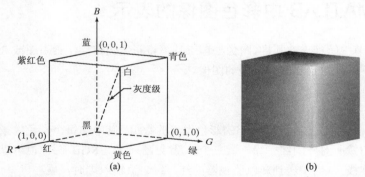

图 6-2　(a) 在顶点处显示光的原色和二次色的 RGB 彩色立方体的示意图,沿主对角线是原点的黑色到点(1,1,1)的白色的亮度值；(b) RGB 彩色立方体

为了能从任何透视方向观测这个彩色立方体,可使用自定义函数 rgbcube:

rgbcube(vx,vy,vz)

在提示符后键入 rgbcube(vx,vy,vz),便会在 MATLAB 桌面上生成从点(vx,vy,vz)处观察到的 RGB 立方体。结果图像可用函数 print 存储到磁盘上。rgbcube 函数的代码如下:

```
function rgbcube(vx, vy, vz)
%RGBCUBE Displays an RGB cube on the MATLAB desktop.
%    RGBCUBE(VX, VY, VZ) displays an RGB color cube, viewed from point
%    (VX, VY, VZ). With no input arguments, RGBCUBE uses (10,10,4) as
%    the default viewing coordinates. To view individual color
%    planes, use the following viewing coordinates, where the first
%    color in the sequence is the closest to the viewing axis, and the
%    other colors are as seen from that axis, proceeding to the right
%    right (or above), and then moving clockwise.
%
%    ------------------------------------------------------
```

```
%              COLOR PLANE                 ( vx, vy, vz)
%         ------------------------------------------------
%         Blue-Magenta-White-Cyan          (  0,  0, 10)
%         Red-Yellow-White-Magenta         ( 10,  0,  0)
%         Green-Cyan-White-Yellow          (  0, 10,  0)
%         Black-Red-Magenta-Blue           (  0,-10,  0)
%         Black-Blue-Cyan-Green            (-10,  0,  0)
%         Black-Red-Yellow-Green           (  0,  0,-10)

% Set up parameters for function patch.
vertices_matrix = [0 0 0;0 0 1;0 1 0;0 1 1;1 0 0;1 0 1;1 1 0;1 1 1];
faces_matrix = [1 5 6 2;1 3 7 5;1 2 4 3;2 4 8 6;3 7 8 4;5 6 8 7];
colors = vertices_matrix;
% The order of the cube vertices was selected to be the same as
% the order of the (R,G,B) colors (e.g., (0,0,0) corresponds to
% black, (1, 1, 1) corresponds to white, and so on.)

% Generate RGB cube using function patch.
patch('Vertices', vertices_matrix, 'Faces', faces_matrix, ...
      'FaceVertexCData', colors, 'FaceColor', 'interp', ...
      'EdgeAlpha', 0)

% Set up viewing point.
if nargin == 0
    vx = 10; vy = 10; vz = 4;
elseif nargin ~= 3
    error('Wrong number of inputs.')
end
axis off
view([vx, vy, vz])
axis square
```

6.1.2 索引图像

索引图像有两个分量：整数数据矩阵 X 和彩色映射矩阵 map。矩阵 map 是 $m×3$ 大小、由 double 类型且范围在[0,1]之间的浮点数构成的数组。map 的长度 m 等于定义的颜色数。map 的每一行都定义有单色的红、绿、蓝分量。索引图像将像素的亮度值"直接映射"到彩色值。每个像素的颜色由对应的整数矩阵 X 的值作为指向 map 的索引决定。如果 X 是 double 类型，那么值 1 指向 map 的第一行，值 2 指向第二行，等等。如果 X 是 uint8 或 uint16 类型，那么值 0 指向 map 的第一行。这些概念都会在图 6-3 中给予说明。

为显示一幅索引图像，可写为：

```
>> imshow (X ,map)
```

或者写为：

```
>> image (x)
>> colormap(map)
```

彩色映射用索引图像来存储，当使用函数 imread 加载图像时，索引图像将自动和图像一起被载入。

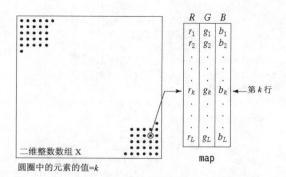

图 6-3 索引图像的元素。整数数组 X 中元素的值决定彩色映射的行数。每一行包含 RGB 三元组，L 是总行数

有时候，用较少的颜色去近似表达索引图像是有必要的。为此，我们使用函数 imapprox，语法如下：

[Y, newmap] = imapprox (X, map, n)

这个函数利用彩色映射 newmap 来返回数组 Y，最多有 n 种颜色。输入数组 X 的类型可以是 uint8、uint16 或 double。如果 n 小于等于 256，那么输出 Y 是 uint8 类；如果 n 大于 256，那么 Y 是 double 类。

当 map 中的行数比 X 中的整数值数目少时，X 中的多重值将在 map 中赋以相同的颜色。例如，假设 X 由 4 个等宽的垂直带组成，它们的值分别为 1、64、128 和 256。如果我们指定彩色映射 map=[0 0 0;1 1 1]，那么 X 中所有值为 1 的元素就会指向 map 的第一行(黑色)，其他所有的元素都将指向第二行(白色)。因而，指令 imshow(X,map) 的执行会显示出由一条黑色带、后面紧跟三条白色带的图像。事实上，只要 map 的长度是 65，这都是正确的。当是 65 时，显示一条黑色带，后面紧跟着一条灰色带，然后是两条白色带。如果 map 的长度超过了 X 中元素允许的值的范围，就会得出无意义的结果图像。

指定彩色映射的办法有很多，一种方法就是利用如下语句：

>> map(k, :) = [r(k) g(k) b(k)];

其中，[r(k) g(k) b(k)] 是 RGB 值，指定彩色映射的一行。变化的 k 值可将 map 填满。
表 6-1 列出了一些基本颜色的 RGB 值。表中三种格式的任何一种都可以用来指定颜色。例如，用下面三条语句中的任何一条都可以把图像的背景色改成绿色：

>> whitebg('g');
>> whitebg('green');
>> whitebg([0 1 0]);

表 6-1 一些基本颜色的 RGB 值，可以用长名或短名(用单引号括起来)代替数字三元组，进而指定一套 RGB 颜色

长 名	短 名	RGB 值
Black	k	[0 0 0]
Blue	b	[0 0 1]
Green	g	[0 1 0]
Cyan	c	[0 1 1]

(续表)

长 名	短 名	RGB 值
Red	r	[1 0 0]
Magenta	m	[1 0 1]
Yellow	y	[1 1 0]
White	w	[1 1 1]

除了表 6-1 中的颜色外，其他颜色还包含一些小数值。例如[.5 .5 .5]是灰色、[.5 0 0]是暗红色、[.49 1 .83]是碧绿色。

MATLAB 提供了一些预定义的彩色映射，可用下面的指令来访问：

```
>> colormap(map_name)
```

上面将彩色映射设定为矩阵 map_name。一个例子是：

```
>> colormap(copper)
```

其中，copper 是 MATLAB 彩色映射函数。在这个映射中，颜色从黑色到明亮的紫铜色平稳变化。如果显示的最后一张图是索引图像，这个指令就会将映射转成紫铜色。作为另一种选择，这个图像也可以直接用希望的彩色映射加以显示：

```
>>imshow(X, copper)
```

表 6-2 列出了 MATLAB 中可用的一些彩色映射。这些彩色映射的长度(颜色的数目)可以用加了圆括号的数字来说明，例如 gray(8)将产生 8 阶灰色的彩色映射。

表 6-2 MATLAB 中预先定义的一些彩色映射

函 数	描 述
autumn	从红色到橙色、再到黄色平缓变化
bone	对蓝色分量用较高的值进行灰度级的彩色映射 当添加"电子学方法"以观看灰度图像时，这个彩色映射很有用
colorcube	在 RGB 彩色空间中包含许多有规律放置的颜色，试图提供更多的灰度级、纯红、纯绿和纯蓝
cool	由从青到深红色调平滑变化的颜色分量组成
copper	从黑到浅铜色平缓变化
flag	由红、白、蓝和黑颜色分量组成。这个彩色映射随着每个索引增量完全改变颜色
gray	返回线性灰度级的彩色映射
hot	从黑通过红、橙、黄，再到白色平缓变化
hsv	色调-饱和度-亮度彩色模型的色调分量变化。彩色由红开始，通过黄、绿、青、蓝、深红，再回到红。这个彩色映射对于显示周期函数特别合适
jet	范围从蓝到红，并经过青、黄和橙

(续表)

函 数	描 述
lines	产生的彩色映射由 ColorOrder 属性和灰度色调决定。关于该函数的细节,可查看函数 ColorOrder 的帮助页
pink	包含粉红的大青色调。粉红彩色映射提供灰度照片的棕色色调
prism	重复6种颜色:红、橙、黄、绿、蓝和紫
spring	由深红和黄色色调组成
summer	由绿色和黄色色调组成
winter	由蓝色和绿色色调组成
white	这是全白单色颜色映射

6.1.3 处理 RGB 图像和索引图像的函数

表 6-3 列出了在 RGB 图像、索引图像和灰度图像之间进行转换的工具箱函数。为了明确本节中使用的符号,我们使用 rgb_image 来表示 RGB 图像,用 gray_image 来表示灰度图像,用 bw 来表示黑白(二值)图像,用 X 来表示索引图像的数据矩阵分量。回想前面,索引图像由整数数据矩阵和彩色映射矩阵组成。

函数 dither 可以用于灰度图像和彩色图像。"抖动"是印刷和出版行业常用的一种处理手段,在由点组成的印刷页上给出色调变化的直观印象。对于灰度图像,抖动调色试图使用在白色背景上产生黑点的二值图像来得到灰色色调(反之亦然)。

点的大小可变,从明亮区域的小点到黑暗区域中逐渐增大的较大点。执行"抖动"算法的关键问题是要折中考虑视觉感受的精确性和计算的复杂度。在工具箱中应用的"抖动"方法基于佛罗伊德-斯旦伯格(Floyd-Steinberg)算法(Floyd 和 Steinberg[1975])和阿里坎尼(Ulichney)算法(Ulichney[1987])。用于灰度图像的函数 dither 的语法是:

```
bw = dither(gray_image)
```

其中,正如前面注释过的那样,gray_image 是灰度图像,bw 是抖动处理过的二值图像(逻辑类)。

表 6-3 用于在 RGB 图像、索引图像和灰度图像之间进行转换的工具箱函数

函 数	描 述
Dither	采用"抖动"方法从 RGB 图像创建索引图像
grayslice	从灰度图像通过阈值处理创建索引图像
gray2ind	从灰度图像创建索引图像
ind2gray	从索引图像创建灰度图像
rgb2ind	从 RGB 图像创建索引图像
ind2rgb	从索引图像创建 RGB 图像
rgb2gray	从 RGB 图像创建灰度图像

当处理彩色图像时，"抖动"主要是与函数 rgb2ind 联合起来以减少图像中的颜色数目。这个函数将在本节的后面讨论。

函数 grayslice 有如下语法：

```
X = grayslice(gray_image, n)
```

这个函数使用阈值对灰度图像进行阈值处理以产生索引图像：

$$\frac{1}{n}, \frac{2}{n}, \cdots, \frac{n-1}{n}$$

正如前面注释过的那样，索引图像可以看做用指令 imshow(X,map) 通过长度适当的映射(例如 jet(16))得到的。另一种语法是：

```
X = grayslice(gray_image, v)
```

其中，v 是矢量(值的范围为[0,1])，用来给 gray_image 赋阈值。函数 grayslice 是伪彩色图像处理的基本工具，伪彩色为指定的灰度区域赋予不同的颜色。输入图像的类型可以是 uint8、uint16 或 double。即使输入图像的类型是 uint8 或 uint16，v 的阈值也必须在 [0,1]之间。函数执行了必要的缩放操作。

函数 gray2ind 采用如下语法：

```
[X, map] = gray2ind(gray_image, n)
```

执行缩放后，围绕图像 gray_image，使用彩色映射 gray(n) 生成索引图像 X。如果 n 省略，那么默认值为 64。输入图像的类型可以是 uint8、uint16 或 double。如果 n 的值小于等于 256，那么输出图像 X 的类型是 uint8；如果 n 的值大于 256，那么类型是 uint16。

函数 ind2gray 的语法为：

```
gray_image = ind2gray(X,map)
```

这个函数把由 X 和 map 构成的索引图像转换成灰度图像。数组 X 的类型可以是 uint8、uint16 或 double。输出图像是 double 类。

本章比较感兴趣的函数是 rgb2ind，语法如下：

```
[X, map] = rgb2ind(rgb_image, n, dither_option)
```

在这里，n 决定 map 的颜色数目，dither_option 可以是如下两个值之一：'dither'(默认值)，如有必要，以损失空间分辨率为代价，从而达到更好的颜色分辨率；相反，'nodither' 将原图上的每个颜色用与之最接近的颜色映射到新图上(取决于 n 的值)，不执行抖动。输入图像可以是 uint8、uint16 或 double 类。如果 n 的值小于等于 256，输出数组 X 是 uint8 类，否则便是 uint16 类。例 6.1 显示了没有彩色减少的抖动效果。

函数 ind2rgb 的语法为：

```
rgb_image = ind2rgb(X, map)
```

这个函数将矩阵 X 和对应的彩色映射 map 转换成 RGB 格式。X 可以是 uint8、uint16 或 double 类。输出的 RGB 图像是大小为 M×N×3 的 double 类的数组。

最后，函数 rgb2gray 的语法为：

gray_image = rgb2gray (rgb_image)

这个函数将 RGB 图像转换成灰度图像。输入的 RGB 图像可以是 uint8、uint16 或 double 类，输出图像与输入图像的类相同。

例 6.1 对表 6-3 中某些函数的用法展示

函数 rgb2ind 对于减少 RGB 图像中的色彩数目很有用，正如这个函数说明的那样，关于使用抖动选项的优点，可考虑图 6-4(a)，这是一幅 24 比特的 RGB 图像 f。

图 6-4(b)和图 6-4(c)显示了应用如下指令后的结果：

```
>> [X1, map1] = rgb2ind(f, 8, 'nodither');
>> imshow(X1, map1)
```

和

```
>> [X2, map2] = rgb2ind(f, 8, 'dither');
>> figure, imshow(X2, map2)
```

两幅图像均只有 8 种颜色，这相对 uint8 图像 f 可能拥有的 1600 万种颜色来说有显著减少。图 6-4(b)显示了明显的伪轮廓，特别是在大花朵的中心部位。抖动处理之后的图像显示出了较好的色调，而且伪轮廓明显减少，这就是用抖动引入的"随机性"的结果。图像有一点点模糊，但视觉上的确优于图 6-4(b)。

抖动处理的效果用灰度图像来说明往往更好。图 6-4(d)和图 6-4(e)是由下列指令获得的：

```
>> g = rgb2gray(f)
>> g1 = dither(g);
>> figure,imshow(g);figure,imshow(g1)
```

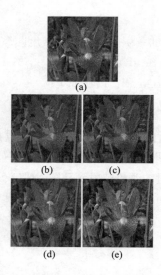

图 6-4 (a) RGB 图像；(b) 没有进行抖动处理的彩色数目减少到 8 后的图像；(c) 经抖动处理的彩色数目减少到 8 后的图像；(d) 用函数 rgb2gray 得到(a)的灰度图像；(e) 经抖动处理后的灰度图像(这是二值图像)

图 6-4(e)是二值图像，这再一次说明了数据显著减少的程度。图 6-4(c)和图 6-4(e)展示了"抖

动"之所以成为印刷和出版行业主要方法的原因,特别是在纸张质量和印刷分辨率不高的情况下(比如报纸的印刷)。

6.2 彩色空间之间的转换

正如在前面说明过的那样,在一幅 RGB 图像中,工具箱直接把颜色描述成 RGB 值,或者在索引图像中间接地用 RGB 格式来存储彩色映射。

然而,还有其他的彩色空间(又被称作彩色模型),它们在应用中的使用可能比 RGB 更方便或更恰当。这些模型是 RGB 模型的变换,包括 NTSC、YCbCr、HSV、CMY、CMYK 和 HSI 彩色空间。工具箱提供了从 RGB 向 NTSC、YCbCr、HSV、CMY 彩色空间转换或转换回来的函数。用于转换成 HSI 彩色空间并转换回来的函数在本节后面讨论。

6.2.1 NTSC 彩色空间

NTSC 彩色空间用于模拟电视。这种格式的主要优势是灰度信息和彩色数据是分离开来的,所以同一信号可以用于彩色电视机和黑白电视机。在 NTSC 格式中,图像数据由三部分组成:亮度(Y)、色调(I)和饱和度(Q)。在这里,字母 YIQ 的选择常常是按照惯例进行的。亮度分量描述灰度信息,其他两个分量携带电视信号的彩色信息。YIQ 分量都是用线性变换从一幅图像的 RGB 分量得到的:

$$\begin{bmatrix} Y \\ I \\ Q \end{bmatrix} = \begin{bmatrix} 0.229 & 0.587 & 0.114 \\ 0.596 & -0.274 & -0.322 \\ 0.211 & -0.523 & 0.312 \end{bmatrix} \begin{bmatrix} R \\ G \\ B \end{bmatrix}$$

注意,第一行的各元素之和为 1,而下两行元素的和为 0。这和预想的一样,因为对于一幅灰度图像,所有的 RGB 分量都是相等的;所以对于这样的图像来说,I 和 Q 分量应该是 0。函数 `rgb2ntsc` 可执行前边的变换:

```
yiq_image = rgb2ntsc(rgb_image)
```

其中,输入的 RGB 图像可以是 `uint8`、`uint16` 或 `double` 类。输出图像是大小为 M×N×3 的 `double` 类数组。分量图像 `yiq_image(:,:,1)` 是亮度、`yiq_image(:,:,2)` 是色调、`yiq_image(:,:,3)` 代表饱和度。

类似的,RGB 分量可以利用下面的线性变换从 YIQ 分量得到:

$$\begin{bmatrix} R \\ G \\ B \end{bmatrix} = \begin{bmatrix} 1.000 & 0.956 & 0.621 \\ 1.000 & -0.272 & -0.647 \\ 1.000 & -1.106 & 1.703 \end{bmatrix} \begin{bmatrix} Y \\ I \\ Q \end{bmatrix}$$

工具箱函数 `ntsc2rgb` 执行这个变换,语法是:

```
rgb_image = ntsc2rgb(yiq_image)
```

输入和输出图像都是 `double` 类。

6.2.2 YCbCr 彩色空间

YCbCr 彩色空间广泛用于数字视频。在这种格式中，亮度信息用单独的分量 Y 来表示，彩色信息是用两个色差分量 *Cb* 和 *Cr* 来存储的。分量 *Cb* 是蓝色分量与参考值的差，分量 *Cr* 是红色分量与参考值的差。工具箱采用的从 RGB 转换为 YcbCr 的变换是：

$$\begin{bmatrix} Y \\ Cb \\ Cr \end{bmatrix} = \begin{bmatrix} 16 \\ 128 \\ 128 \end{bmatrix} + \begin{bmatrix} 65.481 & 128.553 & 24.966 \\ -37.797 & -74.203 & 112.000 \\ 112.000 & -93.786 & -18.214 \end{bmatrix} \begin{bmatrix} R \\ G \\ B \end{bmatrix}$$

转换函数是：

```
ycbcr_image = rgb2ycbcr(rgb_image)
```

输入的 RGB 图像可以是 uint8、uint16 或 double 类。输出图像和输入图像的类型相同。使用类似的变换可以从 YCbCr 转换回 RGB：.

```
rgb_image = ycbcr2rgb(ycbcr_image)
```

输入的 YCbCr 图像可以是 uint8、uint16 或 double 类。输出图像和输入图像的类型相同。

6.2.3 HSV 彩色空间

HSV(色调、饱和度、值)是人们用来从颜色轮或调色板中挑选颜色(例如颜料或墨水)时使用的彩色系统之一，值得考虑的是，这个颜色系统比 RGB 系统更接近人们的经验和对彩色的感知。在画家的术语里，色调、饱和度和数值被称作色调、明暗和色值。

HSV 彩色空间可以通过从 RGB 彩色立方体沿灰度轴(连接黑色顶点和白色顶点的轴)用公式来表达，从而得出图 6-5(a)所示的六边形表示的彩色调色板。当我们沿着图 6-5(b)中的垂直轴(灰)轴移动时，这个与轴垂直的六边形平面的大小是变化的，并产生了图中描述的量。

色调分量是用围绕彩色六边形的角度来描述的，典型的是将红轴作为参考(0°)轴。值分量是沿着这个圆锥体的轴度量的。

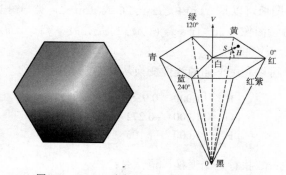

图 6-5 (a) HSV 彩色六边形；(b) HSV 六面锥体

V=0，轴的末端为黑色；V=1，轴的末端为白色。轴位于图 6-5(a)中全彩色六边形的中心。这样，这个轴就描绘了所有灰度级的深浅。饱和度(颜色的纯净度)分量是由距 V 轴的距离来度量的。

HSV 彩色系统是以圆柱坐标系为基础的。将 RGB 转换为 HSV 需要将公式展开，将 RGB 值(笛卡尔坐标系)映射至圆柱坐标系。大多数的计算机图形学文献都对这一问题给出了详细论述，我们在这里就不再展开这个公式了。

将 RGB 转换为 HSV 的 MATLAB 函数是 rgb2hsv，语法如下：

```
hsv_image = rgb2hsv(rgb_image)
```

输入的 RGB 图像可以是 uint8、uint16 或 double 类，输出图像是 double 类。将 HSV 转换回 RGB 的函数为 hsv2rgb，语法如下：

```
rgb_image = hsv2rgb (hsv_image)
```

输入图像的类必须是 double 类，输出也是 double 类。

6.2.4 CMY 和 CMYK 彩色空间

青色、紫红色和黄色是光的二次色，或者换一种说法，它们是颜料的原色。例如，当在表面涂上青色颜料，再用白光照射时，没有红光从表面反射。也就是说，青色颜料从表面反射的光中减去了红光。

大多数将颜料堆积于纸上的设备，比如彩色打印机和复印机，都需要 CMY 数据输入，或在内部将 RGB 转换为 CMY，近似的转换可用下面的公式实现：

$$\begin{bmatrix} C \\ M \\ Y \end{bmatrix} = \begin{bmatrix} 1 \\ 1 \\ 1 \end{bmatrix} - \begin{bmatrix} R \\ G \\ B \end{bmatrix}$$

其中，假想所有的颜色值都已经归一化在[0,1]之间。这个公式证明了刚才的描述，从涂满纯青色的表面反射的光不包含红色(公式中的 C = 1−R)。同样，纯净的紫红色不反射绿色，纯净的黄色不反射蓝色。上述公式还证明，从 1 减去个别的 CMY 值，可以从一组 CMY 值很容易地获得 RGB 值。

在理论上，等量的颜料原色，将青色、紫红色和黄色混合会产生黑色。在实践中，将这些颜色混合印刷会生成模糊不清的黑色。所以，为了生成纯正的黑色(打印中主要的颜色)，第 4 种颜色——黑色便添加进来了，从而给出提升的 CMYK 彩色模型。由此，当出版人谈论"4 色印刷"时，他们指的是 CMY 彩色模型再加黑色。

在 2.2.1 节介绍的 imcomplement 函数可近似地把 RGB 模型转换为 CMY 模型：

```
cmy_image = imcompliment(rgb_image)
```

也可以用这个函数将 CMY 图像转换为 RGB 图像：

```
rgb_image = imcompliment(cmy_image)
```

高质量的 CMY 或 CMYK 转换需要掌握打印机墨水和介质的知识，以及用于决定什么地方用黑墨水(K)代替其他三种墨水的启发式方法。这种转换可使用为特殊打印机创建的 ICC 彩色剖面完成(关于 ICC，见 6.2.6 节)。

6.2.5 HSI 彩色空间

除了 HSV 之外，至今为止，我们讨论过的彩色空间还没有根据人的解释适合以术语描述彩色的方式。例如，没有人会用给出构成颜色的每一种颜料原色的百分比这种方法来提供汽车的颜色。

当人们观察彩色物体时，往往倾向于使用色调、饱和度和亮度来描述。色调是描述纯色的颜色属性，而饱和度给出了纯色被白光冲淡程度的度量。亮度是主观描述符，事实上几乎无法度量。这使得无色的亮度概念得以具体化，并且是描述颜色感觉的关键因素之一。我们已经知道，亮度(灰度)是描述单色图像的最有用描述子。这个明确的分量可以被度量，也可以被容易地描述出来。

我们将要讨论的彩色空间叫做 HSI(色彩、饱和度、强度)，该模型将强度分量与从一幅彩色图像中承载的彩色信息分开。正如结果那样，HSI 模型是开发基于彩色描述的图像处理算法的理想工具。对于人来说，这种描述自然而直观，毕竟人是这些算法的开发者和使用者。HSV 彩色空间有些类似，当按照画家的调色板来解释时，HSV 关注的是所能呈现的有意义的色彩。

正如在 6.1.1 节中讨论过的那样，RGB 彩色图像是由三个单色的亮度图像构成的，所以，我们可以从一幅 RGB 图像中提取出亮度并不奇怪。如果采用图 6-2 中的彩色立方体，假设我们站在黑色顶点(0,0,0)处，那么正上方正对是白色顶点(1,1,1)，如图 6-6(a)所示。再同图 6-2 联系起来看，亮度是沿着连接两个顶点的连线分布的。在图 6-6 中，这条连接黑色和白色顶点的线(亮度轴)是垂直的。因此，如果想确定图 6-6 中任意彩色点的亮度分量，就需要经过包含彩色点且垂直于亮度轴的平面。这个平面和亮度轴的交点将给出范围在[0,1]之间的亮度值。我们还注意到，饱和度随着与亮度轴之间的距离函数而增加。事实上，在亮度轴上的点的饱和度为 0，事实很明显，沿这个轴上的所有点都是灰度色调。

为了弄清从已经给出的 RGB 点怎样决定色调，考虑图 6-6(b)，其中显示了由三个点(分别为黑色、白色和青色)定义的平面。在这个平面上，含有黑色和白色顶点的这个事实告诉我们：亮度轴同样在这个平面上。此外我们看到，由亮度轴和立方体边界共同定义的、这个平面上包含的所有点都有相同的色调(在此例中为青色)。这是因为在彩色三角形内，颜色是这三个顶点颜色的各种组合或者是由它们混合而成的。如果这些顶点中的两个是黑色和白色，第三个顶点是彩色的点，那么这个三角形中所有点的色调都是相同的，因为白色和黑色分量对于色彩的变化没有影响(当然在这个三角形中，点的亮度和饱和度会有变化)。以垂直的亮度轴旋转这个深浅平面，我们可以获得不同的色调。从这些概念中，我们得到下面的结论：形成 HSI 空间所需的色调、饱和度和亮度值，可以通过 RGB 彩色立方体得到。也就是说，通过算出刚刚在前边推出的几何推理公式，就可以将任意的 RGB 点转换成 HSI 模型中对应的点。

第 6 章　彩色图像处理

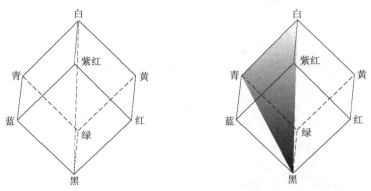

图 6-6　RGB 与 HSI 彩色模型之间的关系

基于前面的讨论，我们认识到，HSI 空间由垂直的亮度轴以及垂直于此轴的某个平面上彩色点的轨迹组成。当平面沿着垂直轴上下移动时，由平面和立方体表面相交定义的边界为三角形或六边形。如果从立方体的灰度轴向下看去，如图6-7(a)所示，这可能变得更加直观。在这个平面上，我们看到各原色之间都相隔了 120°，各二次色和各原色之间相隔了 60°，这意味着各二次色之间也相隔了 120°。

图6-7(b)显示了六边形和某个任意的彩色点(用点的形式显示)。这个点的色调由某个参考点的夹角决定。通常(但也并不总是)，距红轴0°的角，表示色调为 0，并且色调从此点逆时针增长。饱和度(到垂直轴的距离)就是从原点到此点的矢量的长度。注意，这个原点由色彩平面和垂直亮度轴的交点决定。HSI 色彩空间的重要组成部分是：垂直亮度轴到彩色点的矢量长度，以及该矢量与红轴的夹角。因此，当用刚才讨论过的六边形，甚至如图 6-7(c)和图 6-7(d)所示的三角形或圆形定义 HSI 平面是不足为奇的。选择哪个形状并不重要，因为任意形状都可以通过几何变换变换成另外两个。

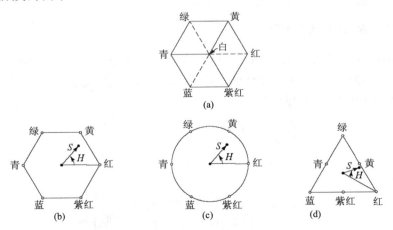

图 6-7　HIS 颜色模型中的色调和饱和度。点是任意的彩色点，与红轴的夹角给出了色调，向量的长度是饱和度。在这些平面上，所有彩色的亮度都由垂直亮度轴上平面的位置给出

图 6-8 显示了基于彩色三角形和圆形的 HSI 模型。

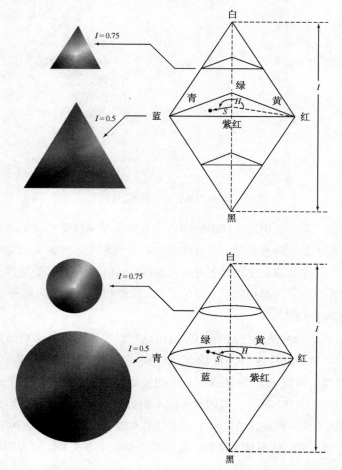

图 6-8 基于三角形和圆形平面的 HSI 模型,三角形和圆形都垂直于亮度轴

1. 将颜色从 RGB 转换为 HSI

在下面的讨论中,我们给出从 RGB 到 HSI 必要的转换公式,这里不予推导。对公式的详细推导可参考本书网站(1.5 节列出了地址)。给出一幅 RGB 彩色格式的图像,那么每个 RGB 像素的 H 分量可用下面的公式得到:

$$H = \begin{cases} \theta & B \leq G \\ 360 - \theta & B > G \end{cases}$$

其中:

$$\theta = \cos^{-1}\left\{\frac{0.5[(R-G)+(R-B)]}{[(R-G)^2+(R-B)(G-B)]^{1/2}}\right\}$$

饱和度由下面的式子给出:

$$S = 1 - \frac{3}{(R+G+B)}[\min(R,G,B)]$$

最后，亮度由下面的式子给出：

$$I = \frac{1}{3}(R+G+B)$$

假定 RGB 值已经归一化在[0,1]之间，角度 θ 使用关于 HSI 空间的红轴来度量，正如图 6-7 中指出的那样。将从 H 的公式中得出的所有结果除以 360°，即可将色调归一化在[0,1]之间。如果给出的 RGB 值在[0,1]之间，那么其他的两个 HSI 分量就已经在[0,1]之间了。

2. 将颜色从 HSI 转换为 RGB

给定在[0,1]之间的 HSI 值，我们现在希望找出同一范围内相应的 RGB 值。可用的公式依赖于 H 的值。有三个感兴趣的部分，正如早些时候提到的那样，分别对应原色之间相隔 120° 的范围。我们用 360° 乘以 H，这样就将色调的值还原成了原来的范围——[0°, 360°]。

RG 区域$(0° \leq H < 120°)$ 如果 H 在这个区域内，那么 RGB 分量由下式给出：

$$R = I\left[1 + \frac{S\cos H}{\cos(60° - H)}\right]$$

$$G = 3I - (R+B)$$

和

$$B = I(1-S)$$

GB 区域$(120° \leq H < 240°)$ 如果给出的 H 值在这个区域内，我们就先从中减去 120°：

$$H = H - 120°$$

那么，这时 RGB 分量是：

$$R = I(1-S)$$

$$G = I\left[1 + \frac{S\cos H}{\cos(60° - H)}\right]$$

并且

$$B = 3I - (R+G)$$

BR 区域(240°≤H≤360°) 最后，如果 H 在这个区域内，我们就从中减去 240°：

$$H = H - 240°$$

RGB 分量分别是：

$$R = 3I - (G+B)$$

其中：

$$G = I(1 - S)$$

和

$$B = I\left[1 + \frac{S \cos H}{\cos(60° - H)}\right]$$

我们将在 6.5.1 节说明这些公式在图像处理中的应用。

3. 用于从 RGB 到 HIS 进行转换的 M-函数

下面是惯用的函数:

```
hsi = rgb2hsi(rgb)
```

该函数执行刚刚讨论过的把 RGB 转换成 HSI 格式的公式。其中,rgb 和 hsi 分别表示 RGB 和 HSI 图像。下面的代码演示了这个函数的使用:

```
function hsi = rgb2hsi(rgb)
%RGB2HSI Converts an RGB image to HSI.
%   HSI = RGB2HSI(RGB) converts an RGB image to HSI. The input image
%   is assumed to be of size M-by-N-by-3, where the third dimension
%   accounts for three image planes: red, green, and blue, in that
%   order. If all RGB component images are equal, the HSI conversion
%   is undefined. The input image can be of class double (with
%   values in the range [0, 1]), uint8, or uint16.
%
%   The output image, HSI, is of class double, where:
%     HSI(:, :, 1) = hue image normalized to the range [0,1] by
%                    dividing all angle values by 2*pi.
%     HSI(:, :, 2) = saturation image, in the range [0, 1].
%     HSI(:, :, 3) = intensity image, in the range [0, 1].
%     Extract the individual component images.
rgb = im2double(rgb);
r = rgb(:, :, 1);
g = rgb(:, :, 2);
b = rgb(:, :, 3);

% Implement the conversion equations.
num = 0.5*((r - g) + (r - b));
den = sqrt((r - g).^2 + (r - b).*(g - b));
theta = acos(num./(den + eps));

H = theta;
H(b > g) = 2*pi - H(b > g);
H = H/(2*pi);

num = min(min(r, g), b);
den = r + g + b;
den(den == 0) = eps;
S = 1 - 3.* num./den;
H(S == 0) = 0;
I = (r + g + b)/3;

% Combine all three results into an hsi image.
hsi = cat(3, H, S, I);
```

4. 用于从 HSI 到 RGB 进行转换的 M-函数

下边的函数：

rgb = hsi2rgb(hsi)

执行把 HSI 转换成 RGB 格式的公式。下面的代码演示了这个函数的使用：

```
function rgb = hsi2rgb(hsi)
%HSI2RGB Converts an HSI image to RGB.
%   RGB = HSI2RGB(HSI) converts an HSI image RGB, where HSI is
%   assumed to be of class double with:
%     HSI(:, :, 1) = hue image, assumed to be in the range
%                    [0, 1] by having been divided by 2*pi.
%     HSI(:, :, 2) = saturation image, in the range [0, 1];
%     HSI(:, :, 3) = intensity image, in the range [0, 1].
%
%   The components of the output image are:
%     RGB(:, :, 1) = red.
%     RGB(:, :, 2) = green.
%     RGB(:, :, 3) = blue.

% Extract the individual HSI component images.
H = hsi(:, :, 1) * 2 * pi;
S = hsi(:, :, 2);
I = hsi(:, :, 3);

% Implement the conversion equations.
R = zeros(size(hsi, 1), size(hsi, 2));
G = zeros(size(hsi, 1), size(hsi, 2));
B = zeros(size(hsi, 1), size(hsi, 2));

% RG sector (0 <= H < 2*pi/3).
idx = find( (0 <= H) & (H < 2*pi/3));
B(idx) = I(idx) .* (1 - S(idx));
R(idx) = I(idx) .* (1 + S(idx) .* cos(H(idx))./ ...
                            cos(pi/3 - H(idx)));
G(idx) = 3*I(idx) - (R(idx) + B(idx));

% BG sector (2*pi/3 <= H < 4*pi/3).
idx = find( (2*pi/3 <= H) & (H < 4*pi/3) );
R(idx) = I(idx) .* (1 - S(idx));
G(idx) = I(idx) .* (1 + S(idx) .* cos(H(idx) - 2*pi/3) ./ ...
                            cos (pi - H(idx)));
B(idx) = 3*I(idx) - (R(idx) + G(idx));

% BR sector.
idx = find( (4*pi/3 <= H) & (H <= 2*pi));
G(idx) = I(idx).* (1 - S(idx));
B(idx) = I(idx).* (1 + S(idx).* cos(H(idx) - 4*pi/3)./ ...
                       cos(5*pi/3 - H(idx)));
R(idx) = 3*I(idx) - (G(idx) + B(idx));

% Combine all three results into an RGB image. Clip to [0, 1] to
% compensate for floating-point arithmetic rounding effects.
rgb = cat(3, R, G, B);
rgb = max(min(rgb, 1), 0);
```

例 6.2 从 RGB 转换为 HSI

图 6-9 显示了在白色背景下一幅 RGB 立方体图像的色调、饱和度和亮度分量，这类似于图 6-2(b)中的图像。图 6-9(a)是色调图像，它的最大特征是：在立方体的前(红)平面中沿 45°线是不连续的。为理解不连续的原因，可参考图 6-2(b)，从立方体的红顶点到白顶点画一条线，并在这条线的中间选择一个点。从这个点开始向右画一条路径，沿着立方体周围直到返回起始点。在这一路径上遇到的彩色是黄、绿、青、蓝、深红、红。根据图 6-7，沿着这条路径的色调的值应该从 0°到 360°(也就是说，从色调可能的最低值到最高值)增加。这正好是图 6-9 中显示的，因为在图中，最低值表示黑，最高值表示白。

图 6-9(b)中的饱和度图像显示了较暗的值逐渐逼近 RGB 立方体的白色顶点，指示彩色饱和度越来越弱，直至白色。最后，在图 6-9(c)中显示了图像中的每个像素都是相应于图 6-2(b)中 RGB 像素值的平均值。注意，这幅图像的背景是白色，因为在彩色图像中，背景的亮度是白色。其他两幅图的背景是黑色的，因为白色的色调和饱和度是 0。

图 6-9 RGB 彩色立方体图像的 HSI 分量图像：(a) 色调图像；(b) 饱和度图像；(c) 亮度图像

6.2.6 独立于设备的彩色空间

从 6.2.1 到 6.2.5 节，我们关注的是彩色空间，彩色空间以使计算更方便的方法描述了彩色信息，或以对特殊应用更直观或更合适的方法描述彩色。迄今为止讨论的所有空间都与设备相关。例如，RGB 彩色的外观随着显示器和扫描仪的特性而变化，CMYK 彩色随打印墨水和纸张特性而变化。

在这一节，我们集中讨论独立于设备的彩色空间。在彩色图像系统中，为达到一致的、高质量的彩色重现，需要对系统中的每个彩色设备进行理解和描述。在可控的环境中，有可能调整系统的各种部件以达到满意的结果。例如，在图片打印商店中，手工优化颜料、洗印以及洗印子系统，进而达到一致结果是可能的。另一方面，这个方法在开放的数字成像系统中却不实用，数字成像系统由许多设备组成，其中被处理和观察的图像是不可控的(例如互联网)。

1. 背景

通常，在辨别不同颜色时使用的特征是亮度、色调和饱和度。正如在本节早些时候指出的那样，亮度具体表达无色的强度的概念，色调是在光波混合中与主要波长相关的属性，色调描述了观察者感知的主要彩色。这样一来，当我们称物体为红色、橘黄色和黄色时，指的是色调。饱和度指的是相对纯度或与色调相混合的白光数量。纯色是全饱和的彩色，比如粉红色(红和白)和淡紫色(紫和白)，有较小的饱和度，饱和度与所加白光的数量成反比。色调和饱和度合起来称为颜色，因此，彩色是由颜色和亮度表现的特性。为形成一种特殊颜色而需要的红、绿、蓝颜色叫做三色值，分别用 X、Y、Z 来表示。颜色是由颜色自身的三色系数来指定的，定义为：

$$x = \frac{X}{X+Y+Z}$$

$$y = \frac{Y}{X+Y+Z}$$

$$z = \frac{Z}{X+Y+Z} = 1-x-y$$

并且：

$$x+y+z = 1$$

其中，x、y 和 z 分别表示红、绿、蓝分量。在可见光谱中，光的任何波长均可产生与那个波长相对应的三色值，它们可直接从曲线或表中得到，曲线和表已从广泛的实验结果编制出来了(Poynton[1996])。

用得最广泛的独立于设备的三色值彩色空间之一是 1931 年提出的 CIE XYZ 彩色空间。在 CIE XYZ 彩色空间中，Y 被选为特定亮度的度量。由 Y 以及颜色值 x 和 y 定义的彩色空间被称为 xyY 彩色空间。X 和 Z 三色值可通过 x、y 和 Y 值用下式计算出来：

$$X = \frac{Y}{y}x$$

和

$$Z = \frac{Y}{y}(1-x-y)$$

可以从前边的公式看出，在 XYZ 和 xyY CIE 彩色空间之间存在直接对应关系。以 x 和 y 为参数的函数显示人能感觉到的颜色范围的图(图 6-10)被称为色度图。在色度图中，对于 x 和 y 的任何值，相应的 z 值是 $z=1-(x+y)$。例如在图 6-10 中，标注为绿色的点拥有近似 62%的绿和近似 25%的红。因此，针对那种颜色的光的蓝分量是 13%。

各种单(纯谱)彩色的位置——从 380nm 的紫色到 780nm 的红色，均围绕着色度图的舌形线的边界指示出来了。边界的直线部分称为紫色线，这些颜色没有单一的等价值。边界上的任何点都不是实际的颜色，但是，在图的内部表示某些谱色的混合。在图 6-10 中，等能量点对应三原色的等量比例，表示白光的 CIE 标准。位于色度图边界上的任何点都是全饱和的。当某个点离开边界并接近等能量点时，就会有更多的白光加入，饱和度变小。等能量点处的饱和度为 0。

在色度图中，连接任意两个点的直线段说明了所有不同的颜色变化，可以由相加的两种颜色混合得到。例如，考虑连接图 6-10 中红和绿的直线。如果在颜色中有比绿光更多的红光，那么描述颜色的点将在线段上，并且比绿点更接近红点。类似地，从等能量点到色度图边界上任意一点而画的一条线将定义所有的特殊谱色的浓淡色调。

把这个过程扩展到三种颜色是很简单的。为了决定从色度图中给定的任何三种颜色均可得到的颜色范围，我们为三个色点中的每一个画连接线。结果是三角形，并且在三角形的边界和内部会产生由三种原始颜色混合而成的颜色。由任何三个固定颜色处的顶点形成的三角形不能包括图 6-10 中的全部颜色区域。此观察使得我们经常所做的解释变得很清楚，任何颜色都可从确定的三原色产生是误解。

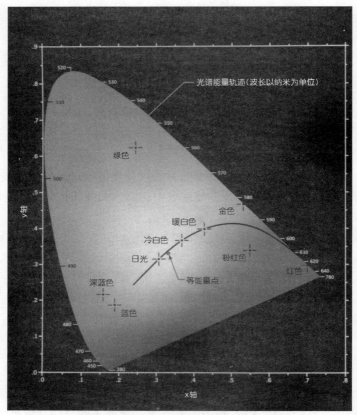

图 6-10 CIE 色度图

2. CIE 家族中独立于设备的彩色空间

10 年间，由于 XYZ 彩色空间的引入，CIE 还开发了一些其他的彩色空间规范，试图提供可供选择的比 XYZ 更好的能适应某些目的的彩色表示。例如，1976 年 CIE 引入的 L*a*b*彩色空间，这是在色彩科学、创新艺术和诸如打印机、摄像机、扫描仪等彩色设备的设计中广泛应用的彩色空间。作为工作空间，相比 XYZ，L*a*b*具有两个重要优点。首先，L*a*b*更清楚地分离了彩色信息(用 a*和 b*值表示)和灰度信息(完全用 L*值表示)。其次，在这个空间中，L*a*b*颜色被设计为欧氏距离，这很好地对应了彩色之间的感觉差别。因为这个性质，L*a*b*彩色空间被认为是感知一致的。作为必然结果，L*值对人类的亮度感知是线性的，也就是说，如果一种颜色的 L*值是另一种颜色 L*值的两倍，那么第一种颜色感觉亮两倍。注意，由于人类视觉系统的复杂性，感知的一致性仅仅是近似把握。表 6-4 列出了 CIE 家族中设备独立的受图像处理工具箱支持的彩色空间。对于 CIE 彩色模型的技术细节，请参考 Sharma 编写的书籍。

表 6-4 图像处理工具箱支持的独立于设备的彩色空间

彩色空间	描　　述
XYZ	最初于 1931 年引入的 CIE 彩色空间规范
xyY	提供了归一化颜色值的 CIE 规范，大写的 Y 值表示亮度，与 XYZ 中的一样
uvL	试图使颜色平面在视觉上更一致的 CIE 规范，L 是亮度，与 XYZ 中的一样

(续表)

彩 色 空 间	描 述
u′v′L	为了改进一致性，u 和 v 被重新标定的 CIE 规范
L*a*b*	试图使亮度在视觉上更一致的 CIE 规范，L*是 L 的非线性尺度，它对白色基准点是归一化的
L*ch	这里的 c 是浓度，h 是色调，这些值是 L*a*b*中 a*和 b*的极坐标变换

3. sRGB 彩色空间

正如本节早些时候提到的那样，RGB 彩色模型依赖于设备。这意味着对于给定的一组 R、G、B 值，不存在单一、明确的彩色解释。另外，图像文件常常不包含获取图像时所用设备的彩色特性信息。就像结果那样，相同的图像文件可能(经常就是)在不同的计算机系统中看上去明显不同。比如 20 世纪 90 年代，互联网应用激增，Web 设计人员常常发现，他们不能准确地预知在用户浏览器上显示时图像的颜色看上去如何。

为解决这个问题，微软和惠普提出了新的默认彩色空间标准，称作 sRGB。sRGB 彩色空间被设计为与计算机的 CRT 监视器标准特性相一致，并且与 PC 机在家庭和办公室观察环境相一致。sRGB 彩色空间独立于设备。因此，sRGB 颜色值很容易被改变为另一个独立于设备的彩色空间。

sRGB 标准已变成计算机界广泛接受的标准，特别是面向消费者的设备。数字摄像机、扫描仪、计算机显示器和打印机等，都例行地被设计为假定图像的 RGB 值与 sRGB 的彩色空间是一致的，除非图像文件包含更多的指定设备的彩色信息。

4. CIE 和 sRGB 彩色空间之间的转换

工具箱函数 makecform 和 applycform 可用于独立于设备的彩色空间之间的转换。表 6-5 列出了它们支持的转换。函数 makecform 用于创建 cform 结构，方式类似于使用 maketform 创建 tform 结构(见第 5 章)。相应的 makecform 语法是：

```
cform = makecform(type)
```

其中，type 是表 6-5 所示的字符串之一。函数 applycform 使用 cform 结构转换颜色。applycform 的语法是：

```
g = applycform(f, cform)
```

表 6-5 图像处理工具箱支持的独立于设备的彩色空间转换

makecform 中使用的类型	彩 色 空 间
'lab2lch'、'lch2lab'	L*a*b*和 L*ch
'lab2srgb'、'srgb2lab'	L*a*b*和 sRGB
'lab2xyz'、'xyz2lab'	L*a*b*和 XYZ
'srgb2xyz'、'xyz2srgb'	sRGB 和 XYZ
'upvpl2xyz'、'xyz2upvpl'	u′v′L 和 XYZ
'uvl2xyz'、'xyz2uvl'	uvL 和 XYZ
'xyl2xyz'、'xyz2xyl'	xyY 和 XYZ

例 6.3 以 L*a*b*彩色空间为基础创建在感觉上一致的彩色空间

在这个例子中，我们构建一个彩色标尺，它可用于彩色和黑白出版物。McNames 列出了这样一些彩色标尺的设计原则：

- 两个彩色标尺间感知颜色的不同应该与沿着标尺之间的距离成正比。
- 亮度应该单调地递增，因此标尺工作于黑白出版物。
- 贯穿标尺的相邻彩色应该尽可能明显。
- 标尺应包含较宽的彩色范围。
- 彩色标尺应该直观。

我们用创建 L*a*b*彩色空间的路径设计彩色标尺以满足前 4 条原则。第 1 条原则，感觉尺度的一致性，可用 L*a*b*中的彩色等距离间隔来满足。第 2 条原则，单调递增的亮度，可用构建 L*(L*的值在 0(黑)和 100(完美的漫射亮度)间变化)值的线性斜坡来满足。这里设计在 40 和 80 之间间隔相等的估值为 1024 的斜坡：

```
>> L = linspace(40, 80, 1024);
```

对于不同的相邻彩色，第 3 条原则可用色调上的不同彩色来满足，对应于 a*b*平面中彩色的极角：

```
>> radius = 70;
>> theta = linspace(0, pi, 1024);
>> a = radius * cos(theta);
>> b = radius * sin(theta);
```

第 4 条原则要求使用宽范围的颜色。我们的一组 a*和 b*值可延伸得尽可能远(以极角计)。在标尺的开始，得到接近的第一个颜色，没有最后的颜色。

下一步，我们制作一幅 L*a*b* 彩色标尺的 100×104×3 大小的图像：

```
>> L = repmat(L, 100, 1);
>> a = repmat(a, 100, 1);
>> b = repmat(b, 100, 1);
>> lab_scale = cat(3, L, a, b);
```

为了在 MATLAB 中显示彩色标尺图像，首先必须转换为 RGB 图像。使用 makecform 制作 cform 结构，然后使用 applycform：

```
>> cform = makecform('lab2srgb');
>> rgb_scale = applycform(lab_scale, cform);
>> imshow(rgb_scale)
```

图 6-11 显示了结果。

图 6-11 基于 L*a*b*彩色空间的在感觉上一致的标尺

第 5 条原则，在直觉上依赖于应用，评估起来要困难得多。不同的颜色标尺可用相同过程来构建，但却使用在 a*b*平面上 L*中不同的开始值和结束值。得到的新彩色标尺可能对一定的应用更直观。

5. ICC 彩色剖面

文本彩色在计算机监视器上可以有外观，并且在打印时，外观会有很大不同。或者在不同的打印机上打印时，文本的颜色可能看起来也不同。为了在不同的输入、输出和显示设备上得到高质量的彩色重现，创建变换以把颜色从某个设备映射到另一个设备是必要的。通常，在每一对设备之间需要单独的彩色变换，对于不同的打印条件需要附加变换，设置设备质量等。这些变换中的每一个都必须用谨慎的控制和校准实验条件来开发。很明显，这样一种方法会被证明对所有这些高花费的高端系统并不适用。

国际彩色协会(ICC)在 1993 年建立的行业组织已经标准化了另一种不同方法。每一个设备正好有两个与之关联的变换，而不管在系统中可能存在的其他设备的数量。其中的一个变换把设备彩色转换为标准，独立于设备的彩色空间叫做剖面连接空间(*Profile Connection Space*，PCS)。另一个变换是第一个变换的反变换，用来把 PCS 彩色转换回设备彩色(PCS 不是 XYZ，就是 L*a*b*)。这两个变换合起来构成设备的 ICC 彩色剖面。

ICC 的主要目的之一是创建标准化的、维护和提升 ICC 彩色剖面的标准。图像处理工具箱函数 iccread 读取剖面文件，语法是：

```
p = iccread(filename)
```

输出 p 是包含文件头信息和数字参数，以及计算设备和 PCS 间彩色空间转换所必需的表格。使用 ICC 剖面转换彩色是通过使用 makecform 和 applycform 实现的。

makecform 的语法是：

```
cform = makecform('icc', src_profile, dest_profile)
```

其中，src_profile 是源设备剖面的文件名，dest_profile 是目的设备剖面的文件名。

ICC 彩色剖面标准包括用于处理被称为全域映射(gamut mapping)的临界彩色转换的机制。彩色全域是彩色空间中的量，用于定义设备可复现的彩色范围。彩色全域随设备的不同而不同。例如，典型监视器显示的某些颜色用打印机就不能复现。因此，颜色从一种设备映射到另一种设备时，考虑不同的全域是有必要的。源和目的全域间差别的补偿处理被称为全域映射。有许多不同的方法用于全域映射。有些方法对于特定的目的要好于其他方法。ICC 彩色剖面标准为全域映射定义了 4 个"目的"(称作渲染意图)。表 6-6 中描述了这些渲染目的。指定渲染意图的 makecform 语法是：

```
cform = makecform('icc', src_profile, dest_profile, ...
        'SourceRenderingIntent', src_intent, ...
        'DestRenderingIntent', dest_intent)
```

其中，src_intent 和 dest_intent 可从 'Perceptual'(默认)、'AbsoluteColorimetric'、'RelativeColorimetric' 和 'Saturation' 中选择。

表 6-6 ICC 剖面的渲染意图

渲 染 意 图	描 述
感知的	优化全域映射以达到在美学意义上最合意的结果，可能没有维持全域彩色
绝对色度的	把全域之外的彩色映射到最近的全域表面。保持全域内的彩色关系，根据最完美的扩散器渲染彩色
相对色度的	把全域之外的彩色映射到最近的全域表面。保持全域内的彩色关系，根据设备的白点或输出介质渲染彩色
饱和的	在牺牲移动色调的可能代价下，最大化设备彩色的饱和度。打算使用简单的图形和图标，而不是图像

例 6.4　ICC 彩色剖面的软实验

在这个例子中，我们使用 ICC 彩色剖面 `makecform` 和 `applycform` 执行被称为软实验的处理。软实验在计算机监视器上模拟打印一幅彩色图像时将呈现的外观。概念上，软实验分两步进行：

(1) 把监视器颜色(常假定为 sRGB)转换为输出设备颜色，通常用感知的渲染意图。

(2) 把计算过的输出设备颜色转换回监视器颜色，用绝对色度的渲染意图。

对于输入剖面，我们将使用 sRGB.icm——描述 sRGB 彩色空间的剖面，使用工具箱载运。我们的输出是 SNAP2007.icc——新闻纸剖面，包含在 ICC 的注册剖面中(www.color.org/registry)。我们的样品图像与图 6-4(a)一样。首先用环绕图像的拥有粗白边和细灰边的边界对图像做预处理。这些边界将使得更容易观察对新闻用纸"白"度的模拟：

```
>> f = imread('Fig0604(a).tif');
>> fp = padarray(f, [40 40], 255, 'both');
>> fp = padarray(fp, [4 4], 230, 'both');
>> imshow(fp)
```

图 6-12(a)显示了填充的图像。

下一步，我们读进两个剖面并用它们把虹膜图像从 sRGB 转换为新闻纸颜色：

```
>> p_srgb = iccread('sRGB.icm');
>> p_snap = iccread('SNAP2007.icc');
>> cform1 = makecform('icc', p_srgb, p_snap);
>> fp_newsprint = applycform(fp, cform1);
```

最后，我们用绝对色度的渲染意图创建 `cform` 结构，以便为了显示而将之转换回 sRGB：

```
>> cform2 = makecform('icc', p_snap, p_srgb, ...
           'SourceRenderingIntent', 'AbsoluteColorimetric', ...
           'DestRenderingIntent', 'AbsoluteColorimetric');
>> fp_proof = applycform(fp_newsprint, cform2);
>> imshow(fp_proof)
```

图 6-12(b)显示了结果。这幅图像本身仅是在监视器上看到的实际结果的近似，因为印刷书籍的彩色全域与监视器的彩色全域不同。

图 6-12 软实验示例：(a) 具有白边的原始图像；(b) 当在新闻纸上打印时对图像外观的模拟

6.3 彩色图像处理的基础知识

在这一节，我们开始研究用于彩色图像的处理技术。虽然它们远没有穷尽，但是在本节开发的技术说明了针对各种图像处理任务怎样处理彩色图像。针对下面的讨论目的，我们把彩色图像处理细分成 3 个主要领域：

1) 颜色变换(也叫彩色映射)
2) 单独彩色平面的空间处理
3) 颜色向量的处理

第 1 类处理每个彩色平面的像素，这类处理严格地以像素值为基础，而不是它们的空间坐标。这类处理类似于 2.2 节的灰度变换处理。第 2 类处理涉及各个彩色平面的空间(邻域)滤波，类似于 2.4 节和 2.5 节讨论的空间滤波。第 3 类处理涉及以同时处理彩色图像的所有分量为基础的处理技术。因为全彩图像至少有三个分量，彩色像素可以用向量来处理。例如在 RGB 系统中，每个彩色点都可以在 RGB 系统中作为从原点延伸到那一点的向量来描述(见图 6-2)。

令 c 代表 RGB 彩色空间中的任意向量：

$$c = \begin{bmatrix} c_R \\ c_G \\ c_B \end{bmatrix} = \begin{bmatrix} R \\ G \\ B \end{bmatrix}$$

这个公式指出，c 分量是一副彩色图像在某个点上的 RGB 分量。考虑彩色分量是坐标的函数这样的事实，用下边的符号表示：

$$c(x,y) = \begin{bmatrix} c_R(x,y) \\ c_G(x,y) \\ c_B(x,y) \end{bmatrix} = \begin{bmatrix} R(x,y) \\ G(x,y) \\ B(x,y) \end{bmatrix}$$

对于一幅大小为 M×N 的图像，有 MN 个这样的向量 $c(x,y)$，其中，$x=0,1,2…,M–1$ 且 $y=0,1,2…,N–1$。

在某些情况下，无论彩色图像每次处理一个平面，还是作为向量处理，都会得到相等的结果。然而，正如在 6.6 节中更详细的描述那样，不会总是这样的情况。为了使两种方法都相同，两个条件必须满足：首先，处理必须对向量和标量都可用。其次，针对向量的每个分量的操作必须与其他分量无关。正如说明的那样，图 6-13 显示了灰度图像及全彩色图像的空间邻域处理。假设处理是求邻域平均，在图 6-13(a)中，平均值可以通过对邻域内所有像素的灰度级求和，并且用邻域内的像素总数去除来完成。在图 6-13(b)中，平均值通过对邻域内全部向量求和，并用邻域内向量总数去除每个分量来完成。但是，平均向量的每个分量是图像中相应分量的像素的和。如果平均是分别在图像的每个分量上计算，然后形成彩色向量，那么将得到相同的结果。

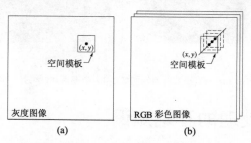

图 6-13 灰度图像及 RGB 彩色图像的空间模板

6.4 彩色变换

这里描述的是单一彩色模型情况下的技术，以处理彩色图像的彩色分量或单色图像的亮度分量为基础。对于彩色图像，我们限定如下形式的变换：

$$s_i = T_i(r_i) \qquad i = 1,2,\ldots,n$$

这里，r_i 和 s_i 是输入和输出图像的彩色分量，n 是 r_i 是彩色空间的维数(或是彩色分量的数量)，并且 T_i 是全彩色变换(或叫映射)函数。如果输入图像是单色的，公式将如下所示：

$$s_i = T_i(r) \qquad i = 1,2,\ldots,n$$

这里，r 表示灰度级的值，s_i 和 T_i 正如上文谈到的那样，并且 n 是在 S_i 中彩色分量的数量。这个公式描述了灰度级对任意颜色的映射，这一处理在伪彩色变换或伪彩色映射中经常提到。注意，如果我们让 $r_1=r_2=r_3=r$，第一个公式可用来处理 RGB 中的单色图像。在其他情况下，这里给出的公式可直接延伸到 2.2 节介绍的灰度变换公式。在那一节，如果变换是适用的，那么所有的 n 个伪彩色或真彩色变换函数 {$T_1, T_2, \ldots, T_n$} 是与空间图像坐标(x, y)无关的。

在第 2 章介绍过一些灰度变换，比如 imcompliment，用于计算一幅图像的负片，与被变换图像的灰度内容无关。另一方面，histeq 是自适应的，它与灰度的分布有关，但是一旦必要的参数被估计到了，变换就固定了。还有另外一种情况，比如 imadjust，要求使用者选择合适的曲线形状参数，最好是交互地指定。当用伪彩色和全彩色映射时，尤其是涉及人类观察和说明(比如彩色平衡)的时候，存在类似的情况。在这些应用中，用直接产生候选函数的图形描述，并在被处理图像上观察综合效果(实时)的方法，是选择合适映射函数的最好方法。

图 6-14 说明了用图示法指定映射函数的一种简单而有力的方法。图 6-14(a)显示了一种变换，这是通过线性地插入三个控制点(图中用圆圈住的坐标)来形成的。图 6-14(b)显示了另一种变换，由相同的三个控制点通过三次样条内插得到。图 6-14(c)和(d)分别提供了更复杂的线性和三次样条内插方法。而这两种内插方法在 MATLAB 中均已得到支持，线性内插使用下面指令实现：

```
Z = interpiq(x,y,xi)
```

上述指令返回列向量,包括在 xi 点处线性内插的一维函数 z。列向量 x 和 y 指定如下控制点的坐标。x 的元素一定是单调增长的。z 的长度等于 xi 的长度。例如:

```
>> Z = interpiq([0 255],'[0 255],'[0:255],')
```

该式产生含有 256 个元素的一点接一点的与控制点(0,0)及(255,255)相连接的映射,也就是 z=[0,1,2…255]'。

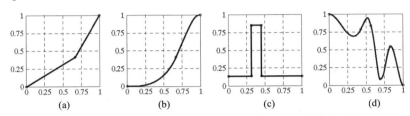

图 6-14 指定使用了控制点的映射函数:(a)和(c)是线性内插;(b)和(d)是三次样条内插

采用类似的方法,三次样条内插用 spline 函数来实现:

```
Z = spline(x,y,xi)
```

其中,变量 x、y、z 和 xi 与在前一段中对 interpiq 的描述一样。然而,xi 在 spline 函数中使用时必须是不同的。此外,如果 y 比 x 多包含两个或更多个元素,那么 y 的第一项和最后一项假定引入三次样条的滚降。例如,在图 6-14(b)中描述过的函数一般使用"0"滚降产生该函数。变换函数的说明可以用图形法操作控制点的方式交互地产生,那些控制点输入到 interpiq 和 spline 函数并实时地显示将被处理的图像的结果。语法是:

```
g = ice('property name', 'property value',…)
```

在这里,'property name'和'priperty value'必须成对出现,并且点指出由相应的输入对组成的模式的重复。表 6-7 列出了 ice 函数中使用的有效对,一些例子在本节稍后给出。关于'wait'参数,当选择'on'选项时,选项不是显式的,就是默认的,输出 g 是处理后的图像。在这种情况下,ice 作为处理的控制,包括光标,在命令窗口不必键入任何命令,直到函数关闭。这时,最后的结果是带有句柄的图像 g(通常是图形目标)。

表 6-7 函数 ice 的有效输入

属 性 名	属 性 值
'image'	一幅 RGB 或单色输入图像 f,由交互指定的映射来变换
'space'	被修改的分量彩色空间。可能的值是'rgb'、'cmy'、'hsi'、'hsv'、'ntsc'(或'yiq')和'ycbcr',默认值是'rgb'
'wait'	如果是'on'(默认),g 是被映射的图像;如果是'off',g 是映射输入图像的句柄

当选择'off'时,g 为处理后图像的句柄,并且控制立即返回到命令窗口;因此,还可以和 ice 函数一起键入新的指令来执行。为了得到图形目标的属性,我们用函数:

```
h = get(g)
```

这个函数返回全部特性以及由句柄 g 识别的图形目标的当前可用值。这些特性保存在结构 h 内,所以在提示符处键入 h,就会列出所有的处理后图像的特性(见 1.7.8 节关于结构的解释)。为了提取特殊的特性,我们可键入 h.properName[①]。

令 f 表示一幅 RGB 或单色图像,下面是 ice 函数语法的使用示例:

```
>> ice                    % Only the ice
                          % graphical
                          % interface is
                          % displayed.
>> g = ice('image', f);   % Shows and returns
                          % the mapped image g.
>> g = ice('image', f, 'wait', 'off')% Shows g and returns
                                     % the handle.
>> g = ice('image', f, 'space', 'hsi') % Maps RGB image f in
           % HSI space.
```

注意,当指定的彩色空间不同于 RGB 时,输入图像(不管是单色还是 RGB)在执行任何映射之前,需要被变换到指定的空间。对于输出,映射后的图像转换为 RGB。ice 的输出总是 RGB,输入总是单色或 RGB。如果键入 g=ice('image',f),图像和图形用户界面(GUI)就像图 6-15 显示的那样在 MATLAB 桌面上出现。最初,变换曲线是在每个端点带有控制点的直线,控制点由鼠标操作,如表 6-8 中总结的那样。表 6-9 列出了 ice 函数的典型应用。

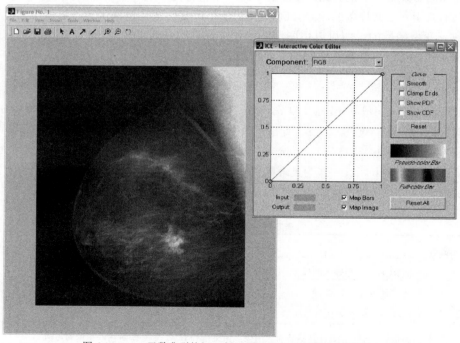

图 6-15 ice 函数典型的打开窗口(原图像由 G.E.医学系统提供)

---

① 无论 MATLAB 创建什么图形目标,都会分配标志符(叫句柄)给目标,作为访问目标的属性。当用 M-文件创建和直接对目标改进图形外观或创建客户绘图命令时,图形局柄非常有用。

表 6-8 用鼠标操作控制点

鼠 标 动 作	结　　果
左键	通过拖按鼠标移动控制点
左键+Shift 键	添加控制点，通过拖拉可以改变控制点的位置(当一直按着 Shift 键时)
左键+Control 键	删除控制点

* 对于三键鼠标来说，左键、中键和右键配合移动，可添加和删除表 6-8 中的操作。

表 6-9 复选框的功能和 GUI 按钮

GUI 元 素	描　　述
Smooth	检查三次样条(平滑曲线)内插。如果没有检查，就使用分段线性内插
Clamp Ends	在三次样条内插中，检查强制开始和结束的曲线坡度为 0，分段线性内插不受影响
Show PDF	显示由映射函数引起的图像分量的概率密度函数(也就是直方图)
Show CDF	代替 PDF 显示累积分布函数(注意，PDF 和 CDF 不能同时显示)
Map Images	如果检查过，图像映射被激活，否则不激活
Map Bars	如果检查过，伪彩色和全彩色条带映射被激活，否则不映射条带(分别为灰度楔形和色度楔形)
Reset	初始化当前显示的映射函数，并不检查所有的曲线参数
Reset All	初始化所有映射函数
Input/Output	显示变换曲线上已选择控制点的坐标，输入指的是水平轴，输出指的是垂直轴
Component	为交互操作选择映射函数，在 RGB 空间中，可能的选择包括 R、G、B 和 RGB(映射全部三颜色分量)。在 HSI 空间中，可选择 H、S、I 和 HS，等等

例 6.5 单色负片和彩色分量的反映射

图 6-16(a)显示了在图 6-15 默认的 RGB 曲线被修改之后，产生的相反的或负的映射函数的 ice 界面。为了建立新的映射函数，控制点(0,0)被移动(通过单击和拖拉到右上角)到(0,1)，并且控制点(1,1)被移动到点(1,0)。请注意，光标的坐标如何在输入输出框中显示成红色。仅修改 RGB 映射，单独的 R、G、B 映射分别保留默认的 1：1 状态(见表 6-6 所列分量)。

对于单色输入，这可以保证单色输出。图 6-16(b)显示了从反映射得到的单色负片。注意，与图 2-3(b)完全相同，它是由 imcomplement 函数得到的。在图 6-16(a)中，伪彩色条带是图 6-15 中灰度条的"照片底片"。

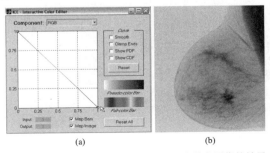

图 6-16 (a) 负映射函数；(b) 图 6-15 中单色图像的效果

反的或负的映射函数在彩色处理中也很有用。正如在图 6-17(a)和(b)中显示的那样,映射的结果使人回想起普通彩色胶片的底片。例如在图 6-17(a)中最底行的红色粉笔,被变换为图 6-17(b)中的青色,即红色的补色。原色的补色是其他两种原色的混合(例如,青色就是蓝色加绿色)。在灰度情况下,补色对于在彩色暗区增强细节很有用。尤其是当这块区域的大小占支配地位时。注意在图 6.16(a)中,全彩色条带包含图 6-15 中全彩条色调的补色。

图 6-17 (a) 全彩色图像;(b) 相应的负片(彩色补色)

例 6.6 单色和彩色对比度增强

考虑对于单色和彩色对比度操作的 ice 函数的下一个应用。图 6-18(a)到(c)展示了在单色图像处理中 ice 函数的效果。图 6-18(d)到(f)显示了对彩色输入类似的效果。正如前边的例子那样,映射函数没有保持在默认值或 1∶1 状态下。在这两种处理顺序中,显示 PDF 复选框是激活的。这样一来,图 6-18(a)中航空照片的直方图被显示在图 6-18(c)中 gamma 形状的映射函数之下(见 2.2.1 节)。并且在图 6-18(f)中,针对图 6-18(c)中的彩色图像提供了 3 个直方图——为三个彩色分量中的每个均提供直方图。虽然在图 6-18(f)中,s 形的映射函数增加了图 6-18(d)中图像的对比度(与图 6-18(e)相比),但是这对于色度仍有一点影响。

彩色的小变化(见图 6-18(e))实际上是觉察不到的,但是映射的结果是明显的,比如在图 6-18(f)中,从映射的全彩色参考条带中可以看到。回忆前边的例子,一幅 RGB 图像的 3 个分量的等量变化在彩色方面就会有戏剧性的效果(见图 6-17 中彩色补色的映射)。

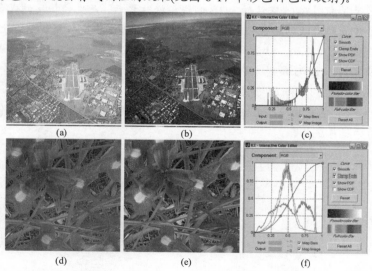

图 6-18 使用 ice 函数的单色和全彩色对比度增强:(a)和(b)是输入图像,这两者都有被冲淡的现象;(b)和(e)显示了处理后的结果;(c)和(f)是 ice 显示。(原始的黑白图像由 NASA 提供)

对例 6.5 和例 6.6 中输入图像的红、绿、蓝分量施以相同的映射，也就是采用相同的变换函数。为避免定义相同的函数，`ice` 函数提供了"全分量"函数(当在 RGB 彩色空间内操作时的 RGB 曲线)。函数用来映射所有的输入分量。本章中其他示例展示的变换会对 3 个分量进行不同的处理。

例 6.7 伪彩色映射

正如早些时候提到的那样，当一幅黑白图像在 RGB 彩色空间中描述，并且产生的分量进行独立映射时，变换的结果就是一幅伪彩色图像，其中输入图像的灰度级被任意彩色代替。进行这些变换是很有用的，因为人眼可以辨认出上百万种颜色，但是相对来说，只能辨认不多的灰度。这样，伪彩色映射常常被用于变换较小的灰度变化，以使人眼看得见，或者突出重要的灰度区域。事实上，伪彩色的主要应用是人类的可视化，也就是在一幅灰度图像或经过灰度到彩色赋值的序列图像中对灰度事件的判读。

图 6-19(a)是一幅包含几个裂缝和孔(通过图像中间的明亮白条纹)的焊接部分(水平黑色区域)的 X 光图像。伪彩色图像显示在图 6-19(b)中，是使用图 6-19(c)和(d)中的映射函数对输入中 RGB 的绿蓝分量进行映射而产生的。注意，伪彩色映射会产生令人惊异的视觉上的不同。GUI 伪彩色参考条带提供了方便的视觉引导以合成映射。正像你在图 6-19(c)和(d)中看到的那样，交互地指定映射函数，把黑到白灰度变换为蓝色和红色之间的色调，黄色保留为白色。当然，黄色也可对应焊接的裂缝和孔，它们在本例中是相当重要的特征。

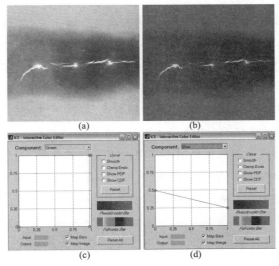

图 6-19 (a) 一幅有缺陷的焊接部位的 X 光图像；(b) 焊接的伪彩色图像；(c)和(d) 绿、蓝分量的映射函数。(原图像由 X-TEK Systems 公司提供)

例 6.8 色彩平衡

图 6-20 显示了包括全彩图像的应用，这对独立地映射一幅图像的彩色分量是很有利的。通常叫做色彩平衡或色彩校正，这种类型的映射主要支持高端彩色重现系统，但是现在，在大多数桌面计算机上都可以运行。其中一种重要的应用是照片增强。虽然色彩的不平衡可以通过颜色分光计对已知图像的色彩进行分析来决定，但当有白色区域时，这里的 RGB 和 CMY 分量在

相等的情况下，得到正确的视觉估计是有可能的。在图 6-20 中我们可以看到，肤色对视觉估计来说是优秀的样本，因为人类对正常肤色的反应很敏锐。

图 6-20(a)显示了一幅用过量的紫红色的 CMY 扫描后的母亲和孩子的图像(记住,只有 RGB 版本的图像能由 MATLAB 显示)。为了保持 MATLAB 的简单和兼容性，ice 函数仅接受 RGB(和单色)输入，但是可在各种彩色空间中处理输入图像，表 6-7 对此有详述。为了交互地修改 RGB 图像 f1 的 CMY 分量，可以使用合适的 ice 调用：

```
>> f2 = ice('image',f1,'space','cmy');
```

如图 6-20 所示，紫红色的略微减少对图像颜色有显著的影响。

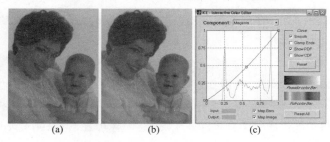

图 6-20 用于色彩平衡的 ice 函数：(a) 紫色很重的图像；(b) 校正过的图像；(c) 用于校正不平衡色彩的映射函数

例 6.9 基于直方图的映射

直方图均衡是一种灰度映射处理，用于寻求产生具有均匀灰度直方图的单色图像。正如在 2.3.2 节讨论过的那样，所需要的映射函数是输入图像中灰度的累积分步函数(CDF)。因为彩色图像有多个分量，所以灰度技术必须被改成处理多个分量以及关联的直方图。正如可以预期的那样，直方图分别均衡彩色图像的分量是不明智的，结果经常产生错误的颜色。更合逻辑的方法是均匀地延伸彩色的亮度，保留彩色本身(例如色调)不变。

图 6-21(a)显示了调味瓶架子上放着调味瓶和混合容器的彩色图像。图 6-21(b)中变换后的图像明显要亮一些，这幅图像是用图 6-21(c)和(d)中的变换产生的。现在，木桌的造型和纹理以及放置在木桌上的几个调味瓶都看得见了。使用图 6-21(c)中的函数映射亮度分量，使之大致接近 CDF 的那个分量(也显示在图中)。选择图 6-21(d)中的色调映射函数，旨在改进亮度均衡结果的全部彩色感受。注意，输入图像的直方图和输出图像的色度、饱和度和亮度分量都分别显示在图 6-21(e)和(f)中。当亮度和饱和度分量被更改时，色度分量实际上还是相同的(这正是希望的)。最后注意，为了在 HSI 彩色空间中处理 RGB 图像，在调用 ice 时，我们输入了特定的名称/数值对 'space'/'hsi'。

在本节中，前边例子产生的输出图像是 RGB 类型和 unit8 类。对于单色结果，比如在例 6.5 中，RGB 输出的所有 3 个分量是完全相同的。通过表 6-3 中的 rgb2gray 函数或者使用下列指令，可以得到更简洁的表示：

```
>> f3 = f2(:,:,1);
```

其中，f2 是一幅由 ice 产生的 RGB 图像，并且 f3 是一幅黑白图像。

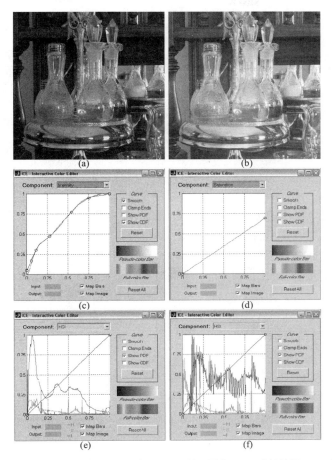

图 6-21 在 HSI 彩色空间中，用饱和度调整的直方图均衡：(a) 输入图像；(b) 映射结果；(c) 亮度分量映射函数和累积分布函数；(d) 饱和度分量映射函数；(e) 输入图像的分量直方图；(f) 映射结果的分量直方图

6.5 彩色图像的空间滤波

6.4 节的材料在单一彩色分量平面的单一图像像素上执行色彩变换。更复杂级别的处理包括执行空间邻域处理，这也在单一图像平面上进行。这一分析与 2.2 节针对灰度变换的讨论，以及 2.4 节和 2.5 节有关空间滤波的讨论是类似的。我们介绍的彩色图像的空间滤波集中在 RGB 图像上，但是对于其他彩色模型，基本概念也是可用的。我们用两个线性滤波的例子说明彩色图像的空间处理：图像平滑和图像锐化。

6.5.1 彩色图像的平滑处理

参考图 6-13(a)以及 2.4 节和 2.5 节中的讨论，平滑单色图像的一种方法是定义相应的系数是 1 的模板，用空间模板的系数去乘所有像素的值，并用模板中元素的总数去除。用空间模板平滑全彩色图像的处理见图 6-13(b)。平滑处理(以 RGB 空间为例)以处理灰度图像时采用的方式并以公式来表达，除了代替单像素外，我们现在还处理 6.3 节中的向量值。

令 S_{xy} 表示彩色图像中以(x,y)为中心的邻域的一组坐标。在该邻域中，RGB 向量的平均值是：

$$\bar{c}(x,y) = \frac{1}{K} \sum_{(s,t) \in S_{xy}} c(s,t)$$

其中，K 是邻域中像素点的数量。根据 6.3 节中的讨论，附加向量的特性是：

$$\bar{c}(x,y) = \begin{bmatrix} \dfrac{1}{K} \sum_{(s,t) \in S_{xy}} R(s,t) \\ \dfrac{1}{K} \sum_{(s,t) \in S_{xy}} G(s,t) \\ \dfrac{1}{K} \sum_{(s,t) \in S_{xy}} B(s,t) \end{bmatrix}$$

我们意识到，这个向量的每个分量都作为我们将要得到的结果，结果是用每个分量图像执行邻域平均获得的，这里使用的是上边提到的滤波器模板。因此，我们得出这样的结论：用邻域平均的平滑可以在每个图像平面的基础上执行。如果邻域平均直接在彩色向量空间执行，那么结果是相同的。正如在 2.5.1 节中讨论的那样，前面讨论的空间平滑滤波器类型是用带选项 `'average'` 的 `fspecial` 函数产生的。一旦滤波器产生，滤波就用 2.4.1 节中介绍过的函数 `imfilter` 来执行。概念上，平滑 RGB 彩色图像 `fc` 时，线性空间滤波由下面的步骤组成：

(1) 抽取 3 个分量图像：

```
>> fr = fc(:,:,1);
>> fg = fc(:,:,2);
>> fb = fc(:,:,3);
```

(2) 分别过滤每个分量图像。例如，令 `w` 表示用 `fspecial` 产生的平滑滤波器，平滑红色分量图像：

```
>> fR_filtered = imfilter(fR, w, 'replicate');
```

其他两个分量图像与此类似。

(3) 重建滤波过的 RGB 图像：

```
>> fc_filtered = cat(3, fR_filtered, fG_filtered, fB_filtered);
```

然而，因为可以在 MATLAB 中使用与单色图像相同的语法来执行 RGB 图像的线性滤波，所以可以把前三步合并为一步：

```
>> fc_filtered = imfilter(fc, w, 'replicate');
```

例 6.10 彩色图像的平滑处理

图 6-22(a)显示了尺寸为 1197×1197 像素的 RGB 图像，并且图 6-22(b)到(d)是 RGB 分量图像，它们是用前面描述过的步骤提取出来的。我们从前边讨论的结果知道，平滑单独的分量图像和用前一段末尾给出的指令平滑原始 RGB 图像是相同的。图 6-24(a)显示了使用大小为 25×25 像素的平均滤波器得到的结果。

下边我们研究仅对图 6-22(a)中 HSI 版本的亮度分量进行平滑的效果。图 6-23(a)到(c)显示了用函数 `rgb2hsi` 得到的三幅 HSI 分量图像。其中，`fc` 是图 6-22(a)。

```
>> h = rgb2hsi(fc);
```

```
>> H = h(:, :, 1);
>> S = h(:, :, 2);
>> I = h(:, :, 3);
```

接下来,我们用尺寸为 25×25 像素的相同滤波器滤波亮度分量。平均滤波器已足够大,可以产生有意义的模糊度。选择这个尺寸的滤波器,是为了演示在 RGB 空间中进行平滑处理的效果,与在 RGB 空间被变换到 HSI 空间后,只使用图像的亮度分量达到类似结果之间的不同之处。图 6-24(b)通过如下指令获得:

```
>> w = fspecial('average', 25);
>> I_filtered = imfilter(I, w, 'replicate');
>> h = cat(3, H, S, I_filtered);
>> f = hsi2rgb(h); % Back to RGB for comparison.
>> imshow(f);
```

图 6-22 (a) RGB 图像;(b)到(d)分别是红、绿、蓝分量图像

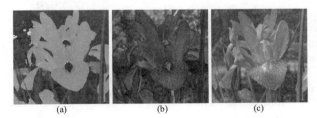

图 6-23 从左到右:图 6-22(a)的色调、饱和度和亮度分量

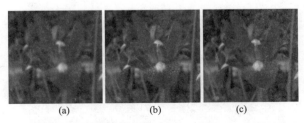

图 6-24 (a) 分别通过平滑 R、G、B 图像平面得到的平滑后的 RGB 图像;(b) 仅对 HIS 相等图像的亮度分量进行平滑的结果;(c) 平滑所有三个 HIS 分量的结果

显然,滤波后的两种结果完全不同。例如,除图像有点模糊以外,请注意图 6-24(b)中花朵

顶部模糊的绿色边缘。原因是通过平滑处理，亮度分量值的变化减少了，但色调和饱和度分量没有变化。合乎逻辑的情况是用相同的滤波器去平滑所有的三个 HSI 分量，然而，这将改变色调和饱和度值之间的相对关系，这样会产生无意义的结果，如图 6-24(c)所示。特别是在这幅图像中，观察图像有多少围绕着花朵的较亮绿色边缘。还有围绕着中心黄色区域的边界，这个效果也是十分明显的。

一般来说，当模板的尺寸减小时，对 RGB 分量图像进行滤波和对同一图像的 HSI 亮度分量进行滤波时，得到的差别也减少了。

6.5.2 彩色图像的锐化处理

用线性空间滤波锐化一幅 RGB 图像遵循与前面相同的步骤，但是应使用锐化滤波器。在本节考虑使用拉普拉斯(见 2.5.1 节)使图像锐化。

从向量分析中，我们知道向量的拉普拉斯被定义为矢量，它们的分量等于输入向量的分量的拉普拉斯。在 RGB 彩色系统中，在 6.3 节引入的矢量 c 的拉普拉斯是：

$$\nabla^2[c(x,y)] = \begin{bmatrix} \nabla^2 R(x,y) \\ \nabla^2 G(x,y) \\ \nabla^2 B(x,y) \end{bmatrix}$$

正如在前面介绍的那样，这告诉我们，可以通过分别计算每个分量图像的拉普拉斯来计算全彩图像的拉普拉斯。

例 6.11 彩色图像的锐化处理

图 6-25(a)显示了稍微有点模糊的图 6-22(a)的版本 `fb`，这是用 5×5 的均值滤波器得到的。为了锐化这幅图像，我们使用拉普拉斯滤波模板：

```
>> lapmask = [1 1 1;1 -8 1;1 1 1];
```

然后，用如下命令计算增强后的图像并显示：

```
>> fb = tofloat(fb);
>> fen = fb - imfilter(fb, lapmask, 'replicate');
>> imshow(fen)
```

注意，和前面一样，RGB 图像直接用 `imfilter` 滤波，图 6-25(b)显示了结果。注意，图像在锐度特性上的显著加强，比如水滴、叶子上的纹路、花朵黄色的中心和前景中明显的绿色植物。

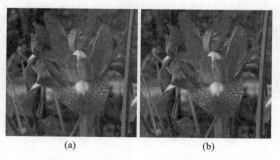

图 6-25　(a)模糊图像；(b) 用拉普拉斯增强图像

6.6 直接在 RGB 矢量空间中处理

正如在 6.3 节中提到的那样,存在这样一些情况,基于单独彩色平面的处理不等于直接在 RGB 矢量空间中进行的计算。在本节,我们将通过考虑彩色图像处理的两个重要应用来说明矢量处理:彩色边缘检测和区域分割。

6.6.1 使用梯度的彩色边缘检测

2D 函数 $f(x,y)$ 的梯度定义为如下矢量:

$$\nabla f = \begin{bmatrix} g_x \\ g_y \end{bmatrix} = \begin{bmatrix} \dfrac{\partial f}{\partial x} \\ \dfrac{\partial f}{\partial y} \end{bmatrix}$$

这个矢量的大小是:

$$\nabla f = mag(\nabla f) = \left[g_x^2 + g_y^2 \right]^{1/2}$$
$$= \left[(\partial f/\partial x)^2 + (\partial f/\partial y)^2 \right]^{1/2}$$

通常,这个数量用绝对值来近似:

$$\nabla f \approx |g_x| + |g_y|$$

这个近似值避免了平方和开方计算,但是仍然具有推导过的特性(例如在常数区域为 0,在像素值变化的区域,幅度与变化程度成比例)。在通常的应用中,把梯度的幅值简单地作为梯度。

梯度向量的基本特性是在 f 坐标 (x, y) 处指向最大变化率的方向。最大变化率发生的角度是:

$$\alpha(x, y) = \tan^{-1}\left[\frac{g_y}{g_x} \right]$$

按照惯例,这个导数用在一幅图像中某个小邻域内像素值的差来近似。图 6-26(a)显示了 3×3 大小的邻域,这里的 z 代表亮度值。在区域中心点 x 方向上(垂直)的偏微分的近似由下边的差给出:

$$g_x = (z_7 + 2z_8 + z_9) - (z_1 + 2z_2 + z_3)$$

z_1	z_2	z_3
z_4	z_5	z_6
z_7	z_8	z_9

(a)

-1	-2	-1
0	0	0
1	2	1

(b)

-1	0	1
-2	0	2
-1	0	1

(c)

图 6-26 (a) 为小的邻域;(b)和(c) 用于计算关于邻域中心点的 x 方向(垂直)和 y 方向(水平)的梯度的 Sobel 模板

类似的,y 方向上的微分由下面的差近似:

$$g_y = (z_3 + 2z_6 + z_9) - (z_1 + 2z_4 + z_7)$$

在一幅图像上,所有点的这两个数量很容易计算,可分别使用图 6-26(b)和(c)中的两个模板单独对图像进行滤波(使用函数 imfilter)。然后，相应梯度图像的近似可以通过对两个滤波图像的绝对值的求和获得。刚刚讨论的模板是在表 2-5 中提到的 Sobel 模板。它们可用 fspecial 函数产生。

用刚刚讨论的这一方法计算梯度是在灰度图像中进行边缘检测时最常用的方法之一，在第 10 章将更详细地进行讨论。此刻，我们的兴趣是在 RGB 彩色空间中计算梯度。然而，刚刚推导的方法可应用于 2D 空间，但是不能扩展到高维空间。将之运用到 RGB 图像的唯一方法是计算每个彩色图像分量的梯度，然后合并结果。遗憾的是，正如我们在本节稍后说明的那样，这与直接在 RGB 向量空间中计算边缘是不同的。

问题是在 6.3 节定义过的向量 c 的梯度。下面是可选的各种方法之一，在这里，梯度的概念可延伸到向量函数。

令 r、g 和 b 是 RGB 彩色空间沿 R、G、B 轴的单位矢量(见图 6-2)，定义矢量：

$$u = \frac{\partial R}{\partial x}r + \frac{\partial G}{\partial x}g + \frac{\partial B}{\partial x}b$$

和

$$v = \frac{\partial R}{\partial y}r + \frac{\partial G}{\partial y}g + \frac{\partial B}{\partial y}b$$

根据这些矢量的点积，定义 g_{xx}、g_{yy} 和 g_{xy}：

$$g_{xx} = u \cdot u = u^T u = \left|\frac{\partial R}{\partial x}\right|^2 + \left|\frac{\partial G}{\partial x}\right|^2 + \left|\frac{\partial B}{\partial x}\right|^2$$

$$g_{yy} = v \cdot v = v^T v = \left|\frac{\partial R}{\partial y}\right|^2 + \left|\frac{\partial G}{\partial y}\right|^2 + \left|\frac{\partial B}{\partial y}\right|^2$$

和

$$g_{xy} = u \cdot v = u^T v = \frac{\partial R}{\partial x}\frac{\partial R}{\partial y} + \frac{\partial G}{\partial x}\frac{\partial G}{\partial y} + \frac{\partial B}{\partial x}\frac{\partial B}{\partial y}$$

记住 R、G 和 B，因而 g 是 x 和 y 的函数。使用这种符号，可以说明——c(x,y)的最大变化率方向将作为(x,y)函数由角度给出：

$$\theta(x,y) = \frac{1}{2}\tan^{-1}\left[\frac{2g_{xy}}{(g_{xx} - g_{yy})}\right]$$

并且在该方向上，由 θ(x,y)给出的变化率的值(例如梯度值)由下式给出：

$$F_\theta(x,y) = \left\{\frac{1}{2}\left[(g_{xx} + g_{yy}) + (g_{xx} - g_{yy})\cos 2\theta(x,y) + 2g_{xy}\sin 2\theta(x,y)\right]\right\}^{1/2}$$

数组 $\theta(x,y)$ 和 $F_\theta(x,y)$ 是与输入图像尺寸相同的图像。$\theta(x,y)$ 的元素是用于计算梯度的每个点的角度，并且 $F_\theta(x,y)$ 是梯度图像。因为 tan(α)=tan(α ± π)，所以如果 θ_0 是上述公式方程的解，

那么 $\theta_0 \pm \pi/2$ 也是。此外，$F_\theta(x,y) = F_{\theta+\pi}(x,y)$，$F$ 仅需要在半开区间 $[0, \pi)$ 上计算 θ 的值。

上述方程提供了两个相隔 90° 的值，这一事实意味着这个方程涉及每个点 (x,y) 的一对正交方向。沿着这些方向 F 是最大的，并且沿着另一个方向是最小的。所以，最后结果由选择的每个点上的最大值产生。这些结果的推导是很冗长的，并且作为我们当前讨论的基本目标来说，在这里详细讨论获益不大。可以在 Di Zenzo 的论文中找到相关细节。为了执行上述公式，要求偏微分计算可以用在本节早先讨论的 Sobel 算子来实现。

下面的函数用来计算彩色图像的梯度 (代码可见附录 C):

```
[VG,A,PPG] = colorgrad(f,T)
```

其中, f 是 RGB 图像, T 是 [0,1] 范围内的阈值选项 (默认为 0); VG 是 RGB 向量梯度 $F_\theta(x, y)$; A 是以弧度计的角度 $\theta(x, y)$, 并且 PPG 是由单独彩色平面的 2D 梯度之和形成的梯度图像。计算上述方程时, 要求全部微分都可用函数 clorgrad 中的 Sobel 算子来实现。输出 VG 和 PPG 通过 clorgrad 被归一化到 [0, 1] 范围内, 并且把它们作为阈值进行处理。所以, 它们的值小于或等于 T, VG(x,y)=0; 对于其他的情况, VG(x,y) = VG(x,y)。类似的解释可用于 PPG。

例 6.12 使用函数 colorgrad 检测 RGB 边缘

图 6-27(a) 到 (c) 显示了 3 幅黑白图像，当使用 RGB 平面时，产生图 6-27(d) 所示的彩色图像。这个例子的目的是: (1) 说明函数 colorgrad 的使用; (2) 说明通过合并单独彩色平面的梯度来计算彩色图像的梯度，与直接在 RGB 向量空间中用刚刚说明的方法计算梯度是不同的。

令 f 表示图 6-27(d) 中的 RGB 图像。命令:

```
>> [VG,A,PPG] = colorgrad(f)
```

产生的图像 VG 和 PPG 显示在图 6-27(e) 和 (f) 中。在这两个结果中，最重要的不同是图 6-27(f) 的水平边缘比图 6-27(e) 的对应边缘更弱。原因很简单: 当蓝色平面的梯度产生单一水平边缘时，红色和绿色平面的梯度 (图 6-27(a) 和 (b)) 产生两个垂直边缘。为形成 PPG，相加这三个梯度将产生两倍于水平边缘亮度的垂直边缘。

另一方面，当彩色图像的梯度在向量空间中 (图 6-27(e)) 直接计算时，垂直和水平边缘的比值是 $\sqrt{2}$ 而不是 2。原因也很简单: 参考图 6-2(a) 中的彩色立方体和图 6-27(d) 中的图像，我们看到，彩色图像的垂直边缘是在蓝白方块和黑黄方块之间。这些颜色在彩色立方体之间的距离是 $\sqrt{2}$，但是在黑蓝和黄白 (水平边缘) 之间的距离仅是 1。这样，垂直和水平差别的比率是 $\sqrt{2}$。如果边缘准确度是问题，尤其是当使用阈值时，那么这两个方法之间的差别是很重要的。例如，如果我们使用 0.6 的阈值，图 6-27(f) 中的水平线将会消失。

当我们的兴趣是边缘检测，而不是准确度时，一般来说，刚刚讨论过的两种方法拥有可比较的结果。例如，图 6-28(b) 和 (c) 类似于图 6-27(e) 和 (f)。它们通过对图 6-28(a) 运用 colorgrad 函数而获得。图 6-28(d) 是标度在范围 [0,1] 内的两幅图像的梯度差。两幅图像的绝对最大差别是 0.2, 相对 8 bit 范围 [0,255] 来说，相当于将之转换为 51 灰度级。然而, 这两幅梯度图像在视觉外观上却十分接近, 图 6-28(b) 在某些地方有一点亮 (与前一段解释的理由相似)。因而，对于这种类型的分析，每个独立分量梯度的计算方法比较简单，一般来说可以接受。在其他情况下，比如准确性很重要的情况，向量方法可能是必需的。

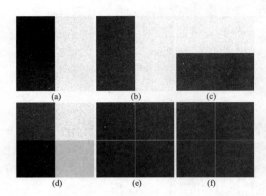
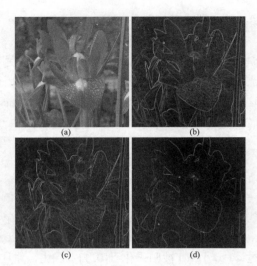

图 6-27　(a)到(c) RGB 分量图像；(d) 相应的彩色图像；(e) 在 RGB 向量空间中直接计算的梯度；(f) 通过分别计算每个 RGB 分量图像的 2D 梯度并相加结果而获得的梯度

图 6-28　(a) RGB 图像；(b) 在 RGB 向量空间计算的梯度；(c) 在图 6-27(f)中计算的梯度；(d) (b)和(c)之间的绝对差，标度为[0,1]范围内

6.6.2　在 RGB 向量空间中分割图像

分割是把一幅图像分成一些区域。虽然分割是第 10 章的主题，但出于连续性考虑，我们在这里概要地考虑彩色区域分割，下面的讨论你不会感到有困难。

使用 RGB 彩色向量进行彩色区域分割是很简单的。假设目的是在 RGB 图像中分割某个特定彩色区域内的物体。给定一组感兴趣的有代表性的彩色(或彩色范围)样点，我们获得"平均"或期望的颜色估计，这是我们希望的分割。让这个平均色用 RGB 向量 m 来定义。分割的目的是对图像中的每个 RGB 像素进行分类，使之在指定的范围内有或没有一种颜色。为了执行这一比较，拥有相似性度量是必要的。最简单的度量之一是欧几里德距离。令 z 表示 RGB 空间的任意点。如果它们之间的距离小于指定的阈值 T，那么 z 相似于 m。z 和 m 之间的欧几里德距离由下式给出：

$$D(z,m) = \|z - m\|$$
$$= \left[(z-m)^T(z-m)\right]^{1/2}$$
$$= \left[(z_R - m_R)^2 + (z_G - m_G)^2 + (z_B - m_B)^2\right]^{1/2}$$

在这里，$\|\bullet\|$ 是参量的范数，并且下标 R、G、B 表示向量 m 和 z 的 RGB 分量。点的轨迹 $D(z,m) \leq T$ 是半径为 T 的球，正如图 6-29(a)说明的那样。根据定义，包括在球的内部或表面的点满足特定的彩色准则，球外部的点则不满足。在图像中对这两组点编码，比如黑的和白的，将会产生分割的二值图像。上述方程的有用归纳是距离度量形式：

$$D(z,m) = \left[(z-m)^T C^{-1}(z-m)\right]^{1/2}$$

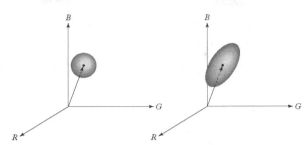

图 6-29　在以分割为目的的 RGB 向量空间中封装数据的两种方法

在这里，C 是我们要分割的有代表性彩色样值的协方差矩阵。一般来说，这个距离以 Mahalanobis 距离为参考。$D(z,m) \leq T$ 的轨迹描述了实的 3D 椭球体(见图 6-29(b))，它的重要特性是：主轴取向是在最大的数据分离方向上。当 $C=I$ 时，同样的矩阵，Mahalanobis 距离降至 Euclidean 距离。除了现在数据包含在椭球内之外，分割与在这段之前已经描述过的一样。

在刚才描述的方法中，分割通过函数 colorseg(代码见附录 C)实现，语法如下：

```
S = colorseg(method, f, T, parameters)
```

在这里，method 不是'euclidean'就是'mahalanobis'，f 是待分割的 RGB 彩色图像，T 是前边描述的阈值。如果选择'eucliden'，输入参量将是 m，如果选择'mahalanobis'，将是 m 和 c。参数 m 是均值 **m**，c 是协方差矩阵 **C**。输出 S 是二值图像(和原始图像的大小相同)，包括 0s。阈值测试失败的点为 0，通过阈值测试的点为 1。1 表示基于彩色内容从 f 分割出的区域。

例 6.13　RGB 彩色图像分割

图 6-30(a)显示了一幅木星的卫星表面区域的伪彩色图像。在这幅图像中，淡红色描述的是新的从活火山喷射出来的熔岩，并且在黄色熔岩周围是老的硫磺沉淀物。为了比较，这个例子演示了如何使用 colorseg 函数的两个选项对淡红色区域进行分割。

首先，我们获得待分割彩色区域的样本。一种简单地获得感兴趣区域的方法是使用在 4.2.4 节描述的 roipoly 函数，这个函数可产生能交互选择的区域的二值模板。这样，令 f 表示图 6-30(a)中的彩色图像，图 6-30(b)中的区域便可用下面命令得到：

```
>> mask = roipoly(f); % Select region interactively.
>> red = immultiply(mask, f(:, :, 1));
>> green = immultiply(mask, f(:, :, 2));
>> blue = immultiply(mask, f(:, :, 3));
>> g = cat(3, red, green, blue);
>> figure, imshow(g);
```

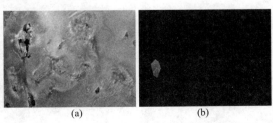

图 6-30　(a) 木星的卫星表面区域的伪彩色图像；(b) 用函数 roipoly 交互式地提取感兴趣的区域。(原图像由 NASA 提供)

其中，模板是用 roipoly 产生的二值图像(和 f 的大小相同)。下一步，我们计算感兴趣区域内点的平均矢量和协方差矩阵。但是首先，ROI 区域内点的坐标必须提取出来：

```
>> [M, N, K] = size(g);
>> I = reshape(g, M * N, 3);
>> idx = find(mask);
>> I = double(I(idx, 1:3));
>> [C, m] = covmatrix(I);
```

第 2 条语句重新排列 g 中的彩色像素，就像 I 的行一样，并且第 3 条语句找出彩色像素的行索引，它们不是黑的。这些都不是图 6-30(b)中模板图像的背景像素。

最后，预先要做的计算是决定 T 值。好的开始是让 T 变为彩色分量标准差的倍数。C 的主对角线包括 RGB 分量的方差，所以我们必须抽取这些元素并计算它们的平方根：

```
>> d = diag(c);
>> sd = sqrt(d);
    22.0643    24.2442    16.2806
```

sd 的第 1 个元素是 ROI 中彩色像素的红色分量的标准差，并且对另外两个分量也是相似的。现在进行图像分割，以 T 的 25 倍值作为阈值，这个值是最大标准差的近似：T=25，T=50，T=75，T=100。针对函数的'euclidean'选项，采用 T=25：

```
>> E25 = colorseg('euclidean',f,25,m);
```

图 6-31(a)显示了结果，并且图 6-31(b)到(d)显示了分别用 T=50、75 和 100 进行分割的结果。类似的，图 6-32(a)到(d)显示了以同样的阈值顺序，使用'mahalanobis'选项获得的结果。

有意义的结果(依赖图 6-30(a)中的红色)可用'Euclidean'选项获得，使用 T=25 和 50。但是，当 T=75 和 100 时会产生明显的过分分割。另一方面，使用'mahalanobis'选项，T 采用相同的值，结果明显更为准确，如图 6-32 所示。原因是在 ROI 中，3D 彩色数据的分离在使用椭球的情况下比圆球匹配得更好。注意，在这两种增大 T 的方法中，允许包括分割区域的红色更淡些，这正像我们期望的那样。

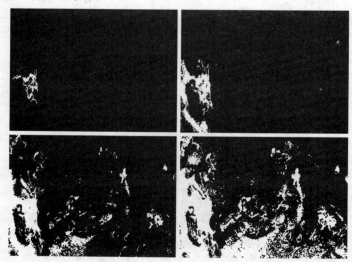

图 6-31 在函数 colorseg 中使用'euclidean'选项，T=25、50、75、100，图 6-30(a)的分割效果

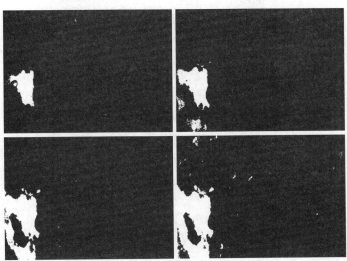

图 6-32 在函数 colorseg 中使用'mahalanobis'选项，T=25、50、75、100，图 6-30(a)的分割效果，请与图 6-31 进行比较

6.7 小结

本章针对图像处理中的彩色应用这一基本话题，并对如何使用 MATLAB、图像处理工具箱以及在前面开发的新函数实现这些概念做了介绍。彩色模型这一领域的范围足够广，以至于全书都将讨论这一话题。为了在图像处理中更有效，这里讨论的模型都是精选的，并且也因为它们而为在这个领域做进一步研究提供了良好的基础。

关于伪彩色、单独彩色平面的全彩处理与在前一章针对单色图像开发的图像处理技术具有紧密联系。关于彩色向量空间的讨论与前些章讨论的方法相悖，这里强调灰度图像处理和全彩色图像处理之间的一些重要不同。本章开始时讨论的彩色向量处理技术是基于向量处理技术的代表，包括中值和其他排序滤波、自适应和形态滤波、图像复原、图像压缩和其他技术。

第 7 章 小波

当对数字图像进行多分辨率观察和处理时,离散小波变换(Discrete Wavelet Transform,DWT)是首选的数学工具。除了有效、高度直观的描述框架、多分辨率存储外,DWT 还有利于深入了解图像的空间和频域特性。而另一方面,傅立叶变换仅显示图像的频率属性。

在本章,我们探索离散小波变换的计算和应用。我们引入了小波工具箱——为小波分析设计的 MathWorks 函数集,但不包括 MATLAB 的图像处理工具箱和已经开发的兼容子程序。这些子程序允许单独使用图像处理工具箱进行基于小波的处理;也就是不使用小波工具箱。这些惯用的函数和图像处理工具箱函数相结合,提供了必要的工具,这些工具可实现 Gonzalez 和 Woods 撰写的 *Digital Image Processing* 一书的第 7 章讨论的所有概念。它们大多以同样的方法被运用,并且提供与第 3 章中工具箱函数 `fft2` 和 `ifft2` 相似的功能。

7.1 背景

考虑大小为 M×N 的图像 $f(x,y)$,这幅图像的正向离散变换 $T(u,v,\ldots)$ 可根据一般的关系来表示:

$$T(u,v,\ldots)=\sum_{x,y} f(x,y) g_{u,v,\ldots}(x,y)$$

在这里,x 和 y 是空间变量,$u,v\ldots$ 是变换域变量。给定 $T(u,v,\ldots)$,$f(x,y)$ 可用一般的离散反变换得到:

$$f(x,y) = \sum_{u,v,\ldots} T(u,v,\ldots) h_{u,v,\ldots}(x,y)$$

$g_{u,v,\ldots}$ 和 $h_{u,v,\ldots}$ 在这些方程中分别叫做正变换核和反变换核。它们决定其性质、计算的复杂性和变换对的主要用途。变换系数 $T(u,v,\ldots)$ 可以通过对 f 关于 $\{h_{u,v,\ldots}\}$ 的一系列展开系数来观察。也就是说,反变换核对于 f 的级数展开定义了一组展开函数。

第 3 章的离散傅立叶变换(DFT)能很好地适应级数展开公式。在这种情况下[①]:

[①] 在第 4 章的 DFT 公式中,1/MN 项放在反变换公式中。也可以只放在正变换中,或者正如我们现在所做的那样,分开放在正反变换中。

$$h_{u,v}(x,y) = g^*_{u,v}(x,y) = \frac{1}{\sqrt{MN}}e^{j2\pi(ux/M+vy/N)}$$

这里，j=$\sqrt{-1}$，*是复共轭算子，$u=0,1,\ldots,M-1$ 且 $v=0,1,\ldots,N-1$。变换域变量 u 和 v 分别表示水平和垂直频率，变换核是可分的，因为：

$$h_{u,v}(x,y) = h_u(x)h_v(y)$$

对于

$$h_u(x) = \frac{1}{\sqrt{M}}e^{j2\pi ux/M} \text{ 和 } h_v(y) = \frac{1}{\sqrt{N}}e^{j2\pi vy/N}$$

是正交的：

$$\langle h_r, h_s \rangle = \delta_{rs} = \begin{cases} 1 & r = s \\ 0 & \text{其他} \end{cases}$$

其中，<>是内积算子。变换核的可分离性简化了二维变换的计算，可以用先作行后作列，或先作列后作行的一维变换来实现二维变换；归一化正交导致正反变换核之间的复共轭关系(如果函数是实数，它们相等)。

不像离散傅立叶变换，傅立叶变换完全可以通过两个简单的方程式来定义，这个方程式围绕变换核对(前面给出过)循环出现，术语"离散小波变换"指的就是这样的一类变换，不仅使用的变换核不同，(所用的展开函数)而且这些函数(例如不管它们构成正交基还是双正交基)的基本性质和它们应用的方法(例如计算多少不同的分辨率)也不同。因为 DWT 包含各种独特但相关的变换，所以我们不能写出单一的能完全描述它们的公式。取而代之，而是用变换核对或定义这些变换核对的一组参数来表征每个 DWT。各种变换都与这样的事实有关，事实就是变换的展开函数是变化频率和持续时间受限的"小波"(因此命名为小波，见图 7-1(b))。在这一章的剩余部分，我们将介绍几种"小波"核。其中的每个都有下面的一般特性。

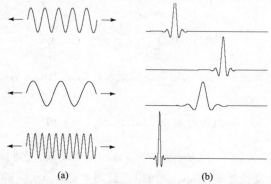

图 7-1 (a) 我们熟悉的傅立叶展开函数是频率变化和时间不受限的正弦波；(b) DWT 展开函数是持续时间受限且频率不断变化的"小波"

性质 1： 可分离性，可伸缩性和平移性。变换核可用三个可分的二维小波来表示：

$$\psi^H(x,y) = \psi(x)\varphi(y)$$
$$\psi^V(x,y) = \varphi(x)\psi(y)$$
$$\psi^D(x,y) = \psi(x)\psi(y)$$

其中，$\psi^H(x,y)$、$\psi^V(x,y)$ 和 $\psi^D(x,y)$ 分别被称为水平、垂直和对角小波，并且是二维可分的尺度函数：

$$\varphi(x,y) = \varphi(x)\varphi(y)$$

每个二维函数都是两个一维实函数的、平方可积的尺度和小波函数的乘积：

$$\varphi_{j,k}(x) = 2^{j/2}\varphi(2^j x - k)$$
$$\psi_{j,k}(x) = 2^{j/2}\psi(2^j x - k)$$

平移参数 k 决定这些一维函数沿 x 轴的位置，尺度 j 决定它们的宽度，它们沿 x 轴有多宽多窄，并且按 $2^{j/2}$ 控制它们的高度或振幅。注意，与展开函数相关联的是母小波的二进制尺度和整数平移 $\psi(x) = \psi_{0,0}(x)$，并且尺度函数 $\varphi(x) = \varphi_{0,0}(x)$。

性质2：多分辨率的兼容性。刚刚介绍的一维尺度函数满足下面的多分辨率分析要求：

1) $\varphi_{j,k}$ 对整数平移是正交的。

2) 在低尺度或低分辨率(例如较小的 j)下，以一系列 $\varphi_{j,k}$ 的展开函数来描述的一组函数包含在可以用高尺度描述的函数中。

3) 唯一可在每个尺度上描述的函数是 $f(x)=0$。

4) 在 j→∞ 时，任何函数都可以以任意精度来描述。

当这些条件满足时，存在伴随小波 $\psi_{j,k}$，与它的整数平移和二进制尺度一起，它的范围用任意两组 $\varphi_{j,k}$ 之间的差来描述，$\varphi_{j,k}$ 是在相邻尺度上可描述的函数。

性质3：正交性。对于一组一维可测的、平方可积函数，展开函数(例如 $\{\varphi_{j,k}(x)\}$ 形成正交或双正交基。之所以称为基，是因为对于每个可描述函数必须有唯一一组展开系数。正如在傅立叶核介绍中说明的那样，对于实数正交核，有 $g_{u,v,\ldots} = h_{u,v,\ldots}$。对于双正交情况：

$$\langle h_r, g_s \rangle = \delta_{rs} = \begin{cases} 1 & r=s \\ 0 & 其他 \end{cases}$$

g 被称为 h 的对偶。对于带有尺度和小波函数 $\varphi_{j,k}(x)$ 和 $\psi_{j,k}(x)$ 的双正交小波变换来说，对偶分别表示为 $\tilde{\varphi}_{j,k}(x)$ 和 $\tilde{\psi}_{j,k}(x)$。

7.2 快速小波变换

上述性质的重要推论是：$\varphi(x)$ 和 $\psi(x)$ 可以用它们自身的双分辨率副本的线性组合来表达。这样，经过级数展开：

$$\varphi(x) = \sum_n h_\varphi(n)\sqrt{2}\varphi(2x-n)$$

$$\psi(x) = \sum_n h_\psi(n)\sqrt{2}\varphi(2x-n)$$

这里，展开系数 h_φ 和 h_ψ 分别被称为尺度和小波矢量。它们是快速小波变换(FWT)滤波器的系数，DWT 的迭代计算方法显示于图 7-2 中。在图 7-2 中，$W_\varphi(j,m,n)$ 和 $\{W_\psi^i(j,m,n); i=H,V,D\}$ 输出是在尺度 j 处的 DWT 系数。方框中包括时间反转尺度和小波矢量，$h_\varphi(-n)$ 和 $h_\psi(-m)$ 分别是低通和高通分解滤波器。最后，包括 2 和向下箭头的单元表示下取样，也就是从点的序列中每隔一个点提取一点。数学上，一系列滤波器和下取样的操作用来计算图 7-2 中的 $W_\psi^H(j,m,n)$，例如：

$$W_\psi^H(j,m,n) = h_\psi(-m) \star [h_\varphi(-n) \star W_\varphi(j+1,m,n)]|_{n=2k,k\geq 0}|_{m=2k,k\geq 0}$$

其中，★表示卷积。在非负处计算卷积值，偶数指针等价于滤波和由 2 下取样。

图 7-2 中的滤波器把输入分解为 4 个低分辨率(或低尺度)分量，W_φ 系数通过两个低通滤波器(例如基于 h_φ 的滤波器)产生并被称为近似系数；$\{W_\psi^i, i=H,V,D\}$ 分别是水平、垂直和对角线细节系数。在方框中，输出 $W_\varphi(j,m,n)$ 可用作后来的输入 $W_\varphi(j+1,m,n)$，用于创建低分辨率分量；因为 $f(x,y)$ 是可用到的高分辨率表示，所以作为第一次迭代的输入。注意，图 7-2 中的操作既不用小波也不用尺度函数，仅是与它们关联的小波和尺度矢量。另外，变换域变量包括尺度 j 和水平及垂直平移 n 和 m。这些变量与 7.1 节的前两个公式中的 $u,v,\ldots$ 对应。

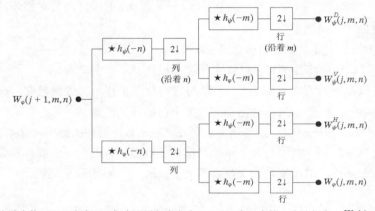

图 7-2　二维快速小波变换(FWT)滤波器。每个通道都会产生 DWT 尺度。在第一次迭代中，$W_\varphi(j+1,m,n)=f(x,y)$

7.2.1　使用小波工具箱的 FWT

在这一节，我们使用 MATLAB 小波工具箱计算简单的 4×4 测试图像的 FWT。在下一节，我们将开发不使用小波工具箱的用于计算 FWT 的通用函数(例如单独使用图像处理工具箱)。这里仅安排一些开发这些函数的基础内容。

小波工具箱为各种快速小波变换提供分解滤波器。与特殊变换有关的滤波器可通过函数 wfilters 来访问，一般的语法如下：

[Lo_D,Hi_D,Lo_R,Hi_R] = wfilters(wname)

这里，输入参量 wname 决定了返回与表 7-1 一致的滤波系数；输出 Lo_D、Hi_D、Lo_R 和 Hi_R 是行向量，它们分别返回低通分解、高通分解、低通重建和高通重建滤波器(重建滤波器在 7.4 节中讨论)。频率耦合滤波器对可用下面语句交替调用：

[F1,F2] = wfilters(wname,type)

将 type 设置为 'd'、'r'、'l' 或 'h' 可分别获得一对分解、重建、低通和高通滤波器。如果这一语法被调用，分解或低通滤波器将在 F1 中返回，并且伴随结果放在 F2 中。表 7-1 列出了包括在小波工具箱中的 FWT 滤波器。它们的性质以及其他有关的尺度和小波的信息在数字滤波和多分辨率分析方面的文献中可以找到。一些更重要的特性由小波工具箱的 waveinfo 和 wavefun 函数提供。为了在 MATLAB 的命令窗口中打印小波族 wfamily(见表 7-1)的描述信息,在 MALTAB 提示符处输入:

```
waveinfo(wfamily)
```

为了获得归一化正交变换的尺度和小波函数的数字近似值,可键入:

```
[phi,psi,xval] = wavefun(wname,iter)
```

上述命令返回近似向量 phi 和 psi,并且计算向量 xval。正整数 iter 由控制计算的迭代次数决定近似值的精确度。对于双正交变换,适当的语句是:

```
[phi1,psi1,phi2,psi2,xval] = wavefun(wname,iter)
```

其中,phi1 和 psi1 是分解函数,phi2 和 psi2 是重建函数。

表 7-1 小波工具箱 FWT 滤波器和滤波器族的名称

小 波	小 波 族	名 称
Harr	'haar'	'haar'
Daubechies	'db'	'db2'、'db3'、...'db5'
Coiflets	'coif'	'coif1'、'coif2'、...'coif5'
Symlets	'sym'	'sym2'、'sym3'、...'sym5'
离散 Meyer	'dmey'	'dmey'
双正交	'bior'	'bior1.1'、'bior1.3'、'bior1.5'、'bior2.2'
		'bior2.4'、'bior2.6'、'bior2.8'、'bior3.1'
		'bior3.3'、'bior3.5'、'bior3.7'、'bior3.9'
		'bior4.4'、'bior5.5'、'bior6.8'
反双正交	'rbio'	'rbio1.1'、'rbio1.3'、'rbio1.5'、'rbio2.2'
		'rbio2.4'、'rbio2.6'、'rbio2.8'、'rbio3.1'
		'rbio3.3'、'rbio3.5'、'rbio3.7'、'rbio3.9'
		'rbio4.4'、'rbio5.5'、'rbio6.8'

例 7.1 Haar 滤波器、尺度和小波函数

最古老和最简单的是基于 Haar 尺度和小波函数的小波变换。基于 Haar 变换的分解和重建滤波器的长度为 2,并且可由如下语句获得:

```
>>[Lo_D,Hi_D, Lo_R,Hi_R] = wfilters('haar')
Lo_D =
    0.7071 0.7071
Hi_D =
    -0.7071  0.7071
Lo_R =
```

```
        0.7071 0.7071
Hi_R =
        0.7071-0.7071
```

它们的关键性质(比如那些由 waveinfo 函数报告的)以及有关的尺度和小波函数的平面图可通过下面语句获得：

```
>> waveinfo('haar');
HAARINFO Information on Haar wavelet.
    Haar Wavelet
    General characteristics: Compactly supported
    wavelet, the oldest and the simplest wavelet.
    scaling function phi = 1 on [0 1] and 0 otherwise.
    wavelet function psi = 1 on [0 0.5], = -1 on [0.5 1] and 0otherwise.
    Family                    Haar
    Short name                haar
    Examples                  haar is the same as db1
    Orthogonal                yes
    Biorthogonal              yes
    Compact support           yes
    DWT                       possible
    CWT                       possible
    Support width             1
    Filters length            2
    Regularity                haar is not continuous
    Symmetry                  yes
    Number of vanishing
    moments for psi           1
    Reference: I. Daubechies,
    Ten lectures on wavelets,
    CBMS, SIAM, 61, 1994, 194-202.
>> [phi, psi, xval] = wavefun('haar', 10);
>> xaxis = zeros(size(xval));
>> subplot(121); plot(xval, phi, 'k', xval, xaxis, '--k');
>> axis([0 1 -1.5 1.5]); axis square;
>> title('Haar Scaling Function');
>> subplot(122); plot(xval, psi, 'k', xval, xaxis, '--k');
>> axis([0 1 -1.5 1.5]); axis square;
>> title('Haar Wavelet Function');
```

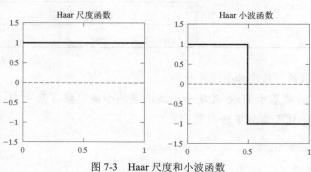

图 7-3 Haar 尺度和小波函数

图 7-3 显示了通过最终的 6 个命令产生的结果。函数 title、axis 和 plot 是在第 2 章描述过的，函数 subplot 用于把图的窗口细分成坐标轴的数组或子图，一般语法如下：

$$H = \text{subplot}(m,n,p) \text{ 或 } H = \text{subplot}(mnp)$$

其中，m 和 n 分别是子图数组的行和列。m 和 n 必须大于 1。可选的输出变量 H 是用 p 选择的子图(例如轴)的句柄，增加 p 的值(从 1 开始)，沿着图中窗口最上部的行选择坐标轴，然后是第 2 行，等等。有或没有 H，第 p 轴都由当前的图产生。这样在先前的指令中，函数 subplot(122) 选择含有 1 行 2 列的 1×2 子块数组的块作为当前块。随后的 axis 和 title 函数只作用于这个数组。

显示在图 7-3 中的 Haar 尺度和小波函数是不连续的且紧支撑的，这意味着在称为支撑区间的有限区间之外它们是 0。注意，支撑是 1。另外，waveinfor 数据揭示 Haar 展开函数是正交的，因此正反变换核是相同的。

给定一组分解滤波器，无论用户提供还是通过 wfilters 函数产生，计算相应小波变换的最简单方法是通过小波工具箱的 wavedec2 函数，调用语法为：

[C,S] = wavedec2(X,N,Lo_D,Hi_D)

其中， X 是二维图像或矩阵，N 是被计算的尺度数(比如通过图 7-2 中 FWT 滤波器的尺度数)，并且 Lo_D 和 Hi_D 是分解滤波器。下面是稍微有效一点的语法为：

[C,S] = wavedec2(x,n,wname)

其中，假设来自表 7-1 的 wname 值也可以使用。输出数据结构[C,S]是由行向量 C(double 类)组成的，其中包括计算过的小波变换系数，并且记录矩阵 S(也是 double 类)详细说明了 C 中系数的排列。C 和 S 之间的关系在下一个例子中介绍，并且在 7.3 节中有详细描述。

例 7.2 使用了 Haar 滤波器的简单 FWT

考虑下面关于 Haar 小波的单尺度小波变换：

```
>> f = magic(4)
f =
    16     2     3    13
     5    11    10     8
     9     7     6    12
     4    14    15     1
>>[c1,s1] = wavedec2(f,1, 'haar')
c1=
    columns   1   through   9
        17.0000      17.0000      17.0000      17.0000       1.0000
        -1.0000      -1.0000       1.0000       4.0000
    columns  10   through  16
        -4.0000      -4.0000       4.0000      10.0000       6.0000
        -6.0000     -10.0000
s1 =
     2     2
     2     2
     4     4
```

在这里，一个 4×4 方形图像 f 被变换为 16×16 的小波分解向量 c1 和 3×2 的记录矩阵 s1。整个变换由单独执行图 7-2 中描述的操作来实现。4 个 2×2 输出，分别是 1 个下取样近似和 3 个方向(水平、垂直和对角线)细节矩阵。wavedec2 函数在行向量 c1 中以近似系数开始按列连接这些 2×2 矩阵,并且按水平、垂直和对角线细节逐一进行。也就是:c1(1)到 c1(4)是近似系数 $W_\varphi(1,0,0)$、$W_\varphi(1,1,0)$、$W_\varphi(1,0,1)$和$W_\varphi(1,1,1)$,图 7-2 中任意假定的 f 的尺度为 2;c1(5)到 c1(8)是$W_\psi^H(1,0,0)$、$W_\psi^H(1,1,0)$、$W_\psi^H(1,0,1)$、$W_\psi^H(1,1,1)$等。如果从向量 c1 中提取水平细节系数矩阵,将得到:

$$W_\psi^H = \begin{bmatrix} 1 & -1 \\ -1 & 1 \end{bmatrix}$$

记录矩阵 s1 提供矩阵的大小,该矩阵已被一次一列连接成了行向量 c1,还有原始图像 f 的大小(在向量 s1(edn,:)中)。向量 s1(1,:)和 s2(2,:)包括分别计算近似矩阵的大小和 3 个细节系数矩阵。每个向量的第 1 个元素是参考细节或近似矩阵的行数;第 2 个元素是列数。

当前边描述的单尺度变换扩展到两个尺度时,我们得到:

```
>>[c2,s2] = wavedec2(f,2, 'haar')
c2 =
columns   1    through    9
    34.0000      0           0        0.0000     1.0000
    -1.0000    -1.0000    1.0000      4.0000
columns  10    through   16
    -4.0000    -4.0000    4.0000     10.0000     6.0000
    -6.0000   -10.0000
s2 =
    1    1
    1    1
    2    2
    4    4
```

注意,c2(5:16)=c1(5:16)。元素 c1(1:4)——它们是单尺度变换的近似系数,这些系数已被送入图 7-2 中的滤波器组以产生 4 个 1×1 的输出:$W_\varphi(0,0,0)$、$W_\psi^H(0,0,0)$、$W_\psi^V(0,0,0)$ 和 $W_\psi^D(0,0,0)$。这些输出按照在前边单尺度变换中用过的相同顺序按列连接起来(它们在这里可认为是 1×1 的矩阵),并代替得到的近似系数。然后,记录矩阵 s2 被更新,以反映这样一个事实:在 c1 中,单独的 2×2 近似矩阵已由 c2 中的 4 个 1×1 矩阵的细节和近似矩阵代替。因此,s2(end,:)再一次为原始图像的尺寸,s2(3,:)在尺度 1 的情况下是 3 个细节系数矩阵的大小,s2(2,:)是在尺度为 0 的情况下是 3 个细节系数矩阵的大小,而 s2(1,:)是最后近似的大小。

为结束这节,我们注意到,因为 FWT 以数字滤波技术和卷积为基础,所以边缘失真会有所上升。为了将这些失真减到最小,边缘必须进行与图像其他部分不同的处理。

当滤波器元素在卷积过程中落到图像外部时,必须设定范围,该范围是图像外滤波器的近似大小。包括 wavedec2 函数在内的许多小波工具箱函数,以全局参数 dwtmode 为基础扩展并填充待处理的图像。想要检查这个动态的扩展模式,可以输入 st = dwtmode('status'),或者在 MATLAB 指令提示符下简单地输入 dwtmode(例如>> dwtmode)。为了对 STATUS 设置扩展模式,可以输入 dwtmode(STATUS);为创建 STATUS 下的默认扩展模式,可利用 dwtmode('save',STATUS)语句。表 7-2 中列出了所有支持的扩展模式和相应的 STATUS 值。

表 7-2 小波工具箱图像扩展及填充模式

状 态	描 述
'sym'	图像绕边缘通过镜面反射来扩展,这一般是默认模式
'zpd'	图像通过零值填充而扩展
'spd'、'sp1'	图像由一阶导数外推法扩展,或由最外面的两个边界值填充来线性扩展
'sp0'	图像由外推边界值扩展,也就是说,用边界值复制来扩展
'ppd'	图像由周期填充法扩展
'per'	图像在被'sp0'扩展填充到偶数大小之后(如果必要的话),又被周期填充法扩展

7.2.2 不使用小波工具箱的 FWT

在这一节中,我们将开发一对自定义函数——wavefilter 和 wavefast,从而代替前面章节的小波工具箱函数 wfilters 和 wavedec2。我们的目的是为计算快速小波变换的机制提供额外的理解,同时开始为基于小波的图像处理建立不用小波工具箱的"独立程序包"。这个过程在 7.3 节和 7.4 节全部完成,并且由此得到的函数集被用来产生 7.5 节中的例子。

第一步是为小波分解和重构滤波器设计函数。下面这个函数名为 wavefilter,它利用标准的 switch 结构,连同 case 语句和 otherwise 语句一起,可以比较容易地通过可扩展的方式完成此项工作。尽管 wavefilter 仅提供在 *Digital Image Processing* 一书的第 7 和第 8 章中验证过的滤波器,但是通过在文献中附加适当的分解和重构滤波器(作为新情况),也可以适应其他小波变换。

```
function [varargout] = wavefilter(wname, type)
%WAVEFILTER Create wavelet decomposition and reconstruction filters.
%   [VARARGOUT] = WAVEFILTER(WNAME, TYPE) returns the decomposition
%   and/or reconstruction filters used in the computation of the
%   forward and inverse FWT (fast wavelet transform).
%
%   EXAMPLES:
%      [ld, hd, lr, hr] = wavefilter('haar')  Get the low and highpass
%                                             decomposition (ld, hd)
%                                             and reconstruction
%                                             (lr, hr) filters for
%                                             wavelet 'haar'.
%      [ld, hd] = wavefilter('haar','d')  Get decomposition filters
%                                         ld and hd.
%      [lr, hr] = wavefilter('haar','r')  Get reconstruction
%                                         filters lr and hr.
%
%   INPUTS:
%      WNAME              Wavelet Name
%      ---------------------------------------------------
%      'haar' or 'db1'    Haar
%      'db4'              4th order Daubechies
%      'sym4'             4th order Symlets
%      'bior6.8'          Cohen-Daubechies-Feauveau biorthogonal
```

```
%       'jpeg9.7'        Antonini-Barlaud-Mathieu-Daubechies
%
%       TYPE             Filter Type
%       ------------------------------------------------------------
%       'd'              Decomposition filters
%       'r'              Reconstruction filters
%
%   See also WAVEFAST and WAVEBACK.

% Check the input and output arguments.
error(nargchk(1, 2, nargin));

if (nargin == 1 && nargout ~= 4) || (nargin == 2 && nargout ~= 2)
    error('Invalid number of output arguments.');
end

if nargin == 1 && ~ischar(wname)
    error('WNAME must be a string.');
end

if nargin == 2 && ~ischar(type)
    error('TYPE must be a string.');
end

% Create filters for the requested wavelet.
switch lower(wname)
case {'haar', 'db1'}
    ld = [1 1]/sqrt(2);  hd = [-1 1]/sqrt(2);
    lr = ld;             hr = -hd;

case 'db4'
    ld = [-1.059740178499728e-002  3.288301166698295e-002 ...
           3.084138183598697e-002 -1.870348117188811e-001 ...
          -2.798376941698385e-002  6.308807679295904e-001 ...
           7.148465705525415e-001  2.303778133088552e-001];
    t = (0:7);
    hd = ld;     hd(end:-1:1) = cos(pi * t) .* ld;
    lr = ld;     lr(end:-1:1) = ld;
    hr = cos(pi * t) .* ld;

case 'sym4'
    ld = [-7.576571478927333e-002 -2.963552764599851e-002 ...
           4.976186676320155e-001  8.037387518059161e-001 ...
           2.978577956052774e-001 -9.921954357684722e-002 ...
          -1.260396726203783e-002  3.222310060404270e-002];
    t = (0:7);
    hd = ld;     hd(end:-1:1) = cos(pi * t) .* ld;
    lr = ld;     lr(end:-1:1) = ld;
    hr = cos(pi * t) .* ld;

case 'bior6.8'
    ld = [0  1.908831736481291e-003 -1.914286129088767e-003 ...
         -1.699063986760234e-002  1.193456527972926e-002 ...
          4.973290349094079e-002 -7.726317316720414e-002 ...
         -9.405920349573646e-002  4.207962846098268e-001 ...
```

```
                8.259229974584023e-001  4.207962846098268e-001 ...
               -9.405920349573646e-002 -7.726317316720414e-002 ...
                4.973290349094079e-002  1.193456527972926e-002 ...
               -1.699063986760234e-002 -1.914286129088767e-003 ...
                1.908831736481291e-003];
        hd = [0 0 0 1.442628250562444e-002 -1.446750489679015e-002 ...
               -7.872200106262882e-002  4.036797903033992e-002 ...
                4.178491091502746e-001 -7.589077294536542e-001 ...
                4.178491091502746e-001  4.036797903033992e-002 ...
               -7.872200106262882e-002 -1.446750489679015e-002 ...
                1.442628250562444e-002 0 0 0 0];
        t = (0:17);
        lr = cos(pi * (t + 1)) .* hd;
        hr = cos(pi * t) .* ld;

    case 'jpeg9.7'
        ld = [0  0.02674875741080976 -0.01686411844287495 ...
             -0.07822326652898785  0.2668641184428723 ...
              0.6029490182363579  0.2668641184428723 ...
             -0.07822326652898785 -0.01686411844287495 ...
              0.02674875741080976];
        hd = [0 -0.09127176311424948  0.05754352622849957 ...
              0.5912717631142470 -1.115087052456994 ...
              0.5912717631142470  0.05754352622849957 ...
             -0.09127176311424948 0 0];
        t = (0:9);
        lr = cos(pi * (t + 1)) .* hd;
        hr = cos(pi * t) .* ld;

    otherwise
        error('Unrecognizable wavelet name (WNAME).');
end

% Output the requested filters.
if (nargin == 1)
    varargout(1:4) = {ld, hd, lr, hr};
else
    switch lower(type(1))
    case 'd'
        varargout = {ld, hd};
    case 'r'
        varargout = {lr, hr};
    otherwise
        error('Unrecognizable filter TYPE.');
    end
end
```

注意函数wavefilter中的每个归一化正交滤波器(例如'haar'、'bd4'和'sym4')，重构滤波器是分解滤波器的时间反转版本，并且高通分解滤波器是与低通相对应的调制后的版本。只有低通分解滤波器的系数需要在代码中明确列举，其他剩余的滤波器系数可以从中计算出来。在wavefilter函数中，时间反转是从最后一个到第一个重新排列滤波器向量元素来进行的，语句类似于lr(end:-1:1)=ld。我们通过已知滤波器的分量与cos(pi*t)的乘积来完成调制，将cos(pi*t)的值以整数t，从0开始增长，在−1到1之间交替出现。在函数wavefilter

中，每个双正交滤波器(也就是'bior6.8'和'jepg9.7')、低通和高通分解滤波器都是明确规定的，而重构滤波器可以当作它们的调制计算出来。最后我们注意到，由wavefilter函数生成的滤波器都是偶数长度，并且使用零填充以保证每个小波分解和重构滤波器的长度相同。

给定生成分解滤波器的一对wavefilter，我们很容易写出用于计算相关的快速小波变换的通用子程序。我们的目标是设计基于滤波和如图7-2中下取样操作的有效算法。为了保留与现有小波工具箱的兼容性，我们采用同样的分解结构(也就是[C,S]，这里的C表示分解向量，S表示记录矩阵)。因为wavedec2可接受M×N×3大小的输入，所以还可以接受沿着第三维延伸的数组。也就是说，输入可以包含多于一个的二维数组，类似于RGB图像的红、绿、蓝分量。延伸数组的每个二维数组叫做一页，并且它的第三个索引叫做页索引。下面名为wavefast的子程序用对称图像扩展来减少因计算FWT而带来的边界失真：

```
function [c, s] = wavefast(x, n, varargin)
%WAVEFAST Computes the FWT of a '3-D extended' 2-D array.
%   [C, L] = WAVEFAST(X, N, LP, HP) computes 'PAGES' 2D N-level
%   FWTs of a 'ROWS x COLUMNS x PAGES' matrix X with respect to
%   decomposition filters LP and HP.
%
%   [C, L] = WAVEFAST(X, N, WNAME) performs the same operation but
%   fetches filters LP and HP for wavelet WNAME using WAVEFILTER.
%
%   Scale parameter N must be less than or equal to log2 of the
%   maximum image dimension. Filters LP and HP must be even. To
%   reduce border distortion, X is symmetrically extended. That is,
%   if X = [c1 c2 c3 ... cn] (in 1D), then its symmetric extension
%   would be [... c3 c2 c1 c1 c2 c3 ... cn cn cn-1 cn-2 ...].
%
%   OUTPUTS:
%     Vector C is a coefficient decomposition vector:
%
%       C = [ a1(n)...ak(n) h1(n)...hk(n) v1(n)...vk(n)
%             d1(n)...dk(n) h1(n-1)... d1(1)...dk(1) ]
%
%     where ai, hi, vi, and di for i = 0,1,...k are columnwise
%     vectors containing approximation, horizontal, vertical, and
%     diagonal coefficient matrices, respectively, and k is the
%     number of pages in the 3-D extended array X. C has 3n + 1
%     sections where n is the number of wavelet decompositions.
%
%     Matrix S is an [(n+2) x 2] bookkeeping matrix if k = 1;
%     else it is [(n+2) x 3]:
%
%       S = [ sa(n, :); sd(n, :); sd(n-1, :); ... ; sd(1, :); sx ]
%
%     where sa and sd are approximation and detail size entries.
%
%   See also WAVEBACK and WAVEFILTER.

% Check the input arguments for reasonableness.
error(nargchk(3, 4, nargin));
if nargin == 3
   if ischar(varargin{1})
```

```
         [lp, hp] = wavefilter(varargin{1}, 'd');
      else
         error('Missing wavelet name.');
      end
else
   lp = varargin{1};    hp = varargin{2};
end

% Get the filter length, 'lp', input array size, 'sx', and number of
% pages, 'pages', in extended 2-D array x.
fl = length(lp);    sx = size(x);    pages = size(x, 3);

if ((ndims(x) ~= 2) && (ndims(x) ~= 3)) || (min(sx) < 2) ...
         || ~isreal(x) || ~isnumeric(x)
error('X must be a real, numeric 2-D or 3-D matrix.');
end

if (ndims(lp) ~= 2) || ~isreal(lp) || ~isnumeric(lp) ...
|| (ndims(hp) ~= 2) || ~isreal(hp) || ~isnumeric(hp) ...
|| (fl ~= length(hp)) || rem(fl, 2) ~= 0
    error(['LP and HP must be even and equal length real, ' ...
    'numeric filter vectors.']);
end

if ~isreal(n) || ~isnumeric(n) || (n < 1) || (n > log2(max(sx)))
   error(['N must be a real scalar between 1 and ' ...
   'log2(max(size((X))).']);
end

% Init the starting output data structures and initial approximation.
c = [];         s = sx(1:2);
app = cell(pages, 1);
for i = 1:pages
    app{i} = double(x(:, :, i));
end

% For each decomposition ...
for i = 1:n
    % Extend the approximation symmetrically.
    [app, keep] = symextend(app, fl, pages);

    % Convolve rows with HP and downsample. Then convolve columns
    % with HP and LP to get the diagonal and vertical coefficients.
    rows = symconv(app, hp, 'row', fl, keep, pages);
    coefs = symconv(rows, hp, 'col', fl, keep, pages);
    c = addcoefs(c, coefs, pages);
    s = [size(coefs{1}); s];
    coefs = symconv(rows, lp, 'col', fl, keep, pages);
    c = addcoefs(c, coefs, pages);
    % Convolve rows with LP and downsample. Then convolve columns
    % with HP and LP to get the horizontal and next approximation
    % coeffcients.
    rows = symconv(app, lp, 'row', fl, keep, pages);
    coefs = symconv(rows, hp, 'col', fl, keep, pages);
    c = addcoefs(c, coefs, pages);
```

```
        app = symconv(rows, lp, 'col', fl, keep, pages);
    end

    % Append the final approximation structures.
    c = addcoefs(c, app, pages);
    s = [size(app{1}); s];
    if ndims(x) > 2
        s(:, 3) = size(x, 3);
    end

%-----------------------------------------------------------------%
function nc = addcoefs(c, x, pages)
% Add 'pages' array coefficients to the wavelet decomposition vector.

nc = c;
for i = pages:-1:1
    nc = [x{i}(:)' nc];
end

%-----------------------------------------------------------------%
function [y, keep] = symextend(x, fl, pages)
% Compute the number of coefficients to keep after convolution and
% downsampling. Then extend the 'pages' arrays of x in both
% dimensions.

y = cell(pages, 1);
for i = 1:pages
    keep = floor((fl + size(x{i}) - 1) / 2);
    y{i} = padarray(x{i}, [(fl - 1) (fl - 1)], 'symmetric', 'both');
end

%-----------------------------------------------------------------%
function y = symconv(x, h, type, fl, keep, pages)
% For the 'pages' 2-D arrays in x, convolve the rows or columns with
% h, downsample, and extract the center section since symmetrically
% extended.

y = cell(pages, 1);
for i = 1:pages
    if strcmp(type, 'row')
            y{i} = conv2(x{i}, h);
            y{i} = y{i}(:, 1:2:end);
            y{i} = y{i}(:, fl / 2 + 1:fl / 2 + keep(2));
    else
            y{i} = conv2(x{i}, h');
            y{i} = y{i}(1:2:end, :);
            y{i} = y{i}(fl / 2 + 1:fl / 2 + keep(1), :);
    end
end
```

正如在主程序中看到的那样，仅有一个 for 循环，该循环产生的分解等级(或尺度)用于组织完整的正变换计算。每执行一次循环，最初设置为 x 的当前近似单元数组 app 被内部函数 symextend 对称地扩展。这个称为 padarray 的函数曾在 2.4.2 节中介绍过，该函数用越过边界元素的 fl-1 (也就是分解滤波器的长度减一)个镜面反射在两个方向上扩展 app 矩阵。

函数 symextend 返回扩展过的近似矩阵的单元数组, 并从随后的卷积和下取样结果的中心提取像素数目。扩展过的近似矩阵的行是用高通分解滤波器 hp 和经 symconv 下取样的又一次卷积。在下一段将描述这个函数。卷积输出 rows(也是单元数组)接着被提交给 symconv 函数, 用 hp 和 lp 对 rows 进行列卷积和下取样, 产生图 7-2 最上边两个分支的对角线和垂直细节系数。使用函数 addcoefs 将这些结果插入到分解向量 c(从最后一个元素向第一个元素进行处理)中, 同时, 这个程序依照图 7-2 中的方法重复生成水平细节和近似系数(图 7-2 最底部的两个分支)。

symconv 函数运用 conv2 函数来完成大块的变换计算工作。使用滤波器 h 与单元数组 x 中每个矩阵的行或列(取决于 type)进行卷积, 删除偶数索引的行或列(也就是以 2 下取样), 并提取每行或每列的中心 keep 元素。用单元数组 x 和行滤波器向量 h 调用 conv2 函数, 开始用 x 中的每个矩阵逐行进行卷积, 运用列滤波器向量 h' 得到列卷积。

例 7.3 比较函数 wavefast 和 wacedec2 的执行时间

下面的测试程序使用第 1 章的函数 tic 和 toc 来比较小波工具箱函数 wavedec2 和通用函数 wavefast 的执行时间:

```
function [ratio, maxdiff] = fwtcompare(f, n, wname)
%FWTCOMPARE Compare wavedec2 and wavefast.
%    [RATIO, MAXDIFF] = FWTCOMPARE(F, N, WNAME) compares the
%    operation of Wavelet Toolbox function WAVEDEC2 and custom
%    function WAVEFAST.
%
%    INPUTS:
%              F         Image to be transformed.
%              N         Number of scales to compute.
%              WNAME     Wavelet to use.
%
%    OUTPUTS:
%              RATIO Execution time ratio (custom/toolbox)
%              MAXDIFF Maximum coefficient difference.

% Get transform and computation time for wavedec2.
w1 = @() wavedec2(f, n, wname);
reftime = timeit(w1);

% Get transform and computation time for wavefast.
w2 = @() wavefast(f, n, wname);
t2 = timeit(w2);

% Compare the results.
ratio = t2 / reftime;
maxdiff = abs(max(w1() - w2()));
```

对于图 7-4 中的图像, 是关于第 4 阶 Daubechie 小波的 5 尺度小波变换, 使用 fwtcompare 函数能够得到:

图 7-4 一幅 512×512 像素大小的花瓶图像

```
>> f = imread('vase.tif');
>> [ratio, maxdifference] = fwtcompare(f, 5, 'db4')
ratio =
```

```
    0.7303
maxdifference =
    3.2969e-012
```

注意，当产生实质上相同的结果时，自定义函数 wacefast 的速度要比对应的小波工具箱函数快得多。

7.3 小波分解结构的处理

前面讲到的小波变换函数可产生 {**c**, **S**} 形式的非可显示的数据结构，这里的 **c** 是变换系数向量，**S** 是定义 **c** 中系数排列的记录矩阵。为处理图像，我们必须能够检查且(或)修改 **c**。在本节中，我们正式定义 {**c**,**S**}，为了操作而检查一些小波工具箱函数，并且开发一些可以不借助小波工具箱的通用函数。这些函数可用于建立显示 **c** 的通用程序。

在例 7.2 中介绍过的表示方案，把多尺度二维小波变换系数集成为单一的一维向量：

$$\mathbf{c} = [\mathbf{A}_N(:)' \quad \mathbf{H}_N(:)' \quad \ldots \quad \mathbf{H}_i(:)' \quad \mathbf{V}_i(:)' \quad \mathbf{D}_i(:)' \quad \ldots \quad \mathbf{V}_1(:)' \quad \mathbf{D}_1(:)']$$

其中，$\mathbf{A}_N$ 是第 N 个分解等级的近似系数矩阵，$\mathbf{H}_i$、$\mathbf{V}_i$ 和 $\mathbf{D}_i$(i=1,2,…N)是针对级别 i 的行、列和对角线的变换系数矩阵。在这里，例如 $\mathbf{H}_i(:)'$，表示由级联矩阵 $\mathbf{H}_i$ 的列转置矩阵构成的行向量。也就是说，如果

$$\mathbf{H}_i = \begin{bmatrix} 3 & -2 \\ 1 & 6 \end{bmatrix}$$

那么 $\mathbf{H}_i(:) = \begin{bmatrix} 3 \\ 1 \\ -2 \\ 6 \end{bmatrix}$ 且 $\mathbf{H}_i(:)' = \begin{bmatrix} 3 & 1 & -2 & 6 \end{bmatrix}$

因为对于 **c** 来说，公式设定为 N 级分解(或是经过图 7-2 中的滤波器组)，**c** 包括 $3N+1$ 个部分：一个近似系数和 N 组行、列、对角线细节。注意，当 $i=1$ 时，计算最高尺度系数；当 $i=N$ 时，计算最低尺度系数。于是，**c** 的系数由低尺度到高尺度排序。

分解结构的矩阵 **S** 是 $(N+2)\times 2$ 的记录数组，形式为：

$$\mathbf{S} = [\mathbf{sa}_N;\quad \mathbf{sd}_N;\quad \mathbf{sd}_{N-1};\ldots\mathbf{sd}_i;\ldots\mathbf{sd}_1;\mathbf{sf}]$$

其中，$\mathbf{sa}_N$、$\mathbf{sd}_i$ 和 $\mathbf{sf}$ 是 1×2 的向量，它们分别包括第 N 级的近似矩阵 $\mathbf{A}_N$、第 i 级的细节($i=$1,2,…N 时的 $\mathbf{H}_i$、$\mathbf{V}_i$ 和 $\mathbf{D}_i$)和原始图像 f 的水平及垂直维数。**S** 中的信息可以用来单独给 **c** 中的近似和细节系数定位。注意，前面公式中的分号指出了 **S** 中的元素是以列向量组织的。

当变换三维数组时，将之作为扩展的二维数组来处理，比如一本二维数组的"书"，书中的页数由将要变换的三维数组的第 3 个索引来决定。扩展的数组可能包含全彩色图像的彩色分量(见图 6-1 中的 RGB 彩色平面)，也可能包含组成图像时间序列的各个帧。为了计算三维数组的 FWT，使用在单一 {**c**,**S**} 结构中得到的交叉分解系数，独立地变换每个二维数组或页。向量 **c** 的元素变成：

$$A_N(:)' = \begin{bmatrix} A_N^1(:)' & A_N^2(:)' & \ldots & A_N^k(:)' \end{bmatrix}$$

$$H_i(:)' = \begin{bmatrix} H_i^1(:)' & H_i^2(:)' & \ldots & H_i^k(:)' \end{bmatrix}$$

$$V_i(:)' = \begin{bmatrix} V_i^1(:)' & V_i^2(:)' & \ldots & V_i^k(:)' \end{bmatrix}$$

$$D_i(:)' = \begin{bmatrix} D_i^1(:)' & D_i^2(:)' & \ldots & D_i^k(:)' \end{bmatrix}$$

其中，K 是扩展数组的页数(或二维数组)，i 是分解的级数，**A**、**H**、**V** 和 **D** 的上标指出了与推导的 FWT 系数相关联的页。这样，所有页的近似和细节系数都在每个分解级别连接起来。与以前一样，**c** 由 $3N+1$ 个截面组成，但记录矩阵 **S** 变成了 $(N+2)\times 3$ 的数组。在数组中，第三列指定了 **c** 中二维数组的数目。

例 7.4 使用变换分解向量 **c** 的小波工具箱函数

小波工具箱提供了多种函数，这些函数作为分解等级函数，用于定位、提取、重新格式化及处理 **c** 的近似和水平、垂直、对角线系数。在这里，我们介绍它们是为了解释刚刚讨论的概念，并为接下来将要开发的可供选择的函数方法做些准备。作为例子，考虑下列命令序列：

```
>> f = magic(8);
>> [c1, s1] = wavedec2(f, 3, 'haar');
>> size(c1)
ans =
     1    64
>> s1
s1 =
     1    1
     1    1
     2    2
     4    4
     8    8
>> approx = appcoef2(c1, s1, 'haar')
approx =
   260.0000
>> horizdet2 = detcoef2('h', c1, s1, 2)
horizdet2 =
   1.0e-013 *
          0   -0.2842
          0        0
>> newc1 = wthcoef2('h', c1, s1, 2);
>> newhorizdet2 = detcoef2('h', newc1, s1, 2)
newhorizdet2 =
     0    0
     0    0
```

在这里，K 是 1，并且关于 Haar 小波的 3 级分解在单个 8×8 的幻方图上执行了 wavedec2 函数。得到的系数向量 c1 的大小是 1×64。由于 s1 的大小是 5×2，我们知道 c1 的系数跨越(N–2)=(5–2)= 3 个分解级别；因此，需要连接 c1 到 3N+1=3(3)+1=10 的近似和细节系数子矩阵的元素。基于 s1，这些子矩阵包括：a) 针对分解级别 3(见 s1(1,:)和 s1(2,:))的 1×1 大小的近似矩阵和细节矩阵；b) 针对分解级别 2(见 s1(3,:))的 3 个 2×2 细节矩阵；c) 针对 1 级分解(见 s1(4,:))的 3 个 4×4 细节矩阵。s1 的第 5 行包含原始图像 f 的尺寸。

矩阵 approx = 260 是从 c1 中，通过工具箱函数 appcoef2 按如下语法提取出来的：

```
a = appcoef2(c,s,wname)
```

这里，wname 是来自表 7-1 的小波名，a 是返回的近似矩阵。级别 2 的水平细节系数是通过 detcoef2 得到的，语法如下：

```
d = detcoef2(o,c,s,n)
```

其中，为了保存水平、垂直和对角线的细节，o 被设置为 'h'、'v' 或 'd'，n 是希望的分解等级。在本例中，返回 2×2 矩阵 horizdet2。然后，c1 中与 horizdet2 对应的系数由 wthcoef2 函数赋为零。小波阈值函数的语法形式如下：

```
nc = wthcoef2(type,c,s,n,t,sorh)
```

其中，type 针对阈值近似系数被设定为 a，'h'、'v' 或 'd' 分别设置为水平、垂直和对角线细节的阈值。输入 n 是被阈值处理后的分解级别的向量，该阈值以向量 t 中相应的阈值为基础，当 sorh 被分别设置为 's' 或 'h' 时，对应于软硬阈值。如果忽略 t，所有满足 type 和 n 规范的系数都将被赋值为零。输出 nc 是被修改过的(阈值过之后的)分解向量。前面提到的三个小波工具箱函数还有其他语法，可以用 MATLAB help 指令检验它们。

7.3.1 不使用小波工具箱编辑小波分解系数

如果不通过小波工具箱，记录矩阵 S 是单独访问多尺度向量 c 的近似和细节系数的关键。在本节中，我们运用 S 来建立一组处理 c 的通用程序。函数 wavework 是开发这组程序的基础，该函数以大家熟悉的剪切-复制-粘贴方式为基础，就像现代的字处理应用那样。

```
function [varargout] = wavework(opcode, type, c, s, n, x)
%WAVEWORK is used to edit wavelet decomposition structures.
%   [VARARGOUT] = WAVEWORK(OPCODE, TYPE, C, S, N, X) gets the
%   coefficients specified by TYPE and N for access or modification
%   based on OPCODE.
%
%   INPUTS:
%     OPCODE           Operation to perform
%     --------------------------------------------------------------
%     'copy'           [varargout] = Y = requested (via TYPE and N)
%                      coefficient matrix
%     'cut'            [varargout] = [NC, Y] = New decomposition vector
%                      (with requested coefficient matrix zeroed) AND
%                      requested coefficient matrix
%     'paste'          [varargout] = [NC] = new decomposition vector with
%                      coefficient matrix replaced by X
%
%     TYPE             Coefficient category
%     -----------------------------------------
%     'a'              Approximation coefficients
%     'h'              Horizontal details
%     'v'              Vertical details
%     'd'              Diagonal details
%
%   [C, S] is a wavelet toolbox decomposition structure.
%   N is a decomposition level (Ignored if TYPE = 'a').
```

```
%      X is a 2- or 3-D coefficient matrix for pasting.
%
%      See also WAVECUT, WAVECOPY, and WAVEPASTE.

error(nargchk(4, 6, nargin));

if (ndims(c) ~= 2) || (size(c, 1) ~= 1)
    error('C must be a row vector.');
end

if (ndims(s) ~= 2) || ~isreal(s) || ~isnumeric(s) || ...
        ((size(s, 2) ~= 2) && (size(s, 2) ~= 3))
    error('S must be a real, numeric two- or three-column array.');
end
elements = prod(s, 2);              % Coefficient matrix elements.

if (length(c) < elements(end)) || ...
        ~(elements(1) + 3 * sum(elements(2:end - 1)) >= elements(end))
    error(['[C S] must form a standard wavelet decomposition ' ...
           'structure.']);
end

if strcmpi(opcode(1:3), 'pas') && nargin < 6
    error('Not enough input arguments.');
end

if nargin < 5
    n = 1;                          % Default level is 1.
end
nmax = size(s, 1) - 2;              % Maximum levels in [C, S].

aflag = (lower(type(1)) == 'a');
if ~aflag && (n > nmax)
    error('N exceeds the decompositions in [C, S].');
end

switch lower(type(1))               % Make pointers into C.
case 'a'
    nindex = 1;
    start = 1; stop = elements(1);          ntst = nmax;
case {'h', 'v', 'd'}
    switch type
    case 'h', offset = 0;           % Offset to details.
    case 'v', offset = 1;
    case 'd', offset = 2;
    end
    nindex = size(s, 1) - n;        % Index to detail info.
    start = elements(1) + 3 * sum(elements(2:nmax - n + 1)) + ...
            offset * elements(nindex) + 1;
    stop = start + elements(nindex) - 1;
    ntst = n;
otherwise
    error('TYPE must begin with "a", "h", "v", or "d".');
end
```

```
    switch lower(opcode)                % Do requested action.
    case {'copy', 'cut'}
        y = c(start:stop); nc = c;
        y = reshape(y, s(nindex, :));
            if strcmpi(opcode(1:3), 'cut')
            nc(start: stop) = 0; varargout = {nc, y};
        else
            varargout = {y};
        end
    case 'paste'
        if numel(x) ~= elements(end - ntst)
            error('X is not sized for the requested paste.');
        else
            nc = c;nc(start:stop) = x(:);     varargout = {nc};
        end
    otherwise
        error('Unrecognized OPCODE.');
    end
```

正如函数 wavework 检测自己输入参量的合理性那样，c 的每个系数子矩阵中的元素数目是通过 elements=prod(s,2) 计算得来的。回忆 2.4.2 节，MATLAB 函数 Y=prod(x,DIM) 沿维数 DIM 计算 x 中元素的积。然后，第一条 switch 语句首先计算针对输入参量 type 和 n 的系数的一对指针。在近似值的情况下，计算可以说是没有价值的，因为系数总是在 c 的开始点(也就是说，刚开始是 1)；当然，结束索引是近似矩阵中元素的数目，这个数目就是 elements(1)。然而，当要求细节系数子矩阵时，start 由大于 n 的所有分解等级中的元素数目加上 offset *elements(nindex) 来计算。在这里，offset 根据水平、垂直、对角线系数分别取 0、1 或 2。nindex 是对应输入参量 n 的指向 s 中行的指针。

函数 wavework 中的第二条 switch 语句执行 opcode 要求的操作。在 'cut' 和 'copy' 情况下，将 start 和 stop 之间的 c 的系数复制给向量 y，这是被"再次改造"的创建大小由 s 决定的二维矩阵。这是通过 y=repmat(0,s(nindex.:)) 语句实现的。广义的 MATLAB 函数：

```
    y = reshape(x, m, n)
```

由 n 矩阵返回 m, n 中的元素取自 x 中列的方式。如果 x 中没有 m×n 个元素，就返回错误消息。对于 'paste' 情况，将 x 中的元素复制给 start 和 stop 之间的 c。对于 'cut' 和 'paste' 操作，都返回新的分解向量 nc。

以下三个函数——wavecut、wavecopy 和 wavepaste，运用更直观的语法，使用 wavework 处理 c：

```
    function [nc, y] = wavecut(type, c, s, n)
    %WAVECUT Zeroes coefficients in a wavelet decomposition structure.
    %   [NC, Y] = WAVECUT(TYPE, C, S, N) returns a new decomposition
    %   vector whose detail or approximation coefficients (based on TYPE
    %   and N) have been zeroed. The coefficients that were zeroed are
    %   returned in Y.
    %
    %   INPUTS:
    %     TYPE       Coefficient category
    %   -----------------------------------
```

```
%       'a'        Approximation coefficients
%       'h'        Horizontal details
%       'v'        Vertical details
%       'd'        Diagonal details
%
%       [C, S] is a wavelet data structure.
%       N specifies a decomposition level (ignored if TYPE = 'a').
%
%       See also WAVEWORK, WAVECOPY, and WAVEPASTE.

error(nargchk(3, 4, nargin));
if nargin == 4
    [nc, y] = wavework('cut', type, c, s, n);
else
    [nc, y] = wavework('cut', type, c, s);
end

function y = wavecopy(type, c, s, n)
%WAVECOPY Fetches coefficients of a wavelet decomposition structure.
%   Y = WAVECOPY(TYPE, C, S, N) returns a coefficient array based on
%   TYPE and N.
%
%   INPUTS:
%       TYPE       Coefficient category
%       ------------------------------------
%       'a'        Approximation coefficients
%       'h'        Horizontal details
%       'v'        Vertical details
%       'd'        Diagonal details
%
%       [C, S] is a wavelet data structure.
%       N specifies a decomposition level (ignored if TYPE = 'a').
%
%       See also WAVEWORK, WAVECUT, and WAVEPASTE.

error(nargchk(3, 4, nargin));
if nargin == 4
    y = wavework('copy', type, c, s, n);
else
    y = wavework('copy', type, c, s);
end
function nc = wavepaste(type, c, s, n, x)
%WAVEPASTE Puts coefficients in a wavelet decomposition structure.
%   NC = WAVEPASTE(TYPE, C, S, N, X) returns the new decomposition
%   structure after pasting X into it based on TYPE and N.
%
%   INPUTS:
%       TYPE       Coefficient category
%       ------------------------------------
%       'a'        Approximation coefficients
%       'h'        Horizontal details
%       'v'        Vertical details
%       'd'        Diagonal details
%
%       [C, S] is a wavelet data structure.
```

```
%       N specifies a decomposition level (Ignored if TYPE = 'a').
%     X is a 2- or 3-D approximation or detail coefficient
%       matrix whose dimensions are appropriate for decomposition
%       level N.
%
%     See also WAVEWORK, WAVECUT, and WAVECOPY.

error(nargchk(5, 5, nargin))
nc = wavework('paste', type, c, s, n, x);
```

例 7.5 运用 wavecut 和 wavecopy 处理 c

函数 wavecut 和 wavecopy 可以基于例 7.4 的结果重新产生小波工具箱：

```
>> f = magic(8);
>> [c1, s1] = wavedec2(f, 3, 'haar');
>> approx = wavecopy('a', c1, s1)

approx =
    260.0000
>> horizdet2 = wavecopy('h', c1, s1, 2)
horizdet2 =
   1.0e-013 *
         0   -0.2842
         0         0
>> [newc1, horizdet2] = wavecut('h', c1, s1, 2);
>> newhorizdet2 = wavecopy('h', newc1, s1, 2)
newhorizdet2 =
     0     0
     0     0
```

注意，提取的所有矩阵都与以前的例子一样。

7.3.2 显示小波分解系数

正如在 7.3 节指出的那样，系数被打包为一维小波分解向量 c。事实上，二维输出数组的系数来自图 7-2 中的滤波器组。滤波器组的每次迭代，(忽略卷积过程导致的扩展)会产生 4 个 1/4 大小的系数数组。

它们可以被排列为子矩阵的 2×2 数组，替换由它们导出的二维输入。函数 wavedisplay 执行类似的子图像合成，标定这些系数以便更好地显示它们之间的区别，并且插入描绘近似和各个水平、垂直及对角线细节矩阵的边界。

```
function w = wavedisplay(c, s, scale, border)
%WAVEDISPLAY Display wavelet decomposition coefficients.
%   W = WAVEDISPLAY(C, S, SCALE, BORDER) displays and returns a
%   wavelet coefficient image.
%
%   EXAMPLES:
%      wavedisplay(c, s);                    Display w/defaults.
%      foo = wavedisplay(c, s);              Display and return.
%      foo = wavedisplay(c, s, 4);           Magnify the details.
%      foo = wavedisplay(c, s, -4);          Magnify absolute values.
%      foo = wavedisplay(c, s, 1, 'append'); Keep border values.
%
```

```
%   INPUTS/OUTPUTS:
%     [C, S] is a wavelet decomposition vector and bookkeeping
%     matrix.
%
%     SCALE        Detail coefficient scaling
%     ----------------------------------------------------------
%     0 or 1       Maximum range (default)
%     2,3...       Magnify default by the scale factor
%     -1, -2...    Magnify absolute values by abs(scale)
%
%     BORDER       Border between wavelet decompositions
%     ----------------------------------------------------------
%     'absorb'     Border replaces image (default)
%     'append'     Border increases width of image
%
%     Image W:    ------- ------ ------------ --------------------
%                 |      |      |            |
%                 | a(n) | h(n) |            |
%                 |      |      |            |
%                 ------- ------     h(n-1)  |
%                 |      |      |            |
%                 | v(n) | d(n) |            |        h(n-2)
%                 |      |      |            |
%                 ------- ------ ------------
%                 |             |            |
%                 |   v(n-1)    |   d(n-1)   |
%                 |             |            |
%                 --------------- ------------ --------------------
%                 |                          |
%                 |          v(n-2)          |        d(n-2)
%                 |                          |
%
%     Here, n denotes the decomposition step scale and a, h, v, d are
%     approximation, horizontal, vertical, and diagonal detail
%     coefficients, respectively.
% Check input arguments for reasonableness.
error(nargchk(2, 4, nargin));

if (ndims(c) ~= 2) || (size(c, 1) ~= 1)
  error('C must be a row vector.');
end

if (ndims(s) ~= 2) || ~isreal(s) || ~isnumeric(s) || ...
        ((size(s, 2) ~= 2) && (size(s, 2) ~= 3))
  error('S must be a real, numeric two- or three-column array.');
end

elements = prod(s, 2);
if (length(c) < elements(end)) || ...
     ~(elements(1) + 3 * sum(elements(2:end - 1)) >= elements(end))
   error(['[C S] must be a standard wavelet ' ...
          'decomposition structure.']);
end

if (nargin > 2) && (~isreal(scale) || ~isnumeric(scale))
```

```
      error('SCALE must be a real, numeric scalar.');
end

if (nargin > 3) && (~ischar(border))
    error('BORDER must be character string.');
end

if nargin == 2
    scale = 1;  % Default scale.
end

if nargin < 4
    border = 'absorb'; % Default border.
end

% Scale coefficients and determine pad fill.
absflag = scale < 0;
scale = abs(scale);
if scale == 0
    scale = 1;
end

[cd, w] = wavecut('a', c, s);    w = mat2gray(w);
cdx = max(abs(cd(:))) / scale;
if absflag
    cd = mat2gray(abs(cd), [0, cdx]); fill = 0;
else
    cd = mat2gray(cd, [-cdx, cdx]); fill = 0.5;
end

% Build gray image one decomposition at a time.
for i = size(s, 1) - 2:-1:1
    ws = size(w);

    h = wavecopy('h', cd, s, i);
    pad = ws - size(h);      frontporch = round(pad / 2);
    h = padarray(h, frontporch, fill, 'pre');
    h = padarray(h, pad - frontporch, fill, 'post');

    v = wavecopy('v', cd, s, i);
    pad = ws - size(v);      frontporch = round(pad / 2);
    v = padarray(v, frontporch, fill, 'pre');
    v = padarray(v, pad - frontporch, fill, 'post');

    d = wavecopy('d', cd, s, i);
    pad = ws - size(d);      frontporch = round(pad / 2);
    d = padarray(d, frontporch, fill, 'pre');
    d = padarray(d, pad - frontporch, fill, 'post');

    % Add 1 pixel white border and concatenate coefficients.
    switch lower(border)
    case 'append'
        w = padarray(w, [1 1], 1, 'post');
```

```
            h = padarray(h, [1 0], 1, 'post');
            v = padarray(v, [0 1], 1, 'post');
        case 'absorb'
            w(:, end, :) = 1; w(end, :, :) = 1;
            h(end, :, :) = 1; v(:, end, :) = 1;
        otherwise
            error('Unrecognized BORDER parameter.');
        end
        w = [w h; v d];
    end

    % Display result. If the reconstruction is an extended 2-D array
    % with 2 or more pages, display as a time sequence.
    if nargout == 0
        if size(s, 2) == 2
            imshow(w);
        else
            implay(w);
        end
    end
```

"帮助文档"或 wavedispl 的头部详细描述了生成输出图像 w 的结构。例如，w 左上角的子图像是从最后的分解步骤得到的近似数组，被由同样的分解步骤生成的水平、垂直、对角线细节系数以顺时针方式环绕着。得到的子图像数组被前一分解步骤的细节系数环绕着(同样以顺时针方式)，并且这种模式一直持续到所有的分解向量 c 的尺度被添加到二维矩阵 w 中为止。

刚刚讨论的组合仅发生在 wavedispl 函数的 for 循环内。检查过输入的一致性后，调用 wavecut，从分解向量 c 移出近似系数。然后，这些系数用 mat2gray 函数为后续显示按比例进行缩放。修改后的分解向量 cd (也就是 c 除去近似系数)也类似地按比例缩放。如果输入 scale 为正值，就标定细节系数，这样的话，0 系数值以中等灰度显示。所有必需的填充均以 0.5(中等灰度)填充。如果 scale 是负值，细节系数的绝对值将以相应的黑色 0 值显示，填充值设置为 0。为了显示，在标定了近似和细节系数后，for 循环的第一次迭代从 cd 中提取最后一次分解的系数，并通过 w=[wh,vd]语句把它们添加到 w 中(在通过填充取得 4 个子图像的匹配维数，并插入一个像素宽的白色边界后)。然后，这个过程对 c 中的每个尺度进行重复。注意，运用 wavecopy 函数来提取各种需要的细节系数以形成 w。

例 7.6 用 wavedispl 函数显示变换系数

下面的命令序列计算图 7-4 中图像关于 4 阶 Daubechies 小波的 2 尺度 DWT，并显示得到的系数：

```
>> f = imread('vase.tif');
>> [c, s] = wavefast( f, 2 , 'db4 ');
>> wave2gray( c , s );
>> figure ; wave2 gray ( c, s , 8 );
>> figure ; wave2 gray ( c, s , -8 );
```

最后三行命令生成的图像分别显示在图 7-5(a)到(c)中。没有附加的比例缩放，细节系数的区别在图 7-5(a)中几乎看不出来。在图 7-5(b)中，区别被放大了 8 倍从而得以强调。注意沿着级别 1 的系数子图像边界的中等灰度填充，插入是为了调节变换系数子图像的维数变化。图 7-5(c)显示了取细节绝对值的效果。这里所有的填充为黑色。

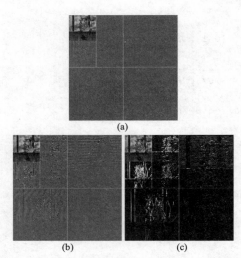

图 7-5 图 7-4 中图像的 2 尺度小波变换：(a) 自动按比例放大；(b) 8 倍比例放大；(c) 按绝对值进行 8 倍放大

7.4 快速小波反变换

就像对应的正向变换那样，快速小波反变换也可以用数字滤波器迭代地计算出来。图 7-6 显示的是我们要求的合成或重建滤波器组，这个过程与图 7-2 中的分析或分解滤波器组正好相反。每次迭代时，尺度 j 的 4 个近似和细节子图像被上取样(通过在每个元素间插入零)，并通过两个一维滤波器卷积而成———一个执行子图像的列操作，另一个执行行操作。结果相加后就产生了 j+1 尺度的近似值，这个过程一直重复直到原始图像被重构为止。在卷积中应用的滤波器是在正变换中使用的小波函数。回忆一下 7.2 节中的 wfilters 和 wavefilter 函数，它们可以为了重建而将输入参量 type 设置为 'r'。

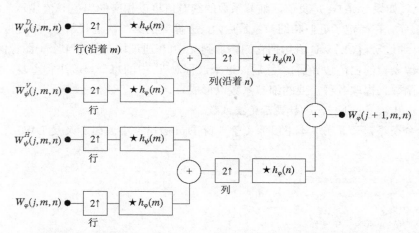

图 7-6 二维的 FWT^{-1} 滤波器组：方框中向上的箭头代表在每个元素间插入 0 值的向上取样

当运用小波工具箱时，函数 waverec2 用来计算小波分解结构[C,S]的反 FWT。调用语法如下：

```
g = waverec2(C,S,wname)
```

在这里，g 是得到的重构后的二维图像(double 类)。要求的重构滤波器可以通过下面语句交替提供：

```
g = waverec2(C,S,LO_R,HI_R)
```

当小波工具箱不能使用时，可以调用下面的通用函数 waveback。这是为了完成以小波为基础的图像处理包与图像处理工具箱(没有小波工具箱)的配合使用而最终需要的函数。

```
function [varargout] = waveback(c, s, varargin)
%WAVEBACK Computes inverse FWTs for multi-level decomposition [C, S].
%   [VARARGOUT] = WAVEBACK(C, S, VARARGIN) performs a 2D N-level
%   partial or complete wavelet reconstruction of decomposition
%   structure [C, S].
%
%   SYNTAX:
%   Y = WAVEBACK(C, S, 'WNAME');  Output inverse FWT matrix Y
%   Y = WAVEBACK(C, S, LR, HR);   using lowpass and highpass
%                                 reconstruction filters (LR and
%                                 HR) or filters obtained by
%                                 calling WAVEFILTER with 'WNAME'.
%
%   [NC, NS] = WAVEBACK(C, S, 'WNAME', N);  Output new wavelet
%   [NC, NS] = WAVEBACK(C, S, LR, HR, N);   decomposition structure
%                                           [NC, NS] after N step
%                                           reconstruction.
%
%   See also WAVEFAST and WAVEFILTER.

% Check the input and output arguments for reasonableness.
error(nargchk(3, 5, nargin));
error(nargchk(1, 2, nargout));

if (ndims(c) ~= 2) || (size(c, 1) ~= 1)
   error('C must be a row vector.');
end

if (ndims(s) ~= 2) || ~isreal(s) || ~isnumeric(s) || ...
        ((size(s, 2) ~= 2) && (size(s, 2) ~= 3))
   error('S must be a real, numeric two- or three-column array.');
end

elements = prod(s, 2);
if (length(c) < elements(end)) || ...
      ~(elements(1) + 3 * sum(elements(2:end - 1)) >= elements(end))
   error(['[C S] must be a standard wavelet ' ...
         'decomposition structure.']);
end

% Maximum levels in [C, S].
nmax = size(s, 1) - 2;

% Get third input parameter and init check flags.
wname = varargin{1}; filterchk = 0; nchk = 0;

switch nargin
case 3
```

```matlab
      if ischar(wname)
         [lp, hp] = wavefilter(wname, 'r'); n = nmax;
      else
         error('Undefined filter.');
      end
      if nargout ~= 1
         error('Wrong number of output arguments.');
      end
   case 4
      if ischar(wname)
         [lp, hp] = wavefilter(wname, 'r');
         n = varargin{2}; nchk = 1;
      else
         lp = varargin{1}; hp = varargin{2};
         filterchk = 1; n = nmax;
         if nargout ~= 1
            error('Wrong number of output arguments.');
         end
      end
   case 5
      lp = varargin{1}; hp = varargin{2}; filterchk = 1;
      n = varargin{3}; nchk = 1;
   otherwise
      error('Improper number of input arguments.');
end

fl = length(lp);
if filterchk                                  % Check filters.
   if (ndims(lp) ~= 2) || ~isreal(lp) || ~isnumeric(lp) ...
         || (ndims(hp) ~= 2) || ~isreal(hp) || ~isnumeric(hp) ...
         || (fl ~= length(hp)) || rem(fl, 2) ~= 0
      error(['LP and HP must be even and equal length real, ' ...
         'numeric filter vectors.']);
   end
end

if nchk && (~isnumeric(n) || ~isreal(n))      % Check scale N.
   error('N must be a real numeric.');
end
if (n > nmax) || (n < 1)
   error('Invalid number (N) of reconstructions requested.');
end
if (n ~= nmax) && (nargout ~= 2)
   error('Not enough output arguments.');
end

nc = c;     ns = s;    nnmax = nmax;          % Init decomposition.
for i = 1:n
   % Compute a new approximation.
   a = symconvup(wavecopy('a', nc, ns), lp, lp, fl, ns(3, :)) + ...
         symconvup(wavecopy('h', nc, ns, nnmax), ...
               hp, lp, fl, ns(3, :)) + ...
         symconvup(wavecopy('v', nc, ns, nnmax), ...
               lp, hp, fl, ns(3, :)) + ...
         symconvup(wavecopy('d', nc, ns, nnmax), ...
               hp, hp, fl, ns(3, :));
   
   % Update decomposition.
```

```
        nc = nc(4 * prod(ns(1, :)) + 1:end);      nc = [a(:)' nc];
        ns = ns(3:end, :);                        ns = [ns(1, :); ns];
        nnmax = size(ns, 1) - 2;
end
% For complete reconstructions, reformat output as 2-D.
if nargout == 1
    a = nc;    nc = repmat(0, ns(1, :));         nc(:) = a;
end

varargout{1} = nc;
if nargout == 2
    varargout{2} = ns;
end

%-------------------------------------------------------------%
function w = symconvup(x, f1, f2, fln, keep)
% Upsample rows and convolve columns with f1; upsample columns and
% convolve rows with f2; then extract center assuming symmetrical
% extension.

% Process each "page" (i.e., 3rd index) of an extended 2-D array
% separately; if 'x' is 2-D, size(x, 3) = 1.
% Preallocate w.
zi = fln - 1:fln + keep(1) - 2;
zj = fln - 1:fln + keep(2) - 2;
w = zeros(numel(zi), numel(zj), size(x, 3));
for i = 1:size(x, 3)
    y = zeros([2 1] .* size(x(:, :, i)));
    y(1:2:end, :) = x(:, :, i);
    y = conv2(y, f1');
    z = zeros([1 2] .* size(y));   z(:, 1:2:end) = y;
    z = conv2(z, f2);
    z = z(zi, zj);
    w(:, :, i) = z;
end
```

函数 waveback 的主程序是一个简单的 for 循环，这个循环以希望的重构所需要的分解级数(也就是尺度)来迭代。正如我们见到的那样，每个循环调用内部函数 symconvup 4 次，并求返回矩阵的和。分解向量 nc 最初设定为 c,nc 通过将新创建的近似值 a 传递给 symconvup 函数以替换 4 个系数矩阵而得以更新迭代。然后，修改记录矩阵 ns，在分解结构 [nc,ns] 中有了新的更小尺度。以上操作顺序与图 7-6 中指出的稍有不同。最上面的两个输入被组合产生了下式：

$$[W_\psi^D(j,m,n)\uparrow^{2m} \star h_\psi(m) + W_\psi^V(j,m,n)\uparrow^{2m} \star h_\varphi(m)]\uparrow^{2n} \star h_\psi(n)$$

这里的 $\uparrow^{2m}$ 和 $\uparrow^{2n}$ 表示分别沿着 m 和 n 的向上取样。函数 waveback 运用等价的计算公式：

$$[W_\psi^D(j,m,n)\uparrow^{2m} \star h_\psi(m)]\uparrow^{2n} \star h_\psi(n) + [W_\psi^V(j,m,n)\uparrow^{2m} \star h_\varphi(m)]\uparrow^{2n} \star h_\psi(n)$$

函数 symconvup 执行卷积和上取样，计算与前边公式一致的图 7-6 中输入对输出 $W_\varphi(j+1,m,n)$ 的贡献。输入 x 首先在行方向上被上取样以产生 y，与滤波器 f1 以列的方式进行卷积。用这个输出结果代替 y，然后在列方向上取样，用滤波器 f2 逐行卷积并产生 z。最后，z 的中心 keep 元素(最后的卷积)返回输入 x 对新近似值的贡献。

例 7.7 对 waveback 和 waverec2 函数执行时间的比较

下面的测试程序通过对例 7.3 中的测试函数做简单的修改，比较小波工具箱函数 waverec2 和通用函数 waveback 的执行时间：

```
function [ratio, maxdiff] = ifwtcompare(f, n, wname)
%IFWTCOMPARE Compare waverec2 and waveback.
%   [RATIO, MAXDIFF] = IFWTCOMPARE(F, N, WNAME) compares the
%   operation of Wavelet Toolbox function WAVEREC2 and custom
%   function WAVEBACK.
%
%   INPUTS:
%     F          Image to transform and inverse transform.
%     N          Number of scales to compute.
%     WNAME      Wavelet to use.
%
%   OUTPUTS:
%     RATIO      Execution time ratio (custom/toolbox).
%     MAXDIFF    Maximum generated image difference.

% Compute the transform and get output and computation time for
% waverec2.
[c1, s1] = wavedec2(f, n, wname);
w1 = @() waverec2(c1, s1, wname);
reftime = timeit(w1);

% Compute the transform and get output and computation time for
% waveback.
[c2, s2] = wavefast(f, n, wname);
w2 = @() waveback(c2, s2, wname);
t2 = timeit(w2);

% Compare the results.
ratio = t2 / reftime;
diff = double(w1()) - w2();
maxdiff = abs(max(diff(:)));
```

用第 4 阶 Daubechies 小波对图 7-4 中的 512×512 图像进行 5 级变换，得到：

```
>> f = imread('vase.tif');
>> [ratio, maxdifference] = ifwtcompare(f, 5, 'db4')
ratio =
    1.2238
maxdifference =
    3.6948e-013
```

注意，两个函数的反变换次数是相似的(比率是 1.2238)，并且最大输出差别仅为 3.6948×10^{-13}。对于所有的实际用途，它们在本质上是相等的。

7.5 图像处理中的小波

与在傅立叶域(见 3.3.2 节)中一样，基于小波的图像处理的基本过程是：
(1) 计算一幅图像的二维小波变换。
(2) 修改变换系数。

(3) 计算反变换。

因为小波域里的尺度类似于傅立叶域里的频率，第 3 章中绝大多数基于傅立叶的滤波技术都和"小波域"是等价的。在这一节，我们用前边的三步过程给出一些在图像处理中运用小波的例子。在这一章中，应注意的是关于早期开发的程序上的限制。在这里，例子的实现都不需要小波工具箱——同样，*Digital Image Processing* 一书(Gonzalez 和 Woods[2008])第 7 章中的例子也不用。

例 7.8 小波的定向性和边缘检测

考虑图 7-7(a)中 500×500 的测试图像。这幅图像在第 3 章用于说明使用了傅立叶变换的平滑及锐化处理。这里，我们用它来证明二维小波变换方向的敏感性和边缘检测的有效性。

```
>> f = imread('A.tif');
>> imshow(f);
>> [c, s] = wavefast(f, 1, 'sym4');
>> figure; wavedisplay(c, s, -6);
>> [nc, y] = wavecut('a', c, s);
>> figure; wavedisplay(nc, s, -6);
>> edges = abs(waveback(nc, s, 'sym4'));
>> figure; imshow(mat2gray(edges));
```

使用'sym4'小波，图 7-7(a)中单尺度小波变换的水平、垂直及对角线的方向性在图 7-7(b)中可清楚地看到。例如，原始图像的水平边缘出现在图 7-7(b)中右上象限的水平细节系数中。图像的垂直边缘可以类似地在左下象限的垂直细节系数中看到。把这些信息合并成单一边缘图像。可把变换产生的近似系数简单地设为 0，并计算反变换，再取绝对值。修改过的变换和得到的边缘图像分别显示在图 7-7(c)和(d)中。类似的过程同样可以分别独立地分离垂直或水平边缘。

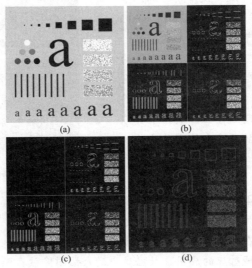

图 7-7 小波边缘检测：(a) 一幅简单的测试图像；(b) 小波变换；(c) 将所有近似系数设置为零的修改后的变换；(d) 计算反变换的绝对值，进而得到的边缘图像

例 7.9 基于小波的图像平滑及模糊

与傅立叶对应的小波是平滑和模糊图像的有效手段。再次考虑图 7-7(a)中的测试图像，它

是图 7-8(a)的再现。它的第 4 阶 symlets 小波变换示于图 7-8(b)中,这里执行的 4 尺度分解是非常清楚的。为使平滑处理更流畅,我们引入如下函数:

```
function [nc, g8] = wavezero(c, s, l, wname)
%WAVEZERO Zeroes wavelet transform detail coefficients.
%   [NC, G8] = WAVEZERO(C, S, L, WNAME) zeroes the level L detail
%   coefficients in wavelet decomposition structure [C, S] and
%   computes the resulting inverse transform with respect to WNAME
%   wavelets.

[nc, foo] = wavecut('h', c, s, l);
[nc, foo] = wavecut('v', nc, s, l);
[nc, foo] = wavecut('d', nc, s, l);
i = waveback(nc, s, wname);
g8 = im2uint8(mat2gray(i));
figure; imshow(g8);
```

运用 wavezero 函数,通过下列指令生成图 7-8(a)中一系列越来越平滑的结果:

```
>> f = imread('A.tif');
>> [c, s] = wavefast(f, 4, 'sym4');
>> wavedisplay(c, s, 20);
>> [c, g8] = wavezero(c, s, 1, 'sym4');
>> [c, g8] = wavezero(c, s, 2, 'sym4');
>> [c, g8] = wavezero(c, s, 3, 'sym4');
>> [c, g8] = wavezero(c, s, 4, 'sym4');
```

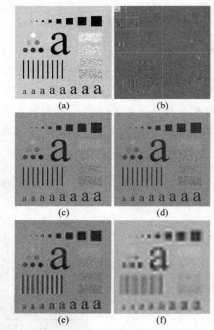

图 7-8 基于小波的图像平滑:(a) 测试图像;(b) 小波变换;(c) 将第 1 级的细节系数设置为零的反变换;(d)到(f) 将第 2、第 3 和第 4 级的细节系数设置为 0 的类似结果

注意,图 7-8(c)中平滑后的图像只是稍微有些模糊,这缘于这幅图像是通过将原始图像的小波变换(并计算修改后的变换的反变换)的第 1 级细节系数设为零得到的。进一步的模糊效果如图 7-8(d)所示,显示了将第 2 级细节系数设为零的效果。系数置零处理在图 7-8(e)中继续,这里,第 3 级的细节系数设为零,并且图 7-8(f)是最终结论,这里的所有细节系数都被除去了。从图 7-8(c)到(f),逐渐增加的模糊效果使人联想起傅立叶变换中类似的结果。这证明小波域里的尺度和傅立叶域里的频率紧密关联。

例 7.10 渐进重构

我们考虑图 7-9(a)中 4 尺度小波变换的传输和重构。浏览远程的图像数据库以寻找一幅特定图像。在这里,我们抛开在本节开头讲到的三步过程,而考虑没有傅立叶域对应的应用。数据库中的每幅图像被存储为多尺度的小波分解。特别的,当假设用于存储变换系数的一维分解向量采用 7.3 节中的通用格式时,这个结构非常适合渐进重构应用。对于此例中的 4 尺度变换,分解向量为:

$$[\mathbf{A}_4(:)' \quad \mathbf{H}_4(:)' \quad \cdots \quad \mathbf{H}_i(:)' \quad \mathbf{V}_i(:)' \quad \mathbf{D}_i(:)' \quad \cdots \quad \mathbf{V}_1(:)' \quad \mathbf{D}_1(:)']$$

这里的 A_4 是第 4 级分解的近似系数矩阵，$i=1$、2、3、4 时的 H_i、V_i 和 D_i 分别是第 i 级的水平、垂直、对角线变换系数矩阵。如果以从左到右的方法传送这个向量，那么远程显示设备可以依据到达观测站的数据，逐渐建立最终的高分辨率图像的高分辨率近似(基于用户的需要)。例如，当 A^4 系数被接收时，可以观看到低分辨率的图像版本(如图 7-9(b)所示)。当 H_4、V_4 和 D_4 被接收时，更高分辨率的近似(见图 7-9(c))被重建。图 7-9(d)到(f)提供分辨率渐增的其他重建。这个渐进重建过程用下面的 MATLAB 命令序列很容易模拟。

图 7-9　渐进重构：(a) 4 尺度小波变换；(b) 左上角的第 4 级近似图像；(c) 合成第 4 级细节的精确近似；(d)到(f) 对合成更高级细节的分辨率的进一步改进

```
>> f = imread('Strawberries.tif');        % Transform
>> [c, s] = wavefast(f, 4, 'jpeg9.7');
>> wavedisplay(c, s, 8);
>>
>> f = wavecopy('a', c, s);               % Approximation 1
>> figure; imshow(mat2gray(f));
>>
>> [c, s] = waveback(c, s, 'jpeg9.7', 1); % Approximation 2
>> f = wavecopy('a', c, s);
>> figure; imshow(mat2gray(f));
>> [c, s] = waveback(c, s, 'jpeg9.7', 1); % Approximation 3
>> f = wavecopy('a', c, s);
>> figure; imshow(mat2gray(f));
>> [c, s] = waveback(c, s, 'jpeg9.7', 1); % Approximation 4
>> f = wavecopy('a', c, s);
>> figure; imshow(mat2gray(f));
>> [c, s] = waveback(c, s, 'jpeg9.7', 1); % Final image
>> f = wavecopy('a', c, s);
>> figure; imshow(mat2gray(f));
Note that the final four approximations use waveback to perform single level
reconstructions.
```

注意，最后的 4 个近似值运用 waveback 函数来执行单级重构。

7.6 小结

本章介绍了小波变换及其在图像处理中的应用。类似傅立叶变换，小波变换可以用于边缘检测和图像平滑任务。这两个任务在本章中都有覆盖。由于它们对于理解图像的空间和频率特性很有意义，小波还可以用于傅立叶方法不太适合的图像渐进重构(见例 7.10)应用中。由于图像处理工具箱中不包括用于计算或进行小波变换的子程序，本章中的一个重要部分是开发了一组基于小波图像的扩展了图像处理工具箱的函数。开发的这些函数被设计为与本章介绍的MATLAB 小波工具箱完全兼容，但并非是图像处理工具箱的一部分。在下一章中，小波将被应用于图像压缩，这是在小波应用文献中得到相当重视的领域。

第 8 章

图像压缩

图像压缩讨论如何减少描述数字图像的数据量的问题。压缩是通过去除一个或三个基本数据冗余来达到的：1) 编码冗余，当所用的码字大于最佳编码(也就是最小长度)时存在编码冗余；2) 空间或/和时间冗余，也就是因为一幅图像的像素间，或是图像序列中相邻图像像素间的相关性而造成的冗余；3) 无关信息，也就是源于人类视觉系统而忽略的数据冗余(视觉上不重要的信息)。在本章中，我们研究每种冗余，讨论去除冗余的几种技术，并考察两种重要的压缩标准——JPEG 和 JEPG 2000。这两种标准通过结合三种数据冗余去除技术统一了在本章最初介绍的概念。

由于图像处理工具箱不包括图像压缩函数，本章的主要目标就是在 MATLAB 背景下提供开发数据压缩技术的实践方法。例如，我们开发 MATLAB 可调用的 C 函数，用于说明如何在比特级别执行可变长度的数据描述。这是很重要的，因为变长编码是图像压缩的支柱，但 MATLAB 在处理均匀(也就是固定长度)数据矩阵方面是最好的。在开发函数的过程中，我们假定读者具有运用 C 语言的应用知识，并将我们讨论的重点放在如何使 MATLAB 与 MATLAB 外部环境程序(C 和 Fortran 语言)相互作用。当需要将 M-函数与预先存在的 C 或 Fortran 程序进行连接，以及当矢量化的 M-函数需要加速时(例如，当 for 循环不能充分地矢量化时)，这是非常重要的技能。最后，在本章中开发的一些压缩函数同 MATLAB 处理 C 和 Fortran 程序的能力一起，就如同传统的 M-文件或内置函数那样，证明了 MATLAB 作为图像压缩系统及算法原型，确实可以成为有效工具。

8.1 背景

正如从图 8-1 中可以看到的那样，图像压缩系统是由两个截然不同的结构块组成的：编码器和解码器。图像 $f(x,y)$ 被送入编码器，编码器从输入数据建立一组符号，并用它们描述图像。如果令 n_1 和 n_2 分别表示原始及编码后的图像携带的信息单元的数量(通常是比特)，达到的压缩可以通过压缩比，用数字进行量化：

$$C_R = \frac{n_1}{n_2}$$

可能是 10(或 10:1)压缩比，这指出在压缩过的数据集中，对于每 1 个单元，原始图像有 10

个携带信息的单元(如比特)。在 MATLAB 中,用于表示两幅图像文件或变量的比特数的比率可通过下面的 M-函数计算出来:

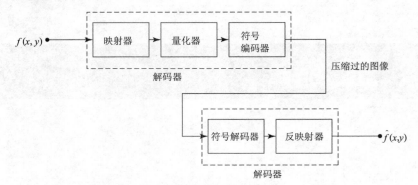

图 8-1 通用的图像压缩系统

```
function cr = imratio(f1, f2)
%IMRATIO Computes the ratio of the bytes in two images/variables.
%   CR = IMRATIO(F1, F2) returns the ratio of the number of bytes in
%   variables/files F1 and F2. If F1 and F2 are an original and
%   compressed image, respectively, CR is the compression ratio.

error(nargchk(2, 2, nargin));           % Check input arguments
cr = bytes(f1) / bytes(f2);             % Compute the ratio
%-----------------------------------------------------------------%
function b = bytes(f)
% Return the number of bytes in input f. If f is a string, assume
% that it is an image filename; if not, it is an image variable.

if ischar(f)
    info = dir(f);      b = info.bytes;
elseif isstruct(f)
    % MATLAB's whos function reports an extra 124 bytes of memory
    % per structure field because of the way MATLAB stores
    % structures in memory. Don't count this extra memory; instead,
    % add up the memory associated with each field.
    b = 0;
    fields = fieldnames(f);
    for k = 1:length(fields)
        elements = f.(fields{k});
        for m = 1:length(elements)
            b = b + bytes(elements(m));
        end
    end
else
    info = whos('f'); b = info.bytes;
end
```

例如,JPEG 编码图像 bubbles25.jpg 的压缩可以通过以下命令进行计算:

```
>> r = imratio(imread('bubbles25.jpg'),'bubbles25.jpg')
r =
   35.1612
```

注意，在函数 imratio 中，内部函数 b=bytes(f) 在文件、结构变量和/或非结构变量中被设计为返回字节数。如果 f 是非结构变量，函数 whos 被用于获取以字节为单位的大小；如果 f 是文件名，函数 dir 用于执行类似的服务程序。在采用的语法中，dir 返回带有字段 name、date、bytes 和 isdir 的结构(关于结构的更多信息，详见 1.7.8 节)。它们分别包括文件名、修改日期、字节大小以及是否是目录(isdir 为 1 则是，为 0 则不是)的信息。最后，如果 f 是结构，bytes 递归调用自身，对分配给每个结构字段的字节数求和。这样就去除了与结构变量自身有关(每个字段 124 字节)的开销，仅返回字段中数据需要的字节数。函数 fieldnames 用于重新得到 f 中字段的列表，同时语句

```
for k=1:length(fields)
    b=b+bytes(f.(fields{k}));
```

执行递归调用。注意动态结构字段名在递归调用 bytes 时的用途，如果 S 是结构，F 是包含字段名的字符串变量，语句

```
S.(F) = foo;
Field = S.(F)
```

将采用动态结构字段名语法分别设置和得到结构字段 F 的内容。

观察并运用压缩的(也就是编码后的)图像，必须把图像发送到解码器(见图 8-1)，这里产生重建的输出图像 $\hat{f}(x,y)$。一般而言，$\hat{f}(x,y)$ 可能是，也可能不是 $f(x,y)$ 的精确表示。如果是，系统就是无误差的、信息保持的或无损的；如果不是，在重建图像中会有一部分失真。对于后一种情况，被称为有损压缩，可以对 x 和 y 的任意取值在 $f(x,y)$ 和 $\hat{f}(x,y)$ 之间定义误差 $e(x,y)$：

$$e(x,y) = \hat{f}(x,y) - f(x,y)$$

所以，两幅图像间的总误差为：

$$\sum_{x=0}^{M-1}\sum_{y=0}^{N-1}\left[\hat{f}(x,y) - f(x,y)\right]$$

同时，$f(x,y)$ 和 $\hat{f}(x,y)$ 之间的均方根(root-mean-square，rms)误差 e_{rms} 是 M×N 数组的均方误差的平均值的平方根：

$$e_{rms} = \left[\frac{1}{MN}\sum_{x=0}^{M-1}\sum_{y=0}^{N-1}\left[\hat{f}(x,y) - f(x,y)\right]^2\right]^{\frac{1}{2}}$$

下面的 M-函数计算 e_{rms} 并显示(假设 $e_{rms} \neq 0$) $e(x,y)$ 及其直方图。因为 $e(x,y)$ 可以包括正值和负值，所以 hist 比起 imhist(该函数仅处理图像数据)更常用于生成直方图。

```
function rmse = compare(f1, f2, scale)
%COMPARE Computes and displays the error between two matrices.
%   RMSE = COMPARE(F1, F2, SCALE) returns the root-mean-square error
%   between inputs F1 and F2, displays a histogram of the difference,
%   and displays a scaled difference image. When SCALE is omitted, a
%   scale factor of 1 is used.
```

```
% Check input arguments and set defaults.
error(nargchk(2, 3, nargin));
if nargin < 3
   scale = 1;
end

% Compute the root-mean-square error.
e = double(f1) - double(f2);
[m, n] = size(e);
rmse = sqrt(sum(e(:) .^ 2) / (m * n));

% Output error image & histogram if an error (i.e., rmse ~= 0).
if rmse
   % Form error histogram.
   emax = max(abs(e(:)));
   [h, x] = hist(e(:), emax);
   if length(h) >= 1
      figure; bar(x, h, 'k');
      
      % Scale the error image symmetrically and display
      emax = emax / scale;
      e = mat2gray(e, [-emax, emax]);
      figure; imshow(e);
   end
end
```

最后，我们注意到，图 8-1 中的编码器负责减少输入图像的代码、像素间和/或心理视觉冗余。在编码处理的第一阶段，映射器将输入图像变换为(通常是不可见的)为减少像素间冗余而设计的格式，在第二阶段或量化阶段，根据预定义的保真度准则，减少变换输出的精确性——试图去除心里视觉冗余数据。这个操作是不可逆转的，当希望得到无误差压缩时必须忽略这一步。在第三阶段，也就是最后一个处理阶段，符号编码器根据使用的码字为量化器输出和映射输出创建码字(减少代码冗余)。

图 8-1 中的解码器只包括两部分：符号解码器和反映射器。这两部分以相反的次序执行编码器的符号编码和映射器的逆操作。由于量化器是不可逆的，因此不包括反量化器。

8.2 编码冗余

令具有概率 $p_r(r_k)$ 的离散随机变量为 r_k，其中 $k=1, 2, ..., L$，描述灰度图像的灰度级。正如在第 2 章中那样，r_1 对应灰度级 0(因为 MATLAB 数组索引不能为 0)且：

$$p_r(r_k) = \frac{n_k}{n} \quad k=1, 2, ..., L$$

这里的 n_k 是图像中出现第 k 级灰度的次数，n 是图像的总像素数。如果用于表示每个 r_k 值的比特数是 $l(r_k)$，那么表示每个像素的平均比特数是：

$$L_{agv} = \sum_{k=1}^{L} l(r_k) p_r(r_k)$$

表 8-1 编码冗余的说明：Code1 中 $L_{agv}=2$，Code2 中 $L_{agv} \approx 1.81$

r_k	$P_r(r_k)$	Code 1	$l_1(r_k)$	Code 2	$l_2(r_k)$
r_1	0.1875	00	2	011	3
r_2	0.5000	01	2	1	1
r_3	0.1250	10	2	010	3
r_4	0.1875	11	2	00	2

也就是说，分配给各种灰度级的码字的平均长度是由用于表示每个灰度级的比特数和可能出现的灰度级的概率乘积之和建立的。这样一来，$M \times N$ 大小的图像要求的总比特数便是 MNL_{agv}。

当用 m 比特的自然二进制码表示一幅图像的灰度级时，前面等式右边的部分减少到 m 比特。也就是说，当 m 被 $l(r_k)$ 替代时，$L_{agv}=m$。因此，常数 m 可能取总和之外的数，对于 $1 \leq k \leq L$，仅留下 $P_r(r_k)$ 的和，当然，和必然等于 1。正如表 8-1 中说明的那样，当图像的灰度级使用自然二进制码编码时，代码冗余几乎总是存在的。在这个表中，一幅 4 灰度级的图像采用固定的和可变长度的编码，灰度级的分布如表中第 2 列所示。第 3 列的两位二进制编码(Code1)的平均长度为 2。Code2(第 5 列)要求的平均比特数为：

$$L_{agv} = \sum_{k=1}^{4} l_2(k) p_r(r_k)$$
$$= 3(0.1875)+1(0.5)+3(0.125)+2(0.1875)=1.1825$$

产生的压缩比为 Cr =2/1.8125≈1.103。对于压缩来说，Code2 达成的压缩的基础在于码字是变长的，即允许将最短的代码分配给图像中最常出现的灰度级。

你很自然地会提出如下问题：表示一幅图像的灰度级到底需要多少比特？也就是说，是否存在在不丢失信息的条件下，能足够充分描绘一幅图像的最小数据量？信息论提供了回答这一相关问题的数学框架。基本前提是信息的产生可用概率过程来建立模型，这个过程可以用与直觉相符的方式来度量。为了与这个假定相一致，概率为 $P(E)$ 的随机事件 E 包含了下面这样的信息单位：

$$I(E) = \log \frac{1}{P(E)} = -\log P(E)$$

如果 $P(E)=1$(也就是说，这个事件总会发生)，那么 $I(E)=0$，也就是没有信息。换句话说，因为没有与这个事件关联的不确定因素，所以也就没有事件已发生需要传递的信息。在离散的可能事件的集合 $\{a_1,a_2,...,a_J\}$ 中给定随机事件源，与之相关的概率为 $\{P(a_1), P(a_2), ...P(a_J)\}$，每个输出信源的平均信息被称为信源的熵：

$$H = -\sum_{j=1}^{J} P(a_j) \log P(a_j)$$

如果一幅图像被看做发出自身"灰度级信息源"的样本，就可以用被观测图像的灰度级直方图来对信源的符号概率建模，并生成被称为一阶估计的 $\tilde{H}$，也就是信源的熵：

$$\tilde{H} = -\sum_{k=1}^{L} p_r(r_k) \log p_r(r_k)$$

这样的估计是通过如下M-函数计算得来的，并且在每个灰度级被独立编码的前提下，仅通过减少代码冗余就可以达到压缩下限：

```
function h = ntrop(x, n)
%NTROP Computes a first-order estimate of the entropy of a matrix.
%   H = NTROP(X, N) returns the entropy of matrix X with N
%   symbols. N = 256 if omitted but it must be larger than the
%   number of unique values in X for accurate results. The estimate
%   assumes a statistically independent source characterized by the
%   relative frequency of occurrence of the elements in X.
%   The estimate is a lower bound on the average number of bits per
%   unique value (or symbol) when coding without coding redundancy.
error(nargchk(1, 2, nargin));           % Check input arguments
if nargin < 2
   n = 256;                             % Default for n.
end

x = double(x);                          % Make input double
xh = hist(x(:), n);                     % Compute N-bin histogram
xh = xh / sum(xh(:));                   % Compute probabilities

% Make mask to eliminate 0's since log2(0) = -inf.
i = find(xh);

h = -sum(xh(i) .* log2(xh(i)));         % Compute entropy
```

注意 MATLAB 函数 `find` 的使用，这个函数用来决定直方图 xh 中非零元素的索引。语句 `find(x)` 等价于 `find(x~=0)`。函数 `ntrop` 使用 `find` 来建立索引向量 i，加入直方图 xh，这个直方图随后被用于通过最后一条语句的熵计算，从而消除所有零值元素。如果没有完成的话，函数 `log2` 在任意符号概率为 0 时强制输出 h 到 NaN(0*-inf 的结果不是数字)。

例 8.1 计算熵

考虑一幅简单的 4×4 图像，它的直方图(见下面代码中的 p)模拟图 8-1 中的符号概率。下面的命令行顺序生成一幅这样的图像并计算熵的一阶估计：

```
>> f = [119 123 168 119; 123 119 168 168];
>> f = [f; 119 119 107 119; 107 107 119 119]
f =
    119   123   168   119
    123   119   168   168
    119   119   107   119
    107   107   119   119
p = hist(f(:), 8);
p = p / sum(p)
p =
    0.1875   0.5   0.125   0   0   0   0   0.1875
h = ntrop(f)
h =
    1.7806
```

在表 8-1 的 Code2 列中，有 $L_{agv} \approx 1.81$，接近熵的一阶估计，并且对于图像 f 是最小长度的二进制编码。注意，与灰度级 107 对应的 r_1 以及表 8-1 中对应的二进制码字 001_2，灰度级 119

对应 r_2 及 l_2，123 和 168 分别对应 010_2 和 00_2。

8.2.1 霍夫曼码

当对一幅图像的灰度级或某个灰度级映射操作的输出进行编码时(像素差、行程长度，等等)，霍夫曼码包含了对于每个信源符号(比如灰度值)可能的最小编码符号(如比特)数，遵从每次仅编码一个信源符号的限制条件。

霍夫曼编码的第一步是通过对符号的概率进行排序，建立信源递减序列，这种符号排序考虑了合并最低概率的符号作为单独的符号，并在下一次信源约简时替换它们。图 8-2(a)说明了表 8-1 中灰度级的分布过程。在最左边，初始信源符号集和它们的概率按照概率值由高到低降序排序。为了形成第一次信源约简，底部的两个概率值 0.125 和 0.1875 被合并，形成概率值为 0.3125 的合并过的符号。这个合并过的符号和与之关联的概率被放置在第一次信源约简列，这样，约简信源的概率还要从最大到最小排序。然后，这个过程一直重复，直到约简信源只有两个符号(在最右边)为止。

霍夫曼编码过程的第二步是对每个约简的信源进行编码，编码从最小的信源开始，一直到原始信源。当然，对于两符号信源的最短二进制编码由 0 和 1 组成。如图 8-2(b)所示，这些符号被分配给右边的两个符号(分配是任意的，颠倒 0 和 1 的顺序也是可以的)。概率为 0.5 的约简信源符号通过合并两个约简信源左侧的符号生成，用来编码的 0 现在被分配给这些符号，并且 0 和 1 被任意分给每个符号以便区分它们。然后，这个操作对每个约简信源重复，直到到达原始信源。最终的代码出现在图 8-2(b)的最左列(第 3 列)。

原始信源		信源约简	
符号	概率	1	2
a_2	0.5	0.5	0.5
a_4	0.1875	0.3125	0.5
a_1	0.1875	0.1875	
a_3	0.125		

原始信源			信源约简		
符号	概率	码字	1	2	
a_2	0.5	1	0.5　　1	0.5	1
a_4	0.1875	00	0.3125　01	0.5	0
a_1	0.1875	011	0.1875　00		
a_3	0.125	010			

图 8-2 霍夫曼码：(a) 信源的约简；(b) 代码分配过程

图 8-2(b)以及表 8-1 中的霍夫曼码是瞬时的、唯一可译码的块编码。之所以是块编码，是因为每个信源符号均映射到固定的码字符号序列。之所以是瞬时的，是因为码字符号字符串的每个码字可以不参照随后的符号而被译码。也就是说，在任意给定的霍夫曼码中，没有码字是其他码字的前缀。之所以是唯一可译码的，是因为代码符号字符串仅有唯一的译码方法。这样，任意霍夫曼码符号字符串都可以通过从左到右的方式考察单独字符串而被译码。对于例 8.1 中的 4×4 图像，基于图 8-2(b)的霍夫曼码由顶到底、从左到右进行编码，产生 29 比特的字符串 10101011010110110000011110011。因为使用瞬时的、唯一的可译码块编码，所以不需要

在每个编码像素中插入分隔符。将得到的字符串从左到右扫描，显示出第一个有效的码字是 1，这是对符号 a_2 或灰度级 119 的编码。接下来的有效码字是 010，对应于灰度级 123。继续这种方式，我们最终获得一幅完整的译码图像，这幅图像与例子中的 f 等价。

刚刚描述的信源约简和代码分配的过程由下面这个称为 huffman 的 M-函数实现：

```
function CODE = huffman(p)
%HUFFMAN Builds a variable-length Huffman code for symbol source.
%   CODE = HUFFMAN(P) returns a Huffman code as binary strings in
%   cell array CODE for input symbol probability vector P. Each word
%   in CODE corresponds to a symbol whose probability is at the
%   corresponding index of P.
%
%   Based on huffman5 by Sean Danaher, University of Northumbria,
%   Newcastle UK. Available at the MATLAB Central File Exchange:
%   Category General DSP in Signal Processing and Communications.

%   Check the input arguments for reasonableness.
error(nargchk(1, 1, nargin));
if (ndims(p) ~= 2) || (min(size(p)) > 1) || ~isreal(p) ...
        || ~isnumeric(p)
    error('P must be a real numeric vector.');
end

% Global variable surviving all recursions of function 'makecode'
global CODE
CODE = cell(length(p), 1);   % Init the global cell array

if length(p) > 1              % When more than one symbol ...
    p = p / sum(p);           % Normalize the input probabilities
    s = reduce(p);            % Do Huffman source symbol reductions
    makecode(s, []);          % Recursively generate the code
else
    CODE = {'1'};             % Else, trivial one symbol case!
end;

%-----------------------------------------------------------------%
function s = reduce(p)
% Create a Huffman source reduction tree in a MATLAB cell structure
% by performing source symbol reductions until there are only two
% reduced symbols remaining

s = cell(length(p), 1);

% Generate a starting tree with symbol nodes 1, 2, 3, ... to
% reference the symbol probabilities.
for i = 1:length(p)
    s{i} = i;
end

while numel(s) > 2
    [p, i] = sort(p);         % Sort the symbol probabilities
    p(2) = p(1) + p(2);       % Merge the 2 lowest probabilities
    p(1) = [];                % and prune the lowest one
    s = s(i);                 % Reorder tree for new probabilities
```

```
      s{2} = {s{1}, s{2}};    % and merge & prune its nodes
      s(1) = [];              % to match the probabilities
   end

%-----------------------------------------------------------------%
function makecode(sc, codeword)
% Scan the nodes of a Huffman source reduction tree recursively to
% generate the indicated variable length code words.

% Global variable surviving all recursive calls
global CODE

if isa(sc, 'cell')                      % For cell array nodes,
   makecode(sc{1}, [codeword 0]);       % add a 0 if the 1st element
   makecode(sc{2}, [codeword 1]);       % or a 1 if the 2nd
else % For leaf (numeric) nodes,
   CODE{sc} = char('0' + codeword);     % create a char code string
End
```

下面的命令行序列使用 huffman 产生图 8-2 中的码字:

```
>> p = [0.1875 0.5 0.125 0.1875];
>> c = huffman(p)
c =
    '011'
    '1'
    '010'
    '00'
```

注意,输出是长度可变的字符数组,其中的每一行是由 0 和 1(对应索引符号 p 中的二进制码)组成的字符串。例如,'010'(在数组索引 3 处)是概率为 0.125 的灰度级的码字。

在 huffman 函数的开头部分,输入参量 p(被编码符号的输入符号概率矢量)已经对合理性检查过了,而且全局变量已经作为 MATLAB 的单元数组用 length(p) 和某个单列进行了初始化(在 1.7.8 节中已定义过)。所有的 MALAB 全局变量必须在函数中说明,使用如下所示的语句形式进行参照:

```
global   X  Y  Z
```

这条语句使变量 X、Y、Z 可用于被声明过的函数中。当多个函数声明相同的全局变量时,它们共享那个变量的单一拷贝。在 huffman 中,主程序和内部函数 makecode 共享全局变量 CODE。注意,按照惯例,全局变量名必须大写。非全局变量就是局部变量,它们只有在被定义的时候才可以在函数中使用(不可以在其他函数或基本工作空间中使用)。它们典型地用小写字母表示。在 huffman 中,CODE 已经被单元函数初始化,语法是:

```
X = cell(m, n)
```

这条语句创建可以被单元或内容参照的空矩阵的 $m×n$ 数组。圆括号()用于单元索引;花括号{}用于内容索引。因而,X(1) = [ ] 从单元数组中索引和移除元素 1,X{1} = [ ] 把第一个单元数组中的元素置为空矩阵。也就是说,X{1} 涉及 X 中第一个元素(为数组)的内容,X(1) 涉及元素本身(而不是其中的内容)。既然单元数组可以嵌套在其他单元数组里,那么语法 X{1}{2}

涉及单元数组中第二个元素的内容，该单元数组是单元数组 x 的第一个元素。

在 CODE 被初始化并且输入概率矢量被归一化之后(在 p = p/sum(p) 语句中)，在两个步骤中，针对归一化概率向量 p 产生霍夫曼码。第一步，由主程序中的 s = reduce (p) 语句进行初始化，该步骤调用内部函数 reduce，目的是执行在图 8-2(a)中说明过的信源约简。

在 reduce 中，大小与 CODE 匹配的初始为空的信源约简单元数组 s 中的元素被初始化为索引。也就是，s{1}=1、s{2}=2 等。然后，为了信源约简，在 while numel(s)>2 循环中建立二叉树等效单元。在循环的每次迭代中，向量 p 以概率的升序形式被分类。这一步用 sort 函数完成，语法是：

[y , i] = sort(x)

其中，输出 y 是 x 中经过分类的元素，索引向量 i 是 y=x(i)。当 p 已被分类时，最低的两个概率被合并，并把它们合后的概率放在 p(2) 里，同时把 p(1) 删除。然后，信源约简单元数组基于索引向量 i 用 s = s(i) 重排以匹配 p。最后，s{2} 使用通过 s{2} = {s{1},s{2}}(内容索引示例)包含合并概率索引的二元素单元数组来替换。通过步骤 s(1)=[ ]，用单元索引删除第一个合并后的 s(1)。这个步骤被一再重复，直到 s 中只有两个元素为止。

图 8-3 显示了表 8-1 和图 8-2(a)中对符号概率操作的最后输出。图 8-3(b)和图 8-3(c)通过在 huffman 主程序的最后两条语句间插入

```
celldisp (s);
cellplot (s);
```

而产生。

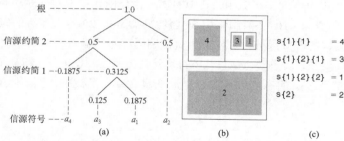

图 8-3　使用函数 huffman 对图 8-2(a)进行的信源约简：(a) 等效二叉树；(b) 由 cellplot(s)产生的显示；
(c) 由 celldisp(s)产生的输出

MATLAB 函数 celldisp 递归地打印单元数组的内容；函数 cellplot 产生类似嵌套逻辑单元的单元数组的图形描述。注意，图 8-3(b)中的单元数组和图 8-3(a)中的信源约简树节点一一对应：1) 树中的每两路分枝(代表信源约简)与 s 中两元素的单元数组对应；2) 每个两元素的单元数组都包含符号索引，符号索引在相应的信源约简中被合并。例如，合并树底部的 a_1 和 a_3 可产生两元素的单元数组 s{1}{2}，其中 s{1}{2}{1}=3、s{1}{2}{2}=1(分别是符号 a_1 和 a_3 的索引)。树的根是最高层的两元素单元数组 s。

码字生成的最后一步(基于信源约简的单元数组 s 的码字分配)是调用 Auffman--makecode(s,[])。这个调用启动基于图 8-2(b)中过程的递归代码分配操作。虽然递归方式一般不提供存储(因为正被处理的数值的堆栈必须被存放在某些地方)或速度提升，但却还是有优

势的，代码更紧凑，而且更容易理解，特别是在处理已递归定义的数据结构时，比如树。任何 MATLAB 函数都可以递归地使用，也就是说，可以直接或间接地调用自身。当使用递归方式的时候，每个函数调用都可以产生一组新的局部变量，它们不依赖于以前所有的集合。

内部函数 makecode 接受两种输入：codeword，由 0 和 1 组成的数组；sc，信源约简单元数组的元素。当 sc 本身是单元数组的时候，就又包括两个信源符号(或组合符号)，它们在信源约简处理中被连接到一起。因为它们都必须单独编码，所以递归调用对(调用 makecode)针对元素——与两个合适的更新码字一道被发出(0 和 1 被添加到输入 cordword 中)。当 sc 不包括单元数组的时候，sc 是原始信源符号的索引，并且被分配为由输入 codeword 使用 CODE{sc} = char('0'+codeword) 产生的二进制字符串。正如在 1.7.7 节中指出的那样，MATLAB 函数 char 把包含代表字符码的正整数的数组转换为 MATLAB 字符数组(前 127 个码字是 ASCII 码)。例如，char('0'+[010]) 产生字符串 '010'，也就是在 ASCII 码 0 上加 0 以产生 ASCII 码 0，在 ASCII 码 0 上加 1 以产生 ASCII 码 1，也就是 1。

表 8-2 详细列出了 makecode 的序列调用，这些调用导致图 8-3 中的信源约简单元数组。为了对信源的 4 个符号编码，需要 7 次调用。第 1 项调用(表 8-2 的第 1 行)由 huffman 的主程序产生，并与输入 codeword 一起开始编码过程，同时 sc 分别设置空矩阵和单元数组 s。为了和 MATLAB 符号标准保持一致，{1x2 cell} 表示一行两列的单元数组。因为 sc 在第一次调用中几乎总是单元数组(单一符号信源是例外)，两次递归调用(见表 8-2 的第 2 行和第 7 行)被发出。这些调用的第一步是启动比两次更多的调用(第 3、4 行)，第二步是启动额外的两次调用(第 5、6 行)。

表 8-2 图 8-3 中信源约简数组的码字分配过程

调用系列	调用方	sc	codeword
1	主程序	{1x2 cell} [2]	[ ]
2	makecode	[4] {1x2 cell}	0
3	makecode	4	00
4	makecode	[3] [1]	01
5	makecode	3	010
6	makecode	2	011
7	makecode	1	1

任何时候，sc 都不是单元数组，正如表 8-2 中的第 3、5、6、7 行所示，不需要额外的递归；码字字符串是由 codeword 创建并被分配到信源符号的，索引被作为 sc 传递。

8.2.2 霍夫曼编码

霍夫曼码的产生不是压缩过程(在自身内部)。为了实现成为霍夫曼码的压缩，对于产生码字的符号，不管它们是灰度级、行程长度，还是其他灰度映射操作的输出，都必须在生成码字一致的情况下被变换或映射。

例 8.2 MATLAB 中的变长编码映射

考虑简单的 16 字节 4×4 图像：

```
>> f2 = uint8([2 3 4 2; 3 2 4 4; 2 2 1 2; 1 1 2 2])
f2 =
    2    3    4    2
    3    2    4    4
    2    2    1    2
    1    1    2    2
>> whos('f2')
  Name      Size      Bytes    Class    Attributes
  f2        4x4       16       uint8
```

f2中的每个像素都是8比特的字节，16字节用于表现整幅图像。因为f2的灰度不是等概率的，所以变长码字(就像在前一节中指出的那样)会减少表现图像所必需的存储量。函数Huffman计算如下码字：

```
>> c = Huffman (hist (double (f2 (:)), 4))
c =
    '011'
    '1'
    '010'
    '00'
```

因为霍夫曼码与被编码的信源符号出现的频率有关(不是信号本身)，所以c和例8.1中构成图像的码字一样。事实上，图像f2可以从例8.1中分别把灰度级107、119、123和168映射到1、2、3、4来得到。对于任何一幅图像，p = [0.1875 0.5 0.125 0.1875]。

基于码字c对f2编码的简单方法是执行如下简单的查表操作：

```
>> h1f2 = c(f2(:))'
h1f2 =
  Columns 1 through 9
    '1'  '010'  '1'  '011'  '010'  '1'  '1'  '011'  '00'
  Columns 10 through 16
    '00'  '011'  '1'  '1'  '00'  '1'  '1'
>> whos('h1f2')
  Name     Size     Bytes    Class    Attributes
  h1f2     1x16     1018     cell
```

这里，f2(UNIT8类的二维数组)被变换成单元数组h1f2转置的紧凑显示。h1f2中的元素是可变长度的字符串，并对应f2中从上到下、从左到右扫描的像素(也就是列方式)。正如你见到的那样，被编码的图像用了存储的1018个字节，基本上是f2要求的存储量的60倍。

对h1f2使用的单元数组是合乎逻辑的，因为这是处理不同数据的两个标准MATLAB数据结构之一(见1.7.8节)。对于h1f2，不同之处在于字符串的长度，以及为通过单元数组透明地处理它所付出的代价是存储器的总开销(单元数组固有的特性)，要求必须追踪变长元素的位置。可以通过把h1f2变换为两维的字符数组来减少此开销。

```
>> h2f2 = char(h1f2)'
h2f2 =
    1010011000011011
    1 11 1001 0
    0 10 1 1
>> whos('h2f2')
  Name     Size     Bytes    Class    Attributes
  h2f2     3x16     96       char
```

在这里，单元数组 h1f2 被变换为 3×16 的字符数组 h2f2。h2f2 的每一列以从上到下、从左到右扫描方式对应 f2 中的像素，也就是列方式)。注意，空白处被以合适的尺寸插入数组，并且因为对于码字的 0 和 1 都要求两字节，所以 h2f2 的存储总量是 96 字节，还是比 f2 需要的原始 16 字节大 6 倍。可以像下面这样来消除插入的空格：

```
>> h2f2 = h2f2(:);
>> h2f2(h2f2 == ' ') = [];
>> whos('h2f2')
    Name      Size      Bytes      Class    Attributes
    h2f2      29x1      58         char
```

但是要求的存储空间还是比 f2 的原始 16 字节大。

为了压缩 f2，码字 c 必须在比特级应用，用一些编码像素打包成单字节：

```
>> h3f2 = mat2huff(f2)
h3f2 =
    size: [4 4]
     min: 32769
    hist: [3 8 2 3]
    code: [43867 1944]

>> whos('h3f2')
    Name      Size      Bytes      Class    Attributes
    h3f2      1x1       518        struct
```

虽然 mat2huff 函数返回结构 h3f2，但仍要求 518 个字节的存储量，其中大部分开销都和下面两个因素有关：1) 结构可变的开销(回忆 8.1 节对 imratio 的讨论，MATLAB 中的每个结构字段需要 124 个字节的开销); 2) mat2huff 产生的信息更易于将来的译码。忽视这些开销，当考虑实际(比如普通大小)的图像时，它们是可以忽略掉的。mat2huff 以 4:1 的比率压缩 f2。f2 的 16 个 8 比特像素被压缩为两个 16 比特的字——h3f2 中字段 code 的元素：

```
>> hcode = h3f2.code;
>> whos('hcode')
    Name      Size      Bytes      Class    Attributes
    hcode     1x2       4          uint16
>> dec2bin(double(hcode))
ans =
    1010101101011011
    0000011110011000
```

注意，dec2bin 被用来显示 h3f2.code 的单比特。忽视末尾的模 16 的插入比特(最后的 3 个 0)，32 比特编码相当于先前产生的(见 8.2.1 节)、瞬时且唯一的、可解码的 29 比特码字 10101011010110110000011110011。

正如我们在前面例子中说明的那样，mat2huff 函数把解码所需要的编码输入数组信息(比如原始维数和符号概率)嵌入到单一的 MATLAB 结构变量中。这个结构中的信息在 mat2huff 的帮助文本中有说明文件。

```
function y = mat2huff(x)
%MAT2HUFF Huffman encodes a matrix.
%   Y = MAT2HUFF(X) Huffman encodes matrix X using symbol
```

```
%       probabilities in unit-width histogram bins between X's minimum
%       and maximum values. The encoded data is returned as a structure
%       Y:
%          Y.code    The Huffman-encoded values of X, stored in
%                    a uint16 vector. The other fields of Y contain
%                    additional decoding information, including:
%          Y.min     The minimum value of X plus 32768
%          Y.size    The size of X
%          Y.hist    The histogram of X
%
%       If X is logical, uint8, uint16, uint32, int8, int16, or double,
%       with integer values, it can be input directly to MAT2HUFF. The
%       minimum value of X must be representable as an int16.
%
%       If X is double with non-integer values---for example, an image
%       with values between 0 and 1---first scale X to an appropriate
%       integer range before the call. For example, use Y =
%       MAT2HUFF(255*X) for 256 gray level encoding.
%
%       NOTE: The number of Huffman code words is round(max(X(:))) -
%       round(min(X(:))) + 1. You may need to scale input X to generate
%       codes of reasonable length. The maximum row or column dimension
%       of X is 65535.
%
%       See also HUFF2MAT.
if ndims(x) ~= 2 || ~isreal(x) || (~isnumeric(x) && ~islogical(x))
    error('X must be a 2-D real numeric or logical matrix.');
end

% Store the size of input x.
y.size = uint32(size(x));

% Find the range of x values and store its minimum value biased
% by +32768 as a UINT16.
x = round(double(x));
xmin = min(x(:));
xmax = max(x(:));
pmin = double(int16(xmin));
pmin = uint16(pmin + 32768); y.min = pmin;

% Compute the input histogram between xmin and xmax with unit
% width bins, scale to UINT16, and store.
x = x(:)';
h = histc(x, xmin:xmax);
if max(h) > 65535
    h = 65535 * h / max(h);
end
h = uint16(h); y.hist = h;

% Code the input matrix and store the result.
map = huffman(double(h));          % Make Huffman code map
hx = map(x(:) - xmin + 1);         % Map image
```

```
hx = char(hx)';                    % Convert to char array
hx = hx(:)';
hx(hx == ' ') = [];                % Remove blanks
ysize = ceil(length(hx) / 16);     % Compute encoded size
hx16 = repmat('0', 1, ysize * 16); % Pre-allocate modulo-16 vector
hx16(1:length(hx)) = hx;           % Make hx modulo-16 in length
hx16 = reshape(hx16, 16, ysize);   % Reshape to 16-character words
hx16 = hx16' - '0';                % Convert binary string to decimal
twos = pow2(15:-1:0);
y.code = uint16(sum(hx16 .* twos(ones(ysize, 1), :), 2))';
```

注意 y = mat2huff(x) 语句，霍夫曼码利用 x 的最大值和最小值之间的单位宽度直方图存储器对输入矩阵 x 进行编码。当 y.code 中的编码数据在稍后被解码时，解码时需要的霍夫曼码必须从 y.min、x 的最小值、y.hist 和 x 的直方图进行重建。不是保留霍夫曼码本身，mat2huff 保留重新产生它需要的概率信息。通过这些以及存储在 y.size 中的 x 矩阵的原始维数，在 8.2.3 节中介绍的 huff2mat 函数可以解码 y.code 以重建 x。关于产生 y.code 的步骤总结如下：

(1) 在 x 的最大值和最小值之间计算输入 x 的直方图 h。同时，借助单位宽度的存储器及标度使之匹配 uint16 向量。

(2) 用 huffman 函数产生霍夫曼码，以标定过的直方图 h 为基础，调用 map。

(3) 用 map 映射输入 x(这会产生单元数组)，并把它转换成字符数组 hx，消除例 8.2 中像 h2f2 那样被插入的空格。

(4) 构造向量 hx 的版本，将字符排列成 16 字符段。这通过产生模 16 字符向量来完成并保持(码字中的 hx16)，把 hx 中的元素拷贝到字符向量，并且用 ysize 数组将之改造成 16 行，其中 ysize = ceil(length (hx)/16)。回忆 3.2 节，ceil 函数四舍五入正无穷的数。正如 8.3.1 节提到的那样，函数

```
y = reshape(x, m, n)
```

通过 n 矩阵返回 m，矩阵中的元素来自 x 的列方式。如果 x 中没有 mn 个元素，就会返回错误。

(5) 把 hx16 的 16 字符元素转换为 16 位二进制数，比如 unit16。三条语句被更紧凑的 y = uint16(bin2dec(hx6'))取代。它们是 bin2dec 的核心，并且会返回等价于二进制字符串的十进制数(比如，bin2dec('101') 返回 5)，但是会更快，因为减少了一般性。MATLAB 的 pow2(y) 函数被用来返回数组，其中的元素为 2 的 y 次幂。也就是说，twos = pow2(15:-1:0) 产生了数组[32768 16384 8192...8 4 2 1]。

例 8.3 用 mat2huff 进行编码

为了进一步说明霍夫曼编码的压缩性能，考虑图 8-4(a)中大小为 512×512 的 8 比特单色图像。图像的压缩通过 mat2huff 函数使用下面的命令序列来进行：

```
>> f = imread('Tracy.tif');
>> c = mat2huff(f);
>> cr1 = imratio(f, c)
cr1 =
    1.2191
```

图 8-4 一位女士的 8 比特单色图像及近距离的右眼部位图像

通过去除与传统的 8 比特二进制编码相关联的那些编码冗余,图像已被压缩到原来大小的 80%左右(与包含的译码开销信息一样)。因为 `mat2huff` 的输出是结构,所以用 `save` 函数将输出写入磁盘:

```
>> save SqueezeTracy c;
>> cr2 = imratio('Tracy.tif', 'SqueezeTracy.mat')
cr2 =
    1.2365
```

`save` 函数与 1.7.4 节中的菜单命令 **Save Workspace As** 和 **Save Selection As** 一样。为创建的文件添加.mat 扩展名。在这种情况下,产生的文件 SqueezeTracy.mat 被叫做 MAT-文件。它是二进制数据文件,包括工作空间变量名和值。在这里,它包括单独的工作空间变量 `c`。最后,我们注意到先前计算出的压缩率 `cr1` 与 `cr2` 之间的微小差异,该差异源于 MATLAB 数据文件的开销。

8.2.3 霍夫曼译码

霍夫曼编码图像几乎没什么用,除非能被解码并重建为刚开始时的原始图像。前面一节的输出 `y = mat2huff(x)`,解码器必须首先计算用来编码 x 的霍夫曼码(基于 x 的直方图和 y 中有关的信息),然后反映射已编码的数据(还是从 y 中提取)来重建 x。

正如在下面列出的函数 `x=huff2mat(y)` 中看到的那样,上述处理可以分为 5 个基本步骤:

(1) 从输入结构 y 中提取维数 m 和 n,以及最小值 xmin(最后的输出 x)。

(2) 重新创建霍夫曼码,通过将它的直方图传递到 `huffman` 函数来对 x 进行编码。在列表中产生的编码将被 `map` 调用。

(3) 建立数据结构(转换和输出表 `link`),以便在 y.code 中通过一系列有效的二进制搜索对编码数据解码。

(4) 传递数据结构和已编码数据(比如 `link` 和 y.code)到 C 函数 `unravel`。这个函数最小化为执行二进制搜索要求的时间,产生已解码的 `double` 类的输出向量 x。

(5) 把 xmin 添加到 x 的每个元素中,并加以改造以匹配原始 x 的维数(也就是 m 行和 n 列)。

`huff2mat` 的唯一特点是对 MATLAB 可调用 C 函数 `unravel` 的结合(见步骤(4)),这使得对大多数标准分辨率的图像的解码几乎都是瞬时的。

```
function x = huff2mat (y)
%HUFF2MAT Decodes a Huffman encoded matrix.
%   X = HUFF2MAT(Y) decodes a Huffman encoded structure Y with uint16
%   fields:
%      Y.min    Minimum value of X plus 32768
```

```
%       Y.size    Size of X
%       Y.hist    Histogram of X
%       Y.code    Huffman code
%
%   The output X is of class double.
%
%   See also MAT2HUFF.
if ~isstruct(y) || ~isfield(y, 'min') || ~isfield(y, 'size') || ...
        ~isfield(y, 'hist') || ~isfield(y, 'code')
    error('The input must be a structure as returned by MAT2HUFF.');
end

sz = double(y.size); m = sz(1); n = sz(2);
xmin = double(y.min) - 32768;      % Get X minimum
map = huffman(double(y.hist));      % Get Huffman code (cell)

% Create a binary search table for the Huffman decoding process.
% 'code' contains source symbol strings corresponding to 'link'
% nodes, while 'link' contains the addresses (+) to node pairs for
% node symbol strings plus '0' and '1' or addresses (-) to decoded
% Huffman codewords in 'map'. Array 'left' is a list of nodes yet to
% be processed for 'link' entries.

code = cellstr(char('', '0', '1'));   % Set starting conditions as
link = [2; 0; 0]; left = [2 3];       % 3 nodes w/2 unprocessed
found = 0; tofind = length(map);      % Tracking variables

while ~isempty(left) && (found < tofind)
    look = find(strcmp(map, code{left(1)}));    % Is string in map?
    if look % Yes
        link(left(1)) = -look;              % Point to Huffman map
        left = left(2:end);                 % Delete current node
        found = found + 1;                  % Increment codes found
    else                                    % No, add 2 nodes & pointers
        len = length(code);                 % Put pointers in node
        link(left(1)) = len + 1;

        link = [link; 0; 0];                % Add unprocessed nodes
        code{end + 1} = strcat(code{left(1)}, '0');
        code{end + 1} = strcat(code{left(1)}, '1');

        left = left(2:end);                 % Remove processed node
        left = [left len + 1 len + 2]; % Add 2 unprocessed nodes
    end
end

x = unravel(y.code', link, m * n);   % Decode using C 'unravel'
x = x + xmin - 1;                    % X minimum offset adjust
x = reshape(x, m, n);                % Make vector an array
```

正如前面指出的那样，基于 huff2mat 的解码是建立一系列的二进制搜索或两个结果解码决策。被扫描的霍夫曼编码字符串序列的每个元素——当然，它们必须是 0 或 1——基于转换和输出表 link 引发的二进制解码决策。link 的构建开始于语句 link=[2; 0; 0] 初始化。对于开始的三种状态中的每个元素，link 数组对应单元数组 code 中霍夫曼编码的二进制字符串，也就是 code=cellstr(char ('','0','1'))。空串 code(1) 是所有的霍夫曼字符串解码的开始点(或初始解码状态)。在 link(1) 中,关联的 2 确定两个可能的解码状态,这是由添加 0 和 1 到空串中得出的。

如果接下来遇到的霍夫曼编码的比特是 0,那么下一个解码状态是 link(2)(因为 code(2)=0,所以空串应该置 0);如果是 1,那么新状态就应该是 link(3)(在索引(2+1)或 3 处,并且 code(3)='1')。注意,相应的 link 数组输入是 0,指出数组还没有被处理,以便反映霍夫曼码 map 的正确决策。

在 link 构造期间,如果在 map(为有效的霍夫曼码字)中建立任何字符串(也就是 0 或 1),link 中相应的 0 就被 map 索引中的负值(为已被解码的值)替换。另外,新的(正值)link 索引被插入以指向在逻辑上(不是 00 和 01,就是 10 和 11)遵循的两个新状态(可能的霍夫曼码字)。这些新的、还没有被处理的 link 元素扩展了 link 的尺寸(单元数组 code 也必须被更新),而且构造处理会继续下去,直到 link 中没有未处理的遗留元素为止。然而,不是连续扫描 link 来寻找未处理的元素,而是由 huff2mat 保持被称为 left 的跟踪数组,将之初始化为[2,3],并且更新那些还没测试过的 link 元素的索引。

表 8-3 显示的 link 表是为例 8.2 中的霍夫曼码产生的。如果 link 的每个索引都被看做解码状态 I,那么每个二进制码的判定(从左到右扫描编码字符串)和/或霍夫曼译码输出都由 link(i) 决定。

- 如果 link(i)<0(也就是负的),那么霍夫曼码字已被解码。解码输出是|link(i)|,这里的||表示绝对值。
- 如果 link(i)>0(也就是正的),并且下一个要被处理的编码比特是 0,那么下一个解码状态是索引 link(i)。也就是说,我们令 i=link(i)。
- 如果 link(i)>0,并且下一个要被处理的编码比特是 1,那么下一个解码状态是索引 link(i)+1。也就是说,我们令 i=link(1)+1。

表 8-3 图 8-3 中信源约简单元数组的解码表

索引 i	link(i)的值
1	2
2	4
3	−2
4	−4
5	6
6	−3
7	−1

正如先前说明的那样,正的 link 项与二进制解码转换相对应,负的 link 项决定解码的输出值。当每个霍夫曼码字被解码时,新的二进制搜索在 link 索引 i=1 处开始。对于例 8.2 中的编码串 101010110101,得到的状态转换序列是 i = 1, 3, 1, 2, 5, 6, 1,…;相应的输出序列是 —, |−2|, —, —, —, |−3|, —…, 其中, — 符号表示在输出中不存在。解码输出值 2 和 3 是例 8.2 中测试图像 f2 的首行最前边的两个元素。

C 函数 unravel 接受刚才解释的链接结构，并用来驱动解码输入 hx 要求的二进制搜索。图 8-5 所示的框图是基本操作，紧接着是描述过的与表 8-3 相匹配的判决处理。

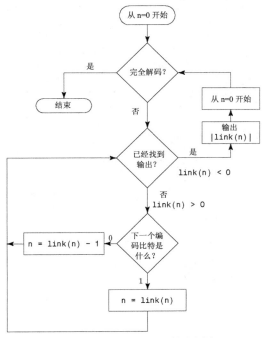

图 8-5　C 函数 unravel 的流程图

然而注意，修正需要对于这样一个事实进行补充，就是 C 数组是从 0 索引而不是从 1。

C 和 Fortran 函数可以插入到 MATLAB 中，并且有两个主要目的：1) 它们允许大的先前存在的 C 和 Fortran 程序被 MATLAB 调用，而不用重新写成 M-文件；2) 它们使计算瓶颈更合理，MATLAB 的 M-文件运行得不够快，但是可以用 C 和 Fortran 来编码，从而提高效率。不管用 C 还是用 Fortran，得到的函数都归为 MEX-文件；它们的性能就像 M-文件或是普通的 MATLAB 函数一样。然而，不像 M-文件，它们在被调用前，必须使用 MATLAB 的 mex 脚本进行编译和链接。在 Windows 平台下，为了在 MATLAB 命令行提示符处编译和链接 unravel，作为例子，我们键入：

```
>> mex unravel.c
```

名为 unravel.mexw32、扩展名为.mexw32 的 MEX-文件将被创建。任何辅助文本，如果需要，就必须作为单独的使用相同名称的 M-文件来提供(扩展名为.m)。

具有.c 扩展名的 C MEX-文件 unravel 的源代码如下：

```
/*==================================================================
 * unravel.c
 * Decodes a variable length coded bit sequence (a vector of
 * 16-bit integers) using a binary sort from the MSB to the LSB
 * (across word boundaries) based on a transition table.
 *==================================================================*/
#include "mex.h"
```

```c
void unravel(uint16_T *hx, double *link, double *x,
    double xsz, int hxsz)
{
    int i = 15, j = 0, k = 0, n = 0;    /* Start at root node, 1st */
                                         /* hx bit and x element */
    while (xsz - k) {                    /* Do until x is filled */
        if (*(link + n) > 0) {           /* Is there a link? */
            if ((*(hx + j) >> i) & 0x0001)  /* Is bit a 1? */
                n = *(link + n);         /* Yes, get new node */
            else n = *(link + n) - 1;    /* It's 0 so get new node */
            if (i) i- -; else {j++; i = 15;} /* Set i, j to next bit */
            if (j > hxsz)                /* Bits left to decode? */
                mexErrMsgTxt("Out of code bits ???");
        }
        else    {                        /* It must be a leaf node */
            *(x + k++) = - *(link + n);  /* Output value */
            n = 0; }                     /* Start over at root */
    if (k == xsz - 1)                    /* Is one left over? */
        *(x + k++) = - *(link + n);
    }
}

void mexFunction( int nlhs, mxArray *plhs[],
                  int nrhs, const mxArray *prhs[])
{
    double *link, *x, xsz;
    uint16_T *hx;
    int hxsz;

    /* Check inputs for reasonableness */
    if (nrhs != 3)
        mexErrMsgTxt("Three inputs required.");
    else if (nlhs > 1)
        mexErrMsgTxt("Too many output arguments.");

    /* Is last input argument a scalar? */
    if(!mxIsDouble(prhs[2]) || mxIsComplex(prhs[2]) ||
            mxGetN(prhs[2]) * mxGetM(prhs[2]) != 1)
        mexErrMsgTxt("Input XSIZE must be a scalar.");

    /* Create input matrix pointers and get scalar */
    hx = (uint16_T *) mxGetData(prhs[0]);
    link = (double *) mxGetData(prhs[1]);
    xsz = mxGetScalar(prhs[2]);          /* returns DOUBLE */

    /* Get the number of elements in hx */
    hxsz = mxGetM(prhs[0]);

    /* Create 'xsz' x 1 output matrix */
    plhs[0] = mxCreateDoubleMatrix(xsz, 1, mxREAL);

    /* Get C pointer to a copy of the output matrix */
    x = (double *) mxGetData(plhs[0]);

    /* Call the C subroutine */
    unravel(hx, link, x, xsz, hxsz);
}
```

在 M-文件 unravel.m 中提供了辅助文本：

```
%UNRAVEL Decodes a variable-length bit stream.
%   X = UNRAVEL(Y, LINK, XLEN) decodes UINT16 input vector Y based on
%   transition and output table LINK. The elements of Y are
%   considered to be a contiguous stream of encoded bits--i.e., the
%   MSB of one element follows the LSB of the previous element. Input
%   XLEN is the number code words in Y, and thus the size of output
%   vector X (class DOUBLE). Input LINK is a transition and output
%   table (that drives a series of binary searches):
%
%   1. LINK(0) is the entry point for decoding, i.e., state n = 0.
%   2. If LINK(n) < 0, the decoded output is |LINK(n)|; set n = 0.
%   3. If LINK(n) > 0, get the next encoded bit and transition to
%      state [LINK(n) - 1] if the bit is 0, else LINK(n).
```

链接所有的 C MEX-文件，C MEX-文件 unravel.C 由两个截然不同的部分组成：计算子程序和入口子程序。计算子程序也叫做 unravel，包括图 8-5 中基于 link 进行解码处理的 C 代码。通常总是被命名为 maxFunction 的入口子程序把 C 的计算子程序 unravel 对接到 MATLAB。使用 MATLAB 的标准 MEX-文件接口，基于如下原则：

1) 4 个标准的输入输出参量：nlhs、plhs、nrhs 和 prhs。这些参数分别是：左手边输出参量的数目(为整数)，左手边输出参量的指针数组(所有的 MATLAB 数组)，右手边输出参量的数目(为整数)，右手边输出参量的指针数组(也是 MATLAB 数组)。

2) MATLAB 提供了一组 API 函数。以 mx 作为前缀的 API 函数被用来创建、访问、操作、和/或消除 mxArray 类的结构。比如：

- mxCalloc 可以像标准的 C Calloc 函数一样动态地分配存储空间。相关的函数包括 mxMalloc 和 mxReallo，它们被用来代替 C 的 Malloc 和 Reallo 函数。
- mxGetScalar 从输入数组中提取标量prhs。其他的 mxGet 函数，与 mxGetM、mxGetN 和 mxGetString 一样，用来提取其他类型的数据。
- mxCreateDoubleMatrix 为 plhs 创建 MATLAB 输出数组，其他的 mxCreate 函数，与 mxCreateString 和 mxCreateNumericArray 一样，用来为创建其他类型的数据提供便利。

以 mex 作为前缀的 API 函数用于执行 MATLAB 环境下的操作，例如，mexErrMsgTxt 可以输出消息给 MATLAB 命令窗口。

前面提到的第 2 条指明，对 mex 和 mx 子程序的 API 函数原型分别保留 MATLAB 中的头文件mex.h 和 matrix.h。两者都位于<matlab>/extern/include 目录中，其中<matlab>表示 MATLAB 安装在系统中的顶级目录。头文件 mex.h 必须包括在所有 MEX-文件的开头(注意，C 文件的包含语句#include "mex.h"位于 MEX-文件 unravel 的开头)，包括头文件 matrix.h。包含在这些文件中的 mex 和 mx 接口子程序的原型定义了那些在普通操作中使用和提供重要线索的参数。其他信息可在 MATLAB 文件的 External Interfaces 部分找到。

图 8-6 总结了前面的讨论，详细叙述了 C MEX-文件 unravel 的所有结构，并且详细描述了它和 M-文件 huff2mat 之间的信息流程。虽然是在霍夫曼编码的上下文中构建，但此处说明的概念还是很容易推广到其他基于 C 和/或 Fortran 的 MATLAB 函数。

例 8.4 使用 huff2mat 进行解码

例 8.3 中经过霍夫曼编码的图像可以用下面的命令序列来解码：

```
>> load SqueezeTracy;
>> g = huff2mat(c);
>> f = imread('Tracy.tif');
>> rmse = compare(f, g)
rmse =
     0
```

注意，所有的编码-解码过程都是信息保持的；原始图像和解压后的图像之间的均方根误差是 0。因为解码工作的一大部分是由 C MEX-文件 unravel 完成的，所以 huff2mat 比 mat2haff 稍微快一些。注意 load 函数的使用，该函数用于恢复例 8.3 中 MAT-文件的编码输出。

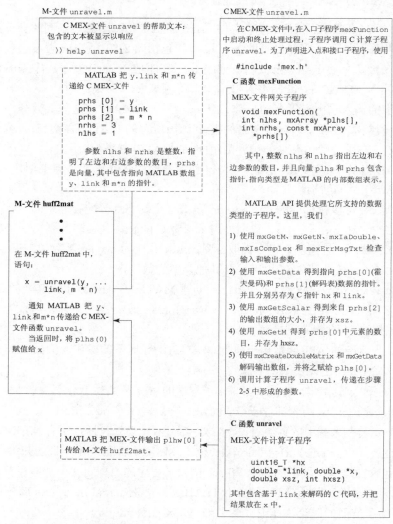

图 8-6 M-文件 huff2mat 和 MATLAB 可调用 C 函数 unravel 之间的交互。注意，C MEX-文件 unravel 包含两个函数：入口子程序 mexFunction 和计算子程序 unravel。M-文件 unravel 的帮助文本包含在单独的 M-文件中(名称也是 unravel)

8.3 空间冗余

考虑图 8-7(a)和(c)中显示的图像。正如图 8-7(b)和(d)中显示的图像一样，它们实际上拥有相同的直方图。你还将注意到，直方图有三种形态，表明存在三个主要的亮度值范围。因为图像的灰度级不是等几率出现，所以变长编码可以用来减少编码冗余，可以通过像素的自然二进制编码获得：

```
>> f1 = imread('Random Matches.tif');
>> c1 = mat2huff(f1);
>> ntrop(f1)
ans =
    7.4253
>> imratio(f1, c1)
ans =
    1.0704
>> f2 = imread('Aligned Matches.tif');
>> c2 = mat2huff(f2);
>> ntrop(f2)
ans =
    7.3505
>> imratio(f2, c2)
ans =
    1.0821
```

注意，这两幅图像的一阶熵估计大致相同(分别为7.4253 和 7.3505 比特/像素)；它们同样由 mat2huff 压缩(压缩比为 1.0704 和 1.0821)。这些明显强调了如下事实：变长编码的设计不是为了利用图8-7(c)中排成一排的火柴之间的明显结构关系的优点。虽然在图像中，像素与像素之间的相关性更明显，但这一现象在图8-7(a)中也存在。因为任何一幅图中的像素都可以合理地从它们的相邻像素值预测，这些单独像素携带的信息相对较少。单一像素的视觉贡献对一幅图像来说大部分是多余的；它们应该能够在相邻像素值的基础上推测出来。这些相关性是像素间冗余的潜在基础。

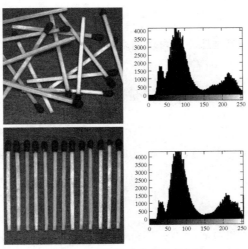

图 8-7　两幅图像和它们的直方图

为了减少像素间的冗余，通常必须把由人观察和解释的二维像素数组变换为更有效的格式(但通常是"不可视的")。例如，邻近像素点之间的差值可以用来表示一幅图像。这种类型(也就是说，移走像素间的冗余)的变换被称为映射。如果原始图像可以从变换的数据集重建，它们就被称为可逆映射。

图 8-8 展示了简单的映射过程。这种被称为无损预测编码的处理方法可以通过对每个像素中新的信息进行提取和编码来消除相近像素间的冗余。像素的新信息被定义为实际值和预测值的差值。由此可见，系统由编码器和解码器组成，每个都含有相同的预测器。当每个输入图像中相继的像素表示为 f_n 时，f_n 被送进编码器，预测器以过去某些输入为基础产生像素的预测值。预测器的输出被四舍五入成最接近的整数。表示为 $\hat{f}_n$，并用来产生差或预测误差：

$$e_n = f_n - \hat{f}_n$$

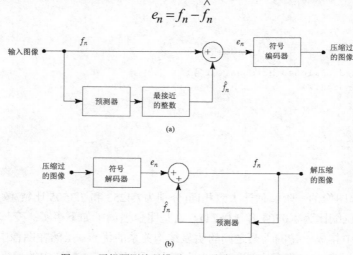

图 8-8 无损预测编码模型：(a) 编码器；(b) 解码器

预测误差用变长编码(通过符号编码器)产生压缩数据流的下一个元素。图 8-8(b)中的解码器用收到的变长码字执行相反的操作以重建 e_n：

$$f_n = e_n + \hat{f}_n$$

各种本地的、全局的和自适应方法可以用来产生 $\hat{f}_n$。然而对于大部分情况，预测由前面的几个像素的线性结合而形成，也就是：

$$\hat{f}_n = round[\sum_{i=1}^{m} \alpha_i f_{n-i}]$$

这里，m 是线性预测器的阶，"round"是用来表示四舍五入或接近整数的函数(就像 MATLAB 中的 round 函数)。并且 α_i 对于 $i=1, 2\cdots, m$ 是预测参数。对于一维线性预测编码，这个等式可以写作：

$$\hat{f}(x, y) = round[\sum_{i=1}^{m} \alpha_i f(x, y-i)]$$

这里，每个带下标的变量已明确作为空间坐标 (x,y) 的函数来表示。注意预测 $\hat{f}(x, y)$ 是当前的扫描行上前一些像素的函数。

M-函数mat2lpc和lpc2ma执行刚才讨论的预测编码和解码处理(负符号编码和解码的步骤)。编码函数mat2lpc使用for循环在输入x中同时建立每个像素的预测。在每一次迭代中，xs作为x的复制开始，向右移动一列(左边用0填充)，乘以适当的预测系数，并与预测和p相加。因为线性预测参数的数目一般都很小，所以整个过程会比较快。注意在下面的列表中，如果预测滤波器f没有指定，就使用参数为1的单一元素滤波器。

```
function y = mat2lpc(x, f)
%MAT2LPC Compresses a matrix using 1-D lossles predictive coding.
%   Y = MAT2LPC(X, F) encodes matrix X using 1-D lossless predictive
%   coding. A linear prediction of X is made based on the
%   coefficients in F. If F is omitted, F = 1 (for previous pixel
%   coding) is assumed. The prediction error is then computed and
%   output as encoded matrix Y.
%
%   See also LPC2MAT.
error(nargchk(1, 2, nargin));        % Check input arguments
if nargin < 2                         % Set default filter if omitted
    f = 1;
end

x = double(x);                        % Ensure double for computations
[m, n] = size(x);                     % Get dimensions of input matrix
p = zeros(m, n);                      % Init linear prediction to 0
xs = x; zc = zeros(m, 1);             % Prepare for input shift and pad

for j = 1:length(f)                   % For each filter coefficient ...
    xs = [zc xs(:, 1:end - 1)];       % Shift and zero pad x
    p = p + f(j) * xs;                % Form partial prediction sums
end

y = x - round(p); % Compute prediction error
```

解码函数lpc2mat执行编码函数mat2lpc的反操作。在下面的程序清单中可以看到，lpc2mat使用n次迭代的for循环，这里的n是编码输入矩阵y的列数。每一次迭代都只计算已解码输出x中的一列，因为每一解码列都必须对后来的所有列一起计算。为了减少花在for循环上的时间，在开始循环之前，先为x分配最大的填充尺寸。你还注意到，产生预测时使用的计算采用与lpc2mat中相同的顺序来进行，以避免浮点数的四舍五入误差。

```
function x = lpc2mat(y, f)
%LPC2MAT Decompresses a 1-D lossless predictive encoded matrix.
%   X = LPC2MAT(Y, F) decodes input matrix Y based on linear
%   prediction coefficients in F and the assumption of 1-D lossless
%   predictive coding. If F is omitted, filter F = 1 (for previous
%   pixel coding) is assumed.
%
%   See also MAT2LPC.
error(nargchk(1, 2, nargin));        % Check input arguments
if nargin < 2                         % Set default filter if omitted
    f = 1;
end

f = f(end:-1:1);                      % Reverse the filter coefficients
[m, n] = size(y);                     % Get dimensions of output matrix
order = length(f);                    % Get order of linear predictor
```

```
    f = repmat(f, m, 1);              % Duplicate filter for vectorizing
    x = zeros(m, n + order);          % Pad for 1st 'order' column decodes

% Decode the output one column at a time. Compute a prediction based
% on the 'order' previous elements and add it to the prediction
% error. The result is appended to the output matrix being built.
for j = 1:n
    jj = j + order;
    x(:, jj) = y(:, j) + round(sum(f(:, order:-1:1) .* ...
                         x(:, (jj - 1):-1:(jj - order)), 2));
end

x = x(:, order + 1:end);              % Remove left padding
```

例 8.5 无损预测编码

考虑用简单的一阶线性预测器编码图 8-7(c)中的图像：

$$\hat{f}(x,y) = \text{round}[\alpha f(x, y-1)]$$

这种形式的预测器一般叫做前像素预测器，相应的预测编码过程指的是微分编码及前像素编码。图 8-9(a)显示了 $\alpha=1$ 时产生的预测误差图像，这里，灰度级 128 对应的预测误差为 0。非零的正误差和负误差(欠估计和过估计)分别被 mat2gray 标度变为较亮或较暗的灰度：

```
>> f= imread('Aligned Matches.tif');
>> e=mat2lpc(f);
>> imshow(mat2gray(e));
>> entripy(e)
ans =
    5.9727
```

注意，预测误差的熵 e 显著地比原始图像 f 的熵要小。尽管 m 比特图像需要(m+1)个比特以准确表示造成的误差序列，但是熵已从 7.3505 比特/像素减少到 5.9727 比特/像素(在这一节的最开始计算过)。熵的减少意味着预测误差图像可以比原始图像更有效地进行编码，当然这是映射的目标。所以我们得到：

```
>> c = mat2huff(e);
>> cr = imratio(f,c)
Cr =
    1.3311
```

正如你期望的那样，我们看到，压缩率从 1.0821(当直接对灰度级进行霍夫曼编码时)增大到 1.3311。

预测误差 e 的直方图如 8-9(b)所示。计算如下：

```
>> [h, x]= hist(e(:)*512, 512);
>> figure; bar(x,h,'k');
```

注意，0 周围的峰值很高，与输入图像的灰度级分布相比有相对较小的方差(见图 8-7(d))。这反映出正如前面计算的熵值那样，由预测和微分处理移去了大量的像素间冗余。我们通过展示预测编码方案的无损特性来总结这个例子，也就是说，解码 c 并把它与开始图像 f 进行比较：

```
>> g = lpc2mat(huff2mat(c));
>> compare(f,g)
ans =
     0
```

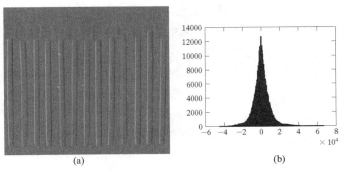

图 8-9 (a) 对图 8-7(c)采用 f=[1]时的预测误差图像；(b) 预测误差直方图

8.4 不相关的信息

与编码及像素间冗余不同，心理视觉冗余和真实的或可计量的视觉信息有联系。心理视觉冗余的去除是值得的，因为对通常的视觉处理来说，信息本身不是本质的。因为心理视觉冗余数据的消除引起的定量信息损失很小，所以称为量化。这个术语和普通词的用法一样。通常意味着把宽范围的输入值映射为有限数量的输出值。这是不可逆操作(也就是说，视觉信息有损失)，量化将导致数据的有损压缩。

例 8.6 量化压缩

考虑图 8-10 中的图像。图 8-10(a)显示了一幅有 256 级灰度的单色图像。图 8-10(b)是均匀量化为 4 比特或 16 个可能灰度级的同一幅图像。结果压缩率是 2∶1。注意伪轮廓出现在原始图像先前平滑的部分。这是对图像灰度粗糙描述的自然视觉效应。

图 8-10(c)说明了利用人类视觉系统的特性对量化进行重大改进的可能性。虽然第二种量化的压缩率仍是 2∶1，但是在少量附加开销的情况下伪轮廓减少了很多，并且有一些不那么明显的粒状物。注意，无论哪一种情况，解压缩(逆量化)都是不必要的而且是不可能的(也就是说，量化是不可逆操作)。

图 8-10 (a) 原始图像；(b) 均匀量化为 16 级；(c) IGS 量化为 16 级

用于产生图 8-10(c)的方法叫做改进的灰度级量化(Improved Gray-Scale，IGS)。该方法认为眼睛对边缘有固有的敏感性，并且可通过对每个像素增加伪随机数来消除，伪随机数在量化之前由相邻像素的低阶比特产生。因为低阶比特是相当随机的，这相当于为在正常情况下与伪轮廓有关的人造边缘添加随机的灰度级(依赖于图像的局部特征)。下面列出的函数 quantize 执行 IGS 量化和传统的低阶比特截尾。注意，IGS 的实现是矢量化的，所以输入 x 一次只处理一列。为了产生图 8-10(c)中一列 4 比特的结果，以 x 的一列的和与现有的(先前产生的)4 个最低有效位的和形成一列总和 s(最初全部设为 0)。如果任何 x 值中最高有效位的 4 个比特是 1111_2，那么不管怎样，都加上 0000_2 以替代。然后，将得到的和的最高有效位的 4 个比特作为正被处理的列的编码像素值。

```
function y = quantize(x, b, type)
%QUANTIZE Quantizes the elements of a UINT8 matrix.
%   Y = QUANTIZE(X, B, TYPE) quantizes X to B bits. Truncation is
%   used unless TYPE is 'igs' for Improved Gray Scale quantization.

error(nargchk(2, 3, nargin));           % Check input arguments
if ndims(x) ~= 2 || ~isreal(x) || ...
      ~isnumeric(x) || ~isa(x, 'uint8')
   error('The input must be a UINT8 numeric matrix.');
end

% Create bit masks for the quantization
lo = uint8(2 ^ (8 - b) - 1);
hi = uint8(2 ^ 8 - double(lo) - 1);

% Perform standard quantization unless IGS is specified
if nargin < 3 || ~strcmpi(type, 'igs')
   y = bitand(x, hi);

% Else IGS quantization. Process column-wise. If the MSB's of the
% pixel are all 1's, the sum is set to the pixel value. Else, add
% the pixel value to the LSB's of the previous sum. Then take the
% MSB's of the sum as the quantized value.
else
   [m, n] = size(x);                             s = zeros(m, 1);
   hitest = double(bitand(x, hi) ~= hi);         x = double(x);
   for j = 1:n
      s = x(:, j) + hitest(:, j) .* double(bitand(uint8(s), lo));
      y(:, j) = bitand(uint8(s), hi);
   end
end
```

改进的灰度级量化是典型的大组量化过程，这种过程直接在将被压缩的图像的灰度级上进行操作。它们通常会降低图像的空间或灰度分辨率。然而，即使图像首先被映射以减少像素间的冗余，量化也还是会导致其他类型的图像退化。例如，当用二维频率变换解除数据相关时，会导致边缘模糊(高频率细节损失)。

例 8.7 结合了 IGS 量化的无损预测和霍夫曼编码

虽然用来产生图 8-10(c)的量化在对图像质量影响不大的情况下移去了大量的心理视觉冗余，但是用前面两节介绍的减少像素间冗余和编码冗余的技术可以进一步进行压缩。事实上，我们可以用两倍于单独用 IGS 量化时的 2∶1 比率来压缩图像。下面的一组命令结合了 IGS 量化、无损预测编码和霍夫曼编码来压缩 8-10(a)中的图像，使得结果比原始图像的 1/4 还小：

```
>> f = imread('Brushes.tif');
>> q = quantize(f, 4, 'igs');
>> qs = double(q) / 16;
>> e = mat2lpc(qs);
>> c = mat2huff(e);
>> imratio(f, c)
ans =
    4.1420
```

已编码的结果 c 可以通过相反的操作来解压缩(不用进行"反量化")：

```
>> ne = huff2mat(c);
>> nqs = lpc2mat(ne);
>> nq = 16 * nqs;
>> compare(q, nq)
ans =
    0
>> compare(f, nq)
ans =
    6.8382
```

注意，解压缩图像的均方根误差大约是 7 个灰度级，这个误差源于量化步骤。

8.5　JPEG 压缩

前面几节介绍的技术在一幅图像的像素上直接操作，因而是空间域方法。在这一节，我们讨论一类流行的压缩标准，它们以修改图像的变换为基础。我们的目的是介绍在图像压缩中二维变换的应用，以提供更多的关于(从 8.2 节到 8.4 节一直在讨论的)如何减少图像冗余的额外示例，并且使读者对图像压缩技术的发展水平有一定认识。已有的标准(我们只考虑它们的近似)被设计为处理较宽范围的图像类型和压缩要求。

在变换编码中，一种可逆的类似第 3 章中 DFT 或离散余弦变换(Discrete Cosine Transform, DCT)的线性变换如下：

$$T(u,v) = \sum_{x=0}^{M-1} \sum_{y=0}^{N-1} f(x,y)\alpha(u)\alpha(v)\cos\left[\frac{(2x+1)u\pi}{2M}\right]\cos\left[\frac{(2y+1)v\pi}{2N}\right]$$

其中，$\alpha(u) = \begin{cases} \sqrt{\dfrac{1}{M}} & u = 0 \\ \sqrt{\dfrac{2}{M}} & u = 1,2,3\ldots\ldots, M{-}1 \end{cases}$

用来把一幅图像映射成一组变换系数(对 $\alpha(v)$ 来说也是如此)，然后，对它们进行量化和编码。对大多数自然图像来说，多数系数具有较小的数值，并且可以用较小的图像失真来比较粗糙的量化(或完全丢弃)。

8.5.1 JPEG

最流行且综合的连续色调的静止画面压缩标准之一就是 JPEG(Joint Photographic Experts Group)。JPEG 基本编码标准是基于离散余弦变换的，在大多数压缩应用中已足够满足需要，输入和输出图像都被限制在 8 比特，量化为 DCT 系数值时限制为 11 比特。正如在图 8-11(a)中看到的那样，压缩本身分 4 步执行：8×8 子图像抽取，DCT 计算，量化和变长编码分配。

JPEG 压缩处理的第一步是把输入图像细分为不相重叠的 8×8 大小的像素块。它们随后被从左到右、从上到下进行处理。当每个 8×8 像素块或子图像都被处理后，像素块的 64 个像素就通过减去 2^{m-1} 进行量级移动。这里，2^m 是图像的灰度级数，并且计算图像的二维离散余弦变换。然后，得到的系数根据下式进行归一化和量化：

$$\hat{T}(u,v) = round[\frac{T(u,v)}{Z(u,v)}]$$

其中，$u, v = 0, 1, \ldots, 7$ 是去归一化结果和量化的系数，$T(u, v)$ 是图像 $f(x,y)$ 的 8×8 像素块的 DCT，$Z(u,v)$ 是图 8-12(a)中变换的归一化数组。通过标定 $Z(u,v)$，可以得到各种压缩比率和重建图像的质量。

在每一像素块的 DCT 系数都被量化后，$\hat{T}(u,v)$ 的元素使用图 8-12(b)中的 zigzag 模式重新排列。因为得到的一维重排数组(量化系数)在性质上依照空间频率的增加来安排，所以图 8-11(a)的符号编码器这样设计——采取 0 行程长度的优点，这通常由重排序产生，特别是非零的 AC 系数(也就是说，所有的 $\hat{T}(u,v)$，除了 $u = v = 0$)采用变长码字来编码，它们指定了系数的值和前面 0 的个数。DC 系数(也就是 $\hat{T}(0,0)$)是相对于前面子图像中 DC 系数的差来编码的。默认的 AC 和 DC 的霍夫曼编码表由上述标准提供。但是用户可以自由构造自定义表及归一化数组，它们实际上可能更合适于被压缩图像的特征。

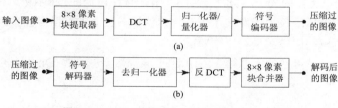

图 8-11　JPEG 压缩模型：(a) 编码器；(b) 解码器

16	11	10	16	24	40	51	61
12	12	14	19	26	58	60	55
14	13	16	24	40	57	69	56
14	17	22	29	51	87	80	62
18	22	37	56	68	109	103	77
24	35	55	64	81	104	113	92
49	64	78	87	103	121	120	101
72	92	95	98	112	100	103	99

(a)

0	1	5	6	14	15	27	28
2	4	7	13	16	26	29	42
3	8	12	17	25	30	41	43
9	11	18	24	31	40	44	53
10	19	23	32	39	45	52	54
20	22	33	38	46	51	55	60
21	34	37	47	50	56	59	61
35	36	48	49	57	58	62	63

(b)

图 8-12　(a) 默认的 JPEG 归一化数组；(b) JPEG zigzag 系数的排列顺序

JPEG 标准的全部实现已超出本章范围。下面的 M-文件接近基线编码过程:

```
function y = im2jpeg(x, quality, bits)
%IM2JPEG Compresses an image using a JPEG approximation.
%   Y = IM2JPEG(X, QUALITY) compresses image X based on 8 x 8 DCT
%   transforms, coefficient quantization, and Huffman symbol
%   coding. Input BITS is the bits/pixel used to for unsigned
%   integer input; QUALITY determines the amount of information that
%   is lost and compression achieved. Y is an encoding structure
%   containing fields:
%
%       Y.size          Size of X
%       Y.bits          Bits/pixel of X
%       Y.numblocks     Number of 8-by-8 encoded blocks
%       Y.quality       Quality factor (as percent)
%       Y.huffman       Huffman encoding structure, as returned by
%                       MAT2HUFF
% See also JPEG2IM.

error(nargchk(1, 3, nargin));               % Check input arguments
if ndims(x) ~= 2 || ~isreal(x) || ~isnumeric(x) || ~isinteger(x)
   error('The input image must be unsigned integer.');
end
if nargin < 3
   bits = 8;       % Default value for quality.
end
if bits < 0 || bits > 16
    error('The input image must have 1 to 16 bits/pixel.');
end
if nargin < 2
   quality = 1;    % Default value for quality.
end
if quality <= 0
   error('Input parameter QUALITY must be greater than zero.');
end

m = [16  11  10  16  24  40  51  61         % JPEG normalizing array
     12  12  14  19  26  58  60  55         % and zig-zag redordering
     14  13  16  24  40  57  69  56         % pattern.
     14  17  22  29  51  87  80  62
     18  22  37  56  68 109 103  77
     24  35  55  64  81 104 113  92
     49  64  78  87 103 121 120 101
     72  92  95  98 112 100 103  99] * quality;

order = [1  9  2  3 10 17 25 18 11  4  5 12 19 26 33 ...
        41 34 27 20 13  6  7 14 21 28 35 42 49 57 50 ...
        43 36 29 22 15  8 16 23 30 37 44 51 58 59 52 ...
        45 38 31 24 32 39 46 53 60 61 54 47 40 48 55 ...
        62 63 56 64];

[xm, xn] = size(x);                         % Get input size.
x = double(x) - 2^(round(bits) - 1);        % Level shift input
t = dctmtx(8);                              % Compute 8 x 8 DCT matrix
```

```
% Compute DCTs of 8x8 blocks and quantize the coefficients.
y = blkproc(x, [8 8], 'P1 * x * P2', t, t');
y = blkproc(y, [8 8], 'round(x ./ P1)', m);

y = im2col(y, [8 8], 'distinct');  % Break 8x8 blocks into columns
xb = size(y, 2);                   % Get number of blocks
y = y(order, :);                   % Reorder column elements

eob = max(y(:)) + 1;               % Create end-of-block symbol
r = zeros(numel(y) + size(y, 2), 1);
count = 0;
for j = 1:xb                       % Process 1 block (col) at a time
   i = find(y(:, j), 1, 'last');   % Find last non-zero element
   if isempty(i)                   % No nonzero block values
      i = 0;
   end
   p = count + 1;
   q = p + i;
   r(p:q) = [y(1:i, j); eob];      % Truncate trailing 0's, add EOB,
   count = count + i + 1;          % and add to output vector
end

r((count + 1):end) = [];           % Delete unusued portion of r

y             = struct;
y.size        = uint16([xm xn]);
y.bits        = uint16(bits);
y.numblocks   = uint16(xb);
y.quality     = uint16(quality * 100);
y.huffman     = mat2huff(r);
```

依照图 8-11(a)中的方框图，im2jpeg 函数可以处理输入图像 x 的不同 8×8 像素块或部分，一次处理一块(而不是一次处理整个图像)。两个专门的像素块处理函数——blkproc 和 im2col——用于简化计算。blkproc 函数的标准语法是：

```
B = blkpro(A, [M, N], FUN, P1, P2, …),
```

该函数能合理或自动完成块内整幅图像的处理。接受一幅输入图像 A 作为参数，连同被处理块的尺寸[M,N]，一起用 FUN 函数来处理。对于块处理函数 FUN，还有一些可选择的输入参量：P1、P2...。然后，blkproc 函数把 A 分成 M×N 块(包括任何必需的 0 填充)，使用每个块及参数 P1、P2...一起调用 FUN 函数，重新组装以得到输出图像 B。

第二个专门用于 im2jpeg 的块处理函数是 im2col。当 blkproc 不适用于执行专门的面向块操作时，im2col 经常用来对输入重排列。所以，操作可以用一种更简单有效的方式进行编码(例如，允许操作向量化)。im2col 的输出是矩阵，其中的每一列都包括输入图像中不同块的元素，标准语法格式是：

```
B = im2col(A, [M N],'distinct')
```

其中，参数 A、B 和[M N]和前面在 blkproc 函数中定义的一样。字符串'distinct'告诉 im2col，将被处理的块是不相重叠的；可选择的字符串 sliding 用于发送信号，告知对于 A 中的每一个像素，在 B 中创建一列(可以想象成块在图像上滑过)。

在 im2jpeg 中，blkproc 被用来辅助 DCT 计算、系数去规一化及量化，im2col 可以用来简化量化系数重排和零行程检测。和 JPEG 标准不同，im2jpeg 只检测每个重排系数块中最后的 0 行程，并用单个 eob 符号代替完整的行程。最后，我们注意到，虽然 MATLAB 对大图像 DCT 提供了高效的基于 FFT 的函数(关于 dct2 函数，可参考 MATLAB 的帮助文档)。im2jpeg 还支持如下矩阵公式：

$$T = HFH^T$$

其中，F 是图像 $f(x, y)$ 的 8×8 像素块，H 是由 dctmtx(8) 产生的 8×8 大小的 DCT 变换矩阵。T 是 F 的 DCT 结果。注意，^{T} 被用来表示转置操作。在没有量化的情况下，T 的反 DCT 是：

$$F = H^T T H$$

这个公式在处理小的正方形图像时特别有效(比如 JPEG 的 8×8 大小的 DCT)。语法为：

```
y = blkproc(x, [8 8], 'P1*x*P2', h, h')
```

该语句以 8×8 块计算图像 x 的 DCT，用 DCT 变换矩阵 h 和转置矩阵 h' 作为 DCT 矩阵相乘的参数 P1 和 P2，即 P1 * x * P2。相似的块处理和基于矩阵的变换(见图 8-11(b))被用来对一幅由 im2jpeg 压缩过的图像解压缩。下面的函数 jpeg2im 执行必要的反操作，(显然没有量化)使用函数

```
A = col2im(B, [M N], [MM NN], 'distinct')
```

从矩阵 z 的列重新创建一幅二维图像，其中，每个 64 元素列是重建图像的 8×8 像素块。参数 A、B、[M N] 和 'distinct' 和函数 im2col 中定义的一样，数组 [MM NN] 指定了输出图像 A 的维数。

```
function x = jpeg2im(y)
%JPEG2IM Decodes an IM2JPEG compressed image.
%   X = JPEG2IM(Y) decodes compressed image Y, generating
%   reconstructed approximation X. Y is a structure generated by
%   IM2JPEG.
%
%   See also IM2JPEG.
error(nargchk(1, 1, nargin));              % Check input arguments

m = [16 11 10 16 24 40 51 61               % JPEG normalizing array
     12 12 14 19 26 58 60 55               % and zig-zag reordering
     14 13 16 24 40 57 69 56               % pattern.
     14 17 22 29 51 87 80 62
     18 22 37 56 68 109 103 77
     24 35 55 64 81 104 113 92
     49 64 78 87 103 121 120 101
     72 92 95 98 112 100 103 99];

order = [1 9 2 3 10 17 25 18 11 4  5  12 19 26 33 ...
         41 34 27 20 13 6  7  14 21 28 35 42 49 57 50 ...
         43 36 29 22 15 8  16 23 30 37 44 51 58 59 52 ...
         45 38 31 24 32 39 46 53 60 61 54 47 40 48 55 ...
         62 63 56 64];
rev = order;                               % Compute inverse ordering
```

```matlab
    for k = 1:length(order)
        rev(k) = find(order == k);
    end

m = double(y.quality) / 100 * m;        % Get encoding quality.
xb = double(y.numblocks);               % Get x blocks.
sz = double(y.size);
xn = sz(2);                             % Get x columns.
xm = sz(1);                             % Get x rows.
x = huff2mat(y.huffman);                % Huffman decode.
eob = max(x(:));                        % Get end-of-block symbol

z = zeros(64, xb); k = 1;               % Form block columns by copying
for j = 1:xb                            % successive values from x into
    for i = 1:64                        % columns of z, while changing
        if x(k) == eob                  % to the next column whenever
            k = k + 1; break;           % an EOB symbol is found.
        else
            z(i, j) = x(k);
            k = k + 1;
        end
    end
end

z = z(rev, :);                          % Restore order
x = col2im(z, [8 8], [xm xn], 'distinct');   % Form matrix blocks
x = blkproc(x, [8 8], 'x .* P1', m);    % Denormalize DCT
t = dctmtx(8);                          % Get 8 x 8 DCT matrix
x = blkproc(x, [8 8], 'P1 * x * P2', t', t); % Compute block DCT-1
x = x + double(2^(y.bits - 1));         % Level shift
if y.bits <= 8
    x = uint8(x);
else
    x = uint16(x);
end
```

例 8.8 JPEG 压缩

图 8-13(a)和(b)分别显示了图 8-4(a)中单色图像的 JPEG 编码图像和解码图像。第一幅图像提供了 18∶1 的压缩比率，这一结果是通过直接应用图 8-12(a)的非归一化数组得到的。第二幅图像通过用 4 乘以归一化数组产生，压缩比率为 42∶1。图 8-4(a)中原始图像与图 8-13(a)和(b)中重建图像的差别分别显示在图 8-13(c)和(d)中。每幅图像都被放大以使误差更为明显。相应的 rms 误差是 2.4 和 4.4 灰度级。图像质量上的这些误差效果在图 8-13(e)和(f)所示放大的图像中更为明显。这些图像分别显示了图 8-13(a)和(b)的放大部分，并且可以更好地评估重建图像间的微小差别。图 8-4(b)显示了放大的原始图像。注意在两幅放大的近似图像中，出现了块效应。图 8-13 中的图像和刚刚讨论过的数值结果由下列命令产生：

```matlab
>> f = imread('Tracy.tif');
>> c1 = im2jpeg(f);
>> f1 = jpeg2im(c1);
>> imratio(f, c1)
ans =
    18.4090
```

```
>> compare(f, f1, 3)
ans =
    2.4329
>> c4 = im2jpeg(f, 4);
>> f4 = jpeg2im(c4);
>> imratio(f, c4)
ans =
    43.3153
>> compare(f, f4, 3)
ans =
    4.4053
```

这些结果和从实际的 JPEG 基本编码环境中获得的结果不一样，因为 im2jpeg 只是接近于 JPEG 标准的霍夫曼编码处理。有两个主要的区别值得关注：1) 在这个标准中，所有系数 0 的行程都采用霍夫曼编码，im2jpeg 只对每个块的终结行程编码；2) 标准的编码器和解码器基于已知的(默认的)霍夫曼编码，im2jpeg 携带有针对图像重新编码霍夫曼码字所需要的信息。利用这个标准，上面给出的压缩比率几乎可以翻倍。

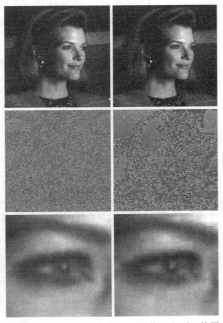

图 8-13 左列：使用图 8-12 中归一化数组和 DCT 的图 8-4 的近似图像。右列：使用参数 4 放大归一化数组后的相似结果

8.5.2 JPEG 2000

像前一节最初的 JPEG 版本一样，JPEG 2000 基于如下概念：解除了图像中像素相关性的变换系数可以比原始像素本身更有效地进行编码。如果变换的基本函数在 JPEG 2000 情况下是小波，就把大部分重要的视觉信息打包到少数的系数中，剩下的系数可以粗糙地进行量化，或被删除为 0，此时只会产生很小的图像失真。

图 8-14 显示了简化后的 JPEG 2000 编码系统(缺了几个可选操作)。编码处理的第一步，正如原始的 JPEG 标准那样，通过减去 2^{m-1} 来进行图像像素灰度级移动，其中，2^m 是图像中灰度级的数目。然后，可以计算图像的行和列的一维离散小波变换。对于无损压缩，使用的变换是

双正交的,采用的是 5-3 系数尺度和小波向量。在有损应用中,使用 9-7 系数尺度和小波向量(见第 7 章的 wavefilter 函数)。在任何一种情况中,从最初的 4 个子带的分解中得到图像的低分辨率近似以及图像的水平、垂直和对角线频率特征。

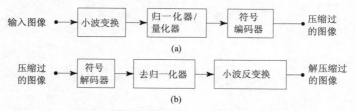

图 8-14 JPEG 2000 模型: (a) 编码器; (b) 解码器

重复分解步骤 N_L 次,将后续迭代严格限制到预先确定的分解近似系数,产生 N_L 尺度的小波变换。

在空间上,通过将 2 的幂次与相邻尺度相关联,最低的尺度只包括初始图像中明确定义的近似值。正像从图 8-15 中猜到的那样,在这种情况下总结出来的标准符号是 $N_L=2$,一般的 N_L 尺度变换包括 $3N_L + 1$ 个子带,对于 b=N_LLL, N_LHL,…, 1HL, 1LH, 1HH,系数表示为 a_b。这个标准没有指定要计算尺度的数目。

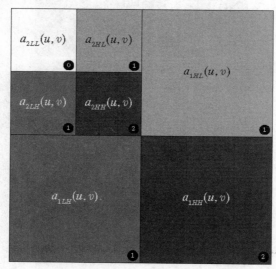

图 8-15 JPEG 2000 的两尺度变换系数符号和分析增益(在圆圈中)

在计算 N_L 尺度的小波变换之后,变换系数的总数等于原始图像中样本的数目,但是重要的视觉信息被集中到很少的几个系数中。为了减少描述它们所需要的比特数,子带 b 的系数 $a_b(u,v)$ 用下式量化为值 $q_b(u,v)$:

$$q_b(u,v) = \text{sign}[a_b(u,v)] \cdot \text{floor}\left[\frac{|a_b(u,v)|}{\Delta_b}\right]$$

其中的 sign 和 floor 操作符是 MATLAB 中的同名函数(也就是 sign 和 floor 函数);量化步长是:

$$\Delta b = 2^{R_b - \varepsilon_b}(1 + \frac{\mu_b}{2^{11}})$$

其中，R_b 是子带 b 的标称动态范围，ε_b 和 μ_b 是分配给子带参数的指数和尾数的比特数。子带 b 的标称动态范围是用以描述原始图像和子带 b 的分析增益比特数的和。子带分析增益比特遵循图 8-15 中的简单模式。例如对于子带 b=1HH，有两个分析增益比特。

对于无损压缩来说，μ_b=0 且 $R_b = \mu_b$，所以 $\Delta_b = 1$。对于不可逆的压缩来说，没有规定特别的量化步长。取而代之的是，在子带的基础上，指数和尾数的比特数必须提供给解码器，这叫做显式量化；在只针对 N_LLL 子带时，叫做隐式量化。对于后者，剩下的子带用推断的 N_LLL 子带参数来量化。令 ε_0 和 μ_0 是分配给子带 N_LLL 的比特数，子带 b 的推断参数是：

$$\mu_b = \mu_0$$
$$\varepsilon_b = \varepsilon_0 + nsd_b - nsd_0$$

其中，nsd_b 表示从原始图像到子带 b 的子带分解级数。编码处理的最后步骤是在比特平面的基础上对量化系数进行算术编码。虽然这一章没有讨论，但算术编码是变长编码过程，就像霍夫曼编码一样，其设计用来减少编码冗余。

惯用的 im2jpeg2k 函数除了算术符号编码之外，其他方面都接近于图 8-14(a)中的 JPEG 2000 编码过程。正如在如下代码中看到的那样，为了简化，使用 0 行程长度编码替换霍夫曼编码。

```
function y = im2jpeg2k(x, n, q)
%IM2JPEG2K Compresses an image using a JPEG 2000 approximation.
%   Y = IM2JPEG2K(X, N, Q) compresses image X using an N-scale JPEG
%   2K wavelet transform, implicit or explicit coefficient
%   quantization, and Huffman symbol coding augmented by zero
%   run-length coding. If quantization vector Q contains two
%   elements, they are assumed to be implicit quantization
%   parameters; else, it is assumed to contain explicit subband step
%   sizes. Y is an encoding structure containing Huffman-encoded
%   data and additional parameters needed by JPEG2K2IM for decoding.
%
%   See also JPEG2K2IM.

global RUNS

error(nargchk(3, 3, nargin));          % Check input arguments
if ndims(x) ~= 2 || ~isreal(x) || ~isnumeric(x) || ~isa(x, 'uint8')
   error('The input must be a UINT8 image.');
end

if length(q) ~= 2 && length(q) ~= 3 * n + 1
   error('The quantization step size vector is bad.');
end

% Level shift the input and compute its wavelet transform
x = double(x) - 128;
[c, s] = wavefast(x, n, 'jpeg9.7');

% Quantize the wavelet coefficients.
```

```matlab
      q = stepsize(n, q);
      sgn = sign(c);     sgn(find(sgn == 0)) = 1;      c = abs(c);
      for k = 1:n
         qi = 3 * k - 2;
         c = wavepaste('h', c, s, k, wavecopy('h', c, s, k) / q(qi));
         c = wavepaste('v', c, s, k, wavecopy('v', c, s, k) / q(qi + 1));
         c = wavepaste('d', c, s, k, wavecopy('d', c, s, k) / q(qi + 2));
      end
      c = wavepaste('a', c, s, k, wavecopy('a', c, s, k) / q(qi + 3));
      c = floor(c); c = c .* sgn;

      % Run-length code zero runs of more than 10. Begin by creating
      % a special code for 0 runs ('zrc') and end-of-code ('eoc') and
      % making a run-length table.
      zrc = min(c(:)) - 1;    eoc = zrc - 1;    RUNS = 65535;

      % Find the run transition points: 'plus' contains the index of the
      % start of a zero run; the corresponding 'minus' is its end + 1.
      z = c == 0;                z = z - [0 z(1:end - 1)];
      plus = find(z == 1);       minus = find(z == -1);

      % Remove any terminating zero run from 'c'.
      if length(plus) ~= length(minus)
         c(plus(end):end) = []; c = [c eoc];
      end
      % Remove all other zero runs (based on 'plus' and 'minus') from 'c'.
      for i = length(minus):-1:1
         run = minus(i) - plus(i);
         if run > 10
            ovrflo = floor(run / 65535); run = run - ovrflo * 65535;
            c = [c(1:plus(i) - 1) repmat([zrc 1], 1, ovrflo) zrc ...
                 runcode(run) c(minus(i):end)];
         end
      end

      % Huffman encode and add misc. information for decoding.
      y.runs    = uint16(RUNS);
      y.s       = uint16(s(:));
      y.zrc     = uint16(-zrc);
      y.q       = uint16(100 * q');
      y.n       = uint16(n);
      y.huffman = mat2huff(c);
      %------------------------------------------------------------------%
      function y = runcode(x)
      % Find a zero run in the run-length table. If not found, create a
      % new entry in the table. Return the index of the run.

      global RUNS
      y = find(RUNS == x);
      if length(y) ~= 1
         RUNS = [RUNS; x];
         y = length(RUNS);
      end
      %------------------------------------------------------------------%
      function q = stepsize(n, p)
```

```
% Create a subband quantization array of step sizes ordered by
% decomposition (first to last) and subband (horizontal, vertical,
% diagonal, and for final decomposition the approximation subband).

if length(p) == 2                 % Implicit Quantization
   q = [];
   qn = 2 ^ (8 - p(2) + n) * (1 + p(1) / 2 ^ 11);
   for k = 1:n
      qk = 2 ^ -k * qn;
      q = [q (2 * qk) (2 * qk) (4 * qk)];
   end
   q = [q qk];
else                              % Explicit Quantization
   q = p;
end

q = round(q * 100) / 100;          % Round to 1/100th place
if any(100 * q > 65535)
   error('The quantizing steps are not UINT16 representable.');
end
if any(q == 0)
   error('A quantizing step of 0 is not allowed.');
end
```

JPEG 2000 解码器只是前面讨论的简单操作的反操作。解出算术编码系数之后，用户选择的原始图像子带数被重建。虽然对于特定的子带来说，编码器可能被算术编码为 M_b 比特平面，但是由于嵌入的代码流的性质，用户对于解码可能仅选择 N_b 比特平面。这相当于使用 $2^{M_b-N_b} \cdot \Delta_b$ 的步长来量化系数。任何没有解码的比特将被设定为 0，并且得到的表示为 $\bar{q}_b(u,v)$ 的系数可用下式去规一化：

$$R_{q_b}(u,v) = \begin{cases} (\bar{q}_b(u,v) + 2^{M_b-N_b(u,v)}) \cdot \Delta_b & \bar{q}_b(u,v) > 0 \\ (\bar{q}_b(u,v) - 2^{M_b-N_b(u,v)}) \cdot \Delta_b & \bar{q}_b(u,v) < 0 \\ 0 & \bar{q}_b(u,v) = 0 \end{cases}$$

其中，$R_{q_b}(u,v)$ 表示去归一化变换系数，而且 $N_b(u,v)$ 是 $q_b(u,v)$ 的解码比特平面的数目。然后，对去归一化系数进行反变换和灰度级移动以产生原始图像的近似。惯用的函数 jpeg2k2im 可以近似这个过程，im2jpeg2k 的反压缩过程早些时候已经介绍过。

```
function x = jpeg2k2im(y)
%JPEG2K2IM Decodes an IM2JPEG2K compressed image.
%   X = JPEG2K2IM(Y) decodes compressed image Y, reconstructing an
%   approximation of the original image X. Y is an encoding
%   structure returned by IM2JPEG2K.
%
% See also IM2JPEG2K.

error(nargchk(1, 1, nargin));      % Check input arguments

% Get decoding parameters: scale, quantization vector, run-length
% table size, zero run code, end-of-data code, wavelet bookkeeping
% array, and run-length table.
```

```
n = double(y.n);
q = double(y.q) / 100;
runs = double(y.runs);
zrc = -double(y.zrc);
eoc = zrc - 1;
s = double(y.s);
s = reshape(s, n + 2, 2);

% Compute the size of the wavelet transform.
cl = prod(s(1, :));
for i = 2:n + 1
   cl = cl + 3 * prod(s(i, :));
end

% Perform Huffman decoding followed by zero run decoding.
r = huff2mat(y.huffman);

c = []; zi = find(r == zrc);        i = 1;
for j = 1:length(zi)
   c = [c r(i:zi(j) - 1) zeros(1, runs(r(zi(j) + 1)))];
   i = zi(j) + 2;
end

zi = find(r == eoc);                % Undo terminating zero run
if length(zi) == 1                  % or last non-zero run.
   c = [c r(i:zi - 1)];
   c = [c zeros(1, cl - length(c))];
else
   c = [c r(i:end)];
end

% Denormalize the coefficients.
c = c + (c > 0) - (c < 0);
for k = 1:n
   qi = 3 * k - 2;
   c = wavepaste('h', c, s, k, wavecopy('h', c, s, k) * q(qi));
   c = wavepaste('v', c, s, k, wavecopy('v', c, s, k) * q(qi + 1));
   c = wavepaste('d', c, s, k, wavecopy('d', c, s, k) * q(qi + 2));
end
c = wavepaste('a', c, s, k, wavecopy('a', c, s, k) * q(qi + 3));

% Compute the inverse wavelet transform and level shift.
x = waveback(c, s, 'jpeg9.7', n);
x = uint8(x + 128);
```

图 8-14 中基于小波的 JPEG 2000 系统与图 8-11 中基于 DCT 的 JPEG 系统间的主要不同在于后者省略了子图像处理阶段。因为小波变换具有计算高效和固有的局部特点(也就是说,它们的基本函数被限制在持续时间内),所以图像的细分不是必需的。正像在下面的例子中看到的那样,细分步骤的省略消除了在高压缩率下基于 DCT 近似的块效应。

例 8.9　JPEG 2000 压缩

图 8-16 显示了图 8-4(a)中单色图像的两个 JPEG 2000 近似值。图 8-16(a)是从一幅压缩比为 42∶1 的原始图像进行编码后的重建图像;图 8-16(b)是从一幅压缩比为 88∶1 的原始图像进行

编码后产生的重建图像。两个结果是用 5 尺度变换，并且分别用 $u_0=8$ 且 $\varepsilon_0=8.5$ 和 7 的隐式量化得到的。因为 im2jpeg2k 只是近似 JPEG 2000 的面向比特平面的算术编码，所以刚刚说明的压缩率不同于由真的 JPEG 2000 编码器得到的那些结果。事实上，真实的压缩比率会近似地以 2 的因数增加。

因为 42∶1 压缩比的图 8-16 左列中的压缩结果和图 8-13(例 8.8)右列中图像压缩的结果相同，所以图 8-16(a)、(c)和(e)可以在质量和数量两方面对图 8-13(b)、(d)和(f)中基于变换的 JPEG 结果进行比较。视觉上的比较显示出：在基于小波的 JPEG 2000 系统中，图像的误差得到明显降低。事实上，基于 JPEG 2000 的均方根误差在图 8-16(a)中是 3.7 灰度级，相对而言，基于变换的 JPEG 结果在图 8-13(b)中是 4.4 灰度级。此外，在降低重建误差方面，基于 JPEG 2000 的编码图像在质量上很明显得到了提高(在主观意义上)，这在图 8-16(e)中特别明显。注意，在图 8-13(f)所示的基于变换的结果中，明显的块效应已不存在。

当压缩的量级像图 8-16(b)那样增加到 88∶1 的时，女士衣服的纹理有一些损失，而且她的眼睛变得模糊了。在图 8-16(b)和(f)中，这种效果更加明显。这些重建的均方根误差大约是 5.9 灰度级。图 8-16 中的结果是用下面的命令序列产生的：

```
>> f = imread('Tracy.tif');
>> c1 = im2jpeg2k(f, 5, [8 8.5]);
>> f1 = jpeg2k2im(c1);
>> rms1 = compare(f, f1)
rms1 =
    3.6931
>> cr1 = imratio(f, c1)
cr1 =
    42.1589
>> c2 =im2jpeg2k(f, 5, [8 7]);
>> f2 = jpeg2k2im(c2);
>> rms2 = compare(f, f2)
rms2 =
    5.9172
>> cr2 = imratio(f, c2)
cr2 =
    87.7323
```

注意，当提供两元素向量作为函数 im2jpeg2k 的第 3 个参数时，使用隐式量化。如果两元素向量的长度不是 2，该函数将采取显式量化，并且必须提供大小为 $3N_L+1$ 的步长(在这里，N_L 是被计算的尺度数)。对于分解的每一个子带，它们必须用分解级别(第一、第二、第三等等)和子带类型(水平、垂直、对角线及近似值)排列。例如：

```
>> c3 = imjpeg2k ( f, 1 , [1 1 1 1 ];
```

计算一尺度变换，并使用显式量化，所有的 4 个子带都用步长 $\Delta_1=1$ 来量化。换言之，变换系数被近似为最接近的整数。这就是 im2jpeg2k 在最小误差情况下的实现，并且得到的 rms 和压缩比为：

```
>> f3 = jpeg2k2im(c3);
>> rms3 = compare(f, f3)
rms3 =
    1.1234
```

```
>> cr3 = imratio(f, c3)
cr3 =
    1.6350
```

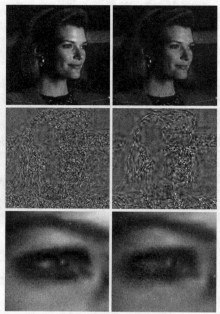

图 8-16 左列：5 尺度变换以及分别使用 u_0=8 且 ε_0 =8.5 进行隐式量化后的图 8-4 的 JPEG 2000 近似。右列：ε_0 =7 时的类似结果

8.6 视频压缩

视频是图像序列，称为视频帧，其中的每一帧都是单色或彩色图像。正如所预料的那样，在 8.2 节到 8.4 节介绍的冗余在大多数视频帧内都存在，并且前边 8.5 节研究的压缩方法和压缩标准也可以单独地处理这些帧。在这一节，我们介绍可以用来增加压缩的冗余，这些压缩通过独立处理就可以达到。这些冗余又称为时间冗余，这是因为相邻帧的像素间相关。

在接下来的内容中，我们介绍视频压缩的基础知识和主要的图像处理工具箱函数，函数用于处理图像序列，这些序列无论是基于时间的视频序列还是基于空间的视频序列，就像在磁共振成像中产生的图像序列。然而在继续之前，我们注意到，在我们的例子中使用的非压缩视频序列以多帧 TIFF 文件存储。多帧 TIFF 可以保存图像序列，可以使用下面的 imread 语法一次一个地读取：

```
imread('filename.tif', idx)
```

其中，`idx` 是读入序列中帧的整数索引，为了把非压缩帧写入多帧 TIFF 文件中，相应的 imwrite 语法是：

```
imwrite(f, 'filename', 'Compression', 'none', ...'WriteMode', mode)
```

其中，当写入初始帧时 `mode` 置为 `'overwrite'`，当写入所有的其他帧时置为

'append'。注意，与 imread 不同，imwrite 对多帧 TIFF 文件不提供随机访问支持，帧必须以它们产生的顺序写入。

8.6.1 MATLAB 图像序列和电影

有两种标准的方法用来在 MATLAB 工作空间中描述视频。第一种，也是最简单的一种，视频的每一帧都沿着 4 维数组的第 4 维连接起来。结果数组被称为 MATLAB 图像序列，并且结果数组的头两维是连接帧的行维数和列维数。第 3 维对于单色图像(或索引)是 1，对于彩色图像是 3。第 4 维是图像序列的帧数。这样，下边的指令'shuttle.tif'将读取 16 帧的多帧 TIFF 文件的第一帧和最后一帧，并建立两帧的 256×480×1×2 的单色图像序列 s1：

```
>> i = imread('shuttle.tif', 1);
>> frames = size(imfinfo('shuttle.tif'), 1);
>> s1 = uint8(zeros([size(i) 1 2]));
>> s1(:,:,:,1) = i;
>> s1(:,:,:,2) = imread('shuttle.tif', frames);
>> size(s1)
ans =
   256  480   1   2
```

在 MATLAB 工作空间中描述视频的另一种方法是把连续的视频帧插入到称为电影帧的结构矩阵中。得到的一行矩阵中叫做MATLAB电影的每一列均是结构，其中包括cdata 和 colormap 字段，前者用于保存视频的帧，就像 uint8 类的二维或三维矩阵那样；后者包含标准的 MATLAB 彩色查找表(见 6.1.2 节)。下边的指令把图像序列 s1 变换为 MATLAB 电影 m1：

```
>> lut = 0:1/255:1;
>> lut = [lut' lut' lut'];
>> m1(1) = im2frame(s1(:,:,:,1), lut);
>> m1(2) = im2frame(s1(:,:,:,2), lut);
>> size(m1)
ans =
   1  2
>> m1(1)
ans =
       cdata: [256x480 uint8]
    colormap: [256x3 double]
```

正如我们将要看到的那样，电影 m1 是 1×2 矩阵，其中的元素是包含 256×480 像素大小的 uint8 图像和 256×3 的查找表。查表 lut 是 1：1 的灰度映射。最后，取一幅图像和彩色查找表作为参数的函数 im2frame 用于建立每个电影帧。无论给定的视频序列表示为标准的 MATLAB 电影还是 MATLAB 图像序列，它们都可以用 implay 函数来观看(放映、暂停、单步等等)。

```
implay(frms, fps)
```

其中，frms 是 MATLAB 电影或图像序列，fps 是回放的帧率选项(帧每秒)。默认的帧率是 20 帧/秒。图 8-17 显示了一个电影播放器，它用上边定义的 s1 和 m1 指令响应播放上边定义的 implay(s1)和/或 implay(m1)。注意，回放工具栏提供了 DVD 播放器的回忆式控制功能。另外，当前帧的索引(图 8-17 中较低的右 1/2 处的 1)、类型(I 对应 RGB)、尺寸(256×480)、帧率(2fps)，以及将要播放的电影和图像序列的总帧数(1/2 中的 2)，都沿着电影播放器窗口的底部显示。还要注意，窗口可以调整大小以适应将要播放的图像。当窗口比当前显示的图像小时，滚动条会增大观看区域的尺寸。多帧可以用 montage 函数同时观看：

```
montage(frms, 'Indices', idxes, 'Size', [rows cols])
```

这里，frms 和前面的定义一样，idxes 是数字数组，可指定帧的索引，用于组装剪辑，rows 和 cols 用于定义形状。因此，montage(s1,'Size',[2 1]) 显示了两帧序列 s1 的 2×1 剪辑(见图 8-18)。回顾一下，s1 是由 'shuttle.tif' 的第一帧和最后一帧组成的，正如图 8-18 暗示的那样，在 'shuttle.tif' 中，任意帧之间最大的观察差异是背景中地球的位置。可根据航天飞机本身固定的摄像机从左到右移动。

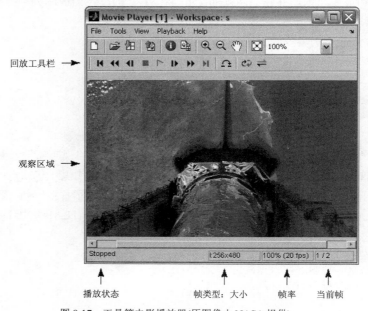

图 8-17　工具箱电影播放器(原图像由 NASA 提供)

为结束本节，我们介绍一些常用的函数，它们用于图像序列、电影和多帧 TIFF 文件之间的转换。这些函数包含在附录 C 中，并使它们容易在多帧 TIFF 文件下工作。为了在多帧 TIFF 文件和 MATLAB 图像序列之间进行转换，可以使用：

```
s = tifs2seq('filename.tif')
```

和

```
seq2tifs(s, 'filename.tif')
```

其中，s 是 MATLAB 图像序列，'filename.tif' 是多帧 TIFF 文件。为了对 MATLAB 电影执行类似的变换，可以使用：

```
m = tifs2movie('filename.tif')
```

和

```
movie2tifs(m, 'filename.tif')
```

其中,m 是 MATLAB 电影。最后,为了把多帧 TIFF 文件转换为 AVI 文件,以便使用 Windows 媒体播放器进行播放。可以与 MATLAB 函数 movie2avi 协同使用 tifs2movie:

```
movie2avi(tifs2movie('filename.tif'), 'filename.avi')
```

其中,'filename.tif'是多帧 TIFF 文件,'filename.avi'是产生的 AVI 文件名。为了在工具箱电影播放器上观看多帧 TIFF 文件,可以将 tifs2movie 与函数 implay 结合使用:

```
implay(tifs2movie('filename.tif'))
```

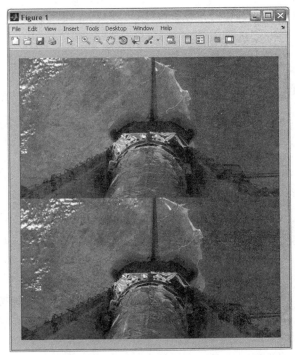

图 8-18 两电影帧视频的剪辑(原图像由 NASA 提供)

8.6.2 时间冗余和运动补偿

类似空间冗余,它缘于空间中彼此接近的像素间的相关,时间冗余缘于时间上彼此接近的像素的相关。正如在下边的例子中将要看到的那样,这个例子与 9.3 节中的例 9.5 并列,两种冗余都以很多相同的方法访问。

例 8.10 时间冗余

图 8-19(a)显示了多帧 TIFF 文件中的两帧,它们的第一帧和最后一帧已在图 8-18 中描述,正如 8.2 节和 8.3 节中说明的那样,存在于传统的 8 比特帧描述中的空间和编码冗余可以使用霍夫曼编码和线性预测编码移除:

```
>> f2 = imread('shuttle.tif', 2);
>> ntrop(f2)
ans =
    6.8440
>> e2 = mat2lpc(f2);
```

```
>> ntrop(e2, 512)
ans =
    4.4537
>> c2 = mat2huff(e2);
>> imratio (f2, c2)
ans =
    1.7530
```

当使用 mat2huff 对预测值和真实值之间的差值进行编码时，函数 mat2lpc 从它们前一个直接相邻的(空间)像素预测 f2 中的像素值。预测和差值处理可得到 1.753∶1 的压缩比。因为 f2 是图像中时间序列的一部分，所以可以从前一帧的相应像素来预测图像的像素。使用一阶线性预测器：

$$\hat{f}(x,y,t) = round[\alpha\, f(x,y,t-1)]$$

使用 $\alpha=1$ 和霍夫曼编码产生的误差如下：

$$e(x,y,t) = f(x,y,t-1) - f(x,y,t)$$

我们得到：

```
>> f1 = imread('shuttle.tif', 1);
>> ne2 = double(f2) - double(f1);
>> ntrop(ne2, 512)
ans =
    3.0267
>> nc2 = mat2huff(ne2);
>> imratio (f2, nc2)
ans =
    2.5756
```

使用帧间预测器，而不是使用之前面向空间的像素预测器，压缩比增加到 2.5756。在任何一种情况下，压缩是无损的，并且归因于如下事实：预测的残留熵(对于 e2 是 4.4537 位/像素，对于 ne2 是 3.0267 位/像素)低于帧 f2 的熵，为 6.8440 位/像素。注意，预测残留 ne2 的直方图显示在图 8-19(b)中，在 0 附近是高峰，并且有相对较小的方差，使得变长霍夫曼编码是理想的。

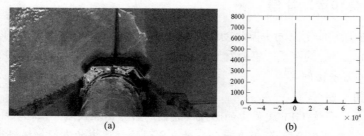

图 8-19 (a) 绕地球轨道的航天飞机 16 帧视频的第二帧，第一帧和最后一帧显示在图 8-18 中；(b) 在例 8.19 中，从前一帧预测到的预测误差的直方图。(原图像由 NASA 提供)

增加最大帧间预测的准确性的一种方法是解决帧和帧之间的目标运动——一种被称为运动补偿的处理方法。图 8-20 说明了基本概念。其中，图 8-20(a)和(b)是包含两个运动目标的相邻帧，两个目标是白色的，背景的灰度级是 75。如果显示在图 8-20(b)中的帧使用图 8-20(a)中的帧作为预测来编码(像例 8.9 中那样做),得到的预测残留将包含三个值(也就是–180、0 和 180)。如图 8-20(c)所示,其中,预测残留已被标定,灰度级 128 对应 0 预测误差。然而,如果考虑物体运动,得到的预测残留将只有值 0。

注意,在图 8-20(d)中,运动补偿过的运动残留不包含信息,熵是 0。仅仅需要图 9-20(e)中来自图 9-20(a)中的的运动矢量来重建 9-20(b)中的帧。然而,在非理想情况下,运动矢量和预测残留是必需的,并且在被称为宏块的非重叠矩形区域计算运动矢量,而不是单独物体。然后,单一矢量描述与宏块关联的每个像素的运动,也就是说,定义了像素与它们前一位置或参考帧的水平和垂直位移。

正如预期的那样,运动估计是运动补偿的关键。在运动估计中,测量每个宏块的运动,并将它们编码为运动矢量。矢量是依据关联的宏块像素和参考帧中预测像素间的误差最小来选择。最常用的误差测量方法之一是计算绝对失真的和(SAD):

$$SAD(x,y) = \sum_{i=1}^{M} \sum_{j=1}^{N} \left| f(x+i, y+j) - p(x+i+dx, y+j+dy) \right|$$

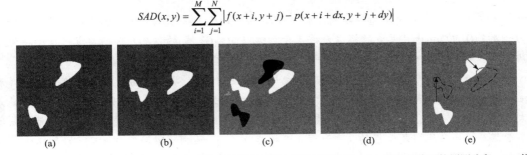

图 8-20 (a)和(b) 假定视频的两帧;(c) 没有运动补偿且经标定后的预测残留;(d) 运动补偿后的预测残留;(e) 描述物体运动的运动向量

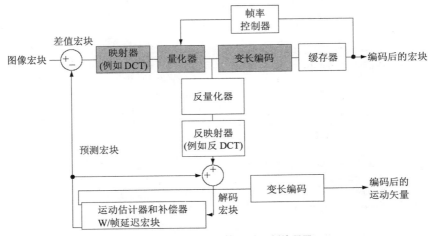

图 8-21 典型的运动补偿视频编码器

其中,x 和 y 是将被编码的 m×n 宏块左上角像素的坐标,dx 和 dy 是相对参考帧位置的位移,p 是预测宏块像素值的数组。典型地,dx 和 dy 必须落入围绕每个宏块的受限搜索区域。通常,值为±8 到±64 个像素,并且水平搜索区域通常大于垂直搜索区域。给定 SAD 这样的准则,运动估计通过搜索 dx 和 dy 来实现,将之最小化为运动矢量位移允许的范围,这种处理叫做块匹配。穷举搜索可保证最好的可能结果，但是计算开销很大，因为每个可能的运动必须在整个位移范围内进行测试。

图 8-21 显示了一个视频编码器，它可以实现刚才讨论的运动补偿处理。考虑输入到编码器的是连续的视频宏块，与变换平行的灰色部分是图 8-11(a)中 JPEG 编码器的量化和编码操作。主要的差别在于输入，可能是传统的图像数据的宏块(也就是被编码的初始帧)，也可能是传统宏块和基于前一帧的预测之间的差(当执行运动补偿时)。还要注意，译码器包含反量化器和反 DCT，因此，预测能够匹配那些补充解码器，另外还包括针对计算过的运动矢量的变长编码。多数现代视频压缩标准(从 MPEG-1、MPEG-4 到 AVC)，都可以在类似图 8-21 的编码器上实现。当不存在足够的帧间相关，以使预测编码有效时(甚至在运动补偿之后)，通常可以使用面向块的二维变换方法，就像基于 DCT 的 JPEG 编码那样。没有预测的压缩帧叫做内帧或独立帧(I 帧)。它们可以不使用属于视频中的其他帧来解码。I 帧通常类似于 JPEG 编码过的图像，并且是产生预测残留的理想起点。而且它们提供了高度的随机访问，编辑容易，并可抵抗变换误差的扩散。正如结果那样，所有的标准都要求将 I 帧周期地插入到压缩视频码流中。基于前一帧的编码帧称为预测帧(P 帧)，并且大多数标准允许基于后续双向帧(B 帧)的预测。B 帧要求对压缩码流重新排序，以使那些帧以合适的顺序解码，而不是使自然显示顺序出现在解码器处。

下面的 tifs2cv 函数压缩多帧 TIFF 文件 f，使用具有 SAD 的穷举搜索策略作为选择最好运动矢量的准则。输入 m 决定了使用的宏块的尺寸(也就是 m×m)，d 定义了搜索范围(也就是最大宏块位移)，q 设置了整个压缩的质量。如果 q 为 0 或被忽略，预测残留和运动向量将采用霍夫曼编码，并且压缩是无损的。对于所有正的非 0 的 q，预测残留用来自 8.5.1 节的 im2jpeg 来编码，并且压缩是有损的。注意，f 的第一帧作为 I 帧来处理，所有的其他帧以 P 帧来编码。也就是，编码不执行后向(及时)预测，不强制上面说明的(防止在使用有损压缩时误差的累积)I 帧的周期插入。最后注意，所有的运动矢量都是针对最近像素的，不执行亚像素内插。专用的 MATLAB 块处理函数 im2col 和 col2im 始终在使用。

```
function y = tifs2cv(f, m, d, q)
%TIFS2CV Compresses a multi-frame TIFF image sequence.
%   Y = TIFS2CV(F, M, D, Q) compresses multiframe TIFF F using
%   motion compensated frames, 8 x 8 DCT transforms, and Huffman
%   coding. If parameter Q is omitted or is 0, only Huffman
%   encoding is used and the compression is lossless; for Q > 0,
%   lossy JPEG encoding is performed. The inputs are:
%
%       F       A multi-frame TIFF file         (e.g., 'file.tif')
%       M       Macroblock size                 (e.g., 8)
%       D       Search displacement             (e.g., [16 8])
%       Q       JPEG quality for IM2JPEG        (e.g., 1)
%
%   Output Y is an encoding structure with fields:
%
%       Y.blksz     Size of motion compensation blocks
%       Y.frames    The number of frames in the image sequence
%       Y.quality   The reconstruction quality
%       Y.motion    Huffman encoded motion vectors
%       Y.video     An array of MAT2HUFF or IM2JPEG coding structures
%
%   See also CV2TIFS.
```

```
% The default reconstruction quality is lossless.
if nargin < 4
    q = 0;
end

% Compress frame 1 and reconstruct for the initial reference frame.
if q == 0
    cv(1) = mat2huff(imread(f, 1));
    r = double(huff2mat(cv(1)));
else
    cv(1) = im2jpeg(imread(f, 1), q);
    r = double(jpeg2im(cv(1)));
end
fsz = size(r);

% Verify that image dimensions are multiples of the macroblock size.
if ((mod(fsz(1), m) ~= 0) || (mod(fsz(2), m) ~= 0))
    error('Image dimensions must be multiples of the block size.');
end

% Get the number of frames and preallocate a motion vector array.
fcnt = size(imfinfo(f), 1);
mvsz = [fsz/m 2 fcnt];
mv = zeros(mvsz);

% For all frames except the first, compute motion conpensated
% prediction residuals and compress with motion vectors.
for i = 2:fcnt
    frm = double(imread(f, i));
    frmC = im2col(frm, [m m], 'distinct');
    eC = zeros(size(frmC));
    
    for col = 1:size(frmC, 2)
        lookfor = col2im(frmC(:,col), [m m], [m m], 'distinct');
        x = 1 + mod(m * (col - 1), fsz(1));
        y = 1 + m * floor((col - 1) * m / fsz(1));
        x1 = max(1, x - d(1));
        x2 = min(fsz(1), x + m + d(1) - 1);
        y1 = max(1, y - d(2));
        y2 = min(fsz(2), y + m + d(2) - 1);
        
        here = r(x1:x2, y1:y2);
        hereC = im2col(here, [m m], 'sliding');
        for j = 1:size(hereC, 2)
            hereC(:,j) = hereC(:, j) - lookfor(:);
        end
        sC = sum(abs(hereC));
        s = col2im(sC, [m m], size(here), 'sliding');
        mins = min(min(s));
        [sx sy] = find(s == mins);
        
        ns = abs(sx) + abs(sy);        % Get the closest vector
        si = find(ns == min(ns));
        n = si(1);
```

```
                mv(1 + floor((x - 1)/m), 1 + floor((y - 1)/m), 1:2, i) = ...
                    [x - (x1 + sx(n) - 1) y - (y1 + sy(n) - 1)];
                eC(:,col) = hereC(:, sx(n) + (1 + size(here, 1) - m) ...
                    * (sy(n) - 1));
            end

            % Code the prediction residual and reconstruct it for use in
            % forming the next reference frame.
            e = col2im(eC, [m m], fsz, 'distinct');
            if q == 0
                cv(i) = mat2huff(int16(e));
                e = double(huff2mat(cv(i)));
            else
                cv(i) = im2jpeg(uint16(e + 255), q, 9);
                e = double(jpeg2im(cv(i)) - 255);
            end

            % Decode the next reference frame. Use the motion vectors to get
            % the subimages needed to subtract from the prediction residual.
            rC = im2col(e, [m m], 'distinct');
            for col = 1:size(rC, 2)
                u = 1 + mod(m * (col - 1), fsz(1));
                v = 1 + m * floor((col - 1) * m / fsz(1));
                rx = u - mv(1 + floor((u - 1)/m), 1 + floor((v - 1)/m), 1, i);
                ry = v - mv(1 + floor((u - 1)/m), 1 + floor((v - 1)/m), 2, i);
                temp = r(rx:rx + m - 1, ry:ry + m - 1);
                rC(:, col) = temp(:) - rC(:, col);
            end
            r = col2im(double(uint16(rC)), [m m], fsz, 'distinct');
end

y = struct;
y.blksz = uint16(m);
y.frames = uint16(fcnt);
y.quality = uint16(q);
y.motion = mat2huff(mv(:));
y.video = cv;
```

因为 `tifs2cv` 还必须解码产生的编码的预测残留(也就是说,在后续的预测中它们将变为参考帧),其中包含了构建在程序末尾处的输出解码器所需要的大多数码字(查看以 `rc = im2col(e,[m m],'distinct'` 开始的代码块)。这里没有列出所需的解码器函数,它们包含在附录 C 中。`cv2tifs` 的语法如下:

```
cv2tifs(cv, 'filename.tif')
```

其中,`cv` 是 `tifs2cv` 压缩的视频序列,`'filename.tif'` 是写为解压缩输出的多帧 TIFF 文件。在下边的例子中,我们使用了 `tifs2cv`、`cv2tifs` 和通用函数 `showmo`,它们也列在附录 C 中,并且它们的语法如下:

```
v = showmo(cv, indx)
```

其中, `v` 是运动矢量的 `uint8` 类图像, `cv` 是 `tifs2cv` 压缩过的视频序列, `indx` 指向

cv 中的一帧，该帧的运动矢量可以显示。

例 8.11 运动补偿视频压缩

考虑多帧 TIFF 的无误差编码，第一帧和最后一帧显示在图 8-18 中。下边的指令执行无损的运动补偿压缩，计算得到的压缩率并显示针对压缩序列的一帧计算得到的运动矢量：

```
>> cv = tifs2cv('shuttle.tif',16,[8 8]);
>> imratio('shuttle.tif',cv)
ans =
    2.6886
>> showmo(cv, 2);
```

图 8-22 显示了由 showmo(cv,2) 语句产生的运动矢量。这些矢量反映了背景(图 8-18 所示的帧)中的地球从左到右运动，以及航天飞机所在前景区域运动的缺乏，图中的黑点是运动矢量的头，并描述了编码宏块的左上角。无损压缩视频只占用存储原始的未压缩 16 帧 TIFF 所需存储空间的 37%。

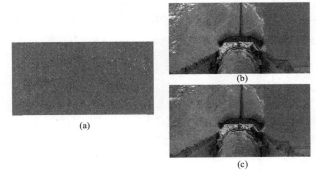

图 8-22 (a) 针对'shuttle.tif'的第二帧编码运动矢量；(b) 编码前和重建的第二帧；(c) 重建帧。(原图像由 NASA 提供)

为了增加压缩率，我们采用预测残留的 JPEG 有损压缩，并使用默认的 JPEG 归一化数组(也就是使用输入 q 被置为 1 的 tifs2cv)。下边的指令对压缩及解压缩视频计时，并且对计算重构序列中一些帧的 rms 误差进行计时：

```
>> tic; cv2 = tifs2cv('shuttle.tif', 16, [8 8], 1); toc
Elapsed time is 123.022241 seconds.
>> tic; cv2tifs(cv2, 'ss2.tif'); toc
Elapsed time is 16.100256 seconds.
>> imratio('shuttle.tif', cv2)
ans =
   16.6727
>> compare(imread('shuttle.tif', 1), imread('ss2.tif', 1))
ans =
    6.3368
>> compare(imread('shuttle.tif', 8), imread('ss2.tif', 8))
ans =
   11.8611
>> compare(imread('shuttle.tif', 16), imread('ss2.tif', 16))
ans =
   14.9153
```

注意，cv2tifs(解压缩函数)比 tifs2cv(压缩函数)几乎快 8 倍——16 秒对 123 秒。这是应该期待的，因为编码器不仅仅要对最好的运动矢量执行穷尽搜索(编码器用这些矢量产生预测)，而且需要解码编码后的预测残留。还要注意，重建帧的 rms 误差从第一帧的 6 个灰度级增加到最后一帧的 15 个灰度级。图 8-22(b)和(c)显示了视频中间(也就是第 8 帧处)的原始帧和重建帧。具有约 12 个灰度级的 rms 误差，细节的损失是很明显的，特别是左上角的云层和陆地右侧的河流。最后，我们注意到，具有 16.67∶1 压缩比的运动补偿过的视频仅仅占用存储原始未压缩的多帧 TIFF 所需存储空间的 6%。

8.7 小结

本章介绍了通过去除编码冗余、空间冗余、时间冗余和不相关信息的方法进行数字图像压缩的基础知识；开发了着手解决这些冗余的每个 MATLAB 子程序，并扩展了图像处理工具箱；考虑了静止帧和视频编码；最后给出了对流行的 JPEG 和 JPEG 2000 图像压缩标准的综述。至于去除图像冗余方面的信息——在这里没有涵盖的涉及特殊图像子集(如二值图像)的技术和标准，可以查看由 Gonzalez 和 Woods 编写的 *Digital Image Processing，3rd Edition* 的第 8 章。

第 9 章

形态学图像处理

"形态学"一词通常指的是生物学的某个分支，常用来处理动物和植物的形状和结构。在这里，我们在数学形态学中也同样用这个词，将之作为提取图像分量的一种工具，这些分量在表示和描述区域形状(比如边界、骨骼、凸壳)时是很有用的。我们还对形态学预处理和后处理技术很感兴趣，比如形态学滤波、细化、裁剪。

在 9.1 节，我们将定义一些集合的理论运算，介绍二值图像，并且讨论二值集合和逻辑算子。在 9.2 节，我们将定义两个基本的形态学操作——膨胀和腐蚀，以称作结构元的图像平移形式的并集(或交集)表示。在 9.3 节，将介绍如何用膨胀和腐蚀的组合获得更复杂的形态学操作。在 9.4 节，将介绍标明图像中连接部分的技术。这是我们从图像中提取目标物以进行后续分析的基础步骤。

在 9.5 节将讨论形态学重建，形态学变换包括两幅图像，而不是单一图像或结构元，正如从 9.1 节到 9.4 节遇到的情况那样。9.6 节通过用最大值和最小值代替集合的并集和交集，把形态学的概念扩展到灰度图像。许多二值形态学操作可自然地推广到灰度图像的处理。有些处理，和形态学重建一样，拥有对灰度图像的唯一应用，比如峰值滤波。

本章从图像处理方法开始过渡，在这些方法中，输入和输出均为图像；过渡到图像分析方法，在这些方法中，输出试图以某种方法描述图像内容。形态学是数学工具集的基石，这个工具集用于从图像中提取"内涵"。其他方法将在本书余下的章节讨论和应用。

9.1 预备知识

在这一节，我们将介绍集合理论中的一些基本概念，并且讨论 MATLAB 的逻辑算子在二值图像方面的应用。

9.1.1 集合理论中的基本概念

令 Z 为实整数集合。用于产生数字图像的抽样处理可以被看做把 xy 平面分隔成网格状，其中每个网格的中心坐标是来自笛卡儿乘积 Z^2 中的一对元素。在集合理论的术语中，如果 (x, y) 是来自 Z^2 的整数，f 是分配给每个不同坐标对 (x, y) 的亮度值(属于实数集合 R 中的实数)的映射，那么函数 $f(x, y)$ 被称为数字图像。如果 R 中的元素也是整数(在本书中通常是这种情况)，那么这幅数字图像就变成了二维函数，它的坐标与幅值(也就是亮度)均为整数。

令 A 为 Z^2 中的集合，A 中的元素是坐标 (x, y) 处的像素。如果 $w = (x, y)$ 是 A 中的元素，那么可以写为：

$$w \in A$$

类似地，如果 w 不是 A 中的元素，可以写为：

$$w \notin A$$

满足一定特殊条件的像素坐标集合 B 可以写为：

$$B = \{w | 条件\}$$

例如，所有像素坐标的集合均不属于集合 A，记为 A^c，由下式给出：

$$A^c = \{w | w \notin A\}$$

这个集合称为集合 A 的补集。

两个集合的并集表示为：

$$C = A \cup B$$

表示此集合的所有元素属于集合 A 或 B，或者同属于二者。同样，集合 A 和 B 的交集是指同时属于 A 和 B 两个集合的所有元素，由下式表示[①]：

$$C = A \cap B$$

集合 A 和 B 的差集表示为 A−B，是指属于 A 但不属于 B 的所有元素：

$$A - B = \{w | w \in A, w \notin B\}$$

图 9-1 说明了迄今为止定义的集合操作，各个操作的结果以阴影显示。

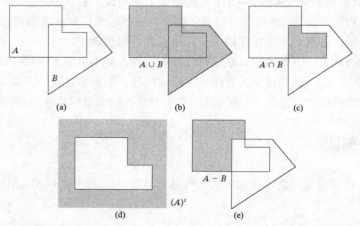

图 9-1 (a) 两个集合 A 和 B；(b) A 和 B 的并集；(c) A 和 B 的交集；(d) A 的补集；(e) A 和 B 的差集

除了以上基本操作，形态学操作通常还需要两个算子，它们特别针对元素均为像素坐标的集合。集合 B 的反射 $\hat{B}$ 定义为：

$$\hat{B} = \{w | w = -b, b \in B\}$$

---

① 整数集合的笛卡尔乘积 Z 是元素 (z_i, z_j) 的所有有序对的集合，z_i 和 z_j 是来自 Z 的整数。通常用 Z2 来定义这个集合。

点 $z=(z_1,z_2)$ 对集合 A 的平移表示为 $(A)_z$，定义为：

$$(A)_z = \{c|c = a+z, a \in A\}$$

图 9-2 用来自图 9-1 的集合说明了这两个定义，其中的黑点表示集合原点的位置(原点是用户自定义的参考点)。

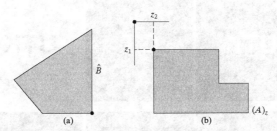

图 9-2 (a) B 的反射；(b) 对 A 平移 z。A 和 B 来自图 9-1，黑点表示它们的原点

9.1.2 二值图像、集合及逻辑算子

数学形态学的语言和理论经常存在二值图像的两种(但是等价)观点。迄今为止，我们已经把二值图像看做 x 和 y 空间坐标的二值函数。形态学理论把二值图像看做前景(1 值)像素的集合，集合的元素属于 Z^2。集合操作，比如集合的并集和交集，可以直接应用于二值图像集合。例如，如果 A 和 B 是二值图像，那么 $C = A \cup B$ 仍是二值图像。这里，如果 A 和 B 中相应的像素不是前景像素就是背景像素，那么 C 中的这个像素就是前景像素。以第一种观点，函数 C 由下式给出：

$$C(x,y) = \begin{cases} 1 & A(x,y) \text{ 或 } B(x,y) \text{ 为 } 1, \text{ 或者两者均为 } 1 \\ 0 & \text{其他} \end{cases}$$

另一方面，运用集合的观点，C 由下式给出：

$$C = \{(x,y)|(x,y) \in A \text{ 或 } (x,y) \in B \text{ 或 } (x,y) \in (A \text{ 和 } B)\}$$

其中，正如前边提到的那样，从集合的观点，A 和 B 的元素值都是 1。因此，从函数的观点看，同时处理前景是 1、背景是 0 的像素。从集合的观点看，只处理前景像素，非前景像素的所有像素组成背景是可以理解的。当然，从任何观点得到的结果都是一样的。

图 9-1 中定义的集合操作可以用 MATLAB 的逻辑算子 OR(|)、AND(&)和 NOT ($\sim$)在二值图像中执行，如表 9-1 所示。

表 9-1 在 MATLAB 中使用逻辑表达式在二值图像上执行集合运算

集合运算	二值图像的 MATLAB 语句	名称
$A \cap B$	A & B	与
$A \cup B$	A | B	或
A^c	$\sim$A	非
$A - B$	A & $\sim$B	差

作为说明，图 9-3 显示了对包括文本在内的二值图像运用一些逻辑算子进行处理的结果(我

们遵循图像处理工具箱的约定,前景(1 值)像素以白色显示)。图9-3(d)中的图像是"UTK"和"GT"图像的并集,包括来自两幅图像的所有前景像素。相反,两幅图像的交集(图9-3(e))显示了字母"UTK"和"GT"中重叠的像素。最后,集合的差集图像(图 9-3(f))显示了"UTK"中除去"GT"像素后的字母。

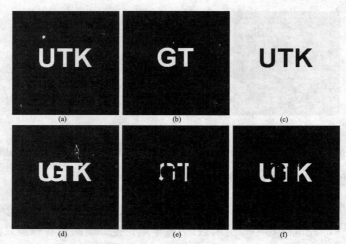

图 9-3　(a) 二值图像 A;(b) 二值图像 B;(c) A 的补集~A;(d) A 和 B 的并集 A|~B;(e) A 和 B 的交集 A & B;(f) A 和 B 的差集 A & ~B

9.2　膨胀和腐蚀

膨胀和腐蚀操作是形态学图像处理的基础。本章后面介绍的许多算法都是基于这些操作。

9.2.1　膨胀

膨胀是使图像中的目标"生长"或"变粗"的操作。这种特殊的方法和变粗的程度由一种被称为结构元的形状来控制。图 9-4 说明了膨胀是怎样工作的。图 9-4(a)显示了包含矩形物体的二值图像,图 9-4(b)是结构元,在这种情况下,结构元是长度为 5 个像素的斜线。通常,结构元用 0 和 1 的矩阵表示,或者用图 9-4(b)中图像前景像素(1 值)的集合表示。在这一章,我们交替地使用这两种表示。不管哪种表示,结构元的原点必须明确标明。图 9-4(b)用黑色方框标明结构元的原点。图 9-4(c)明确地描述了膨胀处理,这种处理平移结构元的原点,遍及全部图像区域,并且检查哪些地方与值为 1 的像素重叠。输出图像(图 9-4(d))在结构元的原点的每个位置均为 1,以至于在输入图像中至少有一个值为 1 的像素与结构元重叠。

A 被 B 膨胀,表示为 $A \oplus B$,作为集合操作,定义为:

$$A \oplus B = \left\{ z \middle| (\hat{B})_z \cap A \neq \phi \right\}$$

其中,ϕ 为空集,B 为结构元。总之,A 被 B 膨胀是由所有结构元的原点位置组成的集合,这里,反射并平移后的 B 至少与 A 的一个元素重叠。在图像处理中,约定如下:$A \oplus B$ 的第一个操作数是图像,第二个操作数是结构元,结构元通常比图像小得多。我们遵循此约定。在膨胀过程中对结构元的平移类似于第 2 章中讨论过的空间卷积的机理。图 9-4 没有明确地显示出结构元的反射,因为在这种情况下,结构元是关于原点对称的。图 9-5 显示了非对称结构元及其反射。工具箱函数 reflect 可用于计算结构元的反射。膨胀满足结合律:

$$A \oplus (B \oplus C) = (A \oplus B) \oplus C$$

并且满足交换律:

$$A \oplus B = B \oplus A$$

工具箱函数 imdilate 执行膨胀,基本调用语法是:

```
D = imdilate(A, B)
```

目前,输入和输出都假定是二值图像,但相同的语法也可以处理灰度函数,正如 9.6 节将要讨论的那样。假如对于现在的二值 B 是由 0 和 1 组成的结构元数组,由工具箱自动地计算原点:

```
floor((size(B) + 1)/2)
```

这一操作得到包含结构元中点坐标的二维向量。如果需要用原点不在中心的结构元来处理,方法是用 0 填充 B,以使原始的中心移到希望的位置。

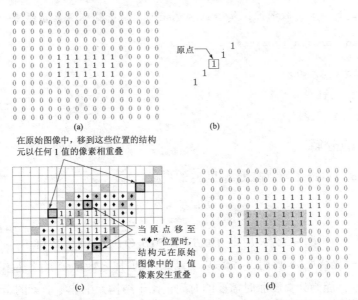

图 9-4 膨胀:(a) 具有矩形物体的原始图像;(b) 以对角线排列的含有 5 个像素的结构元,结构元的原点或中心用暗边界显示;(c) 结构元在图像上平移一些位置;(d) 输出图像。阴影区域显示了原始图像的 1 值位置

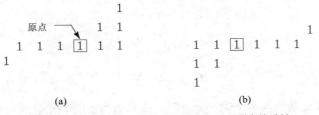

图 9-5 (a) 非对称的结构元;(b) 结构元基于原点的反射

例 9.1　膨胀的应用

图 9-6(a)显示了包含很多断开的字符文本的二值图像。我们想使用下列结构元,通过 imdilate 膨胀这幅图像。

$$\begin{matrix} 0 & 1 & 0 \\ 1 & \boxed{1} & 1 \\ 0 & 1 & 0 \end{matrix}$$

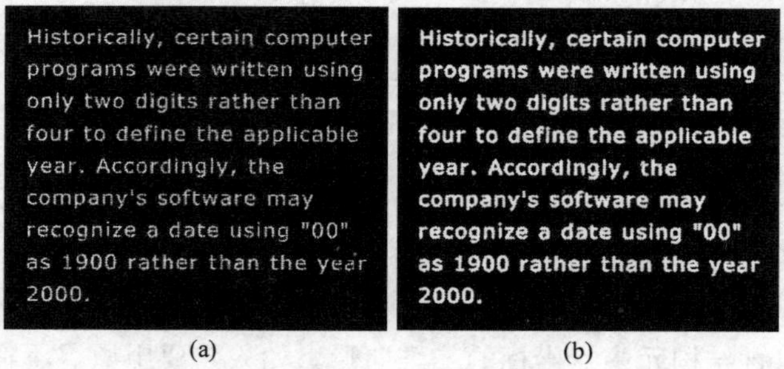

图 9-6　膨胀的简单示例：(a) 包括断开文本的输入图像；(b) 膨胀后的图像

下面的命令从文件中读取图像，构造结构元矩阵，执行膨胀并显示结果：

```
>> A = imread('broken_text.tif');
>> B = [0 1 0; 1 1 1; 0 1 0];
>> D = imdilate(A, B);
>> imshow(D)
```

图 9-6(b)显示了结果图像。

9.2.2　结构元的分解

假定结构元 B 可以描述为结构元 B_1 和 B_2 的膨胀：

$$B = B_1 \oplus B_2$$

然后，因为膨胀满足结合律，所以 $A \oplus B = A \oplus (B_1 \oplus B_2) = (A \oplus B_1) \oplus B_2$。换句话说，用 B 膨胀 A 等同于用 B_1 先膨胀 A，再用 B_2 膨胀以上结果。我们称 B 能够分解成 B_1 和 B_2 两个结构元。

结合律很重要，因为计算膨胀时需要的时间正比于结构元中非零像素的个数。试着考虑由 1 组成的 5×5 数组的膨胀：

$$\begin{matrix} 1 & 1 & 1 & 1 & 1 \\ 1 & 1 & 1 & 1 & 1 \\ 1 & 1 & \boxed{1} & 1 & 1 \\ 1 & 1 & 1 & 1 & 1 \\ 1 & 1 & 1 & 1 & 1 \end{matrix}$$

这个结构元能够分解为值为 1 的 5 元素行矩阵和值为 1 的 5 元素列矩阵：

$$[1\ 1\ \boxed{1}\ 1\ 1] \oplus \begin{bmatrix} 1 \\ 1 \\ \boxed{1} \\ 1 \\ 1 \end{bmatrix}$$

在原结构元中,元素个数为 25;但在行列分解后,总元素数目仅为 10。这意味着首先用行结构元膨胀,再用列结构元膨胀,能够比 5×5 的数组膨胀快 2.5 倍。在实践中,速度的增长稍微慢一些,因为在每个膨胀运算中总有些其他开销。然而,由分解执行获得的速度方面的增长仍然有很大意义。

9.2.3 strel 函数

工具箱函数 strel 用于构造各种形状和大小的结构元,基本语法是:

```
Se = strel(shape,parameters)
```

其中,shape 是用于指定希望形状的字符串,而 parameters 是描述形状信息的参数列表。例如,strel('diamand',5) 返回菱形的结构元,并沿水平轴和垂直轴扩展 5 个像素。表 9-2 总结了 strel 可以构造的各种形状。

除了简化常用的结构元形状的产生外,函数 strel 还有重要的以分解形式产生结构元的特性。函数 imdilate 自动地用分解信息加快膨胀处理。以下例子说明 strel 如何返回有关结构元的分解信息。

表 9-2 函数 strel 的各种语法形式,flat 指示二维结构元(也就是具有 0 高度),这个限定仅仅在 9.6.1 节讨论的灰度级膨胀和腐蚀中才有意义

语 法 形 式	描 述
se = strel('diamond',R)	构造扁平的菱形结构元,其中,R 规定从结构元原点到菱形最远点的距离
se = strel('disk',R)	构造半径为 R 的扁平的圆形结构元,可能会为圆形结构元指定其他参数,详细内容见 strel 的参考页
se = strel('line',LEN,DEG)	构造扁平的直线型结构元,其中的 LEN 规定了长度,DEG 规定了线的角度(以度计量),从水平轴开始以逆时针方向度量
se = strel('octagon',R)	构造扁平的八边形结构元,R 规定从结构元原点到八边形的边的距离,沿水平轴和垂直轴度量,R 必须是 3 的非负倍数
se = strel('pair',OFFSET)	构造包括两个成员的扁平的结构元,一个在原始位置,另一个的位置由矢量 OFFSET 决定,此矢量必须是整型的两元素矢量
se = strel('periodicline',P,V)	构造包括 2*P+1 个成员的扁平的结构元,V 是两元素矢量,包括行列值均为整数的位移。结构元的其中成员在原点,其他成员位于 1*V、−1*V、2*V、−2*V、…、P*V 和 −P*V 处

(续表)

语法形式	描述
se = strel('rectangle',MN)	构造扁平的矩形结构元，其中的 MN 规定了大小，MN 必须是两元素的非负整型矢量，MN 中的第一个元素是结构元中的行数，第二个是列数
se = strel('square',W)	构造方形结构元，宽度为 W 个像素，W 必须是非负整数
se = strel('arbitrary',NHOOD) se = strel(NHOOD)	构造任意形状的结构元，NHOOD 是规定了形状的 0 和 1 矩阵。这里显示的简单语法形式可执行同样的操作

例9.2 用 strel 分解结构元

考虑用 strel 函数构造菱形结构元：

```
>> se = strel('diamond', 5)
se =
Flat STREL object containing 61 neighbors.
Decomposition: 4 STREL objects containing a total of 17 neighbors
Neighborhood:

     0     0     0     0     0     1     0     0     0     0     0
     0     0     0     0     1     1     1     0     0     0     0
     0     0     0     1     1     1     1     1     0     0     0
     0     0     1     1     1     1     1     1     1     0     0
     0     1     1     1     1     1     1     1     1     1     0
     1     1     1     1     1     1     1     1     1     1     1
     0     1     1     1     1     1     1     1     1     1     0
     0     0     1     1     1     1     1     1     1     0     0
     0     0     0     1     1     1     1     1     0     0     0
     0     0     0     0     1     1     1     0     0     0     0
     0     0     0     0     0     1     0     0     0     0     0
```

函数 strel 的输出不是正规的 MATLAB 矩阵，相反，而是被称作 strel 对象的某个特殊类型的量。命令窗口中显示了包括邻值的 strel 对象(在这种情况下，是菱形模式的由 1 组成的矩阵)；结构元中值为 1 的像素的数目是(61)；分解结构元的数目是(4)；分解结构元中值为 1 的总的像素数目是(17)。函数 getsequence 可用于提取并检查分解中单独的结构元：

```
>> decomp = getsequence(se);
>> whos
  Name        Size          Bytes    Class        Attributes
  Decomp      4x1           1716     strel
  se          1x1           3309     strel
```

whos 的输出表明 se 和 decomp 均为 strel 目标，并且更进一步，decomp 是 strel 目标的 4 元素向量。分解中的 4 结构元能够用索引单个地进行检查：

```
into decomp:
>> decomp(1)
ans =
Flat STREL object containing 5 neighbors.
Neighborhood:
     0     1     0
```

```
            1   1   1
            0   1   0

>> decomp(2)
ans =
Flat STREL object containing 4 neighbors.
Neighborhood:

            0   1   0
            1   0   1
            0   1   0


>> decomp(3)
ans =
Flat STREL object containing 4 neighbors.
Neighborhood:
            0   0   1   0   0
            0   0   0   0   0
            1   0   0   0   1
            0   0   0   0   0
            0   0   1   0   0


>> decomp(4)
ans =
Flat STREL object containing 4 neighbors.
Neighborhood:
            0   1   0
            1   0   1
            0   1   0
```

函数 imdilate 自动地使用结构元的分解形式, 执行膨胀运算大约比非分解形式快 3 倍(约等于61/17)。

9.2.4 腐蚀

腐蚀"收缩"或"细化"二值图像中的物体。像膨胀一样,收缩的方法和程度由结构元控制。图 9-7 演示了腐蚀的处理过程。图 9-7(a)和图 9-4(a)相同, 图 9-7(b)是结构元, 是一条短垂直线。图 9-7(c)描述了腐蚀在整个图像区域平移结构元的过程, 并检查在哪里完全匹配图像的前景。在图 9-7(d)中, 输出图像在结构元原点的每个位置有为 1 的值, 以至于只在输入图像值为 1 的像素点重叠(也就是在图像背景的任何地方都不重叠)。

A 被 B 腐蚀表示为 $A \ominus B$, 定义:

$$A \ominus B = \{z | (B)_z \subseteq A\}$$

其中, 和通常一样, 符号 $C \subseteq D$ 的意思是 C 是 D 的子集, 这个公式表明 A 被 B 腐蚀是包含在 A 中的 B 由 z 平移的所有点 z 的集合。因为 B 包含在 A 中的声明相当于 B 不共享 A 背景的任何元素, 所以可以下列公式来表示腐蚀的定义:

$$A \ominus B = \{z | (B)_z \cap A^c = \varnothing\}$$

在这里，A 被 B 腐蚀是所有结构元的原点位置不与 A 背景重叠的 B 的部分。

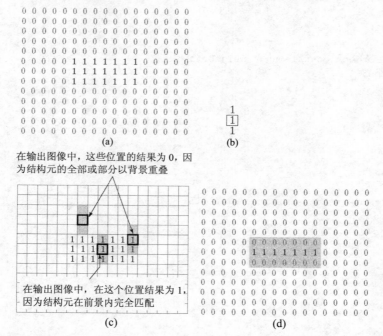

图 9-7 腐蚀：(a) 带有矩形物体的原始图像；(b) 有 3 个像素按直线排列的结构元，结构元的原点以黑边显示；(c) 结构元在图像的每个位置平移；(d) 输出图像，暗区域显示了在原始图像中为 1 值的位置

例 9.3 腐蚀的说明

腐蚀用工具箱函数 imerode 执行，语法与 9.2.1 节讨论过的 imdilate 语法相同。假设要除去图 9-8(a)中的细线，但想保留其他结构。可以选取足够小的结构元来匹配中心方块，但较粗的边缘线因太大而无法匹配全部线，考虑下面的命令：

```
>> A = imread('wirebond_mask.tif');
>> se = strel('disk', 10);
>> E10 = imerode(A, se);
>> imshow(E10)
```

如图 9-8(b)所示，这些命令语句成功地去掉了模板中的细线。图 9-8(c)显示了如果我们选择太小的结构元会发生什么变化：

```
>> se = strel('disk', 5);
>> E5 = imerode(A, se);
>> imshow(E5)
```

在这种情况下，一些引线没有去掉。图 9-8(d)显示了如果我们选择太大的结构元会发生什么变化：

```
>> E20 = imerode(A, strel('disk', 20));
>> imshow(E20)
```

这些引线都被去掉了，但边缘引线也被去掉了。

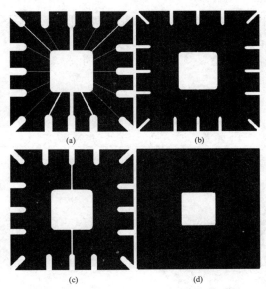

图 9-8 腐蚀：(a) 原始图像的尺寸为 480×480 像素；(b) 用半径为 10 的圆形进行腐蚀；(c) 用半径为 5 的圆形进行腐蚀；(d) 用半径为 20 的圆形进行腐蚀

9.3 膨胀与腐蚀的结合

在图像处理应用中，膨胀和腐蚀更多地以各种组合来应用。一幅图像将使用相同或有时不同的结构元进行一系列的膨胀或腐蚀。在本节中，我们考虑三种最常用的膨胀和腐蚀的组合：开操作、闭操作、击中或击不中变换。我们还介绍表查询操作，并讨论工具箱函数 bwmorph，该函数能够执行许多种形态学任务。

9.3.1 开操作和闭操作

A 被 B 形态学开操作表示为 $A \circ B$，定义为 A 被 B 腐蚀，然后再用 B 膨胀腐蚀结果：

$$A \circ B = (A \ominus B) \oplus B$$

与开操作等价的数学表达式为：

$$A \circ B = \cup \{(B)_z | (B)_z \subseteq A\}$$

其中，$\cup\{\}$ 表示花括号中所有集合的并集。这个公式有简单的几何解释：$A \circ B$ 是 B 在 A 中全匹配平移的并集。图 9-9 阐明了这个解释，图 9-9(a)显示了集合 A 和圆形结构元 B。图 9-9(b) 显示了一些在 A 内全匹配 B 的平移。所有这些平移的并集为图 9-9(c)中的两个阴影部分：这个区域为开操作的全部结果。图中的白色区域是指结构元不能完全在 A 中匹配的区域，因而也就不属于开操作的部分。形态学开操作除去了所有不能包含结构元的部分，平滑目标的轮廓，断开了细的连接部分(如图 9-9(c)所示)，去掉了细的突出。

A 被 B 形态学闭操作表示为 $A \cdot B$，是指先膨胀再腐蚀：

$$A \cdot B = (A \oplus B) \ominus B$$

几何上，$A \cdot B$ 执行所有不与 A 重叠的 B 平移的补。图 9-9(d)显示了一些与 A 不重叠的 B

的平移,通过完成以上平移的并集操作,可以得到图9-9(e)所示的阴影区,这就是完成的闭操作。像开操作一样,形态学闭操作趋向于平滑物体的轮廓。然而,不同于开操作的是,闭操作一般连接窄的断裂并填满细长的"港湾",填满比结构元小的洞。

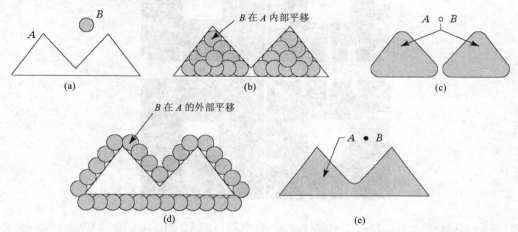

图9-9 作为平移结构元的并集的开操作和闭操作:(a) 集合 A 和结构元 B;(b) 在 A 集合中全匹配的 B 的平移;(c) 完成的开操作(阴影区);(d) 在 A 的边界外,B 的平移;(e) 完成的闭操作结果(阴影区)

开操作和闭操作用工具箱函数 imopen 和 imclose 实现,这两个函数拥有简单的语法形式:

```
C = imopen(A, B)
```

和

```
C = imclose(A, B)
```

其中,对于现在来说,A 是二值图像;B 是 0 和 1 的矩阵,并且是指定的结构元,来自表9-2 的 strel 目标可以用来代替 B。

例9.4 使用函数 imopen 和 imclose

这个例子演示函数 imopen 和 imclose 的应用。图 9-10(a)中的图像 shapes.tif 设计了一些用于演示开操作和闭操作的特征,比如细小突起、细的桥接点、几个弯口、孤立的小洞、小的孤立物和齿状边缘。下面的命令用 20×20 的方形结构元对图像进行开操作:

```
>> f = imread('shapes.tif');
>> se = strel('square',20);
>> fo = imopen(f,se);
>> imshow(fo)
```

图 9-10(b)显示了结果。注意,从图中可以看出,细的突出和外部点的边缘的不规则部分被去除掉了,细的桥接和小的孤立物也被去除了。命令:

```
>> fc =imclose(f,se);
>> imshow(fc)
```

将产生如图 9-10(c)中的结果。这里,细的弯口、内部的不规则边缘和小洞都被去除了。先做开操作的闭操作的结果有平滑效果:

```
>> foc = imclose(fo, se);
>> imshow(foc)
```

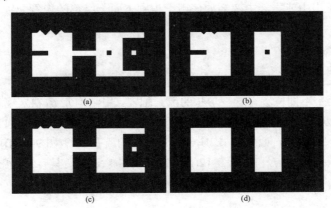

图 9-10 开操作和闭操作：(a) 原始图像；(b) 开操作；(c) 闭操作；(d) (b)的闭操作结果

图 9-10(d)显示了平滑过的物体。

开操作和闭操作的顺序可用于噪声消除。例如，考虑图 9-11(a)，其中显示了带有噪声的指纹图像。命令：

```
>> f = imread('fin911(a).tif');
>> se = strel('square',3);
>> fo = imopen(f,se);
>> imshow(fo)
```

将产生如图 9-11(b)所示的图像。注意，对图像进行开操作可以去除噪声点，但是这种处理在指纹的纹脊上又引入一些缺口。许多缺口可以通过以下开操作的闭操作来解决：

```
>> foc = imclose(fo,se);
>> imshow(foc)
```

图 9-11(c)显示了最终结果。在这个结果中，大多数噪声被消除了(代价是在指纹的纹脊上又引入一些缺口)。

图 9-11 (a) 带噪声的指纹图像；(b) 图像的开操作；(c) 先用开操作，再用闭操作。(原图像由美国国家标准与技术研究所提供)

9.3.2 击中或击不中变换

通常，能够匹配一幅图像中像素的特定结构是很有用的，比如孤立的前景像素或是线段的端点像素。击中或击不中变换对这类应用非常实用。A 被 B 击中或击不中变换表示为 $A \otimes B$。这里，不像以往那样单个的元素，B 是结构元对，$B = (B_1, B_2)$。击中或击不中变换用两个结构元定义：

$$A \otimes B = (A \ominus B_1) \cap (A^c \ominus B_2)$$

图 9-12 说明了击中或击不中变换如何用于识别下面十字形的像素配置：

$$\begin{matrix} 0 & 1 & 0 \\ 1 & 1 & 1 \\ 0 & 1 & 0 \end{matrix}$$

图 9-12(a)在两个不同位置有这种形状的像素配置。用结构元 B_1 决定腐蚀前景像素的位置，它有北、东、南和西 4 个方向的前景相邻像素(图 9-12(c))。用 B_2 腐蚀图 9-12(a)的补集，决定在东北、东南、西南、西北方向相邻的均属于背景像素的所有位置(图 9-12(f))。图 9-12(g)显示了这两个操作的交集(逻辑'与')。图 9-12(g)的每个前景像素都是具有希望配置的像素集合的中心位置。

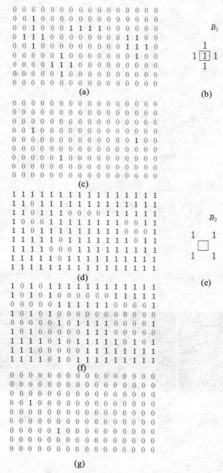

图 9-12 (a) 原始图像 A；(b) 结构元 B_1；(c) A 被 B_1 腐蚀；(d) 原始图像的补集 A^c；(e) 结构元 B_2；(f) 用 B_2 腐蚀 A^c；(g) 输出图像

"击中或击不中变换"的命名是以两次腐蚀如何影响结果为基础的。例如，图 9-12 的输出图像由所有在 B_1 中匹配的像素("击中")以及没有在 B_2 中匹配的像素("击不中")组成。严格地说,击中和击不中变换是更准确的名字,但击中或击不中变换应用得更为频繁。

击中或击不中变换在工具箱中用函数 bwhitmiss 实现,语法为:

```
C = bwhitmiss(A, B1, B2)
```

其中的 C 为结果,A 为输入图像,B_1 和 B_2 为刚刚讨论过的结构元。

例 9.5 使用函数 bwhitmiss

考虑用击中或击不中变换定位图像中物体左上角的像素。图 9-13(a)显示了包括各种尺寸的正方形图像。我们要定位有东、南相邻像素(这些"击中")和没有东北、北、西北、西和西南相邻像素(这些"击不中")的前景像素。这些要求导致以下两个结构元:

```
>> B1 = strel([0 0 0;0 1 1;0 1 0]);
>> B2 = strel([1 1 1;1 0 0;1 0 0]);
```

注意,这两个结构元都不包括东南邻域像素,这称为不关心像素。我们用函数 bwhitmiss 来计算变换。这里的 f 是图 9-13(a)所示的输入图像。

```
>> g = bwhitmiss(f,B1,B2);
>> imshow(g)
```

图 9-13(b)中的每个单像素点都是图 9-13(a)中物体左上角的像素。图 9-13(b)中是放大后的像素,以便更清晰。bwhitmiss 的替代语法可以把 B1 和 B2 组合成间隔矩阵。只要 B1 等于 1 或−1,B2 等于 1,间隔矩阵就等于 1。对于不关心像素,间隔矩阵等于 0。对应于 B1 和 B2 的间隔矩阵是:

```
>> interval = [-1 -1 -1; -1 1 1; -1 1 0]
interval =
    -1   -1   -1
    -1    1    1
    -1    1    0
```

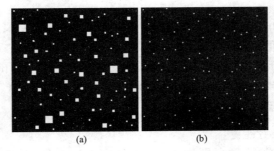

图 9-13 (a) 原始图像;(b) 击中、击不中变换的结果(为了便于观察,显示的是放大后的点)

使用这个矩阵,输出图像 C 可以用语法 bwhitmiss(A,interval) 来计算。

9.3.3 运用查询表

当击中或击不中结构元较小的时候,计算击中或击不中变换比较快速的方法是利用查找表(LUT)。这种方法预先计算出每个可能邻域结构的输出像素值,然后把这些值存入查找表中以备后面使用。例如在二值图像中,有 $2^9 = 512$ 个不同的 3×3 像素值的结构。为了实际使用查找表，我们必须为每个可能的结构分配唯一的索引。在3×3情况下，一种简单的方法是用每个3×3结构元素与下面的矩阵相乘：

$$\begin{matrix} 1 & 8 & 64 \\ 2 & 16 & 128 \\ 4 & 32 & 256 \end{matrix}$$

然后把所有的乘积加起来。结果是在区域[0,511]内对每个3×3邻域结构赋予唯一的值。例如，分配给以下邻域

$$\begin{matrix} 1 & 1 & 0 \\ 1 & 0 & 1 \\ 1 & 0 & 1 \end{matrix}$$

的值为1(1)+2(1)+4(1)+8(1)+16(0)+32(0)+64(0)+128(1)+256(1)=399。其中，乘积的第一个数字是来自以上矩阵的系数，圆括号中的数字是像素值，取列方式。

图像处理工具箱提供了两个函数——makelut 和 applylut(本节稍候说明)，这两个函数可以实现这种技术。函数 makelut 基于提供给用户的函数来构造查询表，并且函数 applylut 用这个查询表处理二值图像。继续采用3×3的情况，要求用 makelut 编写接受3×3 二值矩阵并返回单值的函数，典型值不是0就是1。函数 makelut 通过每个可能的3×3 邻域调用提供给用户的函数512次。把它送入每个可能的3×3 邻域结构并返回所有512个元素的向量形式的结果。

作为说明，我们编写函数 endpoints.m，用 makelut 和 applylut 在二值图像中检测端点。我们定义端点作为前景像素，这些前景像素的相邻结构匹配击中或击不中间隔矩阵[0 1 0; -1 1 -1; -1 -1 -1]，或者匹配它的任何90°旋转；或者前景像素，这些前景像素匹配击中或击不中间隔矩阵[1 -1 -1; -1 1 -1; -1 -1 -1]，或者匹配它的任何90°旋转(Gonzalez 和 Woods[2008])。函数 endpoints 计算并应用查找表，在输入图像中检测端点。函数 endpoints 使用的代码行：

```
persistent lut
```

建立了名为 lut 的变量，并表明这个变量是永久的(persistent)。MATLAB 在函数间调用时会记住这个永久变量的值。函数 endpoints 第一次被调用时，变量 lut 自动初始化为空矩阵([ ])。当 lut 为空时，函数调用 makelut，通过它发送句柄给函数 endpoint_fc。然后，函数 applylut 用查找表寻找端点。查找表被存入永久变量 lut 中，因此下一次调用 endpoints 时，查找表就不需要重新计算。

```
function g = endpoints(f)
%ENDPOINTS Computes end points of a binary image.
%   G = ENDPOINTS(F) computes the end points of the binary image F
%   and returns them in the binary image G.
persistent lut

if isempty(lut)
   lut = makelut(@endpoint_fcn, 3);
end

g = applylut(f,lut);

%----------------------------------------------------------------%
```

```
function is_end_point = endpoint_fcn(nhood)
%   Determines if a pixel is an end point.
%   IS_END_POINT = ENDPOINT_FCN(NHOOD) accepts a 3-by-3 binary
%   neighborhood, NHOOD, and returns a 1 if the center element is an
%   end point; otherwise it returns a 0.

interval1 = [0 1 0; -1 1 -1; -1 -1 -1];
interval2 = [1 -1 -1; -1 1 -1; -1 -1 -1];

% Use bwhitmiss to see if the input neighborhood matches either
% interval1 or interval2, or any of their 90-degree rotations.
for k = 1:4
    % rot90(A, k) rotates the matrix A by 90 degrees k times.
    C = bwhitmiss(nhood, rot90(interval1, k));
    D = bwhitmiss(nhood, rot90(interval2, k));
    if (C(2,2) == 1) || (D(2,2) == 1)
        % Pixel neighborhood matches one of the end-point
        % configurations, so return true.
        is_end_point = true;
        return
    end
end

% Pixel neighborhood did not match any of the end-point
% configurations, so return false.
is_end_point = false;
```

图 9-14 演示了函数 endpoints 的用法。图 9-14(a)是包含形态学骨架的二值图像(见 9.3.4 节)。图 9-14(b)显示了函数 endpoints 的输出。

例 9.6 用二值图像及基于查找表的计算玩 Conway 的 Game of Life 生命游戏

查找表的很有趣和有益应用是 Conway 的 Game of Life 游戏。这个游戏在矩形网格内安排了许多"生物体"。在这里，引入这个游戏是为了说明查询表的功能和简单性。在 Conway 的游戏中，有一些简单的规则用来决定这些生物如何产生、生存、死亡和繁衍。一个二值图像可对此游戏进行简明的描述，其中的每个前景像素代表那个位置的一个生物。

Conway 的遗传规则描述了如何从现在的一代计算下一代(或是下一个二值图像)。

- 每个拥有 2 个或 3 个相邻前景像素的前景像素可以产生下一代。
- 每个拥有 0 个、1 个或至少 4 个相邻前景像素的前景像素会"死亡"(变成背景像素)，因为已被"隔离"或是"数目过剩"。
- 每个背景像素与 3 个真正的前景邻域相连就可以"出生"像素，并且变成前景像素。

在计算描述下一代的下一个二值图像的过程中，所有出生和死亡同时发生。

为了用 makelut 和 applylut 实现 Game of Life 游戏，我们首先要编写一个函数，这个函数为单个像素及其 3×3 邻域提供 Conway 的遗传规则。

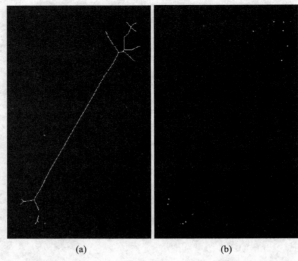

图 9-14 (a) 包含形态学骨架的二值图像；(b) 函数 endpoints 的输出。为清楚起见，(b)中的像素经过放大

```
function out = conwaylaws(nhood)
%CONWAYLAWS Applies Conway's genetic laws to a single pixel.
%   OUT = CONWAYLAWS(NHOOD) applies Conway's genetic laws to a single
%   pixel and its 3-by-3 neighborhood, NHOOD.
num_neighbors = sum(nhood(:)) - nhood(2, 2);
if nhood(2, 2) == 1
   if num_neighbors <= 1
      out = 0; % Pixel dies from isolation.
   elseif num_neighbors >= 4
      out = 0; % Pixel dies from overpopulation.
   else
      out = 1; % Pixel survives.
   end
else
   if num_neighbors == 3
      out = 1; % Birth pixel.
   else
      out = 0; % Pixel remains empty.
   end
end
```

下一步，使用具有函数句柄的 makelut 调用为 conwayslaws 建立查找表：

```
>> lut = makelut(@cinwaylaws,3);
```

各种初始图像已被设计用来演示在相继代中 Conway 规则的效果，例如，考虑"咧嘴笑猫"的初始图像：

```
>> bw1 = [0 0 0 0 0 0 0 0 0 0
          0 0 0 0 0 0 0 0 0 0
          0 0 0 1 0 0 1 0 0 0
          0 0 0 1 1 1 1 0 0 0
          0 0 1 0 0 0 0 1 0 0
          0 0 1 0 1 1 0 1 0 0
          0 0 1 0 0 0 0 1 0 0
```

```
0 0 0 1 1 1 1 0 0 0
0 0 0 0 0 0 0 0 0 0
0 0 0 0 0 0 0 0 0 0];
```

下面的命令执行计算并显示第三代：

```
>> imshow(bw1, 'InitialMagnification', 'fit'), title('Generation 1')
>> bw2 = applylut(bw1, lut);
>> figure, imshow(bw2, 'InitialMagnification', 'fit'); title('Generation 2')
>> bw3 = applylut(bw2, lut);
>> figure, imshow(bw3, 'InitialMagnification', 'fit'); title('Generation 3')
```

我们将之作为练习留给读者，从而显示过了几代以后，在最后留下"脚爪印"之前，猫淡出"咧嘴笑"的情况。

9.3.4 bwmorph 函数

工具箱函数 bwmorph 执行许多以膨胀、腐蚀和查找表运算相结合为基础的形态学操作，调用语法为：

```
g = bwmorph(f, operation, n)
```

其中，f 是输入的二值图像，operation 是指定所希望运算的字符串，n 是指定重复次数的正整数。如果参数 n 默认，操作将只执行一次。表 9-3 描述了 bwmorph 的有效操作的集合。在本节的剩余内容中，我们主要关注这些操作中的两种：细化和骨骼化。

细化是在图像中把二值物体和形状减少为单个像素宽度的"笔画"。例如，图 9-11(c)所示的指纹脊线很粗。在随后的形状分析中我们希望细化脊线，以使每条脊线都和像素那么粗。细化的每次应用都从二值图像物体的厚度中减少一或两个像素。例如，以下命令显示了应用细化操作一次和两次的结果：

```
>> f = imread('fingerprint_cleaned.tif');
>> g1 = bwmorph(f, 'thin', 1);
>> g2 = bwmorph(f, 'thin', 2);
>> imshow(g1); figure, imshow(g2)
```

表 9-3 函数 bwmorph 支持的操作

操 作	描 述
bothat	用 3×3 结构元进行"底帽"操作；对其他结构元使用 imbothat 操作（见 9.6.2 节）
bridge	连接被单像素缝隙分隔的像素
clean	去掉孤立的前景像素
close	用由 1 构成的 3×3 结构元进行闭操作；对其他结构元使用 imclose 操作
diag	填充围绕对角线相连的前景像素
dilate	用 3×3 结构元进行膨胀；对其他结构元使用 imdilate 操作
erode	用 3×3 结构元进行腐蚀；对其他结构元使用 imerode 操作

(续表)

操 作	描 述
fill	填充单个像素的"洞"(被前景像素环绕的背景像素)；使用 *imfill* 操作(见 10.1.2 节)来填充更大的洞
hbreak	去掉 H 型相连的前景像素
majority	如果 $N_8(p)$ (见 9.4 节)中至少有 5 个像素为前景像素，产生前景像素 P；否则产生背景像素 P
open	用由 1 组成的 3×3 结构元进行开操作；对其他结构使用 *imopen* 操作
remove	去掉"内部"像素(没有背景邻域的前景像素)
shrink	将物体收缩成没有洞的点；将物体收缩成带洞的环形
skel	骨骼化图像
spur	去掉"毛刺"像素
thicken	粗化物体，并且不加入不连贯的 1
thin	细化没有洞的物体到最低限度相连的笔画；将物体细化成带洞的环形
tophat	用由 1 组成的 3×3 结构元进行"顶帽"操作；对其他结构元使用 *imtophat* (见 9.6.2 节)操作

图 9-15(a)和图 9-15(b)分别显示了结果。关键的问题是究竟应用多少次细化操作。对于某些操作，包括细化，bwmorph 允许 n 设为无穷大(Inf)。用 n = Inf 调用 bwmorph，可以指示函数重复操作直到图像停止改变。有时，这也被称作重复操作直到稳定。例如：

```
>> ginf = bwmorph(f, 'thin', Inf);
>> imshow(ginf)
```

正如图 9-15(c)所示，这是借助细化对图 9-11(c)所做的有效改进。

图 9-15 (a) 对图 9-11(c)细化一次后的指纹图像；(b) 细化两次后的图像；(c) 一直细化到稳定状态的图像

骨骼化(Gonzalez 和 Woods[2008])是另一种减少二值图像中的物体为一组细"笔画"的方法，这些细骨骼仍保留原始物体形状的重要信息。当 operation 置为 'skel' 时，函数 bwmorph 执行骨骼化。令 f 代表图 9-16(a)中类似骨头的图像，为了计算骨骼，调用 bwmorph，令 n=Inf：

```
>> fs = bwmorph(f, 'skel', Inf);
>> imshow(f); figure, imshow(fs)
```

图 9-16(b)显示了骨骼化的结果，与物体的基本形状相似。

骨骼化和细化经常产生短的无关的"毛刺"，有时这被叫做寄生成分。清除(或除去)这些"毛刺"的处理称为裁剪。可以使用函数 endpoints(见 9.3.3 节)来达到这个目的。方法是反复确认并去除端点。例如下面的命令，通过 5 次去除端点的迭代，得以后处理骨骼化图像 fs：

```
>> for k = 1:5
    fs = fs & ~endpoints(fs);
end
```

图9-16(c)显示了结果。如果使用来自表9-3的'spur'选项，也将得到类似的结果：

```
fs = bwmorph(fs, 'spur', 5);
```

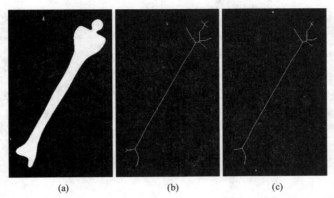

图9-16 (a) 骨头图像；(b) 使用函数 bwmorph 得到的骨骼；(c) 使用函数 endpoint 裁剪后的骨骼

由于执行的算法不同，结果并不是精确地相同。在 bwmorph 中用 Inf 代替 5，将把图像简化为单点。

9.4 标记连通分量

迄今为止，已讨论过的概念是为了更适用于所有单个前景(或所有的背景)像素以及和它们紧靠的相邻像素。下面考虑单个前景像素和所有前景像素集合之间重要的"中间部分"。这就引入了连通分量的概念，也就是下面讨论的物体。

当要求对图 9-17(a)中的物体计数时，大家都会认为是 10 个：6 个字母和 4 个简单的几何图形。图 9-17(b)显示了图像中像素的小矩形截面。图 9-17(b)中的 16 个前景像素是如何与图中的 10 个物体相关联的？虽然它们看起来似乎是两个独立的部分，但是所有 16 个像素实际上都属于图 9-17(a)中的字母 "E"。为了开发针对字母 E 这种物体进行定位和操作的计算机程序，我们需要为关键部分进行一系列更为精确的定义。

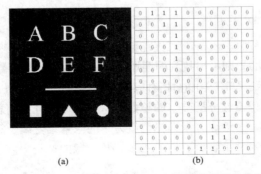

图9-17 (a) 包含10个物体的图像；(b) 来自这幅图像的像素子集

坐标为(x, y)的像素p有两个水平和两个垂直相邻像素,它们的坐标分别为$(x+1, y)$、$(x-1, y)$、$(x, y+1)$和$(x, y-1)$。p的这4个相邻像素的集合表示为$N_4(p)$,也就是图9-18(a)中的阴影部分。p的4个对角线相邻像素的坐标分别为$(x+1, y+1)$、$(x+1, y-1)$、$(x-1, y+1)$和$(x-, y-1)$。图9-18(b)显示了这些相邻像素,它们表示为$N_D(p)$。图9-18(c)中的$N_4(p)$和$N_D(p)$的并集是p的8相邻像素,表示为$N_8(p)$。

如果$q \in N_4(p)$,p和q就被称为4邻接的;同样,如果$q \in N_8(p)$,就称p和q为8邻接的。图9-18(d)和(e)说明了这些概念。p_1和p_n之间的通路是一系列像素$p_1, p_2,…, p_{n-1}, p_n$。p_k和p_{k+1}相邻接,且$1 \leq k < n$。通路可以是4连接的或是8连接的,这根据所使用的邻接类型而定。

如果在像素p和q之间存在一条4连接通路,就称这两个前景像素为4连接的,这里包括所有前景像素(图9-18(f))。如果它们之间存在8连接通路,就称它们是8连接的(图9-18(g))。对于任意的前景像素P,与之相连的所有前景像素的集合被称为包含p的连通分量。

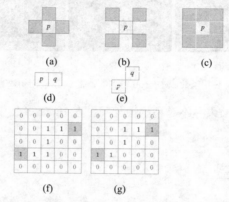

图9-18 (a) 像素p及其4邻域;(b) 像素p及其对角邻域;(c) 像素p及其8邻域;(d) 像素p和q是4邻接和8邻接的;(e) 像素p和q是8邻接的,但不是4邻接的;(f) 阴影像素是4连接和8连接的;(g) 阴影前景像素是8连接的,但不是4连接的

连通分量刚好根据通路来定义,而通路的定义按照所用邻接的类型而定。这就意味着连通分量的性质决定于我们所选的邻接方式,最常见的为4邻接和8邻接。图9-19说明邻接方法决定图像中连通分量的数目。图9-19(a)显示了具有4个4连通分量的二值图像。图9-19(b)显示了选择8邻接方式时,会将连通分量的数目减少到两个。

工具箱函数bwlabel计算二值图像中所有的连通分量,调用语法是:

[L, num] = bwlabel(f, conn)

其中,f是输入二值图像,conn指定希望的连接方式(不是4连接就是8连接),输出L叫做标记矩阵,函数num(可选)则给出找到的连通分量的总数。如果参数conn省略,那么默认为8连接。图9-19(c)显示了与图9-19(a)相对应的标记矩阵,用函数bwlabel(f,4)来计算。在每个不同连通分量中的像素被分配唯一的整数,从1到连通分量的总数值。换句话说,标记值为1的像素集合属于第1个连通分量;标记值为2的像素集合属于第2个连通分量,依此类推。背景像素标记为0。图9-19(d)显示了与图9-19(a)相对应的标记矩阵,用函数bwlabel(f,8)计算。

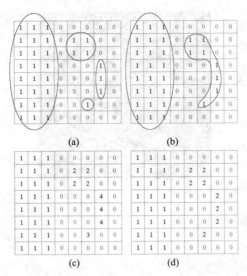

图 9-19 连通分量：(a) 4 个 4 连通分量；(b) 两个 8 连通分量；(c) 用 4 连接方式得到的标记矩阵；(d) 用 8 连通方式得到的标记矩阵

例 9.7 计算和显示连通分量的质心。

这个例子显示了如何计算和显示图 9-17(a)中每个连通分量的质心。首先，我们用函数 bwlabel 计算 8 连通分量：

```
>> f = imread('objects.tif');
>> [L, n] = bwlabel(f);
```

函数 find(见 4.2.2 节)在使用标记矩阵时非常有用。例如，以下 find 调用返回属于第三个物体的所有像素的行列索引：

```
>> [r, c] = find(L == 3);
```

然后，利用以 r 和 c 作为输入的 mean 函数来计算物体的质心：

```
>> rbar = mean(r);
>> cbar = mean(c);
```

可以使用循环来计算和显示图像中全部物体的质心。为了当图像叠置时，使质心可见，我们使用在充满黑色的圆标记上的白色"*"标志来表示，如下所示：

```
>> imshow(f)
>> hold on % So later plotting commands plot on top of the image.
>> for k = 1:n
     [r, c] = find(L == k);
     rbar = mean(r);
     cbar = mean(c);
     plot(cbar, rbar, 'Marker', 'o', 'MarkerEdgeColor', 'k',...
          'MarkerFaceColor', 'k', 'MarkerSize', 10);
     plot(cbar, rbar, 'Marker', '*', 'MarkerEdgeColor', 'w');
   end
```

图 9-20 显示了结果。

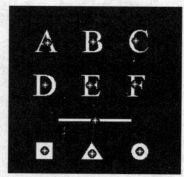

图 9-20　重叠在相应连通分量上的质心(白色的"*"符号)

9.5　形态学重建

重建是一种形态学变换，包括两幅图像和一个结构元(代替单幅图像和一个结构元)。一幅图像是标记，是变换的开始点；另一幅图像是模板，用于约束变换过程。结构元用来定义连通性。这里使用 8 连接(默认值)，这意味着以下讨论的 B 是 $3×3$ 的值为 1 的矩阵，中心坐标定义为(2,2)。在这一节，我们处理二值图像；灰度级重建在 9.6.3 节中讨论。

如果 G 是模板，F 为标记，从 F 重建 G 记作 $R_G(F)$，用以下迭代过程定义：

(1) 将标记图像 F 初始化为 h_1。
(2) 建立结构元：$B = \text{ones}(3)$。
(3) 重复 $h_{k+1} = (h_k \oplus B) \cap G$，直到 $h_{k+1} = h_k$。

标记 F 必须是 G 的子集，也就是 $F \subseteq G$。

图 9-21 说明了上述迭代过程。注意，虽然这个迭代公式在概念上很有用，但存在更快的计算方法，工具箱函数 imreconstruct 使用"快速混合重建"算法。imreconstruct 的调用语法为：

```
out = imreconstruct(marker, mask)
```

其中，marker 和 mask 与本节开始时定义的相同。

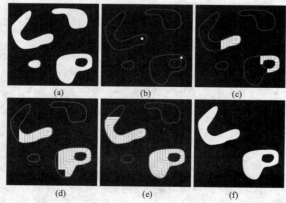

图 9-21　形态学重建：(a) 原始图像(模板)；(b) 标记图像；(c)到(e) 分别是经 100 次、200 次和 300 次迭代的中间结果；
　　　　　(f) 最后结果(在模板图像中，物体的外轮廓重叠在图(b)到(e)上以便参考)

9.5.1 通过重建进行开操作

在形态学开操作中,腐蚀典型地去除小的物体,且随后的膨胀趋向于恢复保留的物体形状。然而,这种恢复的精确度取决于形状和结构元之间的相似性。本节讨论的方法,通过重建进行开操作能准确地恢复腐蚀之后的物体形状。用结构元 B 对图像 G 通过重建进行开操作可定义为 $R_G(G \ominus B)$。

例 9.8 通过重建进行开操作

图 9-22(a)对包含文字的图像进行了开操作,可与通过重建进行开操作比较。在这个例子中,我们的兴趣在于从图 9-22(a)中提取含有长竖条的文字。由于开操作和通过重建进行的开操作都有腐蚀,因此首先用细的垂直结构元,它的长度与符号的高度成比例:

```
>> f = imread('book_text_bw.tif');
>> fe = imerode(f, ones(51, 1));
```

图 9-22(b)显示了结果。图 9-22(c)中所示的开操作利用函数 imopen 来计算:

```
>> fo = imopen(f,ones(51,1));
```

注意,垂直条被恢复了,但没有包括字符垂直条的其余部分,最后我们获得重建:

```
>> fobr = imreconstruct(fe,f);
```

图 9-22(d)中的结果显示:含有长垂直线的文字被准确地恢复了,所有其他的字符被去掉了。图 9-22 的余下部分在以下两节进行解释。

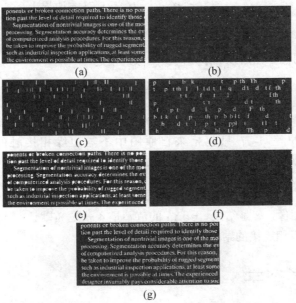

图 9-22 形态学重建:(a) 原始图像;(b) 用竖线腐蚀过的图像;(c) 用竖线进行开操作;(d) 用竖线通过重建进行的开操作;(e) 填充孔洞;(f) 接触到边界的字符(见右侧的边界);(g) 移去边界字符

9.5.2 填充孔洞

形态学重建有很广的实际应用范围,每个应用的特点都取决于标记和模板图像的选择。例如，令 I 表示二值图像，假设我们选择标记图像 F，除了图像边缘外，其余部分都为 0，边缘部分设值为 $1-I$：

$$F(x,y) = \begin{cases} 1-I(x,y) & (x,y)是I的边缘 \\ 0 & 其他 \end{cases}$$

然后

$$H = \left[R_{I^c}(F) \right]^c$$

是一幅相当于 I 的填充了所有孔洞的二值图像，正如图 9-22(e)中说明的那样。当可选参数为'holes'时，工具箱函数 imfill 即可自动完成上述计算：

```
g = imfill(f,'holes')
```

该函数在 11.1.2 节中会有更详细的讨论。

9.5.3 清除边界物体

重建的另一种应用是清除图像中与边缘相接触的物体。同样，关键任务仍然是选择合适的标记来达到希望的效果。假定定义标记图像 F 为：

$$F(x,y) = \begin{cases} I(x,y) & 点(x,y)在I的边界上 \\ 0 & 其他 \end{cases}$$

其中，I 是原始图像，然后以 I 作为模板图像，重建

$$H = R_I(F)$$

得到一幅图像 H，其中仅包含与边界接触的物体，如图 9-22(f)所示。

图 9-22(g)所示的差 $1-H$ 只包括来自原图中不与边缘相接触的物体。工具箱函数 imclearborder 自动执行以上全过程，语法是：

```
g = imclearborder(f,conn)
```

其中，f 是输入图像，g 是结果。conn 的值不是 4 就是 8(默认)。这个函数会去除比周围物体更亮且与图像边界相连接的结构。

9.6 灰度级形态学

本章讨论的所有二值形态学运算，除了击中或击不中变换，都可以自然地扩展到灰度图像。在本节中，正如二值图像那样，我们从膨胀和腐蚀开始，它们在灰度图像中是以像素邻域的最大值和最小值来定义的。

9.6.1 膨胀和腐蚀

用结构元 b 对灰度图像 f 的灰度进行膨胀,表示为 $f \oplus b$,定义为:

$$(f \oplus b)(x,y) = \max\{f(x-x', y-y') + b(x', y') \mid (x', y') \in D_b\}$$

其中,D_b 为 b 的域,$f(x,y)$ 假设在 f 域之外为 $-\infty$。这个等式实现类似于 2.4.1 节中说明的空间卷积。从概念上,我们可以认为结构元以原点翻转 180°并在图像中的所有位置平移,类似于卷积核被翻转,并且在图像上进行平移。在每个平移位置,翻转的结构元的值与图像像素值相加并计算出最大值。

卷积与灰度膨胀的重要不同点在于:在后者中,D_b 是二值矩阵,定义邻域的位置包括在最大值运算中。换句话说,处于 D_b 域中的任意一对坐标 (x_0, y_0),如果在那些坐标处 D_b 是 1,那么和式 $f(x-x_0, y-y_0)+b(x_0, y_0)$ 包括在最大值计算中。这个过程对于所有的坐标 $(x', y') \in D_b$,在坐标 (x, y) 每次改变时重复。作为坐标 x' 和 y' 的函数来绘制 $b(x', y')$,看起来像数字"表面",每个坐标值的高度由 b 在坐标点处的值给出。

灰度膨胀通常用平的结构元完成,其中 b 的值在 D_b 域中的所有坐标处均为 0,也就是:

$$b(x', y') = 0 \quad (x', y') \in D_b$$

在这种情况下,最大值运算完全由二值矩阵 D_b 中的 0 和 1 模式指定,且灰度膨胀公式可简化为:

$$(f \oplus b)(x,y) = \max\{f(x-x', y-y') \mid (x', y') \in D_b\}$$

因此,平的灰度膨胀是局部最大值算子,其中,这个最大值由 D_b 中 1 值元素的空间形状决定的一系列邻域值得到。

非平的结构元通过两个矩阵使用 `strel` 函数来构造。这两个矩阵为:1) 由结构元的域指定的 0 和 1 的矩阵;2) 由高度值指定的矩阵。例如:

```
>> b = strel([1 1 1], [1 2 1])
   b =
   Nonflat STREL object containing 3 neighbors.
   Neighborhood:
      1 1 1
   Height:
      1 2 1
```

创建了 1×3 结构元,高度值为 $b(0,-1)=1$、$b(0,0)=2$ 和 $b(0,1)=1$。

对于灰度图像,平的结构元使用与二值图像中的相同方法 `strel` 来创建。例如,下面的命令显示如何用平的 3×3 结构元膨胀图 9-23(a) 中的图像 `f`:

```
>> se = strel('square',3);
>> gd = imdilate(f,se);
```

图 9-23(b) 显示了结果。正如我们预料的那样,图像稍微有点模糊。图中的其余部分在下边讨论。

用结构元 b 对 f 进行灰度级腐蚀,表示为 $f \ominus b$,定义为:

$$(f \ominus b)(x,y) = \min\{f(x+x', y+y') - b(x', y') \mid (x', y') \in D_b\}$$

其中，D_b 为 b 的域，f 假设在 f 域之外为 $+\infty$。与以前一样，在几何上，我们认为按照结构元在图像中平移过所有位置。在每个平移位置处，用图像像素值减去结构元值以计算最小值。

与在膨胀中一样，灰度腐蚀通常用平的结构元来实现。平的灰度腐蚀公式可以简化为：

$$(f \ominus b)(x,y) = \min\{f(x+x', y+y') \mid (x', y') \in D_b\}$$

因此，平的灰度腐蚀是局部最小算子，其中的最小值由 D_b 的 1 值元素的空间形状决定的一组像素邻域得到。图 9-23(c)显示了使用函数 imerode 计算得到的结果，其中的结构元与图 9-23(b)中的相同：

```
>> ge = imerode(f,se);
```

膨胀和腐蚀可以相互结合以获得各种效果。例如，从图像的膨胀结果中减去腐蚀过的图像可产生"形态学梯度"，这是图像中局部灰度变化的一种度量。例如：

```
>> morph_grad = gd-ge;
```

将产生图 9-23(d)中的图像，这是图 9-23(a)中图像的"形态学梯度"。这个图像有边缘加强特征，类似于 6.6.1 节与后面的 10.1.3 节中讨论的梯度操作。

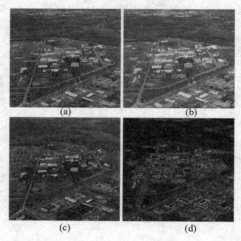

图 9-23 膨胀和腐蚀：(a) 原始图像；(b) 膨胀的图像；(c) 腐蚀的图像；(d) 形态学梯度。(原图像由 NASA 提供)

9.6.2 开操作和闭操作

在灰度图像中，开操作和闭操作的表达式与二值图像拥有相同的形式。用结构元 b 对 f 进行开操作，可表示为 $f \circ b$，定义为：

$$f \circ b = (f \ominus b) \oplus b$$

其中，开操作可理解为：腐蚀和膨胀是在 9.6.1 节定义的灰度级操作。同样，b 对 f 的闭操作，表示为 $f \bullet b$，定义为先膨胀再腐蚀：

$$f \bullet b = (f \oplus b) \ominus b$$

这两个操作都有简单的几何解释。假设图像函数 $f(x,y)$ 用三维表面表示，也就是说，这幅

图像的强度值是 xy 平面上的高度值。然后，b 对 f 的开操作可以在几何上解释为推动结构元 b，使之沿表面 f 的下沿平移，并移过整个 f 的域。开操作的结果是寻找结构元滑过的 f 下沿上所能达到的最高点。

图 9-24 以一维的形式解释了这个概念。考虑图 9-24(a)中的曲线为一幅图像中沿着某行的值。图 9-24(b)显示了在一些位置上，由平的结构元沿曲线的下侧推动结构元。完成的开操作如图 9-24(c)中的曲线所示。由于结构元太大，不能匹配曲线内部中间的峰值，因此开操作除掉了这个峰值。一般来说，开操作用来去除小的亮点细节，同时保留所有的灰度并保证较大的亮区特征不受干扰。

图 9-24(d)说明了闭操作的图形解释。结构元在曲线上面向下推动，并移动到所有位置。图 9-24(e)所示的闭操作可以通过寻找相对于曲线上方结构元所能达到的最低点。可以看到，闭操作去除比结构元小的黑暗细节。

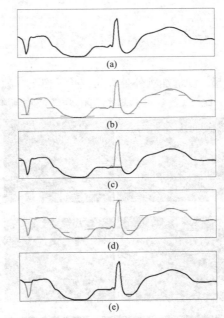

图 9-24 一维形式的开操作和闭操作：(a) 原始的一维信号；(b) 平的结构元沿信号的下面向上推动；(c) 开操作；(d) 平的结构元沿着信号的上面向下推动；(e) 闭操作

例 9.9 用开操作和闭操作做形态学平滑

由于开操作去除比结构元小的明亮细节，闭操作去除比结构元小的黑暗细节，因此它们经常组合在一起，用来平滑图像并去掉噪声。在这个例子中，我们用函数 imopen 和 imclose 来平滑图 9-25(a)中所示的木塞钉图片。这些木钉的主要特性是(以暗条文出现)：它们是均匀叠在亮背景上面的颗粒。当解释下边的结果时，可帮助我们记住图 9-24 说明的开操作和闭操作的相似性。考虑下边的一系列步骤：

```
>> f = imread('plugs.jpg');
>> se = strel('disk', 5);
>> fo = imopen(f, se);
>> foc = imclose(fo, se);
```

图 9-25(b)显示了开操作的图像 fo,在这里,我们看到,亮区域已经被调低了(平滑),木钉上的暗条文几乎没有受影响。图 9-25(c)显示了开操作的闭操作 foc。现在我们注意到,暗区域已经被平滑得很好了,结果是整个图像得到全部平滑。这种过程通常叫做开-闭滤波。

类似的过程称为闭-开滤波,操作顺序相反。图 9-25(d)显示了原始图像的闭操作结果。木钉上的暗条文已经被平滑掉了,主要留下了亮的细节(注意背景中的亮条文)。图 9-25(d)的开操作(图 9-25(e))显示了这些条文的平滑和木钉表面的进一步平滑效果。最终结果是原始图像得到全部平滑。

以开操作和闭操作相结合的方式应用的另一种方法是交替顺序滤波。交替顺序滤波的一种形式是用不断增大的一系列结构元执行开-闭滤波,以下命令解释了这个过程,刚开始用小的结构元,增加大小,直到与图 9-25(b)和(c)中结构元的大小相同为止:

```
>> fasf = f;
>> for k = 2:5
    se = strel('disk' ,k);
    fasf = imclose(imopen(fasf, se), se);
   end
```

在图 9-25(d)中显示的结果,以增加额外处理为代价,相比单独使用开闭滤波器的结果稍微平滑一些。在这种特殊情况下比较这三种方法时,闭-开滤波得到的结果更平滑。

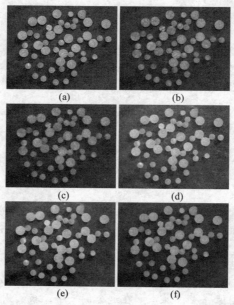

图 9-25 使用开操作和闭操作进行平滑: (a) 原始的木钉塞图像; (b) 用半径为 5 的源盘进行开操作处理后的图像; (c) 开操作的闭操作; (d) 原始图像的闭操作; (e) 闭操作的开操作; (f) 交替顺序滤波的结果

例 9.10 非均匀背景的补偿

开操作可以用来补偿非均匀照明的背景。图 9-26(a)显示了一幅米粒的图像 f,图像下部的背景比上部的黑。这样的话,对不平坦的亮度进行阈值处理会很困难(见 10.3 节)。例如,图 9-26(b)是阈值处理方案,图像顶端的米粒被很好地从背景中分离开来,但是图像底部的米粒没有从背景中正确地提取出来。只要结构元足够大,以至于无法完全匹配米粒,对图像进行开操作可以产生对整个图像背景的合理估计。例如，指令：

```
se = strel('disk',10);
fo = imopen(f,se);
```

产生的开操作后的图像如图 9-26(c)所示。把这幅图像从原始图像中减去，我们可以生成一幅拥有合适的均匀背景的米粒图像：

```
>> f2 = f - fo;
>> f2 = imtophat(f, se);
```

图9-26(d)显示了结果，图9-26(e)显示了新的经阈值处理后的图像。注意，改进效果超过了图 9-26(b)。

除了这个语法外，也可以调用 imtophat：

```
g = imtophat(f, NHOOD)
```

其中，NHOOD 是由 0 和 1 组成的数组，指定了结构元的尺寸和形状。这个语法与使用

```
imtophat(f, strel(NHOOD))
```

相同。

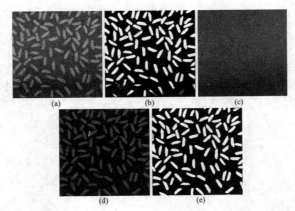

图 9-26　非均匀照明的补偿：(a) 原始图像；(b) 阈值处理后的图像；(c) 显示背景估计的经开操作处理后的图像；(d) 从原始图像减去背景估计后的结果；(e) 对(d)进行阈值处理后的结果。(原图像由 MathWorks 公司提供)

相关函数 imbothat 执行的是底帽(bottomhat)变换，定义为图像的闭操作减去图像，语法和 imtophat 一样。这两个函数可以一起用于对比度增强，所用命令如下：

```
>> se = strel('disk', 3);
>> g = f + imtophat(f, se) - imbothat(f, se);
```

例 9.11　粒度测定

在一幅图像中，决定粒度尺寸分布的技术是粒度测定领域的重要应用。形态学技术可以用于间接地测量粒度尺寸的分布；也就是说，不必准确识别并测量每个粒度。有规则形状的粒度要比背景亮一些，基本方法是应用增大尺寸的形态学开操作。对于每个开操作，在开操作中，所有像素的值的和都被计算；这个和有时候被称作图像的表面区域。

下面的半径为 0 到 35 的圆盘结构元对图 9-25(a)的图像进行开操作：

```
>> f = imread('plugs.jpg');
>> sumpixels = zeros(1, 36);
>> for k = 0:35
      se = strel('disk', k);
      fo = imopen(f, se);
      sumpixels(k + 1) = sum(fo(:));
   end

>> plot(0:35, sumpixels), xlabel('k'), ylabel('Surface area')
```

图 9-27(a)显示了 sumpixels 相对于 k 的曲线。更有趣的是在连续的开操作之间表面区域的减少：

```
>> plot(-diff(sumpixels))
>> xlabel('k')
>> ylabel('Surface area reduction')
```

在图 9-27(b)中，曲线中的峰值指出：存在大量的有那种半径的物体。因为曲线有很多噪声，所以对图 9-25(d)中平滑过的木钉塞图像重复这一过程。图 9-27(c)所示的结果更清晰地指出了原始图像中两个物体的不同尺寸。

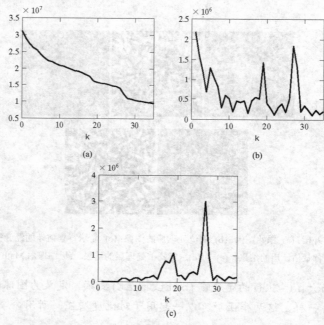

图 9-27 粒度测定：(a) 相对于结构元半径的表面区域；(b) 相对于结构元半径的表面区域的减少；(c) 平滑后的图像相对于结构元半径的表面区域的减少

9.6.3 重建

形态学上的灰度级重建由 9.5 节中给出的迭代过程来定义。图 9-28 显示了在一维情况下重建如何工作。在图 9-28(a)中，上面的曲线是模板，下面的灰色曲线是标记。在这种情况下，标记由模板减去常量形成。但是在通常情况下，任何信号都可以用作标记，只要不超过模板中的相应值即可。重建过程的每一次迭代都会展宽标记曲线的峰，直到它们从下边逼近模板曲线(见

图 9-28(b))。

最后的重建是图 9-28(c)中的黑色曲线。注意在重建中,两个较小的峰值被消除了。但是,虽然高一点的两个峰被削弱了一些,但还是被保留了下来。当标记图像是由模板图像减去常量 h 得到时,这种重建就叫做 h 极小值变换。h 极小值变换由工具箱函数 imhmin 来计算,并用来抑制小的峰值。

另一个有用的灰度级重建技术是重建的开操作,在重建中,图像首先被腐蚀,就如同标准的形态学开操作一样。然而,用闭操作代替下边的开操作,这个被腐蚀的图像在图像重建中被用作标记图像。原始图像作为模板。图 9-29(a)显示了重建的开操作示例,用以下命令得到:

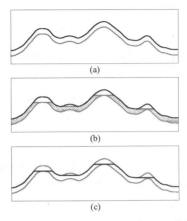

图 9-28 一维中的灰度级形态学重建:(a) 模板(顶部)和标记曲线;(b) 重建的迭代计算;(c) 重建的结果(黑色曲线)

```
>> f = imread('plugs.jpg');
>> se = strel('disk', 5);
>> fe = imerode(f, se);
>> fobr = imreconstruct(fe, f);
```

重建可以通过名为重建的闭操作来进一步清理图像。重建的闭操作通过对图像求补来实现,计算重建的开操作,然后对结果求补。命令如下:

```
>> fobrc = imcomplement(fobr);
>> fobrce = imerode(fobrc, se);
>> fobrcbr = imcomplement(imreconstruct(fobrce, fobrc));
```

图 9-29(b)显示了先用重建的开操作,再用重建的闭操作得到的结果。将之与图 9-25 中开-闭滤波器的结果以及交替顺序滤波器的结果进行比较。

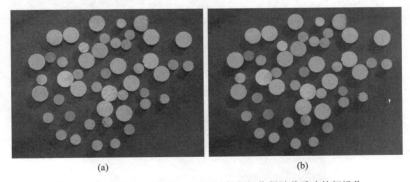

图 9-29 (a) 重建的开操作;(b) 重建的开操作紧随着重建的闭操作

例 9.12 用重建移去复杂的背景

我们的结论性示例用包含几个步骤的灰度级重建来说明。目标是突出显示图 9-30 中计算器键盘上的文字。第一步是消除每个键盘上方的水平反射光。为了达到这个目的,我们利用这些反射比图像中任何文本字符都要宽的这个事实。用长水平线的结构元执行重建的开操作:

```
>> f = imread('calculator.jpg');
>> f_obr = imreconstruct(imerode(f, ones(1, 71)), f);
>> f_o = imopen(f, ones(1, 71)); % For comparison.
```

重建的开操作(f_obr)显示于图9-30(b)中。为了进行对比，图9-30(c)显示了标准的开操作(f_o)。重建的开操作在提取水平的相邻键之间的背景方面的确较好。从原始图像中减去重建的开操作被称为顶帽重建(tophat-by-reconstruction)，结果示于图9-30(d)中：

```
>> f_thr = f - f_obr;
>> f_th = f - f_o;      % Or imtophat(f,ones(1, 71))
```

图9-30(e)显示了标准的顶帽计算(也就是f_th)。

接下来，我们消除图9-30(d)中键右边的垂直反射光。这可以通过用短的水平线执行重建的开操作来完成：

```
>> g_obr = imreconstruct(imerode(f_thr, ones(1, 11)), f_thr);
```

在这个结果中(见图 9-30(f))，垂直的反射光不见了。但是，包括字母的垂直的细笔画也不见了。比如，百分号的斜杠和ASIN中的"I"。我们利用了那些已被错误消除的字母非常接近第一次膨胀(见图 9-30(g))后还存在的其他字符这一事实。

```
>> g_obrd = imdilate(g_obr, ones(1, 21));
```

接下来，以f_thr作为模板，以min(g_obrd,f_thr)作为标记，最后的重建步骤是：

```
>> f2 = imreconstruct(min(g_obrd, f_thr), f_thr);
```

图9-30(h)显示了最后的结果。注意，背景上键盘的阴影和反射光都成功去除了。

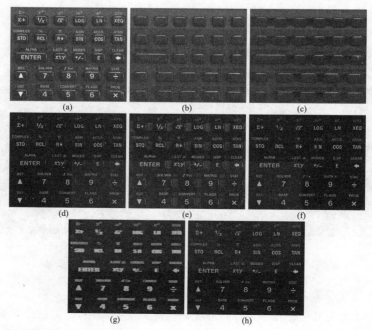

图 9-30 灰度级重建的应用示例：(a) 原始图像；(b) 重建的开操作；(c) 开操作；(d) 重建的顶帽操作；(e) 顶帽操作；(f) 使用水平线针对(b)进行的重建的开操作；(g) 用水平线对(f)进行的膨胀处理；(h) 最后的重建结果

9.7 小结

这一章介绍的数学形态学的概念和技术构成了一组提取图像特征的有力工具。针对二值图像和灰度图像处理的腐蚀、膨胀和重建的基本操作可用相互结合的方式执行非常宽泛的任务。正像下一章中说明的那样，形态学技术也可以用于图像分割。此外，正如第 11 章中讨论的那样，它们在图像描述的算法中也扮演重要角色。

第10章 图像分割

前一章开始将输入和输出都是图像的图像处理方法转变为输入是图像，但输出是从图像中抽取出来的属性的处理方法。分割是此方向的另一个重要步骤。

分割把图像细分为它的组成要素或物体，细分的水平取决于要解决的问题。也就是说，当感兴趣的物体已经被隔离出来时，就应该停止分割。例如，自动的电子装配线中的自动检测，兴趣在于分析产品图像以判断物体是否存在特殊的异常，例如元件缺失或连接线断裂等。这里没有必要使用超过识别这些元件所需要的细节水平的分割。

特殊图像的分割是图像处理中最困难的技术之一。分割的精确度决定了最终计算机分析的成功与否。因为这个原因，应该仔细考虑稳定分割的可能性。在某些情况下，比如工业检测方面的应用，有时至少在控制环境的某些测量上是有可能的。其他方面，比如在遥感中，用户控制图像获取的主要限制是传感器的选择。

单色图像的分割算法通常是基于图像亮度值的两个基本特性：不连续性和相似性。在第一类中，方法是基于亮度的突变来分割一幅图像，比如边缘，在第二类中，主要方法是根据事先定义的准则把图像分割成相似的区域。

本章我们讨论一些刚才提到的两类方法，它们主要应用于单色图像(彩色图像分割已在6.6节中讨论)。我们从适合检测不连续亮度的方法开始，比如点、线、边缘。

边缘检测已经是多年来分割算法的主要成果。除了边缘检测本身外，我们还讨论使用霍夫变换检测线性边缘线段的分割。边缘检测的讨论紧接阈值处理技术之后。阈值处理也是占有重要地位的基本分割方法，特别是在速度成为重要因素的应用场合。完成对阈值处理的讨论后，开始讨论面向区域的分割方法。我们以被称为"分水岭分割"的形态学分割方法来结束这一章。这种方法特别有吸引力，因为它能产生闭合的、有良好定义的区域边界以及全局形式的表现，并提供了一个框架，其中关于图像的先验知识在特殊运用下可以用来改善分割结果。正如前边的章节那样，我们开发了一些新的可补充图像处理工具箱的函数。

10.1 点、线和边缘检测

在这一节，我们讨论在数字图像中检测亮度不连续的三种基本类型：点、线和边缘。寻找不连续的最常见方法是在2.4节和2.5节中描述的对整幅图像运用模板。对于3×3的模板来说，该过程包括计算系数与模板覆盖区域包含的亮度的乘积之和。图像中的模板在任何一点的响应

R 由下式给出:

$$R=w_1z_1+w_2z_2+\cdots w_9z_9=\sum_{i=1}^{9}w_iz_i$$

其中，z_i 是与模板系数 w_i 相关的像素的亮度。和前面一样，模板的响应以它自身的中心来定义。

10.1.1 点检测

嵌在一幅图像的恒定区域或亮度几乎不变的区域里的孤立点的检测，在原理上都是比较简单的。

使用图 10-1 中的模板，如果在模板中心位置$|R|\geqslant T$，我们就说孤立的点已经被检测出来了。

其中，T 是非负的阈值。这种检测点的方法在工具箱中使用 `imfilter` 函数，并用图 10-1 中的模板来实现。重要的要求是当模板中心是孤立点时，模板的响应最强，而在恒定亮度区域中，响应为零。

-1	-1	-1
-1	8	-1
-1	-1	-1

图 10-1 点检测的模板

如果 T 已给出，下面的指令执行刚才讨论的点检测:

```
>> g = abs(imfilter(tofloat(f), w)) >= T;
```

其中，`f` 是输入图像，`w` 是适合点检测的模板(也就是图 10-1 中的模板)，`g` 是包含检测点的图像。回忆 2.4.1 节中的讨论，`imfilter` 把输出转换为输入所属的类，如果输入是整数类，并且 `abs` 操作不接受整数数据，那么在滤波操作中用 `tofloat(f)` 来防止对数值的过早截取。输出图像 `g` 是 `logical` 类；值是 0 和 1。如果 T 值没有给出，那么通常基于滤波结果来选取。在那种情况下，先前的一串指令分成三个基本步骤：1) 计算滤波后的图像 `abs(imfilter(tofloat(f),w))`；2) 从滤波后的图像的数据中找出 T 的值；3) 把滤波后的图像与 T 做比较。

例 10.1 点检测

图 10-2(a)显示了一幅图像 `f`，在球体的东北象限有一个几乎不可见的黑点，我们用下列程序检测该点:

```
>> w = [-1 -1 -1; -1 8 -1; -1 -1 -1];
>> g = abs(imfilter(tofloat(f), w));
>> T = max(g(:));
>> g = g >= T;
>> imshow(g)
```

在滤波后的图像 `g` 中选择最大值作为 T 值。然后在 `g` 中寻找所有的 `g>=T` 的点。假设所有的点是孤立的镶嵌在恒定或是近似恒定的背景上。我们可识别能给出最大响应的点。因为在选择 `g` 中的最大值作为 T 值的情况下，在 `g` 中不存在比 T 值大的点。我们使用>=算子(代替 =)定义一致性。如图 10-2(b)所示，其中有一个孤立点，该点使用 T 值置为 `max(g(:))` 且满足 `g>=T` 的条件。

点检测的另一种方法是在大小为 $m\times n$ 的所有邻点中寻找一些点，最大值和最小值的差超出了 T 的值。这种方法可以用 2.5.2 节中介绍的 `ordfilt2` 命令来完成:

```
>> g = ordfilt2(f, m*n, ones(m, n)) - ordfilt2(f, 1, ones(m, n));
>> g = g >= T;
```

图10-2 (a) 在球体的东北象限中带有几乎不可见的孤立黑点的灰度图像；(b) 已检测到该点的图像(为了便于观看,黑点放大了)

很容易证实,选择 m = n = 5 和 T=max(g(:)) 将产生与图 10-2(b) 中同样的结果。前面的公式比图 10-1 中的模板更灵活。例如,如果我们想要计算邻域中最高和下一个最高像素值之间的差,那么可以用前面由 m*n-1 表示的最右边的值代替 1。这一基本理论的其他方案可用相似的方法明确表达。

10.1.2 线检测

更复杂一点的是线检测。如果图 10-3 中的模板在图像上移动,就会对水平线(一个像素宽)的响应更强烈。对于恒定的背景,当线通过模板的中间一行时可能产生更大的响应。同样,图 10-3 中的第 2 个模板对+45°线响应最好,第 3 个模板对垂直线响应最好,第 4 个模板对−45°线响应最好。注意,每个模板的优先方向都用比其他可能方向要大的系数加权。每个模板的系数之和为 0,这表明在恒定亮度区域中,模板的响应为 0。

−1	−1	−1
2	2	2
−1	−1	−1

水平

2	−1	−1
−1	2	−1
−1	−1	2

45°

−1	2	−1
−1	2	−1
−1	2	−1

垂直

−1	−1	2
−1	2	−1
2	−1	−1

−45°

图 10-3 线检测模板

令 R_1、R_2、R_3 和 R_4 代表图 10-3 中模板的响应,从左到右,这里的 R 已经在 10.1.1 节的等式中给出。假定这 4 个模板分别用于图像,如果在图像的中心点,满足 $|R_i|>|R_j|,j\neq i$,我们就说那个点与模板 i 方向的线更相关。如果我们对图像中所有由给定模板定义的方向的线感兴趣,可以简单地通过图像运行这些模板,并对结果的绝对值取阈值,留下来的点便是响应最强烈的那些点,这些点与模板定义的方向最接近,并且线只有一个像素宽。

例 10.2 检测指定方向的线

图 10-4(a)显示了一幅数字化(二值化)的电子线路连线模板的一部分。图像大小是 486×486 像素。假如我们要寻找所有的一个像素宽的+45°线。为了这一目的,我们使用图 10-3 中的第 2 个模板。图 10-4(b)到图 10-4(f)是使用以下指令产生的,其中的 f 是图 10-4(a)中的图像：

```
>> w = [2 -1 -1; -1 2 -1; -1 -1 2];
>> g = imfilter(tofloat(f), w);
```

```
>> imshow(g, [ ]) % Fig. 10.4(b)
>> gtop = g(1:120, 1:120); % Top, left section.
>> gtop = pixeldup(gtop, 4); % Enlarge by pixel duplication.
>> figure, imshow(gtop, [ ]) % Fig. 10.4(c)
>> gbot = g(end - 119:end, end - 119:end);
>> gbot = pixeldup(gbot, 4);
>> figure, imshow(gbot, [ ]) % Fig. 10.4(d)
>> g = abs(g);
>> figure, imshow(g, [ ]) % Fig. 10.4(e)
>> T = max(g(:));
>> g = g >= T;
>> figure, imshow(g) % Fig. 10.4(f)
```

在图 10-4(b)中，比灰色背景暗一点的阴影与负值相对应。在+45°方向上有两个主要线段，一个在左上方，另一个在右下方(图10-4(c)和图10-4(d)显示了这两个区域的放大的片段)。注意，在图 10-4(d)中，直线部分比图 10-4(c)中的线段要亮得多。原因是：图 10-4(a)中右下方的部分只有一个像素宽，但左上方的部分不是。模板的响应对一个像素宽的部分比较强烈。

图 10-4(e)显示了图 10-4(b)的绝对值。因为我们对最强的响应感兴趣，所以令 T 等于图像中的最大值。图 10-4(f)以白色显示了满足条件 g>=T 的点，其中的 g 是图 10-4(e)中的图像。图中的孤立点也是对模板同样响应强烈的点。在原始图像中，这些点以及它们紧邻的点都是以这样的方法进行导向的。在那些孤立的位置，模板将产生最大响应。这些孤立的点可以由图 10-1 中的模板来检测，然后删除，也可以使用前一章讨论的数学形态学算子来删除。

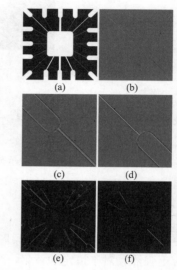

图 10-4 (a) 连线模板图像；(b) 用图 10-3 中的 +45°线处理后的结果；(c) (b)中左上角的放大效果；(d) (b)中右下角的放大效果；(e) (b)的绝对值；(f) 所有的点(白色)，这些点的值满足 g>=T，在这里，g 是(e)中的图像((f)中的点为了便于观看而被放大了)

10.1.3 使用函数 edge 的边缘检测

虽然点检测和线检测在图像分割的任何讨论中的确很重要，但是到目前为止，边缘检测最通用的方法是检测亮度的不连续。这样的不连续是用一阶和二阶导数来检测的。图像处理中选择的一阶导数是在 6.6.1 节中定义过的梯度。为方便起见，我们在这里适当地重写相关公式。二维函数 $f(x, y)$ 的梯度定义为一个向量：

$$\nabla f = \begin{bmatrix} g_x \\ g_y \end{bmatrix} = \begin{bmatrix} \dfrac{\partial f}{\partial x} \\ \dfrac{\partial f}{\partial y} \end{bmatrix}$$

这个向量的幅值是：

$$\nabla f = mag(\nabla f) = [g_x^2 + g_y^2]^{1/2} = [(\partial f / \partial x)^2 + (\partial f / \partial y)^2]^{1/2}$$

为了简化计算，有时候这个数值采取省略平方根计算的方法：

$$\nabla f \approx g_x^2 + g_y^2$$

或者取绝对值：

$$\nabla f \approx |g_x| + |g_y|$$

这些近似值仍然具有微分性质；也就是说，它们在恒定亮度区域中的值为零，而且它们的值与可变亮度区域中的亮度变化程度有关。

在实践中，通常用梯度的幅值或近似值来简单地作为"梯度"。

梯度向量的基本性质是：梯度向量指向(x,y)坐标处 f 的最大变化率方向。最大变化率处发生的角度是：

$$\alpha(x, y) = \tan^{-1}\left(\frac{g_y}{g_x}\right)$$

用函数 edge 估计 g_x 和 g_y 的方法在本节稍后讨论。图像处理中的二阶导数通常用 2.5.1 节中介绍的拉普拉斯来计算。回忆一下，二维函数 $f(x, y)$ 的拉普拉斯由二阶微分构成：

$$\nabla^2 f(x, y) = \frac{\partial^2 f(x, y)}{\partial x^2} + \frac{\partial^2 f(x, y)}{\partial y^2}$$

拉普拉斯自身很少被直接用作边缘检测，因为作为二阶导数，拉普拉斯对噪声的敏感性无法接受，它的幅度会产生双边缘，而且无法检测边缘方向。然而，正像本节稍后讨论的那样，当与其他边缘检测技术组合使用时，拉普拉斯是强有力的补充方法。例如，虽然双边缘不适合直接做边缘检测，但是这个性质可通过寻找双边缘间的零交叉来为边缘定位。

以前边的讨论为背景，边缘检测的基本概念是用以下两个基本准则之一，在图像中寻找亮度发生快速变化的位置：

- 寻找亮度的一阶导数的幅度比指定阈值大的地方。
- 寻找亮度的二阶导数中有零交叉的位置。

图像处理工具箱函数 edge 提供了一些以刚才讨论过的准则为基础的边缘估计器。对于一些估计器来说，能否作为边缘检测器取决于对水平、垂直或两者是否敏感。这个函数的一般语法是：

[g, t]=edge(f, 'method', parameters)

其中，f 是输入图像，method 是表 10-1 中列出方法中的一种，parameters 是下边说明的附加参数。输出 g 是在 f 中被检测到的边缘点的位置为 1，而在其他地方为 0 的逻辑数组。参数 t 是可选择的；由 edge 给出阈值，以决定哪个梯度值足够大到可以被称作边缘点。

1. Sobel 边缘检测算子

一阶导数被近似为数字的差。Sobel 边缘检测算子用下边的 3×3 邻域的行和列之间的离散差计算梯度(见图 10-5(a))，其中，每一行和每一列的中心像素用 2 来加权以提供平滑(Gonzalez 和 Woods[2008])：

$$\nabla f = [g_x^2 + g_y^2]^{1/2} = \{[(z_7 + 2z_8 + z_9) - (z_1 + 2z_2 + z_3)]^2 + [(z_3 + 2z_6 + z_9) - (z_1 + 2z_4 + z_7)]^2\}^{1/2}$$

其中，z 是亮度。如果在位置(x,y)处，$\nabla f >= T$，那么在该位置的像素是边缘像素，其中的 T 是指定的阈值。

从 2.5.1 节的讨论中我们知道，Sobel 边缘检测可以通过图 10-5(b)左边的模板滤波一幅图像 f 来实现(用 imfilter 函数)，然后，用另一个模板再对图像 f 滤波，对每一幅滤波后的图像的像素值再平方，把两个值加起来，计算平方根值。

类似的解释可用于表 10-1 中的第 2 和第 3 项。另外，edge 函数只是将前边的操作简单打包为函数来调用，并且增加其他的特征，例如接受一个阈值或自动地决定阈值。除此之外，edge 包含不可能直接用 imfilter 实现的边缘检测技术。

Sobel 检测算子的一般调用语法是：

```
[g,t] = edge(f, 'sobel', T, dir)
```

其中 f 是输入图像，T 是指定的阈值，dir 是指定的检测边缘的首选方向：'horizontal'、'vertical'或'both'(默认值)。

正如先前表明的那样，g 是在被检测到的边缘位置处为 1、而在其他位置为 0 的逻辑图像。

输出的参数 t 是可选择的，是 edge 使用的阈值。如果 T 被指定了值，那么 t=T；否则，如果 T 没有被赋值(或是空的[])，edge 令 t 等于自动决定的阈值，并用于边缘检测。

在输出参量列表中要包括 t 的主要原因之一是：为了得到阈值的初始值，它可以改进并且在后续调用中传递给函数。如果使用语法 g=edge(f)或[g,t]=egde(f)，edge 函数将使用 Sobel 检测算子作为默认值。

表 10-1 函数 edge 中可用的边缘检测算子

边缘检测算子	描　　述
Sobel	用图 10-5(b)所示的 Sobel 近似导数寻找边缘
Prewitt	用图 10-5(c)所示的 Prewitt 近似导数寻找边缘
Roberts	用图 10-5(d)所示的 Roberts 近似导数寻找边缘
LoG	在使用高斯滤波器的拉普拉斯滤波 f(x,y)后，通过寻找零交叉来发现边缘
零交叉	用指定的滤波器滤波 f(x,y)之后，寻找零交叉以发现边缘
Canny	通过寻找 f(x,y)的梯度的局部最大值来发现边缘。梯度由高斯滤波器的微分来计算。该方法使用两个阈值检测强的和弱的边缘，如果它们被连接到强边缘，那么在输出中只包含弱边缘。因此，这种方法更适合用于检测真实的弱边缘

2. Prewitt 边缘检测算子

Prewitt 边缘检测算子使用图 10-5(c)中的模板数字地近似一阶导数 g_x 和 g_y。一般调用语法是：

```
[g,t] = edge(f, 'prewitt', T, dir)
```

这个函数的参数和 Sobel 参数相同。Prewitt 检测算子相比 Sobel 检测算子在计算上要简单一点，但是比较容易产生噪声。

3. Roberts 边缘检测算子

Roberts 边缘检测算子使用图10-5(d)中的模板以相邻像素的差数字地近似一阶引导数。一般调用语法是：

```
[g,t] = edge(f, 'roberts', T, dir)
```

这个函数的参数和 Sobel 参数相同。Roberts 检测算子是数字图像处理中最古老的边缘检测算子中的一种，如图 10-5(d)所示，并且也是最简单的一种。因为在部分功能上有限制，所以这种检测算子的使用明显少于其他几种算子(比如，Roberts 检测算子是非对称的，而且不能检测诸如 45°倍数的边缘)。然而，在简单和速度为主导因素的情况下，Roberts 检测算子还是经常用在硬件实现方面。

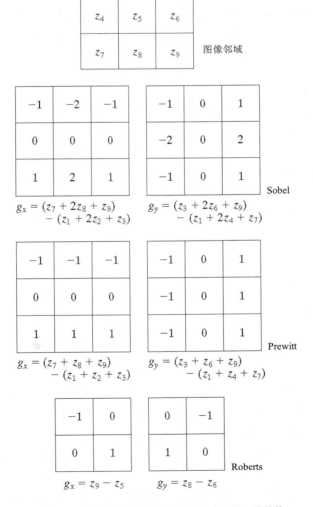

图 10-5 边缘检测算子模板以及它们实现的一阶导数

4. LoG 检测算子

考虑高斯函数：

$$G(x,y) = e^{-\frac{x^2+y^2}{2\sigma^2}}$$

其中的 σ 是标准差。这是平滑函数，如果和图像卷积，将会使图像变模糊。模糊的程度由 σ 的值决定。这个函数的拉普拉斯算法是：

$$\nabla^2 G(x,y) = \frac{\partial^2 G(x,x)}{\partial x^2} + \frac{\partial^2 G(x,x)}{\partial y^2} = \left[\frac{x^2+y^2-2\sigma^2}{\sigma^4}\right]e^{-\frac{x^2+y^2}{2\sigma^2}}$$

出于明显的原因，这个函数被称为 LoG。因为求二阶导数是线性操作，所以用 $\nabla^2 G(x,y)$ 卷积(滤波)这幅图像与先用平滑函数对图像卷积，再对结果进行拉普拉斯计算的结果是一样的。这是 LoG 检测算子的关键概念。

我们用 $\nabla^2 G(x,y)$ 卷积图像，这么做得到两个效果：平滑图像(因而减少了噪声)；计算拉普拉斯，从而产生双边缘图像。然后在双边缘之间定位由发现的零交叉组成的边缘。

LoG 检测算子的一般调用语法是：

`[g,t ]= edge(f, 'log', T, sigma)`

其中的 sigma 是标准差，其他参数和前边解释过的一样。sigma 的默认值是 2。和以前一样，edge 忽略一切不比 T 强的边缘。如果 T 值没有给出或为空[ ]，edge 会自动选值。将 T 设置为 0，将产生封闭的轮廓，这是我们熟知的 LoG 方法的典型特征。

5. 零交叉检测算子

这种检测算子基于的概念与 LoG 方法相同，但是卷积使用特殊的滤波函数 H 来完成，调用语法为：

`[g,t] = edge(f, 'zerocross', T, H)`

其他参数和 LoG 解释的一样。

6. Canny 检测算子

Canny 检测算子(Canny[1986])是 edge 函数中最强的边缘检测算子。总结如下：
1) 图像用指定了标准差 σ 的高斯滤波器来平滑，用以减少噪声。
2) 局部梯度 $[g_x^2 + g_y^2]^{\frac{1}{2}}$ 和边缘方向 $\tan^{-1}(g_x/g_y)$ 在每一点都计算。表 10-1 中前三项技术的任意一项都可以用来计算导数。边缘点被定义为梯度方向上局部强度最大的点。
3) 在 2)中决定的边缘点在梯度幅度图像上给出脊。然后，算法则追踪所有脊的顶部，设置所有的不在脊的顶部的像素为零。因此，在输出中给出一条细线，这是众所周知的非最大值抑制处理。脊像素使用称为"滞后阈值"的技术进行阈值处理，这种技术以使用两个阈值为基础，即 T_1 和 T_2，且 $T_1<T_2$。值大于 T_2 的脊像素称作强边缘像素，T_1 和 T_2 之间的脊像素称作弱边缘

像素。

4) 最后，算法用合并 8 连接的弱像素点到强像素点的方法执行边缘连接。

Canny 检测算子的语法是：

```
[g,t] = edge(f, 'canny', T, sigma)
```

在这里，T 是向量。T=[T_1，T_2]，包含在前边步骤 3)的两个阈值，sigma 是平滑滤波器的标准差。如果 t 包括在输出参量中，t 就是二元矢量，其中包含该算法用到的两个阈值。语法中的其余参数和其他方法中解释的一样，包括：如果 T 没有指定，就自动计算阈值。sigma 的默认值是 1。

例 10.3 Sobel 边缘检测算子的使用

我们可以用下列指令提取并显示图 10-6(a)中图像 f 的垂直边缘：

```
>> [gv, t] = edge(f, 'sobel' , 'vertical');
>> imshow(gv)
>> t
t =
    0.0516
```

如图 10-6(b)所示，结果中的主要边缘是垂直边缘(倾斜的边缘有垂直和水平分量，所以也能被检测到)。可以指定较高的阈值，从而把较弱的边缘去掉。

例如，图 10-6(c)是用下边的指令产生的：

```
>> gv = edge(f, 'sobel' ,0.15, 'vertical');
```

在指令中，使用相同的 T 值：

```
>> gboth = edge(f, 'sobel' ,0.15)
```

这会产生图 10-6(d)中的结果，突出显示了垂直和水平边缘。edge 函数不能在±45°上计算 Sobel 边缘。为了计算这些边缘，我们需要特定的模板并使用 imfilter 函数。例如，图 10-6(e)由下面的指令产生：

```
>> wneg45 = [-2 -1 0; -1 0 1; 0 1 2]
weg45 =
    -2   -1    0
    -1    0    1
     0    1    2
>> gneg45 = imfilter(tofloat(f), wneg45, 'replicate');
>> T = 0.3*max(abs(gneg45(:)));
>> gneg45 = gneg45 >= T;
>> figure, imshow(gneg45);
```

图 10-6(e)中最强的边缘是面向−45°角的边缘。同样，通过模板 wpos45 = [0 1 2; -1 0 1; -2 -1 0]，并使用同样的命令序列，就能得到面向+45°角的边缘，如图 10-6(f)所示。

在 edge 函数中使用'prewitt'和'roberts'选项并遵循与刚刚说明过的 Sobel 边缘检测算子相同的过程。

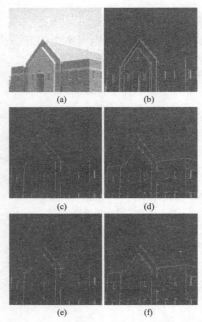

图 10-6 (a) 原始图像；(b) 使用自动决定阈值的垂直 Sobel 模板并经 edge 函数处理后的结果；(c) 使用指定阈值的结果；(d) 使用指定阈值决定垂直和水平边缘的结果；(e) 使用 imfilter 函数并用指定的模板及阈值计算-45°边缘的结果；(f) 使用函数 imfilter 并用指定的模板及阈值计算+45°边缘的结果

例 10.4 Sobel、LoG 和 Canny 边缘检测算子的比较

在这个例子中，我们比较 Sobel、LoG 和 Canny 边缘检测算子的相关性能。目的是通过提取图 10-6(a)中建筑图像 f 的主要边缘特征，产生干净清晰的边缘图，并去掉不相关的细节，比如砖墙和屋顶的纹理。在本次讨论中，我们感兴趣的主要边缘是建筑的角落、窗户、由亮的砖结构形成的门口和门本身、屋顶线以及围绕建筑且距离地面三分之二的混凝土带。图 10-7 左列显示了使用默认的'sobel'、'log'和'canny'选项得到的边缘图像。

```
>> f = tofloat(f);
>> [gSobel_default, ts] = edge(f, 'sobel');  % Fig. 10.7(a)
>> [gLoG_default, tlog] = edge(f, 'log');    % Fig. 10.7(c)
>> [gCanny_default, tc] = edge(f, 'canny');  % Fig. 10.7(e)
```

在输出参量中，由前面计算得到的阈值是 ts=0.074、tlog=0.0025 和 tc=[0.019, 0.047]。对于'log'和'canny'选项，sigma 的默认值分别是 2.0 和 1.0。除了 Sobel 图像之外，通过默认值计算得出的图像与想要得到的清晰边缘图相差较远。由默认值开始，每个选项的参数分别随早些时候提到的显示主要特性的目标而变化,并尽可能减少不必要的细节。图 10-7 右列的图像是由以下指令得到的：

```
>> gSobel_best = edge(f, 'sobel', 0.05);                   % Fig. 10.7(b)
>> gLoG_best = edge(f, 'log', 0.003, 2.25);                % Fig. 10.7(d)
>> gCanny_best = edge(f, 'canny', [0.04 0.10], 1.5);       % Fig. 10.7(f)
```

如图 10-7(b)所示，Sobel 得出的结果与我们想要的水泥带和门口的左边缘相差还较远。在图 10-7(d)中，LoG 的结果相比 Sobel 的结果要好一些，比 LoG 的默认值得出的结果要好得多。

但是，门口的左边缘没有检测出来，建筑物周围水泥带的两个边也还是不够清晰。

Canny 得出的结果(图10-7(f))到目前为止要远远好于前两种。特别注意：门口的左边缘已被清晰检测到，还有混凝土带和其他细节，比如门口上方屋顶的通风栅格。除了检测到要求的特征之外，Canny 检测算子还产生了最清晰的边缘图。

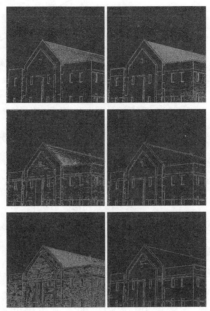

图 10-7 左列，使用 Sobel、LoG、Canny 边缘检测算子默认选项的结果；右列，当需要减少不相关的细节时，显示图 10-6(a)中原始图像的主要特征，Canny 边缘检测算子能产生最好的结果

10.2 使用霍夫变换的线检测

在理想情况下，10.1 节讨论的方法应该只产生位于边缘上的像素。实际上，得到的像素因为噪声，以及不均匀照明引起的边缘断裂和杂散的亮度不连续而难以得到完全的边缘特性。

因而，典型的边缘检测算法紧接着用连接过程把像素组装成有意义的边缘。一种寻找并连接图像中线段的方法是霍夫变换(Hough[1962])。

10.2.1 背景

给定图像(典型的二值图像)中的 n 个点，假如我们想要寻找位于直线上所有点的子集，可能的解决方法就是先找到由每一对点决定的所有线，然后寻找接近特殊线的所有点的子集。在此过程中，需要找到 $n(n-1)/2 \sim n^2$ 条线，然后进行 $n(n(n-1))/2 \sim n^3$ 次每一点与所有线的比较。这种方法运算很繁琐，一般是不用的。

另一种解决方法是使用霍夫变换，我们考虑点(x_i, y_i)以及所有通过这个点的线，有无穷多的线通过点(x_i, y_i)。其中，针对 a 和 b 的一些值，满足斜截式 $y_i = ax_i + b$ 的所有线都通过该点。该公式可以写为 $b = -ax_i + y_i$，并且考虑 ab 平面(也称为参数空间)对固定点(x_i, y_i)得到一条线的方程。此外，第二个点(x_j, y_j)也有这样一条在参数空间中与之相关的线，这条线和与(x_i, y_i)相关的线相交于点(a', b')，其中，a'是斜率，b'是在 xy 平面上包含点(x_i, y_i)和(x_j, y_j)的线的截距。事实上，在参数空间中，这条线包含的所有点都有相交于(a',b')点的直线。图 10-8 说明了这些概念。

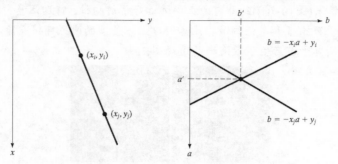

图 10-8 (a) xy 平面；(b) 参数空间

原则上，与图像上的点(x_i, y_i)相对应的参数空间中的所有线都可以绘制出来，而图像上的线可以通过很多参数空间的线的交叉来识别。然而，用这种方法的实际困难是：a(线的斜率)接近无限大，也就是接近垂直方向。这个困难的解决办法使用线的法线表示法：

$$xcos\theta + ysin\theta = \rho$$

图 10-9(a)说明了参数 ρ 和 θ 的几何解释。水平线的 $\theta=0$，ρ 等于正的 x 截距。相似的，垂直线的$\theta=90°$，ρ 等于正的 y 截距。或者，$\theta=-90°$，ρ 等于负的 y 截距。

图 10-9(b)中的每一条正弦曲线表示通过特定点(x_i, y_i)的一族直线。交叉点对应于通过(x_i, y_i)和(x_j, y_j)的线。

霍夫变换在计算上的诱人之处是把 $\rho\theta$ 空间再细分为所谓的累加单元，正如图 10-9(c)中说明的那样，其中的 (ρ_{min}, ρ_{max}) 和 $(\theta_{min}, \theta_{max})$ 是预期的参数值范围。一般来说，值的最大范围是$-90°\leq\theta\leq90°$ 和$-D\leq\rho\leq D$，其中 D 是图像中两个角之间的最远距离。

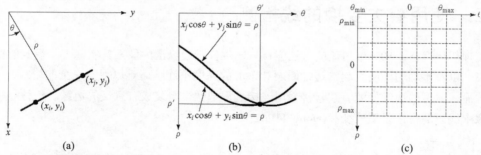

图 10-9 (a) xy 平面上线的参数化；(b) $\rho\theta$ 平面上的正弦曲线；交叉点(ρ',θ')对应连接(x_i,y_i)和(x_j,y_j)的线的参数；
(c) 把 $\rho\theta$ 平面划分为累加单元

在坐标(i,j)的单元位置，累加器的值是 $A(i,j)$，对应于参数空间坐标(ρ_i, θ_j)的正方形。最初，这些单元位置为零。然后，对于每个图像平面上的非背景点(x_k, y_k)(就是 xy 平面)，我们令 θ 等于在 θ 轴上允许的细分值，并通过公式 $\rho=x_k cos\theta+y_k sin\theta$ 解出相应的 ρ 值。然后，得到的 ρ 值四舍五入为最接近的 ρ 轴上允许的单元值。相应的累加器单元增加一个增量。在这个过程的最后，累加单元 $A(i,j)$中的值 Q 就意味着 xy 平面上位于线 $xcos\theta_j+ysin\theta_j=\rho_i$ 上的点有 Q 个。在 $\rho\theta$ 平面上，细分的数目决定了这些点的共线的精确度。累加器数组在工具箱中叫做霍夫变换矩阵，简称霍夫变换。

10.2.2 与霍夫变换有关的工具箱函数

图像处理工具箱提供了三个与霍夫变换有关的函数。函数 hough 实现了前面讨论的概念，函数 houghpeaks 寻找霍夫变换的峰值(累加单元的高计数)，函数 houghlines 以来自其他两个函数的结果为基础在原始图像中提取线段。

1. 函数 hough

函数 hough 支持任意的默认语法：

```
[H, theta, rho] = hough(f)
```

还支持完整的语法形式：

```
[H, theta, rho] = hough(f, 'ThetaRes', val1, 'RhoRes', val2)
```

其中，H 是霍夫变换矩阵，theta(以度计)和 rho 是 ρ 和 θ 值向量，在这些值上产生霍夫变换。输入 f 是二值图像，val1 是 0 到 90 的标量，指定了沿 θ 轴霍夫变换的间距(默认是 1)，val2 是 0<val2<hypot(size(I,1),size(I,2))的实标量，指定了沿 ρ 轴的霍夫变换的间隔(默认是 1)。

例 10.5 霍夫变换的说明

在这个例子中，我们用简单的合成图像来说明 hough 函数的机理：

```
>> f = zeros(101, 101);
>> f(1, 1) = 1; f(101, 1) = 1; f(1, 101) = 1;
>> f(101, 101) = 1; f(51, 51) = 1;
```

图 10-10(a)显示了我们的测试图像，下面使用默认值计算并显示霍夫变换的结果：

```
>> H = hough(f)
>> Imshow(H,[])
```

图 10-10(b)显示了结果，以熟悉的方法使用 imshow 函数来显示。在带有标度轴的较大图中显现霍夫变换常常更有用。

在接下来的代码片段中，我们调用带有三个参数的 hough 函数。然后把向量 theta 和 rho 作为附加输入参量传递给 imshow，从而控制水平轴和垂直轴的标度。我们还要把 'InitialMagnification'选项传递给带有值'fit'的 imshow 函数，因此，整个图像将被强迫在图形窗口中进行装配。axis 函数被用来打开轴标记，并使其显示填充图的矩形框。最后，xlabel 和 ylabel 函数(见 2.3.1 节)用希腊字母 LaTeX 字体符号在轴上标值：

```
>> [H, theta, rho] = hough(f);
>> imshow(H, [], 'XData', theta, 'YData', rho ,'InitialMagnification', 'fit')
>> axis on, axis normal
>> xlabel('\theta'), ylabel('\rho')
```

图 10-10(c)显示了标上值之后的结果。三条曲线(直线也可考虑为曲线)在±45°处的交点指出：f 中有两组三个共线的点。两条曲线在(ρ,θ)=(0,–90)、(–100,–90)、(0,0)和(100,0)处的交点指出：有 4 组位于垂直线和水平线上的共线点。

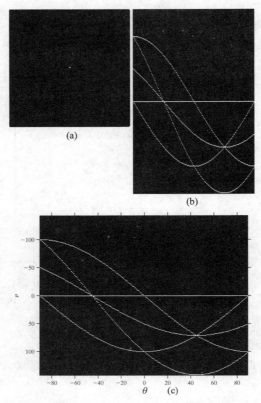

图 10-10　(a) 有 5 个点的二值图像(4 个点在角上);(b) 使用 `imshow` 函数显示的霍夫变换;(c) 另一种带有标度轴的霍夫变换((a)中的点已被放大以便于观看)

2. 函数 `houghpeaks`

线检测和连接用的霍夫变换的第一步是用高的计数寻找累加单元(工具箱文本把高的计数单元作为峰值)。因为存在霍夫变换参数空间中的量化和典型图像的边缘并不是很完美的直线这样的事实,霍夫变换的峰值倾向于相比霍夫变换单元更多。函数 `houghpeaks` 用任意默认语法来寻找指定的峰值数:

```
peaks = houghpeaks(H, NumPeaks)
```

或者使用完整的语法形式:

```
peaks = houghpeaks(..., 'Threshold', val1, 'NHoodSize', val2)
```

其中,"..."指出来自默认语法和 `peaks` 的输入是持有峰值行和列坐标的 Q×2 大小的矩阵。Q 的范围是 0 到 `NumPeaks`,H 是霍夫变换矩阵。参数 `val1` 是非负的标量,指定了 H 中的什么值被考虑为峰值;`val1` 可以从 0 到 `Inf` 变化,默认值是 `0.5*max(H(:))`。参数 `val2` 是奇整数的两元素矢量,指定量围绕峰值的邻域大小。当鉴别出峰值之后,邻域中的元素被置为 0。默认是由最小奇数值组成的两元素矢量大于或等于 `size(H)/50`。这个过程的基本思想是:通过把发现峰值的直接邻域中的霍夫变换单元置 0 来清理峰值。我们在例 10.6 中说明函数 `houghpeaks`。

3. 函数 houghlines

一旦一组候选的峰值在霍夫变换中被识别出来,如果存在与这些峰值相关的有意义的线段,剩下的就是决定线的起始点和终点。函数 houghlines 用默认的语法执行这个任务:

```
lines = houghlines(f, theta, rho, peaks)
```

或者使用完整的语法形式:

```
lines = houghlines(..., 'FillGap', val1, 'MinLength', val2)
```

其中,theta 和 rho 是来自函数 hough 的输出,peaks 是函数 houghpeaks 的输出。输出 lines 是结构数组,长度等于找到的线段数。结构中的每个元素可以看成一条线,并含有下列字段:

- point1:两元素向量[r1, c1],指定了线段终点的行列坐标。
- point2:两元素向量[r2, c2],指定了线段其他终点的行列坐标。
- theta:与线相关的霍夫变换的以度计量的角度。
- rho:与线相关的霍夫变换的 ρ 轴位置。

其他参数如下:

val1 是正的标量,指定了与相同的霍夫变换相关的两条线段的距离。当两条线段之间的距离小于指定的值时,函数 houghlines 把线段合并为一条线段(默认的距离是 20 个像素)。参数 val2 是正的标量,指定合并的线是保留还是丢弃。如果合并的线比 val2 指定的值短,就丢弃(默认值是 40)。

例 10.6 用霍夫变换检测和连接线

在这个例子中,我们用函数 hough、houghpeaks 和 houghlines 寻找图 10-7(f)所示二值图像 f 的一组线段。首先,我们用比默认值更好的角间距(用 0.2 代替 1.0)计算和显示霍夫变换:

```
>> [H, theta, rho] = hough(f, 'ThetaResolution', 0.2);
>> imshow(H, [], 'XData', theta, 'YData', rho, 'InitialMagnification', 'fit')
>> axis on, axis normal
>> xlabel('\theta'), ylabel('\rho')
```

下一步,我们用函数 houghpeaks 寻找 5 个有意义的霍夫变换的峰值:

```
>> peaks = houghpeaks(H, 5);
>> hold on
>> plot(theta(peaks(:, 2)), rho(peaks(:, 1)), ...
        'linestyle', 'none', 'marker', 's', 'color', 'w')
```

前边的操作计算和显示霍夫变换,并添加使用函数 houghpeaks 的默认设置寻找到的 5 个峰值位置。图 10-11(a)显示了结果。例如,最左边较小的方形确定与房顶相关的累加单元,以工具箱的角度作为参考倾向于近似–74°,在图 10-9(a)中是–16°。最后,我们使用函数 houghlines 寻找和连接线段,用函数 imshow、hold on 和 plot 在原始的二值图像上添加线段:

```
>> lines = houghlines(f, theta, rho, peaks);
>> figure, imshow(f), hold on
>> for k = 1:length(lines)
xy = [lines(k).point1 ; lines(k).point2];
plot(xy(:,1), xy(:,2), 'LineWidth', 4, 'Color', [.8 .8 .8]);
end
```

图 10-11(b)显示了使用检测到的叠加了较粗灰线的线段得到的结果。

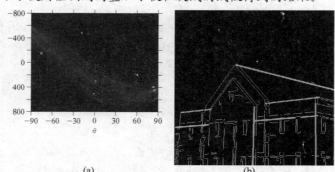

图 10-11 (a) 带有已选择的 5 个峰值位置的霍夫变换；(b) 与霍夫变换峰值对应的线段

10.3 阈值处理

由于直观性和实现的简单性，图像的阈值处理在图像分割应用中享有核心地位。我们在前面章节的讨论中已经用过阈值处理。在本节，我们讨论自动选择阈值的方法，此外还将考虑一种根据局部图像的性质来改变阈值的方法。

10.3.1 基础知识

假设图 10-12(a)中的灰度直方图对应于暗背景上由亮物体组成的图像 $f(x,y)$，这样，目标和背景像素拥有的灰度级可分为两个占主导地位的模式。从背景提取目标的很显然方法是选取阈值 T 来分离这两个模式。然后，满足 $f(x,y) \geq T$ 的任何图像点被称为物体点，其他的点称为背景点(反过来，在亮背景上的暗物体也是一样)。阈值处理后的图像 $g(x,y)$ 被定义为：

$$g(x,y) = \begin{cases} a & f(x,y) > T \\ b & f(x,y) \leq T \end{cases}$$

标注为 a 的像素对应目标，标注为 b 的像素对应背景。通常为了方便，令 $a=1$(白)，$b=0$(黑)。T 是常数时，适用于整幅图像，上述公式用于全局阈值处理。当阈值 T 在一幅图像上变化时，我们用"可变阈值"这一术语。术语"局部阈值处理"或"区域阈值处理"还用于表示一幅图像中在任何点(x,y)处，T 值的变化依靠(x,y)邻域的特性(例如邻域像素的平均灰度)。如果 T 依赖空间坐标本身，可变阈值常常叫做动态的或自适应的阈值处理。这些术语的使用并不普遍，并且在有关图像处理的文献中你可能会看到在交替地使用它们。

图 10-12(b)显示了一个更加困难的阈值处理问题，其中包含 3 个相应的直方图模式，例如暗背景中亮物体的两种类型。在这里，如果 $f(x,y) \leq T_1$，多(双)阈值处理将把(x,y)处的像素分属为背景；如果 $T_1 < f(x,y) \leq T_2$，就分属于物体类；如果 $f(x,y) > T_2$，就分属于另一个物体。也就是说，分割的图像由下式决定：

$$g(x,y) = \begin{cases} a & f(x,y) > T_2 \\ b & T_1 < f(x,y) \leq T_2 \\ c & f(x,y) \leq T_1 \end{cases}$$

其中，a、b、c 是三个不同的灰度值。要求多于两个阈值的分割是很难解决的(常常是不可能的),并且好的结果通常使用其他方法得到。例如在 10.3.6 和 10.3.7 节讨论的可变阈值处理,或在 10.4 节讨论的区域生长方法。

基于前边的讨论,我们得出如下结论:灰度阈值处理的成功直接关系到直方图模式下可分离的谷的宽度和深度。由此,影响谷的特性的关键因素是:1) 峰间的分离度(峰分开得越远,分离模式的可能性越好);2) 图像中的噪声内容(模式随噪声增加而加宽);3) 物体和背景的相对大小;4) 光源的均匀性;5) 图像的反射特性的均匀性。至于这些因素怎样影响阈值处理方法的详细讨论,见 Gonzalez 和 Woods 的著作[2008]。

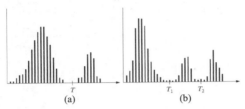

图 10-12 可以分割的灰度直方图:(a) 使用单阈值;(b) 使用双阈值。它们分别是单峰和双峰直方图

10.3.2 基本全局阈值处理

选取阈值的一种方法就是图像直方图的视觉检测。例如,图 10-12(a) 中的直方图有两个截然不同的模式;很容易选择阈值 T 来分开它们。选择 T 的另一个方法是反复实验,选取不同的阈值,直到观测者觉得产生了较好的结果为止,这在交互环境下特别有效。例如,这种方法允许使用者通过 widget(图形控制)改变阈值,就像游标一样,可以立即看见结果。

通常,在图像处理中首选的方法是使用一种能基于图像数据自动地选择阈值的算法,为了自动选阈值,下列迭代过程采用的就是这样的方法:

(1) 针对全局阈值选择初始估计值 T。

(2) 用 T 分割图像。这会产生两组像素:G_1 由所有灰度值大于 T 的像素组成,G_2 由所有灰度值小于等于 T 的像素组成。

(3) 分别计算 G_1、G_2 区域内的平均灰度值 m_1 和 m_2。

(4) 计算出新的阈值:

$$T = \frac{1}{2}(m_1 + m_2)$$

(5) 重复步骤(2)~(4),直到在连续的重复中,T 的差异比预先设定的参数 $\triangle T$ 小为止。

(6) 使用函数 im2bw 分割图像:

```
g = im2bw(f, T/den)
```

其中,den 是整数(例如一幅 8 比特图像的 255),是 T/den 比率为 1 的数值范围内的最大值,正如函数 im2bw 要求的那样。

在速度成为重要问题时,参数 $\triangle T$ 用于控制迭代次数。通常,$\triangle T$ 越大,算法执行的迭代次数越少。这可以得到证明,假如初始阈值在图像中的最大和最小灰度值之间选择(平均图像灰度对 T 来说是不错的选择),那么算法在有限的步数内收敛。根据分割,在涉及物体和背景的直方图模式之间有相当清楚的谷的情况下,算法会工作得很好。我们以下边的例子来说明在 MATLAB 中如何执行这个过程。

例 10.7　计算全局阈值

刚才讨论的基本迭代方法可按如下方式来执行，其中的 f 是图 10-13(a)中的图像：

```
>> count = 0;
>> T = mean2(f);
>> done = false;
>> while ~done
      count = count + 1;
      g = f > T;
      Tnext = 0.5*(mean(f(g)) + mean(f(~g)));
      done = abs(T - Tnext) < 0.5;
      T = Tnext;
   end
>> count
count =
    2
>> T
T =
    125.3860
>> g = im2bw(f, T/255);
>> imshow(f) % Fig. 10.13(a).
>> figure, imhist(f) % Fig. 10.13(b).
>> figure, imshow(g) % Fig. 10.13(c).
```

算法仅需两步迭代就可收敛，并且得到的阈值接近灰度级的中点。可以期待清晰的分割，因为直方图中的模式之间有很宽的分开度。

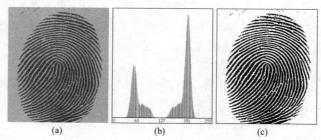

图 10-13　(a) 带噪声的指纹；(b) 直方图；(c) 用全局阈值分割的结果(为清楚起见，边界是手工加上去的)。(原图像由美国国家标准和技术研究所提供)

10.3.3　使用 Otsu's 方法的最佳全局阈值处理

令一幅图像的直方图成分由下式表示：

$$p_q = \frac{n_q}{n} \qquad q = 0, 1, 2, \ldots, L-1$$

其中，n 是图像中像素的总数，n_q 是灰度级为 q 的像素数目，L 是图像中所有可能的灰度级数(记住，灰度级是整数值)。现在，假设阈值 k 已经选定了，C_1 是一组灰度级为$[0,1,2,\ldots,k]$ 的像素，C_2 是一组灰度级为$[k+1,\ldots,L-1]$的像素。Otsu's 为最佳方法，在某种意义上，选择阈值 k，最大类间方差$\sigma_B^2(k)$定义为：

$$\sigma_B^2(k) = P_1(k)[m_1(k)-m_G]^2 + P_2(k)[m_2(k)-m_G]^2$$

这里，$P_1(k)$是集合 C_1 发生的概率：

$$P_1(k) = \sum_{i=0}^{k} p_i$$

例如，如果设置 $k=0$，那么拥有为 k 赋值的任何像素 C_1 集合的概率为 0，类似的，集合 C_2 发生的概率是：

$$P_2(k) = \sum_{i=k+1}^{L-1} p_i = 1 - P_1(k)$$

$m_1(k)$ 和 $m_2(k)$ 分别是集合 C_1 和 C_2 中像素的平均灰度。m_G 是全局均值(整个图像的平均灰度)：

$$m_G = \sum_{i=0}^{L-1} ip_i$$

此外，直到灰度级 k 的平均灰度由下式给出：

$$m(k) = \sum_{i=0}^{k} ip_i$$

展开 $\sigma_B^2(k)$ 的表达式，并使用 $P_2(k) = 1 - P_1(k)$ 这一事实，我们可以把类间方差写成：

$$\sigma_B^2(k) = \frac{[m_G P_1(k) - m(k)]^2}{P_1(k)[1 - P_1(k)]}$$

这个式子在计算上稍微有效一些，因为对于所有的 k 值来说，只有两个参数 m 和 P_1 必须计算(m_G 只计算一次)。将类间方差最大化的想法是：方差较大，完全分割一幅图像的阈值将会更接近。注意，这个最佳度量完全基于参数，它可以直接从图像的直方图得到。另外，因为 k 是处于范围 $[0, L-1]$ 内的整数，所以寻找 $\sigma_B^2(k)$ 的最大值是很简单的事情。我们一步步通过 k 的 L 个可能值，并在每一步计算方差。然后，选择给出 $\sigma_B^2(k)$ 最大值的 k。这个 k 就是最佳阈值。如果最大值不唯一，那么所用的阈值是找到的所有最佳 k 值的平均。类间方差对总的图像灰度方差的比率，是把图像灰度分为两类(也就是物体和背景)的可分性度量：

$$\eta(k) = \frac{\sigma_B^2(k)}{\sigma_G^2}$$

可用如下范围来显示：

$$0 \leq \eta(k^*) \leq 1$$

其中，k^* 是最佳阈值。该度量可用于使恒定图像(像素完全不可以分成两类)达到最小值，还可用于使二值图像(像素完全可分)达到最大值。

工具箱函数 graythresh 用于计算 Otsu's 阈值。语法是：

```
[T, SM] = graythresh(f)
```

在这里，f 是输入图像，T 是产生的阈值并被规一化到[0,1]中，SM 是可分性度量。正如前面说明的那样，函数 im2bw 用来分割图像。

例 10.8 对使用 Otsu's 方法和 10.3.2 节的基本全局阈值处理方法分割图像的比较

我们使用图 10-13(a)中的图像 f 来比较 Otsu's 方法和上一节的基本全局阈值处理方法：

```
>> [T, SM] = graythresh(f)
T =
    0.4902
SM =
```

```
      0.9437
>> T*255
ans =
    125
```

这个阈值与通过上一节的基本全局阈值处理算法得到的阈值几乎相同，因此可以期待相同的分割结果。注意，高的 SM 值说明灰度分成两类的可能性高。

图 10-14(a)(一幅聚合物细胞的图像，称为 f2)中存在更困难的分割任务。目标是从背景中分割出细胞的边界(图像中最亮的区域)。图像的直方图(见图 10-14(b))完全不是双峰的。因此，期望通过简单的算法达到适当的分割有一些困难。图 10-14(c)中图像的获得过程与图 10-13(c)相同。算法经一次迭代就收敛了，并得到了等于 169.4 的阈值 T。使用这个阈值：

```
>> g = im2bw(f2, T/255);
>> imshow(g)
```

可以得到图 10-14(c)中的结果。

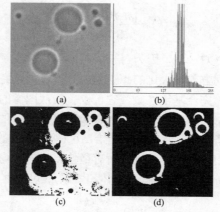

图 10-14　(a) 原始图像；(b) 直方图(高值被修剪为低值中的高亮细节)；(c) 使用基本全局算法的分割结果；(d) 使用 Otsu's 算法得到的结果。(原图像由宾夕法尼亚大学的 Daniel A. Hammer 教授提供)

正如你看到的那样，分割并不成功。现在，我们用 Otsu's 方法分割图像：

```
>> [T, SM] = graythresh(f2);
>> SM
SM =
    0.4662
>> T*255
ans =
    181
>> g = im2bw(f2, T);
>> figure, imshow(g)  % Fig. 10.14(d).
```

正如图 10-14(d)中显示的那样，采用 Otsu's 方法的分割是有效的。尽管分离度的度量值相对较低，但聚合物细胞的边界以合理的准确性从背景中提取出来了。

类间方差的所有参数都以图像的直方图为基础。正如不久你将要看到的那样，存在一种应用，其中可以用直方图而不是图像来计算 Otsu's 阈值，和函数 graythresh 一样。下面的自定义函数计算给定图像直方图的 T 和 SM：

```
function [T, SM] = otsuthresh(h)
%OTSUTHRESH Otsu's optimum threshold given a histogram.
%   [T, SM] = OTSUTHRESH(H) computes an optimum threshold, T, in the
%   range [0 1] using Otsu's method for a given a histogram, H.

% Normalize the histogram to unit area. If h is already normalized,
% the following operation has no effect.
h = h/sum(h);
h = h(:); % h must be a column vector for processing below.

% All the possible intensities represented in the histogram (256 for
% 8 bits). (i must be a column vector for processing below.)
i = (1:numel(h))';

% Values of P1 for all values of k.
P1 = cumsum(h);

% Values of the mean for all values of k.
m = cumsum(i.*h);

% The image mean.
mG = m(end);

% The between-class variance.
sigSquared = ((mG*P1 - m).^2)./(P1.*(1 - P1) + eps);

% Find the maximum of sigSquared. The index where the max occurs is
% the optimum threshold. There may be several contiguous max values.
% Average them to obtain the final threshold.
maxSigsq = max(sigSquared);
T = mean(find(sigSquared == maxSigsq));

% Normalized to range [0 1]. 1 is subtracted because MATLAB indexing
% starts at 1, but image intensities start at 0.
T = (T - 1)/(numel(h) - 1);

% Separability measure.
SM = maxSigsq / (sum(((i - mG).^2) .* h) + eps);
```

很容易验证,这个函数给出了与函数 graythresh 一样的结果。

10.3.4 使用图像平滑改进全局阈值处理

噪声可以把简单的阈值处理问题转变为不能解决的问题。当噪声不能在源头减少,并且阈值处理是选择的分割方法时,提高性能的一种常用技术是在阈值处理之前先对图像进行平滑。我们用一个例子介绍这种方法。

在没有噪声时,图10-15(a)中的原始图像是双值的,可以使用处在两幅图像灰度值之间的任何阈值做完美的阈值处理。图 10-15(a)中的图像是在原始的二值图像上加入均值为 0、标准差为 50 个灰度级的高斯噪声的结果。带噪图像的直方图(见图 10-15(b))清楚地指出,阈值处理在不加改变的图像上可能会失败。图 10-15(c)中的结果是用 Otsu's 方法得到的,这证实了这一点(物体上的每个暗点和背景上的每个亮点是阈值处理误差,所以分割稍微有点不成功)。

图 10-15(d)显示了用 5×5 的均值模板平滑带噪图像(图像的尺寸是 651×814 像素)的结果，图 10-15(e)是图像的直方图。由于平滑，直方图的形状改进是明显的，并且可以期望平滑后的图像的阈值处理近于完美。如图 10-15(f)所示，的确是这种情况。在分割后的图像中，物体和背景间的边界稍微有点失真，这是由平滑图像的边界模糊导致的。事实上，平滑一幅图像越强烈，在分割结果中就应该预见到边界误差越大。图 10-15 中的图像是用下列指令产生的：

```
>> f = imread('septagon.tif');
```

为了得到图 10-15(a)，使用函数 `imnoise` 在这幅图像上加入均值为 0、标准差为 50 个灰度级的高斯噪声。

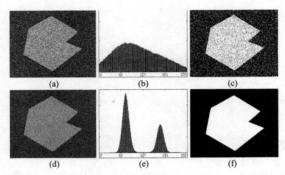

图 10-15 (a) 带噪图像；(b) 直方图；(c) 用 Otsu's 方法得到的结果；(d) 用 5×5 均值模板平滑后的图像；(f) 使用 Otsu's 方法的阈值处理后的结果

工具箱使用方差作为输入，并且假定灰度范围是[0, 1]。因为采用 255 灰度级，所以输入到 `imnoise` 函数的方差是 $50^2/255^2=0.038$：

```
>> fn = imnoise(f,'gaussian', 0, 0.038);
>> imshow(fn) % Fig. 10.15(a).

The rest of the images in Fig. 10.15 were generated as follows:

>> figure, imhist(fn) % Fig. 10.15(b);
>> Tn = graythresh(fn);
>> gn = im2bw(fn, Tn);
>> figure, imshow(gn)
>> % Smooth the image and repeat.
>> w = fspecial('average', 5);
>> fa = imfilter(fn, w, 'replicate');
>> figure, imshow(fa) % Fig. 10.15(d).
>> figure, imhist(fa) % Fig. 10.15(e).
>> Ta = graythresh(fa);
>> ga = im2bw(fa, Ta);
>> figure, imshow(ga) % Fig. 10.15(f).
```

10.3.5 使用边缘改进全局阈值处理

基于前面 4 节的讨论，我们得出以下结论：如果直方图的峰是高的、窄的、对称的，并且由深的谷分开，那么选到好的阈值的机会就会增大。改进直方图的一种方法就是仅考虑那些位于或接近物体和背景间边缘的像素。比较直接和明显的改进是直方图不依赖物体和背景的相对大小。另外，位于物体上的任何像素的概率将近似等于位于背景上的像素的概率，这样就改进了直方图峰值的对称性。最后，正如下面内容指出的那样，满足某些基于梯度度量的像素在直方图的峰值之间有较深的谷。刚才讨论的方法假设物体和背景之间的边缘已知。显然，这一信息在分割期间并不可用，正如在物体和背景间寻找分界线正是分割所要做的一切那样。然而，像素是否处在边缘上的暗示可能可以由计算梯度或拉普拉斯的绝对值来获得(记住，一副图像的拉普拉斯同时拥有正值和负值)。典型的、可比较的结果可以用两种方法的任意一种得到。前边的讨论是下边算法的总结，其中，$f(x,y)$是输入图像：

(1) 用 10.1 节讨论的任何方法计算来自$f(x,y)$的边缘图像。边缘图像可以是梯度或拉普拉斯的绝对值。

(2) 指定阈值 T。

(3) 用来自步骤(2)的阈值对来自步骤(1)的图像进行阈值处理，产生一副二值图像 $g_T(x,y)$。这幅图像在步骤(4)中选择来自$f(x,y)$的对应于强边缘的像素并作为标记图像使用。

(4) 仅用$f(x,y)$中的像素计算直方图，对应$g_T(x,y)$中 1 值像素的位置。

(5) 用来自步骤(4)中的直方图，通过全局阈值方法(如 Otsu's 方法)来分割$f(x,y)$。

通常，通过指定 T 值(T 值与某个百分比对应)来典型地设置高值(例如 90%)，因此，在阈值计算中使用图像的边缘上没有多少像素。自定义函数 `percentile2i`(见附录 C)可用于这个目的。该函数计算灰度值 I，I 对应指定的百分比。语法是：

```
I = percentile2i(h, P)
```

其中，h 是图像的直方图，p 是在[0, 1]范围内的百分比值。输出 I 是灰度级(也在[0, 1]范围内)，对应第 p 个百分点。

例 10.9 使用基于梯度的边缘信息改进全局阈值处理

图 10-16(a)显示了在尺寸上缩小为几个像素的 septagon 图像。这幅图像被具有 0 均值和标准差为 10 个灰度级的高斯噪声污染了。从图 10-16(b)中的直方图可以看出，直方图是单峰的，并且从我们的关于物体大得多的负面经验，可以得出如下结论：在这种情况下，全局阈值处理将会失败。当物体比背景小得多时，它们对直方图的贡献可以忽略不计。使用边缘信息可以改进这种情况，图 10-16(c)是用下列指令得到的梯度图像：

```
>> f = tofloat(imread('Fig1016(a).tif'));
>> sx = fspecial('sobel');
>> sy = sx';
>> gx = imfilter(f,sx,'replicate');
>> gy = imfilter(f,sy,'replicate');
>> grad = sqrt(gx.*gx + gy.*gy);
>> grad = grad/max(grad(:));
```

其中，对于浮点图像，最后的指令把 grad 的值归一化到正确的[0, 1]范围内。下一步，我们得到 grad 的直方图，并使用高的百分比(99.9%)估计梯度的阈值，记住，我们只想保留梯度图像中较大的值，这个值应该发生在接近物体和背景的边界处：

```
>> h = imhist(grad);
>> Q = percentile2i(h, 0.999);
```

其中，Q 在[0, 1]范围内。下一步，用 Q 对梯度做阈值处理，形成标记图像，并且从 f 中提取梯度值比 Q 大的点，得到结果的直方图：

```
>> markerImage = grad > Q;
>> figure, imshow(markerImage) % Fig. 10.16(c).
>> fp = f.*markerImage;
>> figure, imshow(fp) % Fig. 10.16(d).
>> hp = imhist(fp);
```

图像 fp 包含围绕背景和物体边界的 f 的像素，所以，fp 的直方图受 0 的控制。因为我们的兴趣在于物体边界周围的分割值，所以需要消除 0 对直方图的贡献。因此，把 fp 的第一个元素排除在外；然后，用结果的直方图得到 Otsu 阈值：

```
>> hp(1) = 0;
>> bar(hp, 0) % Fig. 10.16(e).
>> T = otsuthresh(hp);
>> T*(numel(hp) - 1)
ans =
    133.5000
```

直方图 hp 显示于图 10-16(e)中。我们观察到，现在有了明显的相对较窄的、用一个深谷分开的峰。就像期望的那样，最佳阈值接近模式的中点，从而可以期待近于完美的分割。

```
>> g = im2bw(f, T);
>> figure, imshow(g) % Fig. 10.16(f).
```

如图 10-16(f)所示，图像的确被完全地分割了。

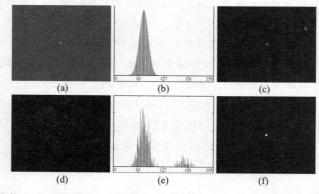

图 10-16 (a) 带噪声的小的 septagon 图像；(b) 直方图；(c) 以 99.9%进行阈值处理后的梯度幅值图像；(d) 由(a)和(c)的乘积形成的图像；(e) 在(d)图像中非 0 像素的直方图；(f) 使用(e)中的直方图找到的通过 Otsu 阈值分割图(a)的结果(找到的阈值是 133.5，近似于直方图峰值的中点)。(原图像由南加州大学的 Susan L. Forsburg 教授提供)

例 10.10 用拉普拉斯边缘信息改进全局阈值处理

在这个例子中，我们考虑更复杂的阈值处理问题，并且说明如何用拉普拉斯得到导致改善分割的边缘信息。图 10-17(a)是一幅酵母细胞的 8 比特图像，其中，我们希望用全局阈值处理得到亮点对应的区域。作为开始，图 10-17(b)显示了图像的直方图。

图 10-17(c)是直接把 Otsu's 方法用于图像的结果：

```
>> f = tofloat(imread('Fig1017(a).tif'));
>> imhist(f) % Fig. 10.17(b).
```

```
>> hf = imhist(f);
>> [Tf SMf] = graythresh(f);
>> gf = im2bw(f, Tf);
>> figure, imshow(gf) % Fig. 10.17(c).
```

我们看到，Otsu's 方法没有达到检测亮点的原始目标。当该方法能够孤立区域本身的某些细胞时，在右边的一些区域没有脱开。由 Otsu's 方法计算的阈值是 42，并且可分性度量是 0.636。下边的步骤除了使用拉普拉斯绝对值边缘信息之外，其他与例 10.9 类似。这里使用稍低的百分比，因为拉普拉斯阈值比前边的例子更稀疏：

```
>> w = [-1 -1 -1; -1 8 -1; -1 -1 -1];
>> lap = abs(imfilter(f, w, 'replicate'));
>> lap = lap/max(lap(:));
>> h = imhist(lap);
>> Q = percentile2i(h, 0.995);
>> markerImage = lap > Q;
>> fp = f.*markerImage;
>> figure, imshow(fp) % Fig. 10.17(d).
>> hp = imhist(fp);
>> hp(1) = 0;
>> figure, bar(hp, 0) % Fig. 10.17(e).
>> T = otsuthresh(hp);
>> g = im2bw(f, T);
>> figure, imshow(g) % Fig. 10.17(f).
```

图 10-17(d)显示了 f 和 markerImage 的乘积。注意在这幅图像中，点如何聚集在亮点的边缘附近，正如在刚才讨论中期望的那样。图 10-17(e)是(d)中非 0 像素的直方图。最后，10.17(f)显示了以图 10-17(e)的直方图为基础，使用 Otsu's 方法全局分割原始图像的结果。这个结果适合图像中亮点的位置。用 Otsu's 方法计算的阈值是 115，并且分离度度量是 0.762，这两个值比直接从图像得到的值高。

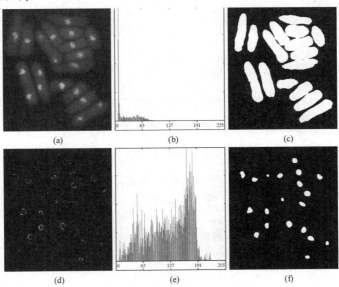

图 10-17 (a) 酵母细胞的图像；(b) (a)的直方图；(c) 用函数 graythresh 对(a)进行分割；(d) 标记图像与原始图像的乘积；(e) (d)中非 0 像素的直方图；(f) 以(e)中的直方图为基础，用 Otsu's 方法进行阈值处理后的图像。(原图像由南加利福尼亚大学的 Susan L. Forsburg 教授提供)

10.3.6 基于局部统计的可变阈值处理

当背景照明高度不均匀时，有代表性的全局阈值处理就会失败。针对这个问题的一种解决办法是试图估计明暗函数，用于补偿不均匀的灰度模式；然后，用上边讨论的方法之一对图像做全局阈值处理。在9.6.2节，你已经见过这种方法的一个例子。针对不规则光照的补偿，或存在多于一个支配物体灰度的情况下(在这种情况下，全局阈值处理也有困难)，采用的另一种方法是进行可变阈值处理。这种方法在(x, y)的邻域中以一个或多个指定像素的特性在图像的每一点(x, y)计算阈值。

我们用一幅图像中每一点的邻域中像素的标准差和均值来说明局部阈值处理的基本方法。这两个量对决定局部阈值十分有用，因为它们是局部对比度和平均灰度的描述子。令σ_{xy}和m_{xy}代表包含在一幅图像中以坐标(x, y)为中心的邻域中的一组像素的标准差和均值。为计算局部标准差，可以使用函数 stdfilt，语法如下：

```
g = stdfilt(f, nhood)
```

其中，f 是输入图像，nhood 是由 0 和 1 组成的数组。在这个数组中，非 0 元素指定了用于计算局部标准差的邻域。nhood 的尺寸在每个维度上必须是奇数，默认值是 3。为了计算局部均值，可以使用下列通用函数：

```
function mean = localmean(f, nhood)
%LOCALMEAN Computes an array of local means.
%   MEAN = LOCALMEAN(F, NHOOD) computes the mean at the center of
%   every neighborhood of F defined by NHOOD, an array of zeros and
%   ones where the nonzero elements specify the neighbors used in the
%   computation of the local means. The size of NHOOD must be odd in
%   each dimension; the default is ones(3). Output MEAN is an array
%   the same size as F containing the local mean at each point.

if nargin == 1
    nhood = ones(3) / 9;
else
    nhood = nhood / sum(nhood(:));
end
mean = imfilter(tofloat(f), nhood, 'replicate');
```

下面是变量、基于局部均值和标准差的阈值的普通形式：

$$T_{xy} = a\sigma_{xy} + bm_{xy}$$

其中，a 和 b 是非负的常数。另一种有用的形式是：

$$T_{xy} = a\sigma_{xy} + bm_G$$

这里，m_G 是全局图像均值。分割图像的计算如下：

$$g(x, y) = \begin{cases} 1 & f(x, y) > T_{xy} \\ 0 & f(x, y) \leq T_{xy} \end{cases}$$

其中，$f(x, y)$是输入图像。这个式子可在所有的像素位置进行评估和应用。

有意义的加权可用结合逻辑的局部特性代替算术特性加到局部阈值处理上，就像上边那样。

例如，可以借助逻辑"与"定义局部阈值处理，如下所示：

$$g(x,y) = \begin{cases} 1 & f(x,y) > a\sigma_{xy} \text{ AND } f(x,y) > bm \\ 0 & \text{其他} \end{cases}$$

其中，m 不是局部均值就是全局均值 m_{xy}，正如上边定义的那样。

下边的函数用这个公式执行局部阈值处理。这个函数的基本结构可很容易地与其他的逻辑和/或局部操作相结合。

```
function g = localthresh(f, nhood, a, b, meantype)
%LOCALTHRESH Local thresholding.
%   G = LOCALTHRESH(F, NHOOD, A, B, MEANTYPE) thresholds image F by
%   computing a local threshold at the center,(x, y), of every
%   neighborhood in F. The size of the neighborhoods is defined by
%   NHOOD, an array of zeros and ones in which the nonzero elements
%   specify the neighbors used in the computation of the local mean
%   and standard deviation. The size of NHOOD must be odd in both
%   dimensions.
%
%   The segmented image is given by
%
%            1 if (F > A*SIG) AND (F > B*MEAN)
%       G =
%            0 otherwise
%
%   where SIG is an array of the same size as F containing the local
%   standard deviations. If MEANTYPE = 'local' (the default), then
%   MEAN is an array of local means. If MEANTYPE = 'global', then
%   MEAN is the global (image) mean, a scalar. Constants A and B
%   are nonnegative scalars.

% Intialize.
f = tofloat(f);

% Compute the local standard deviations.
SIG = stdfilt(f, nhood);
% Compute MEAN.
if nargin == 5 && strcmp(meantype,'global')
   MEAN = mean2(f);
else
   MEAN = localmean(f, nhood); % This is a custom function.
end

% Obtain the segmented image.
g = (f > a*SIG) & (f > b*MEAN);
```

例 10.11 对全局和局部阈值处理的比较

图 10-18(a)显示了来自例 10.10 的图像。我们想要从背景中分割出细胞来，并且从细胞的主体分出细胞核(内部的亮区域)。这幅图像中有三个主要的灰度级，因此有理由期待这样的分割是可能的。然而，使用单一阈值做这个工作非常不可靠，这在图 10-18(b)中已验证过了，图 10-18(b)显示了用 Otsu's 方法得到的结果。

```
>> [TGlobal] = graythresh(f);
>> gGlobal = im2bw(f, TGlobal);
>> imshow(gGlobal) % Fig. 10.18(b).
```

其中，f 是图 10-18(a)中的图像。正如图中所示，可以部分地从背景中分割出细胞(一些分割过的细胞连在了一起)，但是这种分割方法不能提取细胞核。

因为细胞核比细胞本身明显较亮，所以预期围绕细胞核边界的标准差相对较大，而围绕细胞边界的标准差稍微小一些。如图10-18(c)所示，的确是这种情况。由此得出以下结论：在基于局部标准差的函数 localthresh 中，这应该是很有帮助的。

```
>> g = localthresh(f, ones(3), 30, 1.5, 'global');
>> SIG = stdfilt(f, ones(3));
>> figure, imshow(SIG, [ ]) % Fig. 10.18(c).
>> figure, imshow(g) % Fig. 10.18(d).
```

如图 10-18(d)所示，运用了属性的分割是相当有效的。个别细胞已经从背景中分割出来了，并且细胞核也被完全分割出来了。函数使用的值是由实验决定的，这样的做法在应用中很常见。当背景接近于常数，并且所有物体的灰度高于或低于背景灰度时，选择全局均值一般会得到较好的结果。

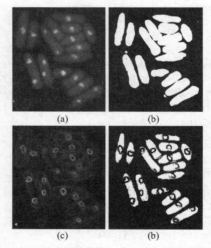

图 10-18　(a) 酵母细胞图像；(b) 用 Otsu's 方法分割的图像；(c) 局部标准差图像；(d) 用局部阈值处理分割的图像

10.3.7　使用移动平均的图像阈值处理

前面讨论的局部阈值处理方法的一种特殊情况是：沿着一幅图像的扫描线计算移动平均。当速度是基本要求时，这个实现在文本处理中十分有用。典型的扫描是以 zigzag 模式逐线执行，进而减少照明偏差。令 Z_{k+1} 表示在扫描顺序中，在第 $k+1$ 步遇到的一个点。在新点处的移动平均(平均灰度)由下式给出：

$$m(k+1) = \frac{1}{n} \sum_{i=k+2-n}^{k+1} z_i = m(k) + \frac{1}{n}(z_{k+1} - z_{k-n})$$

其中，n 代表计算平均时使用的点数，$m(1) = z_1/n$。这个初始值并不严格正确，因为单点的平均值是该点自身。然而，我们使用 $m(1) = z_1/n$，在前边的平均等式第一次启动时，并不要求特殊的计算。另一方法是使用一个值，如果图像的边界用 $n-1$ 个 0 填充，我们将得到这个值。算法只初始化一次，不必在每一行初始化。因为移动平均在图像中对每一点计算，所以分割用下式执行：

$$f(x,y) = \begin{cases} 1 & f(x,y) > Km_{xy} \\ 0 & 其他 \end{cases}$$

其中，K 是[0, 1]范围内的常数，m_{xy} 是输入图像在点(x,y)处的移动平均。下面的通用函数实现了刚刚讨论的概念，函数使用 MATLAB 函数 filter，这个一维滤波函数的基本语法如下：

```
Y = filter(c, d, X)
```

这个函数采用由分子系数向量 c 和分母系数向量 d 离散后的滤波器，对向量 X 中的数据进行滤波。如果 $d=1$(标量)，那么 c 中的系数定义为完全滤波：

```
function g = movingthresh(f, n, K)
%MOVINGTHRESH Image segmentation using a moving average threshold.
%   G = MOVINGTHRESH(F, n, K) segments image F by thresholding its
%   intensities based on the moving average of the intensities along
%   individual rows of the image. The average at pixel k is formed
%   by averaging the intensities of that pixel and its n - 1
%   preceding neighbors. To reduce shading bias, the scanning is
%   done in a zig-zag manner, treating the pixels as if they were a
%   1-D, continuous stream. If the value of the image at a point
%   exceeds K percent of the value of the running average at that
%   point, a 1 is output in that location in G. Otherwise a 0 is
%   output. At the end of the procedure, G is thus the thresholded
%    (segmented) image. K must be a scalar in the range [0, 1].

% Preliminaries.
f = tofloat(f);
[M, N] = size(f);
if (n < 1) || (rem(n, 1) ~= 0)
   error('n must be an integer >= 1.')
end
if K < 0 || K > 1
   error('K must be a fraction in the range [0, 1].')
end

% Flip every other row of f to produce the equivalent of a zig-zag
% scanning pattern. Convert image to a vector.
f(2:2:end, :) = fliplr(f(2:2:end, :));
f = f'; % Still a matrix.
f = f(:)'; % Convert to row vector for use in function filter.

% Compute the moving average.
maf = ones(1, n)/n; % The 1-D moving average filter.
ma = filter(maf, 1, f); % Computation of moving average.

% Perform thresholding.
g = f > K * ma;

% Go back to image format (indexed subscripts).
```

```
g = reshape(g, N, M)';
% Flip alternate rows back.
g(2:2:end, :) = fliplr(g(2:2:end, :));
```

例 10.12 利用移动平均的图像阈值处理

图10-19(a)显示了一幅由斑点灰度模式遮蔽了的手写文本图像,这种灰度阴影可以发生,例如,由照相闪光灯可得到这样的图像。图 10-19(b)是用 Otsu's 全局阈值处理方法分割的结果。

```
>> f = imread('Fig1119(a).tif');
>> T = graythresh(f);
>> g1 = im2bw(f, T); % Fig. 10.19(b).
```

全局阈值处理能克服灰度变化并不意外。图10-19(c)显示了使用移动平均进行局部阈值处理的成功分割:

```
>> g2 = movingthresh(f, 20, 0.5);
>> figure, imshow(g2) % Fig. 10.19(c).
```

一种经验方法是令平均窗口的宽度为平均笔画宽度的 5 倍。在这种情况下,平均宽度是 4 个像素,因此我们令 $n=20$,并且令 $K=0.5$(算法对这些参数值并不特别敏感)。为了演示这种分割方法的效率,使用与分割图10-19(d)中图像时相同的参数,这幅图像的典型变化是被正弦灰度变量污染了,当文本扫描器不好的时候会发生这种情况。如图10-19(e)和(f)所示,分割的结果类似于图10-19 的顶部图像。很明显,在这两种情况下,使用相同的 n 和 K 值得到了成功的分割结果,表明了这个方法的相对稳定性。通常,当感兴趣的物体对于图像尺寸来说较小(或较细)时,基于移动平均的阈值处理工作得很好。通常,打字或手写文本都满足这个条件。

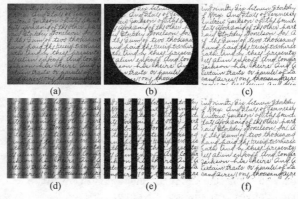

图 10-19　(a) 由斑点阴影污染了的文本图像;(b) 用 Otsu's 全局阈值处理方法分割的结果;(c) 用移动平均进行局部阈值处理的结果;(d)~(f) 以相同操作顺序用于由正弦阴影污染了的图像的结果

10.4　基于区域的分割

分割的目的是把图像分成区域。在 10.1 节和 10.2 节中,我们基于灰度级的不连续性来寻找区域间边界的方法,解决了这一问题。但是在 10.3 节中,分割是基于像素特性(如灰度值)的分布,通过阈值处理得以完成的。这一节讨论直接寻找区域的分割技术。

10.4.1 基本表达式

令 R 表示整个图像区域。可以认为分割是把 R 分成了 n 个子区域——$R_1, R_2, R_3, \cdots, R_n$ 的处理，满足：

(a) $\bigcup_{i=1}^{n} R_i = R$

(b) R_i 是连接区域，$i=1, 2, \ldots, n$

(c) $R_i \cap R_j = \Phi$，针对所有的 i 和 j，$i \neq j$

(d) $P(R_i) = \text{TRUE}$，$i=1, 2, \ldots, n$

(e) $P(R_i \cap R_j) = \text{FALSE}$，针对任何邻接的区域 R_i 和 R_j

在这里，$P(R_i)$是集合R_i中定义的点的逻辑谓词，Φ是空集。条件(a)指出分割必须是完全的，即每个点都必须在某个区域中。条件(b)要求区域中的点应该被连接(如 4 连接或 8 连接)。条件(c)说明区域间必须是不相交的。条件(d)说明分割区域中的像素点必须满足的性质，比如，如果R_i中的所有像素拥有相同的灰度级，那么$P(R_i)=$TURE。最后，条件(e)指出，邻接区域R_i和R_j在属性P上的意义是不一样的。

10.4.2 区域生长

顾名思义，区域生长是根据预先定义的生长准则，把像素或子区域集合成较大区域的处理方法。基本处理方法是以一组"种子"点开始，形成这些生长区域，把预先定义好的与这些种子性质相近的邻域像素附加到这些种子上(比如指定的灰度级或颜色范围)。

通常，为了选择由一个或多个种子点组成的集合，可以以问题的性质作为基础，就像例 10.14 中描述的那样。当没有先验的信息可用时，一种方法是在每个像素上计算一组相同的特性，最后在生长处理期间分配像素到区域中。如果这个计算的结果显示一簇值，就把拥有这些特性的像素放在可以作为种子的这些簇的中心附近。

相似性准则的选择不但依赖于所考虑的问题，而且也依赖于图像可用数据的类型。例如，对卫星图像的分析强烈依赖于颜色。在彩色图像中，在没有固有信息可用的情况下，这个问题可能明显地会更困难，甚至是不可能的。图像是单色时，图像分析应该用一组基于灰度级(例如运动或纹理)和空间特性(例如连通性)的描述符来进行。我们在第 11 章中将讨论对区域特性很有用的描述符。

如果在区域生长处理中没有连通信息(或连接性)而只有描述符的话，可能会产生错误结果。例如，仅仅用三个不同的灰度值检验像素的随机排列。把相同灰度的像素分组，进而形成区域，但不注意连通性，将有可能产生无意义的分割结果。

区域生长中的另一个问题是停止规则的明确表达。基本上，当没有更多像素的满足包含在区域中的准则时，区域生长的过程就应该停止。灰度值、纹理、色彩这样的准则实际上是局部的，不考虑区域生长的历史。增加区域生长算法能力的附加准则利用了大小的概念，候选像素和迄今为止被生长像素之间的相似性(比如对候选灰度和生长区域中平均灰度的比较)，以及被生长区域的形状等。这些类型的描述符的应用基于如下假设：期待结果的模型至少部分可用。

为了说明区域分割是如何在 MATLAB 中操作的，我们开发了下面的 M-函数来完成基本的区域生长，这个函数名为 `regiongrow`，语法是：

```
[g,NR,SI,TI] = regiongrow(f,S,T)
```

其中，f 是被分割的图像，参数 S 可以是数组(与 f 大小相同)或标量。如果 S 是数组，那么在所有种子点的坐标处必须为 1，而在其他地方为 0。这样的数组可以通过观察决定，或者通过外部的用于寻找种子的函数决定。如果 S 是标量，就将 S 定义为灰度值；在 f 中，具有该灰度值的所有点都可以是种子。类似的，T 也可以是数组(与 f 大小相同)或标量。如果 T 是数组，那么对于 f 中的每个位置都应该包含阈值。如果 T 是标量，就将之定义为全局阈值。阈值用来测试图像中的像素与种子是否足够相似，或者是否是 8 连接的。S 和 T 的所有值必须标定在[0,1]范围内，并独立于输入图像的类。

例如，如果 S=a 且 T=b，就比较灰度；如果像素灰度和 a 之间差的绝对值小于或等于 b，像素将被认为和 a 相似(在通过阈值进行测试的场景下)。另外，如果问题中的像素是 8 连接到一个或多个种子值，那么这个像素就认为是一个或多个区域的成员。类似地，如果 S 或 T 是数组，也有类似的结论，只不过是在 S 和 T 的相应元素间进行比较。

在输出中，g 是分割后的图像，每个区域的成员都用不同的整数标出。参数 NR 是要寻找的区域的数目。参数 SI 是包含种子点的图像，参数 TI 是包含经过连通性处理前通过阈值测试的像素的一幅图像。SI 和 TI 与 f 的大小一样。

函数 regiongrow 的代码如下。注意，第 9 章中函数 bwmorph 的用法是为了把 S(当 S 是数组时)中的每个区域与种子点连接的数目减少为 1，而 imreconstruct 函数用于寻找连接每个种子点的像素。

```
function [g, NR, SI, TI] = regiongrow(f, S, T)
%REGIONGROW Perform segmentation by region growing.
%   [G, NR, SI, TI] = REGIONGROW(F, S, T). S can be an array (the
%   same size as F) with a 1 at the coordinates of every seed point
%   and 0s elsewhere. S can also be a single seed value. Similarly,
%   T can be an array (the same size as F) containing a threshold
%   value for each pixel in F. T can also be a scalar, in which case
%   it becomes a global threshold. All values in S and T must be in
%   the range [0, 1]
%
%   G is the result of region growing, with each region labeled by a
%   different integer, NR is the number of regions, SI is the final
%   seed image used by the algorithm, and TI is the image consisting
%   of the pixels in F that satisfied the threshold test, but before
%   they were processed for connectivity.

f = tofloat(f);
% If S is a scalar, obtain the seed image.
if numel(S) == 1
    SI = f == S;
    S1 = S;
else
    % S is an array. Eliminate duplicate, connected seed locations
    % to reduce the number of loop executions in the following
    % sections of code.
    SI = bwmorph(S, 'shrink', Inf);
    S1 = f(SI); % Array of seed values.
end
```

```
TI = false(size(f));
for K = 1:length(S1)
   seedvalue = S1(K);
   S = abs(f - seedvalue) <= T; % Re-use variable S.
   TI = TI | S;
end
% Use function imreconstruct with SI as the marker image to
% obtain the regions corresponding to each seed in S. Function
% bwlabel assigns a different integer to each connected region.
[g, NR] = bwlabel(imreconstruct(SI, TI));
```

例 10.13 使用区域生长检测焊接空隙

图10-20(a)显示了一幅包含几个裂缝(水平的暗区域)和空隙(穿过图像中部的、亮的、白色的水平方向条纹)的X射线焊接图像。我们希望使用regiongrow函数来分割相应的焊接缺陷区域。这些被分割的区域可以用于自动检测这一任务,可以用于包含历史研究的数据库,也可以用于控制自动焊接系统。

第一步是确定初始种子点。在这一应用中,已知焊缝缺损区域中的一些像素趋向于有最大的数字值(在这种情况下是255)。基于这个信息,我们令S=1(所有的S值必须标定为[0, 1]范围内)。下一步是选择阈值或阈值数组。在这个例子中,我们令阈值等于65(当标定为[0, 1]范围内时,值是0.26)。这个值来自对图10-21中直方图的分析,并表示225和左边第一个主谷的位置之间的差(190),主谷的位置表示暗的焊接区域中的最高灰度值。图10-20所示的结果是通过调用下列函数产生的:

```
>> [g, NR, SI, TI] = regiongrow(f, 1, 0.26);
```

图10-20(b)显示了种子点(图像 SI)。在这种情况下,种子点很多,因为种子被指定为在图像中具有数值225的所有点(标定后是1)。图10-20(c)是图像TI,显示了所有通过阈值测试的点;也就是说,具有灰度Z_i且满足$|Z_i-S|\leq T$的点。图10-20(d)显示了提取图10-20(c)中所有连接到种子点的像素的结果。这是分割后的图像 g。通过将这幅图像与原始图像进行比较,区域生长过程确实以合理的精确度分割了焊接的缺陷这一点是很明显的。最后,通过观察图10-21中的直方图,注意到不可能通过10.3节中讨论的任何阈值处理方法获得相同或等价的解决方案。在这种情况下,连通性是基本要求。

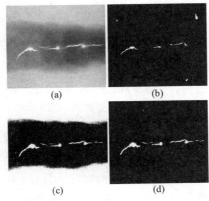

图 10-20 (a) 显示有焊接缺陷的图像;(b) 种子点;(c) 显示所有通过了阈值测试的像素的二值图像(白色);(d) (c)中的所有像素在对种子点进行8连通性分析后的结果。(原图像由 XTEK Systems 公司提供)

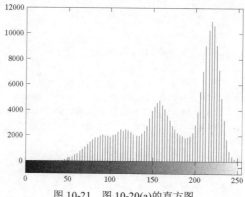

图 10-21 图 10-20(a)的直方图

10.4.3 区域分离和聚合

刚刚讨论的过程是从一组种子点生长区域。还有一种可供选择的方法是再次把图像细分为一组任意的、互不连接的区域，然后在试图满足 10.4.1 节规定的条件下合并或分离这些区域。

令 R 代表整个图像区域，选择属性 P。分割 R 的一种方法是把 R 连续地细分成越来越小的象限区域，以便对任何区域 R_i 都有 $P(R_i)$=TRUE。我们从整个区域开始：如果 $P(R)$ =TRUE，就把图像分成 4 象限；如果对每个 4 象限来说，P 都是 FALSE，就再细分象限为子象限，这样继续下去。这种特别的分离技术有一种方便的表现方法，叫做四叉树；这是一棵树，树中的每个节点都恰好有 4 个后代，如图 10-22 所示。子图像对应四叉树的节点，有时称为四叉区域或四叉图像。注意，树的根对应整幅图像，每个节点对应被再分为 4 个后代节点的节点。在这种情况下，只有 R_4 被进一步细分了。

如果只使用分离，最终的部分通常包括具有相同属性的邻近区域，这个缺点可以通过下边的合并及分离来解决。如果满足 10.4.1 节的限制，将要求只合并邻近的区域，合并像素满足属性 P。也就是说，两个邻近的区域 R_j 和 R_k，只有在满足 $P(R_j \cup R_k)$ =TURE 的时候才能合并。

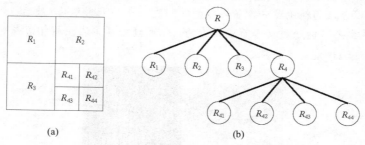

图 10-22 (a) 分割图像；(b) 相应的四叉树

前面的讨论可以用下面的过程加以总结：

(1) 分离任意区域 R_i 为 4 个不相连的象限，满足 $P(R_i)$=FALSE。
(2) 当无法进一步分离时，合并任何满足 $P(R_j \cup R_k)$=TURE 的区域 R_j 和 R_k。
(3) 在无法进一步合并的时候停止。

前面介绍的基本主题可能会有多种变化。例如，如果允许合并两个邻近的区域 R_i 和 R_j，而它们中的每一个都各自满足属性，就可得到有意义的简化。这可产生更简单的算法(更快)，因为属性的测试被限制在四叉区域。正如在例 10.14 中那样，这种简化还是有可能在实践中产生出好的分割结果的。在上述过程的步骤(2)中使用这一方法，满足属性的所有四叉区域都用 1 填充，并且它们的连通性可以很容易被检查，比如用 imreconstruct 函数。在效果上，这个函数能达到希望的邻近象限区域的合并。不满足属性的四叉区域都用 0 填充，从而产生分割的图像。

在工具箱中执行四叉树分解的函数是 qtdecomp，我们感兴趣的语法如下：

```
Z = qtdecomp(f, @split_test, parameters)
```

这里，f 是输入图像，Z 是包括四叉树结构的稀疏矩阵。如果 Z(k, m) 非零，那么(k,m) 是分解块的左上角，而且块的大小是 Z(k, m)。

split_test 函数(见下面例子中的 splitmerge 函数)用来决定某个区域是否进行分离，parameters(用逗号分开)是 split_test 函数要求的附加参数。这个结构和 2.4.2 节中讨论的 coltfilt 函数相似。

为了在四叉树分解中得到实际的四叉区域像素值，使用 qtgetblk 函数，语法是：

```
[vals, r, c] = qtgetblk(f, Z, m)
```

其中，vals 是数组，vals 包含 f 中四叉树分解的尺寸为 m×m 的块的值，Z 是由 qtdecomp 返回的稀疏矩阵。参数 r 和 c 是包含块的左上角行和列坐标的向量。

下面通过编写基本的分离和合并用的 M-函数来简化早些时候讨论的方法来说明 qtdecomp 函数的使用，如果其中的两个区域分别满足属性，它们将被合并。我们可以调用的 splitmerge 函数拥有如下调用语法：

```
g = splitmerge(f, mindim, @predicate)
```

在这里，f 是输入图像，g 是输出图像，其中的每个连接区域都用不同的整数标注。参数 mindim 定义在分解中允许的最小块；该参数必须是 2 的正整数次幂，允许分解下至 1×1 像素大小的区域，虽然这么精细的细节在实际中并不常用。函数 predicate 是用户自定义函数，语法为：

```
flag = predicate(region)
```

如果 region(区域)中的像素满足函数中由代码定义的属性，函数就必须被写成返回 true(逻辑 1)；否则，flag 的值就必须是 false(逻辑 0)。例 10.14 说明了该函数的应用。

函数 splitmerge 的结构很简单。首先，图像被函数 qtdecomp 分块。函数 split_test 使用 predicate 来决定区域是否应该被分离。因为当区域被分成 4 个时，我们并不知道产生的 4 个区域中的哪一个将通过属性测试。在了解了在分离的图像中哪一个区域通过测试之后，考查一下区域是有必要的。函数 predicate 也用于这个目的。任何通过测试的四叉区域都用 1 填充，任何没有通过测试的用 0 填充。标识数组可在每个被填充了 1 的区域通过选择元素来创建。标识数组连同分割的图像一起被用于决定区域的连通性(邻接性)；函数 imreconstruct 也用于这一目的。

如果有必要，紧接着 splitmerge 函数，程序把输入图像填补为方形的，它的维数是包围图像的 2 的最小整数次幂。这就允许函数 qtdecomp 对区域一直分离下去，直至 1×1 大小(单个像素)，正如早些时候提到的那样。

```
function g = splitmerge(f, mindim, fun)
%SPLITMERGE Segment an image using a split-and-merge algorithm.
%   G = SPLITMERGE(F, MINDIM, @PREDICATE) segments image F by using
%   a split-and-merge approach based on quadtree decomposition.
%   MINDIM (a nonnegative integer power of 2) specifies the minimum
%   dimension of the quadtree regions (subimages) allowed. If
%   necessary, the program pads the input image with zeros to the
%   nearest square size that is an integer power of 2. This
%   guarantees that the algorithm used in the quadtree decomposition
%   will be able to split the image down to blocks of size 1-by-1.
%   The result is cropped back to the original size of the input
%   image. In the output, G, each connected region is labeled with a
%   different integer.
%
%   Note that in the function call we use @PREDICATE for the value
%   of fun. PREDICATE is a a user-defined function. Its syntax is
%
%       FLAG = PREDICATE(REGION) Must return TRUE if the pixels in
%       REGION satisfy the predicate defined in the body of the
%       function; otherwise, the value of FLAG must be FALSE.
%
%   The following simple example of function PREDICATE is used in
%   Example 10.14 of the book. It sets FLAG to TRUE if the
%   intensities of the pixels in REGION have a standard deviation
%   that exceeds 10, and their mean intensity is between 0 and 125.
%   Otherwise FLAG is set to false.
%
%       function flag = predicate(region)
%       sd = std2(region);
%       m = mean2(region);
%       flag = (sd > 10) & (m > 0) & (m < 125);

% Pad the image with zeros to the nearest square size that is an
% integer power of 2. This allows decomposition down to regions of
% size 1-by-1.
Q = 2^nextpow2(max(size(f)));
[M, N] = size(f);
f = padarray(f, [Q - M, Q - N], 'post');

% Perform splitting first.
Z = qtdecomp(f, @split_test, mindim, fun);
% Then, perform merging by looking at each quadregion and setting
% all its elements to 1 if the block satisfies the predicate defined
% in function PREDICATE.

% First, get the size of the largest block. Use full because Z is
% sparse.
Lmax = full(max(Z(:)));
% Next, set the output image initially to all zeros. The MARKER
% array is used later to establish connectivity.
g = zeros(size(f));
MARKER = zeros(size(f));
% Begin the merging stage.
for K = 1:Lmax
    [vals, r, c] = qtgetblk(f, Z, K);
```

```
      if ~isempty(vals)
         % Check the predicate for each of the regions of size K-by-K
         % with coordinates given by vectors r and c.
         for I = 1:length(r)
            xlow = r(I); ylow = c(I);
            xhigh = xlow + K - 1; yhigh = ylow + K - 1;
            region = f(xlow:xhigh, ylow:yhigh);
            flag = fun(region);
            if flag
               g(xlow:xhigh, ylow:yhigh) = 1;
               MARKER(xlow, ylow) = 1;
            end
         end
      end
end
% Finally, obtain each connected region and label it with a
% different integer value using function bwlabel.
g = bwlabel(imreconstruct(MARKER, g));

% Crop and exit.
g = g(1:M, 1:N);

%-----------------------------------------------------------------%
function v = split_test(B, mindim, fun)
% THIS FUNCTION IS PART OF FUNCTION SPLIT-MERGE. IT DETERMINES
% WHETHER QUADREGIONS ARE SPLIT. The function returns in v
% logical 1s (TRUE) for the blocks that should be split and
% logical 0s (FALSE) for those that should not.

% Quadregion B, passed by qtdecomp, is the current decomposition of
% the image into k blocks of size m-by-m.
% k is the number of regions in B at this point in the procedure.
k = size(B, 3);

% Perform the split test on each block. If the predicate function
% (fun) returns TRUE, the region is split, so we set the appropriate
% element of v to TRUE. Else, the appropriate element of v is set to
% FALSE.
v(1:k) = false;
for I = 1:k
   quadregion = B(:, :, I);
   if size(quadregion, 1) <= mindim
      v(I) = false;
      continue
   end
   flag = fun(quadregion);
   if flag
      v(I) = true;
   end
end
```

例 10.14 使用了区域分离和合并的图像分割

图 10-23(a)显示了一幅天鹅星座环的 X 射线频段图像。图像的大小为 256×256 像素。该例的目的是分割出环绕致密中心的稀疏环。我们感兴趣的区域有某些明显的特征，这些特征在分

割中会有帮助。首先，我们注意到数据具有随机性，这表明稀疏环的标准差比背景(值为0，因为背景是恒定的)和较大中心区域的标准差大。相似的，包含外环区域数据的均值(平均亮度)应该比背景(值为0)的均值大，而比较大且较亮的中心区域的均值小。这样，我们应该能够利用这两个参数来分割感兴趣的区域。事实上，函数splitmerge的文档中指出，属性函数包含该问题的一些知识。属性函数 predicate 中显示的参数由计算图 10-23(a)中各个子区域的均值和标准差来决定。

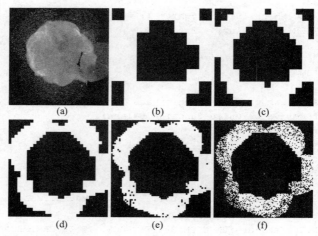

图 10-23　使用分离和合并算法分割图像:(a) 原始图像;(b)到(f) 使用函数 splitmerge 且 mindim 的值分别等于32、16、8、4、2 时进行分割的结果。(原图像由 NASA 提供)

图 10-23(b)到(f)显示了使用函数 splitmerge 且 mindim 的值分别等于32、16、8、4、2时分割图 10-23(a)的结果。所有图像均显示了边界的细节水平与 mindim 的值成反比的分割结果。图 10-23 的所有结果都是合理的分割。如果以除原始图像之外的这些图像之一作为模板提取感兴趣区域，图 10-23(d)的结果将是最好的选择，因为它是具有最多细节的实心区域。刚刚说明的方法的一个重要方面，是在函数 predicate 中"捕获"信息的能力，这种能力对特定任务域的分割有帮助。

10.5　使用分水岭变换的分割

在地理学中，分水岭是指山脊，通过不同的水系排水来分离区域。汇水盆地是把水排入河流或水库的地理区域。分水岭变换把这些概念用于灰度图像处理，在某种程度上可用于解决各种图像分割问题。

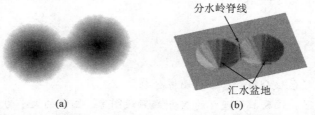

图 10-24　(a) 灰度图像；(b) 显示分水岭脊线和汇水盆地且被看做表面的图像

为了理解分水岭变换,要求我们把灰度图像看做拓扑表面。在这里,$f(x, y)$的值被解释为高度。例如,可以把图 10-24(a)中的简单图像形象化为图 10-24(b)中的三维表面。如果想象雨水降到这个表面上,很清楚,水将被收集到标为汇水盆地的两个区域,分水岭脊线上的降水将准确地、很可能是相等地收集到两个汇水盆地中的一个,分水岭变换将找到灰度图像中的汇水盆地和脊线。在解决图像分割问题方面,关键概念是把开始图像变为另外一幅图像,那些汇水盆地是我们想要辨别的目标或区域。

10.5.1 使用距离变换的分水岭分割

针对分割,与分水岭变换相配合的常用工具是距离变换。二值图像的距离变换是相对简单的概念:是指从每个像素到最接近零值的像素的距离。例如,图10-25(a)显示了一个小的二值图像矩阵。图10-25(b)显示了相应的距离变换。注意,每个值为 1 的像素的距离变换为 0,因为最靠近的非 0 像素是它本身。距离变换可以用工具箱函数 bwdist 来计算,调用语法为:

```
D = bwdist(f)
```

```
1 1 0 0 0        0.00 0.00 1.00 2.00 3.00
1 1 0 0 0        0.00 0.00 1.00 2.00 3.00
0 0 0 0 0        1.00 1.00 1.41 2.00 2.24
0 0 0 0 0        1.41 1.00 1.00 1.00 1.41
0 1 1 1 0        1.00 0.00 0.00 0.00 1.00
     (a)                  (b)
```

图 10-25 (a) 二值图像;(b) 距离变换

例 10.15 使用距离变换和分水岭变换分割二值图像

在这个例子中,我们说明如何与工具箱的分水岭变换一起,使用距离变换分割彼此有些接触的圆形水滴。特别是,我们想要分割图 9-29(b)中处理过的销钉图像。首先,正如 10.3.1 节中描述的那样,使用 im2bw 和 graythreshi 把图像变换为二值图像:

```
>> g = im2bw(f, graythresh(f));
```

图 10-26(a)显示了结果。下一步是对图像求补,计算距离变换。然后,用函数 watershed 计算距离变换的负分水岭变换。该函数的调用语法是:

```
L = watershed(A,conn)
```

其中,L 是在 9.4 节讨论和定义过的标记矩阵。A 是输入数组(一般可以是任何维数,但在本章是二维),并且 conn 指定了连通性(对于二维数组是 4 或 8(默认值))。在 L 中,正整数与汇水盆地相对应,零值指出分水岭的脊线像素:

```
>> gc = ~g;
>> D = bwdist(gc);
>> L = watershed(-D);
>> w = L == 0;
```

图 10-26(b)和(c)显示了求补后的图像及其距离变换。因为 L 的 0 值像素是分水岭的脊线像素,前面代码的最后一行计算二值图像 w,图中仅显示这些像素。分水岭的脊线图像显示于图

10-26(d)中。最后，使用原始的二值图像和图像 w 的"补"，通过逻辑 AND 操作完成分割，如图 10-26(e)所示：

```
>> g2 = g&~w;
```

注意，图10-20(e)中的某些物体没有很好地分开。这被称为过分割，这是使用基于分水岭的分割方法时常常会出现的问题。下边将讨论克服这一问题的不同技术。

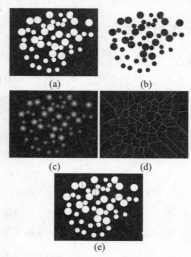

图 10-26　(a) 二值图像；(b) 图像(a)的补；(c) 距离变换；(d) 距离变换的负分水岭脊线；(e) 以黑色叠加在原始二值图像上的分水岭脊线。存在一些过分割，这很明显

10.5.2　使用梯度的分水岭分割

在使用针对分割的分水岭变换之前，常常使用梯度幅度对图像进行预处理。梯度幅度图像沿着物体的边缘有较高的像素值，而在其他地方则有较低的像素值。在理想的情况下，分水岭变换可得到沿物体边缘的分水岭脊线。下边的例子说明了这一概念。

例 10.16　使用梯度和分水岭变换分割灰度图像

图 10-27(a)显示了一幅包含若干暗斑点的图像 f。从计算梯度幅度开始，不是采用 10.1 节中讨论的线性滤波方法，就是采用 9.6.1 节中讨论的形态学梯度方法：

```
>> h = fspecial('sobel');
>> fd = tofloat(f);
>> g = sqrt(imfilter(fd, h, 'replicate') .^ 2 + ...
            imfilter(fd, h', 'replicate') .^ 2);
```

图 10-27(b)显示了梯度幅度图像 g。下一步，计算梯度的分水岭变换并寻找分水岭脊线：

```
>> L = watershed(g);
>> wr = L == 0;
```

正如图 10-27(c)所示，这是不太好的分割结果；有太多的与我们感兴趣的物体边界不相对应的分水岭脊线。这是过分割的另一个例子。针对这一问题的解决方法是在计算分水岭变换之前先平滑梯度图像。在这里，我们采用第 9 章描述的闭-开操作：

```
>> g2 = imclose(imopen(g, ones(3,3)), ones(3,3));
>> L2 = watershed(g2);
>> wr2 = L2 == 0;
>> f2 = f;
>> f2(wr2) = 255;
```

前边代码的最后两行以 wr 用白线在原始图像上叠加分水岭脊线。图 10-27(d)显示了叠加结果。虽然增强图10-27(c)的目的达到了，但仍然存在一些附加的脊线，对于决定哪些汇水盆地真正与感兴趣物体有关还是很困难。下面将进一步细致描述基于分水岭的解决这些困难的分割方法。

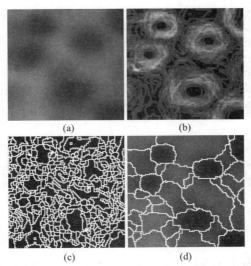

图 10-27 (a) 小斑点的灰度图像；(b) 梯度幅度图像；(c) 显示有些严重过分割的(b)的分水岭变换；(d) 平滑梯度图像的分水岭变换，一些过分割仍然比较明显。(原图像由巴黎 CMM/Ecole 的 S. Beucher 博士提供)

10.5.3 控制标记符的分水岭分割

正如你在 10.5.2 节中看到的那样，将分水岭变换直接用于梯度图像时，噪声和梯度的其他局部不规则性常常会导致过分割。由这些因素导致的问题可能会非常严重，以至于实际结果不可用。按照当前讨论的思路，这将意味着产生大量的分割区域。实际解决这一问题的一种方法是把附加知识加进分割过程的预处理步骤，从而限制允许的区域数目。

用于控制过分割的一种方法是基于标记符的概念。标记符是属于一幅图像的连通分量。我们希望有一个内部标记符集合，它们处在每个感兴趣物体的内部，而外部标记符集合包含在背景中。这些标记符使用例 10.17 中描述的过程来改进梯度图像。在有关图像处理的文献中，有各种用于计算内部和外部标记符的建议，其中包括前面章节描述的线性滤波、非线性滤波以及形态学处理。对于特定的应用，我们选择的方法依赖于与应用相关的图像的特性。

例 10.17 标记符控制的分水岭分割示例

这个例子把标记符控制的分水岭分割用于图10-28(a)中的电泳凝胶图像。考虑从计算梯度图像的分水岭变换得到的结果开始，并且不做任何其他处理。

```
>> h = fspecial('sobel');
>> fd = tofloat(f);
```

```
>> g = sqrt(imfilter(fd, h, 'replicate') .^ 2 + ...
         imfilter(fd, h', 'replicate') .^ 2);
>> L = watershed(g);
>> wr = L == 0;
```

在图10-28(b)中可以看到，结果严重地过分割了。一部分是由于存在大量的小区域，工具箱函数 imreginalmin 计算图像中所有的局部小区域的位置，调用语法为：

```
rm = imregionalmin(f)
```

其中，f 是灰度图像，rm 是二值图像，rm 的前景像素标记出局部小区域的位置。可以把 imregionalmin 函数用于梯度图像，并查看为什么分水岭函数会产生许多小的汇水盆地：

```
>> rm = imregionalmin(g);
```

图 10-28(c)显示的多数局部小区域的位置非常浅，并且表现的细节与我们的分割问题不相干。为了消除这些无关的小区域，可以使用工具箱函数 imextendedmin，计算比近邻点更暗(用某个高度阈值)的图像中"低点"的集合。这个函数的调用语法为：

```
im = imextendedmin(f,h)
```

其中，f 是灰度图像，h 是高度阈值，im 是一幅二值图像，im 的前景像素标记了深的局部小区域的位置。在这里，我们用函数 imextendedmin 来得到内部标记符的集合：

```
>> im = imexrendedmin(f,2);
>> fim = f;
>> fim(im) = 175;
```

最后两行将灰斑点的最小区域位置叠加在原始图像上，如图10-28(d)所示。可以看到，得到的斑点的确很合理地标记了我们想要分割的物体。

接下来，我们必须寻找外部标记符，或者我们确信的属于背景的像素。此处遵循的方法是用已找到的像素来标记背景，这些像素恰好位于内部标记符的中间。令人惊讶的是，通过解决其他分水岭问题，可以做到这些；特别是计算内部标记符图像 im 的距离变换的分水岭变换：

```
>> Lim = watershed(bwdist(im));
>> em = Lim == 0;
```

图 10-28(e)显示了二值图像 em 中的分水岭脊线。因为这些脊线位于由 im 标记的暗斑点之间，所以它们应该是很好的外部标记符。

我们用内部和外部标记符可以采用称为最小覆盖的过程改进梯度图像。最小覆盖技术可以改进灰度图像，因此，局部最小区域仅发生在标记过的位置。如果需要移动所有的局部最小区域，其他像素值就需要上推。工具箱函数 imimposition 可实现这种技术，调用语法如下：

```
mp = imimposemin(f, mask)
```

其中，f 是灰度图像，mask 是二值图像，mask 的前景像素标记了输出图像 mp 中局部最小区域的期望位置。通过在内部和外部标记符的位置覆盖局部最小区域，可以改进梯度图像：

```
>> g2 = imimposemin(g, im | em);
```

图10-28(f)显示了结果。最后，我们准备计算改进了标记符的梯度图像的分水岭变换，并研究 ridgelines 函数的调用结果：

```
>> L2 = watershed(g2);
>> f2 = f;
>> f2(L2 == 0) = 255;
```

最后两行是在原始图像上叠加分水岭脊线。一个有很大改进的分割结果如图 10-28(g)所示。

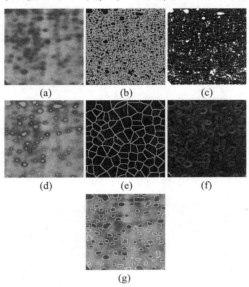

图 10-28 (a) 凝胶图像；(b) 对梯度幅值图像进行分水岭变换的过分割结果；(c) 梯度幅值的局部小区域；(d) 内部标记符；(e) 外部标记符；(f) 改进的梯度幅值；(g) 分割结果。(原图像由巴黎 CMM/Ecole 的 S. Beucher 博士提供)

标记符的选择范围可以从刚才描述的简单过程到更复杂的方法，涉及尺寸、形状、位置、相对距离、纹理内容等等(见第 11 章中关于描述子的内容)。指针是携带对分割有影响的先验知识的标记符。人们常常使用先验知识在每天的视觉中帮助解决分割和高级任务。最为熟悉的便是使用文本。因此，分水岭分割提供可以有效利用这些类型的知识的框架这一事实，是这一方法的突出优点。

10.6 小结

图像分割是大多数自动图像模式识别和场景分析问题中基本的预备步骤。正如本章提供的方法和示例中指出的那样，选择一种分割技术而不是其他技术大多由将要考虑的问题的特性决定。本章讨论的方法虽然远没有穷尽，但在实践中却是有代表性的常用技术。

第11章

表示与描述

一幅图像在使用诸如第 10 章讨论的方法分割为区域后,接下来通常是对分割区域加以表示与描述,使"自然状态的"像素以某种形式更适合计算机作进一步处理。表示区域涉及两个基本选择:1) 可以根据外部特征(区域的边界)表示区域;2) 可以根据内部特征(组成区域的像素)表示区域。然而,选择一种表示方案仅仅是使得数据更适于计算机处理的任务的一部分。下一个任务是基于选择的表示方案来描述区域。例如,区域可以用边界来表示,而边界可以用特征来描述,诸如边界长度和包含的凹面的数目。

当对形状特征感兴趣时,可以选择外部表示;当主要注意力集中于区域属性时,可以选择内部表示,比如颜色和纹理。这两种表示方案通常用于相同的应用中。在任何一种情况下,被选作描述子的特征应该尽可能对区域大小、平移和旋转的变化不敏感。对于灰度上的变化,归一化常常是很有必要的。在很大程度上,本章讨论的描述子能满足一个或多个这样的属性。

11.1 背景知识

参考 9.4 节的讨论,令 S 表示一幅图像中像素的子集。如果在 S 中组成它们的所有像素间都存在通路,就说两个像素 p 和 q 在 S 中是连接着的。对于 S 中的任意像素 p,在 S 中连接 p 的像素的集合称为连通分量。如果仅有一个连通分量,S 将被称为连通集。在一幅图像中,如果 R 是连通集,那么像素的子集 R 被称为图像的区域。

区域的边界(也称为边缘或轮廓)定义为区域像素的集合,这些像素有一个或多个相邻的像素不在区域内。正如在 9.1.2 节中讨论的那样,边界或区域上的点称为前景点,否则它们就是背景点。最初,我们的兴趣仅在于二值图像,因此前景点用 1 来表示,背景点用 0 来表示。在本章后边的部分,我们允许像素具有灰度值或多光谱值。使用前边的概念,我们定义孔洞为由前景像素的连接边界环绕的背景区域。

从前边给出的定义可以得出以下结论:边界是点的连接集合。如果边界上的点形成顺时针或逆时针序列,就称边界上的点为有序的。如果边界上的每个点恰好有两个值为 1 的相邻像素点,而且它们不是 4 邻接的,边界将被称为最低限度连接的。内点被定义为区域内除边界外的任意位置的点。

在这一章中的某些函数接受二值输入或数组。可以回忆一下 1.7.7 节中的讨论,MATLAB 中的二值图像明确地引用由 1 和 0 组成的逻辑数组。数组可以有表 1-1 中定义的任何数字类型

(uint8、double 等)。

还可以回忆一下如何使用函数 logical(f) 把数据数组转换为逻辑值。这个函数把 f 中的所有 0 值(假)置为 0，将 f 中的所有其他值(真)置为 1。设计为仅工作在二值图像上的工具箱函数在二值输入上自动执行这一转换。我们不去介绍这些麻烦的符号，从而试图区分仅工作在二值输入上的函数，而是更倾向于使用上下文来指导关于特殊函数接受的输入类型。当拿不准的时候，可参考函数的帮助页。通常，我们会对结果的类型做特殊的说明。

11.1.1 用于提取区域及其边界的函数

正如 9.4 节中讨论的那样，工具箱函数 bwlabel 计算二值图像中所有的连通分量(区域)。在这里，为方便起见，再次列出这个函数的语法：

```
[L, num] = bwlabel(f, conn)
```

其中，f 是输入图像，conn 指定了期望的连通性(4 连接或 8 连接，后者是默认的)，num 是找到的连通分量数，L 是标记矩阵，L 对每个连通分量分配唯一的 1 到 num 的整数。回顾 9.19 节中的讨论，所用的连通性的值可以影响检测区域的数量。函数 bwperim 的语法如下：

```
g = bwperim(f, conn)
```

这个函数返回二值图像 g，其中仅包含 f 中所有区域的周界(边界)像素。与图像处理工具箱的大多数函数不同，在这个特殊函数中，参数 conn 指定了背景的连通性：4 连接(默认)或 8 连接。这样，为得到 4 连接的区域边界，可以将 conn 指定为 8。相反，8 连接的边界可通过将 conn 指定为 4 得到。11.1.2 节讨论的函数 imfill 也有上述特性。当 bwperim 产生一幅包括边界的二值图像时，函数 bwboundaries 提取二值图像 f 中所有区域的真实边界坐标，语法如下：

```
B = bwboundaries(f, conn, options)
```

其中，conn 相对于边界本身，并且值为 4 或 8(默认)，参数 options 的值可以是 'holes' 和 'noholes'。使用第一个选项，会提取区域和孔洞的边界，也可以提取嵌套在区域内的区域边界。使用第二个选项，只能得到区域或其子区域的边界。对于 conn 来说，如果在参数中只包括 f 和值，'holes' 将作为默认选项；如果在调用中只包括 f，正如默认的那样，将使用 8 和 'holes'。

首先在 B 中列出区域，紧跟着是孔洞(下面列出的第 3 种语法用于寻找区域和孔洞数)。输出 B 是 P×1 的单元数组，其中，P 是物体数(和孔洞数，假如指定的话)。单元数组中的每个单元都包含一个 np×2 的矩阵，其中的行是边界像素的行和列的坐标，np 是相应区域的边界像素数。每个边界的坐标都是以顺时针方向安排的，并且边界的最后一点与第一个点相同，这样就提供了闭合的边界。记住，B 是单元数组，可以使用函数 flipud 改变边界 B{k} 的行进顺序，从顺时针改为逆时针(反之依然)：

```
Breversed{k} = flipud(B{k})
```

函数 bwboundaries 的另一种有用语法是：

```
[B, L] = bwboundaries(...)
```

在这种情况下，L 是标记矩阵(与 f 的尺寸一样)，使用不同的整数来标记 f 的每个元素(无论是区域还是孔洞)。背景像素标记为 0。区域和孔洞数由 max(L(:)) 给出。最后，语法：

```
[B, L, NR, A] = bwboundaries(...)
```

返回找到的孔洞数 NR、逻辑稀疏矩阵 A，它详细描述了父-子-孔洞的依赖关系。也就是说，由 B{k} 闭合的更直接的边界由下列语句给出：

```
boundaryEnclosed = find(A(:, k))
```

类似地，由 B{k} 闭合的更直接的边界也可由下列语句给出：

```
boundaryEnclosing = find(A(k, :))
```

(矩阵 A 在例 11.1 中将做更详细的解释)B 中的第一个 NR 项是区域，其余项是孔洞。孔洞数由 numel(B) − NR 给出。

能够构建和/或显示一幅包含感兴趣边界的二值图像是很有用的。以 $np×2$ 坐标数组形式给定边界 b，在这里，和之前一样，np 是点数，下列通用函数(见附录 C)：

```
g = bound2im(b, M, N)
```

将产生在 b 中的坐标处为 1、背景为 0、尺寸为 M×N 的二值图像 g。典型的，M=size(f,1) 且 N=size(f,2)。其中，f 是一幅图像，它来自得到的 b。这样，f 和 g 在空间上已配准。如果 M 和 N 忽略，那么 g 是最小的二值图像，包含维持原始坐标值的边界。如果函数 bwboundaries 找到了多个边界，就可以得到所有的坐标，通过单元数组 B 的连通分量将函数 bound2im 用于坐标的单一数组 b：

```
b = cat(1, B{:})
```

这里，1 指出沿着第一维(垂直)串联。下面的例子说明了 bound2im 的使用，用于辅助观察函数 bwboundaries 的结果。

例 11.1 函数 bwboundaries 和 bound2im 的使用

图 11-1(a) 中的图像 f 包含了区域、孔洞和单一的子区域，后者也包含孔洞。指令

```
>> B = bwboundaries(f,'noholes');
```

用默认的 8 连通仅提取区域的边缘。指令

```
>> numel(B)
ans
    2
```

指出找到了两个边界。图 11-1(b) 显示了包含这些边界的二值图像。图像可由下边的指令得到：

```
>> b = cat(1, B{:});
>> [M, N] = size(f);
>> image = bound2im(b, M, N)
```

指令

```
>> [B, L, NR, A] = bwboundaries(f);
```

用默认的 8 连通提取所有区域和孔洞的边界。所提取的所有区域和孔洞的边界总数由指令

```
>> numel(B)
ans =
     4
```

给出，并且空洞数由

```
>> numel(B) - NR
ans =
     2
```

给出。

使用函数 bound2im，并与 L 相结合，显示区域和/或孔洞的边界。例如

```
>> bR = cat(1, B{1:2}, B{4});
>> imageBoundaries = bound2im(bR, M, N);
```

是在区域和最后一个孔洞的边界上包含 1 值的二值图像。然后，指令

```
>> imageNumberedBoundaries = imageBoundaries.*L
```

显示有限的边界，如图 11-1(c)所示。作为代替，如果要显示所有有限的边界，就必须使用下列指令：

```
>> bR = cat(1, B{:});
>> imageBoundaries = bound2im(bR, M, N);
>> imageNumberedBoundaries = imageBoundaries.*L
```

```
0 0 0 0 0 0 0 0 0 0 0 0 0 0   0 0 0 0 0 0 0 0 0 0 0 0 0 0   0 0 0 0 0 0 0 0 0 0 0 0 0 0
0 1 1 1 1 1 1 1 1 1 1 1 1 0   0 1 1 1 1 1 1 1 1 1 1 1 1 0   0 1 1 1 1 1 1 1 1 1 1 1 1 0
0 1 1 1 1 1 1 1 1 1 1 1 1 0   0 1 0 0 0 0 0 0 0 0 0 0 1 0   0 1 0 0 0 0 0 0 0 0 0 0 1 0
0 1 1 0 0 0 0 0 0 0 0 1 1 0   0 1 0 0 0 0 0 0 0 0 0 0 1 0   0 1 0 0 0 0 0 0 0 0 0 0 1 0
0 1 1 0 1 1 1 1 1 1 0 1 1 0   0 1 0 0 1 1 1 1 1 1 0 0 1 0   0 1 0 0 2 2 2 2 2 2 0 0 1 0
0 1 1 0 1 1 1 1 1 1 0 1 1 0   0 1 0 0 1 0 0 0 0 1 0 0 1 0   0 1 0 0 2 0 0 0 0 2 0 0 1 0
0 1 1 0 1 1 0 0 1 1 0 1 1 0   0 1 0 0 1 0 0 0 0 1 0 0 1 0   0 1 0 0 2 0 4 4 0 2 0 0 1 0
0 1 1 0 1 1 0 0 1 1 0 1 1 0   0 1 0 0 1 0 0 0 0 1 0 0 1 0   0 1 0 0 2 0 4 4 0 2 0 0 1 0
0 1 1 0 1 1 1 1 1 1 0 1 1 0   0 1 0 0 1 0 0 0 0 1 0 0 1 0   0 1 0 0 2 0 0 0 0 2 0 0 1 0
0 1 1 0 1 1 1 1 1 1 0 1 1 0   0 1 0 0 1 1 1 1 1 1 0 0 1 0   0 1 0 0 2 2 2 2 2 2 0 0 1 0
0 1 1 0 0 0 0 0 0 0 0 1 1 0   0 1 0 0 0 0 0 0 0 0 0 0 1 0   0 1 0 0 0 0 0 0 0 0 0 0 1 0
0 1 1 1 1 1 1 1 1 1 1 1 1 0   0 1 0 0 0 0 0 0 0 0 0 0 1 0   0 1 0 0 0 0 0 0 0 0 0 0 1 0
0 1 1 1 1 1 1 1 1 1 1 1 1 0   0 1 1 1 1 1 1 1 1 1 1 1 1 0   0 1 1 1 1 1 1 1 1 1 1 1 1 0
0 0 0 0 0 0 0 0 0 0 0 0 0 0   0 0 0 0 0 0 0 0 0 0 0 0 0 0   0 0 0 0 0 0 0 0 0 0 0 0 0 0
            (a)                           (b)                           (c)
```

图 11-1 (a) 包含两个区域(1 值像素)和两个孔洞的原始数组；(b) 使用函数 bwboundaries 提取的区域边界，并用函数 bound2im 显示为一幅图像；(c) 区域和最内孔洞的边界

对于较大的图像，可对边界进行彩色编码以加强可视性(函数 bwboundaries 的帮助页显示了这方面的一些例子)。最后，我们简要地考虑矩阵 A。例如，由 B{1}得到的闭合边界数是：

```
>> find(A(:, 1))
ans =
     3
```

围绕着 B{1}的边界数是：

```
>> find(A(1, :))
ans =
   Empty matrix: 1-by-0
```

正如期望的那样，因为 B{1}是最外边的边界。A 中的元素是：

```
>> A
A =
   (3,1)    1
   (4,2)    1
   (2,3)    1
```

在稀疏矩阵的表达中，这表示元素(3, 1)、(4, 2)和(2, 3)是 1，所有的其他元素是 0。可以观察整个矩阵：

```
>> full(A)
ans =
     0     0     0     0
     0     0     1     0
     1     0     0     0
     0     1     0     0
```

向下读 k 列，行 n 中的 1 指出，由 B{k}闭合的最直接边界是边界数 n。越过行 k 读，纵列 m 中的 1 指出，围绕 B{k}的最直接边界是边界 m。

注意，这个符号在区域和孔洞的边界之间没有区别。例如，边界 2(A 中的第二列)围绕边界 4(A 中的第 4 行)，边界 4 是孔洞的边界。

11.1.2　本章使用的 MATLAB 和 IPT 附加函数

函数 imfill 在 9.5.2 节已简要提到过。该函数对于二值图像和灰度图像输入执行的任务不同。因此，为了有助于在本节中澄清符号含义，分别用 fB 和 fI 表示二值图像和灰度图像。如果输出是二值图像，就用 gB 来表示，否则表示为 g。语法

```
gB = imfill(fB,locations,conn)
```

在输入的二值图像 fB 的背景像素上执行填充操作(也就是说，将背景像素改为1)，该操作从参数 locations 指定的点开始。这个参数可以是 $nL×1$ 的向量(n 是位置的数目)，在这种情况下，向量包含起始坐标位置的线性索引(参见 1.7.8 节)。参数 locations 也可以是 $nL×2$ 矩阵，在这种情况下，每行包含 fB 中起始位置的二维坐标。与函数 bwperim 的情况一样，参数 conn 指定背景像素所用的连通性：4 连通(默认)或 8 连通。如果参数 locations 和 conn 在输入参量中均省略，那么指令

```
gB = imfill(fB)
```

将在屏幕上显示二值图像fB，并使用户用鼠标选择起始位置。单击鼠标左键以添加点。按下 BackSpace 或 Delete 键可删除前面选择的点，按住 Shift 键单击或右击，或者双击可选择最后一个点，然后开始填充操作。按下 Return 键，可不添加任何点来结束选择。

使用以下语法

```
gB = imfill(fB, conn, 'holes')
```

填充输入的二值图像中的孔洞。参数 conn 与上边一样。

语法

```
g = imfill(fI, conn)
```

填充输入的灰度图像 fI 的孔洞。在上述语法中，孔洞是指由较亮像素包围的暗像素区域，参数'holes'没有使用。

函数 find 可以和 bwlable 一起使用，返回组成某个指定物体的像素的坐标向量。例如，如果

```
[gB, num] = bwlabel(fB)
```

将产生多于一个的连通区域(也就是 num >1)。比方说，使用以下语法可以获得第二个区域的坐标：

```
[r, c] = find(gB == 2)
```

正如早些时候指出的那样，在本章，区域或边界的二维坐标被组织成 $np\times2$ 的数组形式，其中的每行都是(x, y)坐标对，np 是区域或边界上点的数目。在某些情况下，对数组进行排序是有必要的，为此，可使用函数 sortrows：

```
z = sortrows(S)
```

该函数按升序对数组 S 中的行进行排序。参数 S 必须是矩阵或列向量。在本章中，函数 sortrows 只与 $np\times2$ 数组一起使用。如果一些行有相同的第一坐标，那么按第二坐标升序排列。如果想既对数组 S 的行排序，又去除重复行，可使用函数 unique，语法如下：

```
[z, m, n] = unique(S,'rows')
```

其中，z 是没有重复行的排序后的数组，m 和 n 满足 z=S(m,:)且 S=z(n,:)。例如，若 S=[1 2;6 5;1 2;4 3]，则 z=[1 2;4 3;6 5]、m=[3;4;2]、n=[1;3;1;2]。注意 z 是按升序排列，m 则指出保持最初数组的哪些行。

如果有必要对数组行进行向上、向下和侧移这样的移位操作，可使用函数 circshift：

```
z = circshift(S,[ud lr])
```

其中，ud 是 S 向上或向下移位的元素数目。如果 ud 为正，移位操作为向下；否则向上。类似地，如果 rl 为正，移位操作为向右移动 rl 个元素；否则向左。如果只需要向上和向下移位，可使用以下简单语法：

```
z = circshift(S, ud)
```

如果 S 是一幅图像，circshift 只不过是我们熟悉的卷绕操作(向上和向下)或摇镜头操作(向左和向右)。

11.1.3 一些基本的实用 M-函数

诸如区域与边界间的转换、在坐标的连接链中对边界点排序、对边界进行子抽样以简化表示及描述等任务，是本章常用的处理。下面非常有用的 M-函数经常用于完成以上这些目的。为避免偏离本章的主要议题，我们只讨论这些函数的语法。每个常用函数的文档化代码包含于附

录 C 中。正如早先提及的那样，边界被表示为 $np\times 2$ 的数组，其中的每行表示二维的坐标对。函数 bound2eight 的语法如下：

```
b8 = bound2eight(b)
```

从边界 b 中移出 4 连通的像素是有必要的，剩余的像素仅是 8 连通的。b 是闭合的，这也很重要，排序后的像素连通集合继续按顺时针或逆时针方向排列。相同的条件也使用于函数 bound2four：

```
b4 = bound2four(b)
```

这个函数无论在哪里嵌入新的边界像素，都存在对角连接，这样将产生像素是 4 连接的输出边界。函数

```
[s, su] = bsubsamp(b, gridsep)
```

把边界(单个的)b 子取样为网格，那些网络线是由 gridsep 像素隔开的。输出 s 是具有相对 b 较少的像素的边界，这些点的数量由 gridsep 决定。输出 su 是已标定边界点的集合，这使得在它们的坐标处的过渡是一致的。这对于用链码对边界编码是很有用的，正如 11.2.1 节讨论的那样。在前面的 3 个函数中，b 中的点按顺时针或逆时针方向排序(输出与输入的顺序是相同的)是十分必要的。如果 b 中的点没有继续排序(但它们是完全连通的点)，那么可以用下边的指令把 b 变换成顺时针排序：

```
>> image = bound2im(b);
>> b = bwboundaries(image, 'noholes');
```

也就是说，我们把边界变换为二值图像，然后使用函数 bwboundaries 以顺时针方向抽取边界。如果希望以逆时针方向，就像早些时候提及的那样，可以令 b = flipud(b)。

当使用函数 bsubsamp 对边界做子取样时，边界上的点不再是连接的了，它们可用下面的函数重新连接：

```
z = connectpoly(s(:, 1), s(:, 2))
```

其中，s(:, 1) 和 s(:, 2) 分别是子取样边界的坐标。要求 s 中的点不是按顺时针排列就是按逆时针排列。输出 z 中的行是连接边界的坐标，是通过用直线段连接 s 中的点形成的连接边界的坐标。输出 z 中的坐标与 s 中坐标的方向相同。

函数 connectpoly 对于产生多边形全连接的边界很有用，该边界通常比从 s 得到的原始边界 b 更简单。函数 connectpoly 在只产生多边形顶点时十分有用，例如在 11.2.3 节中讨论的 im2minperpoly 函数。

当对边界进行操作时，计算连接两点间一条直线的整数坐标是基本工具。工具箱函数 intline 就比较适合完成这一目的，语法如下：

```
[x, y] = intline (x1, x2 ,y1 y2)
```

其中，(x1,y1) 和 (x2,y2) 分别是两个待连接点的整数坐标。输出 x 和 y 是列向量，包含连接两点的一条直线的 x 和 y 坐标。

11.2 表示

正如本章一开始提到的那样,在第10章中讨论的分割技术以像素的形式沿边界或包含在区域中的像素产生原始数据。虽然有时这些数据直接用于获得描述子(例如决定区域的纹理),但惯例是采用将数据紧凑为一种表示的方案,这些表示被认为在描述子计算中更有用。这一节我们将讨论各种表示方法的实现。

11.2.1 链码

链码通过指定长度与方向的直线段的连接序列来表示边界。典型地,这一表示建立在线段的4连接或8连接之上。每一条线段的方向通过如图11-2(a)和(b)所示的编号方案加以编码。基于这一方案的链码被归为佛雷曼链码。

一条边界的链码取决于起点。然而,代码可以通过将起点处理为方向数的循环序列和重新定义起点的方法进行规一化,因此,产生的数字序列将形成最小量级的整数部分。可以通过使用链码的一阶差分来代替链码本身,从而对旋转进行规一化(对于图11-2(a)和(b)中的链码,增量值为90°或45°)。这一差分可以通过计算由链码分开的两个相邻元素的方向变化数目获得(图11-2 中的逆时针方向)。例如,4方向链码 10103322 的一阶差分是 3133030。如果将链码当作循环序列,那么差分的第一个元素可以使用链码的第一个和最后一个元素的转换加以计算。对于前边的代码,结果是 33133030。关于任意旋转角度的归一化,可以通过确定带有某些主要特征的边界加以获得,比如11.3.2节中讨论的长轴,或者在11.5节末尾讨论的主分量向量。

函数 fchcode(见附录C)的语法如下:

```
c = fchcode(b, conn, dir)
```

该函数计算保存在数组 b 中的排过序的 $np \times 2$ 个点边界的集合的佛雷曼链码。输出 c 是包含以下字段的结构,包含在圆括号中的数字指出了数组的大小:

```
    c.fcc = 佛雷曼链码(1×np)
   c.diff = c.fcc 的一阶差分码(1np)
     c.mm = 最小值的整数部分(1×np)
 c.diffmm = c.mm 的一阶差分码(1×np);
   c.x0y0 = 链码的起点坐标(1×2);
```

参数 conn 指明链码的连接方式:值可为 4 或 8(默认的)。当边界不包含对角转换时,值设为 4 是有效的。

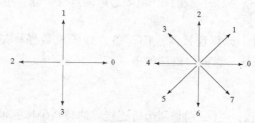

图 11-2　4 链码和 8 链码的方向数

参数 dir 指明输出链码的方向。如果指定为 'same',链码方向与 b 中点的方向相同。使用'reverse'将导致链码方向相反。默认为'same'。因此，c=fchcode(b, conn)将采用默认方向，c=fchcode(b)将使用默认的方向和连接。

例 11.2 佛雷曼链码及其某些变体

图 11-3(a)显示了一幅 570×570 大小的在镜面反射噪声中嵌入的圆形斧子图像 f，这个例子的目的是获得物体外边界的链码和一阶差分。观察图 11-3(a)，很明显，依附在物体上的噪声将导致一条很不规则的边界，它不是物体一般形状的真实描述。当对噪声边界进行处理时，平滑通常是最常见的处理方式。图 11-3(b)显示了使用 9×9 平均模板的处理结果 g：

```
>> h = fspecial('average', 9);
>> g = imfilter(f, h, 'replicate');
```

图 11-3(c)所示的二值图像是经阈值处理后获得的：

```
>> gB = im2bw(g, 0.5);
```

gB 的(外)边界可以通过前面讨论的函数 bwboundaries 计算获得：

```
>> B = bwboundaries(gB, 'noholes');
```

正如 11.1.1 节说明的那样，我们感兴趣的是最长边界(图 11-3(c)的内点还有一条边界)：

```
>> d = cellfun('length', B);
>> [maxd, k] = max(d);
>> b = B{k};
```

图 11-3(d)所示的边界图像是通过以下命令产生的：

```
>> [M N] = size(g);
>> g = bound2im(b, M, N);
```

获得 b 的链码将直接产生较小变化的长序列，这对于一般的图像形状表示是不必要的。因此，作为链码的一种典型处理手段，可以使用前面讨论的函数 bsubsamp 对边界进行子取样：

```
>> [s, su] = bsubsamp(b, 50);
```

使用大约等于图像宽度 10%的网格进行分离。结果点可以显示为一幅图像，如图 11-3(e)所示。

```
>> g2 = bound2im(s, M, N);
```

或者使用以下命令使之成为连接序列(见图 11-2(f))：

```
>>> cn = connectpoly(s(:, 1), s(:, 2));
>> g3 = bound2im(cn, M, N);
```

与图 11-3(d)相反，通过比较两幅图，为链码采用这种表示方案的优点是很明显的。链码可以从标定过的序列 su 获得：

```
>> c = fchcode(su);
```

该命令将产生以下输出：

```
>> c.x0y0
ans =
```

```
         7    3
>> c.fcc
ans =
2 2 0 2 2 0 2 0 0 0 0 6 0 6 6 6 6 6 6 6 6 4 4 4 4 4 4 2 4 2 2 2
>> c.mm
ans =
0 0 0 0 6 0 6 6 6 6 6 6 6 6 4 4 4 4 4 2 4 2 2 2 2 2 0 2 2 0 2
>> c.diff
ans =
0 6 2 0 6 2 6 0 0 0 6 2 6 0 0 0 0 0 0 0 6 0 0 0 0 6 2 6 0 0 0
>> c.diffmm
ans =
0 0 0 6 2 6 0 0 0 0 0 0 6 0 0 0 0 0 6 2 6 0 0 0 0 6 2 0 6 2 6
```

通过对c.fcc、图11-2(f)和c.x0y0进行检查,可以看到编码从图像的左边开始,按顺时针方向处理,与原始边界的坐标方向相同。

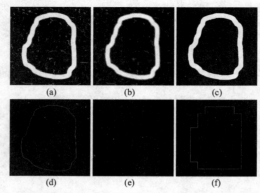

图11-3 (a) 含噪声的图像；(b) 用9×9平均模板平滑过的图像；(c) 经阈值处理过的图像；(d) 二值图像的边界；(e) 子取样的边界；(f) 对(e)中的点进行连接

11.2.2 使用最小周长多边形的多边形近似

数字边界能够用多边形以任意精度近似。对于闭合曲线,当多边形的顶点数目与边界点数目相同,并且每个顶点与边界点一致时,近似是精确的。多边形近似的目标是用尽可能少的顶点去表示给定边界的形状。

通常这个问题是没有价值的,并且很快会变为十分耗时的迭代搜索。然而,适度复杂的近似技术很适合图像处理任务。这其中最有力的是用最小周长多边形(Minimum-Perimeter Polygon,MPP)表示边界,正如下边讨论中界定的那样。

1. 基础知识

产生用于计算MPP算法的一种直观方法是,用一组连接单元闭合一条边界,如图11-4所示。把边界想象为(连续的)橡皮圈,如果允许收缩,那么橡皮圈将受到由单元定义的限定区域的内外墙的限制。最后,这个收缩将产生最小周长的多边形,这个由单元条带围起来的区域限定的边界如图11-4(c)所示。注意,在这幅图中,MPP的所有顶点都与单元的内外墙的拐角相一致。

单元的大小决定于多边形近似的精度。在基线情况下,如果每个(方形的)单元的尺寸相当于边界上用数字表示的像素，那么 MPP 的每一顶点间的最大误差和原始边界中的最靠近点将是 $\sqrt{2}d$。其中，d 是像素间最小可能的距离(也就是由原始取样网格的分辨率建立的像素间的距离)。这个误差可以通过强制多边形近似中每个单元的一半来减少，多边形近似以取样过的边界的相应像素为中心。目标是在给定的应用中，使用可接受的最大可能的单元尺寸，由此产生具有最小顶点数的 MPP。

在这一节，我们的目的是找到这些 MPP 顶点的确切描述和实现过程。刚才讨论的单元方法可以减少由原始的受图 11-4(b)中内外墙区域形状限制的闭合边界的物体形状。图 11-5(a)以深灰色显示了这个形状。

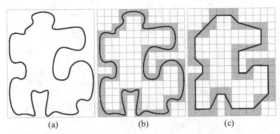

图 11-4 (a) 物体边界(黑色曲线); (b) 由单元闭合的边界(以灰色表示); (c) 由允许的边界收缩得到的最小周长多边形。(c)中的多边形顶点是由灰色区域的内外墙角点创建的

我们看到，形状的边是由 4 连接的直线段组成的。假定以逆时针方向经过这条边，那么在移动中，每一次遇到的不是凸点就是凹点，顶点的角将是 4 连接边缘的内角。在图 11-5(b)中，凸点以白点显示，凹点以黑点显示。注意，这些都是单元内壁的顶点，并且内墙中的每个顶点都在外壁中有相应的镜像顶点，位于顶点的对角位置。图 11-5(c)显示了所有凹点的镜像，作为参考，叠加来自图 11-4(c)的 MPP。

观察与内壁的凸点(白点)或与外壁的凹点(黑点)相对应的 MPP 顶点，稍微想一下就会发现，只有内壁的凸点和外壁的凹点可以是 MPP 顶点。这样一来，算法就只需要注意这些顶点。

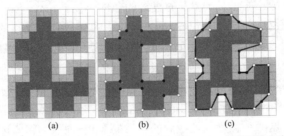

图 11-5 (a) 从以单元闭合的原始边界得到的区域(深灰色，见图 11-4); (b) 以逆时针方向追踪暗灰色区域边界得到的凸点(白点)和凹点(黑点); (c) 在边界区域的外壁显示对角镜像位置的凹顶点。作为参考，MPP(黑色曲线)被叠加在图像上

2. 用于发现 MPP 的算法

围绕边界的单元集合称为细胞综合体。假设考虑的边界不是自交叉的，这是导致简单连接的细胞综合体的条件之一。基于这些假设，并且令白(W)和黑(B)分别表示凸顶点和镜像凹顶点。观点如下：

- 由简单连接的细胞联合体限制的 MPP 是非自交叉的。

- 每个 MPP 凸顶点是 W 顶点，但并不是边界上的每个 W 顶点都是 MPP 顶点。
- 每个 MPP 镜像凹顶点是 B 顶点，但并不是边界上的每个 B 顶点都是 MPP 顶点。
- 所有的 B 顶点都在 MPP 上或外边，并且所有的 W 顶点都在 MPP 上或里边。
- 最主要的是在顶点序列中，包含在细胞联合体中的最左边的顶点总是 MPP 的 W 顶点。

上述观点都可以得到证实(Sklansks 等人[1972]; Sloboda 等人[1998]; Klette 和 Rosenfeld[2004])。然而，对于我们的目的，它们的正确性是很明显的(见图 11-5)。因此，在这里我们不详加证明。不像图 11-5 中暗灰色区域的顶点角度那样，由 MPP 顶点角度支持的角度不必是 90°的倍数。在下面的讨论中，我们将需要计算 3 个点的方向。考虑 3 个点(a,b,c)，并且令这 3 个点的坐标是 $a=(x_a,y_a)$、$b=(x_b,y_b)$ 和 $c=(x_c,y_c)$。如果按矩阵的行来排列这些点：

$$A = \begin{bmatrix} x_a & y_a & 1 \\ x_b & y_b & 1 \\ x_c & y_c & 1 \end{bmatrix}$$

那么从矩阵分析可以得出：

$$\det(A) = \begin{cases} >0 & (a,b,c)\text{是逆时针序列} \\ =0 & \text{点是共线的} \\ <0 & (a,b,c)\text{是顺时针序列} \end{cases}$$

其中，$\det(A)$ 是 A 的行列式，并且逆时针或顺时针方向的运动是关于右手坐标系统的。例如，使用右手图像坐标系统(见图 1-2)，其中，原点在左上角，正的 x 轴垂直向下延伸，y 轴水平向右延伸，序列 $a=(3,4)$、$b=(2,3)$ 和 $c=(3,2)$ 是逆时针方向，并给出 det(A)>0 定义是很方便的：

sgn(a,b,c)≡et(A)

因此，对于逆时针序列，$\text{sgn}(a,b,c)>0$；对于顺时针序列，$\text{sgn}(a,b,c)<0$；当点是共线时，$\text{sgn}(a,b,c)=0$。从几何学上看，$\text{sgn}(a,b,c)>0$ 指出点 c 位于通过点 a 和 b 的直线的正的一侧；$\text{sgn}(a,b,c)<0$ 指出点 c 位于通过点 a 和 b 的直线的负的一侧；$\text{sgn}(a,b,c)=0$ 指出点 c 在直线上。为了为 MPP 算法准备数据，可以构造一个列表，其中的行是每个顶点的坐标。并且注意，不管顶点是 W 还是 B，凹顶点必须被镜像，如图 11-5(c)所示。顶点必须按顺序布置，并且序列中的第一个顶点必须是最上边、最左边的顶点。根据前面的最后一个观点，我们知道该顶点是 MPP 的 W 顶点。令 V_0 表示这个顶点，假定顶点按逆时针方向排序。对于寻找 MPP 的算法，可以使用两个"爬行"点：白的(W_c)爬行点和黑的(B_c)爬行点。W_c 爬行点沿着凸(W)顶点爬行，B_c 沿着镜像的凹(B)顶点爬行。这两个爬行点，找到的最后的 MPP 顶点和将通过检验的顶点是全部的必须实现的步骤。从设置 $W_c=B_c=V_0$ 开始，然后在算法的任意点，令 V_L 表示找到的最后一个 MPP 顶点，并且令 V_k 表示当前将被检验的顶点。以下 3 个条件可存在于 V_L、V_k 和两个爬行点之间：

a. V_k 位于通过点对(V_L,W_c)的直线的正的一侧；即 $\text{sgn}(V_L,W_c,V_k)>0$。

b. V_k 位于通过点对(V_L,W_c)的直线的负的一侧；或者说是与它共线的，即 $\text{sgn}(V_L,W_c,V_k)\leq 0$。同时 V_k 位于通过点对(V_L,B_c)的直线的正的一侧，或者说是与它共线的，即 $\text{sgn}(V_L,B_c,V_k)\geq 0$。

c. V_k 位于通过点对(V_L,B_c)的直线的负的一侧，即 $\text{sgn}(V_L,B_c,V_k)<0$。

如果上面的第 1 个条件保持，那么下一个 MPP 顶点是 W_c，并且令 $V_L=W_c$；然后令 $W_c=B_c=V_L$，重新初始化算法，并且继续使用 V_L 后的下一个顶点。

如果第2个条件保持,那么V_k变为MPP顶点的候选者。在这种情况下,如果V_k是凸点(是W顶点),置$W_c=V_k$;否则,置$B_c=V_k$,并且在列表中继续使用下一个顶点。

如果第3个条件保持,那么下一个MPP顶点是B_c,并且令$V_L=B_c$。然后,置$W_c=B_c=V_L$,重新初始化算法,并且继续使用V_L后的下一个顶点。

当再一次到达第一个顶点时,算法结束,并且对多边形的所有顶点都处理过了。可以证实(Sloboda等人[1998];Klette和Rosenfeld[2004]),这种算法可找到由简单连接的细胞组合体闭合的多边形的所有MPP顶点。

3. 实现MPP算法中使用到的一些M-函数

我们使用在10.4.3节中介绍的函数qtdecomp作为获得包围边界的细胞组合体的第一步。通常,我们考虑问题中由1组成的区域B以及由0组成的背景。我们对下列语法感兴趣:

```
Q = qtdecomp(B, threshold, [mindim maxdim])
```

其中,Q是包含四叉树结构的稀疏矩阵。如果Q(k,m)非零,那么(k,m)为分解块的左上角,块的大小是Q(k,m)。

如果块元素的最大值减去块元素的最小值大于阈值,那么块将分裂。不依赖输入图像的类别,这一参数在0和1之间指定。使用前面的语法,函数qtdecomp将不会产生小于mindim或大于maxdim的块。即使它们不满足以上阈值条件,大于maxdim的块也将被分裂。maxdim/mindim的比值必须是2的幂次。如果以上两个值中只有一个被指定(没有方括号),那么函数假设为mindim,这是我们在本节中使用的表述。图像B的大小必须是K×K,以便K/mindim的比值为2的整数次幂。由此得出结论,K的最小可能值是B的最大维数。通常B的大小需要通过在函数padarray中使用选项'post'在B中添加0来满足。例如,假设B的大小为640×480像素,指定mindim=3;那么参数K必须满足K>=max(size(B))和k/mindim=2^p或K=mindim*(2^p)。对p求解,解得p=8,此时K=768。

为获得四叉树分解中块的值,可使用在10.4.3节中讨论过的函数qtgetblk:

```
[vals, r, c] = qtgetblk(B, Q, mindim)
```

其中,vals是在B的四叉树分解中包含mindim×mindim块值的数组,而Q是由函数qtdecomp返回的稀疏矩阵。参数r和c是包含块的左上角行和列坐标的向量。

例11.3 得到由细胞组合体包围的区域边界

关于图11-6(a)中的图像,假设我们指定mindim=2。图像的大小为32×32,指定mindim值不需要额外填充以满足要求,这很容易验证。区域的4连接边界是由以下指令得到的:

```
>> g = bwperim(f, 8);
```

图11-6(b)显示了结果。注意,g仍然是一幅图像,但此时只包含4连接边界。

图11-6(c)显示了B的四叉树分解,可用以下命令得到:

```
>> Q = qtdecomp(g, 0, 2);
```

其中,0用作阈值。由此,块将被分裂成指定的2×2大小,无论它们包含的1或0如何混合(每个这样的块能包含0到4个像素)。注意,有许多块的尺寸大于2×2,但它们属于同类。

下一步，使用 qtgetblk(g, Q, 2)抽取所有大小为 2×2 的块的值和左上角的坐标。然后，使用函数 qtsetblk 对至少包含一个像素值为 1 的所有块用 1 来填充。表示为 gF 的这一结果如图 11-6(d)所示。图像中的暗单元构成了细胞组合体。

图 11-6(d)中被细胞联合体围绕的区域可用以下命令获得：

```
>> R = imfill(gF, 'holes') & g;
```

我们对该区域的 4 连通边界感兴趣。可用以下指令获得：

```
>> B = bwboundaries(R, 4, 'noholes');
>> b = B{1}; % There is only one boundary in this case.
```

图 11-6(f)显示了这一结果。图中的方向数是边界的佛雷曼链码的一部分，可以用函数 fchcode 获得。

有时，决定点是否在多边形的边界外或边界内是有必要的；函数 inpolygon 可用于这个目的：

```
inpolygon IN = inpolygon(X, Y, xv, yv)
```

其中，X 和 Y 是包含待测点的 x 和 y 坐标的向量，xv 和 yv 是包含按顺时针或逆时针方向安排的多边形顶点的 x 和 y 坐标的向量。输出 IN 是向量，长度等于待测点数。如果点在多边形内或边界上，那么值为 1；对于处在边界外侧的点来说，值为 0。

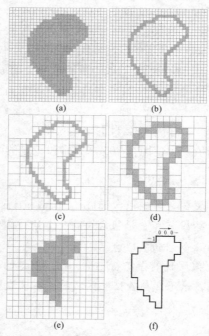

图 11-6　(a) 原始图像(小方块表示单一像素)；(b) 4 连接边界；(c) 使用尺寸为两个像素方块的四叉树分解；(d) 使用 1 填充所有 2×2 大小的块，这种块至少包含一个元素值为 1 的块，这是细胞组合体；(e) (d)的内部区域；(f) 使用函数 boundaries 获得的 4 连接边界点，所显示的数字是链码的一部分

4. 用于计算 MPP 的 M-函数

MPP 算法使用惯用的函数 im2minperpoly 来实现，详细代码包括在附录 C 中。语法如下：

```
[X, Y, R] = im2minperpoly(f, cellsize)
```

其中，f 是一幅包含单一区域或边界的二值输入图像，cellsize 指定用于围绕边界的细胞组合体中方形单元的大小。列向量 X 和 Y 包含 MPP 顶点的 x 和 y 坐标。输出 R 是由细胞组合体包围的区域的二值图像(见图 11-6(e))。

例 11.4 使用函数 im2minperpoly

图 11-7(a)是一幅枫叶的二值图像 f，图 11-7(b)显示了使用以下指令获得的边界：

```
>> B = bwboundaries(f, 4, 'noholes');
>> b = B{1};
>> [M, N] = size(f);
>> bOriginal = bound2im(b, M, N);
>> imshow(bOriginal)
```

在这个例子中，这是用来比较各种 MPP 的参考边界。图 11-7(c)是使用以下指令得到的结果：

```
>> [X, Y] = im2minperpoly(f, 2);
>> b2 = connectpoly(X, Y);
>> bCellsize2 = bound2im(b2, M, N);
>> figure, imshow(bCellsize2)
```

类似地，图 11-7(d)到图 11-7(f)显示了使用大小为 3、4 和 8 的方形单元得到的 MPP。由于使用大于 2×2 的单元，导致较低的分辨率，细茎丢失了。枫叶的第 2 个主要形状特征是它的 3 个主裂片。即使使用大小为 8 的单元，这些特征也会被合理地保持下来了，如图 11-7(f)所示。进一步将单元大小增加到 10 甚至 16，仍然可以保持这一特征，如图 11-8(a)和(b)所示。然而，如图 11-8(c)和(d)所示，当值为 20 或更高时，将导致这些特征的丢失。

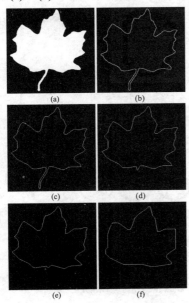

图 11-7 (a) 尺寸为 312×312 像素的原始图像；(b) 4 连接边界；(c) 使用方形的、大小为 2 的单元获得的 MPP；(d)到(f) 分别使用大小为 3、4 和 8 的方形单元获得的 MPP

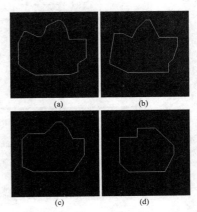

图 11-8 用更大的方形边界单元得到的 MPP：
(a) 大小为 10；(b) 大小为 16；(c) 大小为 20；
(d) 大小为 32

11.2.3 标记

标记(signature)是边界的一维函数表示，可以通过多种方法产生。其中最简单的方法之一就是作为角度的函数画出从某个内点(例如质心)到边界的距离，如图11-9所示。然而，无论标记如何产生，基本思想都是将边界的表示简化为一维函数，与原始的二维边界相比，这更加容易。只有当能够确保从原点延伸至边界的向量只与边界交叉一次，并产生一个角度不断增加的单值函数时，使用标记才有意义。这将排除自交叉边界，而且会排除有着深窄凹陷或细长突出的边界。

虽然由刚才描述的方法产生的标记具有平移不变性，但是它们依赖于旋转和伸缩。关于旋转的归一化，可以通过寻找选择相同起点，而不考虑形状方向以产生标记的一种方法来实现。如果对于每个感兴趣形状，该点恰好唯一且与旋转误差无关，这样做的一种方法是选择距离向量的原点最远的那个点作为起始点(见11.3.1节)。

另一种方法是在主特征轴上选择点(见例11.15)。此方法需要更多的计算，但是更加健壮，因为特征轴的方向是通过所有的轮廓点确定的。还有一种方法是：先获得边界的链码，然后使用11.1.2节讨论过的方法，假设旋转可以通过图11-1定义的编码方向的离散角度加以近似。

基于与两个坐标轴有关的尺度一致性假设，以及θ的等间隔取样，形状大小上的变化将导致对应标记幅值的变化。一种针对这种依赖的归一化方法是按照一定比例缩放所有函数，使其总是跨越相同的值域，例如[0,1]。这种方法的主要优点是简单，但却存在潜在的严重缺点——整个函数的缩放只基于两个值：最小值和最大值。如果形状含有噪声，这可能成为从物体到物体的误差来源。更健壮的方法是将每个取样除以标记的方差，假设如图11-9(a)所示的那样，方差不为0。如果很小，就会造成计算困难。方差的使用能产生可变的缩放因子，与大小变化成反比，类似于自动增益控制那样工作。无论是用何种方法，记住，基本思想是去除尺度相关性，同时保持波形的基本形状。

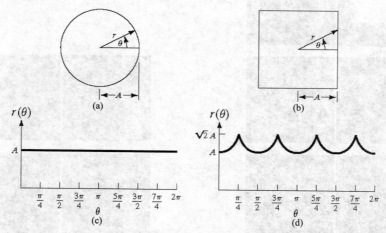

图11-9 (a)和(b)是圆形和方形物体；(c)和(d)是相应的距离与角度标记间的关系

函数 signature(见附录C)用于寻找边界的标记，语法如下：

[dist, angle] = signature(b, x0, y0)

其中，b 是 $np \times 2$ 数组，其中的行包含按顺时针或逆时针方向排列的边界的 x 和 y 坐标。在输入中，$(x0, y0)$是该点的坐标，可度量从该点到边界的距离。如果$x0$和$y0$未包含在参数中，函数 signature 默认使用边界的质心坐标。

标记的幅度(也就是从$(x0, y0)$到边界的距离)作为递增角度的函数，是 dist 的输出，数组 dist 的最大尺寸和 angle 是 360×1，指示最大分辨率是 1°。函数 signature 的输入必须是得到的一个像素宽的边界，例如，使用早些时候讨论的函数 bwboundaries。和以前一样，假设边界是闭合曲线。

函数 signature 使用 MATLAB 函数 cart2pol 把笛卡尔坐标转换为极坐标。语法是：

[THETA, RHO] = cart2pol(X, Y)

其中，X 和 Y 是包含笛卡尔坐标点的坐标向量。向量 THETA 和 RHO 包含对应的极坐标中的角度和长度。THETA 和 RHO 与 X 和 Y 有相同的维数。图 11-10 显示了对坐标进行变换时 MATLAB 采用的约定。注意在这个函数中，MATLAB 坐标(x, y)与图像坐标(x, y)有关：X=y 且 Y=-x(见图 1-2(a))。函数 pol2cart 用于反变换以返回到笛卡尔坐标：

[THETA, RHO] = cart2pol(X, Y)

例 11.5　标记

图 11-11(a)和(b)显示了两幅图像 fsq 和 ftr，它们分别包含非规则的方形和三角形。图 11-11(c)显示了使用以下命令得到的方形的标记：

```
>> bSq = bwboundaries(fsq, 'noholes');
>> [distSq, angleSq] = signature(bSq{1});
>> plot(angleSq, distSq)
```

使用类似的指令集可产生如图 11-11(d)所示的绘图，简单地计算在两个标记中显著的峰值数，对于区别两个边界的基本形状已经足够。

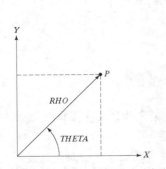

图 11-10　MATLAB 用于执行笛卡尔坐标与极坐标变换及反变换的坐标轴约定

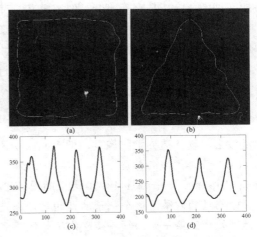

图 11-11　(a)和(b) 为非规则方形与三角形的边界，(c)和(d) 对应的标记

11.2.4　边界片段

将边界分解为片段降低了边界的复杂度，并且通常简化了描述过程。当边界包含一个或多

个携带形状信息的重要凹面时,这种方法具有吸引力。在这种情况下,使用由边界包围的区域凸壳对于边界的鲁棒分解是一种有力的工具。

任意集合 S 的凸壳 H 是包含 S 的最小凸集。集合的差 H–S 被称为 S 的凸缺(convex deficiency)D。为了弄明白这些概念是如何将边界分成有意义的片段的,考虑图 11-12(a),其中显示了物体(集合 S)及其凸缺(阴影区域)。区域边界可以通过沿 S 轮廓标出进入或离开凸缺组成部分时引起变化的点加以分割。图11-12(b)显示了这种情况下的结果。原理上,该方案与区域大小和方向无关。在实际中,这种类型的处理都要先进行平滑,以减少"无意义"的凹面数目。MATLAB 工具必须用刚刚讨论的方法寻找凸壳并执行边界分解,这些工具包含 11.4.1 节讨论的函数 regionprops。

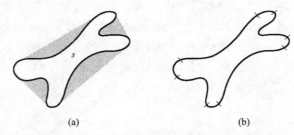

图 11-12 (a) 区域 S 及其凸缺(阴影);(b) 分割后的边界

11.2.5 骨骼

用于表示平面区域结构形状的重要方法是将之简化为一幅图形。这一简化可以通过一种细化(也称为骨骼化)算法获取区域骨骼来完成。

区域骨骼可以通过中轴变换(MAT)加以定义。边界为 b 的区域 R 的 MAT 描述如下:对于 R 中的每个点 p,寻找 b 中的最近邻点。如果 p 比这样的近邻点大,那么 p 属于 R 的中轴线(骨骼)。

虽然区域的 MAT 是直观概念,但该定义的直接实现在计算上是昂贵的。因为涉及计算每个内部点到区域边界上每个点的距离。为改进计算的效率,人们已经提出了许多算法,同时试图近似地表示区域的中间轴线。

正如 9.3.4 节描述的那样,图像处理工具箱通过函数 bwmorph 产生二值图像 B 中所有区域的骨骼,使用以下语法:

```
skeletonImage = bwmorph(B, 'skel', Inf)
```

此函数去除物体边界上的像素,但不允许物体出现断条。

例 11.6 计算区域的骨骼

图 11-13(a)显示了一幅 344×270 大小的图像 f,表示人类染色体经电子显微镜放大 30 000 倍之后且分割过的效果,这个例子的目的是计算染色体的骨骼。

显然,处理的第一步必须将染色体从与细节无关的背景中分离出来。一种方法是对图像进行平滑,然后进行阈值处理。图 11-3(b)显示了对图像 f 使用 25×25、sig=5 的高斯空域模板进行平滑后的结果。

```
>> h = fspecial('gaussian', 25, 15);
>> g = imfilter(f, h, 'replicate');
>> imshow(g)  % Fig. 11.13(b)
```

接下来,对平滑后的图像进行阈值处理:

```
>> g = im2bw(g, 1.5*graythresh(g));
>> figure, imshow(g) % Fig. 11.13(c)
```

其中,自动确定阈值,将 graythresh(g) 乘以 1.5 以增加 50% 的阈值处理总量。原因在于,增加阈值将增加从边界中去除的数据数量,因而可以进一步减少噪声。图 11-13(d) 中的骨骼可由以下指令得到:

```
>> s = bwmorph(g, 'skel', Inf); % Fig. 11.13(d)
```

骨骼中的刺状突起可通过以下指令去除:

```
>> s1 = bwmorph(s, 'spur', 8); % Fig. 11.13(e)
```

其中,我们重复上述操作 8 次。在这种情况下,近似等于 sig 的 1/2。一些小的刺状突起仍然存在于骨骼中。然而,再运用以上函数(以完成 sig 的值)7 次,产生的结果如图 11-13(f) 所示,此结果是输入的合理骨骼表示。作为经验法则,高斯平滑模板的 sig 值对刺状突起去除算法的次数选择是不错的指导。

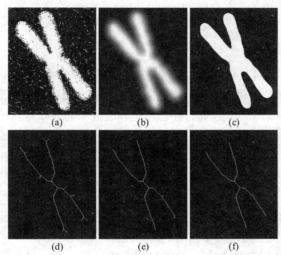

图 11-13 (a) 分割过的人类染色体;(b) 用 25×25 且参数 sig=5 的高斯空域模板对图像 f 进行平滑后的效果;(c) 阈值处理后的图像;(d) 骨骼;(e) 刺状突起去除 8 次后的骨骼;(f) 再次对刺状突起去除 7 次后的骨骼

11.3 边界描述子

在这一节,我们讨论许多有用的用于区域边界的描述子。马上就会很明显,这些描述子中的大多数也可用于区域。这些描述子在工具箱中没有就适用性加以区别。因此,这里介绍的一些概念将在 11.4 节讨论区域描述子时再次提及。

11.3.1 一些简单的描述子

边界长度是最简单的描述子之一。4 连接边界长度只是简单地被定义为边界像素的数目减

1。如果边界为 8 连接，就以 1 计算垂直和水平过渡长度，而以 $\sqrt{2}$ 计算对角过渡长度(这个描述子可用 11.4 节讨论的函数 regionprops 来计算)。

我们用 11.1.1 节介绍的 bwperim 函数提取包含在图像 f 中的物体的边界：

```
g = bwperim(f, conn)
```

其中，g 为 f 中包含物体边界的二值图像。我们关注的焦点为二维连接性，conn 的值可以为 4 或 8，这取决于我们希望的是 4 连接还是 8 连接(默认值)。f 中的物体可以有任何与图像分类相一致的像素值，但是所有背景像素值均为 0。由定义可知，周边的像素值不为 0，且至少与另一个非 0 像素连接。

边界直径被定义为边界上两个最远点之间的欧氏距离。边界上的最远点并不总是唯一的，比如圆形或矩形上的点。但是，假定直径是有用的描述子，最好使用具有单一最远点对的边界。

连接这些点的线段称为边界长轴。边界短轴定义为与边界长轴相垂直，并且短轴和长轴通过边界交叉的 4 个点构成了一个盒子，这两个轴完全包括边界。这个矩形称为基本矩形，长轴和短轴的比率为边界的偏心率。

函数 diameter(见附录 C)可计算边界的直径、长轴、短轴和边界或区域的基本矩形。语法为：

```
s = diameter(L)
```

其中，L 是标记矩阵(见 9.4 节)，s 是具有下列字段的结构：

s.Diameter　　　标量，边界或区域中任意两个像素之间的最大距离。
s.MajorAxis　　2×2 矩阵，其中的行包含边界或区域的长轴端点的行列坐标。
s.MinorAxis　　2×2 矩阵，其中的行包含边界或区域的短轴端点的行列坐标。
s.BasicRectangle　4×2 矩阵，其中的每行包含基本矩形的某个拐角的行列坐标。

11.3.2　形状数

边界的形状数一般以 4 方向佛雷曼链码为基础(见 11.2.1 节)，形状数被定义为最小幅值的一阶差分(Bribiescan 和 Guzman[1980]；Bribiescan[1981])。形状数的阶定义为表示形状数的数字的个数。因此，边界的形状数可由 11.2.1 节讨论的函数 fchcode 的参数 c.diffmm 给出，并且形状数的阶由下列指令给出：

```
length(c.diffmm)
```

正如 11.2.1 节中描述的那样，4 方向佛雷曼链码可通过最小幅度的整数来表述,使之对起始点不敏感，而且使用一阶差分码，使之对于 90°的倍数的旋转也不敏感。这样，形状数就对起始点和 90°倍数的旋转均不敏感。对于任意旋转的规一化方法在图 11-14 中做了说明。

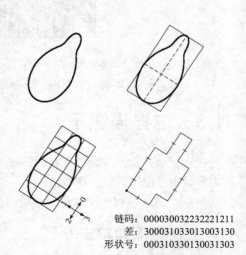

链码：0000300322232221211
差：3000310330013003130
形状号：0003103301300313030

图 11-14　形状数的产生步骤

具体过程是与长轴构成一条直线,然后基于旋转图像提取 4 方向佛雷曼链链码,函数 x2majoraxis(见附录 C)可使 x 轴与区域或边界的长轴排列一致(见附录 C)。该函数的语法是:

```
[C, theta] = x2majoraxis(A, B)
```

这里,A = s.MajorAxis 来自函数 diameter,B 是输入(二值)图像或边界列表(和以前一样,假定边界是连接的闭合曲线),输出 C 与输入有相同的形式(也就是一幅二值图像或一个坐标序列)。因为可能存在舍入误差,使得旋转可能产生不连通的边界序列,所以在后处理中可能需要重新连接这些点(例如使用函数 bwmorph 或 connectpoly)。

工具箱要求实现某个 M-函数,用于计算形状数的这个函数已经讨论过了。它们由提取边界的函数 bwboundaries,寻找长轴的函数 diameter,减少取样网格分辨率的函数 bsubsamp 以及提取 4 方向佛雷曼链码的函数 fchcode 组成。

11.3.3 傅立叶描述子

图 11-15 显示了 xy 平面上的 k 点的数字边界。从任意点 (x_0,y_0) 开始,坐标对 $(x_0,y_0),(x_1,y_1),(x_2,y_2),\ldots,(x_{k-1},y_{k-1})$ 沿逆时针方向追踪遇到的边界点。

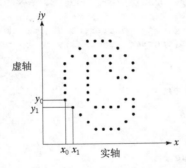

图 11-15 数字边界及其复数序列表示。点 (x_0,y_0)(可任意选择)是开始点,点 (x_1,y_1) 是序列中的下一个逆时针点

这些坐标可以表示成 $x(k)=x_k$,$y(k)=y_k$。使用这种标记法,边缘本身就可表达为坐标序列 $s(k)=[x(k),y(k)]$,$k=0,1,2,\ldots,k-1$。进而可将每个坐标对当做复数来处理,从而得出:

$$s(k) = x(k) + jy(k)$$

从 3.1 节可知,序列 $s(k)$ 的离散傅立叶变换(DFT)可写为:

$$a(u) = \sum_{k=0}^{K-1} s(k)e^{-j2\pi uk/K} \qquad u = 0, 1, 2,\cdots,K-1$$

复系数 $a(u)$ 被称为边界的傅立叶描述子。这些系数通过傅立叶反变换可以重构 $s(k)$:

$$s(k) = \frac{1}{K}\sum_{u=0}^{K-1} a(u)e^{j2\pi uk/K} \qquad k = 0, 1, 2,\cdots,K-1$$

然而,假设在计算傅立叶反变换时,仅使用前 p 个傅立叶系数,而不是使用全部系数,这相当于令上面函数中的 $a(u)=0$,$u>p-1$。结果得到 $s(k)$ 的近似值:

$$\hat{s}(k) = \frac{1}{P}\sum_{u=0}^{P-1}a(u)e^{j2\pi uk/K} \qquad k=0,1,2,\cdots,K-1$$

虽然仅使用 P 个傅立叶系数便得到了 $\hat{s}(k)$ 的每一个分量,但 k 的范围仍是从 0 到 $k-1$。也就是说,在近似边界中包含相同数量的点,但在重构每个点时却不用那么多的系数。回忆一下在第 3 章中提到的:高频分量决定细节部分,低频分量决定总体形状。因此,随着 p 的减少,边界细节的丢失将会增加。

函数 frdescp 用于计算边界 S 的傅立叶描述子。类似地,给定一组傅立叶描述子,函数 ifrelescp 用给定数量的描述子计算逆变换,从而得到封闭的空间曲线。

```
function z = frdescp(s)
%FRDESCP Computes Fourier descriptors.
%   Z = FRDESCP(S) computes the Fourier descriptors of S, which is an
%   np-by-2 sequence of ordered coordinates describing a boundary.
%
%   Due to symmetry considerations when working with inverse Fourier
%   descriptors based on fewer than np terms, the number of points
%   in S when computing the descriptors must be even. If the number
%   of points is odd, FRDESCP duplicates the end point and adds it at
%   the end of the sequence. If a different treatment is desired, the
%   the sequence must be processed externally so that it has an even
%   number of points.
%
%   See function IFRDESCP for computing the inverse descriptors.

% Preliminaries.
[np, nc] = size(s);
if nc ~= 2
   error('S must be of size np-by-2.');
end
if np/2 ~= round(np/2);
   s(end + 1, :) = s(end, :);
   np = np + 1;
end

% Create an alternating sequence of 1s and -1s for use in centering
% the transform.
x = 0:(np - 1);
m = ((-1) .^ x)';

% Multiply the input sequence by alternating 1s and -1s to center
% the transform.
s(:, 1) = m .* s(:, 1);
s(:, 2) = m .* s(:, 2);

% Convert coordinates to complex numbers.
s = s(:, 1) + i*s(:, 2);

% Compute the descriptors.
z = fft(s);
```

函数 ifrdescp 如下:

```
function s = ifrdescp(z, nd)
%IFRDESCP Computes inverse Fourier descriptors.
%   S = IFRDESCP(Z, ND) computes the inverse Fourier descriptors of
%   of Z, which is a sequence of Fourier descriptor obtained, for
%   example, by using function FRDESCP. ND is the number of
%   descriptors used to compute the inverse; ND must be an even
%   integer no greater than length(Z), and length(Z) must be even
%   also. If ND is omitted, it defaults to length(Z). The output,
%   S, is matrix of size length(Z)-by-2 containing the coordinates
%   of a closed boundary.

% Preliminaries.
np = length(z);
% Check inputs.
if nargin == 1
    nd = np;
end
if np/2 ~= round(np/2)
    error('length(z) must be an even integer.')
elseif nd/2 ~= round(nd/2)
    error('nd must be an even integer.')
end
% Create an alternating sequence of 1s and -1s for use in centering
% the transform.
x = 0:(np - 1);
m = ((-1) .^ x)';

% Use only nd descriptors in the inverse. Because the descriptors
% are centered, (np - nd)/2 terms from each end of the sequence are
% set to 0.
d = (np - nd)/2;
z(1:d) = 0;
z(np - d + 1:np) = 0;

% Compute the inverse and convert back to coordinates.
zz = ifft(z);
s(:, 1) = real(zz);
s(:, 2) = imag(zz);

% Multiply by alternating 1 and -1s to undo the earlier centering.
s(:, 1) = m .* s(:, 1);
s(:, 2) = m .* s(:, 2);
```

例 11.7　傅立叶描述子

图11-16(a)显示了一幅二值图像f，它与图11-13(c)中的图像类似，但是使用sigma = 9的15×15高斯模板，并且阈值为0.7。目的是产生一幅并不完全亮光滑的图像，从而说明减少描述子数量对边缘形状产生的影响。图11-16(b)中的图像使用如下指令生成：

```
>> b = bwboundaries(f, 'noholes');
>> b = b{1}; % There is only one boundary in this case.
>> bim = bound2im(b, size(f, 1), size(f, 2));
```

图11-16(b)显示了图像bim。显示的边界有1090个点，下面计算傅立叶描述子：

```
>> z = frdescp(b);
```

并且使用大约 1090 个描述子中的 50%进行逆变换：

```
>> s546 = ifrdescp(z, 546);
>> s546im = bound2im(s546, size(f, 1), size(f, 2));
```

图像 s546im(见图 11-17(a))紧密对应图 11-16(b)中的原始边界。一些细微的细节信息丢失了，例如在原始边界中，面对底部的尖端中的 1 像素凹壁丢失了。但从实用目的看，这两个边界图像是一样的。图 11-17(b)到 11-17(f)分别显示了使用 110 个、56 个、28 个、14 个和 8 个描述子得到的结果，这些描述子的个数分别相当于原有 1090 个描述子的 10%、5%、2.5%、1.25%和 0.7%。使用 110 个描述子产生的图像(见图 11-17(c))显示了一幅稍微平滑一些的边界，但是产生的形状与原始图像十分

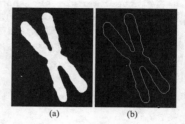

图 11-16　(a) 二值图像；(b) 使用函数 boundaries 提取的边界，边界上有 1090 个点

接近。图 11-17(e)显示了用原有描述子总数的 1.25%，即 14 个描述子的结果，结果保留了边界的主要特征。图 11-17(f)显示了无法接受的失真，因为丢失了边界的主要特征(4 个长的凸出部分)。进一步减少到 4 个和 2 个描述子时，所产生的图像为椭圆，最终是圆。

由于像素值的舍入，在图 11-17 中，某些边界有 1 像素的缺口。这些小缺口是傅立叶描述子共有的，它们可以用函数 bwmorph(使用'bridge'选项)加以修复。

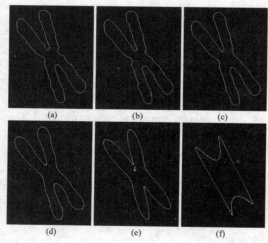

图 11-17　分别使用 546 个、110 个、56 个、28 个、14 个和 8 个傅立叶描述子，而不是可能的 1090 个描述子重建的边界

正如早些时候提到的那样，描述子应该尽可能地对平移、旋转和缩放等变化不敏感。当结果取决于所处理的点的顺序时，一个额外的约束是使描述子对起始点不敏感。傅立叶描述子虽然对于这些几何变化间接不敏感，但是这些参数的变化却与描述子的简单变换有关(Gonzalez 和 Woods[2008])。

11.3.4　统计矩

一维边界形状的表示(比如边界线段和信号波形)可以使用统计矩定量地进行描述，比如均

值、方差和高阶矩。考虑图11-18(a)显示了一条数字边界线段,图 11-18(b)显示了一条以任意变量 r 的一维函数 g(r)描绘的线段。这个函数可以通过连接线段的两个端点以形成长轴来获得,然后使用 11.3.2 节中讨论的函数 x2majoraxis,使长轴与水平轴排列一致。

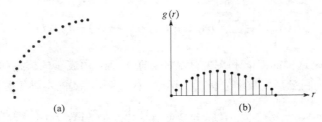

图 11-18 (a) 边界线段;(b) 一维函数表示

描述 g(r)形状的一种方法是将 g(r)归一化到单位面积内,并将之当作直方图对待。换句话说,$g(r_i)$可以看做值 r_i 发生的概率。在这种情况下,r 是随机变量,矩为:

$$\mu_n = \sum_{i=0}^{K-1}(r_i - m)^n g(r_i)$$

这里

$$m = \sum_{i=0}^{K-1} r_i g(r_i)$$

是均值。K 是边界上点的数目,μ_n 与 g(r)的形状有关。例如,二阶矩 μ_2 度量边界曲线偏离 r 的平均值的程度。三阶矩 μ_3 度量边界曲线以均值为参考的对称性。统计矩可用 5.2.4 节中讨论的函数 statmoments 来计算。

我们已实现的是把描述任务降为一维函数。矩相比其他技术的吸引力是实现简单,并且矩支持边界形状的物理解释。从图 11-18 中可以看出,这种方法对于旋转不敏感。尺寸的规一化可以通过扩大或缩小 g 和 r 的值的范围来实现。

11.3.5 拐角

迄今为止讨论的边界描述子实际上都是全局的。下面开发两种检测拐角的方法来结束对边界描述子的讨论,它们是在诸如图像跟踪和物体识别的应用中使用很广的局部边界描述子。下面的两种方法受图像处理工具箱支持。

1. Harris-Stephens 拐角检测器

Harris-Stephens 拐角检测器(Harris 和 Stephens[1988])是对 Moravec[1980]提出的基本技术的一种改进。Moravec 方法考虑一幅图像中的局部窗口,并且确定图像灰度的平均变化,这些变化是由在各个方向上小量的窗口移动产生的。有三种情况需要考虑:

- 如果由窗口包围的图像区域在灰度上近似恒定,那么所有的移动在平均灰度上将产生较小的变化。
- 如果窗口横跨边缘,那么沿着边缘的移动将产生小的变化,但垂直边缘的移动将产生较大的变化。
- 如果含有窗口的区域包含拐角,那么所有的移动都将产生较大的变化。因此,拐角可以由寻找任何大的移动(依据指定的阈值)以产生最小的变化来检测。

这些概念可由下面的数学方法来表述。令 $w(x,y)$ 表示空间平均(平滑)模板，其中所有的元素都是非负的(比如 3×3 模板，系数是 1/9)，然后参考 2.4 和 2.5 节，在图像 $f(x,y)$ 的任何坐标(x,y)处，灰度上的平均变化 $E(x,y)$ 可定义为：

$$E(x,y) = \sum_s \sum_t w(s,t)[f(s+x,t+y) - f(s,t)]^2$$

其中，(s,t)的值是这样的：w 和图像区域相当于方括号中表示的重叠部分。由上述结构，可以看到 $E(x,y) \geq 0$。回忆基本数学分析，实函数$f(s,t)$关于(x,y)的泰勒级数展开由下式给出：

$$f(s+x,t+y) = f(s,t) + [x\partial f(s,t)/\partial s + y\partial f(s,t)/\partial t] + 高阶项$$

对于小的移动(也就是 x 和 y 的小值)，可以仅用线性项近似这个展开，在这种情况下，可以把 $E(x,y)$ 写成：

$$E(x,y) = \sum_s \sum_t w(s,t)[x\partial f(s,t)/\partial s + y\partial f(s,t)/\partial t]^2$$

Harris-Stephens 拐角检测器近似为下列空间滤波模板$[-1\ 0\ 1]^T$ 和 $[-1\ 0\ 1]$ 的偏微分：

$$f_s(s,t) = \partial f/\partial s = f(s,t) \star [-1\ 0\ 1]^T \text{ 和 } f_t(s,t) = \partial f/\partial t = f(s,t) \star [-1\ 0\ 1]$$

然后，可以写为：

$$\begin{aligned} E(x,y) &= \sum_s \sum_t w(s,t)[xf_s(s,t) + yf_t(s,t)]^2 \\ &= \sum_s \sum_t w(s,t)x^2 f_s^2(s,t) + w(s,t)2xy f_s(s,t)f_t(s,t) + w(s,t)y^2 f_t^2(s,t) \\ &= x^2 \sum_s \sum_t w(s,t)f_s^2(s,t) + 2xy \sum_s \sum_t w(s,t)f_s(s,t)f_t(s,t) \\ &\quad + y^2 \sum_s \sum_t w(s,t)f_t^2(s,t) \end{aligned}$$

前边公式的求和表示式是模板 $w(x,y)$ 与所示项(见 2.4 节)的二项式，因此可以把 $E(x,y)$ 写成：

$$E(x,y) = ax^2 + 2bxy + cy^2$$

其中

$$\begin{aligned} a &= w \star f_s^2 \\ b &= w \star f_s f_t \\ c &= w \star f_t^2 \end{aligned}$$

可以把 $E(x,y)$ 表示成矩阵形式：

$$E(x,y) = [x\ y]\mathbf{C}[x\ y]^T$$

其中

$$C = \begin{bmatrix} a & c \\ c & b \end{bmatrix}$$

这个矩阵的元素是由平均模板 w 扫过子图像区域垂直和水平滤波的微分。因为 C 是对称的，

所示可以用坐标轴的旋转来实现对角化(见 11.5 节末尾的讨论):

$$C_d = \begin{bmatrix} \lambda_1 & 0 \\ 0 & \lambda_2 \end{bmatrix}$$

其中,λ_1 和 λ_2 是 C 的特征值,由下式给出:

$$\lambda_1, \lambda_2 = \frac{a+c}{2} \pm \left[\frac{4b^2 + (a-c)^2}{2} \right]^{\frac{1}{2}}$$

Harris-Stephens 拐角检测器基于这些特征值(注意 $\lambda_1 \geq \lambda_2$)。

首先,注意到两个特征值与偏导数的平均值是成比例的,因为在这个方法中,C 的元素已被定义。另外,由于下列原因,两个特征值是非负的。正如早些时候说明的那样,$E(x,y) \geq 0$,因此 $[x\ y]\mathbf{C}[x\ y]^T \geq 0$,这意味着这个二次形式是半正定的。这又反过来暗示 C 的特征值是非负的。可以用演绎法得到相同的结论,正如你将在 11.5 节看到的那样,特征值与特征向量的幅值是成正比的,指向主要数据的展开方向。例如,在恒定灰度区域,两个特征值是 0,对于 1 像素宽的线来说,一个特征值是 0,另一个是正的。对于任何类型的形状,两个特征值都是正的。基于理想局部图像模式,这些观察将导致下列结论:

- 如果由 w 包围的区域灰度是恒定的,那么所有的导数都是 0,C 是空矩阵,并且 $\lambda_1 = \lambda_2 = 0$。
- 如果 w 包含理想的块和白边,那么 $\lambda_1 > 0$,$\lambda_2 = 0$,并且特征向量关于 λ_1 平行于图像的梯度。
- 如果 w 包含位于白色背景上黑色方块的某个拐角,那么存在两个数据展开的主要方向,并且 $\lambda_1 \geq \lambda_2 > 0$。

当处理实的图像数据时,可以利用不精确的语句。例如,"如果由 w 包围的区域近似于恒定,那么两个特征值将较小","如果由 w 包围的区域包含边缘,那么一个特征值较大,另一个较小"。类似地,当处理拐角的时候,需要寻找两个"较大"的特征值。"较小"和"较大"都是相对于指定的阈值而言。Harris 和 Stephens 所做的主要贡献是用刚才介绍的概念使 Moravec 的原始数据得以形式化和扩展化。此处,Moravec 使用恒定的平均模板,Harris 和 Stephens 使用高斯模板,强调模板下图像的中心部分:

$$w(s,t) = e^{-(s^2+t^2)/2\sigma^2}$$

他们还引入了下列函数:

$$R = Det - k(Tr)^2$$

其中,Det 是 C 的行列式:

$$Det = \text{determinant}(C) = \lambda_1 \lambda_2 = ab - c^2$$

Tr 是 C 的迹:

$$Tr = \text{trace}(C) = \lambda_1 + \lambda_2 = a + b$$

K 是敏感度参数(取值范围将在下边讨论)。使用这些结果，可以依据 a、b、c 直接表述 R：

$$R = ab - c^2 - k(a+b)^2$$

依据元素 a、b、c，使用这个公式对于通过每个窗口位移直接计算特征值没有多少优点。构建的函数 R，对于平坦区域值较低，对于拐角值为正，对于线值为负。说明这一点的最容易方法是根据特征值扩展 R：

$$R = (1-2k)\lambda_1\lambda_2 - k(\lambda_1^2 + \lambda_2^2)$$

例如，考虑先前讨论的 3 种情况。可以看到，在平坦区域，两个特征值为 0，因此 $R=0$。在包含一条边缘的区域内，特征值也将为 0，因此 $R<0$。对于位于窗口中对称位置的理想拐角来说，两个特征值将是相等的，并且 $R>0$。如果 $0<k<0.25$，这些描述将保持，因此没有附加信息。对于敏感参数，这是较好的取值范围。

Harris-Stephens 检测器可以总结为：使用 MATLAB 符号来强调这个事实，也就是算法可使用数组操作来实现：

(1) 针对参数 k 和高斯平滑函数 w 来确定值。

(2) 分别使用滤波模板 ws = [-1 0 1]' 和 wt = [-1 0 1]，通过对输入图像滤波来计算微分图像 fs 和 ft，得到 fst = fs.*ft。

(3) 使用滤波模板 w 分别对 fs、ft 和 fst 滤波，得到 a、b 和 c 系数的数组。这些数组的各个元素在任何点处都是前边定义的参数 a、b 和 c。

(4) 计算度量 R：

```
R=(A.*B)-(C.^2)-k*(A+B).^2
```

在例 11.8 中，我们将说明这个检测器的性能。

2. 最小特征值拐角检测器

此处讨论的方法是早期讨论的性质的基础。假定 C_d 的特征值已排好序，因此 $\lambda_1 \geq \lambda_2$，最小特征值拐角检测器说明拐角已在计算局部导数上方的窗口中心位置找到，如果

$$\lambda_2 > T$$

其中，T 是指定的、非负的阈值，λ_2(最小特征值)由早期给出的分析表达式计算得来。很清楚，虽然这个方法是 Harris-Stephens 开发的结果，但作为正确的拐角检测的鲁棒方法，已得到认可(Shi 和 Tomasi[1994]；Trucco 和 Verri[1998])。接下来将说明这两种技术。

3. 函数 cornermetric

Harris-Stephens 和最小特征值检测器在图像处理工具箱中使用函数 cornermetric 来实现，语法是：

```
C = cornermetric(f, method, param1, val1, param2, val2)
```

其中

- f 是输入图像。

- method 不是'Harris'就是'MinimumEigenvalue'。
- param1 是'FilterCoefficients'。
- val1 是包含一维空间滤波模板系数的向量，因此函数将产生二维平方滤波器 w。如果在调用中不包括 param1、val1，函数将使用产生一维滤波器系数的 fspecial ('gaussian',[1 5],1.5) 来产生 5×5 的默认高斯滤波器。
- param2 是'SensitivityFactor'，仅适用于 Harris 检测器。
- val2 是早些时候说明的敏感因子 k 的值。值在 $0<k<0.25$ 范围内，默认值是 0.04。

cornermetric 的输出是与输入图像尺寸相同的数组。在使用 Harris 选项的情况下，数组中每一点的值对应公制的 R，并且对于最小特征值选项是最小的特征向量。我们的兴趣在于拐角及其选项，处理输入数组 C。就指定的阈值来说，进一步决定有代表性的有效拐角是很有必要的。把通过阈值测试的点作为拐角点，下列常用函数(见附录 C)可用于检测这些点：

```
CP = cornerprocess(C, T, q)
```

其中，C 是 cornermetric 的输出，T 是指定的阈值，q 是用于减少拐角点的方形的形态学结构元的大小。拐角点使用 1 值的 $q×q$ 来产生连通分量的结构元以进行膨胀。然后，连通分量被形态学收缩为单个点。拐角点数的实际减少依赖于 q 和点的接近程度。

例 11.8 在灰度图像中使用函数 cornermetric 和 cornerprocess 寻找拐角

在这个例子中，使用刚才讨论的函数寻找图 11-19(a)所示图像中的拐角，图 11-19(b)和(c)是函数 cornermetric 的未处理输出，可用下列指令得到：

```
>> f = imread('Fig1119(a).tif');
>> % Find corners using the 'Harris' option with the
>> % default values.
>> CH = cornermetric(f, 'Harris');
>> % Interest is in corners, so keep only the positive values.
>> CH(CH < 0) = 0;
>> % Scale to the range [0 1] using function mat2gray.
>> CH = mat2gray(CH);
>> imshow(imcomplement(CH)) % Figure 11.19(b).
>> % Repeat for the MinimumEigenvalue option.
>> CM = cornermetric(f, 'MinimumEigenvalue');
>> % Array CM consists of the smallest eigenvalues, all of
>> % which are positive.
>> CM = mat2gray(CM);
>> figure, imshow(imcomplement(CM)) % Figure 11.19(c).
```

我们说明图 11-19(b)和(c)的负数对产生由 cornermetric 提取的低对比度特性很容易看出来。图 11-19(b)要比图 11-19(c)暗得多。这归因于在 Harris 方法中用了因子 k 这样的事实。除了标定为[0,1]范围内之外(简化了对结果的解释和比较)，使用 mat2gray 把数组变换为有效的图像格式。这就允许我们使用函数 imhist 得到适当尺度的直方图，然后可以得到阈值：

```
>> hH = imhist(CH);
>> hM = imhist(CM);
```

使用百分比的方法(见 10.3.5 节)得到阈值，在这一点上，有效拐角的定义是基础。该方法对每个拐角检测器增加百分比，这导致阈值的增加，然后使用函数 cornerprocess 处理图像，直至由门框和前面形成的拐角、建筑物的右墙消失为止。在拐角消失之前,最大的阈值被用作 T 值。对于 Harris 和最小特征值方法,得到的百分比分别是 99.45 和 99.70。我们经常使用刚才讨论的拐角,因为它们是建筑物明暗部分图像灰度的很好表示。选择其他有代表性的拐角将给出可供比较的结果。阈值可计算如下:

```
>> TH = percentile2i(hH, 0.9945);
>> TM = percentile2i(hM, 0.9970);
```

图 11-19(d)和(e)是用下边指令得到的:

```
>> cpH = cornerprocess(CH, TH, 1); % Fig. 11.19(d).
>> cpM = cornerprocess(CM, TM, 1); % Fig. 11.19(e).
```

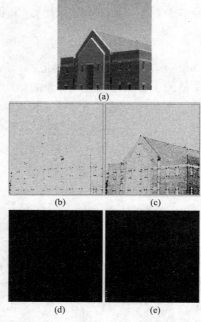

图 11-19 (a) 原始图像;(b) Harris 的原始输出;(c) 最小特征值检测器(以图像的负片显示,从而使低对比度的细节容易看到,边界不是数据的一部分);(d)和(e) 函数 cornerprocess(q=1)的输出(点已被放大以便观看)

每个点标记了窗口 w 的中心。在这里,有效的拐角点(由 1 值像素指定)都被检测到了。关于图像的这些点,类似地使用围起来的点或圆,并在图像上叠加这个圆来解释是很容易的(见图 11-20(a)和(b))。

```
>> [xH yH] = find(cpH);
>> figure, imshow(f)
>> hold on
>> plot(yH(:)', xH(:)', 'wo') % Fig. 11.20(a).
>> [xM yM] = find(cpM);
>> figure, imshow(f)
>> hold on
>> plot(yM(:)', xM(:)', 'wo') % Fig. 11.20(b).
```

在 cornerprocess 中选择 q=1 来说明这一点,当这些接近的点没有组合在一起时,实际导致不相关的结果是多余的。例如，图11-20(b)左侧较密的圆是许多相邻拐角点的结果，这是由灰度的随机变化导致的。图 11-20(c)和(d)显示了(与平均模板的尺寸相同)在函数 cornerprocess 中 q=5 时的结果，并用产生图 11-20(a)和(b)时相同的顺序再处理一遍后得到的结果。在这两幅图像中，多余角点的数量显著减少了，这很明显，图像中给出了主要拐角点的较好描述。

虽然结果是可比较的，但用最小特征值的方法检测到了较少的错误拐角点，此外还仅有一个参数(T)参与的优点。对于 Harris 方法，则需要两个参数(T 和 k)。除非目的是同时检测拐角和线，最小特征值方法通常是检测拐角的首选方法。

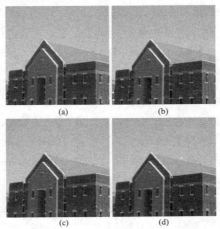

图 11-20　(a)和(b) 来自图 11-19(d)和(e)的包围且叠加在原始图像上的拐角点；(c)和(d) 在函数 cornerprocess 中使用 q=5 得到的拐角点

11.4　区域描述子

在这一节，我们讨论几个用于区域处理的工具箱函数，并介绍几个其他用于计算纹理、矩不变量和其他几种区域描述子的函数。记住，在 9.3.4 节中讨论的 bwmorph 函数常用于本节处理的类型。但在目前情况下使用的是函数 roipoly(见 5.2.4 节)。

11.4.1　函数 regionprops

函数 regionprops 是工具箱中用于计算区域描述子的主要工具，该函数的语法为：

```
D = regionprops(L, properties)
```

其中，L 是标记矩阵(见 11.1.1 节)，D 是长度为 max(L(:))的结构。该结构中的字段表示每个区域的不同度量，正如 properties 中指定的那样。变量 properties 是用逗号隔开的字符串列表，包含字符串的单元数组，单个字符串'all'或是字符串'basic'。表 11-1 中列出了有效属性字符串的集合。如果 properties 是字符串'all'，那么将计算表 11-1 中的所有描述子。如果 properties 不指定或是字符串'basic'，那么计算的描述子是'Area'、'Centroid'和'BoundingBox'。

表 11-1 由函数 regionprops 计算的区域描述子

properties 的有效字符串	说 明
'Area'	区域中的像素数
'BoundingBox'	定义包含区域的最小矩形的 1×4 向量。BoundingBox 由[ul_corner width]定义，其中的 ul_corner 是[x y]形式，并指定为限制盒的左上角。width 是[x_width y_width]形式，并沿着每一维指定限制盒的宽度
'Centroid'	1×2 向量；区域的质心。Centroid 的第一个元素是质心的水平坐标，第二个元素是垂直坐标
'ConvexArea'	标量；'ConvexImage'中的像素数
'ConvexHull'	nv×2 矩阵；包含区域的最小凸多边形，矩阵的每一行包含多边形的 nv 顶点之一的水平和垂直坐标
'ConvexImage'	二值图像；在填充壳内(也就是置为 on)所有像素的凸壳(对于凸壳边界上的像素，regionprops 使用与 roipoly 相同的逻辑决定像素在凸壳的内部还是外部)
'Eccentricity'	标量；与区域一样，具有相同二阶矩的椭圆的偏心率。偏心率是椭圆的焦距与长轴长度之比，值在 0 和 1 之间，0 和 1 是退化的情况(偏心率为 0 的椭圆是圆，偏心率为 1 的椭圆是一条线段)
'EquivDiameter'	标量；与区域有相同面积的圆的直径，由 sqrt(4*Area/pi)计算得来
'EulerNumber'	标量；区域中的物体数减去物体中的空洞数
'Extent'	标量；区域内矩形中的像素比例，由 Area 除以限制盒的面积来计算
'Extrema'	8×2 矩阵；区域的极值点。矩阵的每一行包含点的水平和垂直坐标，8 行的格式是[top-left, top-right, right-top, right-bottom, bottom-right, bottomleft, left-bottom, left-top]
'FilledArea'	'FilledImage'中 on 像素的数目
'FilledImage'	与区域中的限制盒尺寸相同的二值图像。on 像数对应具有填充过的所有孔洞的区域
'Image'	与区域中的限制盒尺寸相同的二值图像，on 像素对应区域，所有其他像素都是 off
'MajorAxisLength'	椭圆长轴的长度(以像素计)，椭圆与区域有相同的二阶矩
'MinorAxisLength'	椭圆短轴的长度(以像素计)，椭圆与区域有相同的二阶矩
'Orientation'	水平轴与椭圆长轴间的角度(以度计)，椭圆与区域有相同的二阶矩
'Perimeter'	包含图像中围绕着 k 个区域的每一个边界距离的 k 元素向量
'PixelList'	np×2 矩阵，其中的行是区域中像素的坐标[horizontal vertical]
'PixelIdxList'	包含区域中像素线性索引的 np 元素向量
'Solidity'	标量；区域中凸壳像素的比例，使用 Area/ConvexArea 来计算

例 11.9 函数 regionprops 的运用

作为说明，下面使用 regionprops 得到图像 B 中每个区域的面积和边界限制盒。从下列指令开始：

```
>> B = bwlabel(B); % Convert B to a label matrix.
>> D = regionprops(B, 'area', 'boundingbox');
```

为提取面积和区域的个数,编写如下指令:

```
>> A = [D.Area];
>> NR = numel(A);
```

其中,向量 A 的元素是区域的面积,NR 是区域的个数。类似地,可以获得单一矩阵,这个矩阵的行是用下边语句得到的每个区域的边界限制盒:

```
V = cat(1, D.BoundingBox);
```

这个数组的维数是 NR×4。

11.4.2 纹理

描述区域的一种重要方法就是量化区域的纹理内容。在这一节,我们将说明两个自定义函数和一个工具箱函数的应用,它们基于统计和谱测度方法计算纹理。

1. 统计法

常用的纹理分析方法基于灰度直方图的统计特性。这种度量中的一类以灰度值统计矩为基础。正如 4.4.2 节中讨论的那样,关于均值的第 n 阶矩用下式表示:

$$\mu_n = \sum_{i=0}^{L-1}(z_i - m)^n p(z_i)$$

其中,Z 表示灰度的随机变量,$P(z)$ 是区域内灰度级的直方图,L 是可能的灰度级数,而且

$$m = \sum_{i=0}^{L-1} z_i p(z_i)$$

是平均灰度。这些矩可用 4.2.4 节中讨论的 statmoments 函数计算。表 11-2 列出了基于统计矩、一致性和熵的常用描述子。记住,二阶矩 μ_2 是方差 σ^2。自定义函数 statxture(见附录 C)在表 11-2 中计算纹理测量,语法是:

```
t = statxture(f, scale)
```

其中,f 是输入图像(或子图像),t 是含有 6 个元素的行向量,其中的元素是表 11-2 中的描述子,这些描述子都是以同一顺序排列。参数 scale 也是含有 6 个元素的行向量,为了达到缩放目的,scale 的元素必须与 t 相应的元素相乘。如果省略,scale 的默认值将是 1。

表 11-2 基于灰度直方图的一些纹理描述子

矩	表达式	纹理度量
均值	$m = \sum_{i=0}^{L-1} z_i p(z_i)$	平均灰度度量
标准差	$\sigma = \sqrt{\mu_2} = \sqrt{\sigma^2}$	平均对比度度量

(续表)

矩	表达式	纹理度量
平滑度	$R = 1 - 1/(1+\sigma^2)$	区域中灰度的相对平滑度度量。对于恒定亮度区域，R 等于 0；对于灰度值有最大偏离的区域，R 等于 1。在实践中，度量中使用的方差 σ^2 通过除以 $(L-1)^2$，规一化为[0,1]范围内
三阶矩	$\mu_3 = \sum_{i=0}^{L-1}(z_i - m)^3 p(z_i)$	直方图偏斜度的度量。若直方图是对称的，度量为 0；若度量为正值，直方图向右偏斜；若度量为负值，直方图向左偏斜。这个度量的值在某一范围内，与其他 5 种度量类似，使用相同的除数$(L-1)^2$ 除 μ_3，得到规一化方差
一致性	$U = \sum_{i=0}^{L-1} p^2(z_i)$	度量一致性。当所有的灰度值都相等时，（最大一致）这一度量取最大值，并且从此处开始减少
熵	$e = -\sum_{i=0}^{L-1} p(z_i) \log_2 p(z_i)$	随机性度量

例 11.10 统计纹理的度量

图 11-21 是用白色方框包围的三个区域，从左到右分别为光滑纹理、粗糙纹理和周期纹理。使用 imhist 函数获得的这三个区域的直方图如图 11-22 所示。

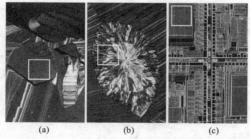

图 11-21 白色方框中的子图像从左到右分别是光滑纹理、粗糙纹理和周期纹理的例子，它们分别是超导体、人类胆固醇和微处理器的光学显微镜图像。（原图像由佛罗里达州立大学的 Michael W. Daridson 博士提供）

对图 11-21 中的每个子图像应用函数 statxture，便可获得表 11-3 中的各项数据。这些结果通常与各自的子图像的纹理内容一致。例如，粗糙区域(见图 11-21(b))的熵比其他两个区域的熵高，这是因为该区域的像素值较其他两个区域的像素值的随机性更大。在这种情况下，对比度和平均灰度值也高。另一方面，正如由 R 值和一致性度量显示的那样，该区域的平滑性和一致性是最低的。粗糙区域的直方图也显示出相对于均值最缺乏对称性，这在图 11-22(b)中显示得很清楚。同时，三阶矩的最大值也显示于表 11-3 中。

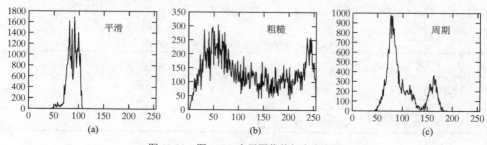

图 11-22 图 11-21 中子图像的相应直方图

表 11-3　图 11-21 中由白色方框包围的区域的纹理量度

纹理	平均灰度	平均对比度	R	三阶矩	一致性	熵
平滑	87.02	11.17	0.002	−0.011	0.028	5.367
粗糙	119.93	73.89	0.078	2.047	0.005	7.842
周期	98.48	33.50	0.017	0.557	0.014	6.517

仅仅用直方图计算的纹理度量并不携带关于像素彼此相对位置的信息。这些信息在描述纹理时是很重要的，并且使之成为纹理分析一部分的一种方法，使得不仅把它看成灰度分布，而且看成图像中像素的相对位置。

令 O 是算子，它定义了两个像素相互间的相对位置，并考虑图像 $f(x,y)$ 具有 L 种可能的灰度级。令 G 是矩阵，它的元素 g_{ij} 是在 f 中由 O 指定的位置，灰度 z_i 和 z_j 发生的像素对的次数，其中，$i \leq I$ 且 $j \leq L$。以这种方法形成的矩阵叫做灰度共生矩阵。在大多数情况下，G 是简单的共生矩阵。

图 11-23 显示了如何使用 $L=8$ 以及定义为"直接朝向右边的一个像素"的位置算子 O 来构造共生矩阵的例子。图 11-23 左边的数组是要考虑的图像，右边的数组是矩阵 G。我们看到，G 的元素(1,1)是 1，因为在值为 1 的像素的 f 中，仅存在一个具有直接向着右边的值为 1 的像素。类似地，G 的元素(6,2)是 3，因为在具有值为 6 的像素的 f 中，仅存在 3 个具有直接向着右边的值为 2 的像素。G 的其他元素也以这种方法计算。如果已经定义了 O，比如说，"一个像素朝右边，一个像素朝上边"，那么 G 中的位置(1,1)一定是 0，因为在 f 中，在没有由 O 定义的位置 1 带有另一个 1 的实例。另一方面，G 中的位置(1,3)、(1,5)和(1,7)都将是 1，因为在 f 中，灰度值 1 发生在由 O 定义的位置相邻的 3、5 和 7 处，每个地方 1 次。在图像中，可能的灰度级数决定矩阵 G 的大小。对于一幅 8 比特图像(256 可能的灰度级)，G 将是 256×256 大小。

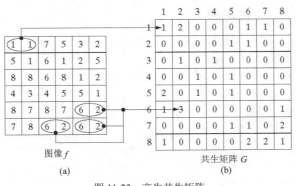

图 11-23　产生共生矩阵

当处理矩阵时，这不是问题。但是，正如你将很快看到的那样，有时共生矩阵用于序列。在这种情况下，G 的大小从计算负荷的观点来看就很重要。为了保持 G 的大小更容易处理，用于减少计算量的一种方法是把灰度量化为几个类。例如，在 256 灰度级的情况下，可以令前 32 个灰度级等于 1，紧接着的 32 个灰度级等于 2 等等来做这件事。这将得到 8×8 大小的共生矩阵。满足 O 的像素对的总数 n 等于 G 的元素的总和(在前边的例子中，$n=30$)。然后，数量

$$p_{ij} = \frac{g_{ij}}{n}$$

是满足 O 的点对含有值 (z_i, z_j) 的概率估计。这些概率在[0,1]范围内，并且它们的和是1。

$$\sum_{i=1}^{K}\sum_{j=1}^{K} p_{ij} = 1$$

其中，K 是矩形矩阵 G 的行或列的维数。归一化共生矩阵由 n 除它的每一项形成：

$$G_n = \frac{1}{n} G$$

由此我们看到，G_n 的每一项都是 p_{ij}。

在图像处理工具箱中，函数 graycomatrix 计算共生矩阵。其中，我们感兴趣的语法是：

[GS, FS] = graycomatrix(f, 'NumLevels', n, 'Offset', offsets)

其中，f 是任何有效类的图像。这种语法会产生一系列的存在 GS 中的共生矩阵。所产生矩阵的数量取决于 q×2 矩阵 offsets。这个矩阵的每一行都有[row_offset, col_offset]的形式，其中，row_offset 取决于感兴趣的像素与邻居间的行数，对于 col_offset 也是类似情况。例如，在图 11-23 所示的例子中，offsets = [0 1]。参数 'NumLevels' 决定把 f 的灰度分为"类"的级数。正如早期解释的那样(默认是 8)，FS 是结果图像，使用函数来产生 GS。例如产生一幅图 11-23 所示的共生矩阵，指令如下：

```
>> f = [1 1 7 5 3 2;
5 1 6 1 2 5;
8 8 6 8 1 2;
4 3 4 5 5 1;
8 7 8 7 6 2;
7 8 6 2 6 2];
>> f = mat2gray(f);
>> offsets = [0 1];
>> [GS, IS] = graycomatrix(f, 'NumLevels', 8, 'Offset',...
                    offsets)

GS =
    1  2  0  0  0  1  1  0
    0  0  0  0  1  1  0  0
    0  1  0  1  0  0  0  0
    0  0  1  0  1  0  0  0
    2  0  0  1  0  1  0  0  0
    1  3  0  0  0  0  0  1
    0  0  0  0  1  1  0  2
    1  0  0  0  0  2  2  1

IS =
    1  1  7  5  3  2
    5  1  6  1  2  5
    8  8  6  8  1  2
    4  3  4  5  5  1
    8  7  8  7  6  2
    7  8  6  2  6  2
```

虽然为产生图 11-23 所需要的 NumLevels 值与默认的一样，但为了方便指导，在这里我们明确地加以说明。用于纹理描述的共生矩阵的方法基于这样的事实：因为 G 依赖于 O，现存的灰度纹理模式可能由选择合适的位置算子,并且分析得到的 G 的元素来检测。工具箱使用函数 `graycoprops` 产生描述子:

```
stats = graycoprops(GS, properties)
```

其中,`stats` 是结构,其中的字段是表 11-4 中的属性。例如,如果为属性指定 `'Correlation'` 或 `'All'`,那么字段 `stats.Correlation` 将计算相关描述子(在例 11.11 中将说明这个问题)。在相关描述子中使用的量如下:

$$m_r = \sum_{i=1}^{K} iP(i)$$
$$m_c = \sum_{j=1}^{K} jP(j)$$
$$\sigma_r^2 = \sum_{i=1}^{K} (i-m_r)^2 P(i)$$
$$\sigma_c^2 = \sum_{j=1}^{K} (j-m_c)^2 P(j)$$

其中

$$p(i) = \sum_{j=1}^{K} p_{ij} \quad 且 \quad p(j) = \sum_{i=1}^{K} p_{ij}$$

量 m_r 以均值的形式沿着 G 的行来计算,m_c 是沿着列计算的均值。类似地,Sr 和 Sc 以标准差形式分别沿着行和列来计算。这些项的每一个都是独立于 G 的大小的标量。

表 11-4 函数 `graycoprops` 支持的属性,概率 P_{ij} 是 G/n 的第 ij 个元素。其中,n 等于 G 的元素之和

属 性	描 述	公 式
`'Contrast'`	返回整幅图像上某个像素与相邻像素间灰度对比度的度量;对于恒定的图像,Contrast 为 0,范围为[0 (size(G, 1) − 1) ^ 2]	$\sum_{i=1}^{K}\sum_{j=1}^{K}(i-j)^2 p_{ij}$
`'Correlation'`	在整幅图像上,返回某个像素与其相邻像素间是什么关系的度量,范围为[-1 1];对于完全正相关和负相关的图像,Correlation 分别等于 1 和 −1;对于一幅恒定图像,相关是 NaN	$\sum_{i=1}^{K}\sum_{j=1}^{K}\frac{(i-m_r)(j-m_c)p_{ij}}{\sigma_r \sigma_c}$ $\sigma_r \neq 0; \sigma_c \neq 0$
`'Energy'`	返回 G 中方形元素之和,范围为[0 1];对于恒定图像,Energy 是 1	$\sum_{i=1}^{K}\sum_{j=1}^{K} p_{ij}^2$
`'Homogeneity'`	返回一个值,该值度量 G 中元素的分布与 G 中对角线元素的紧密度;对于对角的 G,Homogeneity 是 1;范围为[0 1]	$\sum_{i=1}^{K}\sum_{j=1}^{K}\frac{p_{ij}}{1+|i-j|}$
`'All'`	计算所有的属性	

两个可以直接从 G_n 的元素加以计算的度量是最大概率(度量共生矩阵的最强响应):

$$最大概率 = \max_{i,j}(p_{ij})$$

并且,熵是随机性度量:

$$熵 = -\sum_{i=1}^{K}\sum_{j=1}^{K} p_{ij} \log_2 p_{ij}$$

例 11.11 基于共生矩阵的描述子

图 11-24(a)~(c)分别显示了由随机的、水平周期的、混合的纹理组成图像。在这个例子中，目的是说明：

- 对于纹理描述，如何个别地使用共生矩阵。
- 对于图像中"发现"的纹理模式，如何使用共生矩阵序列。下面使用一幅图像(周期纹理)说明这个过程，并对另外两幅图像列出结果。

我们从使用最简单的水平位置算子计算共生矩阵开始，offsets = [0 1]是默认设置(在这个例子中，我们感兴趣的纹理模式是水平的)。可以使用所有的灰度级数(uint8 图像是 256)来得到描述子的最好可能区分：

```
>> f2 = imread('Fig1124(b).tif');
>> G2 = graycomatrix(f2,'NumLevels', 256);
>> G2n = G2/sum(G2(:)); % Normalized matrix.
>> stats2 = graycoprops(G2, 'all'); % Descriptors.
```

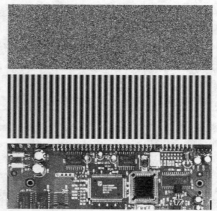

图 11-24 从上到下，像素分别显示为随机的、周期的、混合纹理模式的图像，所有图像的大小都是 263×800 像素

接下来计算和列出所有的描述子，包括使用 G2n 的元素进行计算的那两个：

```
>> maxProbability2 = max(G2n(:));
>> contrast2 = stats2.Contrast;
>> corr2 = stats2.Correlation;
>> energy2 = stats2.Energy;
>> hom2 = stats2.Homogeneity;
>> for I = 1:size(G2n, 1);
      sumcols(I) = sum(-G2n(I,1:end).*log2(G2n(I,1:end)...+ eps));
end
>> entropy2 = sum(sumcols);
```

这些描述子的值列在表 11-5 的第 2 行中。使用另外两幅图像的其他两行也使用相同的步骤产生。这个表中的项与图 11-24 中图像期望的一致。例如，考虑表 11-5 中的最大概率。最大概率对应第三个共生矩阵，这个矩阵相比其他两个矩阵具有最高计数(也就是在相对于位置 O 的图像中发生的最大像素对的数目)。观察图 11-24(c)，可以看到在水平方向，有以低灰度变化为特征的大的区域，所以可以预料，在 G_3 中有较高的计数。

第 2 列指出，最高的相关对应 G_2。这告诉我们，在第 2 幅图像中灰度是高度相关的。图

11-24(b)中周期模式的重复显示了为什么会是这样。注意，G_1 的相关基本是 0，这指出相邻像素间实际不相关，如图11-24(a)中随机图像的特性那样。对比度描述子对于 G_1 是最高的，对于 G_2 是最低的。对于非随机的图像，对比度倾向于最低。虽然 G_1 有最低的最大概率，但其他两个矩阵有更多的 0 或接近 0 概率。记住，归一化共生矩阵的值的和是 1，很容易看出，为什么对比度描述子倾向于随着随机性而增加。

余下的 3 个描述子可以类似的方法来解释。能量以概率平方值为函数而增加。这样一来，在一幅图像中，如果有较少的随机性，那么将有最高一致的描述子，如表11-5的第 5 列所示。

表 11-5 对于图 11-24 中的图像，基于单个共生矩阵的纹理描述子

归一化共生矩阵	描 述 子					
	最大概率	相关	对比度	能量	同质	熵
G_1/n_1	0.00006	−0.0005	10838	0.00002	0.0366	15.75
G_2/n_2	0.01500	0.9650	570	0.01230	0.0824	6.43
G_3/n_3	0.05894	0.9043	1044	0.00360	0.2005	13.63

同质性用于度量关于主对角线 G 值的集中度。描述子中分母的值对所有的三个共生矩阵都相同，并且随着 i 值和 j 值的减小，其值变得越接近(就是越接近对角线)。这样，具有接近对角线的最高概率值的矩阵就将有最高的同质值，这样的矩阵相当于具有丰富的灰度级内容和缓慢变化灰度值的区域。表 11-5 中第 6 列的项与这一解释一致。表中最后一列的项是共生矩阵中的随机性度量，可依次转换成对应图像的随机性度量。正像我们预料的那样，G_1 有最高的值，源于 G_1 的图像整个都是随机的。另外两项在这个上下文中是自解释的。

迄今为止，我们已经处理了单个的图像和它们的共生矩阵。假定想要发现(没有看到图像)包含重复分量(周期纹理)的这些图像中是否存在任何片段，完成这一目的的一种方法是对共生矩阵序列观察相关描述子，共生矩阵是通过增加相邻像素间的距离得到的。正如早时提到的那样，当时，为了减少矩阵尺寸和相应的计算负担，在通过处理共生矩阵序列量化灰度数时，共生矩阵很常用。下面的结果是通过使用 8 级灰度的默认值得到的。和前面一样，使用周期图像说明这个过程：

```
>> % Look at 50 increments of 1 pixel to the right.
>> offsets = [zeros(50,1) (1:50)']; %
>> G2 = graycomatrix(f2, 'Offset', offsets);
>> % G2 is of size 8-by-8-by-50.
>> stats2 = graycoprops(G2, 'Correlation');
>> % Plot the results.
>> figure, plot([stats2.Correlation]);
>> xlabel('Horizontal Offset')
>> ylabel('Correlation')
```

其他两幅图像使用相同的方法来处理。图 11-25 显示了作为水平偏移函数的相关描述子的曲线图。图 11-25(a)显示所有的相关值都是 0，指出在随机图像中没有发现相关模式。在图 11-25(b)中，相关的形状很清楚地得到了展示——在水平方向上，输入图像是周期变化的。注意，相关函数在高值处开始，然后随着像素间距离的增加而减小，然后重复自身。图11-25(c)显示：与电路板图像相关联的相关描述子在最初时降低，但是在 16 个像素的偏移处有很强的峰值。对图

11-24(c)中图像的分析显示：上边的焊接头形成了近似 16 个像素间隔的重复模式。下一个主要的峰值出现在 32 个像素的偏移处，是由相同的模式导致的。

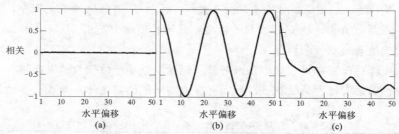

图 11-25 以水平偏移(相邻像素间的距离)为函数的相关描述子的值，分别对应图 11-24 中带噪图像(a)、正弦曲线(b)、和电路板图像(c)

这个峰的幅值较低，因为在这个距离的重复数比在 16 个像素的偏移处少。进一步观察，在 48 个像素的偏移处有更小的峰。

2. 纹理的频谱度量

纹理的频谱度量基于傅立叶频谱，频谱对于描述一幅图像中周期的或近似周期的二维模式的方向性是合适的。这些全局的纹理模式在突变的高能量集中的谱中很容易辨识，通常，因为这些技术的局限性，使用空间域方法进行检测是十分困难的。因此，纹理的频谱对于判别周期纹理和非周期纹理模式非常有用。更进一步，对于周期模式间差别的定量化也非常有用。

用极坐标表示频谱得到的函数 $S(r,\theta)$ 可以简化对频谱特性的解释，其中 S 是频谱函数，r 和 θ 是极坐标系统中的自变量。对于每一个方向 θ，$S(r,\theta)$ 是一维函数，可以写成 $S_\theta(r)$。类似地，对于每一个频率 r，$S(r,\theta)$ 可以表示为 $S_r(\theta)$。将 θ 视为固定值分析 $S_\theta(r)$，就可以得到沿着原点的径向频谱的状况(例如峰值的存在)。同样，将 r 视为固定值分析 $S_r(\theta)$，就可以得到沿着以原点为中心的圆的频谱特性。

全局描述可通过对这些函数的积分(对于离散变量，可通过求和)获得：

$$S(r) = \sum_{\theta=0}^{\pi} S_\theta(r)$$

和

$$S(\theta) = \sum_{r=1}^{R_0} S_r(\theta)$$

其中，R_o 是以原点为中心的圆的半径。

对于每一个坐标对 (r,θ)，这两个公式的结果是一对值 $[S(r),S(\theta)]$。通过改变坐标值，可以产生两个一维函数——$S(r)$ 和 $S(\theta)$，它们构成了整幅图像或区域的纹理的谱能量描述。此外，为了定量地表征它们的特性，这些函数自身的描述子是可计算的。用于这一目的典型描述子为最大值的位置、振幅和轴向变化的均值与方差，以及函数最大值和均值之间的距离。

函数 specxture(见附录 C)可用于计算上述两个纹理度量，语法为：

[srad,sang,S] = spexture(f)

其中，srad 是 $S(r)$，sang 是 $S(\theta)$，S 是频谱图(使用第 3 章描述的 log 来显示)。

例 11.12　计算谱纹理

图 11-26(a)显示了一幅随机分布的物体图像，图 11-26(b)显示了包含同样物体的图像，但这些物体是周期性排列的。使用函数 specxture 计算的相应傅立叶频谱显示在图 11-26(c)和图 11-26(d)中。由于在粗糙背景材质上，火柴的摆放形成了周期纹理，因此在两个方向上，傅立叶频谱中的能量周期性地沿着四边形扩展。在图 11-26(c)所示的频谱中，其他分量是由于图 11-26(a)中任意排列的很强的边缘导致的。通过对比可以看出，在图 11-26(d)中，与背景无关的能量主要集中在水平轴方向，它们对应图 11-26(b)中很强的垂直边缘。

图 11-27(a)和(b)分别绘制了随机排列的火柴图像的 $S(r)$ 和 $S(\theta)$，类似地，(c)和(d)分别绘制了整齐排列的火柴图像的 $S(r)$ 和 $S(\theta)$，所有的 $S(r)$ 和 $S(\theta)$ 均用函数 specxture 计算。这些图可通过命令 plot(srad) 和 plot(sang) 得到。图 11-27(a) 和(c)中的轴使用如下函数确定刻度：

```
>> axis([horzmin horzmax vertmin vertmax])
```

这个函数在 2.3.1 节中讨论过，从图 11-27(a)中可以获得最大值和最小值。

对应随机摆放的火柴图像的 $S(r)$ 的曲线显示没有很强的周期分量(也就是说，在频谱中除了直流分量的起始位置有峰值外，再没有其他的峰值)。另一方面，顺序排列的火柴图像的 $S(r)$ 绘图显示，在 $r=15$ 处有强的峰值，在 $r=25$ 处有较小的峰值。类似地，图 11-26(c)中能量突变的随机性在图 11-27(b)所示的 $S(\theta)$ 的曲线中也很明显。相比之下，图 11-27(d)所示的曲线在原点附近、$\theta=90°$ 和 $\theta=180°$ 处有很强的能量分量。这与图 11-26(d)的能量分布一致。

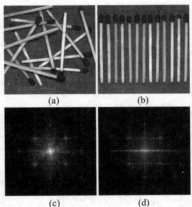

图 11-26　(a)和(b) 顺序排列和非顺序排列物体的图像；(c)和(d) 相应的频谱

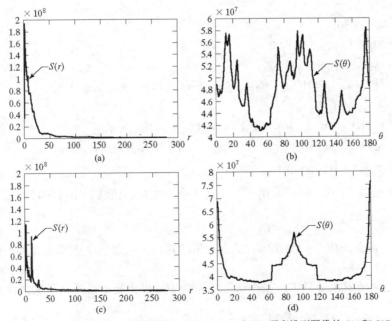

图 11-27　(a)和(b) 随机排列图像的 $S(r)$ 和 $S(\theta)$；(c)和(d) 顺序排列图像的 $S(r)$ 和 $S(\theta)$

11.4.3 不变矩

一幅数字图像$f(x, y)$的二维$(p+q)$阶矩定义为：

$$m_{pq} = \sum_{x=0}^{M-1} \sum_{y=0}^{N-1} x^p y^q f(x, y)$$

其中，$p=0, 1, 2, \ldots$且$q=0, 1, 2, \ldots$。

相应的中心矩定义为：

$$\mu_{pq} = \sum_{x=0}^{M-1} \sum_{y=0}^{N-1} (x - \bar{x})^p (y - \bar{y})^q f(x, y)$$

其中，$p=0, 1, 2, \ldots$且$q=0, 1, 2, \ldots$。

其中：

$$\bar{x} = \frac{m_{10}}{m_{00}}, \quad \bar{y} = \frac{m_{01}}{m_{00}}$$

规一化的$(p+q)$阶中心矩定义为：

$$\eta_{pq} = \frac{\mu_{pq}}{\mu_{00}^{\gamma}}$$

其中，$\gamma = \frac{p+q}{2} + 1$，$p+q=2, 3, \ldots$。

对于平移、缩放、镜像和旋转都不敏感的7个二维不变矩的集合可以从这些公式推导出来，它们如下：

$\phi_1 = \eta_{20} + \eta_{02}$

$\phi_2 = (\eta_{20} - \eta_{02})^2 + 4\eta_{11}^2$

$\phi_3 = (\eta_{30} - 3\eta_{12})^2 + (3\eta_{21} - \eta_{03})^2$

$\phi_4 = (\eta_{30} + \eta_{12})^2 + (\eta_{21} + \eta_{03})^2$

$\phi_5 = (\eta_{30} - 3\eta_{12})(\eta_{30} + \eta_{12})[(\eta_{30} + \eta_{12})^2 - 3(\eta_{21} + \eta_{03})^2] + (3\eta_{21} - \eta_{03})(\eta_{21} + \eta_{03})$
$\quad [3(\eta_{30} + \eta_{12})^2 - (\eta_{21} + \eta_{03})^2]$

$\phi_6 = (\eta_{20} - \eta_{02})[(\eta_{30} + \eta_{12})^2 - (\eta_{21} + \eta_{03})^2] + 4\eta_{11}(\eta_{30} + \eta_{12})(\eta_{21} + \eta_{03})$

$\phi_7 = (3\eta_{21} - \eta_{03})(\eta_{30} + \eta_{12})[(\eta_{30} + \eta_{12})^2 - 3(\eta_{21} + \eta_{03})^2] + (3\eta_{21} - \eta_{30})(\eta_{21} + \eta_{03})$
$\quad [3(\eta_{30} + \eta_{12})^2 - (\eta_{21} + \eta_{03})^2]$

自定义 M-函数 invmoments 用于实现这7个不变矩，语法如下（代码见附录 C）：

```
phi = invmoments(f)
```

其中，f 为输入图像，phi 是包含7个元素的行向量，包含了刚刚定义的不变矩。

例 11.13 不变矩

图 11-28(a)中的图像是用下列指令从一幅 400×400 像素大小的原始图像获得的：

```
>> f = imread('Fig1128(a).tif');
>> fp = padarray(f, [84 84], 'both');  % Padded for display.
```

这幅图像以零填充创建，这是为了使显示的图像与占有最大区域(568×568 像素)的图像一致。正如下面讨论的那样，它是旋转了 45°的图像。这种填充仅仅是为了显示，并不是用于矩的计算。一幅平移过的图像是用下列指令创建的：

```
>> ftrans = zeros(568, 568, 'uint8');
>> ftrans(151:550,151:550) = f;
```

拥有一半尺寸且对应的填充图像可使用以下指令得到：

```
>> fhs = f(1:2:end, 1:2:end);
>> fhsp = padarray(fhs, [184 184], 'both');
```

使用 Matlab 函数 fliplr 可获得镜像图像：

```
>> fm = fliplr(f);
>> fmp = padarray(fm, [84 84], 'both');  % Padded for display.
```

为了旋转图像，可以使用函数 imrotate：

```
g = imrotate(f, angle, method, 'crop')
```

这个函数沿着逆时针方向以 angle 度数旋转图像 f。参数 method 可以是下列之一：
- 'nearest'使用最邻近内插。
- 'bilinear'使用线性内插(典型选择)。
- 'bicubic'使用双三次内插。

为了适应图像的旋转，填充方法自动地增大了图像的尺寸。如果参数中包含'crop'，那么旋转后的图像的中心部分就会被裁剪成与原始图像相同的尺寸。在默认情况下，仅指定旋转角度。在这种情况下，使用最邻近内插'nearest'时，不会发生图像裁剪。

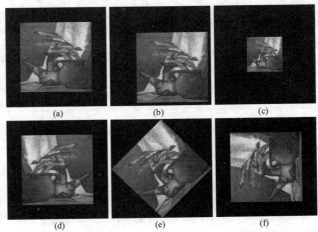

图 11-28 (a) 已填充过的原始图像；(b) 平移后的图像；(c) 拥有一半大小的图像；(d) 镜像图像；(e) 旋转 45°后的图像；(f) 旋转 90°后的图像

使用用如下指令可以产生我们列举的旋转图像：

```
>> fr45 = imrotate(f, 45, 'bilinear');
>> fr90 = imrotate(f, 90, 'bilinear');
>> fr90p = padarray(fr90, [84 84], 'both');
```

在第一幅图像中没有要求填充,因为在这些图像中,它是最大的图像。在 fr45 中,0 是由 fr45 自动产生的。可以使用函数 invmoments 计算不变矩:

```
>> phi = invmoments(f);
```

这是原始图像的不变矩。通常,不变矩的值很小,并且幅度的数量级是变化的,正如你看到的那样:

```
>> format short e
>> phi
phi =
    1.3610e-003  7.4724e-008  3.8821e-011  4.2244e-011
    4.3017e-022  1.1437e-014  -1.6561e-021
```

把这些数放到另一个范围,也就是使用 log10 变换减少它们的动态范围,以便分析。我们还是希望保持原始数字的符号:

```
>> format short
>> phinorm = -sign(phi).*(log10(abs(phi)))
phinorm =
    2.8662  7.1265  10.4109  10.3742  21.3674  13.9417  -20.7809
```

其中,abs 是必需的,因为这些数字中有一个是负的。使用-sign(phi)保持原始数字的符号,其中使用了负号,因为所有的数都是分数,所以当使用 log10 计算时会给出负值。核心的概念是:我们感兴趣的是数字的不变性,而不是实际值。符号需要保留,符号在 ϕ_7 中被用来检测图像是否被镜像。

使用前边介绍的方法处理图 11-28 中的所有图像,将给出表 11-6 所示的结果。可以观察到,接近的值指出了高度的不变性。这是不寻常的,考虑图像的变化,尤其是相对于其他图像一半尺寸的变化和旋转的图像。正如我们预料的那样,镜像图像的符号与其他图像的不同。

表 11-6 图 11-28 中图像的 7 个不变矩,显示的值以 $\text{sgn}(\phi_i)\log_{10}(|\phi_i|)$ 按比例标定为可处理范围,同时保留每个矩的原始符号

不变矩	原始图像	平移	一半尺寸	镜像	旋转 45°	旋转 90°
φ_1	2.8662	2.8662	2.8664	2.8662	2.8661	2.8662
φ_2	7.1265	7.1265	7.1257	7.1265	7.1266	7.1265
φ_3	10.4109	10.4109	10.4047	10.4109	10.4115	10.4109
φ_4	10.3742	10.3742	10.3719	10.3742	10.3742	10.3742
φ_5	21.3674	21.3674	21.3924	21.3674	21.3663	21.3674
φ_6	13.9417	13.9417	13.9383	13.9417	13.9417	13.9417
φ_7	−20.7809	−20.7809	−20.7724	20.7809	−20.7813	−20.7809

11.5 主分量描述

假设我们有 n 幅已空间配准的图像,采用"堆栈"的排列方式,如图 11-29 所示。对于任

意给定的坐标对(i, j),都有 n 个像素,每一幅图像在那个位置上都有一个像素。这些像素以列向量的形式排列:

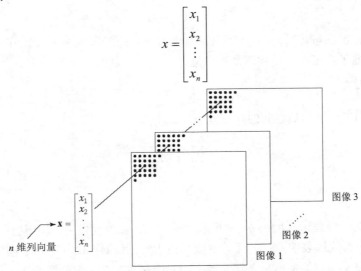

图 11-29 在由相同尺寸的图像组成的堆栈中,由相应像素形成的向量

如果这些图像的尺寸是 $M×N$,那么在这 n 幅图像中,包含所有像素的 n 维向量总共有 MN 个。

向量群的平均向量 m_x 可以通过样本的平均值来近似:

$$m_x = \frac{1}{K} \sum_{k=1}^{K} x_k$$

其中,$K = MN$。类似地,向量群的 $n×n$ 维协方差矩阵 C_x 可由下式近似计算:

$$C_x = \frac{1}{K-1} \sum_{k=1}^{K} (X_k - m_x)(x_k - m_x)^T$$

为了从样本值获得 C_x 的无偏估计,这里用 $K-1$ 代替 K。因为 C_x 是实对称矩阵,所以总是可以找到 n 个正交特征向量。

主分量变换(也称为霍特林变换)由下式给出:

$$y = A(x - m_x)$$

矩阵 A 的行是归一化为单位长度的 C_x 的特征向量。因为 C_x 是实对称的,所以这些向量形成了正交集,可显示为:

$$M_y = 0$$

和

$$C_y = AC_xA^T$$

矩阵 C_y 是对角形的,并且沿着主对角线的元素是 C_x 的特征值。C_y 的第 i 行主对角线元素是向量元素 y_i 的方差,非对角线元素(j,k)是元素 y_j 和 y_k 间的协方差。C_y 的非对角线元素是 0,指明变换向量 y 的元素是不相关的。

因为矩阵 A 的行向量是正交的,所以 A 的逆矩阵等于自身转置。因此,可以通过执行 A 的逆变换来恢复 x:

$$x = A^T y + m_x$$

当仅有 q 个特征向量可用时 ($q<n$),在这种情况下,矩阵 A 变为 $q×n$ 矩阵 A_q,这时主分量变换就变得很重要了。现在,重构就是近似值:

$$\hat{x} = A_q^T y + m_x$$

x 的精确值和近似重构值之间的均方差由下式给出:

$$e_{ms} = \sum_{j=1}^{n} \lambda_j - \sum_{j=1}^{q} \lambda_j$$
$$= \sum_{j=q+1}^{n} \lambda_j$$

这个公式的第一行表示,如果 $q=n$(也就是说,如果在逆变换中使用所有的特征向量),那么误差为零。这个公式还表明,对于 A_q,选取与最大特征值对应的 q 个特征向量可以使误差最小。这样,在向量 x 与其近似值 $\hat{x}$ 之间为最小均方误差情况下,主分量变换是最佳的。主分量变换得名于使用了与协方差矩阵的最大特征值对应的特征向量。为了进一步阐明这一概念,下面给出一个例子。

一组 n 个已配准图像(每幅图像的大小均为 $M×N$)可用下边的命令转换成图 11-29 所示的堆栈形式:

```
>> S = cat(3, f1, f2, …, fn);
```

这个大小为 $M×N×n$ 的图像堆栈数组可用下面的一般函数转换成行是 n 维向量的数组(代码见附录 C),语法为:

```
[X, R] = imstack2vectors(S, MASK)
```

其中,S 是图像堆栈,X 是用图 11-29 所示方法从 S 中提取出来的向量数组。输入 MASK 是 $M×N$ 的逻辑或数字数组,这个数组在用于生成 X 的 S 元素的位置处有非零元素,而且在被忽略的位置处为零。例如,如果仅仅使用堆栈中这些图像的右上方象限的向量,那么在那个象限中,MASK 将设置为在那个象限包含像素 1,而在其余位置为 0。默认的 MASK 都是 1,意思是所有的图像位置都用于构成 X。最后,R 是列向量,其中包含从 S 提取的向量的位置的线性索引。

下面的自定义函数计算 X 中向量的平均向量和协方差矩阵:

```
function [C, m] = covmatrix(X)
%COVMATRIX Computes the covariance matrix and mean vector.
%   [C, M] = COVMATRIX(X) computes the covariance matrix C and the
%   mean vector M of a vector population organized as the rows of
%   matrix X. This matrix is of size K-by-N, where K is the number
%   of samples and N is their dimensionality. C is of size N-by-N
%   and M is of size N-by-1. If the population contains a single
%   sample, this function outputs M = X and C as an N-by-N matrix of
%   NaN's because the definition of an unbiased estimate of the
```

```
%   covariance matrix divides by K - 1.

K = size(X, 1);
X = double(X);
% Compute an unbiased estimate of m.
m = sum(X, 1)/K;
% Subtract the mean from each row of X.
X = X - m(ones(K, 1), :);
% Compute an unbiased estimate of C. Note that the product is X'*X
% because the vectors are rows of X.
C = (X'*X)/(K - 1);
m = m'; % Convert to a column vector.
```

下面的函数实现了本节讨论的概念。注意，这些结构的用处是简化输出参量：

```
function P = principalcomps(X, q)
%PRINCIPALCOMPS Principal-component vectors and related quantities.
%   P = PRINCIPALCOMPS(X, Q) Computes the principal-component
%   vectors of the vector population contained in the rows of X, a
%   matrix of size K-by-n where K (assumed to be > 1)is the number
%   of vectors and n is their dimensionality. Q, with values in the
%   range [0, n], is the number of eigenvectors used in constructing
%   the principal-components transformation matrix. P is a structure
%   with the following fields:
%
%      P.Y      K-by-Q matrix whose columns are the principal-
%               component vectors.
%      P.A      Q-by-n principal components transformation matrix
%               whose rows are the Q eigenvectors of Cx corresponding
%               to the Q largest eigenvalues.
%      P.X      K-by-n matrix whose rows are the vectors
%               reconstructedfrom the principal-component vectors.
%               P.X and P.Y are identical if Q = n.
%      P.ems    The mean square error incurred in using only the Q
%               eigenvectors corresponding to the largest
%               eigenvalues. P.ems is 0 if Q = n.
%      P.Cx     The n-by-n covariance matrix of the population in X.
%      P.mx     The n-by-1 mean vector of the population in X.
%      P.Cy     The Q-by-Q covariance matrix of the population in
%               Y. The main diagonal contains the eigenvalues (in
%               descending order) corresponding to the Q
%               eigenvectors.

K = size(X. 1);
X = double(X);
% Obtain the mean vector and covariance matrix of the vectors in X.
[P.Cx, P.mx] = covmatrix(X);
P.mx = P.mx'; % Convert mean vector to a row vector.

% Obtain the eigenvectors and corresponding eigenvalues of Cx. The
% eigenvectors are the columns of n-by-n matrix V. D is an n-by-n
% diagonal matrix whose elements along the main diagonal are the
% eigenvalues corresponding to the eigenvectors in V, so that X*V =
% D*V.
```

```matlab
[V, D] = eig(P.Cx);

% Sort the eigenvalues in decreasing order. Rearrange the
% eigenvectors to match.
d = diag(D);
[d, idx] = sort(d);
d = flipud(d);
idx = flipud(idx);
D = diag(d);
V = V(:, idx);

% Now form the q rows of A from the first q columns of V.
P.A = V(:, 1:q)';

% Compute the principal component vectors.
Mx = repmat(P.mx, K, 1); % M-by-n matrix. Each row = P.mx.
P.Y = P.A*(X - Mx)'; % q-by-K matrix.

% Obtain the reconstructed vectors.
P.X = (P.A'*P.Y)' + Mx;

% Convert P.Y to a K-by-q array and P.mx to n-by-1 vector.
P.Y = P.Y';
P.mx = P.mx';

% The mean square error is given by the sum of all the
% eigenvalues minus the sum of the q largest eigenvalues.
d = diag(D);
P.ems = sum(d(q + 1:end));

% Covariance matrix of the Y's:
P.Cy = P.A*P.Cx*P.A';
```

例11.14 主分量的使用

图11-30显示了6幅512×512像素大小的卫星图像,对应的6个谱段为可见蓝光(450～520nm)、可见绿光(520～600nm)、可见红光(630～690nm)、近红外线(760～900nm)、中红外线(1550～1750nm)和热红外线(10400～12500nm)。该例的目的是说明运用主分量的函数principalcomps的使用。第一步是把6幅图像的元素组织为512×512×6的堆栈,正如以前讨论的那样:

```matlab
>> S = cat (3, f1 , f2 , f3 , f4 , f5 , f6 );
```

其中,f1到f6对应6幅刚刚讨论的多光谱图像。然后把堆栈组织成数组X:

```matlab
>> [ X , R ] = imstack2vectors ( s );
```

接下来,在函数principalcomps中使用q=6获得6个主分量图像:

```matlab
>> P = principalcomps(X, 6);
```

第一幅分量图像用下列命令产生和显示:

```matlab
>> g1 = P.Y(:, 1);
>> g1 = reshape(g1, 512, 512);
>> imshow(g1, [ ])
```

其余 5 幅图像均用相同的方法获得和显示。因为特征值沿着 P.Cy 的主对角线，所以使用：

>> d = diga(P.Cy);

其中，d 是 6 维的列向量，因为我们在函数中使用了 q = 6。

图 11-31 显示了 6 幅刚刚计算的主分量图像。最明显的特征就是对比度细节的主要部分包含于前两幅图像中，这两幅图像之后的几幅图像的对比度迅速下降。观察一下特征值就很容易解释其中的原因。如表 11-7 中数值所示，前两个特征值与其他特征值相比要大很多。因为特征值是向量 y 元素的方差，而方差是对比度的度量，因而与主特征值对应的图像显示很高的对比度是可以预料到的。

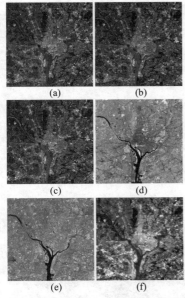

图 11-30 6 幅多光谱图像；(a) 可见蓝光波段；(b) 可见绿光波段；(c) 可见红光波段；(d) 近红外波段；(e) 中红外波段；(f) 热红外波段。(原图像由 NASA 提供)

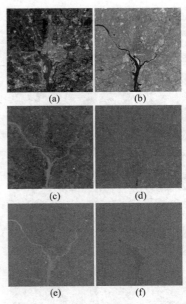

图 11-31 与图 11-30 对应的主分量图像

假设我们使用小一点的 q 值，比如 q = 2。然后仅用两幅主分量图像进行重构：

>> P = principalcomps(X, 2);

语句：

>> h1 = P.X(:, 1);
>> h1 = mat2gray(reshape(h1, 512, 512));

针对图 11-32 所示重构图像中的每幅图像。直观上，这些图像十分接近图 11-32 所示的原始图像。但事实上，不同的图像都有稍许的退化。例如，为了比较原始图像和重构的波段 1 的图像，可以编写如下程序：

>> D1 = tofloat(f1) - h1;
>> imshow(D1, [])

图11-33(a)显示了结果。在这幅图像中，低对比度表明当仅用两幅主分量图像重构原始图像时，丢失了不多的可视数据。图11-33(b)显示了波段6的图像的差异。这个差异是很明显的，因为原始的波段6的图像确实很模糊。但是在重构图像中，用到的两幅主分量图像是尖锐的，它们对重构有很大的影响。仅使用两幅主分量图像时引起的均方误差由下列指令给出：

```
P.ems
ans =
   1.7311e+003
```

它是表11-7中4个较小特征值的和。

表11-7 当q=6时p.cy的特征值

λ_1	λ_2	λ_3	λ_4	λ_5	λ_6
10352	2959	1403	203	94	31

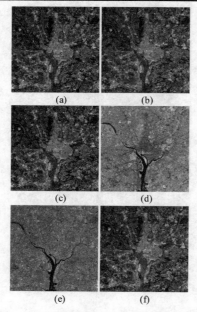

图11-32 仅使用两幅主分量图像重构的多光谱图像，与图11-30中的原始图像相比具有最大的方差

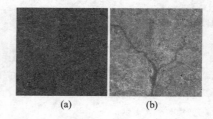

图11-33 (a) 图11-30(a)与图11-32(a)之间的差；(b) 图11-30(f)与图11-32(f)之间的差。两幅图像的灰度级都被放大到整个8比特范围[0,255]

在结束本节讨论之前，说明函数 principalcomps 如何用来排列与主特征值对应的特征向量方向上的物体。正如早先说明的那样，特征值与方差(数据的分离度)是成正比的。从物体的二维坐标构成 X，这种方法的基本概念是：它们在分离的主要数据空间方向排列物体。下面使用例子来说明这种方法。

例11.15 用主分量调整物体

图11-34的第一行显示了3幅随机排列的字符图像。这个例子的目的是用主分量垂直排列这些字符。这个过程是在自动图像分析中用于估计物体方向的典型技术，这样可简化后续的物体识别任务。下边解决图11-34(a)中的细节问题，剩余的图像使用相同的方法处理。从把数据变

换为二值形式开始，也就是对第一幅图像执行下列操作：

```
>> f = im2bw(imread('Fig1134(a).tif'));
```

下一步是提取所有1值像素的坐标：

```
>> [x1 x2] = find(f);
```

然后由这些坐标形成数组 X：

```
>> X = [x1 x2];
```

使用函数 principalcomps：

```
>> P = principalcomps(X, 2);
```

并且使用变换矩阵 A 把输入坐标变换为输出坐标：

```
>> A = P.A;
>> Y = (A*(X'))';
```

其中，所示的转置是必要的，因为 X 的所有元素都作为单元来处理，与原始公式不同，就单一向量而言，这是规定。还要注意，和原始表达式一样，这里没有减去均值向量。原因是：减去均值只是简单改变了坐标原点。我们的兴趣是把输出放在类似输入的位置，而且从数据中直接提取位置信息，这是很容易做到的。可以使用如下指令做这件事：

```
>> miny1 = min(Y(:, 1));
>> miny2 = min(Y(:, 2));
>> y1 = round(Y(:, 1) - miny1 + min(x1));
>> y2 = round(Y(:, 2) - miny2 + min(x2));
```

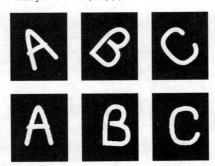

图 11-34　第一行，原始字符；第二行，用主分量排列的字符

其中，最后两条指令取代了坐标。因此，最小坐标将与变换前的原始坐标近似相同。最后一步是由变换数据(Y)形成输出图像：

```
>> idx = sub2ind(size(f), y1, y2);
>> fout = false(size(f)); % Same size as input image.
>> fout(idx) = 1;
```

第一条指令从变换坐标形成线性索引，最后一条语句置这些坐标为1。从 X 到 Y 的变换，以及用于形成 y1 和 y2 的四舍五入操作，通常会在输出物体的区域产生小的间隙(0值像素)。这些间隙可以用3×3的结构元，通过先膨胀后腐蚀来填充：

```
>> fout = imclose(fout, ones(3));
```

最后,显示的这幅图像将说明图中的字符 A 颠倒了。一般来说,主分量变换沿着主宽度方向排列数据,但不能保证排列不会向相反的方向转 180°。为了保证这一点,要求把某些智能嵌在处理中,这超出了现在的讨论。因此,我们用直观分析旋转数据,以保证字符的正确旋转:

```
>> fout = rot90(fout, 2);
>> imshow(fout) % Figure 11.34(d).
```

观察图 11-34(d)中所示的结果,这种方法的确是沿着主方向排列物体。图 11-34(a)中的坐标是(x_1, x_2),在图11-34(d)中是(y_1, y_2)。刚才所讨论方法的一个重要特征是:在用于得到输出的变换矩阵中,使用所有的输入坐标点(X 中包含的)。因此,这种方法对外界相当不敏感。图11-34(e)和(f)中的结果是使用类似方法产生的。

11.6 小结

从一幅图像中分割出的物体或区域的表示及描述是后续在自动化过程中准备图像数据的最早步骤。本章介绍的描述子是下一章开发对象识别算法的输入。本章开头几节开发的自定义函数是对图像表示与描绘用到的图像处理工具箱函数功能的重要增强。现在,描述子类型的选择在很大程度上取决于遇到的问题。这一点已经很清楚了。这就是为什么解决图像处理问题时要有灵活的原型环境的原因,在该环境中,现有的函数可以与新的代码结合,以增强灵活性并减少开发时间。本章的内容是如何建立这样的环境基础的很好示例。

附录 A

M-函数汇总

这个附录的 A.1 节包含图像处理工具箱中所有函数的名称列表以及在前面章节开发的所有新函数。后面的函数称为 DIPUM 函数，DIPUM 一词来自本书英文书名的英文首字母。A.2 节列出了贯穿本书使用的 MATLAB 函数。

A.1 图像处理工具箱和 DIPUM 函数

下边的函数都以类似于在图像处理工具箱中建立的那种不太严密的分类方式来分组。

图像显示和检测

`ice(DIPUM)`	交互彩色编辑器
`immovie`	由多帧图像制成的电影
`implay`	播映电影、视频或图像序列
`imshow`	以处理图形的方式显示图像
`imtool`	以图像工具的方式显示图像
`montage`	像矩形蒙太奇显示多帧图像
`rgbcube(DIPUM)`	在 MATLAB 桌面上显示 RGB 立方体
`subimage`	以单幅图像的形式显示多幅图像
`warp`	像纹理映射表面那样显示图像

图像文件 I/O

`analyze75info`	从 Mayo Analyze 7.5 数据集的头文件读元数据
`analyze75read`	从 Mayo Analyze 7.5 数据集的头文件读图像文件
`dicomanon`	匿名 DICOM 文件
`dicomdict`	得到或设置激活的 DICOM 数据字典
`dicominfo`	从 DICOM 消息读元数据
`dicomlookup`	在 DICOM 数据字典中查找属性

`dicomread`	读 DICOM 图像
`dicomuid`	产生 DICOM 唯一标识符
`dicomwrite`	像 DICOM 文件那样写图像
`hdrread`	读辐射的 HDR 图像
`hdrwrite`	写辐射的 HDR 图像
`makehdr`	创建高动态范围的图像
`interfileinfo`	从归档文件读元数据
`interfileread`	从归档文件读图像
`isnitf`	检查文件是否是 NITF
`movie2tifs(DIPUM)`	从 MATLAB 电影创建多帧 TIFF 文件
`nitfinfo`	从 NITF 文件读元数据
`nitfread`	读 NITF 图像
`seq2tifs(DIPUM)`	从 MATLAB 序列创建多帧 TIFF 文件
`tifs2movie(DIPUM)`	从多帧 TIFF 文件创建 MATLAB 电影
`tifs2seq(DIPUM)`	从多帧 TIFF 文件创建 MATLAB 序列

图像算术

`imabsdiff`	计算两幅图像的绝对差
`imcomplement`	图像求补
`imlincomb`	图像的线性组合
`ippl`	检查 IPPL(Inter Performance Primitives Library)是否存在

几何变换

`checkerboard`	创建棋盘格图像
`findbounds`	为空间变换寻找输出边界
`fliptform`	转换 TFORM 结构的输入和输出角色
`imcrop`	裁剪图像
`impyramid`	以金字塔形式缩减和扩展图像
`imresize`	调整图像大小
`imrotate`	旋转图像
`imtransform`	对图像进行二维空间变换
`imtransform2(DIPUM)`	固定输出位置的二维图像变换
`makeresampler`	创建重取样结构
`maketform`	创建空间变换结构(TFORM)
`pixeldup(DIPUM)`	在两个方向复制图像像素

pointgrid(DIPUM)	在网格上排列点
reprotate(DIPUM)	重复旋转图像
tformarray	对 N-D 阵列施以空间变换
tformfwd	应用正向空间变换
tforminv	应用逆向空间变换
vistform(DIPUM)	点集合的可视化变换效果

图像配准

cpstruct2pairs	把 CPSTRUCT 变换为控制点对
cp2tform	由控制点对推断空间变换
cpcorr	用互相关调整控制点位置
cpselect	控制点选择工具
normxcorr2	归一化的二维互相关
visreg(DIPUM)	在视觉上配准的图像

像素值和统计

corr2	二维相关系数
imcontour	创建图像数据的轮廓线
imhist	显示图像数据的直方图
impixel	像素彩色值
improfile	沿着线段的横截面的像素值
localmean(DIPUM)	计算局部均值数组
mean2	矩阵元素的平均或均值
regionprops	度量图像区域(团块分析)的特性
statmoments(DIPUM)	计算图像直方图的统计中心矩
std2	矩阵元素的标准差

图像分析

bound2eight(DIPUM)	把 4 连接边界转换为 8 连接边界
bound2four(DIPUM)	把 8 连接边界转换为 4 连接边界
bound2im(DIPUM)	把边界转换为图像
bsubsamp(DIPUM)	对边界子取样
bwboundaries(DIPUM)	追踪二值图像中的区域边界
bwtraceboundary	追踪二值图像中的目标
colorgrad(DIPUM)	计算 RGB 图像的向量梯度
colorseg(DIPUM)	执行彩色图像的分割

connectpoly(DIPUM)	连接多边形的顶点
cornermetric	从图像建立拐角的公制矩阵
cornerprocess(DIPUM)	处理函数cornermetric的输出
diameter(DIPUM)	度量图像区域的直径和相应的属性
edge	寻找灰度图像的边缘
fchcode(DIPUM)	计算边界的佛雷曼链码
frdescp(DIPUM)	计算傅立叶描述子
ifrdescp(DIPUM)	计算反傅立叶描述子
im2minperpoly(DIPUM)	最小周长多边形
imstack2vectors(DIPUM)	从图像堆栈提取向量
invmoments(DIPUM)	计算图像的不变矩
hough	霍夫变换
houghlines	基于霍夫变换的线段提取
houghpeaks	识别霍夫变换的峰
localthresh(DIPUM)	局部阈值处理
mahalanobis(DIPUM)	计算马氏距离
movingthresh(DIPUM)	使用移动平均阈值的图像分割
otsuthresh(DIPUM)	给定直方图的Otsu's最佳阈值
principalcomps(DIPUM)	主分量向量和相关的数量
qtdecomp	四叉树分解
qtgetblk	以四叉树分解得到块值
qtsetblk	以四叉树分解设置块值
regiongrow(DIPUM)	用区域生长方法实现分割
signature(DIPUM)	计算边界标记
specxture(DIPUM)	计算图像的空间纹理
splitmerge(DIPUM)	使用分裂与聚合算法分割图像
statxture(DIPUM)	计算一幅图像中纹理的统计度量
x2majoraxis(DIPUM)	与区域长轴成一线的坐标x

图像压缩

compare(DIPUM)	计算和显示两个矩阵的误差
cv2tifs(DIPUM)	对TIFS2CV压缩图像序列解码
huff2mat(DIPUM)	对霍夫曼编码矩阵解码
huffman(DIPUM)	对符号源建立可变长度霍夫曼码
im2jpeg(DIPUM)	用JPEG近似压缩一幅图像
im2jpeg2k(DIPUM)	用JPEG 2000近似压缩一幅图像

imratio(DIPUM)	用字节计算两幅图像/变量的比例
jpeg2im(DIPUM)	对 IM2JPEG 压缩图像解码
jpeg2k2im(DIPUM)	对 IM2JPEG2K 压缩图像解码
lpc2mat(DIPUM)	对无损预测编码矩阵解压缩
mat2huff(DIPUM)	针对矩阵的霍夫曼编码
mat2lpc(DIPUM)	用一维预测有损编码压缩矩阵
ntrop(DIPUM)	计算矩阵的熵的一阶估计
quantize(DIPUM)	量化 uint8 矩阵的元素
showmo(DIPUM)	显示压缩图像序列的运动向量
tifs2cv(DIPUM)	压缩多帧 TIFF 图像序列
unravel(DIPUM)	对可变长比特流解码

图像去模糊

deconvblind	用盲去卷积对图像去模糊
deconvlucy	用 Lucy-Richardson 方法对图像去模糊
deconvreg	用规则滤波器对图像去模糊
deconvwnr	用维纳滤波器对图像去模糊
edgetaper	用点扩散函数渐变边缘
otf2psf	把光传递函数转换为点扩散函数
psf2otf	把点扩散函数转换为光传递函数

图像增强

adapthisteq	有限对比度的自适应直方图均衡(CLAHE)
adpmedian(DIPUM)	执行自适应中值滤波
decorrstretch	使用去相关拉伸多通道图像
gscale(DIPUM)	按比例标定输入图像的灰度
histeq	用直方图均衡增强对比度
imadjust	调整图像亮度值或彩色图
medfilt2	二维中值滤波
ordfilt2	二维统计排序滤波
stretchlim	寻找如何限制一幅图像的对比度拉伸
intlut	用查表法转换整数值
intrans(DIPUM)	执行灰度(灰度级)变换
wiener2	二维自适应噪声去除滤波

图像噪声

imnoise	对图像加噪声
imnoise2(DIPUM)	用指定的 PDF 产生随机数阵列
imnoise3(DIPUM)	产生周期噪声

线性滤波

convmtx2	二维卷积矩阵
dftfilt(DIPUM)	执行频域滤波
fspecial	创建预定义的二维滤波器
imfilter	多维图像的 N-D 滤波
spfilt(DIPUM)	执行线性和非线性空间滤波

线性二维滤波器设计

bandfilter(DIPUM)	计算频域带通滤波器
cnotch(DIPUM)	产生循环对称陷波滤波器
freqz2	二维频率响应
fsamp2	使用频率取样的二维 FIR 滤波器
ftrans2	使用频率变换的二维 FIR 滤波器
fwind1	使用一维窗方法的二维 FIR 滤波器
fwind2	使用二维窗方法的二维 FIR 滤波器
hpfilter(DIPUM)	计算频域高通滤波器
lpfilter(DIPUM)	计算频域低通滤波器
recnotch(DIPUM)	产生矩形陷波(轴)滤波器

模糊逻辑

aggfcn(DIPUM)	模糊系统的聚合函数
approxfcn(DIPUM)	近似函数
bellmf(DIPUM)	钟形隶属度函数
defuzzify(DIPUM)	模糊系统的输出
fuzzyfilt(DIPUM)	模糊边缘检测器
fuzzysysfcn(DIPUM)	模糊系统函数
implfcns(DIPUM)	模糊系统的隐含函数
lambdafcns(DIPUM)	模糊规则集的 lambda 函数
makefuzzyedgesys(DIPUM)	FUZZYFILT 使用的用来产生 MAT-文件的脚本
onemf(DIPUM)	常数隶属度函数(1)
sigmamf(DIPUM)	Sigma 隶属度函数

`smf(DIPUM)`	S-形状的隶属度函数
`trapezmf(DIPUM)`	梯形的隶属度函数
`triangmf(DIPUM)`	三角形的隶属度函数
`truncgaussmf(DIPUM)`	高斯截短的隶属度函数
`zeromf(DIPUM)`	常数隶属度函数(0)

图像变换

`dct2`	二维离散余弦变换
`dctmtx`	离散余弦变换矩阵
`fan2para`	把扇形射束投影变换为平行射束
`fanbeam`	扇形射束变换
`idct2`	二维反离散余弦变换
`ifanbeam`	反扇形射束变换
`iradon`	反雷登变换
`para2fan`	把平行射束投影变换为扇形射束
`phantom`	创建头部幻影图像
`radon`	雷登变换

邻域和块处理

`bestblk`	块处理的最佳尺寸
`blkproc`	图像的不同块处理
`col2im`	把矩阵列重排为块
`colfilt`	列方式的邻域操作
`im2col`	把图像块重排为列
`nlfilter`	一般的滑动邻域处理

形态学操作(灰度图像和二值图像)

`conndef`	默认的连通性数组
`imbothat`	底帽滤波(bottom-hat)处理
`imclearborder`	连接到图像边界的抑制光(suppress light)结构
`mclose`	形态学闭操作图像
`imdilate`	膨胀图像
`imerode`	腐蚀图像
`imextendedmax`	最大扩展变换
`imextendedmin`	最小扩展变换
`imfill`	填充图像区域和孔洞

imhmax	最大 H 变换
imhmin	最小 H 变换
imimposemin	强迫最小
imopen	形态学开操作图像
imreconstruct	形态学重建
imregionalmax	区域最大
imregionalmin	区域最小
imtophat	顶帽滤波
watershed	分水岭变换

形态学操作(二值图像)

applylut	使用查表法的邻域操作
bwarea	二值图像中的目标区域
bwareaopen	形态学开二值图像(移除小目标)
bwdist	二值图像的距离变换
bweuler	二值图像的欧拉数
bwhitmiss	二元击中-击不中操作
bwlabel	在二维二值图像中标记连通分量
bwlabeln	在 N 维二值图像中标记连通分量
bwmorph	二值图像的形态学操作
bwpack	打包二值图像
bwperim	在二值图像中寻找目标的周长
bwselect	在二值图像中选择目标
bwulterode	最终腐蚀
bwunpack	拆包二值图像
endpoints(DIPUM)	计算二值图像的终点
makelut	为了使用 APPLYLUT 而创建查找表

结构元(STREL)的创建和处理

getheight	得到 STREL 的高度
getneighbors	得到 STREL 邻域的位置和高度
getnhood	得到 STREL 的邻域
getsequence	得到分解的 STREL 序列
isflat	对于扁平的 STREL 为真
reflect	关于自身中心的反射 STREL
strel	创建形态学结构元(STREL)
translate	平移 STREL

纹理分析

entropy	灰度图像的熵
entropyfilt	灰度图像的局部熵
graycomatrix	创建灰度级共生矩阵
graycoprops	灰度级共生矩阵的特性
rangefilt	图像的局部范围
specxture(DIPUM)	计算图像的谱纹理
statxture(DIPUM)	计算图像中的纹理统计度量
stdfilt	图像的局部标准差

基于区域的处理

histroi(DIPUM)	计算一幅图像中 ROI(感兴趣区域)的直方图
poly2mask	把 ROI 多边形转换为模板
roicolor	选择基于颜色的 ROI
roifill	在灰度图像中填充指定区域
roifilt2	ROI 滤波
roipoly	选择多边形 ROI

小波

appcoef2	提取二维近似系数
detcoef2	提取二维细节系数
dwtmode	离散小波变换扩展模式
waveback(DIPUM)	计算多级分解的反 FWT
wavecopy(DIPUM)	导出小波分解结构的系数
wavecut(DIPUM)	小波分解结构的零系数
wavedec2	多级二维小波分解
wavedisplay(DIPUM)	显示小波分解系数
wavefast(DIPUM)	计算'三维扩展'的二维数组的 FWT
wavefilter(DIPUM)	创建小波分解和重建滤波器
wavefun	一维小波和尺度函数
waveinfo	小波信息
waverec2	多级二维小波重建
wavework(DIPUM)	用于编辑小波分解的结构
wavezero(DIPUM)	零小波变换的细节系数
wfilters	小波滤波器
wthcoef2	二维小波系数的阈值处理

彩色图操作

cmpermute	在彩色图中重新安排彩色
cmunique	在索引图像的彩色图中去除不需要的颜色
imapprox	用较少颜色之一近似索引的图像

彩色空间转换

applycform	适用于与设备无关的彩色空间变换
hsi2rgb(DIPUM)	把 HSI 图像转换为 RGB 图像
iccfind	使用描述搜索 ICC 剖面
iccread	读 ICC 彩色剖面
iccroot	寻找系统 ICC 剖面的存放处
iccwrite	写 ICC 彩色剖面
isicc	对完全剖面结构为真
lab2double	把 L*a*b*颜色值变换为 double 类型
lab2uint16	把 L*a*b*颜色值变换为 uint16 类型
lab2uint8	把 L*a*b*颜色值变换为 uint8 类型
makecform	创建独立于设备的彩色空间变换结构(CFORM)
ntsc2rgb	把 NTSC 颜色值变换为 RGB 彩色空间
rgb2hsi(DIPUM)	把 RGB 图像变换为 HSI 图像
rgb2ntsc	把 RGB 颜色值变换为 NTSC 彩色空间
rgb2ycbcr	把 RGB 颜色值变换为 YCbCr 彩色空间
whitepoint	标准照明的 XYZ 颜色值
xyz2double	把 XYZ 颜色值变换为 double 类型
xyz2uint16	把 XYZ 颜色值变换为 uint16 类型
ycbcr2rgb	把 YCbCr 颜色值变换为 RGB 彩色空间

阵列操作

dftuv(DIPUM)	计算网格频率矩阵
padarray	填充数组
paddedsize(DIPUM)	针对基于 FFT 的滤波计算填充有用的尺寸

图像类型和类型转换

demosaic	把 Bayer 模式的编码图像转换为真彩色图像
dither	使用抖动转换图像
gray2ind	把灰度图像转换为索引图像
grayslice	通过阈值从灰度图像创建索引图像

graythresh	使用 Otsu's 方法的全局阈值处理
im2bw	通过阈值处理把图像转换为二值图像
im2double	把图像转换为双精度
im2int16	把图像转换为 16 位的带符号整数
im2java2d	把图像转换为 Java 缓存的图像
im2single	把图像转换为单精度
im2uint8	把图像转换为 8 位的无符号整数
im2uint16	把图像转换为 16 位的无符号整数
ind2gray	把索引图像转换为灰度图像
label2rgb	把标记矩阵转换为 RGB 图像
mat2gray	把矩阵转换为灰度图像
rgb2gray	把 RGB 图像或彩色图转换为灰度图像
rgb2ind	把 RGB 图像转换为索引图像
tofloat(DIPUM)	把图像转换为浮点数
tonemap	渲染高动态范围的图像以便观看

工具箱优先权

iptgetpref	得到图像处理工具箱优先权值
iptsetpref	设置图像处理工具箱优先权值

工具箱实用函数

getrangefromclass	得到基于图像所属类的图像的动态范围
intline	画整数坐标线
iptcheckconn	检验连接参数的有效性
iptcheckinput	检验数组的有效性
iptcheckmap	检验彩色图的有效性
iptchecknargin	检验输入参量的数目
iptcheckstrs	检验文本字符串的有效性
iptnum2ordinal	把正整数转换为有序字符串

模态的交互工具

imageinfo	图像信息工具
imcontrast	调整对比度的工具
imdisplayrange	显示范围的工具
imdistline	可拖动的距离工具
imgetfile	"打开图像"对话框

impixelinfo	像素信息工具
impixelinfoval	没有文本标记的像素信息工具
impixelregion	像素区域工具
impixelregionpanel	像素区域工具面板
imputfile	"保存图像"对话框
imsave	保存图像工具

图像滚动面板中的导航工具

imscrollpanel	用于导航交互式图像的滚动面板
immagbox	滚动面板的放大框
Imoverview	在滚动面板中显示图像的纵览工具
imoverviewpanel	在滚动面板中显示图像的纵览工具面板

针对交互工具的实用函数~

axes2pix	把轴坐标转换为像素坐标
getimage	从轴得到图像数据
getimagemodel	从图像目标得到图像模型目标
imagemodel	图像模型目标
imattributes	关于图像属性的信息
imhandles	得到所有图像句柄
imgca	得到包含图像的当前轴的句柄
imgcf	得到包含图像的当前图的句柄
imellipse	创建可拖动、可重置尺寸的椭圆
imfreehand	创建可拖动的手画区域
imline	创建可拖动、可重置尺寸的直线
impoint	创建可拖动的点
impoly	创建可拖动、可重置尺寸的多边形
imrect	创建可拖动、可重置尺寸的矩形
iptaddcallback	添加函数句柄到回调列表中
iptcheckhandle	检查句柄的有效性
iptgetapi	为句柄得到 API
iptGetPointerBehavior	从 HG 目标恢复指针行为
ipticondir	包含 IPT 和 MATLAB 图标的目录
iptPointerManager	在图中安装鼠标指针管理器
iptremovecallback	从回调列表中删除函数句柄
iptSetPointerBehavior	在 HG 目标中存储指针行为

iptwindowalign	排列图窗
makeConstrainToRectFcn	创建矩形的有界位置约束函数
truesize	调整图像的显示尺寸

交互式鼠标实用函数

getline	用鼠标选择折线
getpts	用鼠标选择点
getrect	用鼠标选择矩形

辅助函数

conwaylaws(DIPUM)	将 Conway 遗传法则用于单个像素
i2percentile(DIPUM)	计算给定灰度值的百分比
iseven(DIPUM)	决定阵列的哪些元素是偶数
isodd(DIPUM)	决定阵列的哪些元素是奇数
manualhist(DIPUM)	交互式地产生两模式的直方图
timeit(DIPUM)	度量运行函数所需的时间
percentile2i(DIPUM)	计算给定百分比的灰度值
tofloat(DIPUM)	把输入转换为单精度浮点数
twomodegauss(DIPUM)	产生两模式的高斯函数

A.2　MATLAB 函数

abs	绝对值
angle	相角
annotation	创建注解目标
atan2	4 个四分之一象限反正切
autumn	红色彩图和黄色彩图的深浅
axis	控制轴的比例和外观
bar	条形图
bin2dec	把二进制字符串转换为十进制整数
bone	带有蓝色彩图色调的灰度图像
break	WHILE 或 FOR 循环的终止执行
cart2pol	把笛卡儿坐标变换为极坐标
cat	串联数组
catch	开始 catch 代码块
ceil	接近正无穷大
cell	创建单元数组

celldisp	显示单元数组的内容
cellplot	显示单元数组的图形描述
char	创建字符数组(字符串)
circshift	循环移位数组
colon	冒号操作符(:)用于形成向量和索引
colorcube	增强的彩色立方体的彩图
colormap	色彩查找表
continue	传递 FOR 或 WHILE 循环的下一次迭代控制
conv2	二维卷积
cool	青色和品红的浓淡
copper	线性铜色调彩图
cumsum	元素的累加和
dec2bin	把十进制整数转换为二进制字符串
diag	对角线矩阵和矩阵的对角线化
diff	差和近似导数
dither	用抖动转换图像
double	转换为双精度
edit	编辑 M-文件
eig	特征值和特征向量
else	和 IF 一起使用
elseif	IF 语句条件
end	FOR、WHILE、SWITCH、TRY 和 IF 语句的终止范围
eval	执行带 MATLAB 表达式的字符串
false	false 数组
fft2	二维离散傅立叶变换
fftshift	把零频率分量移到谱的中心
figure	创建图窗
filter	一维数字滤波器
find	寻找非零元素的索引
fix	近似为零
flag	交替的红、白、蓝和黑色彩图
fliplr	以左/右方向翻转矩阵
flipud	以上/下方向翻转矩阵
floor	近似于负无穷大
for	以指定次数重复语句
fplot	绘图函数

gc	得到当前轴的句柄
gcf	得到当前图的句柄
get	得到目标的属性
getfield	得到结构字段的内容
global	定义全局变量
gray	线性灰度级彩图
grid	网格线
gui_mainfcn	为 GUIDE GUI 的创建和回调而分派的支撑函数
guidata	存储和恢复应用数据
guide	打开 GUI 设计环境
help	在指令窗口显示帮助文本
hist	直方图
histc	直方图计数
hold	保持当前图
hot	黑-红-黄-白彩图
hsv	色调-饱和度-值彩图
hsv2rgb	把色调-饱和度-值转换为红-绿-蓝
hypot	对平方和的平方根的近似计算
if	条件执行语句
ifft2	二维反离散傅立叶变换
ifftshift	反 FFT 移动
im2frame	把索引图像转换为电影格式
imag	复数的虚部
imread	从图形文件读图像
imwrite	把图像写到图形文件
ind2rgb	把索引图像转换为 RGB 图像
inpolygon	对内点或多边形区域为真
int16	转换为有符号 16 位整数
int32	转换为有符号 32 位整数
int8	转换为有符号 8 位整数
intern	N 维内插(表查找)
interp1	一维内插(表查找)
interp1q	快速一维线性内插
islogical	对逻辑数组为真
ispc	MATLAB 的 PC(Windows)版本为真
jet	HSV 的变量

length	向量的长度
lines	带有线条颜色的彩图
log	自然对数
log10	常用对数(以 10 为底)
log2	以 2 为底的对数和剖析浮点数
logical	把数值转换为逻辑值
lookfor	对关键字搜索所有的 M-文件
lower	把字符串转换为小写字母
makecounter	由 NESTEDDEMO 使用
max	最大分量
mean	平均或均值
median	中值
mesh	三维网格曲面
meshgrid	针对三维图形的 X 和 Y 数组
mfilename	当前执行的 M-文件名
min	最小分量
movie2avi	从 MATLAB 电影创建 AVI 电影
nargchk	输入参量的有效数
nargin	函数输入参量的数目
nargout	函数输出参量的数目
ndims	维数
nextpow2	2 的次高次幂
numel	数组或下标数组表达式的元素数目
persistent	定义永久变量
pi	3.14....
pink	品红彩图的清淡色彩
plot	线性图
pol2cart	把极坐标变换为笛卡儿坐标
pow2	以 2 为基数的幂和刻度的浮点数
print	打印图或模型，以图像或 M-文件保存到磁盘中
prism	棱柱体彩图
prod	元素的积
rand	均匀分布的伪随机数
randn	正态分布的伪随机数
real	复数的实部
rem	除后的余数

reshape	改变尺寸
return	返回调用函数
rgb2hsv	把红-绿-蓝转换为色调-饱和度-值
round	近似为最接近的整数
rot44	把矩阵旋转 44°
set	设置目标特性
setfield	设置结构字段的内容
shading	彩色阴影模式
single	转换为单精度
size	数组的尺寸
sort	升序和降序排列
sortrows	以升序排列行
spline	三次样条数据内插
spring	品红和黄色彩图的色调浓淡
stem	离散序列或"stem"图
strcmp	比较字符串
strcmpi	忽略事实比较字符串
subplot	以"瓦片"位置创建轴
sum	元素之和
summe	绿色和黄色彩图的色调浓淡
surf	三维彩色表面
switch	基于表达式的一些情况的切换
text	文本注解
tic	启动秒表计时器
title	图题
toc	读秒表计时器
transpose	转换
true	true 数组
try	开始 TRY 代码块
uicontrol	创建用户界面控制
uint16	转换为无符号 16 位整数
uint32	转换为无符号 32 位整数
uint8	转换为无符号 8 位整数
uiresume	重新执行封锁的 M-文件
uiwait	针对重新开始封锁执行和等待
unique	设置唯一

upper	把字符串转换为大写字母
varargin	可变长度的输入参量列表
varargout	可变长度的输出参量列表
view	三维图形的视点说明
waitbar	显示等待条
while	重复无限次数的语句
white	所有的白色彩图
whitebg	改变轴的背景颜色
whos	列出当前变量，长形式
winter	蓝色和绿色彩图的浓淡色调
xlabel	X-轴标记
xlim	X 界限
ylabel	Y-轴标记
ylim	Y 界限
zeros	零数组

附录 B

ICE 和 MATLAB 的图形用户界面

在这个附录中,我们开发了第 6 章介绍的交互式颜色编辑(Interactive Color Editing,ICE)函数 ice。假定读者对 6.4 节的内容比较熟悉。6.4 节提供了 ice 在伪彩色和全彩色图像处理方面的许多例子(例 6.5~例 6.9),并且描述了 ice 的调用语法、输入参量和图形界面元素(它们总结在表 6-7~表 6-9 中)。ice 的功能在于使用户交互地以图形方式产生彩色变换曲线,同时在图像上以实时或近实时的方式显示产生的变换效果。

B.1 创建 ICE 的图形用户界面

MATLAB 的图形用户界面开发环境(Graphical User Interface Development Enviroment,GUIDE)以 M-函数的形式为组织图形用户界面(GUI)提供了一组丰富的工具。使用 GUIDE 的过程是:(1) 布置 GUI(比如弹出菜单、按钮等);(2) GUI 的编程操作可方便地分成两个容易管理和相对独立的任务。产生的图形 M-函数组成了两个名称相同(扩展名不同)的文件:

- 带有扩展名.fig 的文件被称作 FIG-文件,其中包含所有函数的 GUI 目标或元素,以及对它们空间排列的完整图形描述。FIG-文件包含二进制数据,当执行相互关联的基于 GUI 的 M-函数时,这些数据不需要解析。针对 ICE(ice.fig)的 FIG 文件在本节稍后描述。
- 带有扩展名.m 的文件被称作 GUI M-文件,其中包含控制 GUI 操作的代码。GUIM-文件包括当 GUI 启动和有分支时被调用的函数,并且当用户与 GUI 目标交互时执行回调函数,例如当按下某个按钮的时候。针对 ICE(ice.m)的 GUI M-文件在 B2.节描述。

为了从 MATLAB 命令窗口启动 GUIDE,键入:

```
guide filename
```

其中,`filename` 是当前路径上存在的 FIG-文件名。如果省略 `filename`,GUIDE 将打开新的(也就是空的)窗口。图 B-1 显示了 ICE 布局的 GUIDE 布局编辑器(Layout Editor),可在 MATLAB 提示符 ">>" 处输入 `guide ice` 来启动。

布局编辑器在开发用户界面模型时用于图形目标的选择、放置、尺寸设置、定位和操作。在左侧的按钮形成了包含 GUI 对象的分量面板(Component Palette),支持下列控件:按钮(Push Button)、滑动条(Slider)、单选按钮(Radio Button)、复选框(Checkbox)、编辑正文(Edit Text)、静态文本(Static Text)、弹出菜单(Popup Menu)、列表框(Listbox)、双位按钮(Toggle Button)、表格(Table)、轴(Axis)、面板(Panel)、按钮组(Button Group)和 ActiveX 控件(ActiveX Control)。每个对象的操作方式均类似于标准的 Windows 对象。而且，对象的任何组合都可以添加到布局编辑器右侧的设计区域中。注意，ICE GUI 包括复选框(Smooth、Clamp Ends、ShowPDF、ShowCDF、Map Bars、Map Image)、静态文本(Component、Input 等)、曲线控件的轮廓面板、两个按钮(Reset 和 ResetALL)、为选择颜色变换曲线的弹出菜单、为显示选择曲线(带有相关控制点)的三个 axes 对象和两个灰度级楔形及色调楔形。

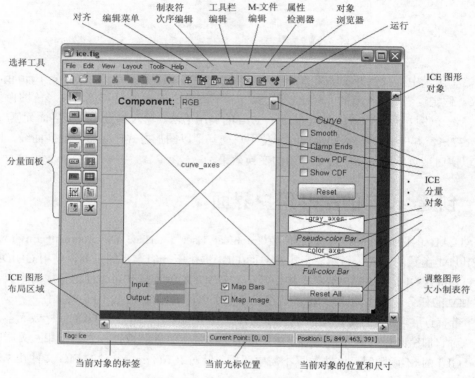

图 B-1　ICE GUI 的 GUIDE 布局编辑器

组成 ICE 元素的分层列表(可通过单击布局编辑器顶部任务栏上的 Object Browser 按钮得到)如图 B-2(a)所示。注意，每个元素都有唯一的名称或标签。例如，为显示曲线(在列表的上方)，为 axes 对象赋予标识符 curve_axes(标识符在图 B-2(a)中是圆括号的第一项)。

标签是所有 GUI 对象的常见属性之一。表征特定对象属性的滚动列表，可以通过选择对象(在图 B-2(a)所示的 Object Browser 中或图 B-1 所示的布局区域中使用选择工具)或单击布局编辑器任务栏上的 Property Inspector 按钮显示出来。图 B-2(b)显示了选择图 B-2(a)中的 figure 对象时产生的列表。注意，figure 对象的 Tag 属性(在图 B-2(b)已被突出显示)是 ice。这一属性很重要，GUIDE 使用这个属性来自动产生 figure 回调函数的名称。例如，当使用鼠标在图形窗口上单击时，滚动的 Property Inspector 窗口底部的 WindowButtonDownFcn 属性将被分配名称 ice_WindowButtonDownFcn。回忆一下，回调函数仅仅是用于与 GUI 对象交互式执行的 M-函数。其他值得注意的属性(通常是所有 GUI 对象的通用属性)包括 Position 和

Unites，它们定义了对象的大小和位置。

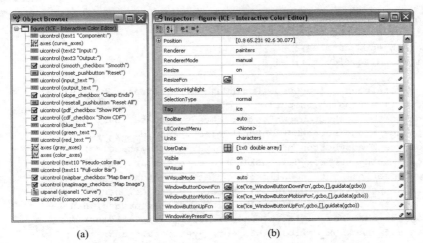

(a)　　　　　　　　　　　(b)

图 B-2　GUIDE 的 Object Browser 和 ICE figure 对象的 Property Inspector

最后，我们注意到，某些属性对特定的对象是唯一的。例如，按钮对象的 `Callback` 属性用于指定当按钮被按下时的功能，`String` 属性决定了按钮的标记。ICE Reset 按钮的 `Callback` 属性是 `reset_pushbutton_Callback`(注意，回调函数的名称集成了来自图 B-2(a)的 `Tag` 属性)，`String` 属性是"Reset"。然而注意，Reset 按钮没有 `WindowButtonMotionFcn` 属性，这个属性是图形对象特有的。

B.2　ICE 界面编程

当上一节的 ICE FIG 文件是第一次保存或 GUI 是第一次运行时(例如单击布局编辑器任务栏上的 Run 按钮)，GUIDE 会产生名为 ice.m 的 GUI M-文件，可以用标准的文本编辑器或 MATLAB 的 M-文件编辑器来修改，该文件决定了界面如何响应用户的动作。为 ICE 自动产生的 GUI M-文件如下：

```
function varargout = ice(varargin)
% Begin initialization code - DO NOT EDIT
gui_Singleton = 1;
gui_State = struct('gui_Name',       mfilename, ...
                   'gui_Singleton',  gui_Singleton, ...
                   'gui_OpeningFcn', @ice_OpeningFcn, ...
                   'gui_OutputFcn',  @ice_OutputFcn, ...
                   'gui_LayoutFcn',  [] , ...
                   'gui_Callback',   []);
if nargin & ischar(varargin{1})
   gui_State.gui_Callback = str2func(varargin{1});
end
if nargout
   [varargout{1:nargout}] = gui_mainfcn(gui_State, varargin{:});
else
   gui_mainfcn(gui_State, varargin{:});
end
```

```
% End initialization code - DO NOT EDIT

function ice_OpeningFcn(hObject, eventdata, handles, varargin)
handles.output = hObject;
guidata(hObject, handles);
% uiwait(handles.figure1);

function varargout = ice_OutputFcn(hObject, eventdata, handles)
varargout{1} = handles.output;
function ice_WindowButtonDownFcn(hObject, eventdata, handles)
function ice_WindowButtonMotionFcn(hObject, eventdata, handles)
function ice_WindowButtonUpFcn(hObject, eventdata, handles)
function smooth_checkbox_Callback(hObject, eventdata, handles)
function reset_pushbutton_Callback(hObject, eventdata, handles)
function slope_checkbox_Callback(hObject, eventdata, handles)
function resetall_pushbutton_Callback(hObject, eventdata, handles)
function pdf_checkbox_Callback(hObject, eventdata, handles)
function cdf_checkbox_Callback(hObject, eventdata, handles)
function mapbar_checkbox_Callback(hObject, eventdata, handles)
function mapimage_checkbox_Callback(hObject, eventdata, handles)
function component_popup_Callback(hObject, eventdata, handles)
function component_popup_CreateFcn(hObject, eventdata, handles)
if ispc && isequal(get(hObject,'BackgroundColor'), ...
        get(0,'defaultUicontrolBackgroundColor'))
    set(hObject,'BackgroundColor','white');
end
```

如果要开发功能完整的 ice 接口，那么这个自动产生的文件将会是有用的起点或原型(注意，为了节省空间，我们已经去除了 GUIDE 产生的许多注释)。接下来，把代码分成 4 个基本部分：1) 在两个 "DO NOT EDIT" 注释行之间初始化代码；2) 描绘打开和输出函数(ice_OpeningFcn 和 ice_OutputFcn)；3) 图形回调函数(比如 ice_WindowButtonDownFcn、ice_WindowButtonMotionFcn 和 ice_WindowButtonUpFcn)；4) 对象回调函数(例如 reset_pushbutton_Callback)。当考虑每一部分时，将给出包含在这一部分的 ice 函数的完整开发版本，并且对于大多数 GUI M-文件的开发者来说，讨论集中在普遍感兴趣的特征上。在每一部分引入的代码将不再组合成单个完整的 ice.m 列表，而以代码片段的形式引入。ice 的操作在 6.4 节已描述过了。在下边的帮助文本块中，我们还将以完整开发 M-函数 ice.m 的角度对之进行总结：

```
%ICE Interactive Color Editor.
%
%   OUT = ICE('Property Name', 'Property Value', ...) transforms an
%   image's color components based on interactively specified mapping
%   functions. Inputs are Property Name/Property Value pairs:
%
%       Name            Value
%       ------------    ------------------------------------------------
%       'image'         An RGB or monochrome input image to be
%                       transformed by interactively specified
%                       mappings.
%       'space'         The color space of the components to be
%                       modified. Possible values are 'rgb', 'cmy',
```

```
%                        'hsi', 'hsv', 'ntsc' (or 'yiq'), 'ycbcr'. When
%                        omitted, the RGB color space is assumed.
%        'wait'          If 'on' (the default), OUT is the mapped input
%                        image and ICE returns to the calling function
%                        or workspace when closed. If 'off', OUT is the
%                        handle of the mapped input image and ICE
%                        returns immediately.
%
%   EXAMPLES:
%      ice OR ice('wait', 'off')              % Demo user interface
%      ice('image', f)                        % Map RGB or mono image
%      ice('image', f, 'space', 'hsv')        % Map HSV of RGB image
%      g = ice('image', f)                    % Return mapped image
%      g = ice('image', f, 'wait', 'off');    % Return its handle
%
%   ICE displays one popup menu selectable mapping function at a
%   time. Each image component is mapped by a dedicated curve (e.g.,
%   R, G, or B) and then by an all-component curve (e.g., RGB). Each
%   curve's control points are depicted as circles that can be moved,
%   added, or deleted with a two- or three-button mouse:
%
%      Mouse Button      Editing Operation
%      ------------      -------------------------------------------
%      Left              Move control point by pressing and dragging.
%      Middle            Add and position a control point by pressing
%                        and dragging. (Optionally Shift-Left)
%      Right             Delete a control point. (Optionally
%                        Control-Left)
%
%   Checkboxes determine how mapping functions are computed, whether
%   the input image and reference pseudo- and full-color bars are
%   mapped, and the displayed reference curve information (e.g.,
%   PDF):
%
%      Checkbox          Function
%      ------------      -------------------------------------------
%      Smooth            Checked for cubic spline (smooth curve)
%                        interpolation. If unchecked, piecewise linear.
%      Clamp Ends        Checked to force the starting and ending curve
%                        slopes in cubic spline interpolation to 0. No
%                        effect on piecewise linear.
%      Show PDF          Display probability density function(s) [i.e.,
%                        histogram(s)] of the image components affected
%                        by the mapping function.
%      Show CDF          Display cumulative distributions function(s)
%                        instead of PDFs.
%                        <Note: Show PDF/CDF are mutually exclusive.>
%      Map Image         If checked, image mapping is enabled; else
%                        not.
%      Map Bars          If checked, pseudo- and full-color bar mapping
%                        is enabled; else display the unmapped bars (a
%                        gray wedge and hue wedge, respectively).
%
%   Mapping functions can be initialized via pushbuttons:
%
```

```
%    Button              Function
%    ------------        ----------------------------------------------
%    Reset               Init the currently displayed mapping function
%                        and uncheck all curve parameters.
%    Reset All           Initialize all mapping functions.
```

B.2.1 初始化代码

在 GUI M-文件中(在 B.2 节的开头部分)，代码的打开部分是由初始化代码块产生的标准 GUIDE 生成块。目的是使用 M-文件伴随的 FIG 文件(见 B.1 节)构建和显示 ICE 的 GUI，并且控制对所有内部 M-文件函数的访问。当封装"DO NOT EDIT"时，注解行指出初始化代码不应该被修改。每调用 ice 一次，初始化代码块就建立名为 gui_State 的结构，其中包含访问 ice 函数的信息。例如，命名字段 gui_Name(比如 gui_State.gui_Name)包含 MATLAB 函数 mfilename，可以返回当前执行的 M-文件的名称。使用类似的方法，字段 gui_OpeningFcn 和 gui_OutputFcn 可以使用由 ice 的打开和输出函数的名称产生的 GUIDE 来加载。如果 ICE GUI 对象是由用户激活的(例如按下按钮)，那么对象的回调函数名作为字段 gui_Callback(回调函数名将作为 varargin(1) 中的字符串来传递)来添加。

结构 gui_State 在形成后，将作为输入参量与 varargin(:) 一起传递给函数 gui_mainfcn。这个 MATLAB 函数处理 GUI 的创建、布局和回调分派。对于 ice，该函数构建和显示用户界面，并对打开、输出和调用函数产生所有必需的调用。因为 MATLAB 的旧版本可能不包括这些函数，所以通过从 File 菜单中选择 Export，可产生标准的 GUI M-文件的独立版本(使用 MAT-文件代替 FIG-文件)。在独立版本中，函数 gui_mainfcn 以及 ice_LayoutFcn 和 local_openfig 这两个支持子例程被添加到通常的依赖 M-文件的 FIG 文件中。ice_LayoutFcn 的作用是创建 ICE GUI。在 ice 的单机版本中，如下语句：

```
h1 = figure(...
'Units','characters',...
'Color',[0.87843137254902 0.874509803921569 0.890196078431373],...
'Colormap',[0 0 0.5625;0 0 0.625;0 0 0.6875;0 0 0.75;...
            0 0 0.8125;0 0 0.875;0 0 0.9375;0 0 1;0 0.0625 1;...
            0 0.125 1;0 0.1875 1;0 0.25 1;0 0.3125 1;0 0.375 1;...
            0 0.4375 1;0 0.5 1;0 0.5625 1;0 0.625 1;0 0.6875 1;...
            0 0.75 1;0 0.8125 1;0 0.875 1;0 0.9375 1;0 1 1;...
            0.0625 1 1;0.125 1 0.9375;0.1875 1 0.875;...
            0.25 1 0.8125;0.3125 1 0.75;0.375 1 0.6875;...
            0.4375 1 0.625;0.5 1 0.5625;0.5625 1 0.5;...
            0.625 1 0.4375;0.6875 1 0.375;0.75 1 0.3125;...
            0.8125 1 0.25;0.875 1 0.1875;0.9375 1 0.125;...
            1 1 0.0625;1 1 0;1 0.9375 0;1 0.875 0;1 0.8125 0;...
            1 0.75 0;1 0.6875 0;1 0.625 0;1 0.5625 0;1 0.5 0;...
            1 0.4375 0;1 0.375 0;1 0.3125 0;1 0.25 0;...
            1 0.1875 0;1 0.125 0;1 0.0625 0;1 0 0;0.9375 0 0;...
            0.875 0 0;0.8125 0 0;0.75 0 0;0.6875 0 0;0.625 0 0;...
            0.5625 0 0],...
'IntegerHandle','off',...
'InvertHardcopy',get(0,'defaultfigureInvertHardcopy'),...
'MenuBar','none',...
'Name','ICE - Interactive Color Editor',...
'NumberTitle','off',...
```

```
'PaperPosition', get(0, 'defaultfigurePaperPosition'),...
'Position', [0.8 65.2307692307693 92.6 30.0769230769231],...
'Renderer', get(0, 'defaultfigureRenderer'),...
'RendererMode', 'manual',...
'WindowButtonDownFcn', 'ice(''ice_WindowButtonDownFcn'', gcbo, [],...
                            guidata(gcbo))',...
'WindowButtonMotionFcn', 'ice(''ice_WindowButtonMotionFcn'', gcbo,...
                            [], guidata(gcbo))',...
'WindowButtonUpFcn', 'ice(''ice_WindowButtonUpFcn'', gcbo, [],...
                            guidata(gcbo))',...
'HandleVisibility', 'callback',...
'Tag', 'ice',...
'UserData',[],...
'CreateFcn', {@local_CreateFcn, blanks(0), appdata} );
```

为了创建主图形窗口。用下列语句添加 GUI 对象：

```
h11 = uicontrol(...
'Parent',h1,...
'Units','normalized',...
'Callback',mat{5},...
'FontSize',10,...
'ListboxTop',0,...
'Position',[0.710583153347732 0.508951406649616 0.211663066954644
0.0767263427109974],...
'String','Reset',...
'Tag','reset_pushbutton',...
'CreateFcn', {@local_CreateFcn, blanks(0), appdata} );
```

上述语句将在图形中添加 Reset 按钮。注意，这些语句明确指定了属性，这些属性最初使用 GUIDE 布局编辑器的 Property Inspector 来定义。最后，我们注意到，figure 函数在 1.7.6 节介绍过；uicontrol 在当前图窗中基于属性名/值对创建(例如'Tag'加'reset_pushbutton')用户界面控件(GUI 对象)，并且返回句柄。

B.2.2 打开和输出函数

在开始的 GUI M-文件中，紧跟初始化代码块的头两个函数分别称作打开函数和输出函数。在用户见到 GUI 之前以及当 GUI 把输出返回到命令行或调用子例程时，它们包含刚刚执行的代码。参数 hObject、eventdata 和 handles 都被传递给这两个函数(这些参数随后将输入到回调函数中)。输入 hObject 是图形对象句柄，eventdata 留做将来使用，handles 是结构，handles 为界面对象和任何指定的应用或用户定义的数据提供句柄。为了实现 ICE 界面(见帮助文本)期望的功能，ice_OpeningFcn 和 ice_OutputFcn 必须在 GUI M-文件中被扩展到"骨干"版本之外的范围。扩展的代码如下：

```
%------------------------------------------------------------%
function ice_OpeningFcn(hObject, eventdata, handles, varargin)
%  When ICE is opened, perform basic initialization (e.g., setup
%  globals, ...) before it is made visible.
% Set ICE globals to defaults.
handles.updown = 'none';          % Mouse updown state
handles.plotbox = [0 0 1 1];      % Plot area parameters in pixels
```

```
handles.set1 = [0 0; 1 1];          % Curve 1 control points
handles.set2 = [0 0; 1 1];          % Curve 2 control points
handles.set3 = [0 0; 1 1];          % Curve 3 control points
handles.set4 = [0 0; 1 1];          % Curve 4 control points
handles.curve = 'set1';             % Structure name of selected curve
handles.cindex = 1;                 % Index of selected curve
handles.node = 0;                   % Index of selected control point
handles.below = 1;                  % Index of node below control point
handles.above = 2;                  % Index of node above control point
handles.smooth = [0; 0; 0; 0];      % Curve smoothing states
handles.slope = [0; 0; 0; 0];       % Curve end slope control states
handles.cdf = [0; 0; 0; 0];         % Curve CDF states
handles.pdf = [0; 0; 0; 0];         % Curve PDF states
handles.output = [];                % Output image handle
handles.df = [];                    % Input PDFs and CDFs
handles.colortype = 'rgb';          % Input image color space
handles.input = [];                 % Input image data
handles.imagemap = 1;               % Image map enable
handles.barmap = 1;                 % Bar map enable
handles.graybar = [];               % Pseudo (gray) bar image
handles.colorbar = [];              % Color (hue) bar image

% Process Property Name/Property Value input argument pairs.
wait = 'on';
if (nargin > 3)
   for i = 1:2:(nargin - 3)
      if nargin - 3 == i
         break;
      end
      switch lower(varargin{i})
      case 'image'
         if ndims(varargin{i + 1}) == 3
            handles.input = varargin{i + 1};
         elseif ndims(varargin{i + 1}) == 2
            handles.input = cat(3, varargin{i + 1}, ...
                                varargin{i + 1}, varargin{i + 1});
         end
         handles.input = double(handles.input);
         inputmax = max(handles.input(:));
         if inputmax > 255
            handles.input = handles.input / 65535;
         elseif inputmax > 1
            handles.input = handles.input / 255;
         end
      case 'space'
         handles.colortype = lower(varargin{i + 1});
         switch handles.colortype
         case 'cmy'
            list = {'CMY' 'Cyan' 'Magenta' 'Yellow'};
         case {'ntsc', 'yiq'}
            list = {'YIQ' 'Luminance' 'Hue' 'Saturation'};
            handles.colortype = 'ntsc';
         case 'ycbcr'
            list = {'YCbCr' 'Luminance' 'Blue' ...
                    'Difference' 'Red Difference'};
```

```matlab
            case 'hsv'
                list = {'HSV' 'Hue' 'Saturation' 'Value'};
            case 'hsi'
                list = {'HSI' 'Hue' 'Saturation' 'Intensity'};
            otherwise
                list = {'RGB' 'Red' 'Green' 'Blue'};
                handles.colortype = 'rgb';
            end
            set(handles.component_popup, 'String', list);

        case 'wait'
            wait = lower(varargin{i + 1});
        end
    end
end

% Create pseudo- and full-color mapping bars (grays and hues). Store
% a color space converted 1x128x3 line of each bar for mapping.
xi = 0:1/127:1;  x = 0:1/6:1;    x = x';
y = [1 1 0 0 0 1 1; 0 1 1 1 0 0 0; 0 0 0 1 1 1 0]';
gb = repmat(xi, [1 1 3]);         cb = interp1q(x, y, xi');
cb = reshape(cb, [1 128 3]);
if ~strcmp(handles.colortype, 'rgb')
    gb = eval(['rgb2' handles.colortype '(gb)']);
    cb = eval(['rgb2' handles.colortype '(cb)']);
end
gb = round(255 * gb);    gb = max(0, gb);    gb = min(255, gb);
cb = round(255 * cb);    cb = max(0, cb);    cb = min(255, cb);
handles.graybar = gb;    handles.colorbar = cb;

% Do color space transforms, clamp to [0, 255], compute histograms
% and cumulative distribution functions, and create output figure.
if size(handles.input, 1)
    if ~strcmp(handles.colortype, 'rgb')
        handles.input = eval(['rgb2' handles.colortype ...
                              '(handles.input)']);
    end
    handles.input = round(255 * handles.input);
    handles.input = max(0, handles.input);
    handles.input = min(255, handles.input);
    for i = 1:3
        color = handles.input(:, :, i);
        df = hist(color(:), 0:255);
        handles.df = [handles.df; df / max(df(:))];
        df = df / sum(df(:));  df = cumsum(df);
        handles.df = [handles.df; df];
    end
    figure;    handles.output = gcf;
end

% Compute ICE's screen position and display image/graph.
set(0, 'Units', 'pixels');          ssz = get(0, 'Screensize');
set(handles.ice, 'Units', 'pixels');
uisz = get(handles.ice, 'Position');
if size(handles.input, 1)
```

```
            fsz = get(handles.output, 'Position');
            bc = (fsz(4) - uisz(4)) / 3;
            if bc > 0
                bc = bc + fsz(2);
            else
                bc = fsz(2) + fsz(4) - uisz(4) - 10;
            end
            lc = fsz(1) + (size(handles.input, 2) / 4) + (3 * fsz(3) / 4);
            lc = min(lc, ssz(3) - uisz(3) - 10);
            set(handles.ice, 'Position', [lc bc 463 391]);
        else
            bc = round((ssz(4) - uisz(4)) / 2) - 10;
            lc = round((ssz(3) - uisz(3)) / 2) - 10;
            set(handles.ice, 'Position', [lc bc uisz(3) uisz(4)]);
        end
        set(handles.ice, 'Units', 'normalized');
        graph(handles); render(handles);

        % Update handles and make ICE wait before exit if required.
        guidata(hObject, handles);
        if strcmpi(wait, 'on')
            uiwait(handles.ice);
        end


%-----------------------------------------------------------------------%
function varargout = ice_OutputFcn(hObject, eventdata, handles)
%   After ICE is closed, get the image data of the current figure
%   for the output. If 'handles' exists, ICE isn't closed (there was
%   no 'uiwait') so output figure handle.

if max(size(handles)) == 0
    figh = get(gcf);
    imageh = get(figh.Children);
    if max(size(imageh)) > 0
        image = get(imageh.Children);
        varargout{1} = image.CData;
    end
else
    varargout{1} = hObject;
end
```

在这里,我们不再关注这些函数错综复杂的细节,而是关注 GUI 打开和输出函数具有的共性:

1) handles 结构(正如在编码中,在它的许多引文中看到的那样)在大多数 GUI M-文件中扮演着核心角色,它服务于两个重要的函数。因为在界面中 handles 对所有的图形对象提供句柄,所以可用于访问和修改对象属性。例如,ice 打开函数使用:

```
set(handles.ice, 'Units', 'pixels');
uisz = get(handles.ice, 'Position');
```

存取 ICE GUI 的尺寸和位置(以像素为单位)。这可以由设置 ice 图形的 Units 属性来完成,它们的句柄在 handles.ice 中对 'pixels' 是可用的,然后读取图形的 Position 属性(使用 get 函数)。用于返回与图形对象相关联的属性值的 get 函数也可通过接近打开函数末尾的 ssz = get(0, 'Screensize')语句来得到计算机的显示区域。这里，0 是计算机显示的句柄(也就是根图形)，'Screensize'是包含宽度的属性。

除了提供访问 GUI 对象功能外，handles 结构是共享应用数据的强有力管道。注意，对于 23 个全局 ice 参数(范围为：从鼠标在 handles.updown 中的状态到 handles.input 中的全部输入图像)保存默认值。它们必须存活于每一次 ice 调用，并且在 ice_OpeningFcn 的开始部分被添加到 handles 中。例如，全局参数 handles.set1 是由下列语句创建的：

```
handles.set1 = [0 0; 1 1]
```

其中，set1 是命名字段，其中包含添加到 handles 结构中的彩色映射函数的控制点，并且[0 0; 1 1]是默认值(曲线的端点是(0,0)和(1,1))。在退出函数之前，handles 被修改，guidata(hObject, handles)必须被调用以存储可变的 handles，就像具有句柄 hObject 的图形的应用数据那样。

2) 就像许多内置的图形函数那样，ice_OpeningFcn 以属性名/值对的形式处理输入参量(除了 hObject、eventdata 和 handles)。当存在多于三个输入参量时(如果 nargin > 3)，就执行跳过输入参量对的循环(for i = 1:2:(nargin - 3))。对于每一对输入，首先用来驱动 switch 结构：

```
switch lower(varargin{i})
```

这将适当地处理第二个参数。例如对于 case 'space'，语句

```
handles.colortype = lower(varargin{i + 1});
```

设置命名字段 colortype 为输入对的第二个参数的值。

然后，这个值用于设置 ICE 的彩色分量的弹出选项(也就是对象 component_popup 的 String 属性)。稍后，用于把输入图像分量变换为希望的映射空间，该变换可通过下列函数实现：

```
handles.input = eval(['rgb2' ...
    handles.colortype '(handles.input)']);
```

其中，内置函数 eval(s)会导致 MATLAB 像表达式或语句那样执行字符串 s。如果 handles.input 是'hsv'，eval 参数('rgb2' 'hsv' '(handles.input)'])将变为与字符串'rgb2hsv(handles.input)'相关联，将作为标准的 MATLAB 表达式来执行，作用是把输入图像的 RGB 分量变换为 HSV 彩色空间(见 6.2.3 节)。

3) 在开始的 GUI M-文件中，语句

```
% uiwait(handles.figure1);
```

在 ice_OpeningFcn 的最后版本中将变为条件语句：

```
if strcmpi(wait, 'on') uiwait(handles.ice); end
```

通常

```
uiwait(fig)
```

可阻止 MATLAB 代码流的执行，直到任何 uiresume 被执行或图形 fig 被破坏(也就是被关闭)。如果不带输入参量，uiwait 与 uiwait(gcf)相同。其中，MATLAB 函数 gcf 返回当前图形的句柄。

当 ice 没有按预期返回一幅输入图像的映射版本时，将立即返回(也就是在 ICE GUI 关闭之前)，在调用中必须包括'wait'/'off'的输入属性名/值对。否则，在直到被关闭之前，也就是直到用户完成与界面(和彩色映射函数)的交互，ICE 将不返回到调用子例程或命令行。

在这种情况下，函数 ice_OutputFcn 不能从 handles 结构得到映射的图像数据，因为在 GUI 关闭以后，handles 已经不存在了。正像在函数的最终版本中看到的那样，ICE 继续从存在的映射图像的输出图形的 CData 属性中提取图像数据。

如果一幅映射的输出图像没有被 ice 返回，那么 ice_OpeningFcn 中的 uiwait 语句就不会被执行。在打开函数之后，ice_OutputFcn 立刻被调用，并且映射图像的输出图形的句柄被返回到调用子程序或命令行。

最后，我们注意到，一些内部函数被 ice_OpeningFcn 引用。这些以及所有其他的 ice 内部函数列在下边。注意，它们提供了在 MATLAB GUI 中很有用的 handles 结构示例。例如：

```
nodes = getfield(handles, handles.curve)
```

和

```
nodes = getfield(handles, ['set' num2str(i)])
```

内部函数 graph 和 render 中的语句，分别用于交互式地访问用于定义 ICE 中各种彩色映射曲线的控制点。标准形式如下：

```
F = getfield(S,'field')
```

从结构 S 中将命名字段'field'的内容返回到 F 中：

```
%-------------------------------------------------------------------%
function graph(handles)
% Interpolate and plot mapping functions and optional reference
% PDF(s) or CDF(s).

nodes = getfield(handles, handles.curve);
c = handles.cindex; dfx = 0:1/255:1;
colors = ['k' 'r' 'g' 'b'];

% For piecewise linear interpolation, plot a map, map + PDF/CDF, or
% map + 3 PDFs/CDFs.
if ~handles.smooth(handles.cindex)
   if (~handles.pdf(c) && ~handles.cdf(c)) || ...
         (size(handles.df, 2) == 0)
      plot(nodes(:, 1), nodes(:, 2), 'b-', ...
            nodes(:, 1), nodes(:, 2), 'ko', ...
            'Parent', handles.curve_axes);
   elseif c > 1
      i = 2 * c - 2 - handles.pdf(c);
      plot(dfx, handles.df(i, :), [colors(c) '-'], ...
            nodes(:, 1), nodes(:, 2), 'k-', ...
```

```matlab
            nodes(:, 1), nodes(:, 2), 'ko', ...
            'Parent', handles.curve_axes);
    elseif c == 1
        i = handles.cdf(c);
        plot(dfx, handles.df(i + 1, :), 'r-', ...
             dfx, handles.df(i + 3, :), 'g-', ...
             dfx, handles.df(i + 5, :), 'b-', ...
             nodes(:, 1), nodes(:, 2), 'k-', ...
             nodes(:, 1), nodes(:, 2), 'ko', ...
'Parent', handles.curve_axes);
    end

% Do the same for smooth (cubic spline) interpolations.
else
    x = 0:0.01:1;
    if ~handles.slope(handles.cindex)
        y = spline(nodes(:, 1), nodes(:, 2), x);
    else
        y = spline(nodes(:, 1), [0; nodes(:, 2); 0], x);
    end
    i = find(y > 1); y(i) = 1;
    i = find(y < 0); y(i) = 0;

    if (~handles.pdf(c) && ~handles.cdf(c)) || ...
           (size(handles.df, 2) == 0)
        plot(nodes(:, 1), nodes(:, 2), 'ko', x, y, 'b-', ...
             'Parent', handles.curve_axes);
    elseif c > 1
        i = 2 * c - 2 - handles.pdf(c);
        plot(dfx, handles.df(i, :), [colors(c) '-'], ...
             nodes(:, 1), nodes(:, 2), 'ko', x, y, 'k-', ...
             'Parent', handles.curve_axes);
    elseif c == 1
        i = handles.cdf(c);
        plot(dfx, handles.df(i + 1, :), 'r-', ...
             dfx, handles.df(i + 3, :), 'g-', ...
             dfx, handles.df(i + 5, :), 'b-', ...
             nodes(:, 1), nodes(:, 2), 'ko', x, y, 'k-', ...
             'Parent', handles.curve_axes);
    end
end

% Put legend if more than two curves are shown.
s = handles.colortype;
if strcmp(s, 'ntsc')
    s = 'yiq';
end
if (c == 1) && (handles.pdf(c) || handles.cdf(c))
    s1 = ['-- ' upper(s(1))];
    if length(s) == 3
        s2 = ['-- ' upper(s(2))];      s3 = ['-- ' upper(s(3))];
    else
        s2 = ['-- ' upper(s(2)) s(3)]; s3 = ['-- ' upper(s(4)) s(5)];
    end
else
```

```
      s1 = ''; s2 = ''; s3 = '';
end
set(handles.red_text, 'String', s1);
set(handles.green_text, 'String', s2);
set(handles.blue_text, 'String', s3);

%------------------------------------------------------------------%
function [inplot, x, y] = cursor(h, handles)
% Translate the mouse position to a coordinate with respect to
% the current plot area, check for the mouse in the area and if so
% save the location and write the coordinates below the plot.

set(h, 'Units', 'pixels');
p = get(h, 'CurrentPoint');
x = (p(1, 1) - handles.plotbox(1)) / handles.plotbox(3);
y = (p(1, 2) - handles.plotbox(2)) / handles.plotbox(4);
if x > 1.05 || x < -0.05 || y > 1.05 || y < -0.05
   inplot = 0;
else
   x = min(x, 1);         x = max(x, 0);
   y = min(y, 1);         y = max(y, 0);
   nodes = getfield(handles, handles.curve);
   x = round(256 * x) / 256;
   inplot = 1;
   set(handles.input_text, 'String', num2str(x, 3));
   set(handles.output_text, 'String', num2str(y, 3));
end
set(h, 'Units', 'normalized');

%------------------------------------------------------------------%
function y = render(handles)
% Map the input image and bar components and convert them to RGB
% (if needed) and display.

set(handles.ice, 'Interruptible', 'off');
set(handles.ice, 'Pointer', 'watch');
ygb = handles.graybar;       ycb = handles.colorbar;
yi = handles.input;          mapon = handles.barmap;
imageon = handles.imagemap & size(handles.input, 1);

for i = 2:4
   nodes = getfield(handles, ['set' num2str(i)]);
   t = lut(nodes, handles.smooth(i), handles.slope(i));
   if imageon
      yi(:, :, i - 1) = t(yi(:, :, i - 1) + 1);
   end
   if mapon
      ygb(:, :, i - 1) = t(ygb(:, :, i - 1) + 1);
      ycb(:, :, i - 1) = t(ycb(:, :, i - 1) + 1);
   end
end
t = lut(handles.set1, handles.smooth(1), handles.slope(1));
if imageon
   yi = t(yi + 1);
end
```

```matlab
if mapon
   ygb = t(ygb + 1);  ycb = t(ycb + 1);
end

if ~strcmp(handles.colortype, 'rgb')
   if size(handles.input, 1)
      yi = yi / 255;
      yi = eval([handles.colortype '2rgb(yi)']);
      yi = uint8(255 * yi);
   end
   ygb = ygb / 255;  ycb = ycb / 255;
   ygb = eval([handles.colortype '2rgb(ygb)']);
   ycb = eval([handles.colortype '2rgb(ycb)']);
   ygb = uint8(255 * ygb);  ycb = uint8(255 * ycb);
else
   yi = uint8(yi);  ygb = uint8(ygb);  ycb = uint8(ycb);
end

if size(handles.input, 1)
   figure(handles.output);  imshow(yi);
end
ygb = repmat(ygb, [32 1 1]);   ycb = repmat(ycb, [32 1 1]);
axes(handles.gray_axes);       imshow(ygb);
axes(handles.color_axes);      imshow(ycb);
figure(handles.ice);
set(handles.ice, 'Pointer', 'arrow');
set(handles.ice, 'Interruptible', 'on');

%-----------------------------------------------------------------%
function t = lut(nodes, smooth, slope)
%   Create a 256 element mapping function from a set of control
%   points. The output values are integers in the interval [0, 255].
%   Use piecewise linear or cubic spline with or without zero end
%   slope interpolation.

t = 255 * nodes;    i = 0:255;
if ~smooth
   t = [t; 256 256];  t = interp1q(t(:, 1), t(:, 2), i');
else
   if ~slope
      t = spline(t(:, 1), t(:, 2), i);
   else
      t = spline(t(:, 1), [0; t(:, 2); 0], i);
   end
end
t = round(t);    t = max(0, t);    t = min(255, t);

%-----------------------------------------------------------------%
function out = spreadout(in)
%   Make all x values unique.

% Scan forward for non-unique x's and bump the higher indexed x--
% but don't exceed 1. Scan the entire range.
nudge = 1 / 256;
for i = 2:size(in, 1) - 1
```

```
        if in(i, 1) <= in(i - 1, 1)
            in(i, 1) = min(in(i - 1, 1) + nudge, 1);
        end
    end
    
    % Scan in reverse for non-unique x's and decrease the lower indexed
    % x -- but don't go below 0. Stop on the first non-unique pair.
    if in(end, 1) == in(end - 1, 1)
        for i = size(in, 1):-1:2
            if in(i, 1) <= in(i - 1, 1)
                in(i - 1, 1) = max(in(i, 1) - nudge, 0);
            else
                break;
            end
        end
    end
    
    % If the first two x's are now the same, init the curve.
    if in(1, 1) == in(2, 1)
        in = [0 0; 1 1];
    end
    out = in;
    
%-------------------------------------------------------------------%
function g = rgb2cmy(f)
% Convert RGB to CMY using IPT's imcomplement.

g = imcomplement(f);

%-------------------------------------------------------------------%
function g = cmy2rgb(f)
% Convert CMY to RGB using IPT's imcomplement.

g = imcomplement(f);
```

B.2.3 图形回调函数

在 B.2 节的开头，在 GUI M-文件中，紧跟着 ICE 打开和关闭函数的三个函数分别是图形回调函数 ice_WindowButtonDownFcn、ice_WindowButtonMotionFcn 和 ice_WindowButtonUpFcn。在自动产生的 M-文件中，它们是函数存根，也就是没有支撑代码的 MATLAB 函数定义语句。任务为处理鼠标事件(在 ICE 的 curve_axes 对象上单击并拖动映射函数的控制点)，完整代码如下:

```
%-------------------------------------------------------------------%
function ice_WindowButtonDownFcn(hObject, eventdata, handles)
%  Start mapping function control point editing. Do move, add, or
%  delete for left, middle, and right button mouse clicks ('normal',
%  'extend', and 'alt' cases) over plot area.

set(handles.curve_axes, 'Units', 'pixels');
handles.plotbox = get(handles.curve_axes, 'Position');
set(handles.curve_axes, 'Units', 'normalized');
[inplot, x, y] = cursor(hObject, handles);
if inplot
```

```matlab
        nodes = getfield(handles, handles.curve);
        i = find(x >= nodes(:, 1)); below = max(i);
        above = min(below + 1, size(nodes, 1));
        if (x - nodes(below, 1)) > (nodes(above, 1) - x)
            node = above;
        else
            node = below;
        end
        deletednode = 0;

        switch get(hObject, 'SelectionType')
        case 'normal'
            if node == above
                above = min(above + 1, size(nodes, 1));
            elseif node == below
                below = max(below - 1, 1);
            end
            if node == size(nodes, 1)
                below = above;
            elseif node == 1
                above = below;
            end
            if x > nodes(above, 1)
                x = nodes(above, 1);
            elseif x < nodes(below, 1)
                x = nodes(below, 1);
            end
            handles.node = node;      handles.updown = 'down';
            handles.below = below;    handles.above = above;
            nodes(node, :) = [x y];
        case 'extend'
            if ~any(nodes(:, 1) == x)
                nodes = [nodes(1:below, :); [x y]; nodes(above:end, :)];
                handles.node = above;   handles.updown = 'down';
                handles.below = below;  handles.above = above + 1;
            end
        case 'alt'
            if (node ~= 1) && (node ~= size(nodes, 1))
                nodes(node, :) = []; deletednode = 1;
            end
            handles.node = 0;
            set(handles.input_text, 'String', '');
            set(handles.output_text, 'String', '');
        end

        handles = setfield(handles, handles.curve, nodes);
        guidata(hObject, handles);
        graph(handles);
        if deletednode
            render(handles);
        end
end

%----------------------------------------------------------------%
function ice_WindowButtonMotionFcn(hObject, eventdata, handles)
% Do nothing unless a mouse 'down' event has occurred. If it has,
```

```
%   modify control point and make new mapping function.

if ~strcmpi(handles.updown, 'down')
   return;
end
[inplot, x, y] = cursor(hObject, handles);
if inplot
   nodes = getfield(handles, handles.curve);
   nudge = handles.smooth(handles.cindex) / 256;
   if (handles.node ~= 1) && (handles.node ~= size(nodes, 1))
      if x >= nodes(handles.above, 1)
         x = nodes(handles.above, 1) - nudge;
      elseif x <= nodes(handles.below, 1)
         x = nodes(handles.below, 1) + nudge;
      end
   else
      if x > nodes(handles.above, 1)
         x = nodes(handles.above, 1);
      elseif x < nodes(handles.below, 1)
         x = nodes(handles.below, 1);
      end
   end
   nodes(handles.node, :) = [x y];
   handles = setfield(handles, handles.curve, nodes);
   guidata(hObject, handles);
   graph(handles);
end

%------------------------------------------------------------------%
function ice_WindowButtonUpFcn(hObject, eventdata, handles)
%   Terminate ongoing control point move or add operation. Clear
%   coordinate text below plot and update display.

update = strcmpi(handles.updown, 'down');
handles.updown = 'up';       handles.node = 0;
guidata(hObject, handles);
if update
   set(handles.input_text, 'String', '');
   set(handles.output_text, 'String', '');
   render(handles);
end
```

一般情况下，图形回调在与图形对象或窗口交互的时候启动，而不是 uicontrol 对象的动作。更特殊的情况还有：

- 当用户在图形上使用光标，而不是在激活的 uicontrol 对象上单击鼠标按钮时，执行 WindowButtonDownFcn(例如按钮或弹出菜单)。
- 当用户在图形窗口内部移动按下的鼠标按钮时，执行 WindowButtonMotionFcn。
- 当用户在图形窗口内部而不是在激活的 uicontrol 上先按下鼠标按钮，然后又释放鼠标按钮时，执行 WindowButtonUpFcn。

ice 的图形回调的目的和行为在编码中都有记载(通过注释)。关于最终的实现，我们做如下基本观测：

1) 因为 ice_WindowButtonDownFcn 是在 ice 图形(激活的图形对象除外)中单击鼠标

按钮时被调用，所以回调函数的首要工作是了解光标是否在 ice 的绘图区域(也就是 curve_axes 对象的范围)内。如果光标在这个区域的外面，那么鼠标应该被忽略。对于这个工作，测试由内部函数 cursor 来执行，详细代码已在上一节提供。在函数 cursor 中，语句

```
p = get(h, 'CurrentPoint');
```

返回当前光标的坐标。变量 h 通过 ice_WindowButtonDownFcn 来传递，并作为输入参量 hObject。在所有的图形回调中，hObject 是要求服务的图形句柄。'CurrentPoint'属性以两元素行向量[x y]的形式包含相对于图的光标的位置。

2) 因为 ice 是为包含两个或三个按钮的鼠标设计的，所以 ice_WindowButtonDownFcn 必须确定哪个鼠标按钮会引起回调。

正如你在编码中看到的那样，这个任务可以使用图形的'SelectionType'属性，通过 switch 结构来完成。'normal'、'extent'和'alt'分别相当于单击三按钮鼠标的左、中和右按钮(或者单击两按钮鼠标的左、Shift 加左和 Control 加左按钮)，并且被用于引发增加控制点和删除控制点的操作。

3) 显示的 ICE 映射函数每当控制点被修改时会被更新(通过内部函数 graph)，但是，句柄存储在 handles.output 中的输出图形仅在鼠标按钮释放时被更新。这是因为由内部函数 render 执行的输出图像的计算很耗费时间，涉及分别映射输入图像的三个彩色分量，用"全分量"曲线重新映射每个分量，并且把映射过的分量变换到 RGB 彩色空间以便显示。注意，在漫长的映射处理期间，没有充分的预防措施，映射函数的控制点会非故意地被修改。

为防止这种情况发生，ice 控制各种回调的可中断性。所有的 MATLAB 图形对象都有 Interruptible 特性，用于决定回调是否能被中断。每个对象的'Interruptible'属性的默认值是'on'，它意味着回调可以被中断。如果切换到'off'，那么不能中断的回调在执行期间，回调全部被忽略(也就是取消)或为稍后处理而放入事件队列中。中断回调的部署由将要中断的对象的'BusyAction'特性决定。如果'BusyAction'是'cancel'，就放弃回调；如果是'queue'，就在非中断的回调完成后再处理该回调。ice_WindowButtonUpFcn 函数使用刚才讨论的机制暂时(也就是在输出图像计算期间)中止用户操作映射函数控制点的能力。语句序列

```
set(handles.ice, 'Interruptible', 'off');
set(handles.ice, 'Pointer', 'watch');

set(handles.ice, 'Pointer', 'arrow');
set(handles.ice, 'Interruptible', 'on');
```

在内部函数 render 中，在输出图像、伪彩色及全彩色条的映射期间，将 ice 图形窗口的'Interruptible'特性设置为'off'。这可以防止用户在映射即将执行期间修改映射函数控制点。还要注意，图形的'Pointer'特性被设置为'watch'，这直观地指出 ice 忙，并且当输出计算完成时，重新设置为'arrow'。

B.2.4 对象回调函数

在 B.2 节开头，初始 GUI M-文件的最后 14 行是对象回调函数的存根。类似于前面自动产生的图形回调，它们最初是空码。函数的完整版本如下。注意，每个函数使用不同的 ice uicontrol 对象(按钮等)来处理用户交互,并且将 Tag 特性与字符串'_Callback'串联起来进行命名。例如,对于处理显示过的映射函数的选择,回调函数被命名为 component_popup_Callback。当用户激活(也就是单击)弹出选项时,它被调用。还要注意,输入参量 hObject 是弹出图形对象的句柄,而不是 ice 图形的句柄(就像前面的图形回调那样)。ICE 的对象回调涉及最小代码量,并且是自证明的。因为 ice 不使用上下文敏感的(例如右键单击)菜单,函数存根 component_popup_CreateFcn 保留在初始的空状态中,它是在对象创建期间被执行的回调子程序。

```
%----------------------------------------------------------------%
function smooth_checkbox_Callback(hObject, eventdata, handles)
%   Accept smoothing parameter for currently selected color
%   component and redraw mapping function.

if get(hObject, 'Value')
    handles.smooth(handles.cindex) = 1;
    nodes = getfield(handles, handles.curve);
    nodes = spreadout(nodes);
    handles = setfield(handles, handles.curve, nodes);
else
    handles.smooth(handles.cindex) = 0;
end
guidata(hObject, handles);
set(handles.ice, 'Pointer', 'watch');
graph(handles); render(handles);
set(handles.ice, 'Pointer', 'arrow');

%----------------------------------------------------------------%
function reset_pushbutton_Callback(hObject, eventdata, handles)
%   Init all display parameters for currently selected color
%   component, make map 1:1, and redraw it.

handles = setfield(handles, handles.curve, [0 0; 1 1]);
c = handles.cindex;
handles.smooth(c) = 0;   set(handles.smooth_checkbox, 'Value', 0);
handles.slope(c) = 0;    set(handles.slope_checkbox, 'Value', 0);
handles.pdf(c) = 0;      set(handles.pdf_checkbox, 'Value', 0);
handles.cdf(c) = 0;      set(handles.cdf_checkbox, 'Value', 0);
guidata(hObject, handles);
set(handles.ice, 'Pointer', 'watch');
graph(handles); render(handles);
set(handles.ice, 'Pointer', 'arrow');

%----------------------------------------------------------------%
function slope_checkbox_Callback(hObject, eventdata, handles)
%   Accept slope clamp for currently selected color component and
%   draw function if smoothing is on.

if get(hObject, 'Value')
    handles.slope(handles.cindex) = 1;
else
    handles.slope(handles.cindex) = 0;
```

```
end
guidata(hObject, handles);
if handles.smooth(handles.cindex)
   set(handles.ice, 'Pointer', 'watch');
   graph(handles); render(handles);
   set(handles.ice, 'Pointer', 'arrow');
end

%----------------------------------------------------------------%
function resetall_pushbutton_Callback(hObject, eventdata, handles)
%  Init display parameters for color components, make all maps 1:1,
%  and redraw display.

for c = 1:4
   handles.smooth(c) = 0;      handles.slope(c) = 0;
   handles.pdf(c) = 0;         handles.cdf(c) = 0;
   handles = setfield(handles, ['set' num2str(c)], [0 0; 1 1]);
end
set(handles.smooth_checkbox, 'Value', 0);
set(handles.slope_checkbox, 'Value', 0);
set(handles.pdf_checkbox, 'Value', 0);
set(handles.cdf_checkbox, 'Value', 0);
guidata(hObject, handles);
set(handles.ice, 'Pointer', 'watch');
graph(handles); render(handles);
set(handles.ice, 'Pointer', 'arrow');

%----------------------------------------------------------------%
function pdf_checkbox_Callback(hObject, eventdata, handles)
%  Accept PDF (probability density function or histogram) display
%  parameter for currently selected color component and redraw
%  mapping function if smoothing is on. If set, clear CDF display.

if get(hObject, 'Value')
   handles.pdf(handles.cindex) = 1;
   set(handles.cdf_checkbox, 'Value', 0);
   handles.cdf(handles.cindex) = 0;
else
   handles.pdf(handles.cindex) = 0;
end
guidata(hObject, handles); graph(handles);

%----------------------------------------------------------------%
function cdf_checkbox_Callback(hObject, eventdata, handles)
%  Accept CDF (cumulative distribution function) display parameter
%  for selected color component and redraw mapping function if
%  smoothing is on. If set, clear CDF display.

if get(hObject, 'Value')
   handles.cdf(handles.cindex) = 1;
   set(handles.pdf_checkbox, 'Value', 0);
   handles.pdf(handles.cindex) = 0;
else
   handles.cdf(handles.cindex) = 0;
end
```

```
        guidata(hObject, handles);         graph(handles);

%-------------------------------------------------------------------%
function mapbar_checkbox_Callback(hObject, eventdata, handles)
%   Accept changes to bar map enable state and redraw bars.

handles.barmap = get(hObject, 'Value');
guidata(hObject, handles); render(handles);

%-------------------------------------------------------------------%
function mapimage_checkbox_Callback(hObject, eventdata, handles)
%   Accept changes to the image map state and redraw image.

handles.imagemap = get(hObject, 'Value');
guidata(hObject, handles); render(handles);

%-------------------------------------------------------------------%
function component_popup_Callback(hObject, eventdata, handles)
%   Accept color component selection, update component specific
%   parameters on GUI, and draw the selected mapping function.

c = get(hObject, 'Value');
handles.cindex = c;
handles.curve = strcat('set', num2str(c));
guidata(hObject, handles);
set(handles.smooth_checkbox, 'Value', handles.smooth(c));
set(handles.slope_checkbox, 'Value', handles.slope(c));
set(handles.pdf_checkbox, 'Value', handles.pdf(c));
set(handles.cdf_checkbox, 'Value', handles.cdf(c));
graph(handles);

%-------------------------------------------------------------------%
% --- Executes during object creation, after setting all properties.
function component_popup_CreateFcn(hObject, eventdata, handles)
% hObject    handle to component_popup (see GCBO)
% eventdata  reserved - to be defined in a future version of MATLAB
% handles    empty - handles not created until all CreateFcns called
% Hint: popupmenu controls usually have a white background on Windows.
%       See ISPC and COMPUTER.
if ispc && isequal(get(hObject,'BackgroundColor'), ...
        get(0,'defaultUicontrolBackgroundColor'))
    set(hObject,'BackgroundColor','white');
end
```

附录 C

附加的自定义 M-函数

该附录包含早先在本书中没有列出的所有 M-函数的清单，函数是按字母顺序安排的。每个函数的头两行已被加粗显示，这是为了便于寻找函数并大致了解用途。

A

```
function f = adpmedian(g, Smax)
%ADPMEDIAN Perform adaptive median filtering.
%   F = ADPMEDIAN(G, SMAX) performs adaptive median filtering of
%   image G. The median filter starts at size 3-by-3 and iterates
%   up to size SMAX-by-SMAX. SMAX must be an odd integer greater
%   than 1.

% SMAX must be an odd, positive integer greater than 1
if (Smax <= 1) || (Smax/2 == round(Smax/2)) || (Smax ~= round(Smax))
   error('SMAX must be an odd integer > 1.')
end

% Initial setup.
f = g;
f(:) = 0;
alreadyProcessed = false(size(g));

% Begin filtering.
for k = 3:2:Smax
   zmin = ordfilt2(g, 1, ones(k, k), 'symmetric');
   zmax = ordfilt2(g, k * k, ones(k, k), 'symmetric');
   zmed = medfilt2(g, [k k], 'symmetric');

   processUsingLevelB = (zmed > zmin) & (zmax > zmed) & ...
       ~alreadyProcessed;
   zB = (g > zmin) & (zmax > g);
   outputZxy = processUsingLevelB & zB;
   outputZmed = processUsingLevelB & ~zB;
   f(outputZxy) = g(outputZxy);
   f(outputZmed) = zmed(outputZmed);

   alreadyProcessed = alreadyProcessed | processUsingLevelB;
   if all(alreadyProcessed(:))
      break;
```

```
        end
    end

    % Output zmed for any remaining unprocessed pixels. Note that this
    % zmed was computed using a window of size Smax-by-Smax, which is
    % the final value of k in the loop.
    f(~alreadyProcessed) = zmed(~alreadyProcessed);
```

```
function av = average(A)
%AVERAGE Computes the average value of an array.
%   AV = AVERAGE(A) computes the average value of input array, A,
%   which must be a 1-D or 2-D array.

% Check the validity of the input. (Keep in mind that
% a 1-D array is a special case of a 2-D array.)
if ndims(A) > 2
    error('The dimensions of the input cannot exceed 2.')
end

% Compute the average
av = sum(A(:))/length(A(:));
```

B

```
function rc_new = bound2eight(rc)
%BOUND2EIGHT Convert 4-connected boundary to 8-connected boundary.
%   RC_NEW = BOUND2EIGHT(RC) converts a four-connected boundary to an
%   eight-connected boundary. RC is a P-by-2 matrix, each row of
%   which contains the row and column coordinates of a boundary
%   pixel. RC must be a closed boundary; in other words, the last
%   row of RC must equal the first row of RC. BOUND2EIGHT removes
%   boundary pixels that are necessary for four-connectedness but not
%   necessary for eight-connectedness. RC_NEW is a Q-by-2 matrix,
%   where Q <= P.

if ~isempty(rc) && ~isequal(rc(1, :), rc(end, :))
    error('Expected input boundary to be closed.');
end

if size(rc, 1) <= 3
    % Degenerate case.
    rc_new = rc;
    return;
end

% Remove last row, which equals the first row.
rc_new = rc(1:end - 1, :);

% Remove the middle pixel in four-connected right-angle turns. We
% can do this in a vectorized fashion, but we can't do it all at
% once. Similar to the way the 'thin' algorithm works in bwmorph,
% we'll remove first the middle pixels in four-connected turns where
% the row and column are both even; then the middle pixels in the all
% the remaining four-connected turns where the row is even and the
% column is odd; then again where the row is odd and the column is
```

```matlab
% even; and finally where both the row and column are odd.

remove_locations = compute_remove_locations(rc_new);
field1 = remove_locations & (rem(rc_new(:, 1), 2) == 0) & ...
        (rem(rc_new(:, 2), 2) == 0);
rc_new(field1, :) = [];

remove_locations = compute_remove_locations(rc_new);
field2 = remove_locations & (rem(rc_new(:, 1), 2) == 0) & ...
        (rem(rc_new(:, 2), 2) == 1);
rc_new(field2, :) = [];

remove_locations = compute_remove_locations(rc_new);
field3 = remove_locations & (rem(rc_new(:, 1), 2) == 1) & ...
        (rem(rc_new(:, 2), 2) == 0);
rc_new(field3, :) = [];

remove_locations = compute_remove_locations(rc_new);
field4 = remove_locations & (rem(rc_new(:, 1), 2) == 1) & ...
        (rem(rc_new(:, 2), 2) == 1);
rc_new(field4, :) = [];

% Make the output boundary closed again.
rc_new = [rc_new; rc_new(1, :)];
%----------------------------------------------------------------%
function remove = compute_remove_locations(rc)

% Circular diff.
d = [rc(2:end, :); rc(1, :)] - rc;

% Dot product of each row of d with the subsequent row of d,
% performed in circular fashion.
d1 = [d(2:end, :); d(1, :)];
dotprod = sum(d .* d1, 2);

% Locations of N, S, E, and W transitions followed by
% a right-angle turn.
remove = ~all(d, 2) & (dotprod == 0);

% But we really want to remove the middle pixel of the turn.
remove = [remove(end, :); remove(1:end - 1, :)];
```

function rc_new = bound2four(rc)
%BOUND2FOUR Convert 8-connected boundary to 4-connected boundary.
%   RC_NEW = BOUND2FOUR(RC) converts an eight-connected boundary to a
%   four-connected boundary. RC is a P-by-2 matrix, each row of
%   which contains the row and column coordinates of a boundary
%   pixel. BOUND2FOUR inserts new boundary pixels wherever there is
%   a diagonal connection.

```matlab
if size(rc, 1) > 1
    % Phase 1: remove diagonal turns, one at a time until they are
    % all gone.
    done = 0;
    rc1 = [rc(end - 1, :); rc];
```

```matlab
   while ~done
      d = diff(rc1, 1);
      diagonal_locations = all(d, 2);
      double_diagonals = diagonal_locations(1:end - 1) & ...
         (diff(diagonal_locations, 1) == 0);
      double_diagonal_idx = find(double_diagonals);
      turns = any(d(double_diagonal_idx, :) ~= ...
                  d(double_diagonal_idx + 1, :), 2);
      turns_idx = double_diagonal_idx(turns);
      if isempty(turns_idx)
         done = 1;
      else
         first_turn = turns_idx(1);
         rc1(first_turn + 1, :) = (rc1(first_turn, :) + ...
                                   rc1(first_turn + 2, :)) / 2;
         if first_turn == 1
            rc1(end, :) = rc1(2, :);
         end
      end
   end
   rc1 = rc1(2:end, :);
end

% Phase 2: insert extra pixels where there are diagonal connections.

rowdiff = diff(rc1(:, 1));
coldiff = diff(rc1(:, 2));

diagonal_locations = rowdiff & coldiff;
num_old_pixels = size(rc1, 1);
num_new_pixels = num_old_pixels + sum(diagonal_locations);
rc_new = zeros(num_new_pixels, 2);

% Insert the original values into the proper locations in the new RC
% matrix.
idx = (1:num_old_pixels)' + [0; cumsum(diagonal_locations)];
rc_new(idx, :) = rc1;

% Compute the new pixels to be inserted.
new_pixel_offsets = [0 1; -1 0; 1 0; 0 -1];
offset_codes = 2 * (1 - (coldiff(diagonal_locations) + 1)/2) + ...
    (2 - (rowdiff(diagonal_locations) + 1)/2);
new_pixels = rc1(diagonal_locations, :) + ...
    new_pixel_offsets(offset_codes, :);

% Where do the new pixels go?
insertion_locations = zeros(num_new_pixels, 1);
insertion_locations(idx) = 1;
insertion_locations = ~insertion_locations;

% Insert the new pixels.
rc_new(insertion_locations, :) = new_pixels;

function image = bound2im(b, M, N)
%BOUND2IM Converts a boundary to an image.
```

```
%   IMAGE = BOUND2IM(b) converts b, an np-by-2 array containing the
%   integer coordinates of a boundary, into a binary image with 1s
%   in the locations of the coordinates in b and 0s elsewhere. The
%   height and width of the image are equal to the Mmin + H and Nmin
%   + W, where Mmin = min(b(:,1)) - 1, N = min(b(:,2)) - 1, and H
%   and W are the height and width of the boundary. In other words,
%   the image created is the smallest image that will encompass the
%   boundary while maintaining the its original coordinate values.
%
%   IMAGE = BOUND2IM(b, M, N) places the boundary in a region of
%   size M-by-N. M and N must satisfy the following conditions:
%
%       M >= max(b(:,1)) - min(b(:,1)) + 1
%       N >= max(b(:,2)) - min(b(:,2)) + 1
%
%   Typically, M = size(f, 1) and N = size(f, 2), where f is the
%   image from which the boundary was extracted. In this way, the
%   coordinates of IMAGE and f are registered with respect to each
%   other.

% Check input.
if size(b, 2) ~= 2
    error('The boundary must be of size np-by-2')
end

% Make sure the coordinates are integers.
b = round(b);

% Defaults.
if nargin == 1
    Mmin = min(b(:,1)) - 1;
    Nmin = min(b(:,2)) - 1;
    H = max(b(:,1)) - min(b(:,1)) + 1;  % Height of boundary.
    W = max(b(:,2)) - min(b(:,2)) + 1;  % Width of boundary.
    M = H + Mmin;
    N = W + Nmin;
end

% Create the image.
image = false(M, N);
linearIndex = sub2ind([M, N], b(:,1), b(:,2));
image(linearIndex) = 1;

function [dir, x0 y0] = boundarydir(x, y, orderout)
%BOUNDARYDIR Determine the direction of a sequence of planar points.
%   [DIR] = BOUNDARYDIR(X, Y) determines the direction of travel of
%   a closed, nonintersecting sequence of planar points with
%   coordinates contained in column vectors X and Y. Values of DIR
%   are 'cw' (clockwise) and 'ccw' (counterclockwise). The direction
%   of travel is with respect to the image coordinate system defined
%   in Chapter 2 of the book.
%
%   [DIR, X0, Y0] = BOUNDARYDIR(X, Y, ORDEROUT) determines the
%   direction DIR of the input sequence, and also outputs the
%   sequence with its direction of travel as specified in ORDEROUT.
```

```
%   Valid values of this parameter as 'cw' and 'ccw'. The
%   coordinates of the output sequence are column vectors X0 and Y0.
%
%   The input sequence is assumed to be nonintersecting, and it
%   cannot have duplicate points, with the exception of the first
%   and last points possibly being the same, a condition often
%   resulting from boundary-following functions, such as
%   bwboundaries.
% Preliminaries.
% Make sure coordinates are column vectors.
x = x(:);
y = y(:);

% If the first and last points are the same, delete the last point.
% The point will be restored later.
restore = false;
if x(1) == x(end) && y(1) == y(end)
   x = x(1:end-1);
   y = y(1:end-1);
   restore = true;
end
% Check for duplicate points.
if length([x y]) ~= length(unique([x y],'rows'))
   error('No duplicate points except first and last are allowed.')
end

% The topmost, leftmost point in the sequence is always a convex
% vertex.
x0 = x;
y0 = y;
cx = find(x0 == min(x0));
cy = find(y0 == min(y0(cx)));
x1 = x0(cx(1));
y1 = y0(cy(1));
% Scroll data so that the first point in the sequence is (x1, y1),
% the guaranteed convex point.
I = find(x0 == x1 & y0 == y1);
x0 = circshift(x0, [-(I - 1), 0]);
y0 = circshift(y0, [-(I - 1), 0]);

% Form the matrix needed to check for travel direction. Only three
% points are needed: (x1, y1), the point before it, and the point
% after it.
A = [x0(end) y0(end) 1; x0(1) y0(1) 1; x0(2) y0(2) 1];
dir = 'cw';
if det(A) > 0
   dir = 'ccw';
end

% Prepare outputs.
if nargin == 3
   x0 = x; % Reuse x0 and y0.
   y0 = y;
   if ~strcmp(dir, orderout)
      x0(2:end) = flipud(x0(2:end)); % Reverse order of travel.
```

```matlab
            y0(2:end) = flipud(y0(2:end));
        end
        if restore
            x0(end + 1) = x0(1);
            y0(end + 1) = y0(1);
        end
end

function [s, sUnit] = bsubsamp(b, gridsep)
%BSUBSAMP Subsample a boundary.
%   [S, SUNIT] = BSUBSAMP(B, GRIDSEP) subsamples the boundary B by
%   assigning each of its points to the grid node to which it is
%   closest. The grid is specified by GRIDSEP, which is the
%   separation in pixels between the grid lines. For example, if
%   GRIDSEP = 2, there are two pixels in between grid lines. So, for
%   instance, the grid points in the first row would be at (1,1),
%   (1,4), (1,6), ..., and similarly in the y direction. The value
%   of GRIDSEP must be an integer. The boundary is specified by a
%   set of coordinates in the form of an np-by-2 array. It is
%   assumed that the boundary is one pixel thick and that it is
%   ordered in a clockwise or counterclockwise sequence.
%
%   Output S is the subsampled boundary. Output SUNIT is normalized
%   so that the grid separation is unity. This is useful for
%   obtaining the Freeman chain code of the subsampled boundary. The
%   outputs are in the same order (clockwise or counterclockwise) as
%   the input. There are no duplicate points in the output.

% Check inputs.
[np, nc] = size(b);
if np < nc
    error('b must be of size np-by-2.');
end
if isinteger(gridsep)
    error('gridsep must be an integer.')
end

% Find the maximum span of the boundary.
xmax = max(b(:, 1)) + 1;
ymax = max(b(:, 2)) + 1;

% Determine the integral number of grid lines with gridsep points in
% between them that encompass the intervals [1,xmax], [1,ymax].
GLx = ceil((xmax + gridsep)/(gridsep + 1));
GLy = ceil((ymax + gridsep)/(gridsep + 1));

% Form vector of grid coordinates.
I = 1:GLx;
J = 1:GLy;
% Vector of grid line locations intersecting x-axis.
X(I) = gridsep*I + (I - gridsep);
% Vector of grid line locations intersecting y-axis.
Y(J) = gridsep*J + (J - gridsep);
[C, R] = meshgrid(Y, X); % See CH 02 regarding function meshgrid.
% Vector of grid all coordinates, arranged as Nunbergridpoints-by-2
```

```
% array to match the horizontal dimensions of b. This allows
% computation of distances to be vectorized and thus be much more
% efficient.
V = [C(1:end); R(1:end)]';

% Compute the distance between every element of b and every element
% of the grid. See Chapter 13 regarding distance computations.
p = np;
q = size(V, 1);
D = sqrt(sum(abs(repmat(permute(b, [1 3 2]), [1 q 1])...
        - repmat(permute(V, [3 1 2]), [p 1 1])).^2, 3));

% D(i, j) is the distance between the ith row of b and the jth
% row of V. Find the min between each element of b and V.
new_b = zeros(np, 2); % Preallocate memory.
for I = 1:np
    idx = find(D(I,:) == min(D(I,:)), 1); % One min in row I of D.
    new_b(I, :) = V(idx, :);
end

% Eliminate duplicates and keep same order as input.
[s, m] = unique(new_b, 'rows');
s = [s, m];
s = fliplr(s);
s = sortrows(s);
s = fliplr(s);
s = s(:, 1:2);

% Scale to unit grid so that can use directly to obtain Freeman
% chain codes. The shape does not change.
sUnit = round(s./gridsep) + 1;
```

C

```
function image = changeclass(class, varargin)
%CHANGECLASS changes the storage class of an image.
%   I2 = CHANGECLASS(CLASS, I);
%   RGB2 = CHANGECLASS(CLASS, RGB);
%   BW2 = CHANGECLASS(CLASS, BW);
%   X2 = CHANGECLASS(CLASS, X, 'indexed');

%   Copyright 1993-2002 The MathWorks, Inc. Used with permission.
%   $Revision: 211 $ $Date: 2006-07-31 14:22:42 -0400 (Mon, 31 Jul 2006) $

switch class
case 'uint8'
    image = im2uint8(varargin{:});
case 'uint16'
    image = im2uint16(varargin{:});
case 'double'
    image = im2double(varargin{:});
otherwise
    error('Unsupported IPT data class.');
end
```

```matlab
function H = cnotch(type, notch, M, N, C, D0, n)
%CNOTCH Generates circularly symmetric notch filters.
%   H = CNOTCH(TYPE, NOTCH, M, N, C, D0, n) generates a notch filter
%   of size M-by-N. C is a K-by-2 matrix with K pairs of frequency
%   domain coordinates (u, v) that define the centers of the filter
%   notches (when specifying filter locations, remember that
%   coordinates in MATLAB run from 1 to M and 1 to N). Coordinates
%   (u, v) are specified for one notch only. The corresponding
%   symmetric notches are generated automatically. D0 is the radius
%   (cut-off frequency) of the notches. It can be specified as a
%   scalar, in which case it is used in all K notch pairs, or it can
%   be a vector of length K, containing an individual cutoff value
%   for each notch pair. n is the order of the Butterworth filter if
%   one is specified.
%
%       Valid values of TYPE are:
%
%           'ideal'     Ideal notchpass filter. n is not used.
%
%           'btw'       Butterworth notchpass filter of order n. The
%                       default value of n is 1.
%
%           'gaussian'  Gaussian notchpass filter. n is not used.
%
%       Valid values of NOTCH are:
%
%           'reject'    Notchreject filter.
%
%           'pass'      Notchpass filter.
%
%       One of these two values must be specified for NOTCH.
%
%   H is of floating point class single. It is returned uncentered
%   for consistency with filtering function dftfilt. To view H as an
%   image or mesh plot, it should be centered using Hc = fftshift(H).

% Preliminaries.
if nargin < 7
    n = 1; % Default for Butterworth filter.
end

% Define tha largest array of odd dimensions that fits in H. This is
% required to preserve symmetry in the filter. If necessary, a row
% and/or column is added to the filter at the end of the function.
MO = M;
NO = N;
if iseven(M)
    MO = M - 1;
end
if iseven(N)
    NO = N - 1;
end

% Center of the filter:
```

```
center = [floor(MO/2) + 1, floor(NO/2) + 1];

% Number of notch pairs.
K = size(C, 1);
% Cutoff values.
if numel(D0) == 1
        D0(1:K) = D0; % All cut offs are the same.
end

% Shift notch centers so that they are with respect to the center
% of the filter (and the frequency rectangle).
center = repmat(center, size(C,1), 1);
C = C - center;

% Begin filter computations. All filters are computed as notchreject
% filters. At the end, they are changed to notchpass filters if it
% is so specified in parameter NOTCH.
H = rejectFilter(type, MO, NO, D0, K, C, n);

% Finished. Format the output.
H = processOutput(notch, H, M, N, center);

%------------------------------------------------------------------%
function H = rejectFilter(type, MO, NO, D0, K, C, n)
% Initialize the filter array to be an "all pass" filter. This
% constant filter is then multiplied by the notchreject filters
% placed at the locations in C with respect to the center of the
% frequency rectangle.
H = ones(MO, NO, 'single');

% Generate filter.
for I = 1:K
   % Place a notch at each location in delta. Function hpfilter
   % returns the filters uncentered. Use fftshit to center the
   % filter at each location. The filters are made larger than
   % M-by-N to simplify indexing in function placeNotches.
   Usize = MO + 2*abs(C(I, 1));
   Vsize = NO + 2*abs(C(I, 2));
   filt = fftshift(hpfilter(type, Usize , Vsize, D0(I), n));
   % Insert FILT in H.
   H = placeNotches(H, filt, C(I,1), C(I,2));
end

%------------------------------------------------------------------%
function P = placeNotches(H, filt, delu, delv)
% Places in H the notch contained in FILT.

[M N] = size(H);
U = 2*abs(delu);
V = 2*abs(delv);

% The following calculations are to determine the (common) area of
% overlap between array H and the notch filter FILT.
if delu >= 0 && delv >= 0
   filtCommon = filt(1:M, 1:N); % Displacement is in Q1.
```

```
    elseif delu < 0 && delv >= 0
        filtCommon = filt(U + 1:U + M, 1:N); % Displacement is in Q2.
    elseif delu < 0 && delv < 0
        filtCommon = filt(U + 1:U + M, V + 1:V + N); % Q3
    elseif delu >= 0 && delv <= 0
        filtCommon = filt(1:M, V + 1:V + N); % Q4
    end

    % Compute the product of H and filtCommon. They are registered.
    P = ones(M, N).*filtCommon;

    % The conjugate notch location is determined by rotating P 180
    % degress. This is the same as flipping P left-right and up-down.
    % The product of P and its rotated version contain FILT and its
    % conjugate.
    P = P.*(flipud(fliplr(P)));
    P = H.*P; % A new notch and its conjugate were inserted.

%-------------------------------------------------------------------%
function Hout = processOutput(notch, H, M, N, center)
    % At this point, H is an odd array in both dimensions (see comments
    % at the beginning of the function). In the following, we insert a
    % row if M is even, and a column if N is even. The new row and
    % column have to be symmetric about their center to preserve
    % symmetry in the filter. They are created by duplicating the first
    % row and column of H and then making them symmetric.
    centerU = center(1,1);
    centerV = center(1,2);
    newRow = H(1,:);
    newRow(1:centerV - 1) = fliplr(newRow(centerV+1:end)); %Symmetric now.
    newCol = H(:,1);
    newCol(1:centerU - 1) = flipud(newCol(centerU+1:end)); %Symmetric.
    % Insert the new row and/or column if appropriate.
    if iseven(M) && iseven(N)
        Hout = cat(1, newRow, H);
        newCol = cat(1, H(1,1), newCol);
        Hout = cat(2, newCol, Hout);
    elseif iseven(M) && isodd(N)
        Hout = cat(1, newRow, H);
    elseif isodd(M) && iseven(N)
        Hout = cat(2, newCol, H);
    else
        Hout = H;
    end

    % Uncenter the filter, as required for filtering with dftfilt.
    Hout = ifftshift(Hout);

    % Generate a pass filter if one was specified.
    if strcmp(notch, 'pass')
        Hout = 1 - Hout;
    end

function [VG, A, PPG]= colorgrad(f, T)
%COLORGRAD Computes the vector gradient of an RGB image.
```

```
%   [VG, VA, PPG] = COLORGRAD(F, T) computes the vector gradient, VG,
%   and corresponding angle array, VA, (in radians) of RGB image
%   F. It also computes PPG, the per-plane composite gradient
%   obtained by summing the 2-D gradients of the individual color
%   planes. Input T is a threshold in the range [0, 1]. If it is
%   included in the argument list, the values of VG and PPG are
%   thresholded by letting VG(x,y) = 0 for values <= T and VG(x,y) =
%   VG(x,y) otherwise. Similar comments apply to PPG. If T is not
%   included in the argument list then T is set to 0. Both output
%   gradients are scaled to the range [0, 1].

if (ndims(f) ~= 3) || (size(f, 3) ~= 3)
    error('Input image must be RGB.');
end

% Compute the x and y derivatives of the three component images
% using Sobel operators.
sh = fspecial('sobel');
sv = sh';
Rx = imfilter(double(f(:, :, 1)), sh, 'replicate');
Ry = imfilter(double(f(:, :, 1)), sv, 'replicate');
Gx = imfilter(double(f(:, :, 2)), sh, 'replicate');
Gy = imfilter(double(f(:, :, 2)), sv, 'replicate');
Bx = imfilter(double(f(:, :, 3)), sh, 'replicate');
By = imfilter(double(f(:, :, 3)), sv, 'replicate');

% Compute the parameters of the vector gradient.
gxx = Rx.^2 + Gx.^2 + Bx.^2;
gyy = Ry.^2 + Gy.^2 + By.^2;
gxy = Rx.*Ry + Gx.*Gy + Bx.*By;
A = 0.5*(atan(2*gxy./(gxx - gyy + eps)));
G1 = 0.5*((gxx + gyy) + (gxx - gyy).*cos(2*A) + 2*gxy.*sin(2*A));

% Now repeat for angle + pi/2. Then select the maximum at each point.
A = A + pi/2;
G2 = 0.5*((gxx + gyy) + (gxx - gyy).*cos(2*A) + 2*gxy.*sin(2*A));
G1 = G1.^0.5;
G2 = G2.^0.5;
% Form VG by picking the maximum at each (x,y) and then scale
% to the range [0, 1].
VG = mat2gray(max(G1, G2));

% Compute the per-plane gradients.
RG = sqrt(Rx.^2 + Ry.^2);
GG = sqrt(Gx.^2 + Gy.^2);
BG = sqrt(Bx.^2 + By.^2);
% Form the composite by adding the individual results and
% scale to [0, 1].
PPG = mat2gray(RG + GG + BG);

% Threshold the result.
if nargin == 2
    VG = (VG > T).*VG;
    PPG = (PPG > T).*PPG;
```

```matlab
end

function I = colorseg(varargin)
%COLORSEG Performs segmentation of a color image.
%   S = COLORSEG('EUCLIDEAN', F, T, M) performs segmentation of color
%   image F using a Euclidean measure of similarity. M is a 1-by-3
%   vector representing the average color used for segmentation (this
%   is the center of the sphere in Fig. 6.26 of DIPUM). T is the
%   threshold against which the distances are compared.
%
%   S = COLORSEG('MAHALANOBIS', F, T, M, C) performs segmentation of
%   color image F using the Mahalanobis distance as a measure of
%   similarity. C is the 3-by-3 covariance matrix of the sample color
%   vectors of the class of interest. See function covmatrix for the
%   computation of C and M.
%
%   S is the segmented image (a binary matrix) in which 0s denote the
%   background.

% Preliminaries.
% Recall that varargin is a cell array.
f = varargin{2};
if (ndims(f) ~= 3) || (size(f, 3) ~= 3)
   error('Input image must be RGB.');
end
M = size(f, 1); N = size(f, 2);
% Convert f to vector format using function imstack2vectors.
f = imstack2vectors(f);
f = double(f);
% Initialize I as a column vector. It will be reshaped later
% into an image.
I = zeros(M*N, 1);
T = varargin{3};
m = varargin{4};
m = m(:)'; % Make sure that m is a row vector.

if length(varargin) == 4
   method = 'euclidean';
elseif length(varargin) == 5
   method = 'mahalanobis';
else
   error('Wrong number of inputs.');
end

switch method
case 'euclidean'
   % Compute the Euclidean distance between all rows of X and m. See
   % Section 12.2 of DIPUM for an explanation of the following
   % expression. D(i) is the Euclidean distance between vector X(i,:)
   % and vector m.
   p = length(f);
   D = sqrt(sum(abs(f - repmat(m, p, 1)).^2, 2));
case 'mahalanobis'
   C = varargin{5};
   D = mahalanobis(f, C, m);
```

```matlab
    otherwise
        error('Unknown segmentation method.')
end

% D is a vector of size MN-by-1 containing the distance computations
% from all the color pixels to vector m. Find the distances <= T.
J = find(D <= T);

% Set the values of I(J) to 1. These are the segmented
% color pixels.
I(J) = 1;

% Reshape I into an M-by-N image.
I = reshape(I, M, N);

function c = connectpoly(x, y)
%CONNECTPOLY Connects vertices of a polygon.
%   C = CONNECTPOLY(X, Y) connects the points with coordinates given
%   in X and Y with straight lines. These points are assumed to be a
%   sequence of polygon vertices organized in the clockwise or
%   counterclockwise direction. The output, C, is the set of points
%   along the boundary of the polygon in the form of an nr-by-2
%   coordinate sequence in the same direction as the input. The last
%   point in the sequence is equal to the first.

v = [x(:), y(:)];

% Close polygon.
if ~isequal(v(end, :), v(1, :))
    v(end + 1, :) = v(1, :);
end

% Connect vertices.
segments = cell(1, length(v) - 1);
for I = 2:length(v)
    [x, y] = intline(v(I - 1, 1), v(I, 1), v(I - 1, 2), v(I, 2));
    segments{I - 1} = [x, y];
end

c = cat(1, segments{:});

function cp = cornerprocess(c, T, q)
%CORNERPROCESS Processes the output of function cornermetric.
%   CP = CORNERPROCESS(C, T, Q) postprocesses C, the output of
%   function CORNERMETRIC, with the objective of reducing the
%   number of irrelevant corner points (with respect to threshold T)
%   and the number of multiple corners in a neighborhood of size
%   Q-by-Q. If there are multiple corner points contained within
%   that neighborhood, they are eroded morphologically to one corner
%   point.
%
%   A corner point is said to have been found at coordinates (I, J)
%   if C(I,J) > T.
%
%   A good practice is to normalize the values of C to the range [0
```

```
%      1], in im2double format before inputting C into this function.
%      This facilitates interpretation of the results and makes
%      thresholding more intuitive.

% Peform thresholding.
cp = c > T;

% Dilate CP to incorporate close neighbors.
B = ones(q);
cp = imdilate(cp, B);

% Shrink connnected components to single points.
cp = bwmorph(cp, 'shrink','Inf');
```

```
function cv2tifs(y, f)
%CV2TIFS Decodes a TIFS2CV compressed image sequence.
%   Y = CV2TIFS(Y, F) decodes compressed sequence Y (a structure
%   generated by TIFS2CV) and creates a multiframe TIFF file F.
%
%   See also TIFS2CV.

% Get the number of frames, block size, and reconstruction quality.
fcnt = double(y.frames);
m = double(y.blksz);
q = double(y.quality);

% Reconstruct the first image in the sequence and store.
if q == 0
    r = double(huff2mat(y.video(1)));
else
    r = double(jpeg2im(y.video(1)));
end
imwrite(uint8(r), f, 'Compression', 'none', 'WriteMode', 'overwrite');

% Get the frame size and motion vectors.
fsz = size(r);
mvsz = [fsz/m 2 fcnt];
mv = int16(huff2mat(y.motion));
mv = reshape(mv, mvsz);

% For frames except the first, get a motion conpensated prediction
% residual and add to the proper reference subimages.
for i = 2:fcnt
    if q == 0
        pe = double(huff2mat(y.video(i)));
    else
        pe = double(jpeg2im(y.video(i)) - 255);
    end
    peC = im2col(pe, [m m], 'distinct');

    for col = 1:size(peC, 2)
        u = 1 + mod(m * (col - 1), fsz(1));
        v = 1 + m * floor((col - 1) * m / fsz(1));
        rx = u - mv(1 + floor((u - 1)/m), 1 + floor((v - 1)/m), ...
            1, i);
```

```
            ry = v - mv(1 + floor((u - 1)/m), 1 + floor((v - 1)/m), ...
                2, i);

            subimage = r(rx:rx + m - 1, ry:ry + m - 1);
            peC(:, col) = subimage(:) - peC(:, col);
        end

        r = col2im(double(uint16(peC)), [m m], fsz, 'distinct');
        imwrite(uint8(r), f, 'Compression', 'none', ...
            'WriteMode', 'append');
end
```

D

```
function s = diameter(L)
%DIAMETER Measure diameter and related properties of image regions.
%   S = DIAMETER(L) computes the diameter, the major axis endpoints,
%   the minor axis endpoints, and the basic rectangle of each labeled
%   region in the label matrix L. Positive integer elements of L
%   correspond to different regions. For example, the set of elements
%   of L equal to 1 corresponds to region 1; the set of elements of L
%   equal to 2 corresponds to region 2; and so on. S is a structure
%   array of length max(L(:)). The fields of the structure array
%   include:
%
%     Diameter
%     MajorAxis
%     MinorAxis
%     BasicRectangle
%
%   The Diameter field, a scalar, is the maximum distance between any
%   two pixels in the corresponding region.
%
%   The MajorAxis field is a 2-by-2 matrix. The rows contain the row
%   and column coordinates for the endpoints of the major axis of the
%   corresponding region.
%
%   The MinorAxis field is a 2-by-2 matrix. The rows contain the row
%   and column coordinates for the endpoints of the minor axis of the
%   corresponding region.
%
%   The BasicRectangle field is a 4-by-2 matrix. Each row contains
%   the row and column coordinates of a corner of the
%   region-enclosing rectangle defined by the major and minor axes.
%
%   For more information about these measurements, see Section 11.2.1
%   of Digital Image Processing, by Gonzalez and Woods, 2nd edition,
%   Prentice Hall.

s = regionprops(L, {'Image', 'BoundingBox'});

for k = 1:length(s)
    [s(k).Diameter, s(k).MajorAxis, perim_r, perim_c] = ...
        compute_diameter(s(k));
    [s(k).BasicRectangle, s(k).MinorAxis] = ...
```

```matlab
            compute_basic_rectangle(s(k), perim_r, perim_c);
end

%------------------------------------------------------------------%
function [d, majoraxis, r, c] = compute_diameter(s)
%    [D, MAJORAXIS, R, C] = COMPUTE_DIAMETER(S) computes the diameter
%    and major axis for the region represented by the structure S. S
%    must contain the fields Image and BoundingBox. COMPUTE_DIAMETER
%    also returns the row and column coordinates (R and C) of the
%    perimeter pixels of s.Image.

% Compute row and column coordinates of perimeter pixels.
[r, c] = find(bwperim(s.Image));
r = r(:);
c = c(:);
[rp, cp] = prune_pixel_list(r, c);

num_pixels = length(rp);
switch num_pixels
case 0
    d = -Inf;
    majoraxis = ones(2, 2);

case 1
    d = 0;
    majoraxis = [rp cp; rp cp];

case 2
    d = (rp(2) - rp(1))^2 + (cp(2) - cp(1))^2;
    majoraxis = [rp cp];

otherwise
    % Generate all combinations of 1:num_pixels taken two at at time.
    % Method suggested by Peter Acklam.
    [idx(:, 2) idx(:, 1)] = find(tril(ones(num_pixels), -1));
    rr = rp(idx);
    cc = cp(idx);

    dist_squared = (rr(:, 1) - rr(:, 2)).^2 + ...
        (cc(:, 1) - cc(:, 2)).^2;
    [max_dist_squared, idx] = max(dist_squared);
    majoraxis = [rr(idx,:)' cc(idx,:)'];

    d = sqrt(max_dist_squared);

    upper_image_row = s.BoundingBox(2) + 0.5;
    left_image_col = s.BoundingBox(1) + 0.5;

    majoraxis(:, 1) = majoraxis(:, 1) + upper_image_row - 1;
    majoraxis(:, 2) = majoraxis(:, 2) + left_image_col - 1;
end

%------------------------------------------------------------------%
function [basicrect, minoraxis] = compute_basic_rectangle(s, ...
                                            perim_r, perim_c)
```

```
%   [BASICRECT,MINORAXIS] = COMPUTE_BASIC_RECTANGLE(S, PERIM_R,
%   PERIM_C) computes the basic rectangle and the minor axis
%   end-points for the region represented by the structure S. S must
%   contain the fields Image, BoundingBox, MajorAxis, and
%   Diameter. PERIM_R and PERIM_C are the row and column coordinates
%   of perimeter of s.Image. BASICRECT is a 4-by-2 matrix, each row
%   of which contains the row and column coordinates of one corner of
%   the basic rectangle.

% Compute the orientation of the major axis.
theta = atan2(s.MajorAxis(2, 1) - s.MajorAxis(1, 1), ...
              s.MajorAxis(2, 2) - s.MajorAxis(1, 2));

% Form rotation matrix.
T = [cos(theta) sin(theta); -sin(theta) cos(theta)];

% Rotate perimeter pixels.
p = [perim_c perim_r];
p = p * T';

% Calculate minimum and maximum x- and y-coordinates for the rotated
% perimeter pixels.
x = p(:, 1);
y = p(:, 2);
min_x = min(x);
max_x = max(x);
min_y = min(y);
max_y = max(y);

corners_x = [min_x max_x max_x min_x]';
corners_y = [min_y min_y max_y max_y]';

% Rotate corners of the basic rectangle.
corners = [corners_x corners_y] * T;

% Translate according to the region's bounding box.
upper_image_row = s.BoundingBox(2) + 0.5;
left_image_col = s.BoundingBox(1) + 0.5;

basicrect = [corners(:, 2) + upper_image_row - 1, ...
             corners(:, 1) + left_image_col - 1];

% Compute minor axis end-points, rotated.
x = (min_x + max_x) / 2;
y1 = min_y;
y2 = max_y;
endpoints = [x y1; x y2];

% Rotate minor axis end-points back.
endpoints = endpoints * T;

% Translate according to the region's bounding box.
minoraxis = [endpoints(:, 2) + upper_image_row - 1, ...
             endpoints(:, 1) + left_image_col - 1];
%------------------------------------------------------------------%
```

```
function [r, c] = prune_pixel_list(r, c)
%   [R, C] = PRUNE_PIXEL_LIST(R, C) removes pixels from the vectors
%   R and C that cannot be endpoints of the major axis. This
%   elimination is based on geometrical constraints described in
%   Russ, Image Processing Handbook, Chapter 8.

top = min(r);
bottom = max(r);
left = min(c);
right = max(c);

% Which points are inside the upper circle?
x = (left + right)/2;
y = top;
radius = bottom - top;
inside_upper = ( (c - x).^2 + (r - y).^2 ) < radius^2;

% Which points are inside the lower circle?
y = bottom;
inside_lower = ( (c - x).^2 + (r - y).^2 ) < radius^2;

% Which points are inside the left circle?
x = left;
y = (top + bottom)/2;
radius = right - left;
inside_left = ( (c - x).^2 + (r - y).^2 ) < radius^2;

% Which points are inside the right circle?
x = right;
inside_right = ( (c - x).^2 + (r - y).^2 ) < radius^2;

% Eliminate points that are inside all four circles.
delete_idx = find(inside_left & inside_right & ...
                  inside_upper & inside_lower);
r(delete_idx) = [];
c(delete_idx) = [];
```

F

```
function c = fchcode(b, conn, dir)
%FCHCODE Computes the Freeman chain code of a boundary.
%   C = FCHCODE(B) computes the 8-connected Freeman chain code of a
%   set of 2-D coordinate pairs contained in B, an np-by-2 array. C
%   is a structure with the following fields:
%
%       c.fcc    = Freeman chain code (1-by-np)
%       c.diff   = First difference of code c.fcc (1-by-np)
%       c.mm     = Integer of minimum magnitude from c.fcc (1-by-np)
%       c.diffmm = First difference of code c.mm (1-by-np)
%       c.x0y0   = Coordinates where the code starts (1-by-2)
%
%   C = FCHCODE(B, CONN) produces the same outputs as above, but
%   with the code connectivity specified in CONN. CONN can be 8 for
%   an 8-connected chain code, or CONN can be 4 for a 4-connected
%   chain code. Specifying CONN = 4 is valid only if the input
```

```
%     sequence, B, contains transitions with values 0, 2, 4, and 6,
%     exclusively. If it does not, an error is issued. See table
%     below.
%
%     C = FHCODE(B, CONN, DIR) produces the same outputs as above,
%     but, in addition, the desired code direction is specified.
%     Values for DIR can be:
%
%       'same'      Same as the order of the sequence of points in b.
%                   This is the default.
%
%       'reverse'   Outputs the code in the direction opposite to the
%                   direction of the points in B. The starting point
%                   for each DIR is the same.
%
%     The elements of B are assumed to correspond to a 1-pixel-thick,
%     fully-connected, closed boundary. B cannot contain duplicate
%     coordinate pairs, except in the first and last positions, which
%     is a common feature of boundary tracing programs.
%
%     FREEMAN CHAIN CODE REPRESENTATION The table on the left shows
%     the 8-connected Freeman chain codes corresponding to allowed
%     deltax, deltay pairs. An 8-chain is converted to a 4-chain if
%      (1) conn = 4; and (2) only transitions 0, 2, 4, and 6 occur in
%     the 8-code. Note that dividing 0, 2, 4, and 6 by 2 produce the
%     4-code. See Fig. 12.2 for an explanation of the directional 4-
%     and 8-codes.
%
%         ------------------------  ----------------
%         deltax | deltay | 8-code  corresp 4-code
%         ------------------------  ----------------
%            0       1        0            0
%           -1       1        1
%           -1       0        2            1
%           -1      -1        3
%            0      -1        4            2
%            1      -1        5
%            1       0        6            3
%            1       1        7
%         ------------------------  ----------------
%     The formula z = 4*(deltax + 2) + (deltay + 2) gives the
%     following sequence corresponding to rows 1-8 in the preceding
%     table: z = 11,7,6,5,9,13,14,15. These values can be used as
%     indices into the table, improving the speed of computing the
%     chain code. The preceding formula is not unique, but it is based
%     on the smallest integers (4 and 2) that are powers of 2.

% Preliminaries.
if nargin == 1
    dir = 'same';
    conn = 8;
elseif nargin == 2
    dir = 'same';
elseif nargin == 3
    % Nothing to do here.
```

```
else
    error('Incorrect number of inputs.')
end
[np, nc] = size(b);
if np < nc
    error('B must be of size np-by-2.');
end

% Some boundary tracing programs, such as bwboundaries.m, output a
% sequence in which the coordinates of the first and last points are
% the same. If this is the case, eliminate the last point.
if isequal(b(1, :), b(np, :))
    np = np - 1;
    b = b(1:np, :);
end

% Build the code table using the single indices from the formula
% for z given above:
C(11)=0; C(7)=1; C(6)=2; C(5)=3; C(9)=4;
C(13)=5; C(14)=6; C(15)=7;

% End of Preliminaries.

% Begin processing.
x0 = b(1, 1);
y0 = b(1, 2);
c.x0y0 = [x0, y0];

% Check the curve for out-of-order points or breaks.
% Get the deltax and deltay between successive points in b. The
% last row of a is the first row of b.
a = circshift(b, [-1, 0]);

% DEL = a - b is an nr-by-2 matrix in which the rows contain the
% deltax and deltay between successive points in b. The two
% components in the kth row of matrix DEL are deltax and deltay
% between point (xk, yk) and (xk+1, yk+1). The last row of DEL
% contains the deltax and deltay between (xnr, ynr) and (x1, y1),
% (i.e., between the last and first points in b).
DEL = a - b;

% If the abs value of either (or both) components of a pair
% (deltax, deltay) is greater than 1, then by definition the curve
% is broken (or the points are out of order), and the program
% terminates.
if any(abs(DEL(:, 1)) > 1) || any(abs(DEL(:, 2)) > 1);
    error('The input curve is broken or points are out of order.')
end

% Create a single index vector using the formula described above.
z = 4*(DEL(:, 1) + 2) + (DEL(:, 2) + 2);

% Use the index to map into the table. The following are
% the Freeman 8-chain codes, organized in a 1-by-np array.
```

```
    fcc = C(z);

    % Check if direction of code sequence needs to be reversed.
    if strcmp(dir, 'reverse')
       fcc = coderev(fcc); % See below for function coderev.
    end

    % If 4-connectivity is specified, check that all components
    % of fcc are 0, 2, 4, or 6.
    if conn == 4
       if isempty(find(fcc == 1 || fcc == 3 || fcc == 5 ...
                       || fcc ==7 , 1))
          fcc = fcc./2;
       else
          error('The specified 4-connected code cannot be satisfied.')
       end
    end

    % Freeman chain code for structure output.
    c.fcc = fcc;

    % Obtain the first difference of fcc.
    c.diff = codediff(fcc,conn); % See below for function codediff.

    % Obtain code of the integer of minimum magnitude.
    c.mm = minmag(fcc); % See below for function minmag.

    % Obtain the first difference of fcc
    c.diffmm = codediff(c.mm, conn);

    %-------------------------------------------------------------------%
    function cr = coderev(fcc)
    %   Traverses the sequence of 8-connected Freeman chain code fcc in
    %   the opposite direction, changing the values of each code
    %   segment. The starting point is not changed. fcc is a 1-by-np
    %   array.

    % Flip the array left to right. This redefines the starting point
    % as the last point and reverses the order of "travel" through the
    % code.
    cr = fliplr(fcc);

    % Next, obtain the new code values by traversing the code in the
    % opposite direction. (0 becomes 4, 1 becomes 5, ... , 5 becomes 1,
    % 6 becomes 2, and 7 becomes 3).
    ind1 = find(0 <= cr & cr <= 3);
    ind2 = find(4 <= cr & cr <= 7);
    cr(ind1) = cr(ind1) + 4;
    cr(ind2) = cr(ind2) - 4;

    %-------------------------------------------------------------------%
    function z = minmag(c)
    %       Finds the integer of minimum magnitude in a given
    %    4- or 8-connected Freeman chain code, C. The code is assumed to
```

```
%     be a 1-by-np array.

% The integer of minimum magnitude starts with min(c), but there
% may be more than one such value. Find them all,
I = find(c == min(c));
% and shift each one left so that it starts with min(c).
J = 0;
A = zeros(length(I), length(c));
for k = I;
   J = J + 1;
   A(J, :) = circshift(c,[0 -(k - 1)]);
end

% Matrix A contains all the possible candidates for the integer of
% minimum magnitude. Starting with the 2nd column, successively find
% the minima in each column of A. The number of candidates decreases
% as the seach moves to the right on A. This is reflected in the
% elements of J. When length(J) = 1, one candidate remains. This
% is the integer of minimum magnitude.
[M, N] = size(A);
J = (1:M)';
D(J, 1) = 0; % Reserve memory space for loop.
for k = 2:N
   D(1:M, 1) = Inf;
   D(J, 1) = A(J, k);
   amin = min(A(J, k));
   J = find(D(:, 1) == amin);
   if length(J)==1
      z = A(J, :);
      return
   end
end

%-----------------------------------------------------------------%
function d = codediff(fcc, conn)
%    Computes the first difference of code, FCC. The code FCC is
%    treated as a circular sequence, so the last element of D is the
%    difference between the last and first elements of FCC. The
%    input code is a 1-by-np vector.

% The first difference is found by counting the number of direction
% changes (in a counter-clockwise direction) that separate two
% adjacent elements of the code.
sr = circshift(fcc, [0, -1]); % Shift input left by 1 location.
delta = sr - fcc;
d = delta;
I = find(delta < 0);

type = conn;
switch type
case 4 % Code is 4-connected
   d(I) = d(I) + 4;
case 8 % Code is 8-connected
   d(I) = d(I) + 8;
end
```

G

```
function v = gmean(A)
%GMEAN Geometric mean of columns.
%   V = GMEAN(A) computes the geometric mean of the columns of A. V
%   is a row vector with size(A,2) elements.
%
%   Sample M-file used in Chapter 3.

m = size(A, 1);
v = prod(A, 1) .^ (1/m);
```

```
function g = gscale(f, varargin)
%GSCALE Scales the intensity of the input image.
%   G = GSCALE(F, 'full8') scales the intensities of F to the full
%   8-bit intensity range [0, 255]. This is the default if there is
%   only one input argument.
%
%   G = GSCALE(F, 'full16') scales the intensities of F to the full
%   16-bit intensity range [0, 65535].
%
%   G = GSCALE(F, 'minmax', LOW, HIGH) scales the intensities of F to
%   the range [LOW, HIGH]. These values must be provided, and they
%   must be in the range [0, 1], independently of the class of the
%   input. GSCALE performs any necessary scaling. If the input is of
%   class double, and its values are not in the range [0, 1], then
%   GSCALE scales it to this range before processing.
%
% The class of the output is the same as the class of the input.

if length(varargin) == 0 % If only one argument it must be f.
   method = 'full8';
else
   method = varargin{1};
end

if strcmp(class(f), 'double') & (max(f(:)) > 1 || min(f(:)) < 0)
   f = mat2gray(f);
end

% Perform the specified scaling.
switch method
case 'full8'
   g = im2uint8(mat2gray(double(f)));
case 'full16'
   g = im2uint16(mat2gray(double(f)));
case 'minmax'
   low = varargin{2}; high = varargin{3};
   if low > 1 || low < 0 || high > 1 || high < 0
      error('Parameters low and high must be in the range [0, 1].')
   end
   if strcmp(class(f), 'double')
      low_in = min(f(:));
      high_in = max(f(:));
   elseif strcmp(class(f), 'uint8')
```

```
        low_in = double(min(f(:)))./255;
        high_in = double(max(f(:)))./255;
    elseif strcmp(class(f), 'uint16')
        low_in = double(min(f(:)))./65535;
        high_in = double(max(f(:)))./65535;
    end
    % imadjust automatically matches the class of the input.
    g = imadjust(f, [low_in high_in], [low high]);
otherwise
    error('Unknown method.')
end
```

```
function P = i2percentile(h, I)
%I2PERCENTILE Computes a percentile given an intensity value.
%   P = I2PERCENTILE(H, I) Given an intensity value, I, and a
%   histogram, H, this function computes the percentile, P, that I
%   represents for the population of intensities governed by
%   histogram H. I must be in the range [0, 1], independently of the
%   class of the image from which the histogram was obtained. P is
%   returned as a value in the range [0 1]. To convert it to a
%   percentile multiply it by 100. By definition, I = 0 represents
%   the 0th percentile and I = 1 represents 100th percentile.
%
%   Example:
%
%   Suppose that h is a uniform histogram of an uint8 image. Typing
%
%       P = i2percentile(h, 127/255)
%
%   would return P = 0.5, indicating that the input intensity
%   is in the 50th percentile.
%
%   See also function percentile2i.

% Normalized the histogram to unit area. If it is already normalized
% the following computation has no effect.
h = h/sum(h);

% Calculations.
K = numel(h) - 1;
C = cumsum(h); % Cumulative distribution.
if I < 0 || I > 1
    error('Input intensity must be in the range [0, 1].')
elseif I == 0
    P = 0; % Per the definition of percentile.
elseif I == 1
    P = 1; % Per the definition of percentile.
else
    idx = floor(I*K) + 1;
    P = C(idx);
end

function [X, Y, R] = im2minperpoly(B, cellsize)
```

```
%IM2MINPERPOLY Minimum perimeter polygon.
%   [X, Y, R] = IM2MINPERPOLY(B, CELLSIZE) outputs in column vectors
%   X and Y the coordinates of the vertices of the minimum perimeter
%   polygon circumscribing a single binary region or a
%   (nonintersecting) boundary contained in image B. The background
%   in B must be 0, and the region or boundary must have values
%   equal to 1. If instead of an image, B, a list of ordered
%   vertices is available, link the vertices using function
%   connectpoly and then use function bound2im to generate a binary
%   image B containing the boundary.
%
%   R is the region extracted from the image, from which the MPP
%   will be computed (see Figs. 12.5(c) and 12.6(e)). Displaying
%   this region is a good approach to determine interactively a
%   satisfactory value for CELLSIZE. Parameter CELLSIZE is the size
%   of the square cells that enclose the boundary of the region in
%   B. The value of CELLSIZE must be a positive integer greater than
%   1. See Section 12.2.2 in the book for further details on this
%   parameter, as well as a description and references for the
%   algorithm.

% Preliminaries.
if cellsize <= 1
    error('cellsize must be an integer > 1.');
end
% Check to see that there is only one object in B.
[B, num] = bwlabel(B);
if num > 1
    error('Input image cannot contain more than one region.')
end

% Extract the 4-connected region encompassed by the cellular
% complex. See Fig. 12.6(e) in DIPUM 2/e.
R = cellcomplex(B, cellsize);

% Find the vertices of the MPP.
[X Y] = mppvertices(R, cellsize);

%-----------------------------------------------------------------%
function R = cellcomplex(B, cellsize)
% Computes the cellular complex surrounding a single object in
% binary image B, and outputs in R the region bpounded by the
% cellular complex, as explained in DIPUM/2E Figs. 12.5(c) and
% 12.6(e). Parameter CELLSIZE is as explained earlier.

% Fill the image in case it has holes and compute the 4-connected
% boundary of the result. This guarantees that will be working with
% a single 4-connected boundary, as required by the MPP algorithm.
% Recall that in function bwperim connectivity is with respect to
% the background; therefore, we specify a connectivity of 8 to get a
% connectivity of 4 in the boundary.
B = imfill(B, 'holes');
B = bwperim(B, 8);
[M, N] = size(B);
```

```
% Increase image size so that the image is of size K-by-K
% with (a) K >= max(M,N), and (b) K/cellsize = a power of 2.
K = nextpow2(max(M, N)/cellsize);
K = (2^K)*cellsize;

% Increase image size to the nearest integer power of 2, by
% appending zeros to the end of the image. This will allow
% quadtree decompositions as small as cells of size 2-by-2,
% which is the smallest allowed value of cellsize.
M1 = K - M;
N1 = K - N;
B = padarray(B, [M1 N1], 'post'); % B is now of size K-by-K

% Quadtree decomposition.
Q = qtdecomp(B, 0, cellsize);

% Get all the subimages of size cellsize-by-cellsize.
[vals, r, c] = qtgetblk(B, Q, cellsize);

% Find all the subimages that contain at least one black pixel.
% These will be the cells of the cellular complex enclosing the
% boundary.
I = find(sum(sum(vals(:, :, :)) >= 1));
LI = length(I);
x = r(I);
y = c(I);

% [x', y'] is an LI-by-2 array. Each member of this array is the
% left, top corner of a black cell of size cellsize-by-cellsize.
% Fill the cells with black to form a closed border of black cells
% around interior points. These are the cells are the cellular
% complex.
for k = 1:LI
   B(x(k):x(k) + cellsize - 1, y(k):y(k) + cellsize - 1) = 1;
end
BF = imfill(B, 'holes');

% Extract the points interior to the cell border. This is the
% region, R, around which the MPP will be found.
B = BF & (~B);
R = B(1:M, 1:N); % Remove the padding and output the region.

%-----------------------------------------------------------------%
function [X, Y] = mppvertices(R, cellsize)
%   Outputs in column vectors X and Y the coordinates of the
%   vertices of the minimum-perimeter polygon that circumscribes
%   region R. This is the region bounded by the cellular complex. It
%   is assumed that the coordinate system used is as defined in
%   Chapter 2 of the book, in which the origin is at the top, left,
%   the positive x-axis extends vertically down from the origin and
%   the positive y-axis extends horizontally to the right. No
%   duplicate vertices are allowed. Parameter CELLSIZE is as
%   explained earlier.

% Extract the 4-connected boundary of the region. Reuse variable B.
```

```
% It will be a boundary now. See Fig. 12.6(f) in DIPUM 2/e.
B = bwboundaries(R, 4, 'noholes');
B = B{1};
% Function bwboundaries outputs the last coordinate pair equal
% to the first. Delete it.
B = B(1:end - 1, :);

% Obtain the xy coordinates of the boundary. These are column
% vectors.
x = B(:, 1);
y = B(:, 2);

% Format the vertices in the form required by the algorithm.
L = vertexlist(x, y, cellsize);
NV = size(L, 1); % Number of vertices in L.
count = 1;       % Index for the vertices in the list.
k = 1;           % Index for vertices in the MPP.
X(1) = L(1,1);   % 1st vertex, known to be an MPP vertex.
Y(1) = L(1,2);

% Find the vertices of the MPP.
% Initialize.
cMPPV = [L(1,1), L(1,2)];   % Current MPP vertex.
cV = cMPPV;                 % Current vertex.
classV = L(1,3);            % Class of current vertex (+1 for convex).
cWH = cMPPV;                % Current WHITE crawler.
cBL = cMPPV;                % Current BLACK crawler.

% Process the vertices. This is the core of the MPP algorithm.
% Note: Cannot preallocate memory for X and Y because their length
% is variable.
while true
    count = count + 1;
    if count > NV + 1
        break;
    end
    % Process next vertex.
    if count == NV + 1 % Have arrived at first vertex again.
        cV = [L(1,1), L(1,2)];
        classV = L(1,3);
    else
        cV = [L(count, 1), L(count, 2)];
        classV = L(count, 3);
    end
    [I, newMPPV, W, B] = mppVtest(cMPPV, cV, classV, cWH, cBL);
    if I == 1 % New MPP vertex found;
        cMPPV = newMPPV;
        K = find(L(:,1) == newMPPV(:, 1) & L(:,2) == newMPPV(:, 2));
        count = K; % Restart at current location of MPP vertex.
        cWH = newMPPV;
        cBL = newMPPV;
        k = k + 1;
        % Vertices of the MPP just found.
        X(k) = newMPPV(1,1);
        Y(k) = newMPPV(1,2);
```

```matlab
        else
            cWH = W;
            cBL = B;
        end
    end
end
% Convert to columns.
X = X(:);
Y = Y(:);

%-----------------------------------------------------------------%
function L = vertexlist(x, y, cellsize)
%   Given a set of coordinates contained in vectors X and Y, this
%   function outputs a list, L, of the form L = [X(k) Y(k) C(k)]
%   where C(k) determines whether X(k) and Y(k) are the coordinates
%   of the apex of a convex, concave, or 180-degree angle. That is,
%   C(k) = 1 if the coordinates (x(k - 1) y(k - 1), (x(k), y(k)) and
%   (x(k + 1), y(k + 1)) form a convex angle; C(k) = -1 if the angle
%   is concave; and C(k) = 0 if the three points are collinear.
%   Concave angles are replaced by their corresponding convex angles
%   in the outer wall for later use in the minimum-perimeter polygon
%   algorithm, as explained in the book.

% Preprocess the input data. First, arrange the the points so that
% the first point is the top, left-most point in the sequence. This
% guarantees that the first vertex of the polygon is convex.
cx = find(x == min(x));
cy = find(y == min(y(cx)));
x1 = x(cx(1));
y1 = y(cy(1));
% Scroll data so that the first point in the sequence is (x1, y1)
I = find(x == x1 & y == y1);
x = circshift(x, [-(I - 1), 0]);
y = circshift(y, [-(I - 1), 0]);

% Next keep only the points at which a change in direction takes
% place. These are the only points that are polygon vertices. Note
% that we cannot preallocate memory for the loop because xnew and
% ynew are of variable length.
J = 1;
K = length(x);
xnew(1) = x(1);
ynew(1) = y(1);
x(K + 1) = x(1);
y(K + 1) = y(1);
for k = 2:K
    s = vsign([x(k - 1),y(k - 1)], [x(k),y(k)], [x(k + 1),y(k + 1)]);
    if s ~= 0
        J = J + 1;
        xnew(J) = x(k); %#ok<AGROW>
        ynew(J) = y(k); %#ok<AGROW>
    end
end
% Reuse x and y.
x = xnew;
```

```
y = ynew;

% The mpp algorithm works with boundaries in the ccw direction.
% Force the sequence to be in that direction. Output dir is the
% direction of the original boundary. It is not used in this
% function.
[dir, x, y] = boundarydir(x, y, 'ccw');

% Obtain the list of vertices.
% Initialize.
K = length(x);
L(:, :, :) = [x(:) y(:) zeros(K,1)]; % Initialize the list.
C = zeros(K, 1); % Preallocate memory for use in a loop later.

% Do the first and last vertices separately.
% First vertex.
s = vsign([x(K) y(K)], [x(1) y(1)], [x(2) y(2)]);
if s > 0
    C(1) = 1;
elseif s < 0
    C(1) = -1;
    [rx ry] = vreplacement([x(K) y(K)], [x(1) y(1)],...
                    [x(2) y(2)], cellsize);
    L(1, 1) = rx;
    L(1, 2) = ry;
else
    C(1) = 0;
end
% Last vertex.
s = vsign([x(K - 1) y(K - 1)], [x(K) y(K)], [x(1) y(1)]);
if s > 0
    C(K) = 1;
elseif s < 0
    C(K) = -1;
    [rx ry] = vreplacement([x(K - 1) y(K - 1)], [x(K) y(K)], ...
                    [x(1) y(1)], cellsize);
    L(K, 1) = rx;
    L(K, 2) = ry;
else
    C(K) = 0;
end

% Process the rest of the vertices.
for k = 2:K - 1
    s = vsign([x(k - 1) y(k - 1)], [x(k) y(k)], [x(k + 1) y(k + 1)]);
    if s > 0
        C(k) = 1;
    elseif s < 0
        C(k) = -1;
        [rx ry] = vreplacement([x(k - 1) y(k - 1)], [x(k) y(k)], ...
                        [x(k + 1) y(k + 1)], cellsize);
        L(k, 1) = rx;
        L(k, 2) = ry;
    else
        C(k) = 0;
```

```
      end
end

% Update the list with the C's.
L(:, 3) = C(:);


%----------------------------------------------------------------%
function s = vsign(v1, v2, v3)
%   This function etermines whether a vertex V3 is on the
%   positive or the negative side of straight line passing through
%   V1 and V2, or whether the three points are colinear. V1, V2,
%   and V3 are 1-by-2 or 2-by-1 vectors containing the [x y]
%   coordinates of the vertices. If V3 is on the positive side of
%   the line passing through V1 and V2, then the sign is positive (S
%   > 0), if it is on the negative side of the line the sign is
%   negative (S < 0). If the points are collinear, then S = 0.
%   Another important interpretation is that if the triplet (V1, V2,
%   V3) form a counterclockwise sequence, then S > 0; if the points
%   form a clockwise sequence then S < 0; if the points are
%   collinear, then S = 0.
%
%   The coordinate system is assumed to be the system is as defined
%   in Chapter 2 of the book.
%
%   This function is based in the result from matrix theory that if
%   we arrange the coordinates of the vertices as the matrix
%
%       A = [V1(1) V1(2) 1; V2(1) V2(2) 1; V3(1) V3(2) 1]
%
%   then, S = det(A) has the properties described above, assuming
%   the stated coordinate system and direction of travel.

% Form the matrix on which the test if based:
A = [v1(1) v1(2) 1; v2(1) v2(2) 1; v3(1), v3(2), 1];
% Compute the determinant.
s = det(A);


%----------------------------------------------------------------%
function [rx ry] = vreplacement(v1, v, v2, cellsize)
%   This function replaces the coordinates V(1) and V(2) of concave
%   vertex V by its diagonal mirror coordinates [RX, RY]. The values
%   RX and RY depend on the orientation of the triplet (V1, V, V2).
%   V1 is the vertex preceding V and V2 is the vertex following it.
%   All Vs are 1-by-2 or 2-by-1 arrays containing the coordinates of
%   the vertices. It is assumed that the triplet (V1, V, V2) was
%   generated by traveling in the counterclockwise direction, in the
%   coordinate system defined in Chapter 2 of the book, in which the
%   origin is at the top left, the positive x-axis extends down and
%   the positive y-axis extends to the right. Parameter CELLSIZE is
%   as explained earlier.

% Perform the replacement.

if v(1)>v1(1) && v(2) == v1(2) && v(1) == v2(1) && v(2)>v2(2)
    rx = v(1) - cellsize;
```

```
        ry = v(2) - cellsize;
    elseif v(1) == v1(1) && v(2) > v1(2) && v(1) < v2(1) && ...
            v(2) == v2(2)
        rx = v(1) + cellsize;
        ry = v(2) - cellsize;
    elseif v(1) < v1(1) && v(2) == v1(2) && v(1) == v2(1) &&...
            v(2) < v2(2)
        rx = v(1) + cellsize;
        ry = v(2) + cellsize;
    elseif v(1) == v1(1) && v(2) < v1(2) && v(1) > v2(1) &&...
            v(2)== v2(2)
        rx = v(1) - cellsize;
        ry = v(2) + cellsize;
    else
        % Only the preceding forms are valid arrangements of vertices.
        error('Vertex configuration is not valid.')
    end


%-----------------------------------------------------------------%
function [I, newMPPV, W, B] = mppVtest(cMPPV, cV, classcV, cWH, cBL)
%       This function performs tests for existence of an MPP vertex.
%       The parameters are as follows (all except I and class_c_V) are
%       coordinate pairs of the form [x y]).
%       cMPPV       Current MPP vertex (the last MPP vertex found).
%       cV          Current vertex in the sequence.
%       classcV     Class of current vertex (+1 for convex
%                   and -1 for concave).
%       cWH         The current WHITE (convex) vertex.
%       cBL         The current BLACK (concave) vertex
%       I           If I = 1, a new MPP vertex was found
%       newMPPV     Next MPP vertex (if I = 1).
%       W           Next coordinates of WHITE.
%       B           Next coordinates of BLACK.
%
%    The details of the test are explained in Chapter 12 of the book.
% Preliminaries
I = 0;
newMPPV = [0 0];
W = cWH;
B = cBL;
sW = vsign(cMPPV, cWH, cV);
sB = vsign(cMPPV, cBL, cV);

% Perform test.
if sW > 0
    I = 1; % New MPP vertex found.
    newMPPV = cWH;
    W = newMPPV;
    B = newMPPV;
elseif sB < 0
    I = 1; % New MPP vertex found.
    newMPPV = cBL;
    W = newMPPV;
    B = newMPPV;
elseif (sW <= 0) && (sB >= 0)
```

```
    if classcV == 1
        W = cV;
    else
        B = cV;
    end
end
```

```
function [p, pmax, pmin, pn] = improd(f, g)
%IMPROD Compute the product of two images.
%   [P, PMAX, PMIN, PN] = IMPROD(F, G) outputs the element-by-element
%   product of two input images, F and G, the product maximum and
%   minimum values, and a normalized product array with values in the
%   range [0, 1]. The input images must be of the same size. They
%   can be of class uint8, unit16, or double. The outputs are of
%   class double.
%
%   Sample M-file used in Chapter 2.

fd = double(f);
gd = double(g);
p = fd.*gd;
pmax = max(p(:));
pmin = min(p(:));
pn = mat2gray(p);
```

```
function [X, R] = imstack2vectors(S, MASK)
%IMSTACK2VECTORS Extracts vectors from an image stack.
%   [X, R] = imstack2vectors(S, MASK) extracts vectors from S, which
%   is an M-by-N-by-n stack array of n registered images of size
%   M-by-N each (see Fig. 12.29). The extracted vectors are arranged
%   as the rows of array X. Input MASK is an M-by-N logical or
%   numeric image with nonzero values (1s if it is a logical array)
%   in the locations where elements of S are to be used in forming X
%   and 0s in locations to be ignored. The number of row vectors in
%   X is equal to the number of nonzero elements of MASK. If MASK is
%   omitted, all M*N locations are used in forming X. A simple way
%   to obtain MASK interactively is to use function roipoly.
%   Finally, R is a column vector that contains the linear indices
%   of the locations of the vectors extracted from S.

% Preliminaries.
[M, N, n] = size(S);
if nargin == 1
    MASK = true(M, N);
else
    MASK = MASK ~= 0;
end

% Find the linear indices of the 1-valued elements in MASK. Each
% element of R identifies the location in the M-by-N array of the
% vector extracted from S.
R = find(MASK);

% Now find X.
```

```matlab
% First reshape S into X by turning each set of n values along the
% third dimension of S so that it becomes a row of X. The order is
% from top to bottom along the first column, the second column, and
% so on.
Q = M*N;
X = reshape(S, Q, n);

% Now reshape MASK so that it corresponds to the right locations
% vertically along the elements of X.
MASK = reshape(MASK, Q, 1);

% Keep the rows of X at locations where MASK is not 0.
X = X(MASK, :);

function [x, y] = intline(x1, x2, y1, y2)
%INTLINE Integer-coordinate line drawing algorithm.
%   [X, Y] = INTLINE(X1, X2, Y1, Y2) computes an
%   approximation to the line segment joining (X1, Y1) and
%   (X2, Y2) with integer coordinates. X1, X2, Y1, and Y2
%   should be integers. INTLINE is reversible; that is,
%   INTLINE(X1, X2, Y1, Y2) produces the same results as
%   FLIPUD(INTLINE(X2, X1, Y2, Y1)).

dx = abs(x2 - x1);
dy = abs(y2 - y1);
% Check for degenerate case.
if ((dx == 0) && (dy == 0))
   x = x1;
   y = y1;
   return;
end

flip = 0;
if (dx >= dy)
   if (x1 > x2)
      % Always "draw" from left to right.
      t = x1; x1 = x2; x2 = t;
      t = y1; y1 = y2; y2 = t;
      flip = 1;
   end
   m = (y2 - y1)/(x2 - x1);
   x = (x1:x2).';
   y = round(y1 + m*(x - x1));
else
   if (y1 > y2)
      % Always "draw" from bottom to top.
      t = x1; x1 = x2; x2 = t;
      t = y1; y1 = y2; y2 = t;
      flip = 1;
   end
   m = (x2 - x1)/(y2 - y1);
   y = (y1:y2).';
   x = round(x1 + m*(y - y1));
end
```

```matlab
if (flip)
   x = flipud(x);
   y = flipud(y);
end

function phi = invmoments(F)
%INVMOMENTS Compute invariant moments of image.
%   PHI = INVMOMENTS(F) computes the moment invariants of the image
%   F. PHI is a seven-element row vector containing the moment
%   invariants as defined in equations (11.3-17) through (11.3-23) of
%   Gonzalez and Woods, Digital Image Processing, 2nd Ed.
%
%   F must be a 2-D, real, nonsparse, numeric or logical matrix.

if (ndims(F) ~= 2) || issparse(F) || ~isreal(F) || ...
            ~(isnumeric(F) || islogical(F))
   error(['F must be a 2-D, real, nonsparse, numeric or logical' ...
            'matrix.']);
end
F = double(F);

phi = compute_phi(compute_eta(compute_m(F)));

%-----------------------------------------------------------------%
function m = compute_m(F)

[M, N] = size(F);
[x, y] = meshgrid(1:N, 1:M);

% Turn x, y, and F into column vectors to make the summations a bit
% easier to compute in the following.
x = x(:);
y = y(:);
F = F(:);

% DIP equation (11.3-12)
m.m00 = sum(F);
% Protect against divide-by-zero warnings.
if (m.m00 == 0)
   m.m00 = eps;
end
% The other central moments:
m.m10 = sum(x .* F);
m.m01 = sum(y .* F);
m.m11 = sum(x .* y .* F);
m.m20 = sum(x.^2 .* F);
m.m02 = sum(y.^2 .* F);
m.m30 = sum(x.^3 .* F);
m.m03 = sum(y.^3 .* F);
m.m12 = sum(x .* y.^2 .* F);
m.m21 = sum(x.^2 .* y .* F);

%-----------------------------------------------------------------%
function e = compute_eta(m)
```

```
% DIP equations (11.3-14) through (11.3-16).

xbar = m.m10 / m.m00;
ybar = m.m01 / m.m00;

e.eta11 = (m.m11 - ybar*m.m10) / m.m00^2;
e.eta20 = (m.m20 - xbar*m.m10) / m.m00^2;
e.eta02 = (m.m02 - ybar*m.m01) / m.m00^2;
e.eta30 = (m.m30 - 3 * xbar * m.m20 + 2 * xbar^2 * m.m10) / ...
          m.m00^2.5;
e.eta03 = (m.m03 - 3 * ybar * m.m02 + 2 * ybar^2 * m.m01) / ...
          m.m00^2.5;
e.eta21 = (m.m21 - 2 * xbar * m.m11 - ybar * m.m20 + ...
          2 * xbar^2 * m.m01) / m.m00^2.5;
e.eta12 = (m.m12 - 2 * ybar * m.m11 - xbar * m.m02 + ...
          2 * ybar^2 * m.m10) / m.m00^2.5;

%----------------------------------------------------------------%
function phi = compute_phi(e)

% DIP equations (11.3-17) through (11.3-23).

phi(1) = e.eta20 + e.eta02;
phi(2) = (e.eta20 - e.eta02)^2 + 4*e.eta11^2;
phi(3) = (e.eta30 - 3*e.eta12)^2 + (3*e.eta21 - e.eta03)^2;
phi(4) = (e.eta30 + e.eta12)^2 + (e.eta21 + e.eta03)^2;
phi(5) = (e.eta30 - 3*e.eta12) * (e.eta30 + e.eta12) * ...
         ( (e.eta30 + e.eta12)^2 - 3*(e.eta21 + e.eta03)^2 ) + ...
         (3*e.eta21 - e.eta03) * (e.eta21 + e.eta03) * ...
         ( 3*(e.eta30 + e.eta12)^2 - (e.eta21 + e.eta03)^2 );
phi(6) = (e.eta20 - e.eta02) * ( (e.eta30 + e.eta12)^2 - ...
                                  (e.eta21 + e.eta03)^2 ) + ...
         4 * e.eta11 * (e.eta30 + e.eta12) * (e.eta21 + e.eta03);
phi(7) = (3*e.eta21 - e.eta03) * (e.eta30 + e.eta12) * ...
         ( (e.eta30 + e.eta12)^2 - 3*(e.eta21 + e.eta03)^2 ) + ...
         (3*e.eta12 - e.eta30) * (e.eta21 + e.eta03) * ...
         ( 3*(e.eta30 + e.eta12)^2 - (e.eta21 + e.eta03)^2 );

function E = iseven(A)
%ISEVEN Determines which elements of an array are even numbers.
%   E = ISEVEN(A) returns a logical array, E, of the same size as A,
%   with 1s (TRUE) in the locations corresponding to even numbers
%   in A, and 0s (FALSE) elsewhere.

% STEVE: Needs copyright text block. Ralph

E = 2*floor(A/2) == A;


function D = isodd(A)
%ISODD Determines which elements of an array are odd numbers.
%   D = ISODD(A) returns a logical array, D, of the same size as A,
%   with 1s (TRUE) in the locations corresponding to odd numbers in
%   A, and 0s (FALSE) elsewhere.

D = 2*floor(A/2) ~= A;
```

M

```
function D = mahalanobis(varargin)
%MAHALANOBIS Computes the Mahalanobis distance.
%   D = MAHALANOBIS(Y, X) computes the Mahalanobis distance between
%   each vector in Y to the mean (centroid) of the vectors in X, and
%   outputs the result in vector D, whose length is size(Y, 1). The
%   vectors in X and Y are assumed to be organized as rows. The
%   input data can be real or complex. The outputs are real
%   quantities.
%
%   D = MAHALANOBIS(Y, CX, MX) computes the Mahalanobis distance
%   between each vector in Y and the given mean vector, MX. The
%   results are output in vector D, whose length is size(Y, 1). The
%   vectors in Y are assumed to be organized as the rows of this
%   array. The input data can be real or complex. The outputs are
%   real quantities. In addition to the mean vector MX, the
%   covariance matrix CX of a population of vectors X must be
%   provided also. Use function COVMATRIX (Section 11.5) to compute
%   MX and CX.

% Reference: Acklam, P. J. [2002]. "MATLAB Array Manipulation Tips
% and Tricks," available at
%       home.online.no/~pjacklam/matlab/doc/mtt/index.html
% or in the Tutorials section at
%       www.imageprocessingplace.com

param = varargin; % Keep in mind that param is a cell array.
Y = param{1};

if length(param) == 2
   X = param{2};
   % Compute the mean vector and covariance matrix of the vectors
   % in X.
   [Cx, mx] = covmatrix(X);
elseif length(param) == 3 % Cov. matrix and mean vector provided.
   Cx = param{2};
   mx = param{3};
else
   error('Wrong number of inputs.')
end
mx = mx(:)'; % Make sure that mx is a row vector for the next step.

% Subtract the mean vector from each vector in Y.
Yc = bsxfun(@minus, Y, mx);

% Compute the Mahalanobis distances.
D = real(sum(Yc/Cx.*conj(Yc), 2));

function movie2tifs(m, file)
%MOVIE2TIFS Creates a multiframe TIFF file from a MATLAB movie.
%   MOVIE2TIFS(M, FILE) creates a multiframe TIFF file from the
%   specified MATLAB movie structure, M.

% Write the first frame of the movie to the multiframe TIFF.
```

```
    imwrite(frame2im(m(1)), file, 'Compression', 'none', ...
        'WriteMode', 'overwrite');
% Read the remaining frames and append to the TIFF file.
for i = 2:length(m)
    imwrite(frame2im(m(i)), file, 'Compression', 'none', ...
        'WriteMode', 'append');
end
```

P

```
function I = percentile2i(h, P)
%PERCENTILE2I Computes an intensity value given a percentile.
%       I = PERCENTILE2I(H, P) Given a percentile, P, and a histogram,
%       H, this function computes an intensity, I, representing the
%       Pth percentile and returns the value in I. P must be in the
%       range [0, 1] and I is returned as a value in the range [0, 1]
%       also.
%
%   Example:
%
%   Suppose that h is a uniform histogram of an 8-bit image. Typing
%
%       I = percentile2i(h, 0.5)
%
%   would output I = 0.5. To convert to the (integer) 8-bit range
%   [0, 255], we let I = floor(255*I).
%
%   See also function i2percentile.

% Check value of P.
if P < 0 || P > 1
    error('The percentile must be in the range [0, 1].')
end

% Normalized the histogram to unit area. If it is already normalized
% the following computation has no effect.
h = h/sum(h);

% Cumulative distribution.
C = cumsum(h);

% Calculations.
idx = find(C >= P, 1, 'first');
% Subtract 1 from idx because indexing starts at 1, but intensities
% start at 0. Also, normalize to the range [0, 1].
I = (idx - 1)/(numel(h) - 1);

function B = pixeldup(A, m, n)
%PIXELDUP Duplicates pixels of an image in both directions.
%   B = PIXELDUP(A, M, N) duplicates each pixel of A M times in the
%   vertical direction and N times in the horizontal direction.
%   Parameters M and N must be integers. If N is not included, it
%   defaults to M.

% Check inputs.
if nargin < 2
```

```
        error('At least two inputs are required.');
end
if nargin == 2
    n = m;
end

% Generate a vector with elements 1:size(A, 1).
u = 1:size(A, 1);

% Duplicate each element of the vector m times.
m = round(m); % Protect against nonintegers.
u = u(ones(1, m), :);
u = u(:);

% Now repeat for the other direction.
v = 1:size(A, 2);
n = round(n);
v = v(ones(1, n), :);
v = v(:);
B = A(u, v);
```

```
function flag = predicate(region)
%PREDICATE Evaluates a predicate for function splitmerge
%   FLAG = PREDICATE(REGION) evaluates a predicate for use in
%   function splitmerge for Example 11.14 in Digital Image
%   Processing Using MATLAB, 2nd edition. REGION is a subimage, and
%   FLAG is set to TRUE if the predicate evaluates to TRUE for
%   REGION; FLAG is set to FALSE otherwise.

% Compute the standard deviation and mean for the intensities of the
% pixels in REGION.
sd = std2(region);
m = mean2(region);

% Evaluate the predicate.
flag = (sd > 10) & (m > 0) & (m < 125);
```

R

```
function H = recnotch(notch, mode, M, N, W, SV, SH)
%RECNOTCH Generates rectangular notch (axes) filters.
%   H = RECNOTCH(NOTCH, MODE, M, N, W, SV, SH) generates an M-by-N
%   notch filter consisting of symmetric pairs of rectangles of
%   width W placed on the vertical and horizontal axes of the
%   (centered) frequency rectangle. The vertical rectangles start at
%   +SV and -SV on the vertical axis and extend to both ends of the
%   axis. Horizontal rectangles similarly start at +SH and -SH and
%   extend to both ends of the axis. These values are with respect
%   to the origin of the axes of the centered frequency rectangle.
%   For example, specifying SV = 50 creates a rectangle of width W
%   that starts 50 pixels above the center of the vertical axis and
%   extends up to the first row of the filter. A similar rectangle
%   is created starting 50 pixels below the center and extending to
%   the last row. W must be an odd number to preserve the symmetry
%   of the filtered Fourier transform.
%
```

```
%           Valid values of NOTCH are:
%
%               'reject'    Notchreject filter.
%
%               'pass'      Notchpass filter.
%
%
%           Valid values of MODE are:
%
%               'both'          Filtering on both axes.
%
%               'horizontal'    Filtering on horizontal axis only.
%
%               'vertical'      Filtering on vertical axis only.
%
%           One of these three values must be specified in the call.
%
%   H = RECNOTCH(NOTCH, MODE, M, N) sets W = 1, and SV = SH = 1.
%
%   H is of floating point class single. It is returned uncentered
%   for consistency with filtering function dftfilt. To view H as an
%   image or mesh plot, it should be centered using Hc = fftshift(H).

% Preliminaries.
if nargin == 4
    W = 1;
    SV = 1;
    SH = 1;
elseif nargin ~= 7
    error('The number of inputs must be 4 or 7.')
end
% AV and AH are rectangle amplitude values for the vertical and
% horizontal rectangles: 0 for notchreject and 1 for notchpass.
% Filters are computed initially as reject filters and then changed
% to pass if so specified in NOTCH.
if strcmp(mode, 'both')
    AV = 0;
    AH = 0;
elseif strcmp(mode, 'horizontal')
    AV = 1; % No reject filtering along vertical axis.
    AH = 0;
elseif strcmp(mode, 'vertical')
    AV = 0;
    AH = 1; % No reject filtering along horizontal axis.
end
if iseven(W)
    error('W must be an odd number.')
end

% Begin filter computation. The filter is generated as a reject
% filter. At the end, it are changed to a notchpass filter if it
% is so specified in parameter NOTCH.
H = rectangleReject(M, N, W, SV, SH, AV, AH);

% Finished computing the rectangle notch filter. Format the
```

```matlab
% output.
H = processOutput(notch, H);

%------------------------------------------------------------------%
function H = rectangleReject(M, N, W, SV, SH, AV, AH)
% Preliminaries.
H = ones(M, N, 'single');
% Center of frequency rectangle.
UC = floor(M/2) + 1;
VC = floor(N/2) + 1;
% Width limits.
WL = (W - 1)/2;
% Compute rectangle notches with respect to center.
% Left, horizontal rectangle.
H(UC-WL:UC+WL, 1:VC-SH) = AH;
% Right, horizontal rectangle.
H(UC-WL:UC+WL, VC+SH:N) = AH;
% Top vertical rectangle.
H(1:UC-SV, VC-WL:VC+WL) = AV;
% Bottom vertical rectangle.
H(UC+SV:M, VC-WL:VC+WL) = AV;

%------------------------------------------------------------------%
function H = processOutput(notch, H)
% Uncenter the filter to make it compatible with other filters in
% the DIPUM toolbox.
H = ifftshift(H);
% Generate a pass filter if one was specified.
if strcmp(notch, 'pass')
   H = 1 - H;
end
```

S

```matlab
function seq2tifs(s, file)
%SEQ2TIFS Creates a multi-frame TIFF file from a MATLAB sequence.

% Write the first frame of the sequence to the multiframe TIFF.
imwrite(s(:, :, :, 1), file, 'Compression', 'none', ...
    'WriteMode', 'overwrite');

% Read the remaining frames and append to the TIFF file.
for i = 2:size(s, 4)
    imwrite(s(:, :, :, i), file, 'Compression', 'none', ...
        'WriteMode', 'append');
end

function v = showmo(cv, i)
%SHOWMO Displays the motion vectors of a compressed image sequence.
%   SHOWMO(CV, I) displays the motion vectors for frame I of a
%   TIFS2CV compressed sequence of images.
%
%   See also TIFS2CV and CV2TIFS.

frms = double(cv.frames);
m = double(cv.blksz);
```

```
q = double(cv.quality);

if q == 0
    ref = double(huff2mat(cv.video(1)));
else
    ref = double(jpeg2im(cv.video(1)));
end

fsz = size(ref);
mvsz = [fsz/m 2 frms];
mv = int16(huff2mat(cv.motion));
mv = reshape(mv, mvsz);
v = zeros(fsz, 'uint8') + 128;

% Create motion vector image.
for j = 1:mvsz(1) * mvsz(2)

    x1 = 1 + mod(m * (j - 1), fsz(1));
    y1 = 1 + m * floor((j - 1) * m / fsz(1));

    x2 = x1 - mv(1 + floor((x1 - 1) / m), ...
        1 + floor((y1 - 1) / m), 1, i);
    y2 = y1 - mv(1 + floor((x1 - 1) / m), ...
        1 + floor((y1 - 1) / m), 2, i);

    [x, y] = intline(x1, double(x2), y1, double(y2));
    for k = 1:length(x) - 1
        v(x(k), y(k)) = 255;
    end
    v(x(end), y(end)) = 0;
end

imshow(v);

function [dist, angle] = signature(b, x0, y0)
%SIGNATURE Computes the signature of a boundary.
%   [DIST, ANGLE, XC, YC] = SIGNATURE(B, X0, Y0) computes the
%   signature of a given boundary. A signature is defined as the
%   distance from (X0, Y0) to the boundary, as a function of angle
%   (ANGLE). B is an np-by-2 array (np > 2) containing the (x, y)
%   coordinates of the boundary ordered in a clockwise or
%   counterclockwise direction. If (X0, Y0) is not included in the
%   input argument, the centroid of the boundary is used by default.
%   The maximum size of arrays DIST and ANGLE is 360-by-1,
%   indicating a maximum resolution of one degree. The input must be
%   a one-pixel-thick boundary obtained, for example, by using
%   function bwboundaries.
%
%   If (X0, Y0) or the default centroid is outside the boundary, the
%   signature is not defined and an error is issued.

% Check dimensions of b.
[np, nc] = size(b);
if (np < nc || nc ~= 2)
    error('b must be of size np-by-2.');
```

```
end

% Some boundary tracing programs, such as boundaries.m, result in a
% sequence in which the coordinates of the first and last points are
% the same. If this is the case, in b, eliminate the last point.
if isequal(b(1, :), b(np, :))
    b = b(1:np - 1, :);
    np = np - 1;
end

% Compute the origin of vector as the centroid, or use the two
% values specified. Use the same symbol (xc, yc) in case the user
% includes (xc, yc) in the output call.
if nargin == 1
    x0 = sum(b(:, 1))/np; % Coordinates of the centroid.
    y0 = sum(b(:, 2))/np;
end

% Check to see that (xc, yc) is inside the boundary.
IN = inpolygon(x0, y0, b(:, 1), b(:, 2));
if ~IN
    error('(x0, y0) or centroid is not inside the boundary.')
end

% Shift origin of coordinate system to (x0, y0).
b(:, 1) = b(:, 1) - x0;
b(:, 2) = b(:, 2) - y0;

% Convert the coordinates to polar. But first have to convert the
% given image coordinates, (x, y), to the coordinate system used by
% MATLAB for conversion between Cartesian and polar cordinates.
% Designate these coordinates by (xcart, ycart). The two coordinate
% systems are related as follows: xcart = y and ycart = -x.
xcart = b(:, 2);
ycart = -b(:, 1);
[theta, rho] = cart2pol(xcart, ycart);

% Convert angles to degrees.
theta = theta.*(180/pi);

% Convert to all nonnegative angles.
j = theta == 0; % Store the indices of theta = 0 for use below.
theta = theta.*(0.5*abs(1 + sign(theta)))...
        - 0.5*(-1 + sign(theta)).*(360 + theta);
theta(j) = 0; % To preserve the 0 values.

% Round theta to 1 degree increments.
theta = round(theta);

% Keep theta and rho together for sorting purposes.
tr = [theta, rho];

% Delete duplicate angles. The unique operation also sorts the
% input in ascending order.
[w, u] = unique(tr(:, 1));
```

```
   tr = tr(u,:); % u identifies the rows kept by unique.

% If the last angle equals 360 degrees plus the first angle, delete
% the last angle.
if tr(end, 1) == tr(1) + 360
   tr = tr(1:end - 1, :);
end

% Output the angle values.
angle = tr(:, 1);

% Output the length values.
dist = tr(:, 2);

function [srad, sang, S] = specxture(f)
%SPECXTURE Computes spectral texture of an image.
%   [SRAD, SANG, S] = SPECXTURE(F) computes SRAD, the spectral energy
%   distribution as a function of radius from the center of the
%   spectrum, SANG, the spectral energy distribution as a function of
%   angle for 0 to 180 degrees in increments of 1 degree, and S =
%   log(1 + spectrum of f), normalized to the range [0, 1]. The
%   maximum value of radius is min(M,N), where M and N are the number
%   of rows and columns of image (region) f. Thus, SRAD is a row
%   vector of length = (min(M, N)/2) - 1; and SANG is a row vector of
%   length 180.

% Obtain the centered spectrum, S, of f. The variables of S are
% (u, v), running from 1:M and 1:N, with the center (zero frequency)
% at [M/2 + 1, N/2 + 1] (see Chapter 4).
S = fftshift(fft2(f));
S = abs(S);
[M, N] = size(S);
x0 = M/2 + 1;
y0 = N/2 + 1;

% Maximum radius that guarantees a circle centered at (x0, y0) that
% does not exceed the boundaries of S.
rmax = min(M, N)/2 - 1;

% Compute srad.
srad = zeros(1, rmax);
srad(1) = S(x0, y0);
for r = 2:rmax
   [xc, yc] = halfcircle(r, x0, y0);
   srad(r) = sum(S(sub2ind(size(S), xc, yc)));
end

% Compute sang.
[xc, yc] = halfcircle(rmax, x0, y0);
sang = zeros(1, length(xc));
for a = 1:length(xc)
   [xr, yr] = radial(x0, y0, xc(a), yc(a));
   sang(a) = sum(S(sub2ind(size(S), xr, yr)));
end
```

```matlab
% Output the log of the spectrum for easier viewing, scaled to the
% range [0, 1].
S = mat2gray(log(1 + S));

%-----------------------------------------------------------------%
function [xc, yc] = halfcircle(r, x0, y0)
%   Computes the integer coordinates of a half circle of radius r and
%   center at (x0,y0) using one degree increments.
%
%   Goes from 91 to 270 because we want the half circle to be in the
%   region defined by top right and top left quadrants, in the
%   standard image coordinates.

theta=91:270;
theta = theta*pi/180;
[xc, yc] = pol2cart(theta, r);
xc = round(xc)' + x0; % Column vector.
yc = round(yc)' + y0;

%-----------------------------------------------------------------%
function [xr, yr] = radial(x0, y0, x, y)
%   Computes the coordinates of a straight line segment extending
%   from (x0, y0) to (x, y).
%
%   Based on function intline.m. xr and yr are returned as column
%   vectors.

[xr, yr] = intline(x0, x, y0, y);

function [v, unv] = statmoments(p, n)
%STATMOMENTS Computes statistical central moments of image histogram.
%   [W, UNV] = STATMOMENTS(P, N) computes up to the Nth statistical
%   central moment of a histogram whose components are in vector
%   P. The length of P must equal 256 or 65536.
%
%   The program outputs a vector V with V(1) = mean, V(2) = variance,
%   V(3) = 3rd moment, . . . V(N) = Nth central moment. The random
%   variable values are normalized to the range [0, 1], so all
%   moments also are in this range.
%
%   The program also outputs a vector UNV containing the same moments
%   as V, but using un-normalized random variable values (e.g., 0 to
%   255 if length(P) = 2^8). For example, if length(P) = 256 and V(1)
%   = 0.5, then UNV(1) would have the value UNV(1) = 127.5 (half of
%   the [0 255] range).

Lp = length(p);
if (Lp ~= 256) && (Lp ~= 65536)
   error('P must be a 256- or 65536-element vector.');
end
G = Lp - 1;

% Make sure the histogram has unit area, and convert it to a
% column vector.
p = p/sum(p); p = p(:);
```

```matlab
% Form a vector of all the possible values of the
% random variable.
z = 0:G;

% Now normalize the z's to the range [0, 1].
z = z./G;

% The mean.
m = z*p;

% Center random variables about the mean.
z = z - m;

% Compute the central moments.
v = zeros(1, n);
v(1) = m;
for j = 2:n
   v(j) = (z.^j)*p;
end

if nargout > 1
   % Compute the uncentralized moments.
   unv = zeros(1, n);
   unv(1)=m.*G;
   for j = 2:n
      unv(j) = ((z*G).^j)*p;
   end
end

function t = statxture(f, scale)
%STATXTURE Computes statistical measures of texture in an image.
%   T = STATXURE(F, SCALE) computes six measures of texture from an
%   image (region) F. Parameter SCALE is a 6-dim row vector whose
%   elements multiply the 6 corresponding elements of T for scaling
%   purposes. If SCALE is not provided it defaults to all 1s. The
%   output T is 6-by-1 vector with the following elements:
%      T(1) = Average gray level
%      T(2) = Average contrast
%      T(3) = Measure of smoothness
%      T(4) = Third moment
%      T(5) = Measure of uniformity
%      T(6) = Entropy

if nargin == 1
   scale(1:6) = 1;
else % Make sure it's a row vector.
   scale = scale(:)';
end

% Obtain histogram and normalize it.
p = imhist(f);
p = p./numel(f);
L = length(p);

% Compute the three moments. We need the unnormalized ones
```

```matlab
% from function statmoments. These are in vector mu.
[v, mu] = statmoments(p, 3);

% Compute the six texture measures:
% Average gray level.
t(1) = mu(1);
% Standard deviation.
t(2) = mu(2).^0.5;
% Smoothness.
% First normalize the variance to [0 1] by
% dividing it by (L - 1)^2.
varn = mu(2)/(L - 1)^2;
t(3) = 1 - 1/(1 + varn);
% Third moment (normalized by (L - 1)^2 also).
t(4) = mu(3)/(L - 1)^2;
% Uniformity.
t(5) = sum(p.^2);
% Entropy.
t(6) = -sum(p.*(log2(p + eps)));

% Scale the values.
t = t.*scale;
```

```matlab
function s = subim(f, m, n, rx, cy)
%SUBIM Extract subimage.
%   S = SUBIM(F, M, N, RX, CY) extracts a subimage, S, from the input
%   image, F. The subimage is of size M-by-N, and the coordinates of
%   its top, left corner are (RX, CY).
%
%   Sample M-file used in Chapter 2.

s = zeros(m, n);
rowhigh = rx + m - 1;
colhigh = cy + n - 1;
xcount = 0;
for r = rx:rowhigh
   xcount = xcount + 1;
   ycount = 0;
   for c = cy:colhigh
      ycount = ycount + 1;
      s(xcount, ycount) = f(r, c);
   end
end
```

T

```matlab
function m = tifs2movie(file)
%TIFS2MOVIE Create a MATLAB movie from a multiframe TIFF file.
%   M = TIFS2MOVIE(FILE) creates a MATLAB movie structure from a
%   multiframe TIFF file.

% Get file info like number of frames in the multi-frame TIFF
info = imfinfo(file);
frames = size(info, 1);

% Create a gray scale map for the UINT8 images in the MATLAB movie
```

```matlab
    gmap = linspace(0, 1, 256);
    gmap = [gmap' gmap' gmap'];

    % Read the TIFF frames and add to a MATLAB movie structure.
    for i = 1:frames
        [f, fmap] = imread(file, i);
        if (strcmp(info(i).ColorType, 'grayscale'))
            map = gmap;
        else
            map = fmap;
        end
        m(i) = im2frame(f, map);
    end

function s = tifs2seq(file)
%TIFS2SEQ Create a MATLAB sequence from a multi-frame TIFF file.
% Get the number of frames in the multi-frame TIFF.
frames = size(imfinfo(file), 1);

% Read the first frame, preallocate the sequence, and put the first
% in it.
i = imread(file, 1);
s = zeros([size(i) 1 frames], 'uint8');
s(:,:,:,1) = i;

% Read the remaining TIFF frames and add to the sequence.
for i = 2:frames
    s(:,:,:,i) = imread(file, i);
end

function [out, revertclass] = tofloat(in)
%TOFLOAT Convert image to floating point.
%   [OUT, REVERTCLASS] = TOFLOAT(IN) converts the input image IN to
%   floating-point. If IN is a double or single image, then OUT
%   equals IN. Otherwise, OUT equals IM2SINGLE(IN). REVERTCLASS is
%   a function handle that can be used to convert back to the class
%   of IN.

identity = @(x) x;
tosingle = @im2single;

table = {'uint8',   tosingle, @im2uint8
         'uint16',  tosingle, @im2uint16
         'int16',   tosingle, @im2int16
         'logical', tosingle, @logical
         'double',  identity, identity
         'single',  identity, identity};

classIndex = find(strcmp(class(in), table(:, 1)));

if isempty(classIndex)
    error('Unsupported input image class.');
end

out = table{classIndex, 2}(in);

revertclass = table{classIndex, 3};
```

X

```
function [C, theta] = x2majoraxis(A, B)
%X2MAJORAXIS Aligns coordinate x with the major axis of a region.
%   [C, THETA] = X2MAJORAXIS(A, B) aligns the x-coordinate
%   axis with the major axis of a region or boundary. The y-axis is
%   perpendicular to the x-axis. The rows of 2-by-2 matrix A are
%   the coordinates of the two end points of the major axis, in the
%   form A = [x1 y1; x2 y2]. Input B is either a binary image (i.e.,
%   an array of class logical) containing a single region, or it is
%   an np-by-2 set of points representing a (connected) boundary. In
%   the latter case, the first column of B must represent
%   x-coordinates and the second column must represent the
%   corresponding y-coordinates. Output C contains the same data as
%   the input, but aligned with the major axis. If the input is an
%   image, so is the output; similarly the output is a sequence of
%   coordinates if the input is such a sequence. Parameter THETA is
%   the initial angle between the major axis and the x-axis. The
%   origin of the xy-axis system is at the bottom left; the x-axis
%   is the horizontal axis and the y-axis is the vertical.
%
%   Keep in mind that rotations can introduce round-off errors when
%   the data are converted to integer (pixel) coordinates, which
%   typically is a requirement. Thus, postprocessing (e.g., with
%   bwmorph) of the output may be required to reconnect a boundary.

% Preliminaries.
if islogical(B)
   type = 'region';
elseif size(B, 2) == 2
   type = 'boundary';
   [M, N] = size(B);
   if M < N
      error('B is boundary. It must be of size np-by-2; np > 2.')
   end
   % Compute centroid for later use. c is a 1-by-2 vector.
   % Its 1st component is the mean of the boundary in the x-direction.
   % The second is the mean in the y-direction.
   c(1) = round((min(B(:, 1)) + max(B(:, 1))/2));
   c(2) = round((min(B(:, 2)) + max(B(:, 2))/2));
   
   % It is possible for a connected boundary to develop small breaks
   % after rotation. To prevent this, the input boundary is filled,
   % processed as a region, and then the boundary is re-extracted.
   % This guarantees that the output will be a connected boundary.
   m = max(size(B));
   % The following image is of size m-by-m to make sure that there
   % there will be no size truncation after rotation.
   B = bound2im(B,m,m);
   B = imfill(B,'holes');
else
   error('Input must be a boundary or a binary image.')
end

% Major axis in vector form.
```

```
v(1) = A(2, 1) - A(1, 1);
v(2) = A(2, 2) - A(1, 2);
v = v(:); % v is a col vector

% Unit vector along x-axis.
u = [1; 0];

% Find angle between major axis and x-axis. The angle is
% given by acos of the inner product of u and v divided by
% the product of their norms. Because the inputs are image
% points, they are in the first quadrant.
nv = norm(v);
nu = norm(u);
theta = acos(u'*v/nv*nu);
if theta > pi/2
    theta = -(theta - pi/2);
end
theta = theta*180/pi; % Convert angle to degrees.

% Rotate by angle theta and crop the rotated image to original size.
C = imrotate(B, theta, 'bilinear', 'crop');

% If the input was a boundary, re-extract it.
if  strcmp(type, 'boundary')
   C = boundaries(C);
   C = C{1};
   % Shift so that centroid of the extracted boundary is
   % approx equal to the centroid of the original boundary:
   C(:, 1) = C(:, 1) - min(C(:, 1)) + c(1);
   C(:, 2) = C(:, 2) - min(C(:, 2)) + c(2);
End
```

参 考 文 献

每章均涉及的参考文献

Gonzalez, R. C. and Woods, R. E. [2008]. *Digital Image Processing*, 3rd ed., Prentice Hall, Upper Saddle River, NJ.

Hanselman, D. and Littlefield, B. R. [2005]. *Mastering MATLAB 7*, Prentice Hall, Upper Saddle River, NJ.

Image Processing Toolbox, Users Guide, Version 6.2. [2008], The MathWorks, Inc., Natick, MA.

Using MATLAB, Version 7.7 [2008], The MathWorks, Inc., Natick, MA

其他参考文献

Acklam, P. J. [2002]. "MATLAB Array Manipulation Tips and Tricks." Available for download at http://home.online.no/~pjacklam/matlab/doc/mtt/ and also from the Tutorials section at www.imageprocessingplace.com.

Bell, E.T, [1965]. Men of Mathematics, Simon & Schuster, NY.

Brigham, E. O. [1988]. The Fast Fourier Transform and its Applications, Prentice Hall, Upper Saddle River, NJ.

Bribiesca, E. [1981]. "Arithmetic Operations Among Shapes Using Shape Numbers," *Pattern Recog.*, vol. 13, no. 2, pp. 123-138.

Bribiesca, E., and Guzman, A. [1980]. "How to Describe Pure Form and How to Measure Differences in Shape Using Shape Numbers," *Pattern Recog.*, vol. 12, no. 2, pp. 101-112.

Brown, L. G. [1992]. "A Survey of Image Registration Techniques," *ACM Computing Surveys*, vol. 24, pp. 325-376.

Canny, J. [1986]. "A Computational Approach for Edge Detection," *IEEE Trans. Pattern Anal. Machine Intell.*, vol. 8, no. 6, pp. 679-698.

CIE [2004]. *CIE 15:2004. Technical Report: Colorimetry*, 3rd ed. (can be obtained from www.techstreet.com/ciegate.tmpl)

Dempster, A. P., Laird, N. M., and Ruben, D. B. [1977]. "Maximum Likelihood from

Incomplete Data via the EM Algorithm," *J. R. Stat. Soc. B*, vol. 39, pp. 1–37.

Di Zenzo, S. [1986]. "A Note on the Gradient of a Multi-Image," *Computer Vision,* Graphics and Image Processing, vol. 33, pp. 116–125.

Eng, H.-L. and Ma, K.-K. [2001]. "Noise Adaptive Soft-Switching Median Filter," IEEE Trans. Image Processing, vol.10, no. 2, pp. 242–251.

Fischler, M. A. and Bolles, R. C. [1981]. "Random Sample Consensus: A Paradigm for Model Fitting with Application to Image Analysis and Automated Cartography," *Comm. of the ACM*, vol. 24, no. 6, pp. 381–395.

Floyd, R. W. and Steinberg, L. [1975]. "An Adaptive Algorithm for Spatial Gray Scale," International Symposium Digest of Technical Papers, Society for Information Displays, 1975, p. 36.

Foley, J. D., van Dam, A., Feiner S. K., and Hughes, J. F. [1995]. *Computer Graphics: Principles and Practice in C*, Addison-Wesley, Reading, MA.

Flusser, J. [2000]. "On the Independence of Rotation Moment Invariants," Pattern Recog., vol. 33, pp. 1405–1410.

Gardner, M. [1970]. "Mathematical Games: The Fantastic Combinations of John Conway's New Solitaire Game 'Life'," *Scientific American*, October, pp. 120–123.

Gardner, M. [1971]. "Mathematical Games On Cellular Automata, Self-Reproduction, the Garden of Eden, and the Game 'Life'," *Scientific American*, February, pp. 112–117.

Goshtasby, A. A. [2005]. *2-D and 3-D Image Registration*, Wiley Press., NY Hanisch, R. J., White, R. L., and Gilliland, R. L. [1997]. "Deconvolution of Hubble Space Telescope Images and Spectra," in *Deconvolution of Images and Spectra*, P. A. Jansson, ed., Academic Press, NY, pp. 310–360.

Haralick, R. M. and Shapiro, L. G. [1992]. *Computer and Robot Vision*, vols. 1 & 2, Addison-Wesley, Reading, MA. Harris, C. and Stephens, M. [1988]. "A Combined Corner and Edge Detector," *Proc. 4th* Alvey Vision Conference, pp. 147–151.

Holmes, T. J. [1992]. "Blind Deconvolution of Quantum-Limited Incoherent Imagery," *J. Opt. Soc. Am. A*, vol. 9, pp. 1052–1061.

Holmes, T. J., et al. [1995]. "Light Microscopy Images Reconstructed by Maximum Likelihood Deconvolution," in Handbook of Biological and Confocal Microscopy, 2nd ed., J. B. Pawley, ed., Plenum Press, NY, pp. 389–402.

Hough, P.V.C. [1962]. "Methods and Means for Recognizing Complex Patterns." U.S. Patent 3,069,654.

Hu, M. K. [1962]. "Visual Pattern Recognition by Moment Invariants," *IRE Trans. Info. Theory*, vol. IT-8, pp. 179–187.

ICC [2004]. Specification ICC.1:2004-10 (Profile version 4.2.0.0): Image Technology Colour Management—Architecture, Profile Format, and Data Structure, International Color Consortium.

ISO [2004]. ISO 22028-1:2004(E). Photography and Graphic Technology—Extended Colour Encodings for Digital Image Storage, Manipulation and Interchange. Part 1: *Architecture and Requirements*. (Can be obtained from www.iso.org)

Jansson, P. A., ed. [1997]. *Deconvolution of Images and Spectra*, Academic Press, NY.

Keys, R. G. [1983]. "Cubic Convolution Interpolation for Digital Image Processing," IEEE Trans. on Acoustics, Speech, and Signal Processing, vol. ASSP-29, no. 6, pp. 1153–1160.

Kim, C. E. and Sklansky, J. [1982]. "Digital and Cellular Convexity," *Pattern Recog.*, vol. 15, no. 5, pp. 359–367.

Klete, R. and Rosenfeld, A. [2004]. Digital Geometry—Geometric Methods for Digital Picture Analysis, Morgan Kaufmann, San Francisco.

Leon-Garcia, A. [1994]. Probability and Random Processes for Electrical Engineering, 2nd. ed., Addison-Wesley, Reading, MA.

Lucy, L. B. [1974]. "An Iterative Technique for the Rectification of Observed Distributions," *The Astronomical Journal*, vol. 79, no. 6, pp. 745–754.

Mamistvalov, A. [1998]. "n-Dimensional Moment Invariants and Conceptual Mathematical Theory of Recognition [of] n-Dimensional Solids," *IEEE Trans. Pattern Anal. Machine Intell.*, vol.20, no. 8. pp. 819–831.

McNames, J. [2006]. "An Effective Color Scale for Simultaneous Color and Gray-scale Publications," *IEEE Signal Processing Magazine*, vol. 23, no. 1, pp. 82–96.

Meijering, E. H. W. [2002]. "A Chronology of Interpolation: From Ancient Astronomy to Modern Signal and Image Processing," *Proc. IEEE*, vol. 90, no. 3, pp. 319–342.

Meyer, F. [1994]. "Topographic Distance and Watershed Lines," *Signal Processing*, vol. 38, pp. 113-125.

Moravec, H. [1980]. "Obstacle Avoidance and Navigation in the Real World by a Seeing Robot Rover," *Tech. Report CMU-RI-TR-3*, Carnegie Mellon University, Robotics Institute, Pittsburgh, PA.

Morovic, J. [2008]. *Color Gamut Mapping*, Wiley, NY. Noble, B. and Daniel, J. W. [1988]. *Applied Linear Algebra*, 3rd ed., Prentice Hall, Upper Saddle River, NJ.

Otsu, N. [1979] "A Threshold Selection Method from Gray-Level Histograms," *IEEE* Trans. Systems, Man, and Cybernetics, vol. SMC-9, no. 1, pp. 62–66.

Peebles, P. Z. [1993]. Probability, Random Variables, and Random Signal Principles, 3rd ed., McGraw-Hill, NY.

Prince, J. L. and Links, J. M. [2006]. *Medical Imaging Signals and Systems*, Prentice Hall, Upper Saddle River, NJ.

Poynton, C. A. [1996]. A Technical Introduction to Digital Video, Wiley, NY.

Ramachandran, G. N. and Lakshminarayanan, A. V. [1971]. "Three-Dimensional Reconstruction from Radiographs and Electron Micrographs: Applications of Convolution instead of Fourier Transforms," *Proc. Natl. Aca. Sc.*, vol. 68, pp. 2236–2240.

Richardson, W. H. [1972]. "Bayesian-Based Iterative Method of Image Restoration," *J. Opt. Soc. Am.*, vol. 62, no. 1, pp. 55–59.

Rogers, D. F. [1997]. *Procedural Elements of Computer Graphics*, 2nd ed., McGraw-Hill, NY.

Russ, J. C. [2007]. *The Image Processing Handbook*, 4th ed., CRC Press, Boca Raton, FL.

Sharma, G. [2003]. *Digital Color Imaging Handbook*, CRC Press, Boca Raton, FL. Shep, L. A.

and Logan, B. F. [1974]. "The Fourier Reconstruction of a Head Section," *IEEE Trans. Nuclear Sci.*, vol. NS-21, pp. 21–43.

Shi, J. amd Tomasi, C. [1994]. "Good Features to Track," *IEEE Conf. Computer Vision and Pattern Recognition (CVPR94)*, pp. 593–600.

Sklansky, J., Chazin, R. L., and Hansen, B. J. [1972]. "Minimum-Perimeter Polygons of Digitized Silhouettes," *IEEE Trans. Computers*, vol. C-21, no. 3, pp. 260–268.

Sloboda, F., Zatko, B., and Stoer, J. [1998]. "On Approximation of Planar One-Dimensional Continua," in Advances in Digital and Computational Geometry, R. Klette, A. Rosenfeld, and F. Sloboda (eds.), Springer, Singapore, pp. 113–160.

Soille, P. [2003]. Morphological Image Analysis: Principles and Applications, 2nd ed., Springer-Verlag, NY.

Stokes, M., Anderson, M., Chandrasekar, S., and Motta, R. [1996]. "A Standard Default Color Space for the Internet—sRGB," available at http://www.w3.org/Graphics/Color/sRGB..

Sze, T. W. and Yang, Y. H. [1981]. "A Simple Contour Matching Algorithm," *IEEE Trans. Pattern Anal. Machine Intell.*, vol. PAMI-3, no. 6, pp. 676–678.

Szeliski, R. [2006]. "Image Alignment and Stitching: A Tutorial," *Foundations and* Trends in Computer Graphics and Vision, vol. 2, no. 1, pp. 1–104.

Trucco, E. and Verri, A. [1998]. Introductory Techniques for 3-D Computer Vision, Prentice Hall, Upper Saddle River, NJ.

Ulichney, R. [1987], *Digital Halftoning*, The MIT Press, Cambridge, MA.

Hu, M. K. [1962]. "Visual Pattern Recognition by Moment Invariants," *IRE Trans. Inform. Theory*, vol. IT-8, pp. 179–187.

Van Trees, H. L. [1968]. Detection, Estimation, and Modulation Theory, Part I, Wiley, NY.

Vincent, L. [1993], "Morphological Grayscale Reconstruction in Image Analysis: Applications and Efficient Algorithms, " *IEEE Trans. on Image Processing* vol. 2, no. 2, pp. 176–201.

Vincent, L. and Soille, P. [1991]. "Watersheds in Digital Spaces: An Efficient Algorithm Based on Immersion Simulations, "*IEEE Trans. Pattern Anal. Machine Intell.*, vol. 13, no. 6, pp. 583–598.

Wolbert, G. [1990]. *Digital Image Warping*, IEEE Computer Society Press, Los Alamitos, CA.

Zadeh, L. A. [1965]. "Fuzzy Sets," *Inform and Control*, vol. 8, pp. 338–353. Zitová B. and Flusser J. [2003]. "Image Registration Methods: A Survey," *Image and Vision Computing*, vol. 21, no. 11, pp. 977–1000.

索　引

符号

4-连通，参见 9.4 节
8-连通，参见 9.4 节
:——MATLAB 中的冒号，参见 1.8 节
. (点)，参见 2.2.4 节
... (公式中的长点号)，参见 1.7.8 节
.mat——MAT-文件，参见 1.7.5 节
@算子，参见 2.4.1 节
≥提示符，参见 1.7.1 节
;——MATLAB 中的分号，参见 1.7.7 节

A

abs，参见 3.2 节
adapthisteq，参见 2.3.4 节
adjacency——邻接
adpmedian，参见 4.3.2 节
aggfcn，参见 2.6.4 节
AND，参见 2.3.2 节
　　elementwise——以像素方式
　　scalar——标量
angle，参见 3.2 节
annotation，参见 2.3.3 节
ans，参见 2.3.2 节
appcoef2，参见 7.3 节
applycform，参见 6.2.6 节
applylut，参见 9.3.3 节
approxfcn，参见 2.6.4 节

arctangent——反正切
　　array——数组
　　操作
　　预分配
　　选择维数
　　标准
　　与矩阵的比较
atan2，参见 3.2 节
average image power——平均图像功率
axis，参见 2.3.1 节
axis ij——移动轴的原点，参见 2.3.1 节
axis off，参见 3.5.3 节
axis on，参见 3.5.3 节
axis xy——移动轴的原点，参见 2.3.1 节

B

background——背景
　　nonuniform——不均匀
bandfilter，参见 3.7.1 节
bar，参见 2.3.1 节
bellmf，参见 2.6.5 节
binary image——二值图像
bin2dec，参见 8.2.2 节
bit depth——比特深度
blind deconvolution——盲去卷积
blkproc，参见 8.5.1 节
border——边界
bound2eight，参见 11.1.3 节

bound2four, 参见 11.1.3 节
bound2im, 参见 11.1.1 节
boundaries functions for extracting——边界提取函数
boundary——边界
    轴(长轴和短轴)
    基本矩形
    改变方向
    连接
    直径
    偏心率
    长度
    最少连接的
    最小周长多边形
    以机序列排序边界点
    分割
beak, 参见 1.7.8 节
bubsamp, 参见 11.1.3 节
bwboundaries, 参见 11.1.3 节
bwdist, 参见 10.5.1 节
bwhitmiss, 参见 9.3.3 节
bwlabel, 参见 9.4 节
bwmorph, 参见 9.3.4 节
bwperim, 参见 11.1.1 节

C

cart2pol, 参见 11.2.3 节
Cartesian product——笛卡尔积
Cassini spacecraft——卡西尼宇宙飞船
cat, 参见 6.1 节
CDF——累积分布函数
ceil, 参见 3.2 节
cell, 参见 7.2.2 节
cell array——单元数组
celldisp, 参见 8.2.1 节
cellplot, 参见 8.2.1 节
cellular complex——细胞复杂度
center of frequency rectangle——频率矩形的中心

center of mass——质心
cform structure——cform 结构
chain codes——链码
char, 参见 1.7.7 节
checkerboard, 参见 4.6 节
circshift, 参见 11.1.3 节
circular convolution——循环卷积
classes——类别
    列表
    术语
classification——分类
clc, 参见 1.7.2 节
clear, 参见 1.7.2 节
clipping——裁剪
C MEX-文件
cnotch, 参见 3.7.2 节
code——编码
    长线
    模块
    最佳化
    预分配
    向量化
col2im, 参见 8.5.1 节
colfilt, 参见 2.4.2 节
colon, 参见 1.7.8 节
colorgrad, 参见 6.6.1 节
colon notation——冒号标记法
color image processing——彩色图像处理
    基本原理
    比特深度
    亮度
    色度
    色度图
    CIE
    彩色平衡
    彩色校正
    彩色边缘检测
    彩色编辑
    彩色范围

索 引

彩色图像分割
彩色图
彩色图矩阵
彩色图
彩色轮廓
彩色空间
 CMY
 CMYK
 独立于设备
 HSI
 HSV
 L*a*b*
 L*ch
 NTSC
 RGB
 sRGB
 u′v′L
 uvL
 xyY
 XYZ
 YCbCr
彩色变换
CIE 和 RGB 之间的转换
彩色空间之间的转换
RGB、索引图像和灰度图像之间的转换
HIS 到 RGB 的转换
RGB 到 HSI 的转换
抖动
提取 RGB 分量图像
全彩色变换
全域映射
向量的梯度
图像的梯度
图形用户界面(GUI)
灰度级切片
灰度级映射
直方图均衡
色调
ICC 彩色剖面图

图像锐化
图像平滑
索引图像
灰度
亮度
黑斑线(line of purples)
操作 RGB 和索引图像
感知一致性
光的原色
伪彩色映射
RGB 彩色矩形
RGB 彩色图像
彩色的 RGB 值
饱和度
光的二级色
阴影
软验证
空间滤波
浓淡
色调
三原色系数
三色激励值
`colormap`，参见 3.5.3 节
`colorseg`，参见 6.6.2 节
`column vector`——列向量
`compare`，参见 8.1 节
`conjugate transpose`——共轭互换
`connected`——连接的
 分量，参见
 像素，参见
 集合，参见
`connectpoly`，参见 11.1.3 节
`continue`，参见 1.7.8 节
`contour`——轮廓
`contrast enhancement`——对比度增强
`control point`——控制点
`conv2`，参见 7.2.2 节
`converting between linear and subscribe`——
    线和下标之间的转换

563

convex——凸缺
   壳
   顶点
convolution——卷积
   循环
   表现
   滤波器
   频域
   核
   掩膜
   机理
   空间的
   定理
convolution theorem——卷积定理
conwaylaws，参见 9.3.3 节
coordinates——坐标
   笛卡儿
   图像
   像素
   极
   行和列
   空间的
copper，参见 6.1.3 节
corner——角
corner detection——角检测
cornermetric，参见 11.3.5 节
cornerprocess，参见 11.3.5 节
correlation——相关
   系数
   表示
   机理
   归一化互相关
   空间的
   定理
correlation coefficient——相关系数
covariance matrix approximation——协方差矩阵近似
   针对计算的函数
covmatrix，参见 11.5 节

cpselect，参见 5.7.2 节
cross-correlation——互相关
CT
cumsum，参见 2.3.2 节
cumulative distribution function——累积分布函数
   变换
   表的
current directory——当前目录
curvature——曲率
custom function——常用函数
cv2tifs，参见 8.6.2 节
Cygnus Loop——天鹅座环

D

dc 分量
dec2bin，参见 8.2.2 节
deconvblind，参见 4.10 节
deconvlucy，参见 4.9 节
deconvolution——去卷积
deconvreg，参见 4.8 节
deconvwnr，参见 4.7 节
defuzzify，参见 2.6.4 节
descriptor——描述子
detcoef2，参见 7.3 节
DFT——离散傅立叶变换
dftfilt，参见 3.3.3 节
dftuv，参见 3.5.1 节
diag，参见 6.6.2 节
diameter，参见 11.3.2 节
diff，参见 9.6.2 节
digital image——数字图像
directory——目录，参见
DCT——离散余弦变换
DFT——离散傅立叶变换
   中心化
   计算
   定义
   滤波处理

相反
　　周期性
　　相角
　　功率谱
　　标定问题
　　谱
　　可视化
　　交叠误差
displacement variable——代换变量
distance——距离
　　欧基里德
　　变换
dither，参见 6.1.3 节
division by zero——用零除
doc，参见 1.7.4 节
don't care pixel——像素无关
DPI——每英寸点
double，参见 1.7.7 节
dwtmode，参见 7.2.2 节

E

edge，参见 10.1.3 节
edge detection——边缘检测
edgetaper，参见 4.7 节
edit，参见 1.7.8 节
eig，参见 11.5 节
eigenvalues——特征值
electromagnetic spectrum——电磁波谱
elementwise operation——以像素方式操作
else，参见 1.7.8 节
elseif，参见 1.7.8 节
end，参见 1.7.8 节
end point——端点
endpoints，参见 9.3.3 节
entropy——熵
eval，参见 11.4.2 节
extended minima transform——扩展的最小
　　　　　　　　　　　　变换

F

faceted shading——小平面浓淡处理
false，参见 10.4.3 节
fan2para，参见 4.11.8 节
fanbeam，参见 4.11.8 节
FWT——快速小波变换
fchcode，参见 11.2.1 节
features——特征
fft2，参见 3.2 节
fftshift，参见 3.2 节
filter——域
figure，参见 1.7.7 节
filter，参见 10.3.7 节
filter(ing) frequency domian——频域滤波
filter(ing) morphological——形态学
find，参见 4.2.2 节
fix，参见 2.6.4 节
fliplr，参见 4.11.6 节
flipud，参见 4.11.6 节
floating point number——浮点数
floor，参见 3.2 节
for，参见 1.7.8 节
foreground——前景
傅立叶
　　系数，参见
　　描述子，参见
　　切片定理，参见
　　谱，参见
　　变换，参见
fplot，参见 2.3.1 节
frdescp，参见 11.3.3 节
freeman chain codes——佛雷曼链码
frequency——频率
　　域
　　卷积
　　矩形
　　矩形中心
　　变量

frequency domain filtering——频域滤波
　　带通
　　带阻
　　基本步骤
　　约束最小二乘
　　卷积
　　直接逆(滤波)
　　原理
　　高频强调
　　高通
　　低通
　　M-函数
　　陷波通过
　　陷波阻止
　　周期噪声减少
　　步骤
　　维纳
frequency domain filter——频域滤波器
　　带通
　　带阻
　　布特沃斯带阻(滤波器)
　　布特沃斯高通(滤波器)
　　布特沃斯低通(滤波器)
　　约束最小二乘方
　　转换为空间滤波器
　　直接逆(滤波)
　　来自空间滤波器
　　高斯高通(滤波器)
　　高斯低通(滤波器)
　　直接产生
　　高频强调
　　高通(滤波器)
　　理想带阻(滤波器)
　　理想高通(滤波器)
　　理想低通(滤波器)
　　陷波带阻(滤波器)
　　填充
　　周期噪声减少
　　绘图

　　伪逆
　　Ram-Lak
　　锐化
　　Shepp-Logan
　　平滑化
　　传递函数
　　维纳
　　零相移
`freqz2`，参见 3.4 节
`fspecial`，参见 2.5 节
function——函数
　　主体
　　注释
　　定制的
　　因子
　　函数产生(产生的功能)
　　H1 行
　　句柄
　　　匿名的
　　　指定的
　　　简单的
　　帮助文本
　　M-文件
　　××的分量
　　M-函数
　　嵌套的
　　编程
　　开窗
　　封装
`fuzzyfilt`，参见 2.6.6 节
fuzzy processing——模糊处理
　　聚合
　　聚合，针对××函数
　　惯用的隶属度函数
　　定义
　　去模糊
　　去模糊
　　隶属程度
　　ELSE 规则

模糊化
模糊集
  一般模型
  IF-THEN 规则
    先行的
    结论
    随之
    点火级
    前提
    强度级
  暗示
  暗示，针对××函数
  改善性能
  推论
  灰度变换
  lambda 函数
  语言学值
  语言学变量
  逻辑操作
  隶属度函数
  全系统功能
  规则强度
  空间滤波
  论域
  使用模糊集
fuzzysysfcn，参见 2.6.4 节

G

Gaussian bandreject——高斯带阻(滤波器)
gca，参见 2.3.1 节
generalized delta function——广义 delta 函数
geometric transformation——几何变换
  仿射变换
    仿射矩阵
    相似变换
  应用于图像
  控制点
  控制输出网格
  正向变换(映射)

  全局变换
  齐次坐标
  地平线
  图像坐标系统
  输入间隔
  内插
    1D
    2D
    双三次
    双线性
    比较方法
    立方体
    核
    线性
    最近邻
    重采样
  局部变换
  反变换(映射)
  输出图像位置
  输出间隔
  形状保持
  射影变换
    片
    尽头点
get，参见 2.3.3 节
getsequence，参见 9.2.3 节
global，参见 8.2.1 节
gradient——梯度
  定义
  形态学
  用于边缘检测
GUI——图形用户界面
gray2ind，参见 6.1.3 节
graycomatrix，参见 11.4.2 节
graycoprops，参见 11.4.2 节
gray level——灰度级
grayslice，参见 6.1.3 节
graythresh，参见 10.3.3 节
grid off，参见 3.5.3 节

grid on，参见 3.5.3 节
gscale，参见 2.2.4 节

H

H1 行
handle——句柄
help，参见 2.2.4 节
hilb，参见 2.2.2 节
Hilbert matrix——希尔伯特矩阵
hist，参见 4.2.3 节
histc，参见 8.2.2 节
histeq，参见 2.3.2 节
histogram——直方图
    双模式
    对比度受限
    定义
    均衡
    彩色图像均衡
    匹配
    归一化
    绘图
    详细说明
    单模式
histroi，参见 4.2.4 节
hold on，参见 2.3.1 节
hole——孔洞
    定义
    填充
Hotelling transform——霍特林变换
hough，参见 10.2.2 节
Hough transform——霍夫变换
    累加单元
    针对计算的函数
    线检测
    线连接
    参数空间
houghlines，参见 10.2.2 节
houghpeaks，参见 10.2.2 节
hpfilter，参见 3.6.1 节

hsi2rgb，参见 6.2.5 节
hsv2rgb，参见 6.2.4 节
huff2mat，参见 8.2.3 节
huffman，参见 8.2.1 节
hypot，参见 3.5.2 节
hysteresis thresholding——滞后阈值处理

I

i2percentile，参见 10.3.5 节
ICC——国际彩色协会
    彩色剖面
iccread，参见 6.2.6 节
ice，参见 6.4 节
icon notation——图符
    定制函数
    MATLAB 小波工具箱
    图像处理工具箱
IDFT——离散傅立叶反变换
if，参见 1.7.8 节
IF-THEN 规则
ifanbeam，参见 4.11.8 节
ifft2，参见 3.3 节
ifftshift，参见 3.2 节
ifrdescp，参见 11.3.3 节
illumination bias——照明偏爱
im2col，参见 8.5.2 节
im2double，参见 2.4.1 节
im2frame，参见 8.6.1 节
im2jpeg，参见 8.5.1 节
im2jpeg2k，参见 8.5.2 节
im2minperpoly，参见 11.2.2 节
im2single，参见 2.4.1 节
im2uint8，参见 2.2.2 节
im2uint16，参见 2.2.4 节
imadjust，参见 2.2.1 节
imag，参见 3.2 节
image——图像
    幅度
    分析

作为矩阵
　　平均功率
　　二进制
　　类
　　在…间转换
　　列
　　坐标
　　定义
　　描述
　　数字的
　　显示
　　抖动
　　元素
　　格式扩展
　　格式
　　灰度级
　　索引
　　亮度(灰度)
　　内插
　　单色的
　　多光谱
　　原点
　　填充
　　图像元素
　　表现
　　分辨率
　　RGB
　　行
　　尺寸
　　空间坐标
　　类型
　　理解
　　写
image compression——图像压缩
　　背景
　　编码冗余
　　压缩率
　　解码器
　　编码器

　　错误率
　　霍夫曼
　　　　码
　　　　　　块编码
　　　　　　可解码的
　　　　　　瞬时的
　　　　解码
　　　　编码
　　改良的灰度级(IGS)量化
　　信息保持
　　反映射器
　　不相关信息
　　JPEG 2000 压缩
　　　　编码系统
　　　　子带
　　JPEG 压缩
　　　　离散余弦变换(DCT)
　　　　JPEG 标准
　　无损的
　　无损预测编码
　　预测器
　　量化
　　量化器
　　可逆映射
　　rms
　　均方根误差
　　空间冗余
　　像素间冗余
　　符号编码器
　　符号解码
　　视频压缩
　　　　MATLAB 中的图像序列
　　运动补偿
　　MATLAB 中的电影
　　多帧 TIFF 文件
　　时间冗余
　　视频帧
Image enhancement——图像增强
　　彩色，参见彩色图像处理的对比度增强与

拉伸
　　频域滤波
　　　　高频强调
　　　　周期噪声去除
　　　　锐化
　　　　平滑化
　　直方图
　　　　自适应均衡
　　　　均衡
　　　　匹配(规格化)
　　　　处理
　　灰度变换
　　　　任意的
　　　　对比度拉伸
　　　　针对计算的函数
　　　　对数的
　　空间滤波
　　　　几何均值
　　　　噪声降低
　　　　锐化
　　　　平滑化(模糊)
　　使用模糊集
Image Processing Toolbox——图像处理工
　　　　　　　　　　　　具箱
image reconstruction——图像重建
　　吸收剖面
　　背景
　　反投影
　　中心射线
　　CT
　　扇形射束
　　扇形射束数据
　　滤波器实现
　　滤波过的投影
　　傅立叶切片定理
　　广义 delta 函数
　　平行射束
　　雷登变换
　　Ram-Lak 滤波器

射线总和
Shepp-Logan 滤波器
Shepp-Logan 头部幻影
正弦图
切片
开窗函数
image registration——图形配准
　　基于区域的
　　自动配准
　　基本过程
　　控制点
　　相关系数
　　特征检测器
　　推断变换参数
　　内部的
　　手动特征选择
　　手动匹配
　　马赛克处理
　　归一化互相关
　　外部的
　　相似性度量
image restoration——图像复原
　　自适应空间滤波
　　盲卷积
　　直接逆滤波
　　迭代
　　线性
　　露西-理查德森算法
　　模型
　　噪声模型
　　仅噪声
　　非线性
　　约束最小二乘方滤波
　　光转换函数
　　参量维纳滤波
　　周期噪声减小
　　点扩散函数
　　伪逆
　　空间噪声滤波器

规则滤波
维纳滤波
image segmentation——图像分割
 边缘检测
  坎尼检测子
  双边缘
  梯度角度
  梯度幅度
  梯度向量
  LoG 检测子
  位置
  掩膜
  Prewitt 检测子
  Roberts 检测子
  Sobel 检测子
  利用函数边缘
  零交叉
  零交叉检测子
 图像阈值处理
  利用局部统计
 线检测
  掩膜
  利用霍夫变换
 非最大抑制
 过分割
 点检测
 基于区域的
  逻辑谓词
  区域生长
  区域分裂与聚合
 边缘图
 阈值处理
  背景点
  基本全局阈值处理
  滞后
  局部统计
  目标点(前景)
  Otsu's (最佳)方法
  可分性度量

××类型
利用边缘
利用图像平滑处理
使用移动平均
使用分水岭
 汇水盆地
 受控的标记
 利用梯度
 利用梯度变换
 分水岭
 分水岭变换
imapprox, 参见 6.1.2 节
imbothat, 参见 9.6.2 节
imclearborder, 参见 9.5.3 节
imclose, 参见 9.3.1 节
imcomplement, 参见 2.2.1 节
imdilate, 参见 9.2.1 节
imerode, 参见 9.3.1 节
imextendedmin, 参见 10.5.3 节
imfilter, 参见 2.4.1 节
imfill, 参见 9.6.2 节
imfinfo, 参见 8.6.1 节
imhist, 参见 2.3.2 节
imhmin, 参见 9.6.3 节
imimposemin, 参见 10.5.3 节
imnoise, 参见 2.5.2 节
imnoise2, 参见 4.2.2 节
imnoise3, 参见 4.2.3 节
imopen, 参见 9.3.1 节
implay, 参见 7.3.2 节
implfcns, 参见 2.6.4 节
imratio, 参见 8.1 节
imread, 参见 1.7.6 节
imreconstruct, 参见 9.5.1 节
imregionalmin, 参见 10.5.3 节
imrotate, 参见 5.5 节
imshow, 参见 1.7.6 节
imstack2vectors, 参见 11.5 节
imtophat, 参见 9.6.2 节

imtransform，参见 5.4 节
imtransform2，参见 5.5.2 节
imwrite，参见 1.7.7 节
ind2gray，参见 6.1.3 节
ind2rgb，参见 6.1.3 节
indexing——索引，参见
   线性，参见
   逻辑，参见
   矩阵，参见
   行-列，参见
   单一冒号，参见
   下标，参见
   向量，参见
Inf，参见 1.7.8 节
InitialMagnification，参见 9.3.3 节
inpolygon，参见 11.2.2 节
int8，参见 1.7.7 节
int16，参见 1.7.7 节
int32，参见 1.7.7 节
intensity——灰度
   缩放(标定)
   变换函数
      对比度拉伸
      模糊
      直方图
      阈值处理
      实用的 M-函数
   变换
ICC——国际彩色协会
interpolation——内插
interp1，参见 2.2.3 节
interp1q，参见 6.4 节
interpn，参见 2.6.4 节
intline，参见 11.2.1 节
intrans，参见 2.6.5 节
invmoments，参见 11.4.3 节
iptsetpref，参见 5.5 节
iradon，参见 4.11.7 节
ischar，参见 3.3.1 节

isempty，参见 2.2.4 节
iseven，参见 3.7.2 节
isfield，参见 8.2.3 节
isfloat，参见 2.2.4 节
isinteger，参见 8.5.1 节
islogical，参见 1.7.7 节
isnan，参见 2.6.4 节
isnumeric，参见 8.5.2 节
isodd，参见 3.7.2 节
isreal，参见 8.5.2 节
isstruct，参见 8.2.3 节
IDFT——离散傅立叶反变换

J

jpeg2im，参见 8.5.2 节
jpeg2k2im，参见 8.5.2 节
JPEG 压缩

L

label matrix——标志矩阵
lambdafcns——希腊字母
Laplacian——拉普拉斯
LoG
LaTeX-类型符号
length，参见 2.2.4 节
line detection——线检测
   斜坡期表示
linspace，参见 2.2.4 节
load，参见 1.7.5 节
localmean，参见 10.3.5 节
localthresh，参见 10.3.7 节
log，参见 2.2.2 节
log2，参见 2.2.2 节
log10，参见 2.2.2 节
logical，参见 1.7.7 节
logical——逻辑
   数组
   类
   索引

掩膜
算子
`long line`——长线
`lookfor`,参见 1.7.8 节
`lookup table`——查表,参见
`lower`,参见 3.7.1 节
`lpc2mat`,参见 8.5.1 节
`lpfilter`,参见 8.2.3 节
Lucy-Richardson(露西-理查德森)算法

M

`magic`,参见 7.2.1 节
`magic square`——幻方
`mahalanobis`,参见 6.6.2 节
`makecform`,参见 6.3.6 节
`makecounter`,参见 2.6.4 节
`makefuzzyedgesys`,参见 2.6.6 节
`makelut`,参见 9.3.3 节
`maketform`,参见 5.1 节
`mammogram`——乳房的 X 射线照片,参见
`manualhist`,参见 2.3.3 节
`marker image`——标记图像
`mat2gray`,参见 1.7.7 节
`mat2huff`,参见 8.2.2 节
`matching`——匹配
 MAT-文件
 MATLAB
 背景,参见
 指令历史,参见
 指令窗口,参见
 坐标约定,参见
 当前目录,参见
 当前目录字段
 桌面
 桌面工具
 编辑器/调试器
 函数工厂
 产生功能的函数
 函数绘图

帮助
帮助浏览器
图像坐标系统
M-文件
M-函数
嵌套函数
绘图
提示符
检索操作
存储操作
搜索路径
工具箱
操作空间
操作空间浏览器
`matrix`——矩阵
 作为一幅图像
 间隔
 与数组的比较
`max`,参见 2.2.2 节
`maximum likelihood`——最大似然
`mean`,参见 1.7.8 节
`mean2`,参见 1.7.8 节
 近似
 针对计算的函数
`medfilt2`,参见 2.5.2 节
`median 80`——中值 80
`mesh`,参见 3.5.3 节
`meshgrid`,参见 1.7.8 节
`mexErrMsgTxt`,参见 8.2.3 节
MEX-文件
`min`,参见 2.2.2 节
`minima imposition`——最小强迫
`minimum-perimeter polygons`——最小周长多
          边形
Moiré 模式
`Moment`——矩
 近似均值
 中心
 不变量

573

统计学
　　用于纹理分析
monospace character——等宽体字符
`montage`，参见 8.6.1 节
morphology——形态学
　　4-连通
　　8-连通
　　闭操作
　　膨胀和腐蚀相结合
　　连通分量
　　　　定义
　　　　标注
　　　　标志矩阵
　　膨胀
　　腐蚀
　　滤波
　　梯度
　　灰度级形态学
　　　　交互序列滤波
　　　　底帽变换
　　　　闭-开滤波
　　　　闭操作
　　　　膨胀
　　　　腐蚀
　　　　粒度测试
　　　　开-闭滤波
　　　　开操作
　　　　重建
　　　　　　用重建的闭操作
　　　　　　h 极小值变换
　　　　　　用重建的闭操作
　　　　　　用重建的顶帽操作
　　　　表面区域
　　　　顶帽变换
　　击中或击不中变换
　　间隔矩阵
　　查找表
　　匹配
　　开操作

　　裁剪
　　寄生成分
　　重建
　　　　清除边界物体
　　　　填充空洞
　　　　掩膜
　　　　标记
　　　　用重建的开操作
　　集合的反射
　　收缩
　　骨骼
　　毛刺
　　结构元
　　　　分解
　　　　扁平的
　　　　原点
　　　　strel 函数
　　变厚
　　细化
　　集合的平移
　　观察二值图像
mosaicking——马赛克处理
`movie2avi`，参见 9.6.2 节
`movingthresh`，参见 10.3.7 节
`movie2tifs`，参见 10.3.7 节
MPP——最小多边形周长
`mxArray`，参见 8.2.3 节
`mxCalloc`，参见 8.2.3 节
`mxCreate`，参见 8.2.3 节
`mxGet`，参见 8.2.3 节

N

`NaN`，参见
`nargchk`，参见 2.2.4 节
`nargin`，参见 2.2.4 节
`nargout`，参见 2.2.4 节
`ndims`，参见 7.2.2 节
neighborhood processing——邻域处理，参见
nested function——嵌套函数，参见

索　引

`nextpow2`，参见 3.3.1 节
`nlfilt`，参见 2.4.2 节
noise——噪声
　　相加
　　应用领域
　　平均功率
　　密度
　　Erlang
　　参数
　　　　估计
　　　　缩放
　　指数
　　滤波
　　gamma
　　高斯
　　对数正态
　　模型
　　乘法
　　周期的
　　泊松
　　瑞利
　　椒盐(噪声)
　　斑点
　　均匀的
　　采用指定的分布
noise-to-signal power ratio——信噪功率比
norm——范数
normalized cross-correlation——归一化
　　　　　　　　　　　　　　互相关
`normxcorr2`，参见 5.7.5 节
notation——符号
　　冒号
　　函数列表
　　图符
　　LaTeX-类型(字体)
`ntrop`，参见 8.2 节
`ntsc2rgb`，参见 6.2.2 节
`numel`，参见 1.7.8 节

O

object recognition——目标识别
`onemf`，参见 2.6.5 节
operation——操作
　　数组
　　以像素方式
　　矩阵
operator——算子
　　算术
　　逻辑
　　关系
OR
　　以像素方式
　　标量
`ordfilt2`，参见 2.5.2 节
ordering boundary points——边界点排序
OTF——光传递函数
`otf2psf`，参见 4.1 节
`otsuthresh`，参见 10.3.3 节

P

`padarray`，参见 2.4.2 节
`paddedsize`，参见 3.3.1 节
padding——填充
panning——摇镜头
`para2fan`，参见 4.11.8 节
`patch`，参见 6.1.1 节
pattern recognition——模式识别
PDF——概率密度函数
Pel
percentile——百分点
`percentile2i`，参见 10.3.5 节
`persistent`，参见 9.3.3 节
`phantom`，参见 4.11.6 节
`pi`，参见 2.3.3 节
picture element——图像元素
pixel——像素
　　坐标

575

定义
`pixeldup`，参见 4.5 节
`pixle(s)`——像素
    邻近的
    连接的
    连接
    沿边界排序
    通路/路径
    两点间的数字直线
`pixels(s)`——像素
    三元组的方向
`plot`，参见 2.3.1 节
`plotting`——绘图
    表面
    线框
`point detection`——点检测
`pointgrid`，参见 5.1 节
`pol2cart`，参见 11.2.3 节
`ploymersome arrays`——聚合物细胞
`pow2`，参见 8.2.2 节
`preallocating arrays`——预分配数组
`predicate`——谓词
    函数
    逻辑
`predicate(logical)`——谓词(逻辑)
`principal components`——主分量
    针对数据压缩
    对目标排队
    变换
`principalcomps`，参见 11.5 节
`print`，参见 6.1.1 节
`probability`——概率
    密度函数
        对于均衡化
        指定的
        对于表的
        灰度级的
`prod`，参见 2.4.2 节
`programming`——编程

`break`，参见 1.7.8 节
代码优化
注释
`continue`，参见 1.7.8 节
流控制
函数主体
函数定义行
H1 线
帮助文本
`if` 结构
M-函数
`switch`，参见 1.7.8 节
输入和输出变量的数目
向量化
封装函数
`prompt`——提示符
PSF——点扩散函数
`psf2otf`，参见 4.1 节

Q

`qtdecomp`，参见 10.4.3 节
`qtgetblk`，参见 10.4.3 节
`quadimages`——方块图像
`quadregions`——四象限区
`quadtree`——四叉树
`quantization`——量化
`quantize`，参见 8.4 节

R

`radon`，参见 4.11.6 节
`radon transform`——雷登变换
`rand`，参见 4.2.2 节
`randn`，参见 4.2.2 节
`random`——随机的
    变量
    数据产生器
RANSAC
`real`——实的
`reflect`，参见 9.2.1 节

region——区域
　邻接的
　背景点
　边界
　轮廓
　用于提取的函数
　内部点
　感兴趣的
regional descriptors——区域描绘子
`regiongrow`，参见 10.4.2 节
region growing——区域生长
region merging——区域聚合
`regionprops`，参见 11.4.1 节
region splitting——区域分裂
`rem`，参见 7.2.2 节
representation and description——表示与描绘
　背景
　描绘方法
　　边界描绘子
　　　轴(主轴(长轴)，副轴(短轴))
　　　基本矩形
　　　拐角
　　　直径
　　　傅立叶描绘子
　　　长度
　　　形状数
　　　统计矩
　　区域描绘子
　　　共生矩阵
　　　函数 `regionprops`，参见 11.4.1 节
　　　矩不变量
　　　主分量
　　　纹理
　区域和边界提取
　表示方法
　　边界分割
　　链码
　　佛雷曼链码
　　　归一化

　　　最小周长多边形
　　归一化链码
　　信号
`reprotate`，参见 5.6.2 节
resamping——重采样
`reshape`，参见 7.3.1 节
resolution——分辨率
`return`，参见 1.7.8 节
`rgb2gray`，参见 6.1.3 节
`rgb2hsi`，参见 6.2.5 节
`rgb2hsv`，参见 6.2.4 节
`rgb2ind`，参见 6.1.3 节
`rgb2ntsc`，参见 6.2.1 节
`rgb2ycbcr`，参见 6.2.2 节
`rgbcube`，参见 6.1.1 节
ringing——振铃
ROI——感兴趣区
`roipoly`，参见 4.2.4 节
`rot44`，参见 2.4.1 节
`round`，参见 4.2.2 节
row vector——行向量

S

sampling——取样
`save`，参见 1.7.5 节
scalar——标量
scripts——脚本
scrolling——卷绕
`seq2tifs`，参见 8.6.1 节
`set`，参见 2.3.1 节
set——设置
　元素
　模糊
`shading interp`，参见 3.5.3 节
shape——形状
`showmo`，参见 8.6.2 节
sifting——过滤
`sigmamf`，参见 2.6.4 节
`signature`，参见 11.2.3 节

signatures——信号
size，参见 1.7.8 节
skeleton——骨骼
    中轴变换
    形态学
smf，参见 2.6.4 节
soft proofing——软证明
sort，参见 8.2.1 节
sortrows，参见 11.1.3 节
spatial——空间的
    卷积
    坐标
    相关
    滤波器
    核
    掩膜
    领域
    模板
spatial filtering——空间滤波
    模糊
    线性
    机理
    非线性
    彩色图像的
spatial filters——空间滤波器
    自适应
    自适应中值
    alpha-trimmed 平均
    算术平均
    平均
    contraharmonic 均值
    变换为频域滤波
    磁盘
    高斯
    几何平均
    调和平均
    迭代的非线性
    拉普拉斯
    线性

    对数
    最大
    中值
    中点
    最小
    运动
    形态学的
    噪声
    统计排序
    prewitt
    排队
    sobel
    不锐利的
spectrum——谱
specxture，参见 11.4.2 节
spfilt，参见 4.3.1 节
spline，参见 6.4 节
splitmerge，参见 10.4.3 节
sqrt，参见 3.5.2 节
square brackets——方括号
statmoments，参见 4.2.4 节
statxture，参见 11.4.2 节
stdfilt，参见 10.3.6 节
stem，参见 2.6.4 节
strcmp，参见 2.2.4 节
strcmpi，参见 7.3.1 节
strel，参见 9.2.3 节
strings——字符串
strel 物体
stretchlim，参见 2.2.2 节
structure——结构
structuring element——结构元
sub2ind，参见 11.5 节
subplot，参见 7.2.1 节
subscript——下标
sum，参见 1.7.8 节
surf，参见 3.5.3 节
switch，参见 1.7.8 节

T

template matching——模板匹配
text,参见 2.3.1 节
texture——纹理
    谱测量
    统计方法
tform 结构
`tofloat`,参见 2.2.4 节
`tformfwd`,参见 5.1 节
`tforminv`,参见 5.1 节
THEN
thresholding——阈值处理
`tic`,参见 1.7.8 节
`tifs2cv`,参见 8.6.2 节
`tifs2movie`,参见 8.6.1 节
`tifs2seq`,参见 8.6.1 节
`timeit`,参见 1.7.8 节
`title`,参见 2.3.1 节
`toc`,参见 1.7.8 节
transfer function——传递函数
transformation function——变换函数
`transpose`,参见
`trapezmf`,参见 1.7.8 节
`triangmf`,参见 2.6.4 节
`true`,参见 10.4.3 节
`truncgaussmf`,参见 2.6.4 节
`try...catch`,参见 1.7.8 节
`twomodegauss`,参见 2.3.3 节
type——类型

U

`uint8`,参见 1.7.7 节
`uint16`,参见 71.7.节
`uint32`,参见 1.7.7 节
`unique`,参见 11.1.3 节
`unravel.c`,参见 8.2.3 节
`unravel.m`,参见 8.2.3 节
until stability——直到稳定为止

upper,参见 3.7.1 节

V

`varargin`,参见 2.2.4 节
`varargout`,参见 2.2.4 节
vetor——向量
    列
    范数
    行
vertex——顶点
    凹的
    凸的
    最小周长多边形
`view`,参见 3.5.3 节
vision——视觉
    计算机
    高级
    人类
    低级
    中级
`visreg`,参见 5.7.4 节
`vistform`,参见 5.2 节
visualization aligned images——观察排成一行的图像

W

`waitbar`,参见 2.6.4 节
`watershed`,参见 10.5.1 节
watershed——分水岭
`waveback`,参见 7.4 节
`wavecopy`,参见 7.3.1 节
`wavecut`,参见 7.3.1 节
`wavedec2`,参见 7.2.1 节
`wavedisplay`,参见 7.3.2 节
`wavefast`,参见 7.2.2 节
`wavefilter`,参见 7.2.2 节
`wavefun`,参见 7.2.1 节
`waveinfo`,参见 7.2.1 节
wavelets——小波

近似系数
　　背景
　　常用函数
　　分解系数
　　　　显示
　　　　编辑
　　分解结构
　　向下取样
　　扩展系数
　　使用了MATLAB小波工具箱的FWT
　　没有使用MATLAB小波工具箱的FWT
　　Haar
　　　　尺度函数
　　　　小波函数
　　高通分解滤波器
　　图像处理
　　　　边缘检测
　　　　累加重建
　　　　平滑
　　反快速小波变换
　　核
　　低通分解滤波器
　　母小波
　　属性
　　尺度
　　尺度函数
　　支撑
　　变换域变量
wavepaste，参见7.3.1节
waverec2，参见7.4节
wavework，参见7.3.1节

wavezero，参见7.5节
wfilters，参见7.2.1节
while，参见1.7.8节
whitebg，参见6.1.3节
whos，参见8.1节
windowing functiong——窗口函数
　　余弦
　　汉明
　　韩
　　Ram-Lak
　　Shep-Logan
　　正弦
wraparound error——交叠误差
wthcoef2，参见7.3节

X

x2majoraxis，参见11.3.3节
xlabel，参见2.3.1节
xlim，参见2.3.1节
xtick，参见2.3.1节

Y

ycbr2rgb，参见6.2.2节
ylabel，参见2.3.1节
ylim，参见2.3.1节
ytick，参见2.3.1节

Z

zeromf，参见2.6.4节
zeros，参见1.7.8节
zero-phase-shift filters——零相移滤波器

本书教辅申请方法

学生可登录以下网址，填写本书附带的 12 位序列号及个人相关信息，按照页面上的指导步骤进行申请(此处第 2 步要求填写的 13 位序列号为本书英文版书号 9780071084789)：

http://www.gatesmark-orders.com/student_application_dipum2e_support_package.php

教师的教辅申请过程与学生类似，网址如下：

http://www.imageprocessingplace.com/root_files_V3/faculty/faculty_application_dipum2e_support_package.htm

本书精မ…